PRISMA NATURWISSENSCHAFT 5|6

Marion Barmeier
Wolfram Bäurle
Manfred Bergau
Irmgard Bohm
Heinz Joachim Ciprina
Eycke Fröchtenicht
Günter Ganz
Gerda Hagen
Klaus Hell
Günter Herzig
Barbara Hoppe
Johann Leupold
Michael Maiworm
Anke Méndez
Reinhard Peppmeier
Hildegard Recke
Burkhard Schäfer
Petra Schleusener
Elisabeth Schreiber
Hans-Jürgen Seitz
Burkhard Weizel
Charlotte Willmer-Klumpp

Ernst Klett Verlag
Stuttgart Düsseldorf Leipzig

Grundkonzeption Layout
Matthias Balonier, Lützelbach

Unter Mitarbeit von
Elke Kurz, Kernen i. R.
Karin Mall, Berlin

Redaktion
Ute Schuhmacher
Rolf Strecker

Mediengestaltung
Katja Buß

Zeichnungen / Illustrationen
Matthias Balonier, Lützelbach
Udo Buffler, Marburg
d. Biografiker, München
Joachim Hormann, Stuttgart
Jeanne Kloepfer, Lindenfels
Angelika Kramer, Stuttgart
Karin Mall, Berlin
Tom Menzel, Rohlsdorf
Gerhart Römer, Ihringen
Prof. Jürgen Wirth, Darmstadt

Umschlaggestaltung
KOMA AMOK®,
Kunstbüro für Gestaltung, Stuttgart

Autoren
Marion Barmeier
Wolfram Bäurle
Manfred Bergau
Irmgard Bohm
Heinz Joachim Ciprina
Eycke Fröchtenicht
Dr. Günter Ganz
Gerda Hagen
Dr. Klaus Hell
Günter Herzig
Barbara Hoppe
Johann Leupold
Michael Maiworm
Anke Méndez
Reinhard Peppmeier
Hildegard Recke
Burkhard Schäfer
Petra Schleusener
Elisabeth Schreiber
Dr. Hans-Jürgen Seitz
Burkhard Weizel
Charlotte Willmer-Klumpp

1. Auflage 1 5 4 3 2 | 2009 08 07 06 05

Alle Drucke dieser Auflage sind unverändert und können im Unterricht nebeneinander verwendet werden. Die letzten Zahlen bezeichnen jeweils die Auflage und das Jahr des Druckes.

Internetadresse: http://www.klett.de

Reproduktion
Meyle + Müller,
Medien-Management, Pforzheim

Druck
Aprinta, Wemding

Printed in Germany

ISBN 3-12-068620-4

9 783120 686200

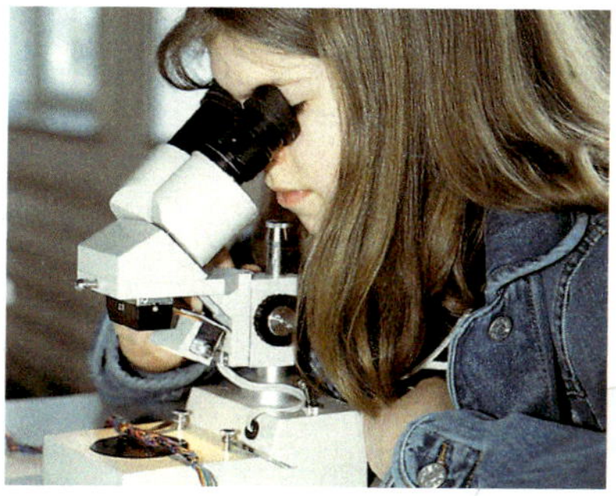

Wahrnehmung mit allen Sinnen

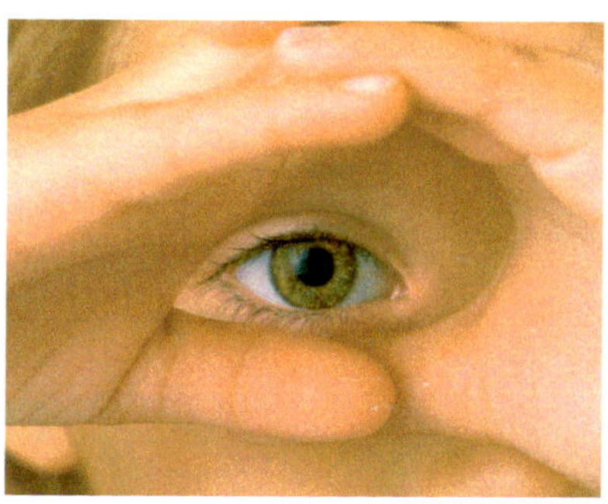

Wege in die Welt des Kleinen

Pflanzen – Tiere – Lebensräume

108 Lebensraum Haus und Hof

130 Pflanzen und Tiere im Schulumfeld

196 Wetter und Klima

Mein Körper – meine Gesundheit

226 Mein Körper – meine Gesundheit

258 Eine neue Zeit beginnt

Geräte und Stoffe im Alltag

278 Die Stoffe um uns herum

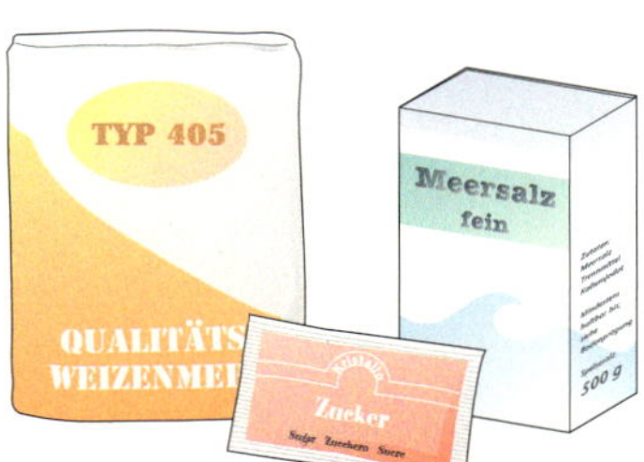

306 Geräte im Alltag

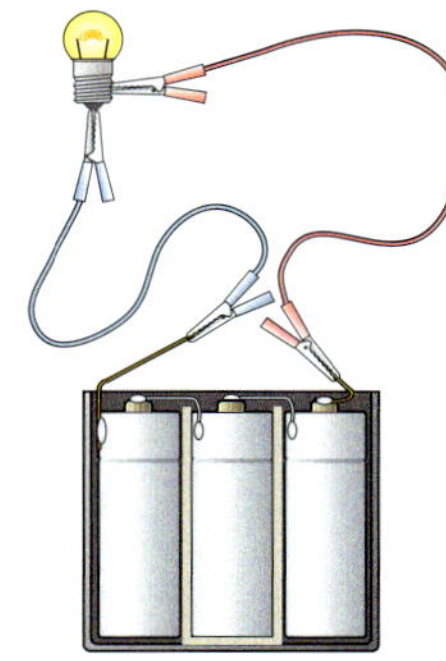

Anhang

Rallye durch dein Buch

Dein neues Schulbuch Prisma Naturwissenschaft gefällt dir gut. Du hast darin herumgeblättert. Aber kennst du dich schon richtig aus? Weißt du, was du damit alles machen kannst? Die Schulbuchrallye führt dich durch dein neues Buch und zeigt dir, was es alles bietet.
Nimm ein Blatt Papier zur Hand und notiere dir alle Begriffe, nach denen gefragt wird. Rahme dann den gewünschten Buchstaben ein. Die Buchstaben ergeben, nacheinander gelesen, den Lösungssatz! Viel Spaß!

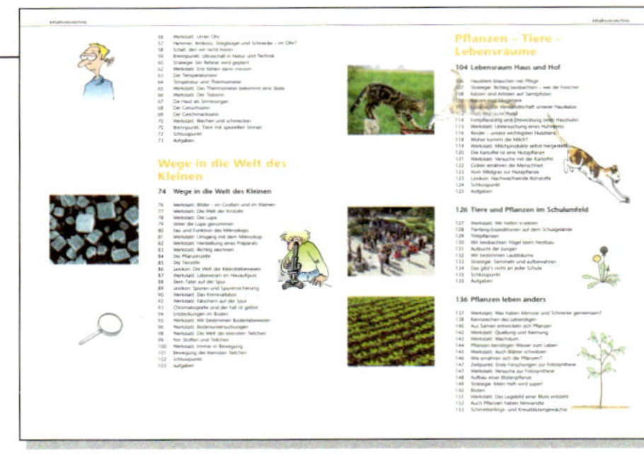

1 Im **Inhaltsverzeichnis** erfährst du, welche Kapitel dein neues Buch enthält. Schlage das Kapitel „Wege in die Welt des Kleinen" auf. Hier lernst du mehr über den Umgang und die Funktion eines Gerätes kennen. Nimm den ersten Buchstaben seines Namens.

2 Auf den **Brennpunkt-Seiten** geht es um wichtige und aktuelle Themen. Schlage die Seite 122 auf und lerne ein Huhn kennen, das in einer „Legebatterie" leben muß. Wie heißt das arme Huhn? Nimm den 4. Buchstaben.

3 Du machst gerne Versuche? Dann solltest du die grünen **Werkstatt-Seiten** genau anschauen. Auf der Werkstatt-Doppelseite „Das Kriminallabor" kannst du erforschen, wie die Polizei kleinste Spuren sichert. Was kann man außer Blut, Haaren, Fasern und Fußabdrücken sichern und vergleichen? Notiere den zweiten Buchstaben.

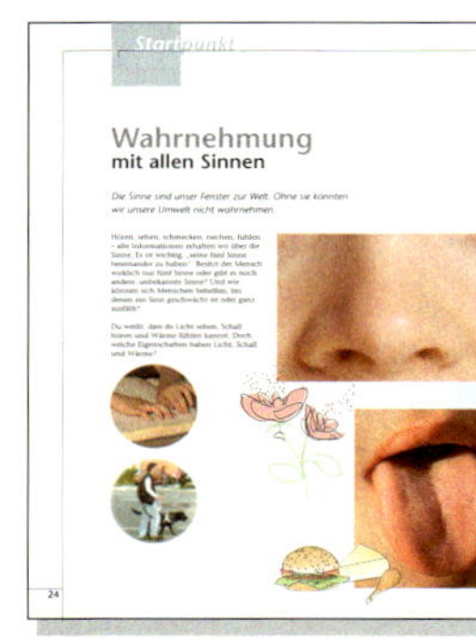

4 Dein Buch enthält viele schöne Fotos und interessante Abbildungen, besonders im **Startpunkt**. Suche den Startpunkt des Kapitels „Lebensraum Haus und Hof". Worauf balanciert die Katze auf der Zeichnung? Du brauchst den letzten Buchstaben.

5 Dein Buch Prisma Naturwissenschaft kann mehr als dir über die Naturwissenschaften erzählen. Es hilft dir beim Lernen und zeigt dir Methoden, wie du z.B. eine Pflanzensammlung anlegst. Finde auf der **Strategie-Seite** 135 heraus, wie eine Sammlung gepresster und getrockneter Pflanzen heißt. Nimm den 4. Buchstaben.

6 Im **Schlusspunkt** kannst du noch einmal alles wiederholen, was du gelernt hast. Hier findest du auch Aufgaben, besonders knifflige haben eine rote Zahl. Aufgaben, für die es hinten im Buch eine Lösung gibt, sind doppelt unterstrichen. Ihr werdet sicher über den Aufbau von Blütenpflanzen sprechen. Womit nimmt die Pflanze Mineralsalze aus dem Boden auf (S. 152)? Notiere den zweiten Buchstaben.

7 Beim Experimentieren brauchen deine Augen einen besonderen Schutz. Lies auf der S. 16 nach, was du unbedingt aufsetzen musst. Du brauchst den 2. Buchstaben.

8 Finde die **Lexikonseite** „Wenn das Gehör krank wird". Wie lautet die Abkürzung des Arztes, welcher für die Erkrankung des Gehörs zuständig ist. Notiere den 1. Buchstaben.

9 Lichtstrahlen kann man sammeln oder streuen. Welcher Gegenstand hilft dir dabei? Ein Tipp: Es gibt ein Lebensmittel, das genau so heißt. Nimm den 2. Buchstaben (S. 46).

10 Unternimm im **Zeitpunkt** auf der Seite 43 eine Reise in die Vergangenheit. Der Erfinder Leonardo da Vinci hat vor 500 Jahren einen Apparat gebaut, mit dem man Landschaften naturgetreu abbilden konnte. Notiere den 9. Buchstaben.

11 Auf Seite 73 erfährst du mehr über die Sinnesleistung des größten Organs des Menschen. Wie heißt es? Du brauchst den letzten Buchstaben.

12 In der **Werkstatt** „Wir bestimmen Bodenlebewesen“ musst du eine Versuchsapparatur aufbauen. Wie heißt die Apparatur, mit der man die Bodenlebewesen einfängt? Fange hier den 6. Buchstaben.

13 Hast du schon die kleinen grauen Quadrate in den Ecken deines Buches bemerkt? Auf diesen Seiten bekommst du allgemeine Informationen über das jeweilige Thema. Schlag die Seite 162 auf. Welches ist die häufigste Vogelart im Buchenwald? Nimm den 2. Buchstaben.

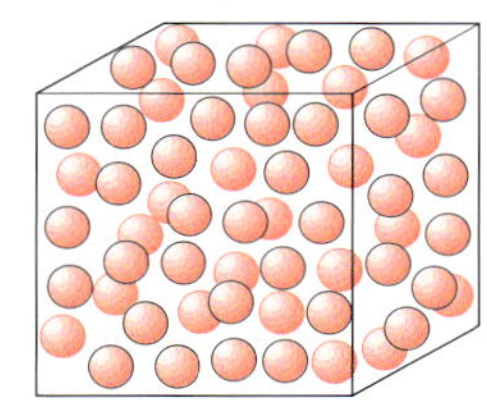

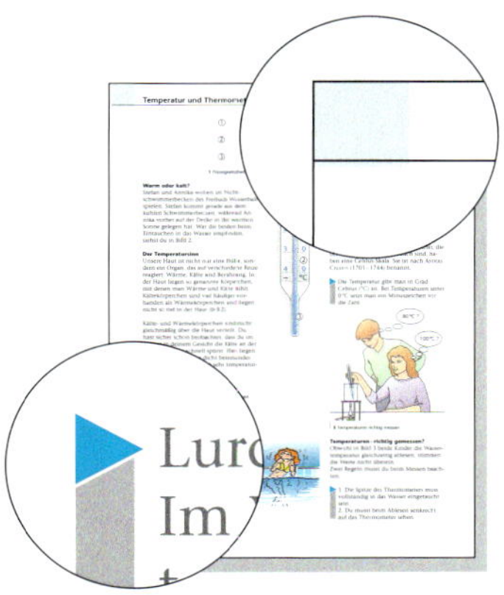

14 **Merksätze** sind sehr wichtig. Du erkennst sie am kleinen blauen Dreieck. Schau auf der Seite 85 nach, welcher Gegenstand aus einer Sammellinse besteht, mit der man Gegenstände vergrößert betrachten kann. Du brauchst den 3. Buchstaben.

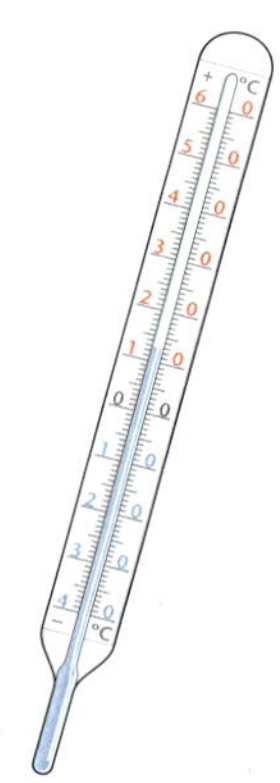

15 Die **Strategie-Seite** „Richtig beobachten – wie die Forscher“ (S. 111) gibt dir ein Beispiel, wie man ein Beobachtungsprotokoll erstellt. Wen beobachtet Felix am 20. März? Notiere den 5. Buchstaben des Namens.

16 Zum Schluss deines Buchs findest du das **Register**. Hier sind alle wichtigen Begriffe alphabetisch geordnet. Ein Register nennt man auch Stichwortverzeichnis. Suche den Buchstaben, der vor S steht. Notiere ihn als letzten Buchstaben.

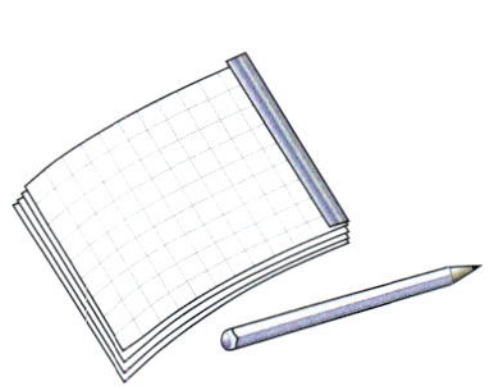

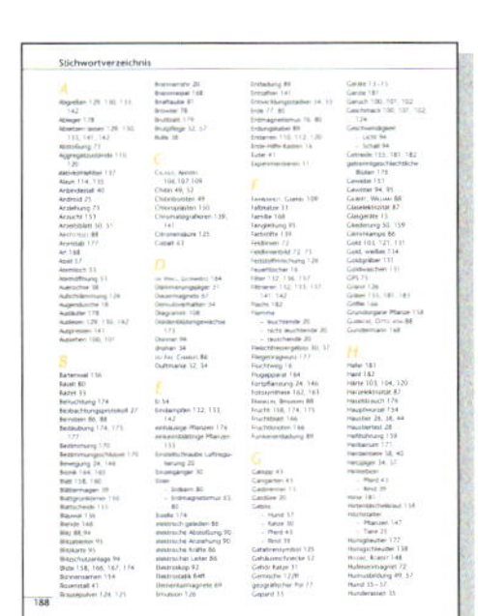

Arbeiten wie die Naturwissenschaftler

Das Fach „Naturwissenschaft" ist neu für dich. Und dass es anders ist als andere Fächer siehst du schon daran, dass es in einem Fachraum mit besonderen Einrichtungen wie Gas-, Wasser- und Stromanschlüssen unterrichtet wird.

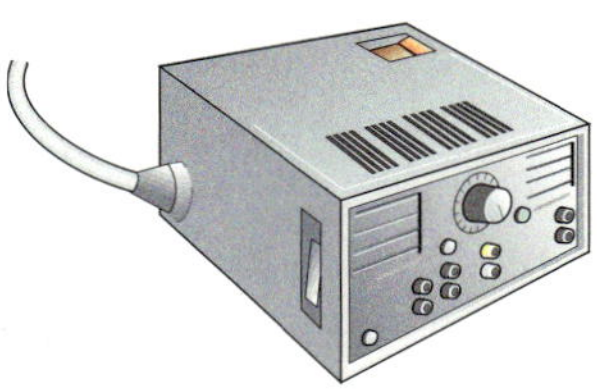

Es gibt Regeln zu beachten, die mit der Sicherheit in deinem neuen Fachraum zu tun haben. Und es gibt auch sonst viel Neues im Fach Naturwissenschaft: Du wirst selbst experimentieren, Gegenstände näher untersuchen, Beobachtungen machen, Ergebnisse finden, Versuchsprotokolle erstellen, selbstständig Fragen untersuchen und die Antworten herausfinden und vieles mehr.

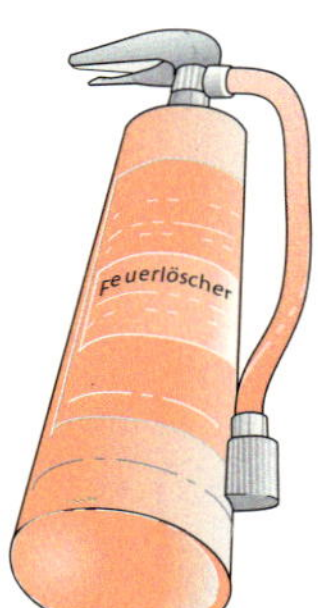

Das gerade Aufgezählte nennt man die Methoden des naturwissenschaftlichen Arbeitens. Das erste Kapitel hilft dir dabei, einen Teil der Methoden kennen zu lernen und darin so fit zu werden, um selbstständig arbeiten zu können.

Die Naturwissenschaft, die das Leben auf der Erde erforscht, ist die Biologie. Die Chemie untersucht die Eigenschaften von Stoffen und die Physik erforscht die Erscheinungen in der Natur. Im Fach Naturwissenschaft sind diese drei Bereiche miteinander verknüpft.

FORST
VERWALTUNG

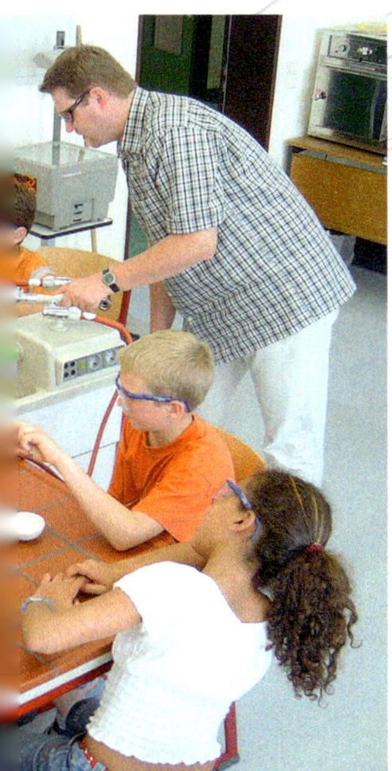

Kurz &
bündig
carhartt

Die verschwundenen Münzen

Julia und Tina sollen zum Supermarkt gehen, um dort einzukaufen. Den Einkaufszettel und das Geld hat Julias Mutter auf das Garderobenschränkchen gelegt. Als Julia nach dem Geld sehen will, rollen ihr einige Münzen aus der Geldbörse auf das Schränkchen und fallen in den Spalt zwischen Schrank und Wand. Die Mädchen versuchen, das Möbelstück von der Wand wegzuschieben. Aber das klappt nicht. Sie überlegen, wie sie an die Münzen kommen. Da hat Tina eine Idee.

1 Julia und Tina angeln Münzen

Ein einfacher Versuch

Die Mädchen nehmen einen Magneten von der Magnettafel in der Küche, binden ihn an einen Faden und lassen ihn im Spalt nach unten. Es klickt. Die erste Münze hängt am Magneten und kann nach oben geholt werden. „Siehst du“, sagt Tina und strahlt, „zwei Euro haben wir schon geangelt.“
Auch die zweite Münze wird auf diese Weise nach oben befördert. Bei der dritten Münze gibt es Schwierigkeiten. Obwohl der Magnet die Münze berührt, bleibt sie nicht an ihm hängen. Warum funktioniert es dieses Mal nicht?

Im Alltag machst du manchmal Beobachtungen, die du nicht gleich erklären kannst. Oft kannst du die Erklärung aber mithilfe eines einfachen Versuchs herausfinden. Das Problem, das Tina und Julia haben, kannst du beispielsweise in der folgenden „Werkstatt“ untersuchen.
Und um später noch einmal nachlesen zu können, wie du bei der Untersuchung des Problems vorgegangen bist und was du herausgefunden hast, solltest du ein Versuchsprotokoll erstellen. Wie ein solches Protokoll aussieht, erfährst du auf der nächsten Seite.

Werkstatt

Welche Münzen zieht der Magnet an?

Material
Magnet, verschiedene Münzen

Versuchsanleitung
Übertrage die Tabelle in dein Heft. Halte den Magnet an die Münzen und überprüfe, ob sie von ihm angezogen werden oder nicht. Trage den Wert der Münze in die Tabelle ein und notiere die entsprechende Antwort (Anziehung? Ja/Nein).

Aufgabe
1. Welche Münzen könnten noch hinter dem Schränkchen liegen? Begründe deine Antwort.
2. Führe den Versuch mit anderen Gegenständen durch. Gibt es Gemeinsamkeiten zwischen den Gegenständen, die angezogen bzw. nicht angezogen werden?

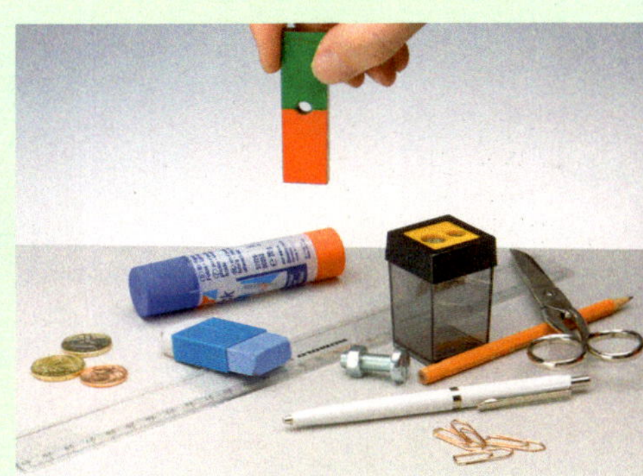

Münze	Anziehung?
1 Cent	
2 Cent	
5 Cent	
10 Cent	
20 Cent	
50 C	
1	

Strategie

Das schreib ich mir auf!

Stelle dir einmal vor, du willst einen spannenden Versuch nach einem Jahr wiederholen. Vielleicht stellst du dir dann die Frage: „Wie habe ich das damals gemacht? Das hätte ich mir aufschreiben sollen!“ Eine gute Möglichkeit sich etwas zu notieren ist das Versuchsprotokoll.

Wie sollte ein Protokoll aufgebaut sein?
Ein Versuchsprotokoll sollte übersichtlich angelegt und klar gegliedert sein. Die Auswertung eines Versuches gelingt nur dann, wenn alle Beobachtungen und Messergebnisse genau festgehalten wurden. Unten siehst du ein Beispiel für ein Versuchsprotokoll, das die wichtigsten Elemente zeigt und kurz beschreibt.

Sicherheit und Entsorgung
Für die Arbeit mit einigen Chemikalien oder mit offenem Feuer oder bei Versuchen mit leicht zerbrechlichem Glas oder elektrischem Strom müssen bestimmte Sicherheitsmaßnahmen beachtet werden.
Bei manchen Versuchen bleiben Chemikalienreste übrig oder es geht Glas zu Bruch. Diese Abfälle müssen nach Anweisung der Lehrerin oder des Lehrers entsorgt werden.
Wenn Sicherheitsmaßnahmen und/oder Entsorgung bei deinem Versuch nötig sind, solltest du dies im Versuchsprotokoll festhalten.

Thema des Versuchs
Gib das Thema des Versuchs an, du kannst es auch als Frage formulieren. Beschränke dich möglichst auf einen Satz.

Name und Datum
Auf jedes Protokoll gehören dein Name und das Datum.

Versuchsaufbau
Zeichne eine einfache Skizze des Versuchsaufbaus und beschrifte sie.

Material
Notiere in einer Materialliste alle benötigten Geräte, sonstige Hilfsmittel und gegebenenfalls die Chemikalien.

Versuchsanleitung
Beschreibe in kurzer, verständlicher Form, wie der Versuch Schritt für Schritt durchgeführt wird.

Beobachtungen
Notiere alle Einzelheiten, die du während des Versuchsablaufs beobachtest, insbesondere die Messergebnisse. Achte darauf, dass du hier nur deine Beobachtungen aufschreibst, sie aber noch nicht erklärst oder deutest.

Auswertung und Ergebnis
Aus den Beobachtungen werden allgemeine Aussagen oder Gesetzmäßigkeiten abgeleitet. Fass deine Schlussfolgerungen in einem knappen Merksatz zusammen.

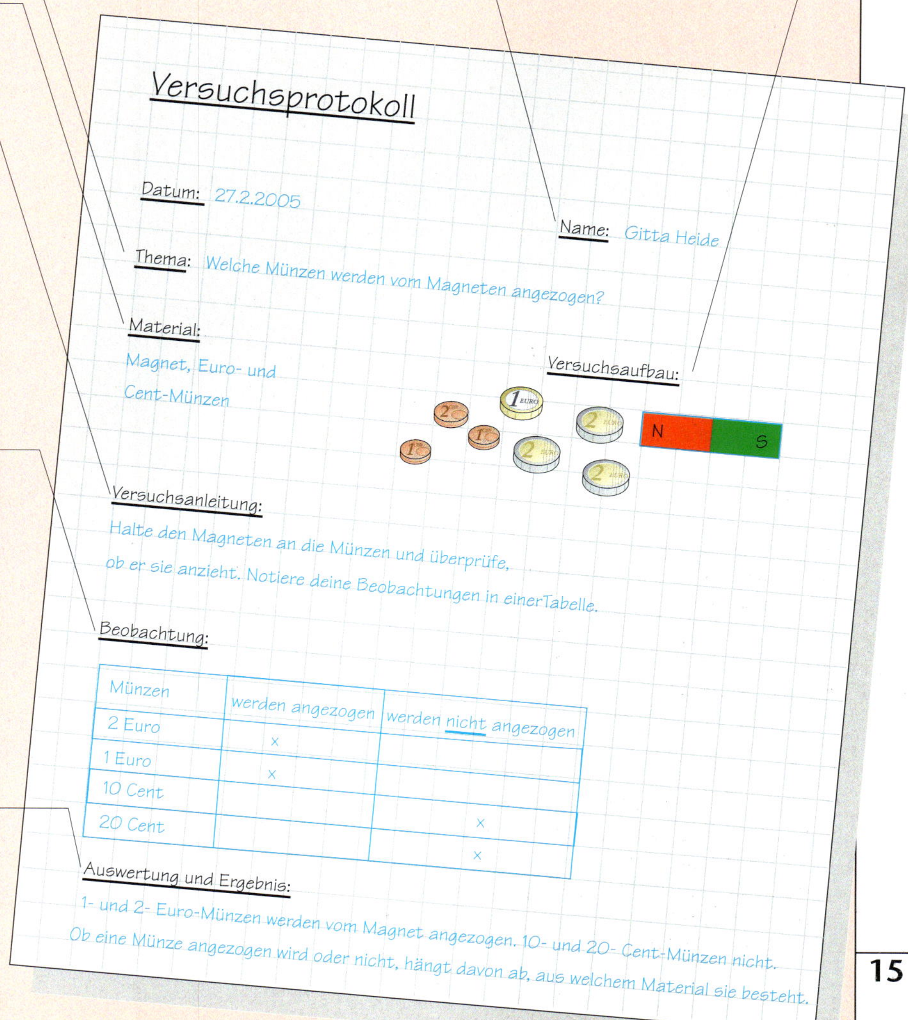

Versuchsprotokoll

Datum: 27.2.2005

Name: Gitta Heide

Thema: Welche Münzen werden vom Magneten angezogen?

Material:
Magnet, Euro- und Cent-Münzen

Versuchsaufbau:

Versuchsanleitung:
Halte den Magneten an die Münzen und überprüfe, ob er sie anzieht. Notiere deine Beobachtungen in einerTabelle.

Beobachtung:

Münzen	werden angezogen	werden nicht angezogen
2 Euro	x	
1 Euro	x	
10 Cent		x
20 Cent		x

Auswertung und Ergebnis:
1- und 2- Euro-Münzen werden vom Magnet angezogen. 10- und 20- Cent-Münzen nicht. Ob eine Münze angezogen wird oder nicht, hängt davon ab, aus welchem Material sie besteht.

Im Fach Naturwissenschaft wirst du häufig selbst Versuche durchführen. Für die Vorbereitung, Durchführung und nach Abschluss des Versuchs gelten einige grundsätzliche Regeln, die du beachten solltest:

Sorg für Ordnung und Übersichtlichkeit
Experimentiere niemals auf einem Tisch, auf dem ein Durcheinander von Büchern, Heften und womöglich Lebensmitteln herrscht. Um sicher experimentieren zu können und den Überblick zu behalten, solltest du erst Ordnung schaffen (▷B 1).

Vorbereitung des Versuchs
Bevor du zu experimentieren beginnst, musst du die Versuchsanleitung genau durchlesen: Was genau soll untersucht werden? Wie soll der Versuch durchgeführt werden? Sind besondere Hinweise gegeben? Welches Material wird benötigt und wo finde ich es?
Sobald du alle Materialien besorgt hast, kann es fast schon losgehen.

Sicherheitsbestimmungen
Damit du dich während eines Versuchs nicht verletzt, musst du gewisse Sicherheitsbestimmungen beachten:

- Beim Umgang mit offenem Feuer (Kerze oder Gasbrenner), heißen Gegenständen oder Flüssigkeiten besteht die Gefahr, sich zu verbrennen. Daher musst du lange Haare zusammenbinden. Stell sicher, dass der Gasbrenner stabil steht und dass sich keine brennbaren Gegenstände in der Nähe befinden. Trag bei Experimenten mit dem Gasbrenner und auf Anweisung immer eine Schutzbrille (▷B 2).
- Achte darauf, dass der Versuchsaufbau stabil steht und nicht umkippen kann.
- An zerbrochenen Glasgefäßen kannst du dich leicht schneiden. Informiere deine Lehrerin oder deinen Lehrer über den Glasbruch und verwende kaputte Glasgeräte nicht weiter.
- Setze für Versuche mit elektrischem Strom nur Batterien oder Netzgeräte aus der Schule ein (▷B 3). Experimentiere niemals mit Strom aus der Steckdose, das ist lebensgefährlich!

Geteilte Arbeit macht doppelt Spaß
Viele Versuche lassen sich besser zu zweit oder in der Gruppe durchführen. Damit jeder weiß, was er zu tun hat, und alle mitarbeiten können, solltet ihr vorher folgende Fragen klären:

1 Experimentieren auf einem aufgeräumten Tisch

Welche Aufgaben müssen erledigt werden (z. B. Geräte und Material holen bzw. wegbringen, Ergebnisse festhalten, Versuchsprotokoll erstellen)? Wer übernimmt welche Aufgabe? Wenn ihr erreicht, dass alle Mitglieder der Gruppe gleichermaßen am Versuch beteiligt sind, macht das Experimentieren viel mehr Spaß!

Aufräumen und entsorgen
Räume die Materialien und Geräte der Schulsammlung immer sauber und ordentlich zurück. Falls Chemikalienreste zurückbleiben, entsorge sie nach Anweisung durch die Lehrerin oder den Lehrer.

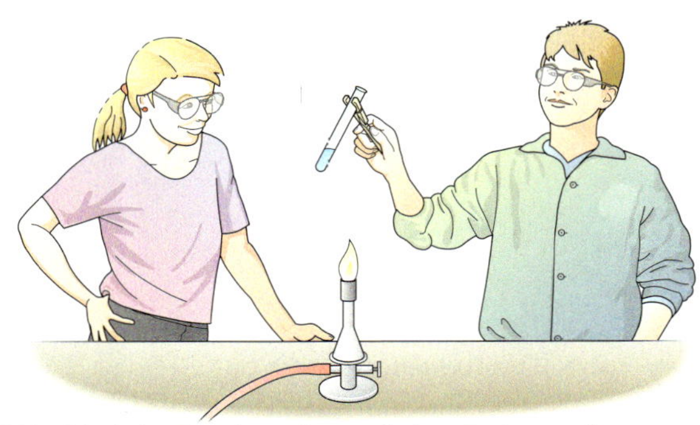

2 Vorsicht beim Experimentieren mit dem Gasbrenner!

3 Experimente mit elektrischem Strom nur mit Batterie oder Netzgerät

Für alle Fälle – Sicherheitseinrichtungen im Fachraum

Im Fachraum
Sieh dich einmal in deinem Fachraum um. Es gibt Anschlüsse für **Strom**, **Gas** und **Wasser** und auch einige Einrichtungen, die deiner Sicherheit dienen. Da du in Zukunft viele Experimente selbst durchführen wirst, musst du unbedingt mit den Sicherheitseinrichtungen vertraut sein.

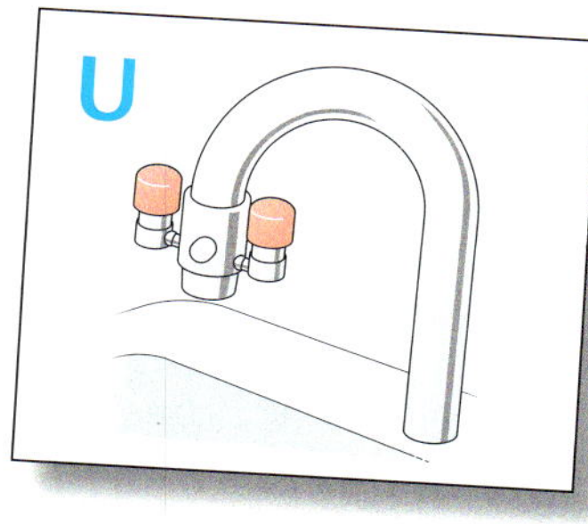

1 Das grüne Schild zeigt dir den **Fluchtweg** ins Freie. Du solltest diesen Weg einmal zusammen mit deiner Lehrerin oder deinem Lehrer gegangen sein. Dann kennst du in einem Notfall diesen Weg bereits und kannst dadurch mehr Ruhe bewahren.

2 Ein **Feuerlöscher** ist zum Löschen von Bränden vorhanden. Informiere dich über die richtige Handhabung dieses Gerätes.

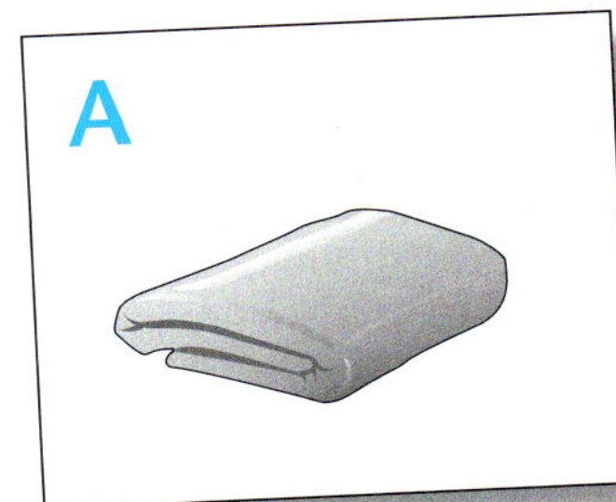

3 Der **Erste-Hilfe-Kasten** enthält Verbandsmaterial für den Fall, dass du dich beim Experimentieren verletzen solltest.

4 Für den Fall, dass die Kleidung eines Mitschülers oder einer Mitschülerin Feuer fängt, liegt eine **Löschdecke** bereit. Übt einmal, wie man mit der Löschdecke umgeht.

5 Die **Augendusche** dient dazu, Spritzer oder andere kleine Fremdkörper, die dir ins Auge gekommen sind, herauszuwaschen.

6 Neben den Türen und am Lehrerpult findest du den **NOT-AUS-Schalter**. Wenn ein solcher Schalter gedrückt ist, sind alle Strom und Gaszuleitungen unterbrochen. So können bei einem Unfall alle angeschlossenen Geräte gleichzeitig abgestellt werden.

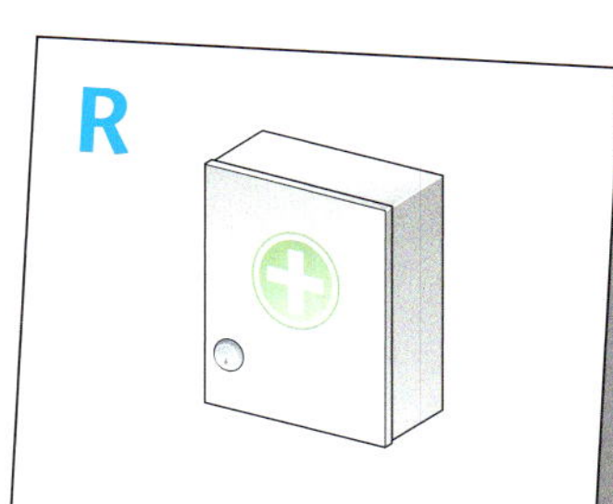

Aufgaben

1 Lies dir auf den Kärtchen die Texte zu den Sicherheitseinrichtungen durch. Suche auf den Bildkarten das entsprechende Symbol. Die Nummern auf den Textkärtchen geben dir die Reihenfolge der Buchstaben an, die du auf den zugehörigen Bildkärtchen findest. Als Lösung ergibt sich der Name eines Fachraums in eurer Schule.

2 Überlege, warum man nicht mit Sicherheitseinrichtungen herumspielen sollte.

3 Dreht an einem der Arbeitstische den Wasserhahn auf und lasst Wasser laufen. Drückt auf den NOT-AUS-Schalter und beobachtet, was passiert.

4 Was gehört deiner Meinung nach in einen Erste-Hilfe-Kasten?

1 Teelicht

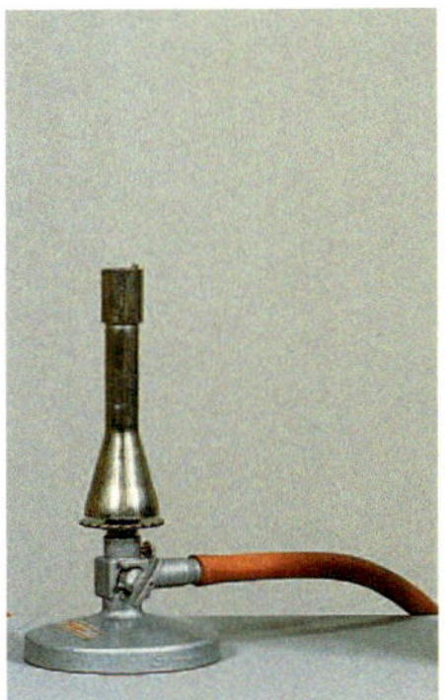

2 Teclubrenner

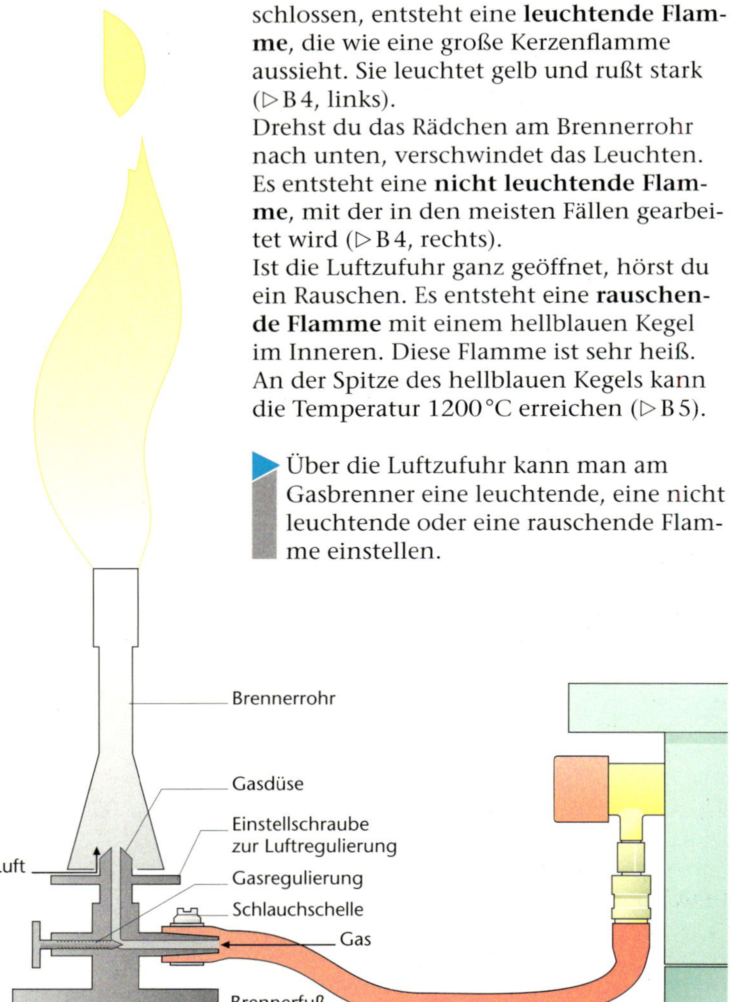

3 Aufbau eines Teclubrenners

Ein brennendes Teelicht (▷ B 1) reicht aus, um den Tee in der Kanne warm zu halten. Benötigt man in kurzer Zeit mehr Wärme, ist ein Gasbrenner besser geeignet (▷ B 2).

Den Gasbrenner kennen lernen
Den Aufbau eines Teclubrenners zeigt dir Bild 3. Seitlich am Gasbrenner befindet sich eine Schraube. Sie dient zur Regulierung der Gaszufuhr. Drehst du die Schraube auf, strömt Gas durch eine feine Düse in das Brennerrohr.
Unten am Brennerrohr befindet sich ein Rädchen, das sich nach unten und wieder nach oben drehen lässt. Drehst du es nach unten, strömt durch eine Öffnung Luft ein und vermischt sich mit dem Erdgas. Drehst du das Rädchen ganz nach oben, ist die Luftzufuhr geschlossen.

Flammen, Hitze und Ruß
Ist die Luftzufuhr am Gasbrenner geschlossen, entsteht eine **leuchtende Flamme**, die wie eine große Kerzenflamme aussieht. Sie leuchtet gelb und rußt stark (▷ B 4, links).
Drehst du das Rädchen am Brennerrohr nach unten, verschwindet das Leuchten. Es entsteht eine **nicht leuchtende Flamme**, mit der in den meisten Fällen gearbeitet wird (▷ B 4, rechts).
Ist die Luftzufuhr ganz geöffnet, hörst du ein Rauschen. Es entsteht eine **rauschende Flamme** mit einem hellblauen Kegel im Inneren. Diese Flamme ist sehr heiß. An der Spitze des hellblauen Kegels kann die Temperatur 1200 °C erreichen (▷ B 5).

Über die Luftzufuhr kann man am Gasbrenner eine leuchtende, eine nicht leuchtende oder eine rauschende Flamme einstellen.

Beim Entzünden des Gases am Brenner musst du immer eine bestimmte Reihenfolge einhalten.

Schritt für Schritt wird das Brennergas entzündet
- Setze zuerst eine Schutzbrille auf.
- Stelle den Gasbrenner in die Tischmitte und achte darauf, dass er stabil und sicher steht.
- Lege Streichhölzer oder Gasanzünder bereit.
- Verbinde den Schlauch fest mit der Gasleitung am Tisch.
- Kontrolliere das Rädchen für die Luftzufuhr und die Schraube für die Gaszufuhr am Brenner. Beide müssen geschlossen sein.
- Öffne den Gashahn am Tisch.
- Öffne die Gaszufuhr am Brenner und entzünde das ausströmende Gas sofort.

Sicher ist sicher
Achte immer darauf, dass nicht unbemerkt Gas ausströmen kann. Erdgas bildet mit Luft ein explosives Gemisch. Geht die Brennerflamme aus, muss der Gashahn sofort geschlossen werden.

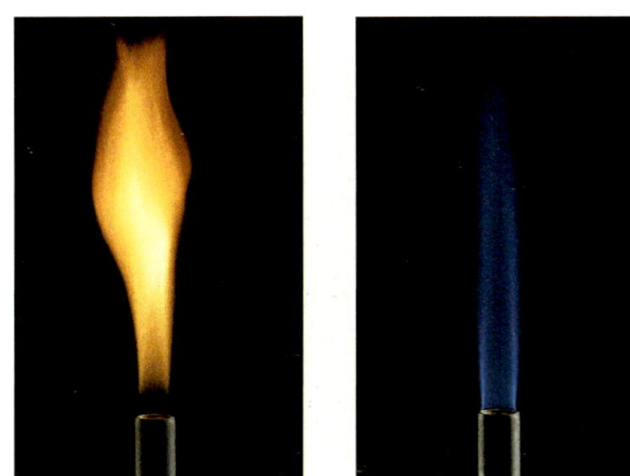

4 Leuchtende und nicht leuchtende Flamme

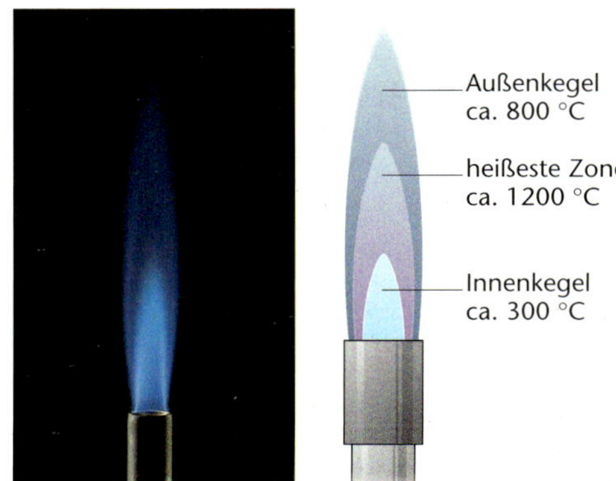

5 Rauschende Flamme und Temperaturzonen

Umgang mit dem Gasbrenner

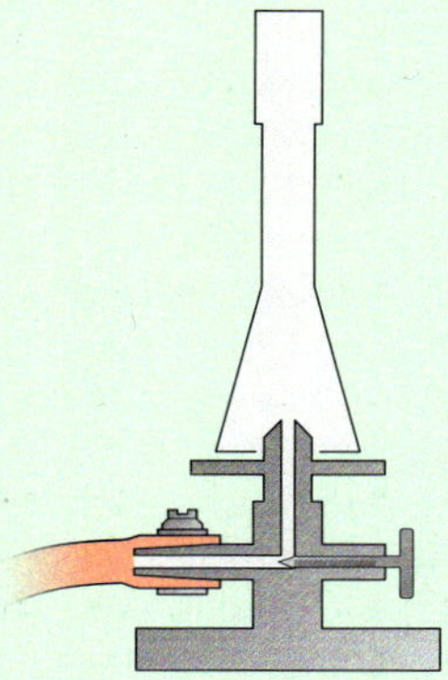

1 Ein Teclubrenner im Schnitt

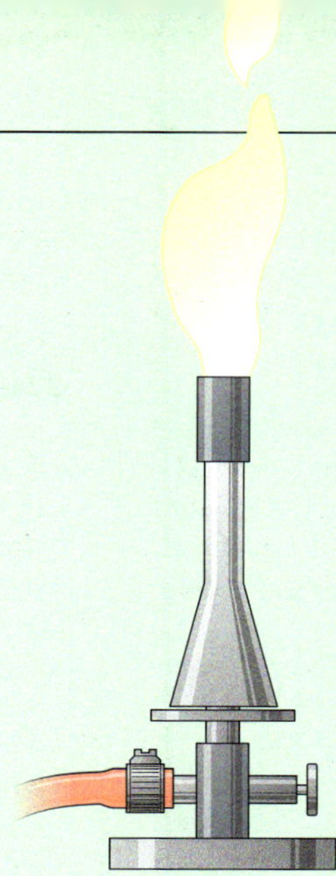

2 Bei geschlossener Luftzufuhr entsteht eine leuchtende Flamme.

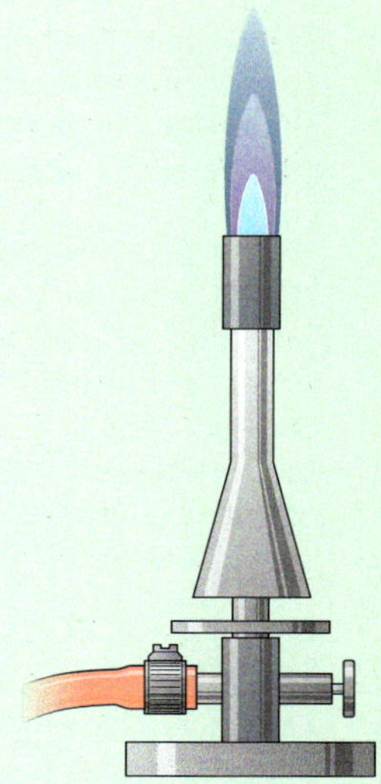

3 Ist die Luftzufuhr ganz geöffnet, entsteht eine rauschende Flamme.

Sieh dir den Gasbrenner genau an, bevor du damit umgehst.

1 Bedienungsanleitung für einen Gasbrenner

Material

Schutzbrille, Haarband, Gasbrenner, Anzünder

Hinweis: Führe alle Versuche im Stehen durch!

Versuchsanleitung

a) Setze die Schutzbrille auf. Binde lange Haare zusammen!
b) Stelle den Brenner standsicher auf den Tisch.
c) Verbinde die Kupplung des Gasschlauches mit der zentralen Gasversorgung am Tisch.
d) Schließe die Luftzufuhr.
e) Öffne die Schraube zur Gasregulierung und entzünde das ausströmende Gas sofort.
f) Öffne die Luftzufuhr und schließe sie wieder.
g) Schließe die Gaszufuhr und kopple den Gasschlauch von der Gasversorgung am Tisch ab.

Aufgaben

1. Zeichne die Skizze des Brenners (▷ B 1) ab und beschrifte die Teile.

2. Übertrage die wichtigsten Stationen zur Bedienung eines Gasbrenners in dein Heft. Achte auf die richtige Reihenfolge.

2 Flammenzonen

Material

Schutzbrille, Haarband, Gasbrenner, Anzünder, Magnesiastäbchen, Holzstäbchen

Versuchsanleitung

a) Halte ein Magnesiastäbchen in verschiedenen Höhen in die rauschende Flamme (▷ B 4).
b) Führe einen Holzspan durch den unteren Bereich der rauschenden Flamme. Arbeite rasch und achte darauf, dass der Holzspan kein Feuer fängt.

Aufgabe

Welche Beobachtung machst du? Wie könnte sie mit der Flammentemperatur zusammenhängen?

3 Gelb leuchtend – schwarz rußend

Material

Schutzbrille, Haarband, Teelicht, Gasbrenner, Anzünder, Reagenzglas, Reagenzglashalter

Versuchsanleitung

a) Bewege über der Flamme eines Teelichtes ein Reagenzglas, bis es am Boden verrußt ist (▷ B 5).
b) Halte das verrußte Reagenzglas in die rauschende Flamme eines Gasbrenners und warte, bis der Rußbelag wieder verschwunden ist.

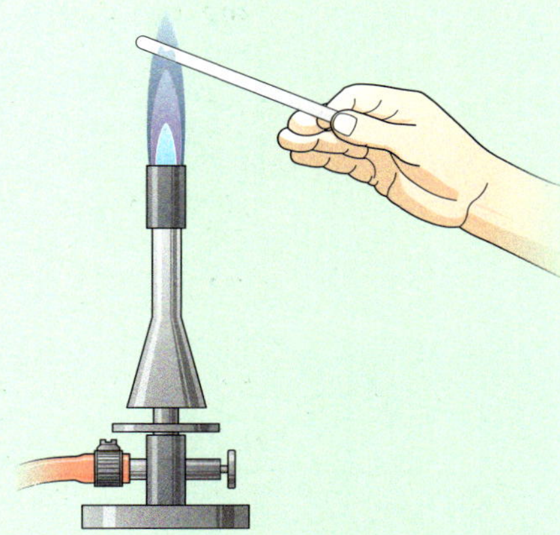

4 Zu Versuch 2a

5 Zu Versuch 3

Streit am Herd

Dennis und seine große Schwester Anke kommen aus der Schule nach Hause. Ihre Mutter hat einen Zettel auf den Küchentisch gelegt. „Ich bin gegen 13 Uhr zurück, kocht bis dahin schon mal die Kartoffeln." Diese Aufgabe übernimmt Dennis. Er stellt am Elektroherd die höchste Stufe ein und setzt sich mit der Fernsehzeitung an den Tisch.
Schon bald kocht das Wasser, es sprudelt sehr stark und spritzt aus dem Topf. Dennis will aber auf sein Zimmer gehen. Er glaubt, dass die Kartoffeln schneller gar werden, wenn er den Herd auf der höchsten Stufe kochen lässt.
Anke, die zwischendurch in die Küche schaut, wundert sich über das starke Sprudeln im Topf und dreht den Regler am Herd zurück.
„Lass das so", protestiert Dennis, „die Kartoffeln sollen schneller gar werden!"

Wer hat Recht?

Stimmt es, was Dennis sagt? Werden die Kartoffeln schneller gar, wenn das kochende Wasser auf höchster Stufe weiter geheizt wird? Oder hat Anke Recht, wenn sie den Regler zurückstellt? Sie behauptet, dass kochendes Wasser eine bestimmte Temperatur nicht überschreiten kann.

Um herauszufinden wer Recht hat, führst du am besten selbst einen Versuch durch. In der Werkstatt erfährst du, wie du dabei vorgehen musst.

Im Alltag anwenden

Hast du herausgefunden, wie heiß kochendes Wasser werden kann? Dein Wissen kannst du dir im Alltag z. B. in der Küche beim Kochen zu Nutze machen. Sobald das Wasser im Topf zu sieden beginnt, kannst du den Regler am Herd so weit zurück drehen, dass das Wasser gerade noch leicht sprudelt. Es bleibt dabei 100 °C heiß. Aber du sparst Geld, denn du verbrauchst nicht so viel Energie.
Dieses Beispiel zeigt, wie du das Gelernte aus dem Naturwissenschaftlichen Unterricht auf den Alltag übertragen kannst.

1 Naturwissenschaftliche Kenntnisse lassen sich auch im Alltag anwenden.

Werkstatt

Wie heiß wird kochendes Wasser?

Material
Elektrische Heizplatte, Becherglas, Thermometer, Wasser

Versuchsanleitung
a) Gib 300 ml Wasser in das Becherglas und stelle es auf die Heizplatte.
b) Stelle den Regler an der Heizplatte auf die höchste Stufe und lasse ihn bis zum Ende des Versuchs unverändert.
c) Misse jede Minute die Temperatur des Wassers.
d) Übertrage die Tabelle in dein Versuchsprotokoll und trage die abgelesenen Werte ein.
e) Wenn das Wasser siedet, mach mindest noch fünf weitere Messungen.
f) Beschreibe deine Messwerte und formuliere ein allgemeines Ergebnis.

Zeit (in min)	0	1	2	3	4
Temp. (in °C)	22				

Strategie

Beobachten und auswerten

Von der Beobachtung bis zum Ergebnis
Wenn du einen Versuch durchführst, solltest du immer ein Protokoll dazu erstellen. Es hilft dir, den Ablauf des Versuchs später noch einmal nachzuvollziehen. Achte darauf, dass du Beobachtungen, Vermutungen, Schlussfolgerungen und Ergebnisse sauber trennst. Vermische diese Punkte nicht, egal, in welcher Form du deine Versuchsergebnisse dokumentierst.

Was du dabei beachten musst, lernst du hier am Beispiel des Versuchs „Wie heiß wird kochendes Wasser".

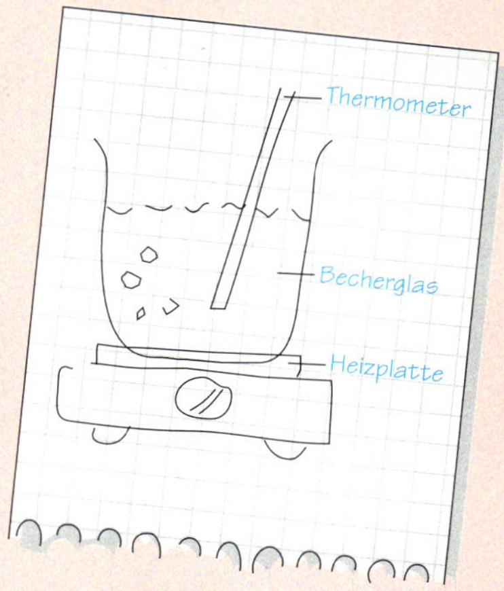

Durch eine einfache **Zeichnung** lässt sich der Versuch anschaulich darstellen.

Wenn man bei einem Versuch Messwerte bestimmt, trägt man sie zur besseren Übersichtlichkeit in eine **Tabelle** ein.

Zeit in min	0	1	2	3	4	5	6	7	8	9	10	11	12	13
Temperatur in °C	20	28	37	46	54	61	68	74	80	85	89	92	[illegible]	[illegible]

Messwertepaare, die du in einem Versuch bestimmt und in eine Tabelle eingetragen hast, lassen sich auch noch zeichnerisch in ein **Diagramm** umsetzen.
Die Messwerte aus der Tabelle lassen sich z. B. sehr anschaulich als Säulendiagramm darstellen. Sie macht die Entwicklung der Temperatur deutlich.

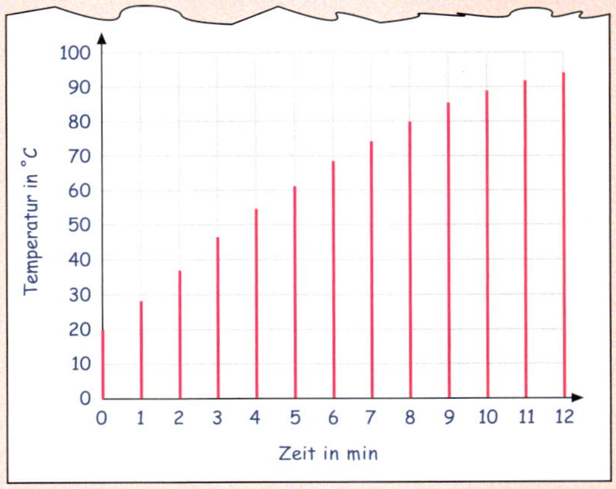

Beobachtung:

Das Wasser hatte zu Beginn des Versuchs eine Temperatur von 20 °C. Nach jeder Minute war die Temperatur angestiegen.

Nach 17 Minuten hat das Wasser 100 °C erreicht. Obwohl weiter erhitzt wurde, wurde das Wasser nicht wärmer.

Ergebnis:

Wasser in einem offenen Gefäß kann nicht heißer als 100 °C werden.

Achte darauf, dass du deine Beobachtungen und die Ergebnisse deiner Untersuchung immer voneinander trennst.

1 Ein präparierter Rotfuchs

2 Pflücke Blumen nur dann, wenn du sie wirklich brauchst.

3 Der Regenwurm in seiner natürlichen Umgebung

Tiere und Pflanzen in der Schule

Viele wichtige Erkenntnisse im Fach Naturwissenschaft werden durch Beobachtungen an Tieren und Pflanzen gewonnen. Einige Fragen lassen sich zwar anhand von präparierten Tieren (▷ B 1), Grafiken oder Modellen beantworten, im Unterricht wirst du aber auch mit lebenden Tieren und Pflanzen in Berührung kommen.

Umgang mit lebenden Tieren

Wenn du z. B. einmal einen Regenwurm (▷ B 3) im Unterricht beobachten sollst, dann musst du einiges beachten. Tiere sind Lebewesen, mit denen man verantwortungsvoll umgehen muss. Sie haben ein Recht auf sorgsame Behandlung, das im Tierschutzgesetz (TschG) festgehalten ist.

Ein Tier in seine Obhut zu nehmen, bedeutet, Verantwortung zu übernehmen. Es ist völlig auf den Menschen angewiesen. Dem Tier dürfen keine Schmerzen, kein Leid und kein Schaden zugefügt werden. Hast du die Beobachtung eines Tieres abgeschlossen, musst du es wieder in seinen natürlichen Lebensraum zurückbringen (▷ B 4).

Pflanzen im Unterricht

In der Natur, im Garten, auf dem Balkon und vielleicht auch bei dir zu Hause gibt es Pflanzen. Pflanzen sind Lebewesen, die für die Menschen lebenswichtig sind. Wir müssen sorgsam mit ihnen umgehen. Falls du für Untersuchungen im Unterricht Pflanzen benötigst, pflücke nur so viele ab, wie du für die Durchführung deines Versuchs benötigst. Überlege dir dabei, ob du bestimmte Untersuchungen nicht auch vor Ort in der Natur machen kannst.

Geschützte Tiere und Pflanzen

Manche Tier- und Pflanzenarten sind vom Aussterben bedroht (▷ B 5) und werden deshalb durch besondere Gesetze geschützt. Beispielsweise darfst du geschützte Pflanzen nicht pflücken.

Damit man sich jederzeit informieren kann, welche Tiere und Pflanzen bedroht und daher besonders geschützt sind, hat das Bundesamt für Naturschutz spezielle Listen erstellt, die so genannten „Roten Listen". Es gibt sie sowohl für die gesamte Bundesrepublik als auch für die einzelnen Bundesländer.

4 Tiere immer zurückbringen

5 Der Weißstorch, ein bedrohter Vogel.

Aufgaben

1 Welche Verhaltensregeln sind beim Umgang mit Tieren im Unterricht zu beachten?

2 Was versteht man unter der „Roten Liste"?

3 Der Weißstorch (▷ B5) gehört zu den bedrohten Vögeln. Informiere dich im Lexikon, in Sachbüchern oder im Internet über den Weißstorch. Schreibe einen kurzen Bericht über diesen Vogel.

Werkstatt

Regenwürmer und Schnecken

Um festzustellen, welche wichtige Aufgabe der Regenwurm im Boden hat, kannst du den folgenden Versuch machen:

1 Immer schön locker bleiben

Material

Einmachglas, Gartenerde, Sand, angemoderte Blätter, Nylonstrumpf, Gummiring, Alufolie

Als Versuchstiere benötigst du Regenwürmer.

Versuchsanleitung

a) Fülle abwechselnd Sand und Gartenerde in ein Einmachglas, sodass vier Schichten entstehen. Drücke die Schichten leicht an.
b) Grabe im Garten ein paar Regenwürmer aus und gib sie in das Glas. Lege ein paar angemoderte Blätter, die du im Wald finden kannst, obenauf. Verschließe das Glas mit einem Nylonstrumpf und einem Gummiring. Lege ein Tuch um das Glas, denn der Regenwurm braucht Dunkelheit.
c) Halte den Boden immer leicht feucht und stelle das Glas an einen kühlen Ort. Sieh jeden Tag nach, was in deinem Glas passiert.
Halte deine Beobachtungen und die Ergebnisse in einem Versuchsprotokoll fest.

2 Betrachten und Beobachten der Schnecke

Material

Glasplatte, Obststücke

Für diesen Versuch benötigst du Schnecken.

Versuchsanleitung

a) Setze die Schnecke auf die Glasplatte. Betrachte ganz sorgfältig ihren Körperbau (▷ B 2). Suche das Atemloch und beobachte, wie die Schnecke atmet.
b) Ziehe mit einem Stück Obst eine Spur auf der Glasplatte. Betrachte nun die Schnecke von unten und beobachte, wie sich die Schnecke fortbewegt. Beschreibe die Art der Bewegung des Fußes. Notiere deine Beobachtungen.

Vergesst aber nicht, die Tiere nach dem Beobachten wieder an ihrem Fundort auszusetzen. Geht behutsam mit den Tieren um und fügt ihnen kein Leid zu.

1 Material zu Versuch 1

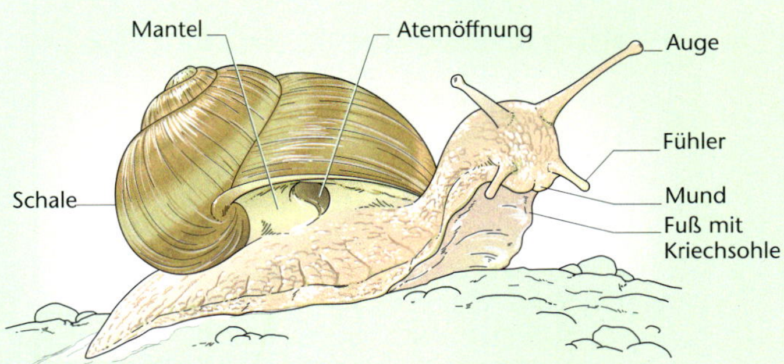

2 Körperbau einer Schnecke

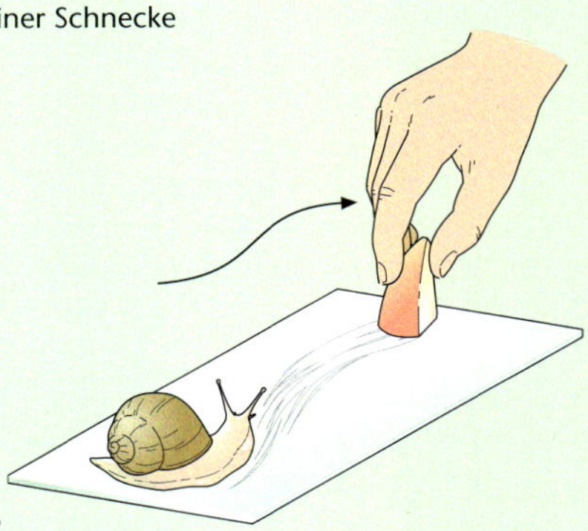
3 zu Versuch 2

Woher kommt die Einheit °C?

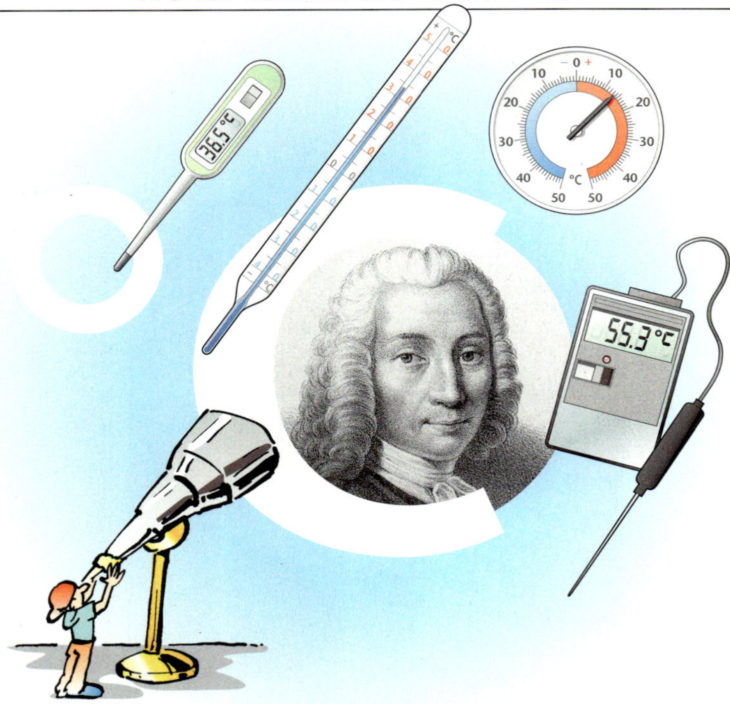

Das „C" auf dem Thermometer
Was haben die vier oben abgebildeten Thermometer gemeinsam?
Natürlich kannst du mit ihnen Temperaturen messen. Auf allen sind aber neben den Zahlen auch ein Symbol und ein Buchstabe angegeben: °C. Du hast schon gelernt, dass das „C" Celsius bedeutet und „°" für Grad steht. Das ist die bei uns gebräuchliche Einheit für die Temperatur, benannt nach dem Forscher ANDERS CELSIUS.
Wer aber war Celsius? Wo hat er gelebt? Welchen Beruf hatte er? Und was hat er geleistet, dass sein Name als Einheit für die Temperatur verwendet wurde?

Der Name wird zur Einheit
Du hast schon Einheiten wie z. B. Meter (m) oder Liter (l) kennen gelernt. Andere Einheiten, mit denen du im Fach Naturwissenschaft arbeiten wirst, sind nach bekannten Persönlichkeiten benannt, die schon vor Jahrhunderten geforscht und wichtige Entdeckungen gemacht haben. Zu ihnen gehörte auch der schwedische Astronom ANDERS CELSIUS, der Namensgeber für die Einheit der Temperatur. Und wenn du gerade über das Wort Astronom „gestolpert" bist – Nachschlagen macht schlau!

• **Astronom**, der; –en, –en: Sternenkundiger, -forscher • **Astronomie**, die; –: Sternenkunde • **astronomisch** Ew.: sternenkundlich : ugs. sehr hoch, riesig

1 Lexikonausschnitt

Strategie

Informationen sammeln

In der Schule, aber auch zu Hause gibt es viele Situationen, in denen das eigene Wissen nicht ausreicht. Wenn sich zum Beispiel die Frage stellt, wer ANDERS CELSIUS war. In solchen Fällen muss man sich Informationen beschaffen.

Wie muss man vorgehen, um eine möglichst genaue Antwort auf seine Fragen zu erhalten?

A. Fragestellung klären
Zuerst musst du dir über die Fragestellung genau im Klaren sein. Welche Frage soll beantwortet werden? Welche Informationen benötigst du dafür?

B. Fachgebiet eingrenzen
Aus welchem Bereich kommt die Frage? Aus der Physik oder eher aus der Biologie oder der Chemie? In welchen Büchern kannst du nachschlagen?

C. Informationsmaterial beschaffen
Sieh zuerst in deinem Bücherschrank und in deinen Schulbüchern nach. Weiteres Material findest du sicherlich auch in der Schulbibliothek oder in der öffentlichen Städtischen Bibliothek. Verwendest du Material von großen Firmen, Kirchen und öffentlichen Vereinen, solltest du erst mit deiner Lehrerin oder deinem Lehrer darüber sprechen.

D. Das Internet nutzen
Im Internet helfen dir Suchmaschinen, unter bestimmten Begriffen Informationen zu finden. Gib möglichst mehrere Begriffe in die Suchmaschine ein, um das Thema einzugrenzen. Sonst erhältst du zu viele Informationen, die du nicht überblicken kannst.

Strategie

Informationen auswerten

Wenn du dir zu einer Frage oder einer Aufgabe Informationen beschafft hast, wirst du in den meisten Fällen mehr Material bekommen, als du zunächst überblicken kannst. Zu ANDERS CELSIUS findest du sicherlich viele Informationen in Schulbüchern, in Sachbüchern, in Lexika und im Internet.

Bei der Auswertung der Informationen solltest du daher immer Schritt für Schritt vorgehen:

A. Informationen sichten
Zuerst musst du dir einen Überblick verschaffen. Helfen dir wirklich alle Texte und Bilder bei der Bearbeitung des Themas?

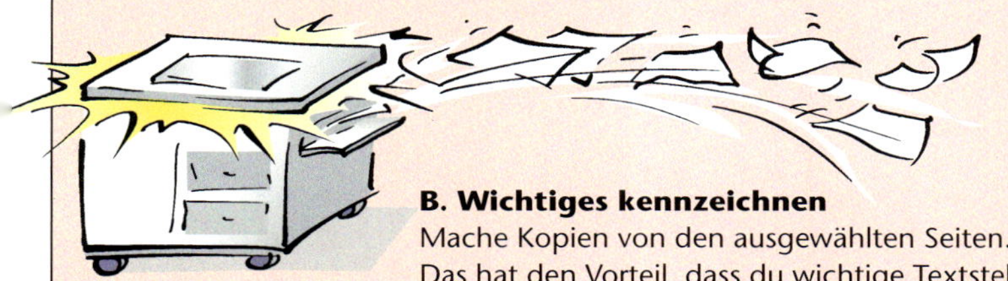

B. Wichtiges kennzeichnen
Mache Kopien von den ausgewählten Seiten. Das hat den Vorteil, dass du wichtige Textstellen und Stichwörter mit dem Textmarker oder Buntstiften markieren kannst. Du kannst auf den Seiten auch Kommentare oder Verweise auf andere Materialien notieren.

C. Bilder sagen mehr ...
Bei der Auswertung von Materialien sind nicht nur Texte wichtig. Sammle Fotos, Zeichnungen, aber auch Tabellen und Diagramme. Sie machen deine Ausarbeitung interessanter und anschaulicher.

D. Ergebnisse zusammenfassen
Anhand der Markierungen auf den kopierten Seiten lassen sich die Ergebnisse deiner Informationssuche nun leichter zusammenfassen. Selbst bei größeren Informationsmengen kannst du das Wesentliche schnell überblicken und bei Bedarf schriftlich zusammenfassen.

Hierbei gilt allerdings der Grundsatz: Schreib nichts auf, was du nicht selbst verstanden hast. Sachverhalte oder Begriffe, die dir unbekannt sind, solltest du in einem Lexikon nachschlagen oder im Internet suchen.

Wie war das noch mit der „Berufsbezeichnung" des ANDERS CELSIUS? „Astronom". Was ist denn ein Astronom? Wenn du diese Frage nicht genau beantworten kannst, weißt du nun, wie du das herausbekommen kannst.

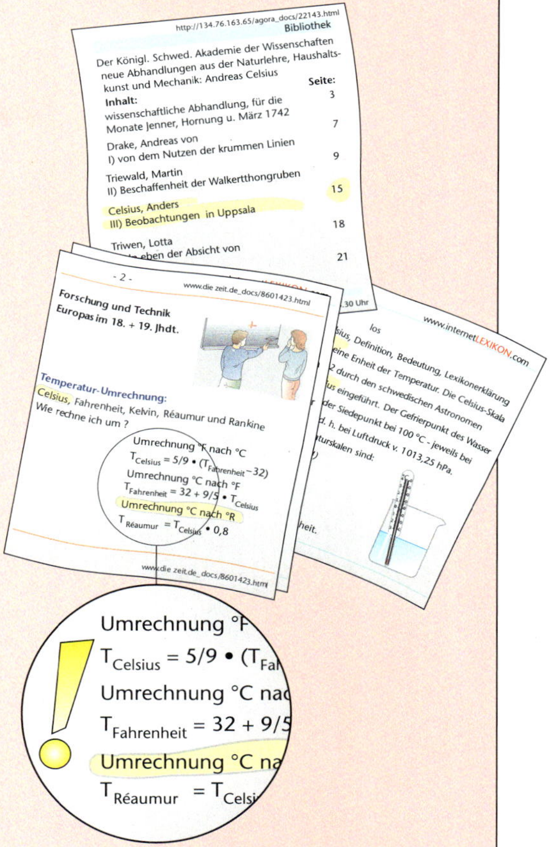

Zeitpunkt

ANDERS CELSIUS berichtet aus seinem Leben

CELSIUS berichtet zur Temperaturmessung
„Zunächst möchte ich zur Temperaturskala noch etwas ergänzen. Auf die Idee, Wassers für die Skala zu verwenden, bin ich bei einer Expedition in Lappland gekommen. Allerdings habe ich den Siedepunkt mit 0 °C und den Gefrierpunkt mit 100 °C bezeichnet.
Nach der Rückkehr von meiner Reise habe ich meine Überlegungen zur Temperaturmessung in einer Abhandlung der schwedischen Akademie der Wissenschaften veröffentlicht (▷ B 1).
Dort habe ich auch vorgeschlagen, meine Skala auf einem Quecksilberthermometer anzubringen. Allerdings bin ich nicht der Einzige gewesen, der sich Gedanken um die Temperaturmessung gemacht hat. Bereits 30 Jahre vor mir entwickelten meine Kollegen Fahrenheit und Réaumur eine Temperaturskala. Die Skala von Réaumur hat allerdings den Nachteil, dass sie in 80 und nicht in 100 Schritte unterteilt ist. Man wird sehen, welche Skala sich in Zukunft durchsetzt.
Vielleicht hast du dich eben gewundert, dass ich meine Skala zunächst in Schweden bekannt gemacht habe. Dort – in Uppsala – bin ich am 27. Januar 1701 geboren. Mein Vater war an der Universität Professor für Sternkunde – allerdings ohne ein Fernrohr zu haben. Ein unmöglicher Zustand!"

CELSIUS – immer unterwegs?
„Als Erwachsener beschloss ich, in die Fußstapfen meines Vaters zu treten. Mit 29 Jahren ernannte man mich zu seinem Nachfolger. Ich bekam den Auftrag, mir in anderen Ländern Sternwarten anzusehen und mich dort über Sternkunde (Astronomie) zu informieren. Über Nürnberg und Rom kam ich 1734 nach Paris. Dort stritten englische und französische Kollegen über die Form der Erde: Ist sie eine Kugel oder an den Polen abgeplattet (▷ B 2)?

Das musst du dir wie einen leicht eingedrückten Ball vorstellen. Man beschloss, zu Messungen nach Lappland zu reisen, und ich fuhr mit. Wir konnten 1737 die Abplattung nachweisen."

Wieder zu Hause!
„Nach insgesamt fünf Jahren kam ich nach Uppsala zurück, um nun endlich eine Sternwarte errichten zu lassen. Das dauerte nochmal drei Jahre und dann konnten wir hier Himmelsforschung betreiben. Ich habe zum Beispiel die Helligkeit von Sternen gemessen."

Beobachtungen am Strand
„Ich gehe gern spazieren und beobachte die Natur. Dabei ist mir aufgefallen, dass die Strände an Nord- und Ostsee breiter werden (▷ B 3). Ich schließe daraus, dass sich der Meeresspiegel senkt. Wenn meine Beobachtungen zu einem interessanten Ergebnis führen, schreibe ich es auf und du kannst es dann in meinen Büchern nachlesen."

1 In diesem Band berichtete CELSIUS zuerst über seine Temperaturskala.

2 Die Erde ist keine Kugel.

3 CELSIUS beobachtete den Meeresspiegel.

3 Nico ist ein richtiger Pferdenarr.

1 Lenas Wellensittich ist ein frecher Geselle.

4 Sarahs Meerschweinchen hört auf seinen Namen.

2 Mit seinem Hund kann Timo viel unternehmen.

Lenas Wellensittich

Lena bekommt von ihrem Großvater einen Wellensittich geschenkt. Sie gehen zusammen in die Tierhandlung und dort sucht sie sich einen jungen gelbgrünen Vogel aus.

Sie benötigt aber noch viele andere Dinge wie z. B. einen Käfig, Sand für den Boden, eine Wanne zum Baden, einen Stein zum Wetzen des Schnabels und natürlich Futter. Und damit sie bei der Pflege ihres Haustieres nichts falsch macht, kauft sie sich auch noch ein Buch über den Umgang mit Wellensittichen.

Eure Lieblingstiere

Wahrscheinlich haben einige von euch ein Haustier – einen Hund, eine Katze, einen Hamster oder ein Meerschweinchen oder sie pflegen am Nachmittag auf einem Reiterhof ein Pferd.
Macht doch mal eine Umfrage in der Klasse, wer welches Lieblingstier hat. Vielleicht habt ihr auch Lust, den anderen euer Lieblingtier vorzustellen!

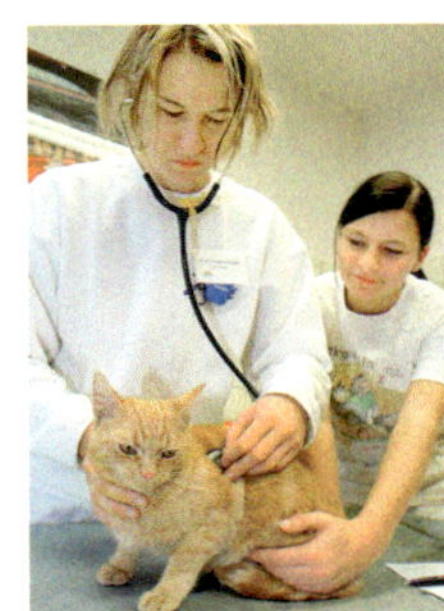

5 Wird das Tier krank, muss es zum Arzt.

6 Haustiere kann man in Tierhandlungen oder beim Züchter kaufen.

Aufgaben

1 Schreibt die Namen eurer Lieblingstiere an die Tafel. Erzählt kurz, warum ihr gerade dieses Tier so gerne mögt.

2 Bildet Gruppen aus Schülerinnen und Schülern, die das gleiche Lieblingstier haben. Überlegt in den Gruppen, welche Informationen über euer Liebingstier interessant sind.
Sammelt diese Informationen und wertet sie aus, damit ihr die Ergebnisse euren Mitschülerinnen und Mitschülern präsentieren könnt.

Strategie

Ergebnisse präsentieren

Vorbereitung einer Präsentation
Zur nächsten Unterrichtsstunde haben alle Schülerinnen und Schüler Informationen über ihr Lieblingstier mitgebracht. Nun geht es darum, diese zusammenzutragen und zu ordnen, damit sie den anderen Gruppen vorgestellt werden können. Dabei ist darauf zu achten, dass die Ergebnisse
- klar gegliedert und
- verständlich dargestellt werden.

Im Folgenden lernt ihr verschiedene Möglichkeiten kennen, wie ihr die Ergebnisse eurer Arbeit in Kleingruppen euren Mitschülerinnen und Mitschülern präsentieren könnt.

A. Der Vortrag
Einer oder mehrere aus jeder Gruppe gehen nach vorne und tragen die Ergebnisse vor (▷ B 2).
Beachtet dabei Folgendes:
- Tragt eure Ergebnisse möglichst frei vor. Das geht am besten, wenn ihr wichtige Sätze und Begriffe in euren Unterlagen markiert. Tragt nur das vor, was ihr auch selbst verstanden habt.
- Sprecht laut und deutlich.
- Schaut eure Zuhörer dabei an.
- Benutzt möglichst wenige Fremdwörter.

Ihr könnt euren Vortrag verständlicher und interessanter machen, indem ihr
- Bilder zeigt,
- Ergebnisse, Tabellen oder Zeichnungen, die ihr auf Folie vorbereitet habt, während des Vortrags auf den Overheadprojektor legt,
- wichtige Informationen an die Tafel schreibt.

2 Präsentation an der Tafel

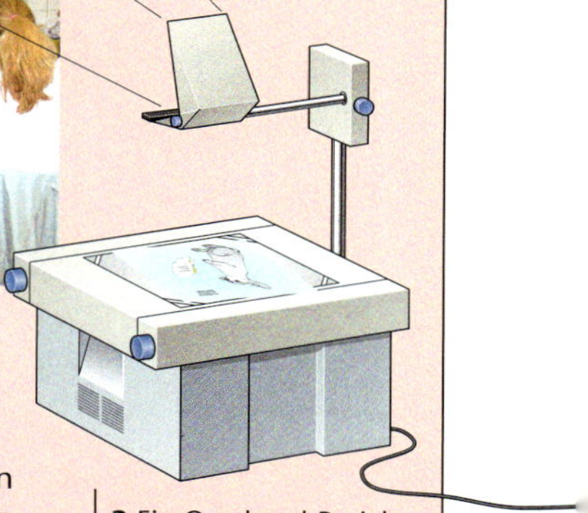

3 Ein Overhead-Projektor als Hilfsmittel

B. Das Plakat
Eine sehr übersichtliche und anschauliche Möglichkeit Ergebnisse zu präsentieren bieten Plakate (▷ B 1). Dabei kann jedes Mitglied der Gruppe seine Ergebnisse sauber auf Blätter notieren. Diese werden dann zusammen mit Fotos oder anderen Informationen aus Broschüren oder Prospekten übersichtlich auf dem Plakat aufgeklebt.

Auch bei dieser Präsentationsmethode gilt: erst die Informationen gliedern und dann aufkleben. Selbstverständlich sollte die Schrift groß und gut lesbar sein.

Falls es in eurer Schule Informationswände gibt, die von Schülerinnen und Schülern gestaltet werden, könnt Ihr natürlich auch dort eure Ergebnisse präsentieren.

C. Das Buch
Die Ergebnisse, die von den einzelnen Gruppen auf DIN-A4-Blätter geschrieben und auf Plakate geklebt wurden, könnt ihr auch zu einem „Buch" binden. Dazu werden sie kopiert und zusammengeheftet – so hat jeder in der Klasse ein Exemplar mit allen Ergebnissen.

D. Auf einen Blick – Ergebnisse auf Folienstreifen
Wenn ihr die Ergebnisse eurer Gruppenarbeit in kurzen Sätzen zusammenfassen könnt, dann schreibt sie auf Folienstreifen. Wenn ihr diese Streifen untereinander auf dem Overheadprojektor anordnet, habt ihr alle Ergebnisse auf einen Blick.

1 Mit Plakaten kann man eine Ausstellung gestalten.

Wahrnehmung
mit allen Sinnen

Die Sinne sind unser Fenster zur Welt. Ohne sie könnten wir unsere Umwelt nicht wahrnehmen.

Hören, sehen, schmecken, riechen, fühlen – alle Informationen erhalten wir über die Sinne. Es ist wichtig, „seine fünf Sinne beieinander zu haben". Besitzt der Mensch wirklich nur fünf Sinne oder gibt es noch andere, unbekannte Sinne?
Und wie können sich Menschen behelfen, bei denen ein Sinn geschwächt oder ganz ausgefallen ist?

Du weißt, dass du Licht sehen, Schall hören und Wärme fühlen kannst. Doch welche Eigenschaften haben Licht, Schall und Wärme?

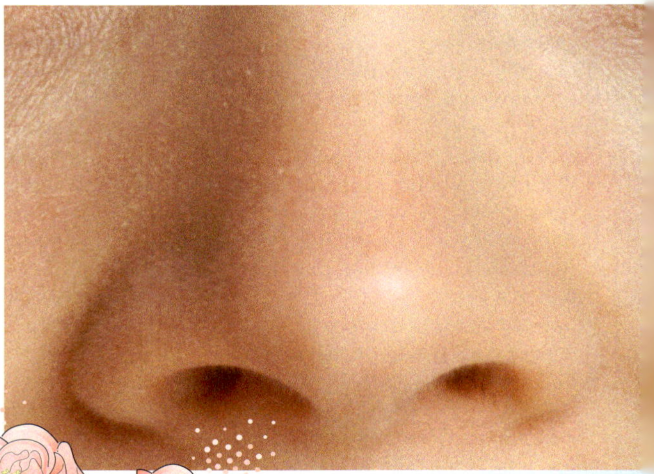

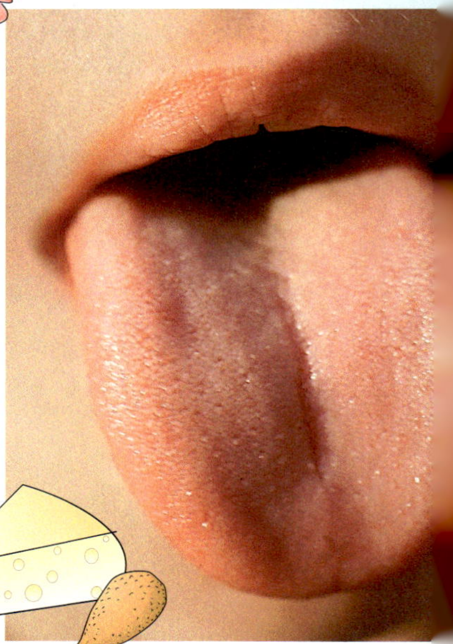

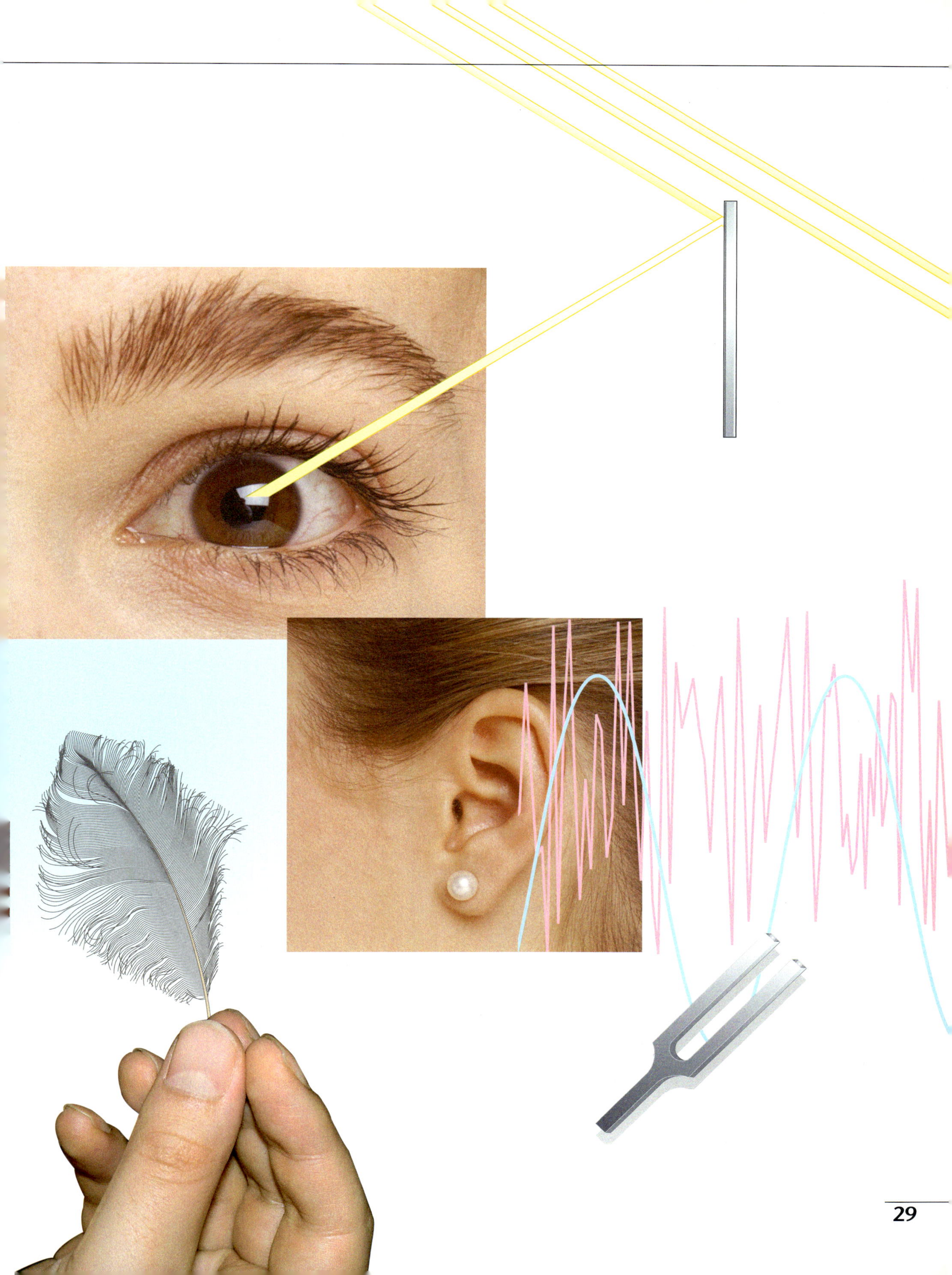

Die Welt erfahren mit allen Sinnen

Von allen Sinnesorganen des Menschen hat das Auge die größte Bedeutung. Was aber passiert, wenn die Augen nicht richtig funktionieren? Können unsere anderen Sinne diese Schwäche ausgleichen?

1 Was ist das?

Material
Schere, Radiergummi, Bleistiftspitzer, Stifte, Schlüssel, Tuch usw.

Versuchsanleitung
Verbinde einer Versuchsperson die Augen. Verteile die Gegenstände vor ihr auf dem Tisch. Lasse die Versuchsperson die Gegenstände ertasten und beschreiben.

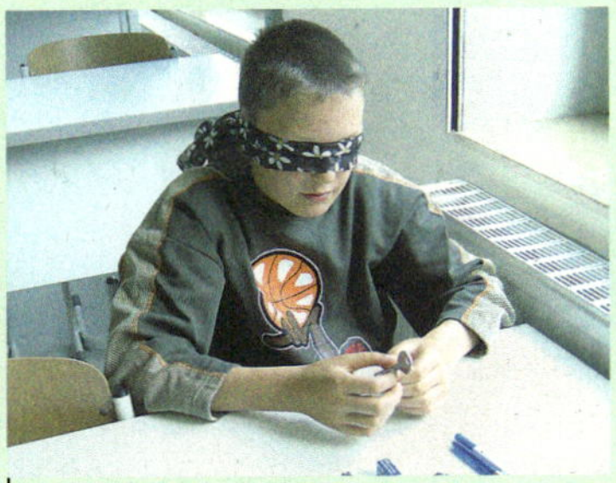

1 Gegenstände ertasten

2 Die Tastorgel

Material
Abflussrohre aus Plastik (ca. 40 cm lang), undurchsichtige Plastiksäckchen, Gummiringe oder Klebeband, Holzspäne, Sand, Kies, Muscheln, Nüsse, Laub, Moos, Fichtennadeln und -zapfen, Eierkartons, Eicheln, Kastanien, Torf, Federn, Gras, Heu, Stroh, Erbsen, Bohnen, Münzen usw.

Versuchsanleitung
Befestige die Säckchen mit Klebeband an den Abflussrohren und befüll sie mit den verschiedenen Materialien. Je mehr unterschiedliche Materialien du verwendest, desto interessanter wird der Versuch. Nummeriere die Rohre und schreib den Inhalt der Säckchen auf einen Lösungszettel. Lasse die Versuchsperson in die Säckchen greifen und ihren Inhalt ertasten.

Aufgaben
1. Gehe mit einer Versuchsperson an die einzelnen Stationen und notiere ihre Vermutungen. Vergleiche die Angaben mit der Liste.

2. Woran hat die Versuchsperson die Gegenstände erkannt?

2 Eine Station der Tastorgel

3 Der Barfußparcours

Material
Flache Kartons, Zeitungspapier, Füllmaterialien wie bei der Tastorgel in Versuch 2

Versuchsanleitung
Nimm mehrere gleich große, flache Kartons aus dem Supermarkt. Lege die Kartons mit Zeitungspapier aus und fülle sie mit den unterschiedlichen Materialien. Verbinde deinem Partner die Augen und führe ihn barfuß über den Parcours. Lasse dir nach jeder Kiste die Lösung ansagen.
Wie viele richtige Antworten erhältst du?

3 Der Barfußparcours

4 Wir fühlen mit dem Rücken

Versuchsanleitung
Schreibe deinem Partner mit dem Finger Buchstaben und Worte auf den Rücken oder mal dort ein einfaches Bild.
Erkennt dein Partner deine „Botschaft"?

5 Sandbilder

Material
Kleister, Sand, Pinsel, Papier

Versuchsanleitung
Rühre dünnflüssigen Kleister an und male damit ein einfaches Bild auf ein Blatt Papier, z. B. eine Sonne oder einen Apfel.

4 Ein Sandbild entsteht.

Verteile den trockenen Sand über das Blatt. Sobald der Kleister trocken ist, kannst du den überflüssigen Sand abschütten.

Einer Versuchsperson werden nun die Augen verbunden.
Kann sie dein Sandbild ertasten?

Aufgabe
Verwende beim nächsten Bild weniger Sand. Kann die Versuchsperson das Bild dann noch erkennen?

6 Das Rasselmemory

Material

10 bis 12 Filmdöschen, Füllmaterial (ähnlich wie bei der Tastorgel)

5 Material für das Rasselmemory

Versuchsanleitung

Fülle in je 2 Filmdöschen die gleiche Menge desselben Materials. Nummeriere die Döschen und erstelle eine Kontrollliste. Gelingt es dir, zueinander gehörende Döschen am Klang zu erkennen?

7 Wir bauen eine Riechorgel

Material

8 bis 10 Filmdöschen, Watte, verschiedene Stoffe (z.B. Essig, Knoblauch, Eukalyptus, Pfefferminztee, Asche, Gartenkräuter, Gewürze)

Versuchsanleitung

Nummeriere die Döschen. Tropfe die flüssigen Stoffe jeweils auf einen Wattebausch. Fülle nun die Duftproben in die Döschen und erstelle eine Kontrollliste. Je mehr verschiedene Düfte die Riechorgel umfasst, desto interessanter wird die Aufgabe.

Achtung: Eine unbekannter Duftstoff könnte schädliche Dämpfe abgeben! Halte deine Nase deshalb niemals direkt an den Stoff, sondern fächle immer mit der Hand über die Probe.

6 Zufächeln einer Duftprobe

Aufgaben

1. Teste deine Klassenkameraden: Wer kann die meisten Düfte auseinanderhalten?

2. Vor welchen Gefahren kann dich die Nase warnen?

3. Welchen Sinn hat es, dass der Mensch zwar die Augen, nicht aber die Nase verschließen kann?

8 Wir schmecken Lebensmittel

Material

Apfel, Zwiebel, Möhre, gekochte Kartoffel, Banane, Augenbinde, Taucherbrille mit zugeklebter Sichtscheibe

Versuchsanleitung

Schneide das Obst und das Gemüse in gleich große, mundgerechte Stücke. Probiere erst mit verbundenen Augen. Setze nun die Taucherbrille auf und probiere erneut.

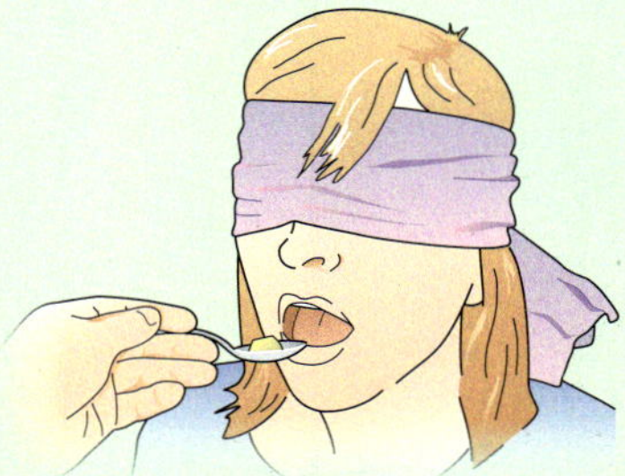

7 Wie gut ist dein Geschmackssinn?

Aufgaben

1. Stellst du eine Veränderung fest, wenn du die Lebensmittel mit aufgesetzter Taucherbrille probierst?

2. Welche Krankheit wirkt sich auf die Wahrnehmung des Geschmacks ähnlich aus, wie das Tragen der Taucherbrille?

9 Die Geschmacksempfindungen der Zunge

Material

Salz, Zucker, Wasser, Grapefruitsaft, Zitronensaft, Wattestäbchen, Augenbinde, 4 Gläser

Versuchsanleitung

Fülle etwas Wasser in zwei Gläser. Löse in einem Glas etwas Salz, im anderen etwas Zucker auf. Fülle die beiden anderen Gläser mit Grapefruit- und mit Zitronensaft. Verbinde deinem Partner die Augen. Tauche die Wattestäbchen in eine der Flüssigkeiten und betupfe dann verschiedene Stellen der Zunge deines Partners.
(Mund zwischen den Proben ausspülen! Wattestäbchen nur für je eine Versuchsperson benutzen!)

Aufgaben

1. Erkennt dein Partner die Geschmacksrichtungen süß, sauer, salzig und bitter?

2. Teste insbesondere die Zungenspitze mit den Flüssigkeiten.

3. Was macht dein Partner, wenn er den Geschmack testet?

10 Aus dem Gleichgewicht

Material

Drehstuhl, Krepp-Klebeband

Versuchsanleitung

Stelle den Drehstuhl in die Mitte des Klassenzimmers. Klebe vom Stuhl aus eine zwei Meter lange gerade Linie auf den Boden.
Eine Versuchsperson setzt sich auf den Drehstuhl, senkt den Kopf und schließt die Augen. Drehe nun den Stuhl im Uhrzeigersinn.

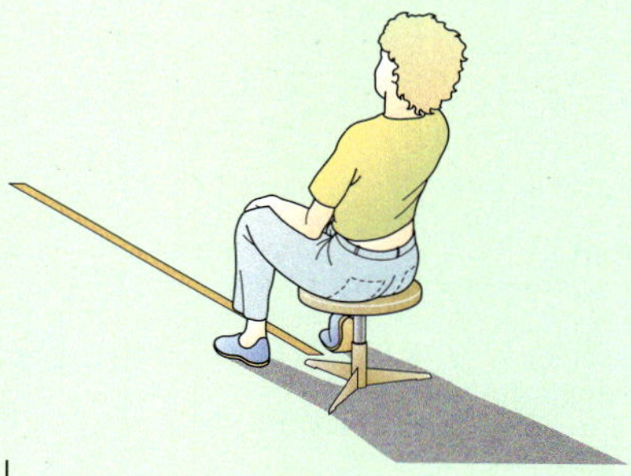

8 Zu Versuch 10

Halte den Stuhl nach etwa sechs Umdrehungen an. Die Versuchsperson soll nun die Augen öffnen und entlang der Linie laufen. Lass sie beschreiben, wie sie sich nach dem Abstoppen fühlt.

Die Sinne des Menschen

Der Mensch besitzt verschiedene **Sinnesorgane**. Jedes dieser Sinnesorgane kann bestimmte Reize aufnehmen (▷B 1). Licht wird beispielsweise mit den Augen wahrgenommen, Gerüche lassen sich mit der Nase feststellen.
Es gibt noch weitere Sinne, die für unseren Körper wichtig sind. Zum Beispiel liefert der „Gleichgewichtssinn" Informationen über die Lage des Kopfes. Daher weißt du, ob du aufrecht stehst, waagerecht liegst oder mit dem Kopf nach unten hängst.

Der Sinn der Sinne

Unsere Sinne ermöglichen es uns, unsere Umwelt wahrzunehmen. Die Sinnesorgane nehmen Reize auf und leiten sie an das Gehirn weiter. Wir reagieren auf diese Reize und handeln danach. Nimmt unser Gehör z. B. das laute Hupen eines Fahrzeugs wahr, wird unsere Aufmerksamkeit auf den Straßenverkehr gelenkt. Wir reagieren, indem wir schnell von der Straße zurücktreten.

▶ Die Sinnesorgane nehmen Reize aus der Umwelt auf. Sie sind die Grundlage für unser Handeln.

Die Leistungen der Sinne werden uns häufig erst bewusst, wenn sie nicht mehr wie gewohnt funktionieren. Ist die Nase verstopft, vermissen wir den vertrauten Geruch unseres Lieblingsgerichts. Wird der Hörsinn im hohen Alter schwächer, treten Probleme bei der Unterhaltung mit anderen Menschen auf.

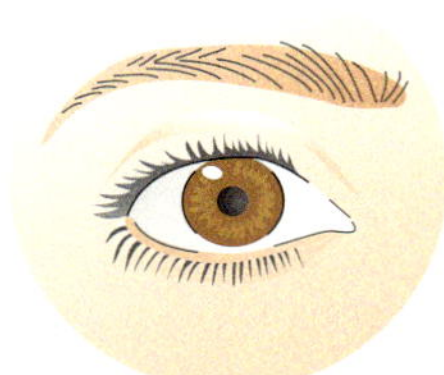

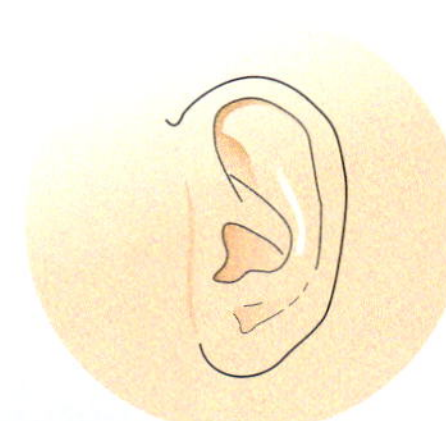

Die **Ohren** der Lebewesen enthalten Hörsinneszellen, die auf Schall reagieren. Andere Sinneszellen im Ohr geben Auskunft über unser Gleichgewicht und sie melden uns, wo oben und unten ist.

Die Sinneszellen des **Auges** nehmen Lichtreize aus der Umwelt auf und informieren uns über das Aussehen der Umgebung. Du kannst mit ihnen Formen und Farben unterscheiden.

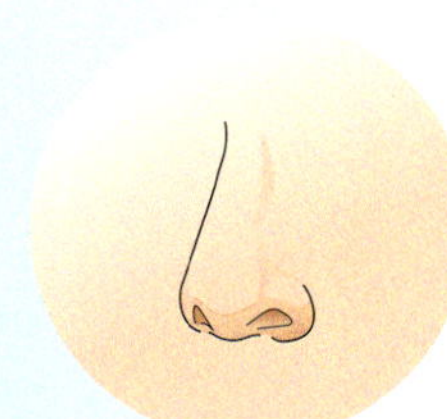

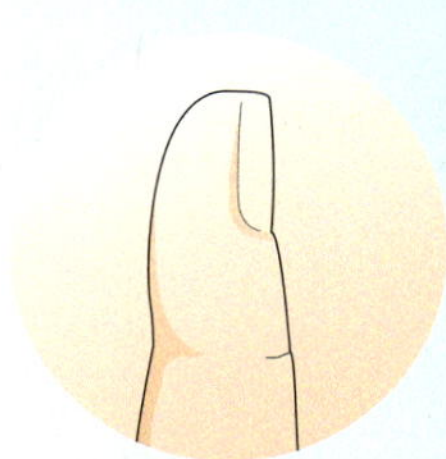

Die **Nase** prüft die Atemluft mithilfe der Riechzellen auf ihre Qualität. Der Mensch unterscheidet bis zu 10 000 verschiedene Gerüche. Auch alles, was du isst, geht erst unter deiner Nase vorbei. Sie bewacht den Eingang zu deinem Körper und warnt dich, wenn Nahrung nicht einwandfrei ist.

Die **Haut** enthält verschiedene Sinneszellen. Sie können Wärme oder Kälte feststellen, sie spüren den Druck, den z. B. Kleidungsstücke verursachen und sie fühlen den Schmerz, der bei Verletzungen auftritt.

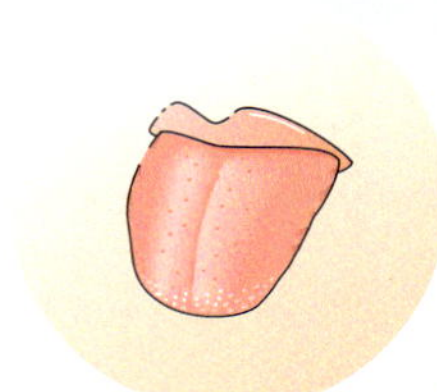

Alle Stoffe, die der Körper aufnimmt, werden vorher gründlich geprüft. Die Geschmackssinneszellen der **Zunge** geben Auskunft über die Nahrung. Ungenießbares kann wieder ausgespuckt werden.

1 Die Sinne des Menschen

Sinneseindrücke können täuschen

2 Groß, größer, am größten?

Unser Gehirn empfängt die Signale der Sinnesorgane und wertet sie aus. Neue Sinneseindrücke werden mit früheren Erfahrungen verglichen. Fehlt ein Sinneseindruck, kann er vom Gehirn durch die früheren Erfahrungen ergänzt werden. Außerdem werden bekannte Sinneseindrücke schneller wahrgenommen. Betrachte Bild 1. Kannst du darin mehr erkennen als nur schwarze Flecken?

Das Gehirn vergleicht die Sinneseindrücke mit früheren Erfahrungen.

Optische Täuschungen
Widersprechen die neuen Sinneseindrücke den früheren Erfahrungen, kommt es zu einer Sinnestäuschung. Am Beispiel der optischen Täuschungen wird das besonders deutlich.

1 Verbirgt sich etwas hinter den Flecken?

Groß oder klein?
Welche der Personen in Bild 2 ist am größten? Stell zunächst eine Vermutung an und überprüfe sie anschließend, indem du mit dem Lineal nachmisst.
Wir bestimmen die scheinbare Größe der Personen, indem wir sie auch mit ihrer Umgebung vergleichen. Die Person ganz links und die Person der Mitte haben für uns eine gewohnte Größe, denn sie „passen“ zur Höhe des Durchgangs.
Bei der dritten Person spielt uns das Gehirn einen Streich. Sie befindet sich am Ende des Zimmers, also in einer Umgebung, die weiter entfernt ist und deshalb entsprechend verkleinert dargestellt ist. Das Gehirn vergleicht das Bild der Frau mit der Umgebung. Im Vergleich zur Umgebung wirkt sie riesig – daher folgert das Gehirn, dass sie auch größer als die Person ganz links ist. Tatsächlich aber sind beide Personen gleich groß, es handelt es sich um eine optische Täuschung.

Dinge gibt´s, die gibt´s nicht!
Du weißt aus Erfahrung, dass Gegenstände wie eine Kiste eine räumliche Ausdehnung besitzen. Deshalb versucht das Gehirn, auch gedruckte Bilder solcher Gegenstände räumlich wahrzunehmen.
Geschickte Zeichner nutzen das aus, um „unmögliche“ Gegenstände auf dem Papier zu konstruieren. Würde es dir gelingen, die Gegenstände in Bild 3 nachzubauen?

3 Unmögliche, diese Gegenstände!

Leben ohne Licht und Schall

Ständig nimmst du mit den Sinnesorganen Reize aus deiner Umwelt auf. Das ist für dich selbstverständlich, meistens denkst du darüber nicht mehr nach. Stell dir vor, es würde dir ein Sinn fehlen. Wie könntest du dich dann in deiner Umgebung zurechtfinden?

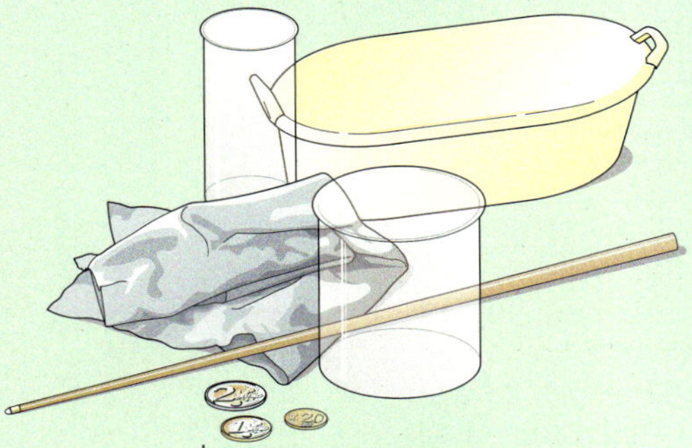

1 Material zu Versuch 1

1 Orientierung ohne Licht

Material

Tuch, Stock, verschiedene Geldstücke, 2 Wassergläser, Wanne

Versuchsanleitung

a) Gehe mit verbundenen Augen den Weg von deinem Fachraum zu deinem Klassenzimmer (▷ B 2). Bitte einen Mitschüler oder eine Mitschülerin dich zu begleiten und die Richtung anzugeben, in die du gehen musst. Vermeide das Treppenhaus! Lasse dich an gefährlichen Stellen von deinem Partner sichern.

2 Blinde benötigen Hilfe

Versuche, den Rückweg alleine zu finden. Benutze zur Orientierung den Stock. Dein Mitschüler oder deine Mitschülerin warnt dich vor gefährlichen Stellen.
Wie kannst du den Stock einsetzen, um den Weg zu finden? An welchen Stellen hast du Schwierigkeiten bei der Orientierung?

3 Stockeinsatz

b) Auf einem Tisch vor dir liegen verschiedene Geldstücke. Versuche den Wert dieser Geldstücke mit verbundenen Augen zu ertasten. Zähle anschließend einen Betrag von 1,38 Euro mit verbundenen Augen ab. Woran erkennst du die verschiedenen Münzen?
c) Mit geöffneten Augen ist es einfach, Wasser von einem Glas in ein anderes zu gießen. Schaffst du das auch mit verbundenen Augen? Welcher „Trick“ kann dir dabei helfen?

4 Umgießen mit verbundenen Augen

d) Ein Mitschüler oder eine Mitschülerin lässt einen Schlüssel zu Boden fallen. Hebe den Schlüssel mit verbundenen Augen auf. Wiederhole den Versuch mit anderen Gegenständen, z. B. mit einer Münze oder einem Blatt Papier. Welche Gegenstände hast du ohne Schwierigkeiten gefunden? Begründe.

2 Orientierung ohne Schall

Material

Watte, zwei Plastikbecher, langer Stoffstreifen

Versuchsanleitung

Verschließe deine Ohren mit Watte. Fülle die Becher mit Watte und setze sie auf deine Ohrmuscheln. Befestige die Becher mit dem Stoffstreifen (▷ B 5).

5 Zu Versuch 2

Wie nimmst du die Geräusche aus deiner Umgebung wahr? Wie klingt es, wenn du selbst sprichst? Versuche dich mit einem Mitschüler oder einer Mitschülerin ohne Worte zu verständigen. Denkt euch eine Methode aus, mit der eine Verständigung ohne Worte möglich ist.

Fehlende Sinne
Viele Menschen nehmen ihre Umwelt nur eingeschränkt wahr. Sie sind z. B. sehbehindert oder hörgeschädigt. Wusstest du, dass in Deutschland mehr als 150000 Menschen blind sind?
Sinnesgeschädigte Menschen haben gelernt, ihre anderen Sinne besonders gut zu nutzen. Viele blinde Menschen können sehr gut hören und sind in der Lage, auch sehr feine Strukturen zu ertasten. Hörgeschädigte lesen anderen Menschen häufig die Worte „von den Lippen" ab. Das kann für beide Gesprächspartner anstrengend sein und benötigt viel Zeit. Sinnesgeschädigte Menschen sind deshalb aber nicht schwer von Begriff.

Leben in der Dunkelheit
Für blinde Menschen ist die Orientierung außerhalb der gewohnten Umgebung schwierig. Das wichtigste Hilfsmittel für sie ist der **Langstock**. Er heißt so, weil er vom Erdboden bis zur Brust reicht. Mit dem Langstock tastet ein Blinder den Bereich vor sich ab, wobei die Stockspitze immer am Boden bleibt. So sichert er seine nächsten Schritte.
Auch ein **Blindenhund** hilft seinem Besitzer bei der Orientierung (▷ B 2). Blindenhunde werden sorgfältig ausgebildet und sind verlässliche Partner. Sie suchen selbstständig den Weg, erkennen Zebrastreifen, Ein- und Ausgänge an Häusern und freie Sitzplätze in Bussen. Dabei lassen sie sich auch von anderen Hunden nicht ablenken. Wenn du selbst einen Hund besitzt, weißt du, wie schwierig das ist.

Mit den Fingern lesen
Blinde Menschen können eine Schrift lesen, die aus ertastbaren Punkten besteht. Diese Schrift wurde im Jahr 1822 von dem Franzosen LOUIS BRAILLE (1806–1852) erfunden. Nach ihm wird sie **Braille-Schrift** genannt. Heute benutzt man diese Schrift auf der ganzen Welt. Zum Schreiben verwendet man eine spezielle Schreibmaschine, die die Punkte in das Papier eindrückt. Vielleicht hast du diese Schrift schon mal auf einer Medikamentenpackung gesehen.

Leben in der Stille
Taube Menschen hören auch ihre eigene Stimme nicht. Deshalb können sie ihre Sprache schlecht kontrollieren und ihre Worte klingen manchmal schwer verständlich. Gehörlose Menschen verständigen sich oft durch eine **Gebärdensprache** (▷ B 1). Um sie zu erlernen, bedarf es einiger Übung. Eine andere Möglichkeit bietet das Fingeralphabet (▷ B 3).

1 Gebärdensprache

2 Blinder mit Hund

Aufgabe

1 Worin besteht der Unterschied zwischen Gebärdensprache und Fingeralphabet? Was sind jeweils die Vor- und Nachteile?

3 Das Fingeralphabet

Die Geschichte vom Rathaus der Schildbürger

Der Sage nach gab es im Mittelalter eine Stadt, die Schilda hieß. Ihre Einwohner nannte man deshalb die Schildbürger. Das waren seltsame Menschen. Sie machten alles falsch, und dadurch wurden sie berühmt. Noch heute spricht man von den Schildbürgerstreichen. Einer dieser Streiche war der Bau des Rathauses in Schilda. Der Plan, das neue Rathaus dreieckig zu bauen, stammte vom Schweinehirten. Er hatte den schiefen Turm von Pisa erbaut, darum erklärte er stolz: „Ein dreieckiges Rathaus macht Schilda noch viel berühmter als Pisa!“ Die andern waren sehr zufrieden. Denn auch die Dummen werden gern berühmt. Das war im Mittelalter nicht anders als heute.

So gingen die Schildbürger schon am nächsten Tag an die Arbeit. Sechs Wochen später hatten sie die drei Mauern aufgebaut, es fehlte nur noch das Dach. Als das Dach fertig war, fand die feierliche Einweihung des neuen Rathauses statt. Alle Einwohner gingen in das dreieckige Gebäude hinein.

Doch sie waren noch nicht an der Treppe, da purzelten sie auch schon durcheinander, stolperten über fremde Füße, traten irgendwem auf die Hand, stießen mit den Köpfen zusammen und schimpften wie die Rohrspatzen. Die drin waren, wollten wieder heraus. Die draußen standen, wollten unbedingt hinein. Es gab ein fürchterliches Gedränge!

Endlich landeten sie alle wieder im Freien. Sie blickten einander ratlos an und fragten aufgeregt: „Was war denn eigentlich los?“ Der Schuhmacher überlegte und sagte: „In unserm Rathaus ist es dunkel!“

Da stimmten alle zu. Aber woran lag es? Lange wussten sie keine Antwort. Am Abend trafen sie sich im Wirtshaus. Sie besprachen, wie man Licht ins Rathaus hineinschaffen konnte. Erst nach dem fünften Glas Bier sagte der Hufschmied nachdenklich: „Wir sollten das Licht wie Wasser hineintragen!“ „Hurra!“, riefen alle begeistert …

Woher kommt das Licht?

Die Schildbürger versuchten mit Eimern, Säcken und Töpfen Licht in ihr Rathaus zu bringen. Das konnte nicht funktionieren, denn Licht lässt sich nicht greifen oder abfüllen wie z. B. Sand oder Wasser.

In einem dunklen Raum siehst du erst etwas, wenn du eine Kerze anzündest oder die elektrische Beleuchtung einschaltest. Diese Gegenstände erzeugen Licht und geben es an die Umgebung ab. Man bezeichnet sie als **Lichtquellen**.

▶ Eine Lichtquelle erzeugt Licht und gibt es an die Umgebung ab.

Unsichtbares Licht?

Wenn du eine Taschenlampe in einem dunklen Raum einschaltest, kannst du das Licht dieser Lichtquelle nicht unbedingt sehen (▷ V 1a). Erst wenn das Licht auf einen Gegenstand trifft, kannst du erkennen, dass die Taschenlampe eingeschaltet ist (▷ V 1b). Der Gegenstand wirft das Licht zurück und ein Teil davon gelangt in deine Augen.

Kreidestaub besteht aus vielen, sehr kleinen Kreideteilchen. Auch diese Teilchen werfen Licht zurück, sodass es in deine Augen gelangen kann (▷ V 1c). Deshalb

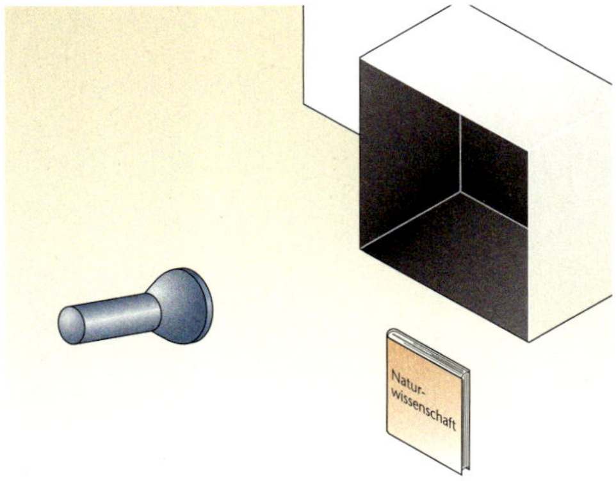

1 Ist die Taschenlampe ein- oder ausgeschaltet?

2 Nebeltröpfchen zeigen den Weg des Lichts.

lässt sich der Weg des Lichts mit Kreidestaub oder Puder besonders gut sichtbar machen.

Lichtquellen oder Gegenstände sehen wir nur, wenn von ihnen Licht in unsere Augen abgelenkt wird.

Selbstleuchtende und beleuchtete Körper

Tagsüber ist die Sonne unsere wichtigste Lichtquelle. Sie strahlt so hell, dass wir meist keine weiteren Lichtquellen benötigen.
Wenn es dunkel wird, kannst du die elektrische Beleuchtung einschalten, eine Kerze oder eine Öllampe entzünden. Diese Lichtquellen haben etwas gemeinsam: Sie erzeugen selbst Licht. Man bezeichnet sie daher als **selbstleuchtende Körper**.

Gegenstände, die selbst Licht erzeugen, bezeichnet man als selbstleuchtende Körper.

In einer klaren Vollmondnacht steht die helle runde Scheibe des Mondes am Himmel. Tage später erkennst du nur noch einen Teil des Mondes. Würde der Mond selbst Licht erzeugen, müsste er immer gleich aussehen.
Der Mond ist kein selbstleuchtender Körper. Er wird von der Sonne beleuchtet und wirft ihr Licht zurück.

Gegenstände, die das Licht zurückwerfen, sind **beleuchtete Körper**.

Die meisten Gegenstände, die dich umgeben, sind beleuchtete Körper. Du kannst sie nur erkennen, wenn Licht auf sie fällt.

Aufgaben

1 a) Beschreibe, wie die Schildbürger versucht haben, Licht in ihr Rathaus zu bringen.
b) Warum konnte der Plan der Schildbürger nicht gelingen?
Wie hättest du versucht, das Rathaus zu erhellen?
c) Erkundige dich, woran es lag, dass es im Rathaus finster war. Wie lösten die Schildbürger das Problem?

2 Bild 3 zeigt verschiedene Körper, die Licht abstrahlen. Welche dieser „Lichtquellen" sind beleuchtete Körper, welche sind selbstleuchtende Körper?

Versuch

1 a) Halte das Licht einer Taschenlampe oder einer Experimentierlampe in einen schwarzen Pappkarton (▷ B 1). Kannst du das Licht der Lampe erkennen?
b) Halte kleine Gegenstände zwischen Lampe und Pappkarton. Beschreibe deine Beobachtungen.
c) Bringe Kreidestaub (z. B. aus einem Tafellappen) in das Licht der Lampe. Was kannst du jetzt beobachten?

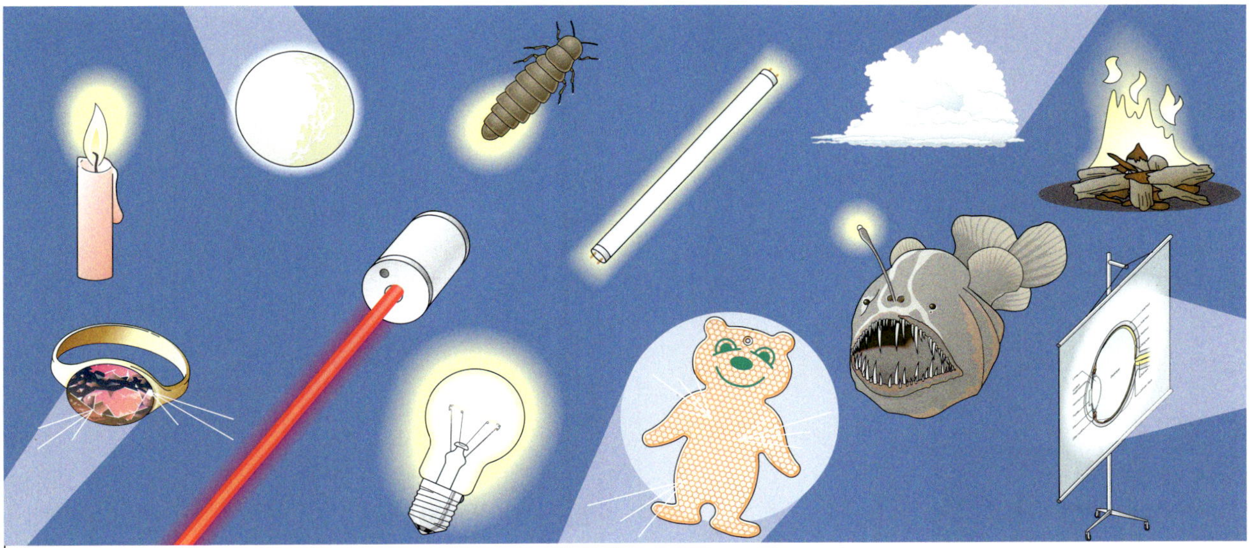

3 Selbstleuchtende und beleuchtete Körper

Versuche mit Licht

In deinem Zimmer kannst du Gegenstände nur dann erkennen, wenn eine Lichtquelle vorhanden ist. Warum kannst du Gegenstände im Schatten auch dann schlechter sehen, wenn die Lampen in deinem Zimmer genügend Licht erzeugen?

1 Licht sichtbar gemacht

Material

Konservendose, Nägel, Hammer, helle Glühlampe (z. B. 6V, 5A), Puder oder Kreidestaub

Versuchsanleitung

Entferne das Papier von der Konservendose. Schlage mit dem Hammer und den Nägeln unterschiedlich große Löcher in die Konservendose (Vorsicht, Verletzungsgefahr).
Stülpe die Dose über die angeschlossene Glühlampe (▷ B 1). Mit Puder oder Kreidestaub kannst du das austretende Licht sichtbar machen. Beschreibe, wie sich das Licht ausbreitet.

1 Zu Versuch 1

2 Wie breitet sich Licht aus?

Material

Weißes Papier, Experimentierleuchte, Pappe, Schere

Versuchsanleitung

a) Stelle die Experimentierleuchte auf das weiße Papier.
Welche Form erzeugt das Licht der Experimentierleuchte auf dem Papier?

b) Schneide aus der Pappe sechs kleine Rechtecke aus. Knicke sie in der Mitte, sodass der Pappwinkel stehen bleibt (▷ B 2).
Stelle jeweils zwei Pappstreifen nebeneinander vor die Experimentierleuchte. Der Spalt zwischen den beiden Pappstreifen bildet eine Blende. Stelle die Pappstreifen so auf, dass die Öffnung der Blende immer kleiner wird.
Welche Form hat der beleuchtete Bereich hinter den Blenden?

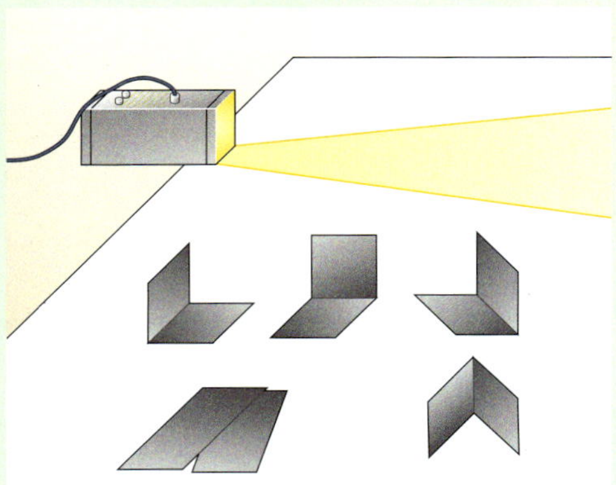

2 Zu Versuch 2

3 Wie entsteht ein Schatten?

Material

Kerze oder helle Glühlampe, verschiedene kleine Gegenstände

Versuchsanleitung

a) Stelle die Kerze (oder die Glühlampe) vor eine helle Wand. Halte verschiedene Gegenstände zwischen die Lichtquelle und die Wand. Was kannst du an der Wand erkennen?

b) Verändere den Abstand zwischen Lichtquelle, Gegenstand und Wand. Wohin musst du die Lichtquelle und den Gegenstand stellen, um einen möglichst großen Schatten zu erzeugen?

3 Beeindruckendes Schattenspiel

c) Stelle dich selbst in einen ausreichend großen Schatten und sieh zur Lichtquelle. Kannst du sie erkennen? Halte anschließend die kleinen Gegenstände so vor die Lichtquelle, dass deine Mitschüler sie nicht direkt sehen können. Lasse sie die Gegenstände aus den Schattenbildern erraten.

Aufgabe

Schwertschlucken ist eigentlich ganz einfach – zumindest im Schattentheater (▷ B 3). Überlege dir selbst eine Geschichte, die du gut in einem Schattentheater aufführen könntest.

Wie breitet sich Licht aus?
An einem dunstigen Tag kannst du manchmal beobachten, wie das Sonnenlicht zwischen den Bäumen hindurch scheint (▷B2). Die kleinen Wassertröpfchen des Nebels lenken das Licht so ab, dass es in deine Augen gelangt. Dadurch kannst du den Weg des Lichtes verfolgen. Betrachte den Lichtweg. Er ist schnurgerade, wie mit dem Lineal gezeichnet.

Das Licht jeder beliebigen Lichtquelle breitet sich geradlinig aus.

Das Modell der Lichtstrahlen
Eine Glühlampe strahlt das Licht in alle Richtungen ab. Wenn du eine Blechdose mit Löchern über die Lampe stülpst, entstehen einzelne **Lichtbündel**. Mit Puder oder Kreidestaub kannst du sie in einem dunklen Raum gut sichtbar machen.
Legst du eine Taschenlampe oder eine Experimentierleuchte auf ein weißes Blatt, entsteht eine helle Fläche auf dem Blatt (▷B3). Zwei Pappstreifen, vor der Lampe aufgestellt, lassen nur noch ein Lichtbündel durch. Die Pappstreifen dienen dabei als **Blende**.
Mit weiteren Blenden lassen sich immer schmalere Lichtbündel erzeugen, allerdings geht das nur bis zu einer gewissen Grenze. Du kannst deine Blende aber in Gedanken so verengen, dass nur noch ein feiner Lichtstrich erzeugt wird. Diesen Strich nennt man **Lichtstrahl**. Strahlen kennst du aus der Geometrie. Es sind gerade Linien, die von einem Punkt ausgehen.

Die Ausbreitung des Lichts kann mit Lichtstrahlen dargestellt werden. Lichtstrahlen musst du mit dem Lineal zeichnen.

2 Durch die Baumkronen fallen Lichtbündel.

3 Aus dem Lichtbündel entsteht ein Lichtstrahl.

Licht und Schatten
Vielleicht hast du schon einmal mithilfe einer Kerze und deiner Hände **Schattenbilder** erzeugt. Mit etwas Geschick kannst du die in Bild 4 gezeigten Figuren lebendig werden lassen.
Wie entsteht Schatten? Lichtstrahlen, die auf einen undurchsichtigen Gegenstand treffen, können ihn nicht durchdringen. Daher können in den Raum hinter dem Gegenstand keine Lichtstrahlen gelangen. Die anderen Lichtstrahlen, die an den Rändern des Gegenstandes vorbei kommen, verlaufen geradlinig weiter (▷B5). Auch sie gelangen nicht in den Raum hinter dem Gegenstand. Es entsteht ein dunkler **Schattenraum**.

Wenn eine Lichtquelle einen lichtundurchlässigen Körper beleuchtet, entsteht hinter ihm ein Schattenraum.

4 Einige bekannte Schattentiere

1 Die Erde im Licht der Sonne

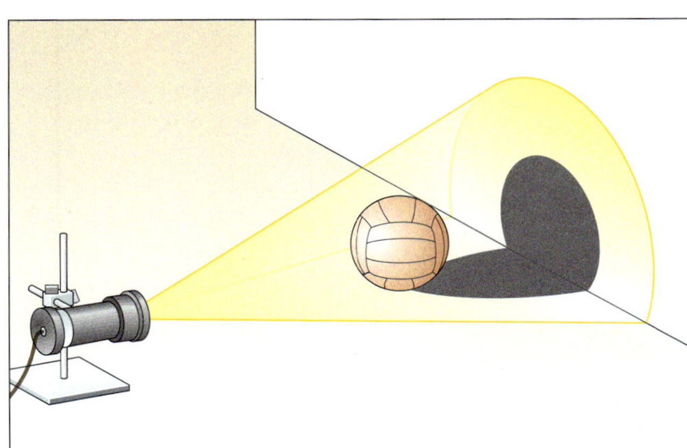
5 Hinter einem beleuchteten Gegenstand entsteht ein Schattenraum.

Werkstatt

Tiere und Pflanzen reagieren auf Licht

Alle Versuche, an denen lebende Tiere beteiligt sind, musst du äußerst vorsichtig und behutsam durchführen.

1 Wir lassen Samen keimen

Material

Kressesamen, Watte, Petrischalen Wasser, 4 Schuhschachteln, Schere

Versuchsanleitung

a) Lege die Petrischalen mit Watte aus. Verteile gleichmäßig die Samen darauf und feuchte die Watte mit Wasser an.
Stelle die Schalen auf die Fensterbank und halte die Watte in den folgenden Tagen feucht.
b) Schneide in eine Seite jeder Schachtel ein Loch einer Größe von 5 cm x 5 cm. Setze in jede Schachtel eine Petrischale mit Kressekeimlingen. Stelle die Schachteln so auf die Fensterbank, dass die Öffnung einmal nach vorne, einmal nach hinten, einmal nach rechts und einmal nach links zeigt. Versorge die Keimlinge regelmäßig mit genügend Wasser. Beobachte und protokolliere ihr Wachstum über mehrere Tage hinweg. Was fällt dir auf?

1 Keimling

2 Wie reagieren Asseln auf Helligkeit?

Für diesen Versuch benötigst du Kellerasseln. Du findest sie im Garten unter Steinen oder unter Blumentöpfen. In einem großen Einmachglas kann man sie in feuchter Erde mit etwas Laubstreu gut halten. Achte darauf, dass die Erde stets feucht ist.

2 Kellerassel

Material

Petrischale, Haushaltspapier, schwarzes Tonpapier (DIN A5), Heftklammern

Versuchsanleitung

a) Knicke das Tonpapier zur Hälfte und klammere die Seiten fest. Du erhältst eine offene Tüte (▷ B 3).
b) Lege ein Stück feuchtes Haushaltspapier in die Petrischale. Stecke die Schale zur Hälfte in die Papiertüte. Setze einige Asseln in die offene Hälfte der Schale (▷ B 4). Notiere deine Beobachtungen.

Aufgabe

Informiere dich über Kellerasseln. Kannst du ihre Reaktion auf Licht erklären?

3 Wie mögen es Regenwürmer – hell oder dunkel?

Material

Glasrohr, schwarzes Papier, Klebefilm

Versuchsanleitung

Lass den Wurm in eine Glasröhre kriechen. Nimm einen Bogen schwarzes Papier und umhülle einen Teil des Glasrohres damit, sodass der Wurm etwas bedeckt ist. Wie reagiert das Tier? Erkläre sein Verhalten.

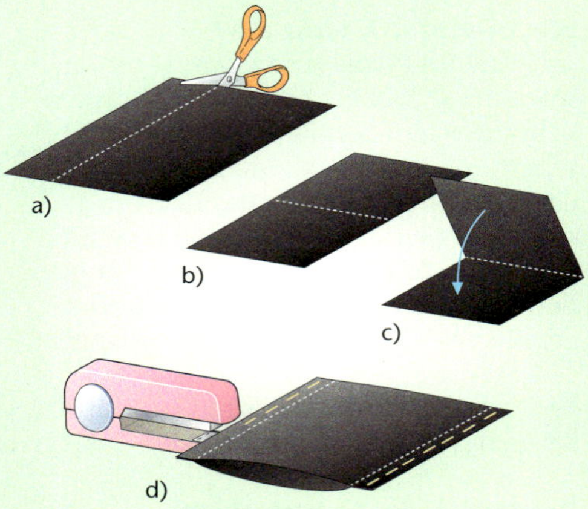

3 Faltanleitung

4 Kellerassel in Schachtel

5 Regenwurm

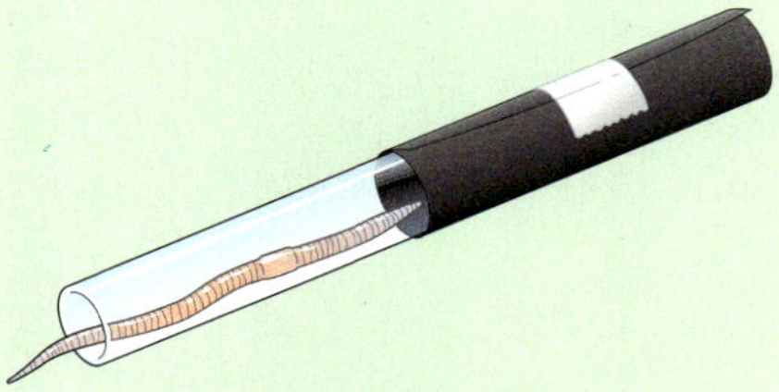

6 Mag er Helligkeit oder Dunkelheit?

Die Sehzellen des Regenwurms

Manche Tiere wie der Regenwurm besitzen keine Augen. Trotzdem können sie ihre Umgebung – in gewissen Grenzen – wahrnehmen.

In der Haut des Regenwurms befinden sich beispielsweise Zellen mit erhöhter Lichtempfindlichkeit. Man bezeichnet sie als **Sehzellen**. Sie sitzen vor allem am Vorder- und am Hinterende des Tieres (▷ B 1). Mithilfe dieser Sehzellen kann der Regenwurm Helligkeit und Dunkelheit unterscheiden und sich bei Gefahr in seine Erdröhre zurückziehen.

Auch der Aal hat an seinem Schwanzende solche Lichtsinneszellen. Sie zeigen ihm an, ob alle seine Körperteile vor Feinden vollständig versteckt sind.

1 Regenwurm

Das Grubenauge der Napfschnecke

Auf den Felsen zwischen Land und Meer lebt die Napfschnecke. Ihr Leben wird vom Wechsel der Gezeiten bestimmt. Die Hälfte der Zeit verbringt sie an Land, die andere Hälfte unter Wasser (▷ B 2).

Das Auge der Napfschnecke ist grubenförmig gewölbt. Man nennt diesen Augentyp deshalb **Grubenauge**. Aufgrund dieser Augenform kann das Licht nur auf bestimmte Bereiche der lichtempfindlichen Schicht im Auge fallen. Diese Bereiche sind voneinander abgeschirmt. Die Grubenform des Auges ermöglicht es der Napfschnecke außerdem, die Richtung zu bestimmen, aus der das Licht einfällt.

Im Vergleich zum Regenwurm besitzt die Napfschnecke mehr Sehzellen, sie kann Helligkeit und Dunkelheit unterscheiden und außerdem Bewegungen erkennen.

2 Napfschnecke

Das Blasenauge des Nautilus

Das Perlboot, auch Nautilus genannt, lebt im Pazifik. Sein **Blasenauge** ist noch stärker gewölbt als das Grubenauge. Es bleibt nur noch ein kleines Sehloch frei, welches als Blende funktioniert (▷ B 3).

Tiere mit solchen Augen können relativ scharfe Bilder ihrer Umgebung wahrnehmen. Allerdings geht die Sehschärfe auf Kosten der Lichtstärke, denn durch das Sehloch, das die Entstehung scharfer Bilder ermöglicht, können nur noch feinste Lichtstrahlen einfallen.

Der Nautilus kann daher mit den Augen Richtungen unterscheiden, er erkennt Bewegungen und nimmt seine Umgebung durch relativ scharfe Bilder wahr. Allerdings sind diese Bilder recht lichtschwach, d. h. dunkel.

3 Nautilus

Versuche mit der Lochkamera

Manche Tiere – wie z. B. der Nautilus – besitzen Blasenaugen, bei denen das Licht durch eine kleine Öffnung auf die Sehzellen fällt. Das Auge des Nautilus ist im Prinzip einer „Lochkamera" ähnlich. Wie aber funktioniert eine Lochkamera?

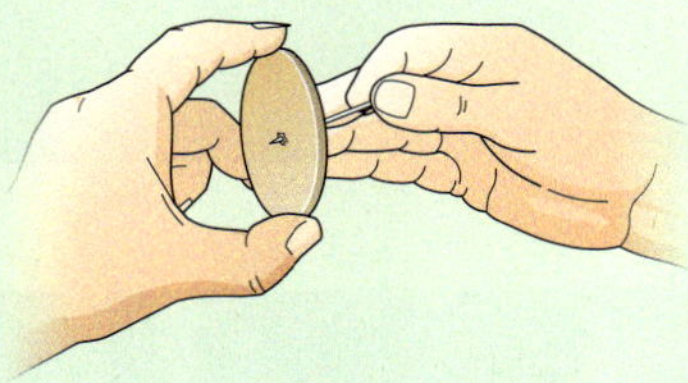

1 Einstechen des Lochs

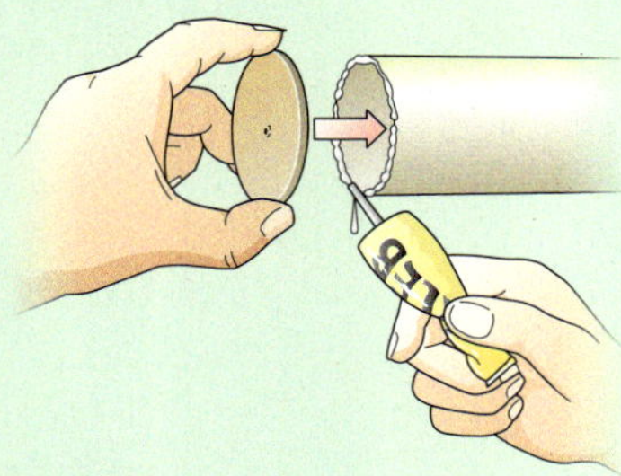

2 Aufkleben der Scheibe

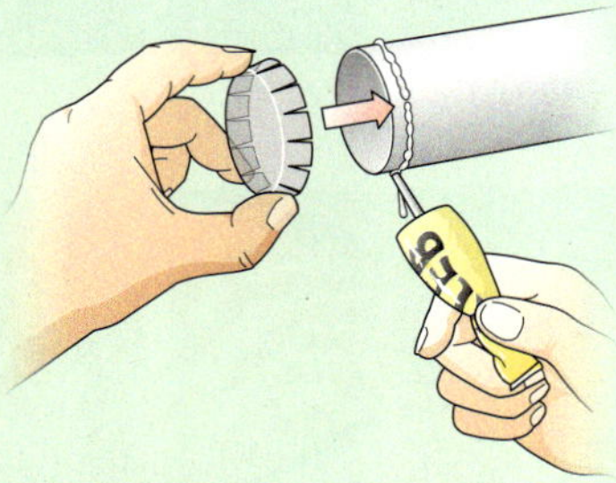

3 Befestigung der Mattscheibe

5 Material für eine Lochkamera

Material

Zwei ineinander passende Pappröhren (je etwa 30 cm lang), dünne Pappe, Transparentpapier, Schere und Kleber

Bauanleitung

Schneide aus der Pappe eine runde Scheibe aus (der Durchmesser sollte größer sein als der Durchmesser der Pappröhren). Bohre mit einem dünnen Nagel in die Mitte dieser Scheibe ein Loch von 1 bis 2 mm Durchmesser (▷ B 1). Klebe die Scheibe auf ein Ende der äußeren Röhre (▷ B 2).
Klebe auf ein Ende der inneren Röhre ein Stück Transparentpapier (▷ B 3). Es dient als Mattscheibe zum Auffangen des Bildes. Steckst du nun noch die beiden Röhren ineinander, ist deine Lochkamera fertig (▷ B 4).

Versuchsanleitung

a) Betrachte zunächst einen hellen Gegenstand (z. B. eine Kerze) durch deine Lochkamera. Vergleiche den Gegenstand mit dem Bild, das du auf der Mattscheibe sehen kannst.
Gehe nun mit deiner Lochkamera näher an den Gegenstand heran. Wie verändert sich das Bild?

6 Foto, aufgenommen mit einer Lochkamera

Was passiert mit dem Bild, wenn du dich mit der Lochkamera von dem Gegenstand entfernst?
b) Verschiebe die Pappröhren gegeneinander (▷ B 4). Betrachte jeweils den gleichen Gegenstand aus derselben Entfernung. Erkennst du einen Zusammenhang zwischen der Länge der Lochkamera und der Bildgröße?
c) Wie ändert sich das Bild, wenn du die Größe des Lochs in der Lochkamera veränderst?
Steche dazu unterschiedlich große Öffnungen in ein Stück Pappe. Klebe diese „Blende" vor das größere Loch (▷ B 7) und betrachte den hellen Gegenstand erneut. Wie hat sich das Bild verändert? Wiederhole den Versuch mit den anderen Blenden.

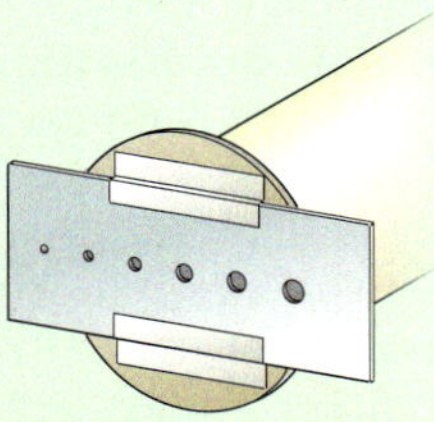

7 Verschiedene Blenden

4 Prinzipskizze einer Lochkamera

Das Bild der Lochkamera
Auf dem Schirm einer Lochkamera kannst du die Bilder heller Gegenstände gut erkennen. Von allen Punkten des Gegenstandes gehen Lichtstrahlen aus. Nur einige davon gelangen durch die kleine Öffnung in der Lochkamera.

Die von oben kommenden Strahlen verlaufen geradlinig durch das Loch und treffen unten auf den Bildschirm. Die Strahlen, die von unten kommen, treffen oben auf den Schirm. Bild 1 zeigt dies am Beispiel zweier Strahlen.
Ebenso treffen von links kommende Strahlen auf der rechten Seite des Schirms auf und umgekehrt. Auf diese Weise entsteht auf der Mattscheibe ein umgekehrtes und seitenvertauschtes Bild.

▶ Eine Lochkamera erzeugt ein umgekehrtes und seitenvertauschtes Bild.

Wie lässt sich das Bild verändern?
Das Bild auf dem Schirm der Lochkamera ist nicht immer gleich groß. Wenn du mit deiner Lochkamera näher an den Gegenstand herangehst, wird es größer. Entfernst du dich von dem Gegenstand, wird das Bild kleiner. Auch die Länge der Lochkamera kann das Bild verändern. Verwendest du eine Lochkamera, bei der die Blende weit vom Schirm entfernt ist, wird ein großes Bild erzeugt. Bei einem kleinen Abstand zwischen Schirm und Blende ist auch das Bild klein.
Neben der Bildgröße kannst du auch die Helligkeit und Schärfe des Bildes beeinflussen. Auf dem Schirm entsteht ein scharfes, aber dunkles Bild, wenn du eine kleine Lochblende verwendest. Machst du das Loch größer, wird das Bild heller, aber unschärfer. Ein Bild, das gleichzeitig hell und scharf ist, kannst du mit der Lochkamera nicht erzeugen.

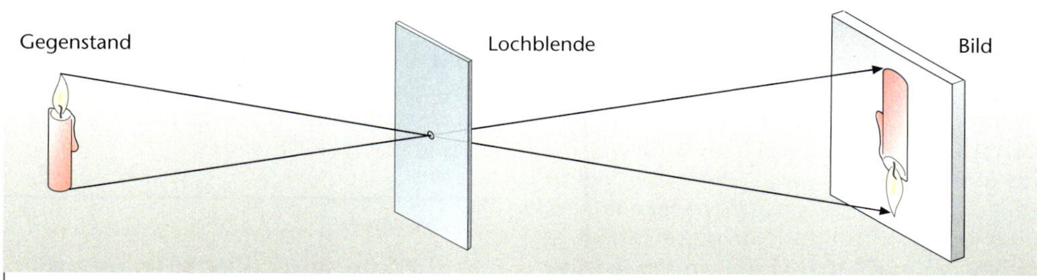

1 Bildentstehung bei einer Lochblende

Zeitpunkt

Lichtbilder

1 Eine der ersten Fotografien

Der berühmte italienische Erfinder, Maler und Konstrukteur LEONARDO DA VINCI (1452 – 1519) baute einen Apparat, mit dem er Landschaften naturgetreu abbilden konnte. Bei der Camera obscura (▷ B 3) handelte es sich um einen innen geschwärzten Kasten mit einer transparenten Rückwand. Durch ein kleines Loch „zauberten" Lichtstrahlen ein Bild auf die Mattscheibe.
1824 gelang es dem französischen Offizier JOSEPH NICÉPHORE NIEPCE (1765 – 1833) erstmals, diese Bilder dauerhaft festzuhalten (▷ B 1). Er verwendete eine Metallplatte, die mit lichtempfindlichen Chemikalien beschichtet war. Nach etwa acht Stunden war auf der Platte ein recht verschwommenes Bild zu erkennen. Der Maler LOUIS DAGUERRE (1787 – 1851) verbesserte dieses Verfahren.
Aber erst 1839 gelang es dem Engländer WILLIAM TALBOT (1800 – 1877), von einer Fotoplatte beliebig viele Bilder zu entwickeln. Dieses Verfahren ist noch heute Grundlage der Fotografie.

2 WILLIAM TALBOT

3 Camera obscura

Das Auge des Menschen

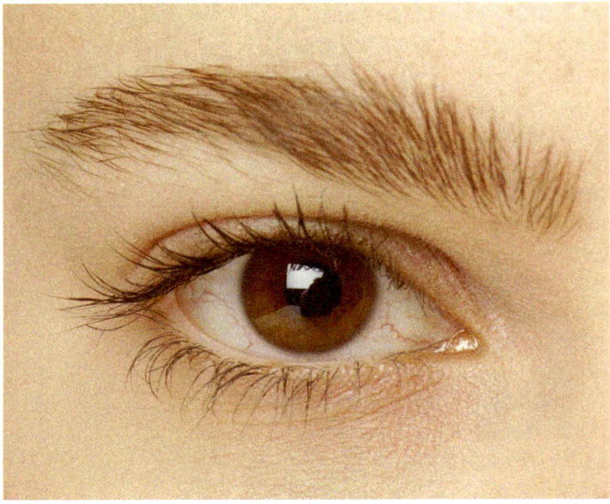

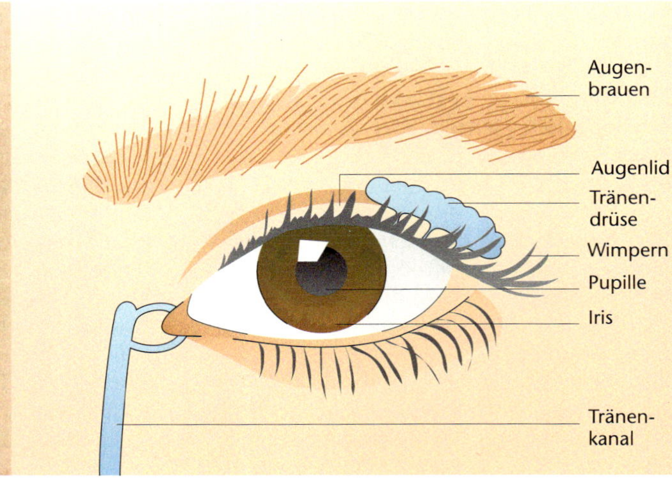

Die einzelnen Teile des Auges
Das **Auge** ist ein besonders wichtiges Organ des Menschen. Es liegt daher sicher eingebettet in der Augenhöhle des knöchernen Schädels. Auch nach außen hin wird das Auge geschützt. Betrachte dazu einmal die verschiedenen Teile des Auges und ihre Funktion.
Wenn du schwitzt, wird der Schweiß von den **Augenbrauen** aufgehalten. Sie verhindern, dass der salzige Schweiß in deine Augen gelangt. Auch die **Wimpern** haben eine Art Filterfunktion: Sie halten Staubteilchen zurück, manchmal verfangen sich auch kleine Fliegen darin. Wenn die Sonne scheint, werfen die Wimpern einen feinen Schatten über das Auge und schützen es so vor zu starker Lichteinstrahlung.

Das ist ja zum Heulen!
Unter den Augenbrauen befinden sich die **Tränendrüsen**. Hier wird die Tränenflüssigkeit gebildet, die das Auge feucht und sauber hält. Wenn wir traurig sind, werden diese Drüsen ebenfalls angeregt. Sie produzieren nun Flüssigkeit im Überfluss. Kann der **Tränenkanal** dann nicht alles ableiten, laufen uns die Tränen aus den Augen.
Das obere und das untere **Lid** ermöglichen es uns, das Auge zu verschließen. Dann können weder Schmutz noch andere Fremdkörper in das Auge eindringen. Außerdem verteilt sich mit jedem Lidschlag Tränenflüssigkeit über dem Auge. Dabei werden Schmutzteilchen weggespült und die Hornhaut bleibt feucht.
Das Auge ist von einer widerstandsfähigen Hautschicht umgeben. Man bezeichnet sie als **Lederhaut**. Sie geht vorne in die durchsichtige **Hornhaut** über. Hinter der Hornhaut liegt die **Iris**, die man auch als Regenbogenhaut bezeichnet. Sie kann unterschiedlich gefärbt sein.
In der Mitte der Iris befindet sich ein Sehloch, die **Pupille**. Bei Dunkelheit kann sie weit geöffnet werden.
Zum Schutz des Auges vor grellem Sonnenlicht schließt sich die Pupille mithilfe kleiner Muskeln in der Iris. So sorgt die Pupille dafür, dass im Auge eine ausreichende Helligkeit herrscht.

Versuche

1 Schließe ein Auge und bedecke es mit der Hand. Wende dich nun zum Fenster oder zu einer Lampe.
Wenn du nach ca. 30 Sekunden deine Hand vor dem Auge wegnimmst, soll ein Mitschüler oder eine Mitschülerin genau beobachten, wie sich deine Pupille verhält. Führt den Versuch anschließend mit vertauschten Rollen durch.

2 Fahre mit der Hand schnell vor dem Auge deines Partners hin und her und beobachte dabei seine Augenlider. Was fällt dir auf?

Aufgaben

1 Zeichne das Auge eines Mitschülers oder einer Mitschülerin möglichst groß und genau auf unliniertes Papier ab. Beschrifte die Teile des Auges. Überlege, welche Funktion die verschiedenen Teile des Auges haben.

2 Welche Tiere sind für ihre auffällig großen Pupillen bekannt? Erkläre.

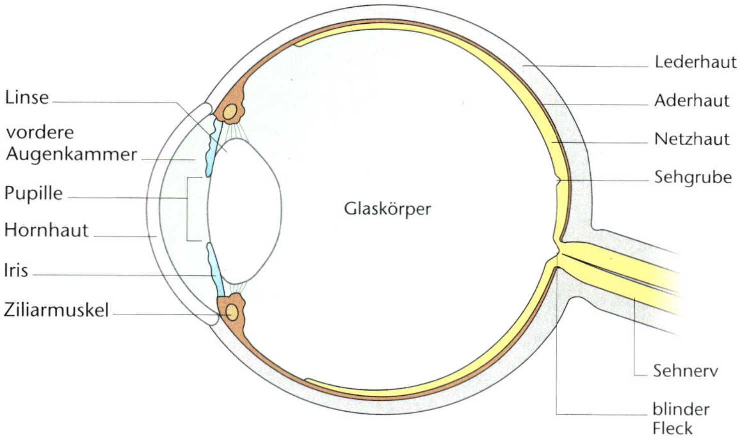

1 Horizontalschnitt durch das Auge

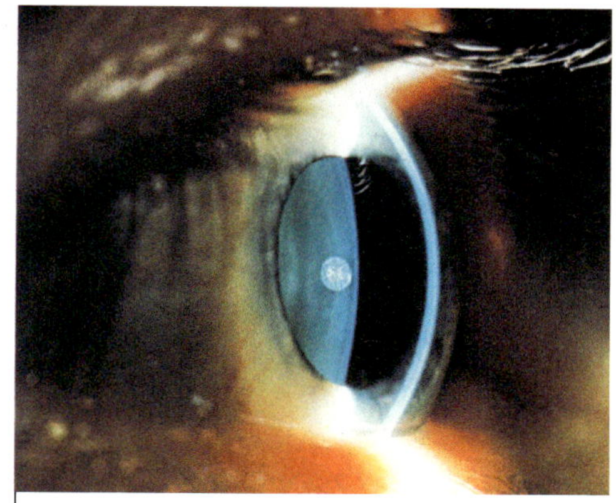

2 Pupille

Der Weg des Lichts durch das Auge
Auf seinem Weg durch das Auge durchdringt das Licht die durchsichtige Hornhaut und anschließend die Pupille. Direkt hinter der Pupille fällt es auf die **Linse**. Ein Muskel kann die Form der Linse ändern. Sie kann so eine stärker gekrümmte oder flachere Form annehmen. Diese Anpassungsfähigkeit ermöglicht es dir, sowohl die Buchstaben in einem Buch zu erkennen als auch weiter entfernte Gegenstände scharf zu sehen.

Nach der Linse durchläuft das Licht den durchsichtigen **Glaskörper**, der dem Auge seine innere Stabilität verleiht. Erst danach erreicht es die lichtempfindlichen Zellen der **Netzhaut**. Auf der Netzhaut entsteht das Bild. Hier endet der Lichtstrahl, denn das Auge ist nach hinten abgedunkelt.
Die **Lichtsinneszellen** wandeln die Lichtreize in elektrische Signale um. Diese Signale werden über den Sehnerv zum Gehirn geleitet und dort verarbeitet. Nun nehmen wir die Bilder wahr.

Auf der Lederhaut sitzen die Augenmuskeln, die das Auge in alle Richtungen bewegen können. Sie richten das Auge so aus, dass das Licht optimal auf die Netzhaut fällt. Auf der Innenseite der Lederhaut liegt die **Aderhaut**. Sie versorgt das Auge mit den nötigen Nährstoffen.

▶ Der menschliche Augapfel wird von der weißen Lederhaut, die vorn als durchsichtige Hornhaut ausgebildet ist, eingeschlossen. Innen befindet sich die Netzhaut mit den Lichtsinneszellen. Dazwischen liegt die Aderhaut.

Lochkamera und menschliches Auge
Das Sehen ist ein äußerst komplizierter Vorgang. Um den Sehvorgang vereinfacht zu erklären, kann die Lochkamera zum Vergleich herangezogen werden (▷ B 3). Auge und Lochkamera haben beide ein **lichtundurchlässiges Gehäuse**, in das die Lichtstrahlen nur von vorne einfallen können. Der Schirm der Lochkamera entspricht der Netzhaut des Auges. Anders als die Lochkamera besitzt das Auge zusätzlich eine anpassungsfähige Linse. Mit ihrer Hilfe können sowohl nahe als auch weit entfernte Gegenstände scharf abgebildet werden.

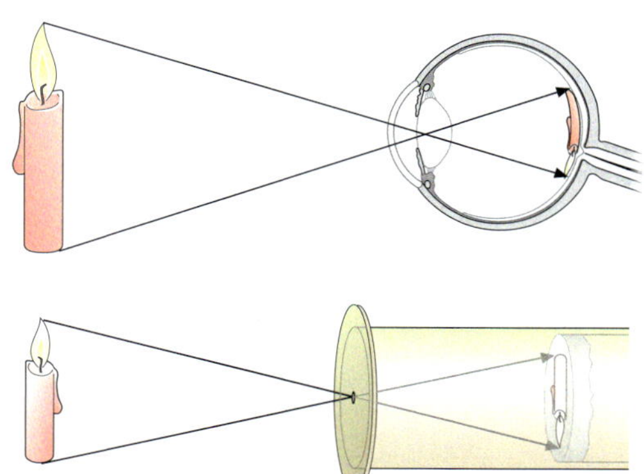

3 Auge und Lochkamera im Vergleich

Aufgaben

1 Zeichne den Querschnitt des Auges in dein Heft. Beschrifte die einzelnen Teile und beschreibe kurz ihre Aufgabe.

2 Vergleiche die Augen von Nautilus und Mensch. Welche Teile sind gleich und welche unterscheiden sich?

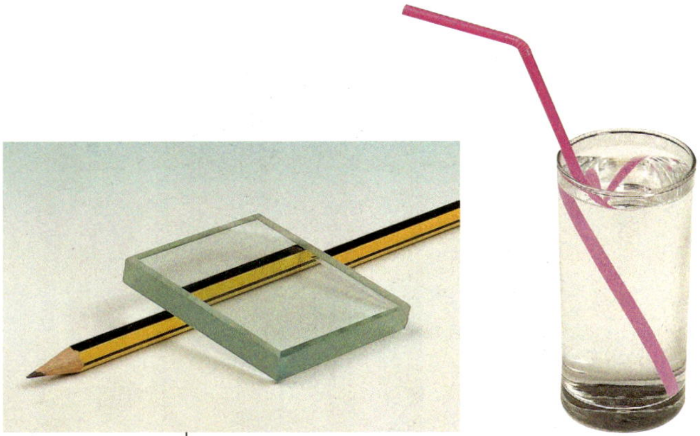

1 Gebrochen, aber trotzdem ganz?

Geknickte Lichtstrahlen
Wenn man einen Strohhalm in ein Wasserglas stellt, macht man eine merkwürdige Beobachtung: Es scheint, als habe der Halm einen „Knick" (▷ V 1). Tatsächlich ist die Form des Strohhalms unverändert geblieben. Es sind die von Trinkhalm ausgehenden Lichtstrahlen, die ihre Richtung geändert haben. Man sagt, dass das Licht an der Wasseroberfläche **gebrochen** wird.

Bei der Lichtbrechung werden Lichtstrahlen aus ihrer ursprünglichen Richtung abgelenkt.

Auch Glas bricht das Licht. Legt man eine dicke Glasplatte auf einen Bleistift (▷ B 1), dann erscheint der Teil des Stifts, der sich unter der Glasplatte befindet, versetzt.

Linsen aus Glas
Hast du schon einmal versucht, ohne Streichholz oder Feuerzeug ein Feuer zu entzünden? Mit einem Brennglas gelingt das ganz einfach – es muss nur die Sonne scheinen.
Betrachte die Form des Glaskörpers eines solchen Brennglases genauer. Er ist in der Mitte dicker als am Rand. Dieselbe Form haben die Samen der Linsenpflanze. Daher nennt man solche Glaskörper **Linsen**.

Manche Linsen sammeln das Licht ...
Lass ein Lichtbündel auf die Linse eines Brennglases fallen. Die Lichtstrahlen verlaufen nicht geradlinig weiter, sondern werden von der Linse abgelenkt. Die oberen Lichtstrahlen werden nach unten gebrochen, die unteren Lichtstrahlen werden nach oben gebrochen (▷ B 2). Hinter der Linse sammeln sich die Lichtstrahlen in einem Punkt. Die Linse des Brennglases heißt deshalb **Sammellinse**.

Linsen, die das Licht bündeln, heißen Sammellinsen. Sie sind in der Mitte dicker als am Rand.

... andere zerstreuen es
Es gibt auch Linsen, die in der Mitte dünner sind als am Rand. Lässt du ein Lichtbündel auf eine solche Linse fallen, werden die Lichtstrahlen nicht in einem Punkt gebündelt. Im Gegenteil – sie laufen hinter der Linse auseinander (▷ B 3). Diese Linsen zerstreuen das Licht.

Linsen, die in der Mitte dünner als am Rand sind, zerstreuen das Licht. Man nennt sie deshalb **Zerstreuungslinsen**.

Versuch

1 a) Fülle ein Glas mit Wasser und stelle einen Strohhalm oder einen Löffel hinein (▷ B 1). Betrachte das Glas schräg von oben. Was stellst du fest?
b) Erzeuge mithilfe einer Experimentierleuchte ein Lichtbündel. Lasse das Lichtbündel auf eine Sammellinse fallen. Wie verlaufen die Lichtstrahlen hinter der Linse?
c) Tausche die Linse gegen eine dickere oder dünnere Sammellinse aus. Lasse wieder ein Lichtbündel darauf fallen.
c) Tausche die Sammellinse gegen eine Zerstreuungslinse aus und beobachte erneut.

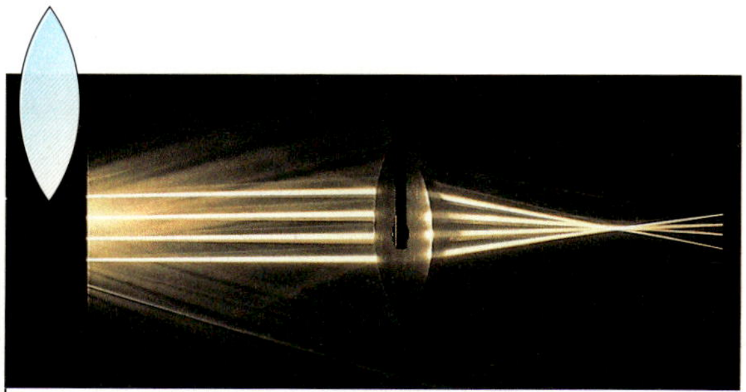

2 Ein Lichtbündel trifft auf eine Sammellinse ...

3 ... und auf eine Zerstreuungslinse.

Versuch

1 a) Stelle eine brennende Kerze vor eine Sammellinse. Hinter der Linse stellst du einen Schirm auf. Verschiebe den Schirm so lange, bis du ein deutliches Bild der Kerze auffängst. Beschreibe das Bild.
b) Verschiebe den Schirm etwas nach hinten. Das Bild wird unscharf. Stelle anschließend eine geeignete Zerstreuungslinse zwischen Kerze und Schirm. Wie verändert sich das Bild?

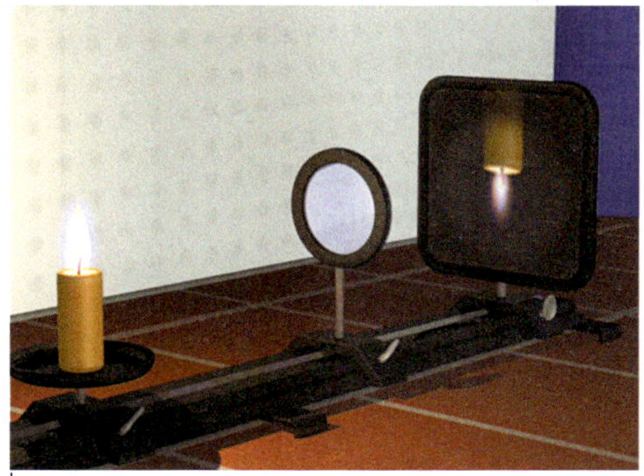

2 Bildentstehung bei einer Linse

Bilder durch Linsen

Im Gegensatz zum Blasenauge des Nautilus verfügt das Auge des Menschen über eine Linse. Die Augenlinse ist eine Sammellinse. Der Versuch 1a zeigt dir, wie das menschliche Auge im Prinzip funktioniert. Betrachte das Bild, das auf dem Schirm entsteht: Es ist seitenverkehrt und steht auf dem Kopf (▷ B 2).
Das erinnert dich vielleicht an die Bilder, die eine Lochkamera erzeugt. Es gibt aber Unterschiede: Eine Lochkamera erzeugt nur Bilder, die entweder hell und unscharf oder dunkel und scharf sind. Das Bild einer Sammellinse ist gleichzeitig hell und scharf. Lebewesen, deren Augen eine Sammellinse besitzen, können ihre Umgebung besser erkennen.

Eine Sammellinse erzeugt ein deutliches und helles Bild. Es ist seitenverkehrt und steht auf dem Kopf.

Allerdings erhältst du nur dann ein deutliches Bild, wenn der Schirm den richtigen Abstand von der Linse hat. Steht der Schirm zu nah an der Linse oder zu weit von ihr entfernt, entsteht ein unscharfes Bild.

Wozu braucht man eine Brille?

Die Augenlinse erzeugt auf der Netzhaut ebenfalls ein deutliches Bild. Bei einem gesunden Auge hat der Augapfel genau die Länge, die nötig ist, damit ein scharfes Bild entsteht.
Bei manchen Menschen ist der Augapfel etwas zu lang. Das scharfe Bild liegt dann vor der Netzhaut. Diese Menschen können nur Gegenstände in der Nähe deutlich sehen, sie sind **kurzsichtig**. Weit entfernte Dinge nehmen sie nur undeutlich wahr.

Um zu erreichen, dass auf der Netzhaut ein scharfes Bild entsteht, müssen die Lichtstrahlen vor dem Auge zerstreut werden (▷ B 1). Deshalb tragen kurzsichtige Menschen eine Brille mit Zerstreuungslinsen (▷ V 1b).

Kurzsichtige Menschen benötigen eine Brille mit Zerstreuungslinsen.

Aufgabe

1 a) „Bei einem weitsichtigen Menschen ist der Augapfel etwas zu kurz. Das deutliche Bild liegt in diesem Fall … Diese Menschen können nur …“. Kannst du den Text vervollständigen?
b) Welche Brille benötigen weitsichtige Menschen? Begründe deine Antwort.

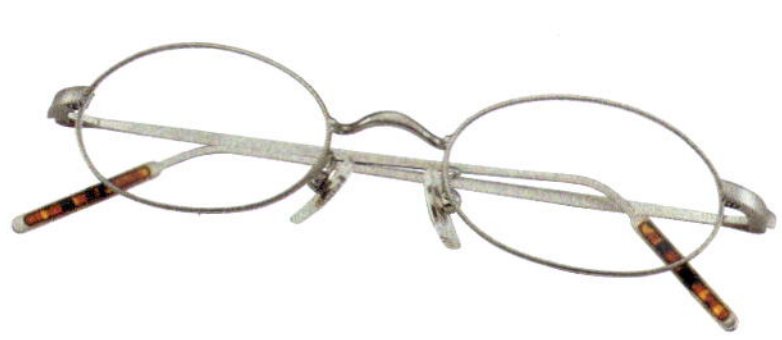

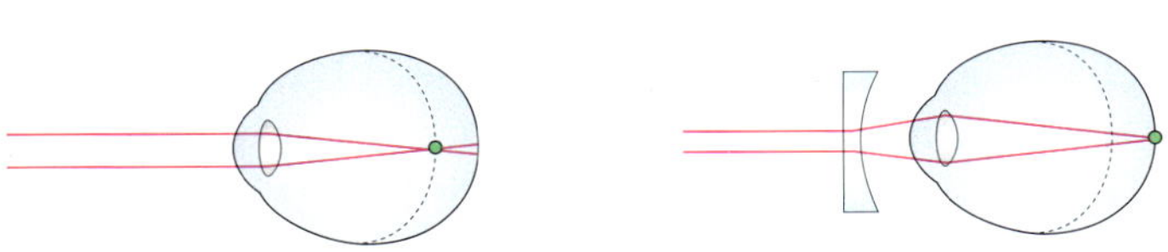

Der Augapfel ist zu lang. Das Bild entsteht vor der Netzhaut.

Zerstreuungslinsen bringen das scharfe Bild auf die Netzhaut des verlängerten Augapfels.

1 Kurzsichtigkeit lässt sich durch eine Zerstreuungslinse korrigieren.

3 So sehen Kurzsichtige ihre Umgebung.

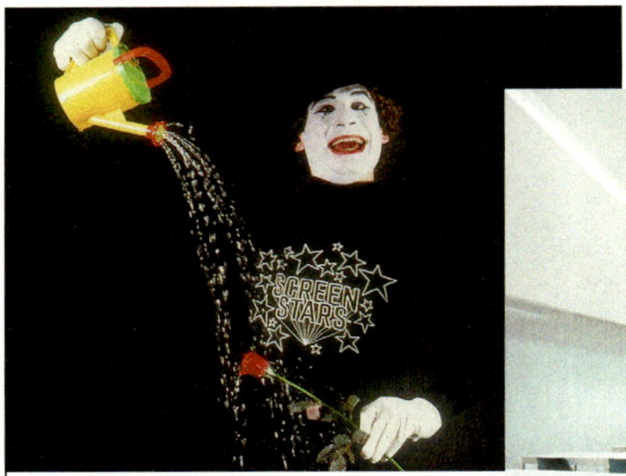

1 Pantomime

2 Helle Flächen reflektieren das Licht.

3 Wasserspiegelung

Licht wird verschluckt
Betrachte den Pantomimen in Bild 1. Es sieht unheimlich aus, wenn sich scheinbar nur sein weißes Gesicht und die Handschuhe bewegen. Seine schwarze Kleidung ist vor dem Hintergrund nicht zu erkennen, obwohl sie ebenfalls von den Scheinwerfern angestrahlt wird. Schwarze Körper nehmen das Licht auf und werfen es nicht wieder zurück. Sie **absorbieren** das Licht.

Licht wird unterschiedlich reflektiert
Wir sehen Körper nur, wenn sie selbst leuchten oder von einer Lichtquelle beleuchtet werden. Beleuchtete Körper werfen das Licht zurück. Gelangt ein Teil dieses Lichts in unsere Augen, können wir den Körper sehen.
Wie viel Licht zurückgeworfen wird, hängt von der Oberfläche des Körpers ab. Glatte und helle Flächen **reflektieren** das Licht besser als matte und dunkle Oberflächen (▷ V 1a). In der Dämmerung erkennst du helle Gegenstände deshalb viel besser als dunkle.

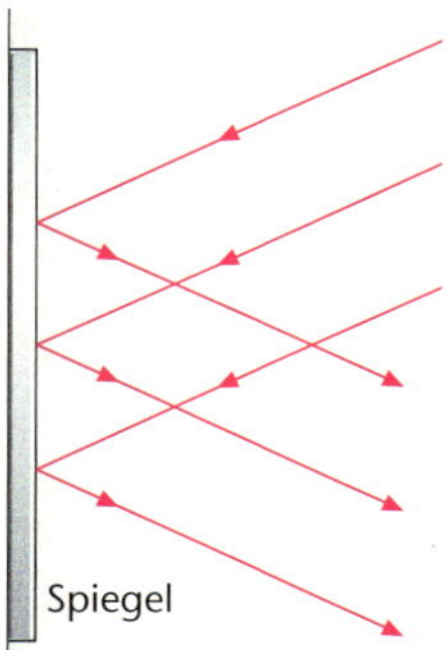

4 Reflexion an einem Spiegel

Trifft Licht auf die Oberfläche eines Körpers, wird es absorbiert und reflektiert. Helle Flächen reflektieren das Licht stärker, dunkle absorbieren es besser.

Hast du dich schon einmal gefragt, warum es tagsüber in deinem Klassenraum gleichmäßig hell ist, obwohl das Licht nur durch die Fenster in den Raum gelangt? Die Wände und Decken sind meistens weiß oder in hellen Farben gestrichen (▷ B 2). Diese hellen Flächen reflektieren das einfallende Sonnenlicht und erhellen damit den gesamten Klassenraum.

Wie reflektiert ein Spiegel das Licht?
Mit einem Spiegel kannst du einen hellen Lichtfleck an die Wand werfen (▷ V 1b). Der Spiegel (▷ B 4) reflektiert das Licht besonders gut. Verfolge dabei den Weg des Lichtes. Im Gegensatz zu den anderen hellen Materialien wirft ein Spiegel das Licht nur in eine Richtung zurück (▷ V 1c). Auch eine Wasseroberfläche kann wie ein Spiegel wirken, vorausgesetzt, die Wasseroberfläche ist ganz ruhig. Manchmal entstehen interessante Spiegelbilder (▷ B 3).

Ein Spiegel reflektiert das Licht in eine Richtung.

Versuch

1 a) Lege verschiedene Gegenstände und Materialien auf einen Tisch. Verwende weißes und schwarzes Papier, verschiedene Textilien usw. Verdunkle den Raum und beleuchte die Gegenstände mit einer Taschenlampe. Wie werfen die unterschiedlichen Materialien das Licht zurück?
b) Beleuchte einen Spiegel und Alufolie. Vergleiche deine Beobachtungen.
c) Lasse das Licht der Taschenlampe schräg von oben auf den Spiegel fallen. Mache mit Kreidestaub den Weg des Lichts sichtbar. Fällt dir eine Besonderheit auf?
d) Markiert im Klassenzimmer einen Punkt. Legt eine Taschenlampe auf einen Tisch und dunkelt nun den Raum ab. Versucht von einer bestimmten Stelle aus, mit einem Spiegel den Lichtstrahl auf die Markierung zu lenken. Gibt es mehrere Möglichkeiten?

Von der Natur abgeschaut
Bei einer nächtlichen Autofahrt kannst du heftig erschrecken, wenn in der Dunkelheit plötzlich die Augen von Katzen, Hasen oder anderen Wildtieren am Straßenrand auftauchen (▷ B 1). Das Scheinwerferlicht wird von einer Schicht mikroskopisch kleiner Kristalle in den Augen dieser Tiere reflektiert.

Diese reflektierenden „Katzenaugen" waren das Vorbild für **Reflektoren** oder Rückstrahler. Du findest sie z. B. an Anhängern und Fahrrädern. Reflektoren bestehen aus vielen kleinen Flächen, die so angeordnet sind, dass sie das Licht in die Richtung zurückwerfen, aus der es ursprünglich gekommen ist (▷ B 3, B 4). Dadurch kann man Reflektoren in der Dunkelheit auch aus großer Entfernung erkennen.

Sicherheit wird groß geschrieben
An der Kleidung von Feuerwehrleuten, Polizisten, Sanitätern und Straßenbauarbeitern sind häufig **Reflexionsfolien** angebracht. Sie enthalten Kristalle, die das Licht sehr gut reflektieren. Nachts sind diese Personen im Scheinwerferlicht gut zu erkennen und dadurch besser geschützt (▷ B 2).
Wie gut du mit deiner Kleidung bei Dunkelheit gesehen wirst, kannst du selbst leicht testen. Eine Blitzlichtaufnahme im Dunkeln zeigt, ob deine Kleidung ausreichend Licht reflektiert.
Reflektoren befinden sich auch an den Leitpfosten längs des Straßenrandes außerhalb von Ortschaften. Für Autofahrer ist der Straßenverlauf dadurch auch bei Dunkelheit gut zu erkennen. Verkehrszeichen müssen auch nachts gut zu sehen sein. Ihre Oberfläche ist daher mit winzig kleinen Glasperlen bedeckt, die das auftreffende Licht reflektieren.

2 Sanitäter tragen Kleidung mit Reflektoren

Aufgaben

1 Nenne die Teile, die zu einem verkehrssicheren Fahrrad gehören.

2 Vor Fahrtantritt musst du dein Fahrrad überprüfen. Beschreibe dein Vorgehen.

3 Beschreibe die Funktion der Speichenreflektoren.

4 An deinem Fahrrad ist der Frontreflektor weiß, die Speichenreflektoren sind gelb und der Rückstrahler ist rot. Warum hat man für die Reflektoren verschiedene Farben gewählt?

5 Wer bei schlechten Sichtverhältnissen unterwegs ist, muss mehr für seine Sicherheit tun. Nenne Maßnahmen.

6 Warum ist es für einen Fußgänger oder Radfahrer nachts viel sicherer, wenn er helle Kleidung trägt?

7 Weshalb haben die Reflektoren auf den Leitpfosten am Straßenrand unterschiedliche Formen?

1 Leuchtende Augen

3 Reflektor

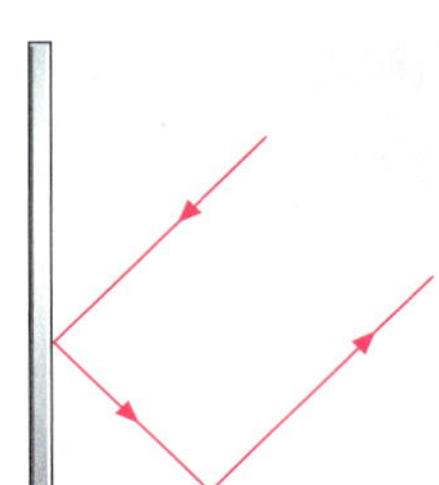
4 Lichtweg im Reflektor

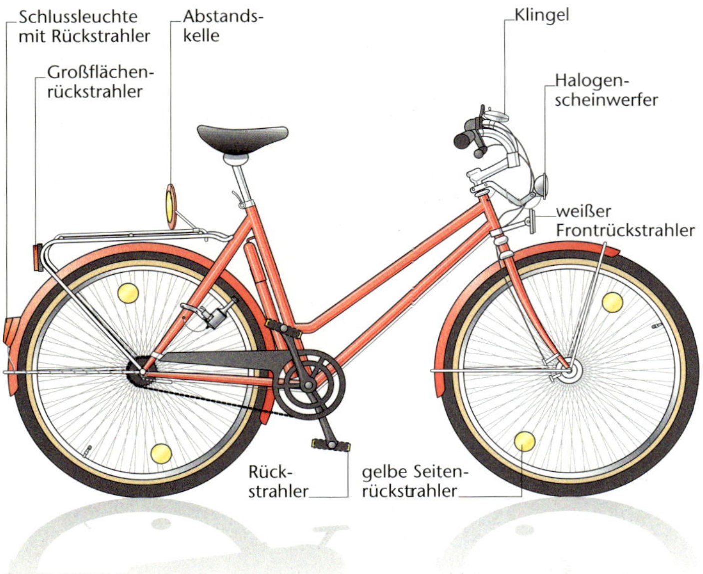

1 Verkehrssicheres Fahrrad

2 Reflektoren erhöhen die Sicherheit bei Dunkelheit.

Die Fahrradbeleuchtung

Für den nächsten Wandertag ist eine Radtour geplant. Alle Fahrräder, die am öffentlichen Straßenverkehr teilnehmen, müssen sich der Straßenverkehrs-Zulassungs-Ordnung entsprechend in einem technisch einwandfreien Zustand befinden. Vor Fahrtantritt müssen daher alle Räder überprüft werden.
Oliver will noch die **Fahrradbeleuchtung** an seinem Rad in Ordnung bringen. Ob sein Fahrrad alle Vorschriften erfüllt, kann er mithilfe von Bild 1 feststellen.
Neben zwei voneinander unabhängigen Bremsen ist eine funktionstüchtige Lichtanlage gesetzlich vorgeschrieben, denn auch für Radfahrer gilt: Sehen und gesehen werden!

3 Helle Kleidung erhöht die Sicherheit.

Dass eine Fahrradbeleuchtung notwendig ist, zeigen zahlreiche Unfälle. Unbeleuchtete Fahrräder werden bei schlechter Sicht von Autofahrern oft zu spät erkannt. Verkehrsunfälle mit tödlichem Ausgang sind häufig die Folge.

Den Fahrradscheinwerfer musst du einschalten, damit du bei Dunkelheit Hindernisse erkennen kannst. Damit du selbst von anderen Verkehrsteilnehmern gut gesehen wirst, braucht dein Fahrrad außerdem eine Rückleuchte und einige Reflektoren bzw. Rückstrahler.

Die Reflektoren leuchten nicht von selbst, sondern reflektieren das Licht, wenn sie angestrahlt werden (▷ B 2). Betrachte die Reflektoren einmal genauer. Du erkennst viele kleine Spiegelflächen, die das Licht in die Richtung zurückwerfen, aus der es kommt. Autofahrer können dich so im Licht ihrer Scheinwerfer schon von weitem sehen.
Noch besser wirst du erkannt, wenn du an deiner Kleidung Reflektoren trägst. Auch reflektiert helle Bekleidung das Licht besser als dunkle (▷ B 3).

„Sehen und gesehen werden" lautet die Regel für dich als Radfahrer. Achte deshalb darauf, dass Scheinwerfer, Rückleuchte und Reflektoren an deinem Fahrrad funktionstüchtig sind.

Gefahren durch das Sonnenlicht

Es ist gefährlich, ohne Augenschutz in die Sonne zu sehen. Die Augenlinse bündelt das Licht der Sonne auf der Netzhaut. Auch wenn sich die Pupille bei Helligkeit verkleinert, ist die Wirkung des Sonnenlichts stark genug, um die Netzhaut dauerhaft zu schädigen.
Bei der Ausfahrt aus einem dunklen Tunnel bist du bestimmt schon einmal von der Sonne geblendet worden. In der Dunkelheit des Tunnels weitet sich die Pupille, damit möglichst viel Licht ins Auge fallen kann. Beim plötzlichen Wechsel in die Helligkeit benötigt die Pupille eine kurze Zeit, um sich anzupassen. In dieser Zeit fällt zu viel Licht in das Auge, sodass du geblendet wirst.

2 Schnee reflektiert das Sonnenlicht.

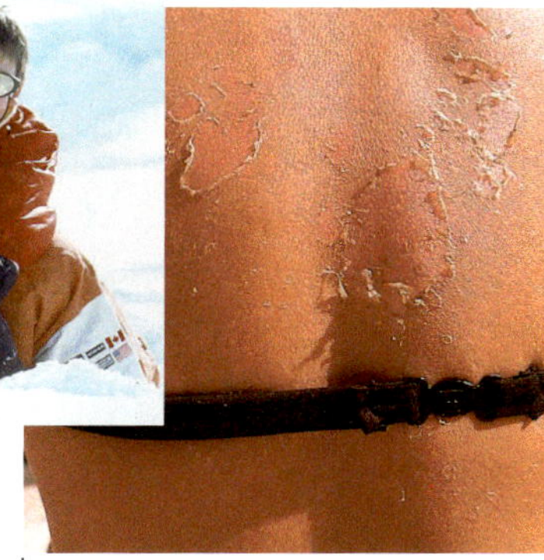

3 Sonnenbrand

Gefahren durch ultraviolette Strahlung

Das Sonnenlicht enthält auch die für uns unsichtbare **ultraviolette Strahlung** (UV-Strahlung). Diese Strahlung kann gefährlich werden, besonders dann, wenn Sonnenlicht auf stark reflektierende Flächen wie eine Wasseroberfläche oder eine Schneedecke fällt (▷ B 2). Wenn man nicht durch eine Sonnenbrille geschützt ist, dann kann zu viel UV-Strahlung in das Auge gelangen. Als Folge kann Schneeblindheit auftreten, eine schmerzhafte Verletzung der Hornhaut des Auges.
Setzen wir unsere Haut zu starker UV-Strahlung aus, werden die Hautzellen geschädigt. Ein Sonnenbrand (▷ B 3) ist die schmerzhafte Folge. Zum einen altert dadurch die Haut schneller. Zum anderen kann ein Sonnenbrand auch viele Jahre später noch Auswirkungen haben. In schlimmen Fällen werden die Hautzellen so stark geschädigt, dass bösartiger Hautkrebs auftritt. Ein Hautarzt berät dich über Veränderungen der Haut, die auf eine solche Erkrankung hindeuten können.
Bei einem längeren Aufenthalt in der Sonne musst du dich daher vor der UV-Strahlung schützen. Das kann durch lichtundurchlässige Kleidung oder durch ein Sonnenschutzmittel geschehen. Achte auf den Lichtschutzfaktor (LSF). Ein Schutzfaktor 6 bedeutet, dass du dich sechsmal länger in der Sonne aufhalten kannst, als du es ohne Schutz darfst. Wie lange du dich ungeschützt in der Sonne aufhalten darfst, gibt die **Eigenschutzzeit** an. Sie hängt vom Hauttyp ab (▷ B 1).

Hauttyp 1	**Hauttyp 2**	**Hauttyp 3**	**Hauttyp 4**
Sehr helle Haut, blonde oder rötliche Haare, blaue oder grüne Augen, häufig Sommersprossen. Immer Sonnenbrand, niemals Bräunung. Eigenschutzzeit höchstens 10 Minuten. LSF mindestens 15, und zwar dauernd.	Helle Haut, blonde Haare, blaue oder grüne Augen. Immer Sonnenbrand, schwache Bräunung. Eigenschutzzeit höchstens 20 Minuten. LSF in den ersten Tagen mindestens 14, später LSF 9–14.	Dunkelblonde oder dunkle Haare, braune Augen. Leichter Sonnenbrand, gute Bräunung. Eigenschutzzeit höchstens 30 Minuten. LSF in den ersten Tagen mindestens 8, später LSF 5–8.	Von Natur aus dunkle Haut, dunkle oder schwarze Haare, braune Augen. Nie Sonnenbrand, immer Bräunung. Eigenschutzzeit höchstens 45 Minuten. LSF in den ersten Tagen mindestens 4, später LSF 2–4.

1 Zu welchem Hauttyp gehörst du?

Dafür habe ich ein Gefühl

Heute fühle ich mich orange!
„Die Hoffnung ist rot“, sagt Heticel. „Ja, und die Liebe ist gelb“, meint Jani. Empfindet ihr das genauso?

- Ordnet den Begriffen „Hoffnung“ und „Liebe“ eure eigenen Farben zu. Erstellt dann eine Tabelle, in der ihr fünf weiteren Hauptworten Farbeigenschaften zuweist.

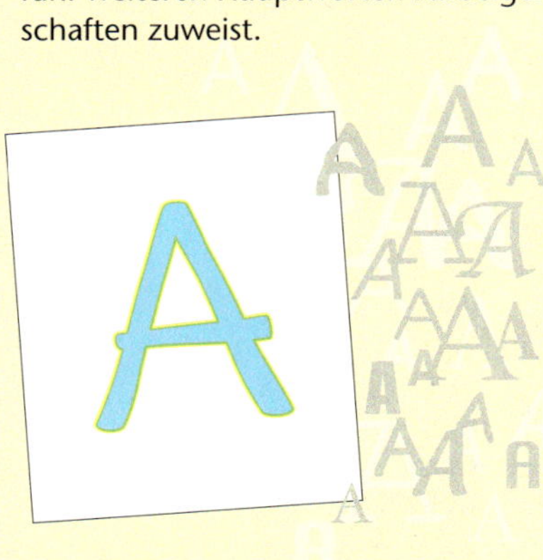

- Zeichnet 5 Buchstaben jeweils groß auf ein DIN-A4-Blatt und weist ihnen mit Farben einen „Charakter“ zu. Begründet eure Farbwahl.

- „Synästhetiker“ sind Menschen mit einer ganz besonderen Veranlagung. Infomiert euch darüber, wie diese Menschen die Welt wahrnehmen.

Das Multitalent in deinem Kopf
Egal, ob du beim Frühstücken bist, im Unterricht etwas lernst, oder nach der Schule ins Freibad gehst, dein Gehirn ist ständig in Aktion. Sogar während du schläfst arbeitet es immer weiter.

- Überlege welche Aufgaben das Gehirn in deinem Körper steuert. Was muss es zum Beispiel alles tun, wenn du einen Ball fängst oder einen Text auswendiglernst.

- Wie stellst du dir das Gehirn vor? Fertige eine Skizze an und Vergleiche diese dann mit einem Modell aus der Biologie-Sammlung.

Immer der Nase nach!
Der Mensch benutzt seine Sinne, um sich in seiner Umwelt zu orientieren. Doch auch die Tiere müssen sich in der Welt zurechtfinden und benutzen dazu z. B. auch die Nase. Manche Tiere aber scheinen keine Ohren oder keine Nase zu haben.

- Es gibt Tiere, die mit ihren Füßen schmecken. Andere hören mit den Knien, oder riechen mit ihrer Zunge. Findet heraus um welche Tiere es sich dabei handelt. Gibt es in der Tierwelt noch mehr seltsame Sinnesorgane?

- Können Regenwürmer auch riechen? Diskutiert die Frage in der Gruppe. Plant einen Versuch, mit dem ihr die Frage lösen könnt.

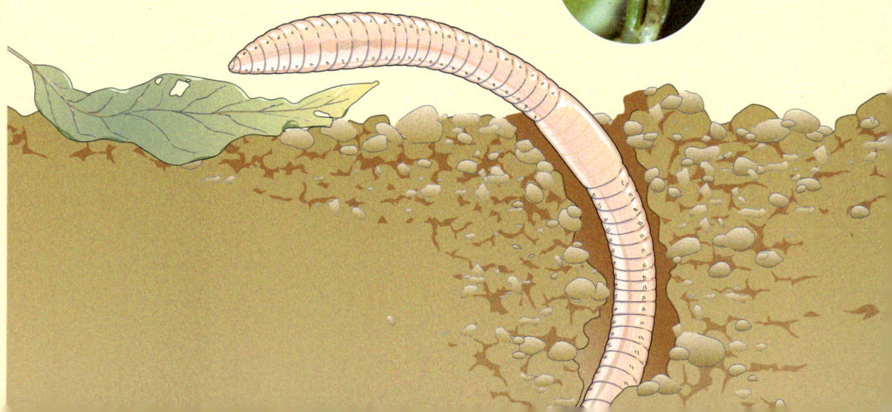

Lesen ist wie Kino im Kopf

Stelle dir vor, du hörst nichts mehr, alle dir vertrauten Geräusche nimmst du nicht mehr wahr. Auch Musik könntest du nicht mehr hören.
Ob man Musik auch spüren kann?

● „Wenn ich lese, so kann ich das gelesene Wort hören."
Lies diesen Satz mehrmals leise und beobachte dich genau dabei.

● Tauscht in der Gruppe die Erfahrungen aus, die ihr beim stillen Lesen gemacht habt.

● Was empfindet wohl ein Mensch, der gehörlos geboren wurde, wenn er liest? Schreibe einige Sätze dazu in dein Heft.

● Habt ihr Kinder in eurer Klasse, die eine andere Muttersprache als Deutsch sprechen? Bittet sie, euch einen Satz in ihrer Muttersprache aufzuschreiben und übt ihn so lange, bis das Kind sagt, dass ihr ihn richtig aussprecht.

Wenn die Sinne stumm sind

Einen tollen Film im Kino sehen, die Tophits aus den Charts hören, oder ein leckeres Eis essen – das ist für dich ganz selbstverständlich. Doch wie ist es, wenn ein Sinnesorgan ausfällt? Oder was ist, wenn die Leistungsfähigkeit der Sinne allmählich nachlässt, wie z. B. bei vielen alten Menschen?

● Informiert euch welches Sinnesorgan bei „Anosmie" ausgefallen ist. Diskutiert in der Gruppe folgende Aussage: „Anosmie ist ist eine Behinderung, die die Lebensqualität der Betroffenen sehr einschränkt."

● Denkt euch Möglichkeiten aus, wie man die Umwelt so gestalten könnte, dass Menschen mit Anosmie ihre Behinderung nicht mehr so stark wahrnehmen.

● Gibt es weitere Behinderungen der Sinne? Informiert euch in Büchern und im Internet.

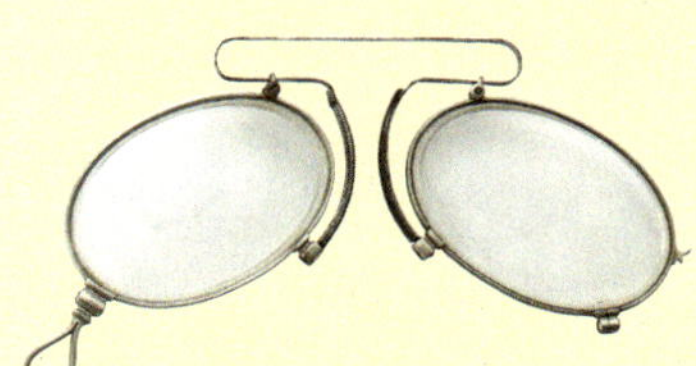

Werkstatt

Schwingungen machen Töne

Das Gehör ist ein wichtiges Sinnesorgan. Wir brauchen es zur Verständigung und Orientierung. Alles, was wir hören können, bezeichnet man als Schall. Wie aber entsteht Schall?

Teilt euch in Gruppen auf. Jede Gruppe führt in einer beliebigen Reihenfolge nacheinander alle Versuche durch.

1 Das s(chw)ingende Lineal

Material

Lineal (möglichst lang und stabil, z. B. aus Metall)

Versuchsanleitung

a) Drückt ein Ende des Lineals fest auf eine Tischkante. Dabei soll ungefähr die Hälfte des Lineals überstehen. Zupft nun am freien Ende des Lineals.
Notiert, was ihr hört und seht.

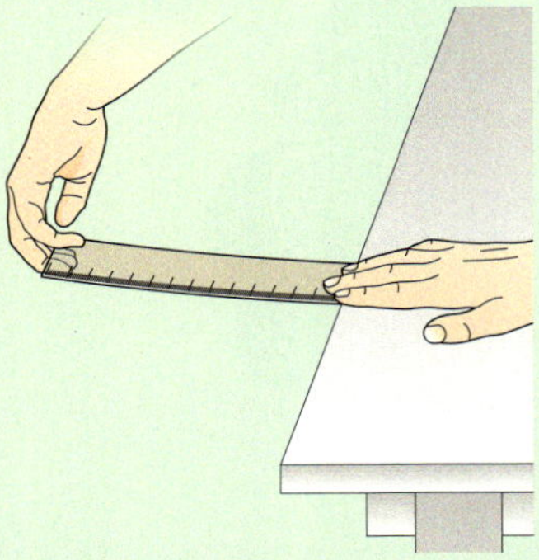

1 Anzupfen des Lineals

b) Ändert die Länge des überstehenden Teils (▷ B1) und zupft erneut am freien Ende des Lineals. Was beobachtest ihr nun? Könnt ihr Unterschiede zum ersten Versuch feststellen?

2 Schall bewegt

Material

Weinglas, Trinkglas, Alufolie, Bindfaden

2 Anschlagen des Glases

Versuchsanleitung

Formt aus der Alufolie eine kleine Kugel. Befestigt sie an einem Stück Faden. Haltet die Kugel so am Faden, dass sie den Rand des leeren Glases berührt. Schlagt nun leicht gegen den Rand des Glases (▷ B 2). Beobachtet die Kugel. Was stellt ihr fest?

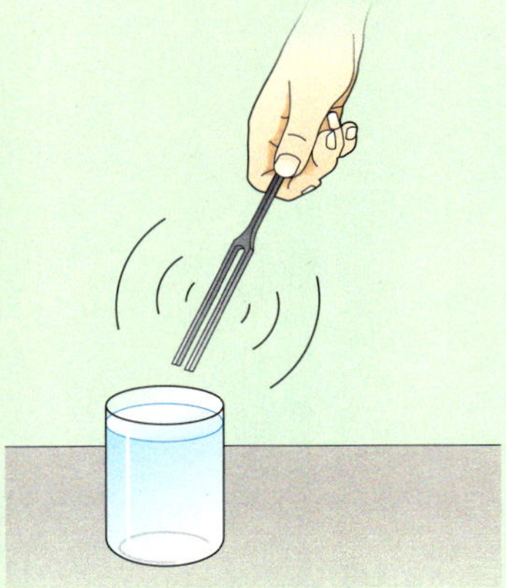

3 Eintauchen der Stimmgabel

3 Schall „sichtbar" gemacht

Material

Becherglas, Stimmgabel

Versuchsanleitung

a) Füllt ein Glas mit Wasser. Schlagt die Stimmgabel an und taucht sie sofort ins Wasser (▷ B 3). Was könnt ihr beobachten?
b) Schlagt die Stimmgabel fester an, sodass sie lauter ertönt, und taucht sie wieder ins Wasser. Was beobachtet ihr nun?

4 Die Stimmgabel schwingt

Material

Glasscheibe, Kerze, Feuerzeug, 2 hölzerne Wäscheklammern, lange Stimmgabel mit Metallspitze, Papier, Schutzbrille

Versuchsanleitung

a) Zündet die Kerze an. Haltet die Glasscheibe mit zwei Wäscheklammern und bewegt sie über der Flamme, bis sie mit einer Rußschicht bedeckt ist.
Achtung: Lasst die Scheibe zwischendurch immer wieder abkühlen, damit sie nicht zerspringt!

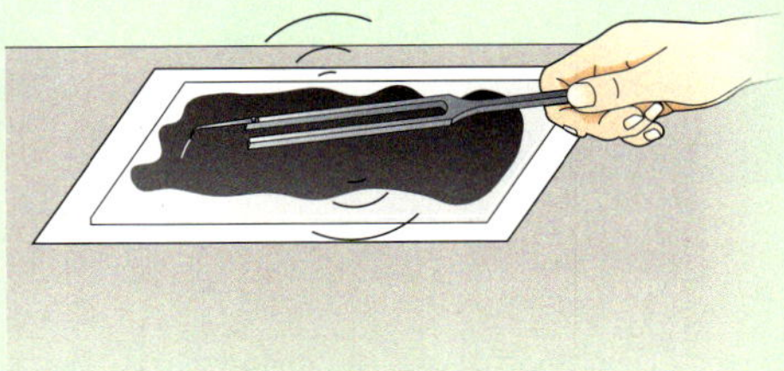

4 Die Stimmgabel erzeugt ein Muster.

b) Legt nun die Scheibe mit der Rußschicht nach oben auf das Papier. Schlagt die Stimmgabel an und zieht die Metallspitze schnell über die berußte Scheibe (▷ B 4).

Beschreibt das Muster, welches die Metallspitze auf der berußten Glasscheibe erzeugt hat. Übertragt das Muster in euer Versuchsprotokoll.

Aufgaben

1. Beantwortet, nach der Durchführung aller Versuche, in euren Gruppen folgende Fragen:
- Wie ensteht Schall?
- Wovon hängen Höhe und Lautstärke eines Tons ab?
Anschließend stellt jede Gruppe ihre Antworten vor.

2. Zählt weitere Schallquellen auf. Gebt jeweils an, wodurch der Ton erzeugt wird und wie Tonhöhe und Lautstärke verändert werden können.

Hoch und tief, laut und leise

1 Schall umgibt uns ständig.

Schall und Schallquellen

Wenn du mit einem dünnwandigen Glas irgendwo anstößt, hörst du einen Ton. Auch beim Anschlagen einer Stimmgabel wird ein Ton erzeugt. Fliegt eine Wespe an dir vorbei, hörst du ein Summen. Weil Glas, Stimmgabel und Wespe Schall erzeugen nennt man sie **Schallquellen**.
Mit Versuchen kannst du nachweisen, dass sich das Glas und die Stimmgabel sehr schnell hin und her bewegen, wenn sie einen Ton erzeugen. Sie schwingen. Das Summen von Wespen entsteht durch eine Auf-und-ab-Bewegung ihrer Flügel. Diese Bewegungen sind so schnell, dass wir sie kaum sehen können.

▶ Gegenstände, die einen Ton erzeugen, bezeichnet man als Schallquellen. Eine Schallquelle erzeugt einen Ton, wenn sie schnell schwingt.

Hohe und tiefe Töne

Wenn du ein Lineal an verschiedenen Stellen einspannst und an seinem freien Ende zupfst, kannst du verschiedene Töne erzeugen. Die Höhe des Tons hängt davon ab, wie lang der schwingende Teil des Lineals ist (▷ B 2).
Schwingt ein langes Stück des Lineals, kann man diese Bewegung meist sehen. Das Lineal schwingt langsam und erzeugt einen tiefen Ton. Schwingt ein kurzes Stück des Lineals, sind die einzelnen Hin- und Herbewegungen kaum noch zu sehen. Der hohe Ton ist jedoch gut zu hören.

▶ Schnelle Schwingungen führen zu einem hohen Ton, langsame Schwingungen zu einem tiefen Ton.

Laute und leise Töne

Will man einen lauten Ton erzeugen, muss man die jeweilige Schallquelle stärker anschlagen. Das bedeutet beim Lineal, dass man das freie Ende stärker biegen muss.

▶ Je stärker eine Schallquelle schwingt, desto lauter ist der Ton, den wir hören.

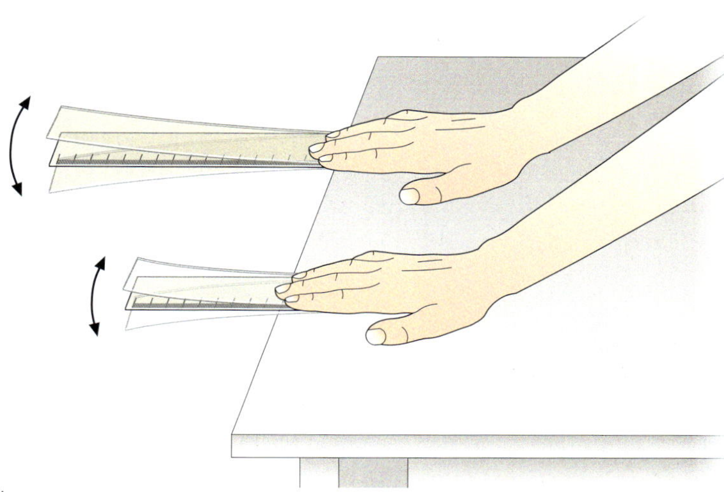

2 Die Länge des schwingenden Teils bestimmt die Tonhöhe.

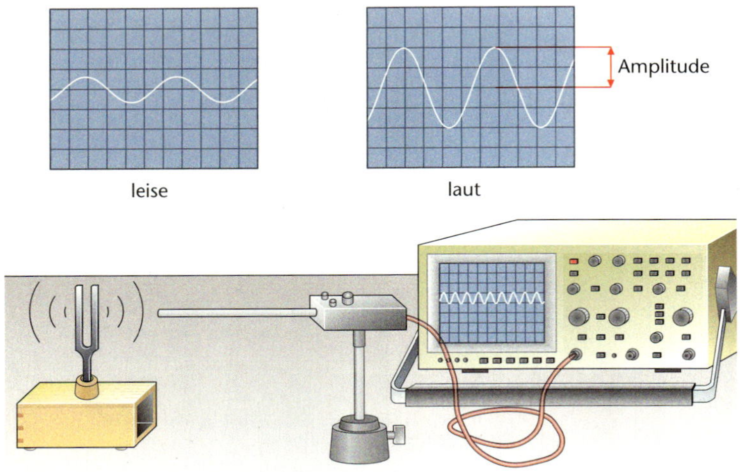

1 Je größer die Amplitude einer Schwingung ist, desto lauter ist der Ton.

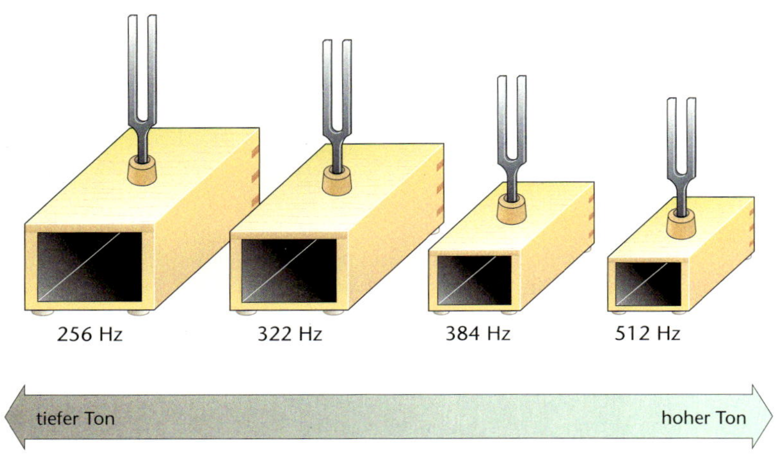

2 Stimmgabeln mit tiefen und hohen Tönen

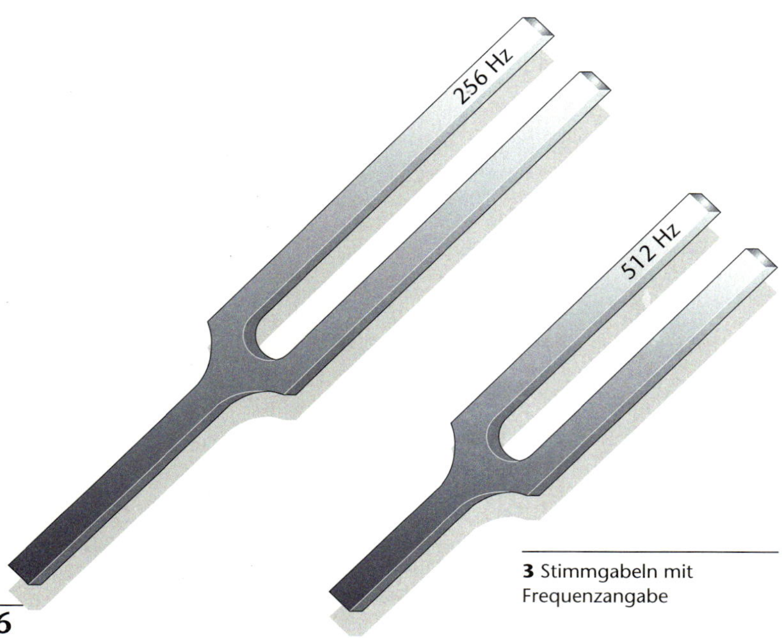

3 Stimmgabeln mit Frequenzangabe

Das Oszilloskop

Naturwissenschaftler benutzen häufig ein Oszilloskop, um Schall sichtbar zu machen (▷ B 1). Der Schall wird mit einem Mikrofon aufgenommen. Die Schallschwingungen erscheinen als Linien auf dem Bildschirm des Oszilloskops. Schlägst du eine Stimmgabel leicht an, zeigt das Oszilloskop ein Signal wie in Bild 1 (links oben). Schlägst du fest gegen die Stimmgabel, so wird der Ton lauter. Die Stimmgabel schwingt weiter aus. Der Ausschlag auf dem Bildschirm des Oszilloskops ist größer. Der größte Ausschlag wird auch als **Amplitude** bezeichnet.

▶ Je größer die Amplitude ist, desto lauter ist der wahrgenommene Ton.

Die Tonhöhe

Wenn du dir unterschiedliche Stimmgabeln ansiehst, findest du sicher ähnliche Angaben wie auf den beiden Stimmgabeln in Bild 3. Um herauszufinden, was diese Angaben bedeuten, kannst du Folgendes ausprobieren: Schlag unterschiedliche Stimmgabeln nacheinander an und ordne sie nach der Höhe ihres Tons. Du wirst feststellen: Je größer die Zahl auf der Stimmgabel, desto höher der Ton (▷ B 2).

Die Frequenz

Die Angabe auf der Stimmgabel wird als **Frequenz** bezeichnet. Die Angabe 256 Hz (256 Hertz) bedeutet zum Beispiel, dass die Stimmgabel in einer Sekunde 256 volle Schwingungen ausführt.

▶ Die Frequenz (in Hertz) gibt an, wie viele Schwingungen ein Körper in einer Sekunde durchführt. Je größer die Frequenz einer Stimmgabel ist, desto höher ist der Ton, den sie erzeugt.

Die Frequenz wird in der Einheit **Hertz** angegeben, benannt nach dem Physiker Heinrich Hertz (1857 – 1894).

Versuch

1 Eine Stimmgabel erzeugt einen Ton. Beim Zerknüllen von Papier hörst du ein Geräusch, beim Zerplatzen eines Luftballons einen Knall. Schließe an ein Oszilloskop ein Mikrofon an und nimm damit die Signale dieser Schallquellen auf. Was zeigt das Oszilloskop jeweils an? Formuliere einen Merksatz.

Gehör contra Messgerät
Zwei Klingeln erzeugen doppelt so viel Schall wie eine (▷ B 1). Unser Gehör nimmt zwei Klingeln im Vergleich zu einer aber nicht als doppelt so laut wahr. Deshalb müssen wir zwischen der Schallstärke und dem, was wir hören – nämlich der Lautstärke – unterscheiden.

Erst bei 10 Klingeln nimmt das Gehör die doppelte Lautstärke wahr. Mithilfe eines Schallstärkemessgeräts oder eines Oszilloskops kann man Versuche zum Lautstärkeempfinden durchführen. Sie zeigen, dass wir bei 10facher Schallstärke nur die doppelte Lautstärke wahrnehmen. Bei 100facher Schallstärke wird die 4fache Lautstärke wahrgenommen, bei 1000facher Schallstärke erst die 8fache Lautstärke usw. Auf unsere Ohren bzw. unser Gehör wirkt allerdings die tatsächliche Schallstärke. Also: Vorsicht bei lauten Geräuschen oder Tönen!

▶ Die wahrgenommene Lautstärke nimmt viel langsamer zu als die tatsächliche Schallstärke.

1 Zwei Klingeln – doppelte Lautstärke?

Auch von der Frequenz lässt sich das Gehör täuschen: Es nimmt unterschiedlich hohe Töne gleicher Schallstärke unterschiedlich laut wahr.

Werkstatt

Töne, gehört und gemessen

1 Die Lautstärke wird untersucht

Material
Mindestens 2 baugleiche elektrische Klingeln

Versuchsanleitung
Drehe dich mit dem Rücken zur Klingel. Lasse eine Mitschülerin oder einen Mitschüler deiner Klasse eine Klingel einschalten. Nach kurzer Zeit soll die zweite Klingel dazu eingeschaltet werden.
Wie nimmt dein Gehör den Unterschied wahr?

2 Die doppelte Lautstärke

Material
10 baugleiche Klingeln, Oszilloskop

Versuchsanleitung
Lasst in eurem Klassenraum erst eine, dann zwei, drei, ... und schließlich zehn Klingeln gleichzeitig ertönen. Zeichnet die Lautstärke mit dem Oszilloskop auf. Beobachtet die Anzeige und hört aufmerksam hin. Wie viele Klingeln sind erforderlich, bis ihr die doppelte Lautstärke wahrnehmt?

3 Lautstärke und Frequenz

Material
Tongenerator mit Lautsprecher, Oszilloskop mit Mikrofon

Versuchsanleitung
Mit dem Tonfrequenzgenerator werden Töne von 200 Hz bis 2 000 Hz erzeugt. Dabei soll die Amplitude gleich bleiben, d.h. die Schallstärke soll sich nicht ändern. Nehmt die verschiedenen Töne mit dem Mikrofon auf (▷ B 1). Überprüft mithilfe der Anzeige des Oszilloskops jeweils die Amplitude. Kannst du bei verschieden hohen Tönen Unterschiede in der Lautstärke feststellen?
Wie nimmst du den 200-Hz-Ton im Vergleich zum 2 000-Hz-Ton wahr?

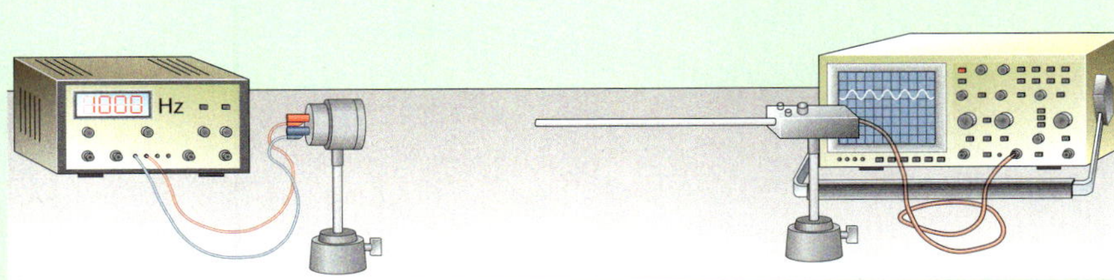

1 Wie laut ein Ton wahrgenommen wird, hängt auch von seiner Frequenz ab.

1 Diskomusik kann doppelt so laut sein wie ein Presslufthammer.

Die Maßeinheit der Lautstärke
Mit dem in Bild 1 gezeigten Schallpegelmessgerät wird die Lautstärke gemessen. Die Lautstärke wird in der Einheit Dezibel angegeben:

1 Dezibel (A) = 1 dB(A)

Eine Zunahme der Lautstärke um 10 dB(A) entspricht einer 10fachen Schallstärke. Sie wird vom Gehör als doppelte Lautstärke wahrgenommen.
Laute Musik von 100 dB(A) ist z. B. „nur" um 10 dB(A) lauter als ein Presslufthammer mit 90 dB(A) (▷ B 1). Wir nehmen die Musik als doppelt so laut wahr. Auf unser Gehör wirkt dabei aber die 10fache Schallstärke.

Lärm kann schaden
Jede Art von Schall, der uns stört, bezeichnen wir als Lärm – egal, ob es sich z. B. um Musik oder Motorengeräusche handelt. Manchmal kann Lärm mehr als störend sein, er wird dann gefährlich.
Lärm kann das Gehör schädigen. Diese Gefahr besteht z. B. für Jugendliche, die in Diskotheken oder mit dem Discman regelmäßig sehr laute Musik hören. Bereits jeder vierte Jugendliche hat aus diesem Grund einen Hörschaden, der nicht mehr zu beheben ist.
Je lauter der Ton ist und je näher die Schallquelle ist, desto stärker schwingt das Trommelfell. Sehr große Schallstärken können daher Schmerzen im Ohr verursachen. Dauert die Überbeanspruchung an, besteht die Gefahr dauerhafter Schäden.

Lärmschutz ist wichtig
Lärm kann nicht nur unser Gehör schädigen. Seine dauerhafte Einwirkung kann auch andere Krankheiten auslösen. Deshalb ist es wichtig, sich vor Lärm zu schützen.

Aufgaben

1 Nenne Beispiele, wo Lärmschutz unbedingt notwendig ist.

2 Informiere dich über Maßnahmen, die dem Lärmschutz dienen. Wo sind sie bei dir zu Hause umgesetzt?

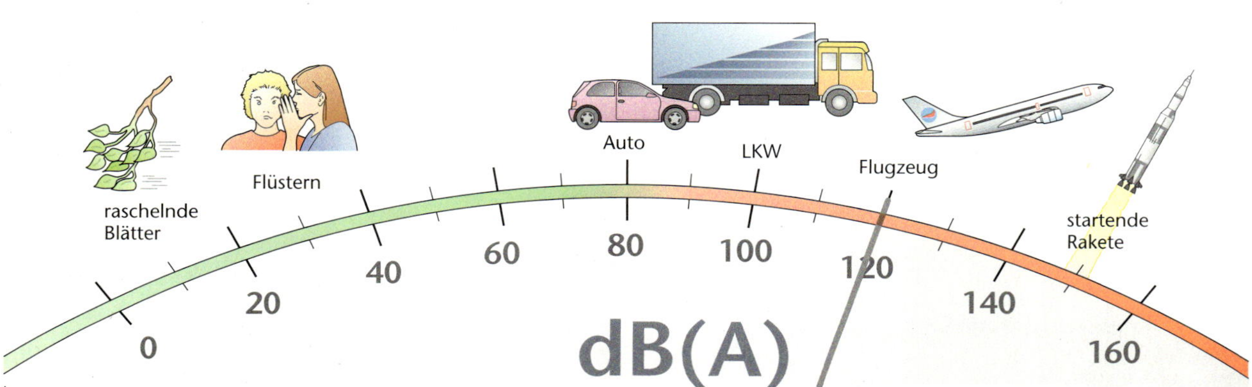

2 Beispiele für die Lautstärken verschiedener Schallquellen

Wenn das Gehör krank wird

Ein kleines Organ im Innenohr, die Hörschnecke, ist das eigentliche Hörorgan. Hier wird der im Ohr ankommende Schall in Flüssigkeitswellen umgewandelt. Die Hörschnecke ist mit Wasser gefüllt. So genannte Haarzellen werden je nach Tonhöhe gereizt und geben diese Impulse als elektrische Reize an den Hörnerv weiter.
Unser Gehör ermöglicht es uns so, sehr leise Geräusche von unter 1 dB(A) bis hin zu 130 dB(A) wahrzunehmen. Aber unser empfindliches Gehör ist nicht nur sehr leistungsfähig, sondern auch anfällig für Störungen und Erkrankungen. Der Hals-Nasen-Ohren-Arzt (HNO-Arzt) ist zuständig für Erkrankungen des Gehörs (▷ B 1).

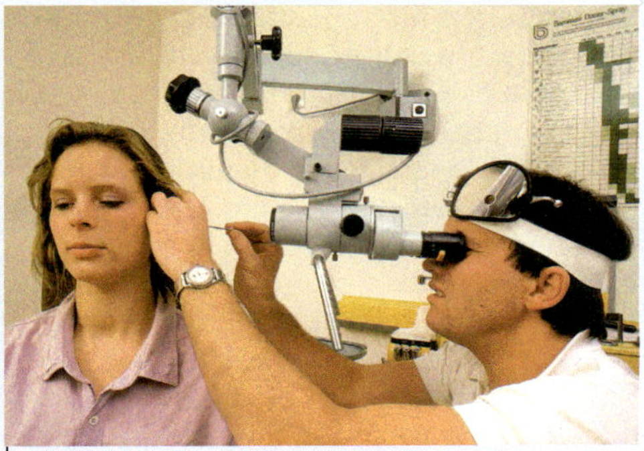

1 Hals-Nasen-Ohren-Arzt

Altersschwerhörigkeit

Sicher hast du schon festgestellt, dass ältere Menschen häufig nicht mehr so gut hören können wie junge. Das Gehör wird mit dem Alter schlechter. Du kannst dir vorstellen, dass die Leistungsfähigkeit der einzelnen Bestandteile des Gehörs durch die Beanspruchung mit zunehmendem Alter nachlassen. Mit alten Leuten muss man oft lauter sprechen, als man es sonst gewohnt ist. Oft kann dann ein Hörgerät zu verbessertem Hörvermögen verhelfen (▷ B 2).

Der Hörsturz

Beim Hörsturz kommt es zu einem plötzlichen Verlust des Hörvermögens, oft nur auf einem Ohr. Die Ursachen sind nicht immer klar. Gründe können seelische Probleme, Stress, bestimmte Viren und Störungen der Blutversorgung im Innenohr sein. Bei einem Hörsturz muss der Betroffene so schnell wie möglich einen HNO-Arzt aufsuchen.

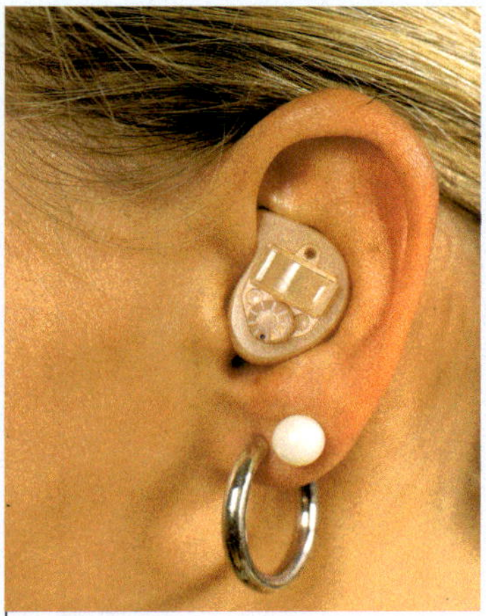

2 Hörgerät

Rauschen im Ohr

Hast du schon einmal eine Meeresmuschel an dein Ohr gehalten, um das berühmte „Meeresrauschen" zu hören? Nun, dann halte dir einmal in einem ruhigen Raum die gewölbte Hand über ein Ohr. Du hörst auch jetzt das Rauschen. Es entsteht im Körper. Dabei nimmt man das Strömen des Blutes in den Gefäßen und das Schlagen des Herzens wahr.

Morbus Menière

Das ist der Name einer Erkrankung des Innenohrs. Wer darunter leidet hat Schwindelgefühle, hört schlecht und vernimmt Ohrgeräusche. Oft kommen Übelkeit und Erbrechen sowie ein Druckgefühl im Ohr hinzu.

Tinnitus

Vielleicht ist dir Tinnitus als Name einer deutschen Popband bekannt. Diese 1997 gegründete Band hat den Namen bewusst gewählt. Ihre Musik sollte „gut ins Ohr gehen und nur schwer wieder hinaus".
Tinnitus aurium heißt wörtlich übersetzt: „Geklingel im Ohr".
Tinnitus ist die medizinische Bezeichnung für Ohrgeräusche oder Ohrensausen. Viele Menschen kennen das. In ihren Ohren tritt gelegentlich, oft nur für Sekunden, ein Klingeln, Rauschen, Zischen, Summen oder Pfeifen auf. Die über 3 Millionen Menschen in Deutschland, die unter Tinnitus leiden, vernehmen diese Geräusche dagegen tagaus, tagein und werden sie nicht mehr los. Diese Ohrgeräusche sind schon lange bekannt: Berühmtheiten wie Luther, Beethoven oder van Gogh waren davon betroffen.
Tinnitus hat viele Ursachen. Probleme mit Zähnen und Kiefer oder mit der Halswirbelsäule, Lärm, ein Hörsturz und andere Auslöser sind bekannt. Findet der Arzt keine Ursache, muss der Betroffene lernen, mit den Geräuschen, die nur er hört, zu leben.

Gehörlosigkeit

Hast du schon einmal gesehen, dass sich zwei Menschen auf der Straße durch eine Zeichensprache verständigen (▷ B 3)? Sicher waren es dann Menschen, die sehr schlecht oder gar nicht hören können. Bei ihnen versagt das Gehör. Sind Kinder gehörlos, dann sind sie es meist schon von Geburt an. Andere Menschen verlieren ihr Gehör nach und nach. Der Verlust des Gehörs kann aber auch plötzlich auftreten, ausgelöst durch eine Krankheit oder einen Unfall.

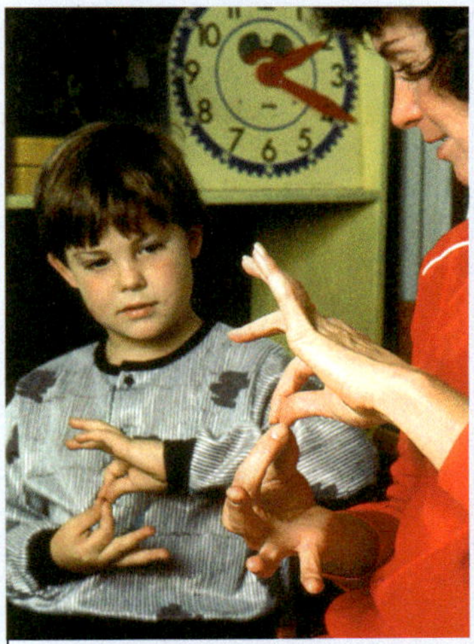

3 Sprechen mit den Händen

Wie breitet sich Schall aus?
Schlägst du das linke Tamburin in Bild 1 an und beobachtest dabei die aufgehängte Kugel (z. B. einen Tischtennisball) am rechten Tamburin, dann stellst du fest, dass sie sich bewegt.

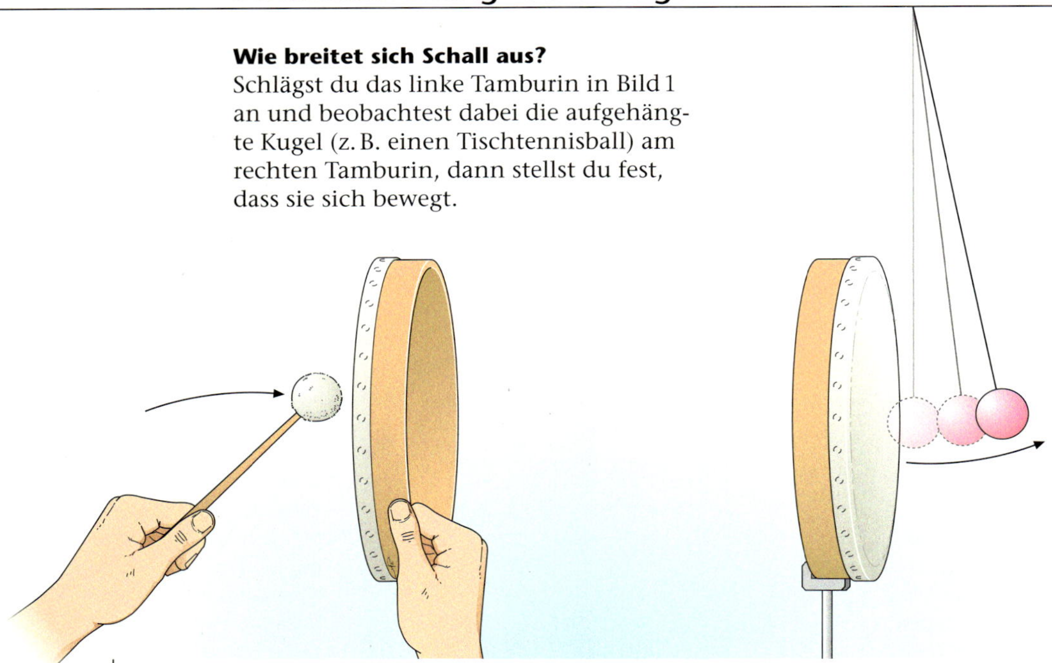

1 Wieso bewegt sich die aufgehängte Kugel?

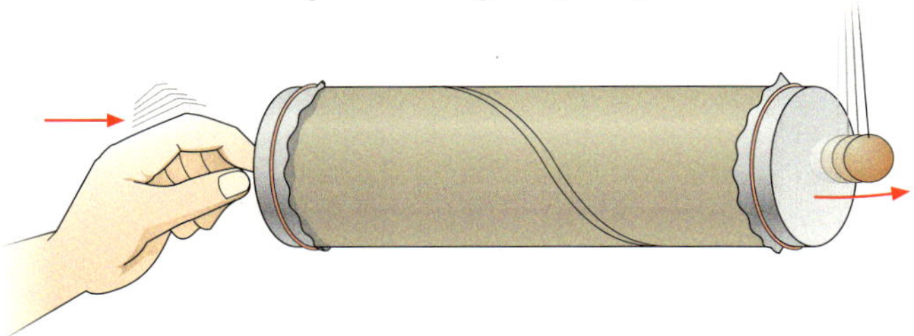

2 Der Schall setzt die Kugel in Bewegung.

3 Der Schall ist mit einer Luftbewegung verbunden.

4 Ohne Luft ist kein Klingeln zu hören.

Bild 2 zeigt eine hohle Papprröhre, die an beiden Seiten mit einer dünnen Gummihaut verschlossen ist. Eine leichte Kugel, an einem Faden befestigt, berührt die rechte Gummihaut. Schlägst du leicht mit einem Finger gegen die linke Gummihaut, dann kannst du sehen, dass sich die Kugel bewegt.
In Bild 3 wurde die rechte Gummihaut von der Röhre entfernt. Statt der Kugel wird eine brennende Kerze verwendet. Schlägst du nun gegen die linke Gummihaut, dann bewegt sich die Kerzenflamme hin und her.
Alle drei Versuche zeigen, dass sich der Schall durch die Luft ausbreitet.

Kann sich Schall auch ohne Luft ausbreiten?
Bei der Beantwortung dieser Frage kann euch ein Versuch in der Schule helfen. Schließt eine elektrische Klingel an eine Batterie an. Legt die Klingel nun wie in Bild 4 unter eine Glasglocke. Aus dieser Glasglocke wird die Luft langsam abgepumpt. Was geschieht?
Je länger das Abpumpen der Luft dauert, desto leiser hörst du das Klingeln. Es fehlt die Luft zur Weiterleitung der Schalls. Schall kann sich also nicht alleine ausbreiten. Man sagt, Schall braucht einen **Schallträger**. In diesem Fall ist es die Luft.

Schall breitet sich in der Luft aus.
Luft ist ein Schallträger.

Feste und flüssige Schallleiter
Lege dein Ohr wie in Bild 5 auf die Tischplatte und lasse deinen Tischnachbarn ganz leicht auf das entgegengesetzte Ende des Tisches klopfen.
Eine andere Möglichkeit ist, das Ohr an einen Heizkörper zu halten (▷ B 6). Bitte ein Mädchen oder einen Jungen aus deiner Klasse, leicht gegen das andere Ende der Heizung zu klopfen. In beiden Fällen wirst du das Klopfen gut hören.

Legst du einen alten tickenden Wecker in einen wasserdichten Behälter (z. B. eine Plastikdose) und diesen in ein mit Wasser gefülltes Glas, so wirst du das Ticken hören, wenn du dein Ohr an das Glas hältst. Die Versuche zeigen, dass nicht nur Luft, sondern auch flüssige und feste Stoffe Schallträger sind.

▶ Auch feste und flüssige Stoffe leiten den Schall weiter.

Aufgabe

1 Auch Wasser leitet den Schall. Informiere dich, welche Meeresbewohner diese Eigenschaft des Wassers nutzen.

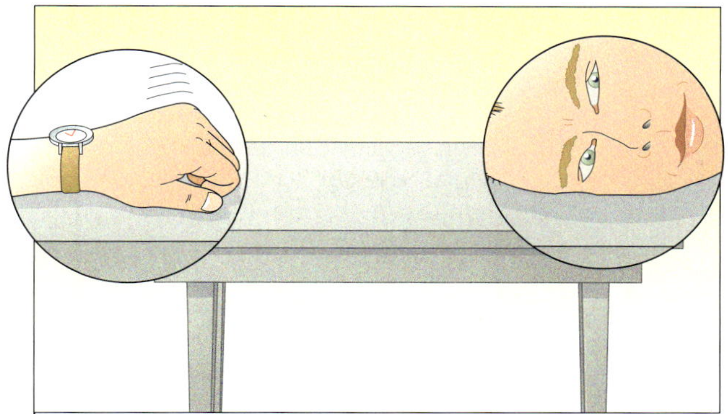

5 Klopfzeichen am Tisch

6 Klopfzeichen an der Heizung

Werkstatt

Wir bauen ein Fadentelefon

Hast du schon einmal versucht dich mit einem anderen über ein Fadentelefon zu verständigen? Ob das wohl über eine längere Strecke funktioniert?

Material
2 Plastikbecher, 2 Büroklammern, Bindfaden

Versuchsanleitung
Stich ein kleines Loch in die Mitte des Plastikbecherbodens. Ziehe ein Ende des Fadens von außen nach innen und befestige es dort mithilfe einer Büroklammer. Wenn nun ein Mitschüler dasselbe am anderen Ende des Fadens macht, habt ihr ein Fadentelefon. Entfernt euch nun so weit voneinander, dass der Faden straff gespannt ist. Flüstere etwas in deinen Plastikbecher. Kann dein Partner das hören?

Aufgabe
Funktioniert das Fadentelefon auch dann noch, wenn ihr den Faden
a) durch das Schlüsselloch einer Tür führt?
b) um eine Ecke legt und er dabei die Wand berührt?
c) durch einen dünnen Draht ersetzt?
Versuche deine Beobachtungen zu erklären.

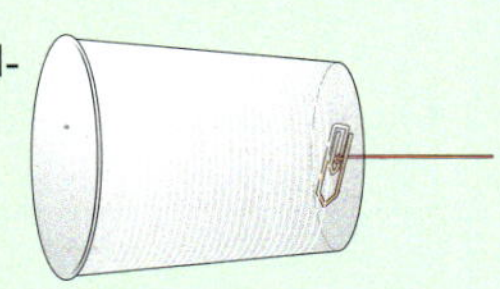

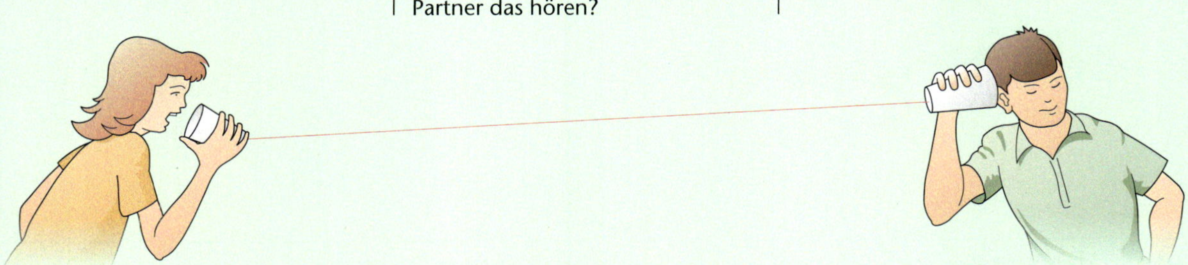

Hammer, Amboss, Steigbügel und Schnecke – im Ohr?

Wie wir hören
Schall breitet sich durch die Luft aus. Erst dadurch kann er zu unserem Ohr gelangen und dort aufgenommen werden.
Bild 1 zeigt am Beispiel des Tons einer Stimmgabel, wie der Schall durch den Gehörgang zum Trommelfell geleitet wird.

Was geschieht in unserem Ohr?
Das **Trommelfell** wird durch den Schall zu Schwingungen angeregt. Über die drei **Gehörknöchelchen** (▷ B 2), **Hammer**, **Amboss** und **Steigbügel** genannt, werden die Schwingungen zum **Innenohr** weitergeleitet. Dort erreichen sie schließlich die **Hörschnecke** (▷ B 3).
In der Hörschnecke werden die Schwingungen mithilfe der Haarsinneszellen in elektrische Signale umgewandelt. Der Hörnerv leitet diese Signale zum Gehirn weiter. Erst jetzt hören wir.

Trommelfell, Gehörknöchelchen, Hörschnecke und Hörnerv sind mit dafür verantwortlich, dass wir hören können.

Der Gleichgewichtssinn
Unser Ohr beherbergt aber nicht nur die Hörorgane. Du kennst bestimmt die Empfindungen, die man beim Achterbahnfahren hat. Unser Körper wird gedreht und abwechselnd beschleunigt und wieder abgebremst. Es sind die Sinneszellen des Gleichgewichtsorgans, die uns diese Empfindungen vermitteln. Auch dieses Organ befindet sich im Ohr.

Wenn du plötzlich deine Lage änderst, bewegt sich eine Flüssigkeit in den so genannten Bogengängen des Gleichgewichtsorgans. Diese Bewegung wird von Sinneszellen wahrgenommen und an das Gehirn weitergeleitet.

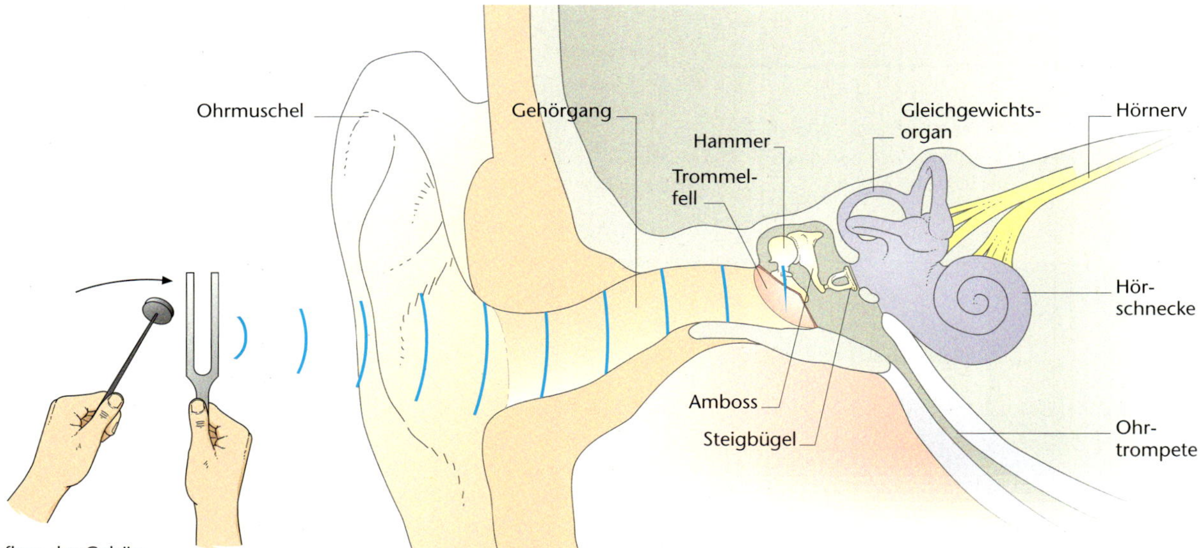

1 Aufbau des Gehörs

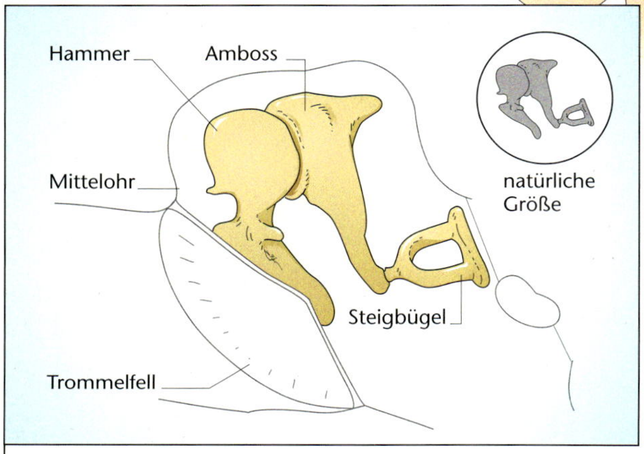

2 Gehörknöchelchen im Detail

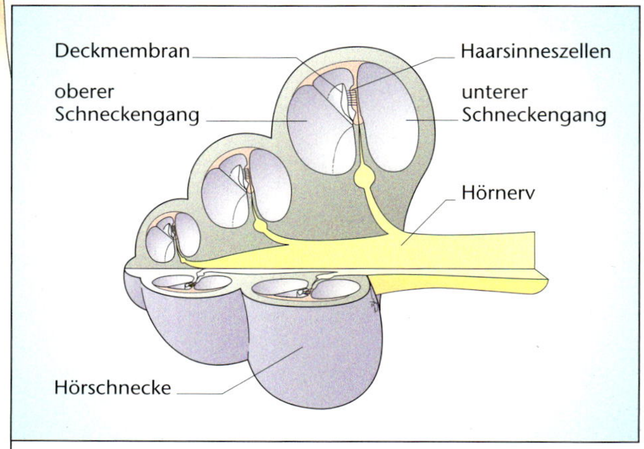

3 Hörschnecke im Schnitt

Werkstatt

Unser Ohr

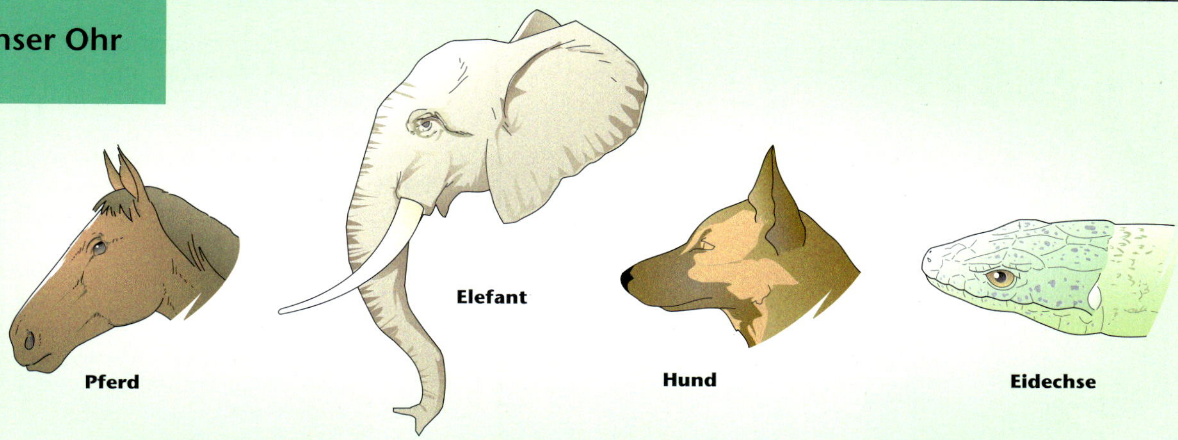

1 Die Ohren verschiedener Lebewesen im Vergleich. Erkennst du auch das Ohr der Eidechse?

1 Die Ohrmuschel

Versuchsanleitung

Bild 1 zeigt dir die Ohren verschiedener Tiere. Sieh dir jetzt das Ohr einer Mitschülerin oder eines Mitschülers an.
Was du sehen kannst, nennt man die Ohrmuschel. Zeichne die Ohrmuschel so genau wie möglich in dein Heft ab. Vergleiche das menschliche Ohr mit den Ohren in Bild 1. Beschreibe Unterschiede und Gemeinsamkeiten.

2 Zu Versuch 2

2 Haben große Ohren Vorteile?

Versuchsanleitung

Für das folgende Experiment muss es im Klassenraum ganz still sein!
a) Stelle dich mit dem Rücken zur Klasse. Bitte einen Mitschüler oder eine Mitschülerin dir etwas zuzuflüstern.
b) Drehe dich dann so, dass du seitlich zur Klasse stehst. Lass dir erneut etwas zuflüstern.
c) Drehe dich nun zur Klasse und halt die Hände so hinter deine Ohren wie in Bild 2 dargestellt. Nun wird noch einmal geflüstert.

Aufgaben

1. Wie nimmst du das Flüstern jeweils wahr?
2. Welche Wirkung haben die Hände in Versuchsteil c)?

3 Aus welcher Richtung kommt der Schall?

Material

Plastik- oder Gummischlauch (Länge ca. 1 m), Stift, Tuch

Versuchsanleitung

a) Verbinde deine Augen und stelle dich vor deine Klasse. Halte dir ein Ohr zu. Eine Mitschülerin oder ein Mitschüler soll dir nun etwas zuflüstern. Wer hat geflüstert? Wo sitzt er bzw. sie – rechts oder links hinter dir?
b) Wiederholt den Versuch. Halte dir dabei erst das andere Ohr zu und lass anschließend beide Ohren unbedeckt.
c) Nimm den Gummi- oder Plastikschlauch und markiere genau die Mitte. Halte die beiden Enden des Schlauchs vorsichtig an deine Ohren.
Nun schlägt jemand leicht mit einem Bleistift an den Schlauch (▷ B 3). Kannst du sagen, ob eine Stelle links oder rechts der Mitte angeschlagen wurde?

Aufgabe

Erkläre die Ergebnisse des Versuchs.

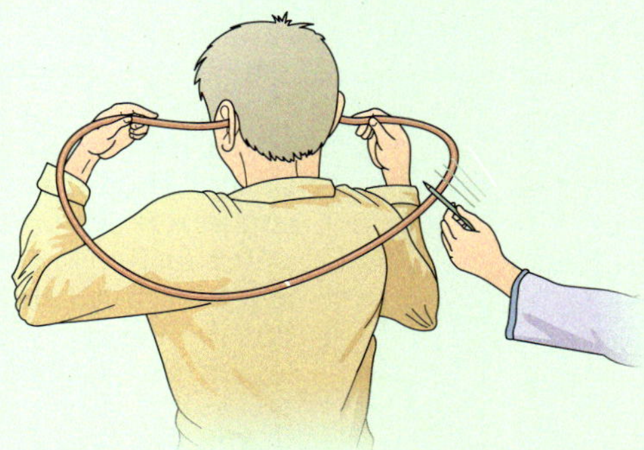

3 Zu Versuch 3

Tipp: Miss die Abstände zwischen den Ohren einiger Mitschülerinnen und Mitschüler aus (▷ B 4). Zu welchen Ergebnissen kommst du? Nun stelle dir vor, der Schall kommt von rechts, von links, von vorne oder von hinten …

4 Messung des Ohrenabstands

1 Den Ton einer Hundepfeife können Menschen nicht hören.

Schall, den wir nicht hören

Unser Gehör ist in der Lage, den Bereich von sehr leisen bis zu sehr lauten Tönen wahrzunehmen. Sehr laute Töne empfinden wir schnell als Lärm.
Wie sieht es aber bei sehr tiefen oder sehr hohen Tönen aus?

Vielleicht kennst du Hundepfeifen, mit denen der Besitzer seinen Hund ruft (▷ B 1). Wir können den Ton dieser Hundepfeifen nicht hören. Zu leise kann er aber nicht sein, denn Hunde hören den Ton sogar noch in großer Entfernung und kommen angelaufen.

Wer hat das beste Gehör?

Mit einem Tonfrequenzgenerator kann man sowohl ganz tiefe als auch sehr hohe Töne erzeugen. Mithilfe dieses Geräts könnt ihr ein Experiment durchführen, das zeigt, dass Menschen unterschiedlich gut hören: Ein Mädchen oder Junge deiner Klasse dreht langsam am Regler des Tonfrequenzgenerators und erhöht so die Frequenz und damit die Höhe des Tons. Jede Person im Raum, auch eure Lehrerin oder euer Lehrer, schließt die Augen und hebt die Hand, sobald sie keinen Ton mehr hört.
Wer hört als erster keinen Ton mehr?
Bei welcher Frequenz ist das der Fall?
Ab welcher Frequenz hört keiner der Anwesenden mehr einen Ton?

Der Hörbereich des Menschen

Menschen können Töne hören, deren Frequenz im Bereich zwischen 16 Hz und 16 000 Hz liegt. Kinder und Jugendliche mit gesundem Gehör nehmen auch noch höhere Töne bis zu einer Frequenz von 21 000 Hz wahr.
Mit zunehmendem Alter nimmt die Leistungsfähigkeit des Gehörs ab. Betroffen ist vor allem die Fähigkeit hohe Töne wahrzunehmen.

Töne, deren Frequenzen über 16 000 Hz liegen, bezeichnet man als **Ultraschall** (lat. ultra: jenseits). Töne mit Frequenzen unter 16 Hz nennt man **Infraschall** (lat. infra: unterhalb).

Die Hörbereiche von Tieren

Hunde haben einen anderen Hörbereich als wir Menschen. Deshalb nehmen sie den sehr hohen Ton einer Hundepfeife wahr, den der Hundebesitzer selbst nicht mehr hören kann. Weitere Beispiele für Hörbereiche von Tieren zeigt Bild 2.

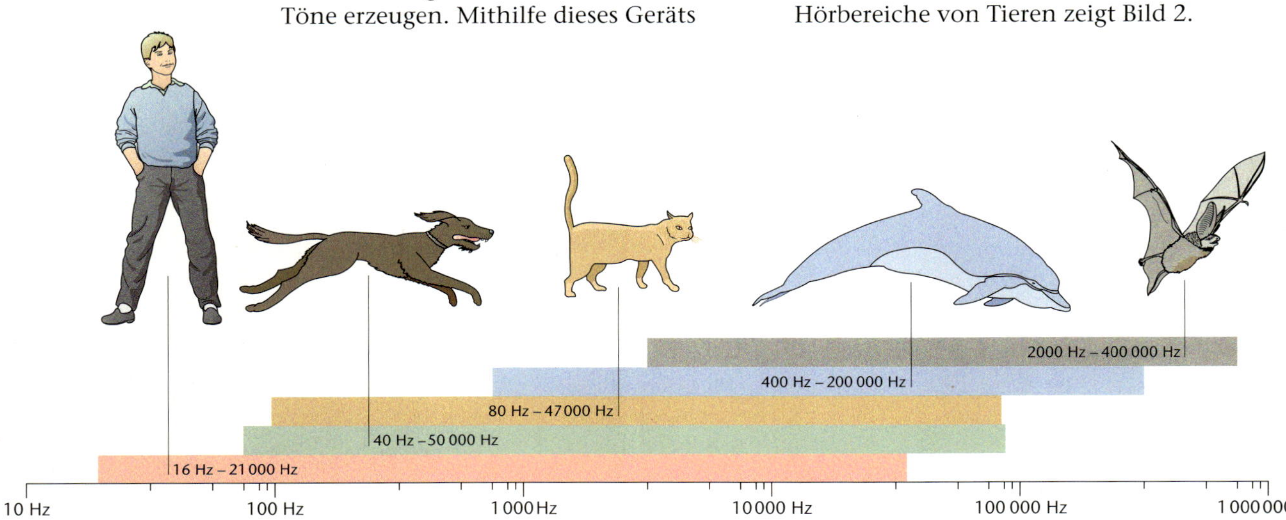

2 Die Hörbereiche des Menschen und einiger Tiere

Brennpunkt

Ultraschall in Natur und Technik

Sowohl in der Natur als auch in der Technik wird Ultraschall verwendet. Einige der folgenden Anwendungen kennst du vielleicht aus eigener Erfahrung.

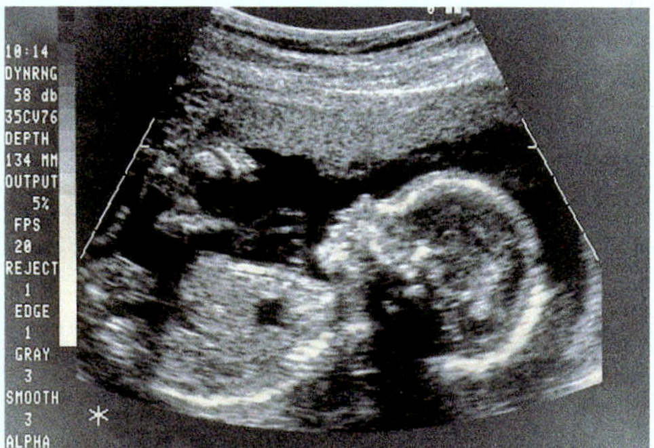

1 Ultraschallbild eines Kindes im Mutterleib

Ultraschall in der Medizin

Begrenzungsflächen im Inneren von Körpern werfen den auftreffenden Schall zurück. Man sagt auch: „Der Schall wird reflektiert." Dieser reflektierte Schall – das Echo – der unterschiedlich tief liegenden Schichten wird aufgezeichnet und auf einem Bildschirm sichtbar gemacht.
So können werdende Eltern die Umrisse ihres ungeborenen Kindes schon lange vor der Geburt sehen (▷ B 1).

Reinigung mit Ultraschall

Bei einem Gerät zur Brillenreinigung wird durch eine Ultraschallquelle die Flüssigkeit in schnelle Schwingungen versetzt (▷ B 3). Dadurch werden die Schmutzteilchen auf der Brille ebenfalls zum Schwingen gebracht. Sie lösen sich schließlich von der Oberfläche der Brille ab. Ähnlich funktionieren Reinigungsgeräte für Zahnspangen und Gebisse.
Was bei Brillen, Zahnspangen oder Gebissen in kleinen Becken klappt, funktioniert auch in riesigen Becken, die so groß sind, dass Schiffe hineinpassen. Mithilfe des Ultraschalls wird hier der Schiffsrumpf von Muscheln und Schmutz gereinigt.

Mit Ultraschall auf Beutefang

Die **Fledermaus** ist ein ungewöhnliches Tier. Sie kann nicht nur fliegen oder kopfüber in Dachgeschossen alter Häuser oder in Bäumen hängen. Sie arbeitet mit einem „natürlichen" Echolot. Fledermäuse fressen für ihr Leben gerne Insekten. Sie können aber nicht besonders gut sehen, außerdem jagen sie bei Nacht. Um nun zum Beispiel einen Nachtfalter zu fangen, stößt die Fledermaus Schreie aus. Es sind Schreie, die wir nicht hören können. Du weißt sicher, warum!
Der von der Fledermaus ausgesandte Schall liegt im Ultraschallbereich (▷ B 2). Er trifft auf den Nachtfalter und wird von ihm reflektiert. Die Fledermaus nimmt dieses Echo wahr und erkennt daran, in welcher Richtung sich der Nachtfalter befindet und wie weit er entfernt ist.

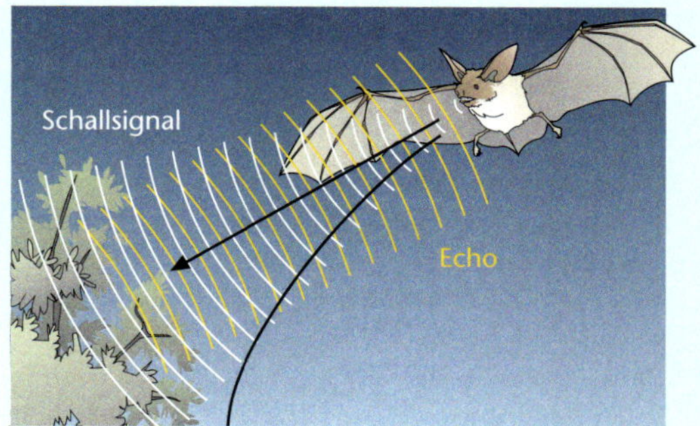

2 Ultraschallsignale dienen zur Orientierung

3 Ein Ultraschall-reinigungsgerät

Die Melone des Delfins

Delfine erzeugen im Nasengang Klicklaute im Ultraschallbereich. Mit einem Fettkissen in der Stirn, das man Melone nennt, bündeln sie den Schall. Trifft der Schall auf ein Hindernis, wird er zurückgeworfen und gelangt über das Innenohr zum Gehirn (▷ B 4). Delfine können auf diese Weise selbst dünne Drähte im Wasser orten.

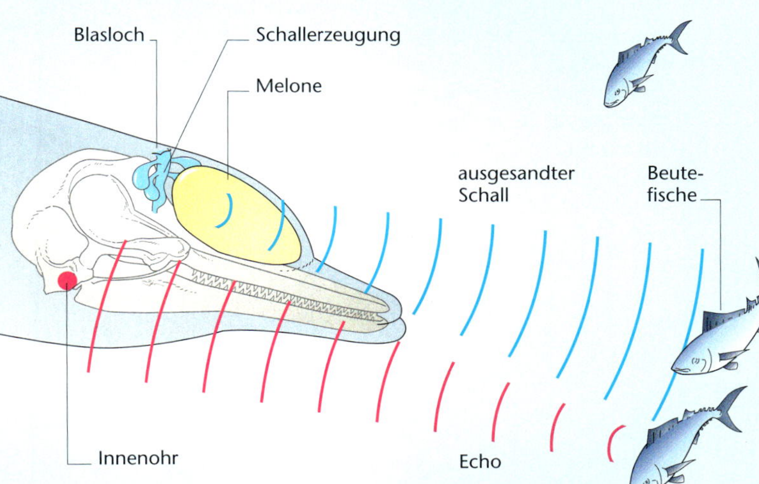

4 Echolot des Delfins

Ein Referat wird geplant

Fledermäuse sind Tiere, die sich mithilfe von Ultraschall orientieren. Aber nicht nur deshalb sind es interessante Lebewesen. Es lohnt sich, sich einmal näher mit ihnen zu beschäftigen.

Fertige gemeinsam mit einer Klassenkameradin oder einem Klassenkameraden ein Referat über die Fledermaus an, um es dann eurer Klasse vorzutragen.
Hier nun einige Tipps, wie man bei der Anfertigung eines solchen Referats vorgeht.

A. Informationen zusammentragen
Zunächst heißt es, Informationen und Material zu sammeln.

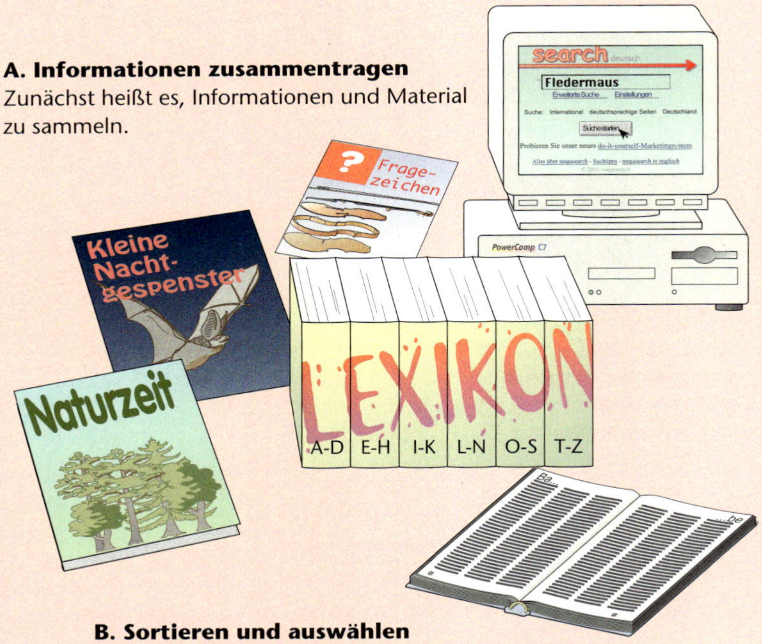

B. Sortieren und auswählen
Bei der Menge an Informationsmaterial, die du finden wirst, ist es wichtig, eine Auswahl zu treffen. Hier kommt es z.B. darauf an, ob du den Schwerpunkt auf das Verhalten oder die Lebensweise der Fledermaus legen willst.
Benutze nur Texte, die du selbst verstehst und die du interessant und spannend findest. Suche einige Fotos und Abbildungen aus, die die Fledermaus deutlich zeigen.

C. Das Referat schreiben
Wenn du eine Vorauswahl getroffen hast, wird es Zeit zu überlegen, welche Form das Referat haben soll.

Ein Referat sollte so aufgebaut werden:
- Einleitung
Hier gibst du eine kurze Einführung zum Thema. Worüber wirst du berichten? Warum hast du dieses Thema ausgesucht?

- Hauptteil
Dieser Teil enthält alles, was du herausgefunden hast.

- Quellenangabe
Hier führst du auf, welche Bücher, Texte usw. du benutzt hast, um dein Referat zu schreiben.

Meistens ist es so, dass du zunächst dein Referat schreibst. Damit deine Mitschülerinnen und Mitschüler erfahren, was du alles herausgefunden hast, ist es möglich, das Referat zu kopieren und es an alle zu verteilen. Oft ist es aber für die anderen interessanter, wenn du ihnen deine Ergebnisse vorträgst.

Fasse dich kurz. Schreibe die wirklich wichtigen Dinge auf. Dafür reichen meistens 1 bis 2 DIN-A4-Seiten. Bei dieser Menge ist es dann vielleicht auch möglich, das Referat für alle Mitschüler deiner Klasse zu kopieren.
Möglicherweise kannst du sogar Arbeitsblätter erstellen (mit Lückentexten oder Ähnlichem), die du in der Klasse verteilst.

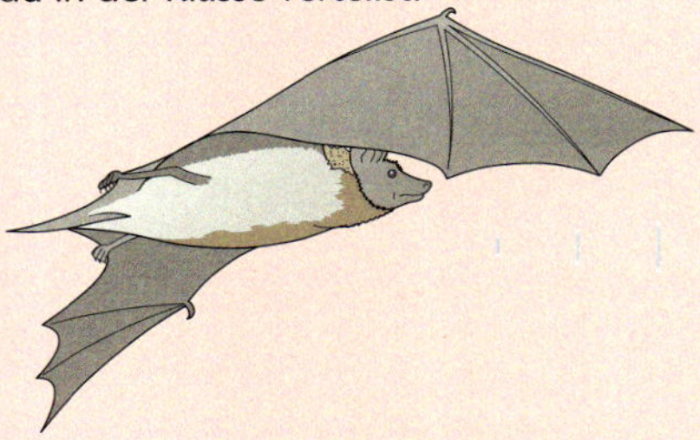

Wenn du Bilder findest, die für alle interessant sind, dann lasse sie dir von deiner Lehrerin oder deinem Lehrer kopieren. Vielleicht sind sie so gut, dass sie im Klassenraum aufgehängt werden können. Andere Bilder kannst du aber sicher auch selbst (ab)malen.
Auch ein Modell (z.B. eine präparierte Fledermaus aus der naturwissenschaftlichen Sammlung) könnte das Referat noch abwechslungsreicher machen.
Manchmal gibt es im Fernsehen Naturfilme zu sehen. Vielleicht gelingt es dir, einen Film über Fledermäuse aufzunehmen. Du könntest ein Stück des Films im Unterricht zeigen, damit alle die Fledermaus einmal in der Natur sehen.

Bei einem Referat ist es wichtig, dass es ordentlich geschrieben ist. Schreibe also leserlich, wenn dir ein Computer zur Verfügung steht, kannst du das Referat auch ausdrucken.

Aber: Schreibe niemals Texte aus Büchern oder aus dem Internet ab, die du selbst nicht verstehst. Deine Mitschülerinnen und Mitschüler sollen verstehen, was vorgetragen wird. Wenn du einen Begriff nicht kennst, dann kannst du im Lexikon, in anderen Büchern oder auch im Internet nach Erklärungen suchen.

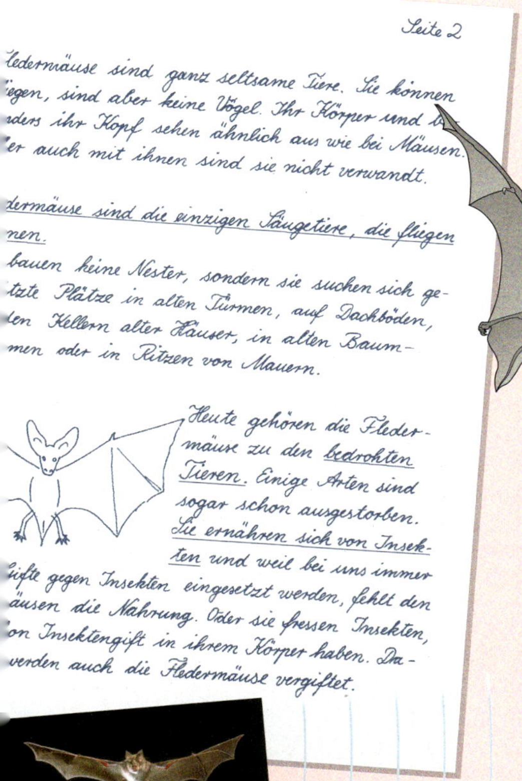
Seite 2

ledermäuse sind ganz seltsame Tiere. Sie können
iegen, sind aber keine Vögel. Ihr Körper und b
nders ihr Kopf sehen ähnlich aus wie bei Mäusen.
er auch mit ihnen sind sie nicht verwandt.

dermäuse sind die einzigen Säugetiere, die fliegen
nen.

bauen keine Nester, sondern sie suchen sich ge-
tzte Plätze in alten Türmen, auf Dachböden,
len Kellern alter Häuser, in alten Baum-
men oder in Ritzen von Mauern.

Heute gehören die Fleder-
mäuse zu den bedrohten
Tieren. Einige Arten sind
sogar schon ausgestorben.
Sie ernähren sich von Insek-
ten und weil bei uns immer
ifte gegen Insekten eingesetzt werden, fehlt den
äusen die Nahrung. Oder sie fressen Insekten,
on Insektengift in ihrem Körper haben. Da-
verden auch die Fledermäuse vergiftet.

D. Der Vortrag
Ein Referat soll möglichst nicht vorgelesen werden. Für die Zuhörer ist es spannender und interessanter, wenn du ihnen die wichtigsten Inhalte frei vorträgst. Das ist gar nicht so schwer, wenn du folgende Tipps beachtest.

- Unterstreiche / markiere in deinem geschriebenen Referat wichtige Sätze und Begriffe.
- Notiere diese Stichpunkte auf einem Blatt oder auf kleinen Karteikarten, die du durchnummerierst. Nur diese Stichpunkte solltest du bei deinem Vortrag benutzen.

- Übe den Vortrag zu Hause, z. B. vor dem Spiegel, einer Freundin oder einem Freund.
- Bitte bei deinem Probevortrag die Zuhörer, dir Fragen zu stellen. Merke dir, welche Fragen gestellt wurden, und ergänze deinen Vortrag entsprechend.
- Schaue deine Mitschülerinnen und Mitschüler beim Vortrag an.
- Manche wichtige Fakten kannst du an der Tafel vermerken, sodass sie mitgeschrieben werden können. Auch hier gilt: kurz fassen!

Nun kann eigentlich nichts mehr schief gehen!

Heiß oder kalt?

Mit deinem Temperaturempfinden kannst du feststellen, ob dir ein Gegenstand warm oder kalt erscheint. Aber darfst du dich auf deinen Temperatursinn immer verlassen?

1 Wärmer oder kälter?

Material

3 Schalen, Handtuch, kaltes, warmes und lauwarmes Wasser

Versuchsanleitung

Tauche deine rechte Hand in die Schale mit kaltem Wasser und gleichzeitig deine linke Hand in die Schale mit warmem Wasser. Tauche anschließend beide Hände in die Schale mit lauwarmem Wasser (▷ B 1).

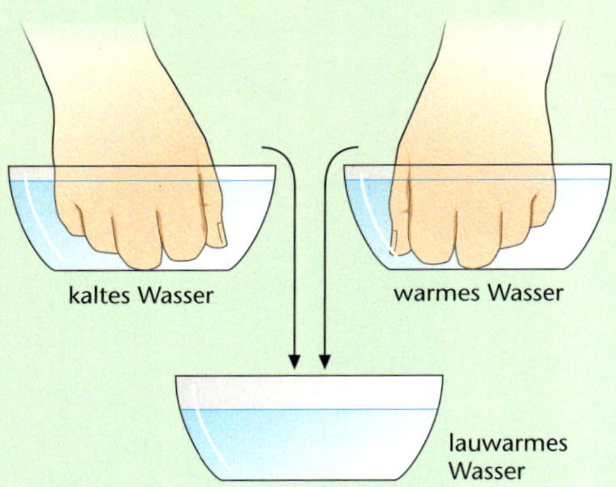

1 Wärme fühlen

Aufgabe

Beschreibe, was du an deiner linken bzw. rechten Hand empfindest.

2 Temperatur ablesen, drinnen und draußen

Material

Verschiedene Thermometer (für drinnen und draußen)

Versuchsanleitung

Miss die Temperatur im Haus, im Garten, im Schatten und in der Sonne.

Tipp: Um eine angezeigte Temperatur genau ablesen zu können, muss sich das Ende der Flüssigkeitssäule direkt auf Augenhöhe befinden (▷ B 2).

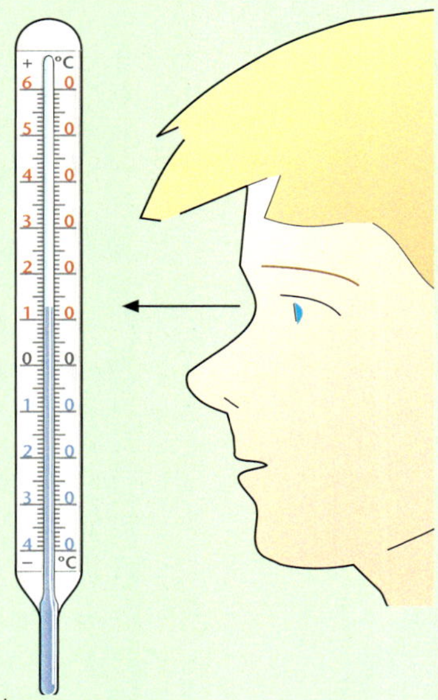

2 Richtiges Ablesen

Aufgaben

1. Betrachte Thermometer, mit denen Temperaturen im Raum, im Gefrierfach, an der Heizung, im Badewasser und bei Fieber im Körper gemessen werden. Welcher Temperaturbereich kann jeweils angezeigt werden?

2. Welchen Unterschied gibt es zwischen einem Außenthermometer und einem Raumthermometer?

3 Innen- und Außenthermometer

3 Temperatur messen

Material

Verschiedene heiße und kalte Getränke, Leitungswasser, gefrorene Früchte, Bechergläser (250 ml), Thermometer

Versuchsanleitung

a) Fülle die Bechergläser nacheinander mit Leitungswasser, mit einem heißen Getränk, mit einem kalten Getränk und mit gefrorenen Früchten aus der Tiefkühltruhe (▷ B 4, B 5).

b) Schätze die Temperaturen der verschiedenen Proben zunächst ab und notiere die Werte. Vergleiche mit den Schätzungen deiner Mitschülerinnen und Mitschüler.

c) Miss die Temperaturen möglichst genau! Achte darauf, dass die Spitze des Thermometers vollständig in den Inhalt des Becherglases eintaucht.

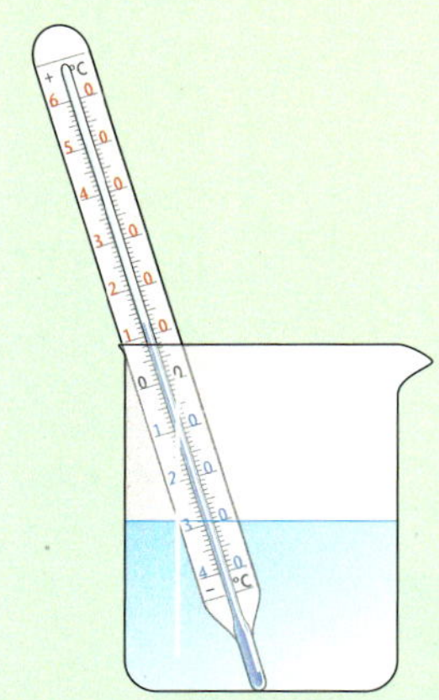

4 Becherglas mit Leitungswasser

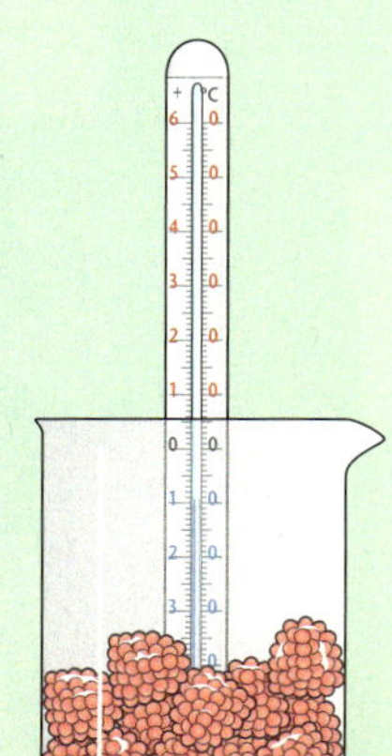

5 Gefrorene Himbeeren

1 Mit der Haut nehmen wir Temperaturen wahr.

Die Haut – das größte menschliche Organ

Die Haut ist das größte menschliche Organ. Es hat bei einem erwachsenen Menschen eine durchschnittliche Oberfläche von rund 2 m^2. Die Haut schirmt einerseits den Körper gegen die Außenwelt ab, andererseits stellt sie den Kontakt zu ihr her. Über die Haut spüren wir Berührung und Druck, wir können Dinge ertasten, Schmerz empfinden und Wärme und Kälte spüren (▷ B 1).
In der Haut befinden sich feine „Sensoren". Sie reagieren auf Berührung, Schmerz, Wärme oder Kälte und leiten die entsprechenden Signale über Nervenbahnen an das Gehirn weiter.

Im Freibad

Jochen und Anke gehen an einem heißen Sommertag ins Freibad. Nachdem sie sich umgezogen haben, legen sie ihre Sachen auf die Liegewiese und ab geht's zum Schwimmbecken. Anke duscht sich noch kalt ab, während Jochen gleich die Stufen ins Becken hinab steigt. „Ist das kalt!" ruft Jochen und geht langsam Stufe für Stufe tiefer ins Wasser. Anke springt ins Wasser und taucht wieder auf. „Ist doch ganz warm", sagt sie. „Komm endlich rein, du Frostbeule".

2 Ist das Wasser warm oder kalt?

Wie ist das möglich? Beide springen in dasselbe Becken, empfinden die Temperatur des Wassers aber ganz unterschiedlich.

Der Temperatursinn

In der Haut liegen so genannte „Körperchen", mit denen man Wärme und Kälte fühlt. Die Kältekörperchen liegen in der oberen Hautschicht, die Wärmekörperchen tiefer in der Haut (▷ B 2).
Kälte- und Wärmekörperchen sind nicht gleichmäßig über die Haut verteilt. Du hast sicherlich schon festgestellt, dass du im Winter die Kälte an der Nase und an den Ohren besonders schnell spürst.
Was ist nun bei Jochen und Anke im Wasser passiert? Obwohl sich beide im Wasser mit der gleichen Temperatur aufhalten, reagieren bei Jochen die Kältekörperchen in der Haut, bei Anke die Wärmekörperchen. Daher empfindet Anke das Wasser als warm, Jochen als kalt. Unser Temperatursinn ist also nicht geeignet, Temperaturen zu messen.
Bei einem Temperaturwechsel ist es wichtig, welche Temperatur man vorher „erlebt" hat – ob also die Wärme- oder die Kältekörperchen aktiv waren. Anke empfindet das Wasser nach der kalten Dusche als warm. Jochen, der erhitzt und verschwitzt ins Becken steigt, empfindet das Wasser als kalt.

▶ Der Mensch besitzt einen Temperatursinn, der ihn seine Umwelt als warm oder kalt empfinden lässt.

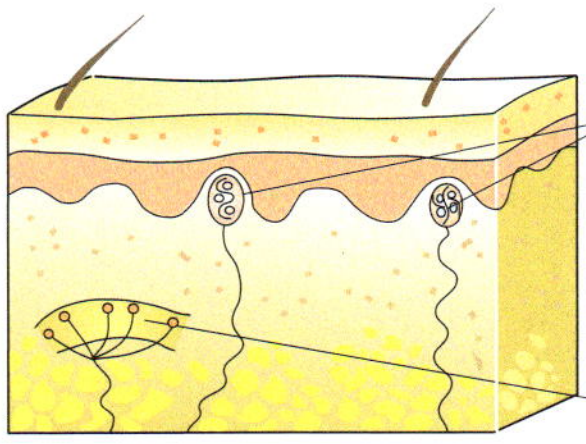

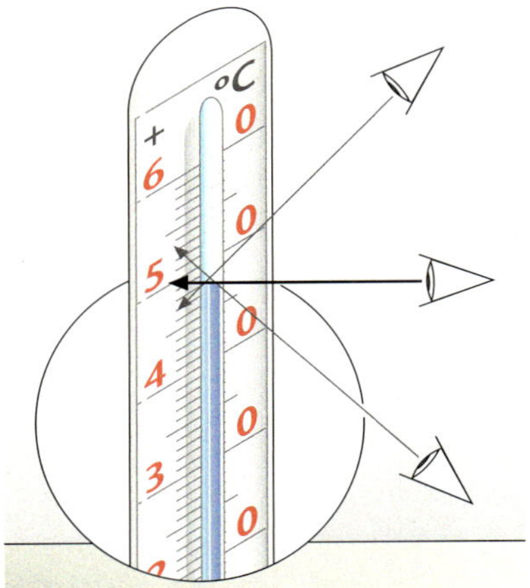

1 Richtiges und falsches Ablesen

Temperaturen – richtig gemessen?
Obwohl in Bild 1 alle Schüler die Wassertemperatur fast gleichzeitig messen, stimmen die abgelesenen Werte nicht überein. Bei der Temperaturmessung musst du zwei Regeln beachten:

1. Das Flüssigkeitsgefäß des Thermometers muss vollständig in die Flüssigkeit eintauchen.
2. Du musst beim Ablesen senkrecht auf das Thermometer sehen.

Celsius, Fahrenheit, Kelvin
Die Celsius-Skala ist nicht die einzige Skala, die man zur Temperaturmessung verwendet. In den USA triffst du auf die Fahrenheit-Skala, in Wissenschaft und Technik verwendet man die Kelvin-Skala. Bild 2 zeigt dir, wie die Skalen im Vergleich aussehen.

Auf der Celsius-Skala liegt der **Gefrierpunkt** von Wasser bei 0 °C, der **Siedepunkt** bei 100 °C. Der Siedepunkt ist erreicht, wenn das Wasser kocht. Dazwischen ist die Skala in 100 gleich große Schritte eingeteilt: 1 Schritt = 1 °C. Nach oben und unten verlängert man die Skala mit derselben Schrittlänge. Unterhalb des Gefrierpunktes entstehen so die Minusgrade.

Etwa 30 Jahre vor Celsius entwickelte der Deutsche Gabriel Fahrenheit (1686–1736) sein Thermometer. Zur Einteilung seiner Temperaturskala benutzte er seine Körpertemperatur (100 °F) und eine spezielle Kältemischung aus Eis, Wasser und Salmiaksalz (0 °F).

Wie weit lassen sich Körper abkühlen? Die niedrigste Temperatur beträgt ca. –273 °C. Lord Kelvin (1824–1907) wählte diese Temperatur als Nullpunkt seiner Skala. Auf der Kelvin-Skala (K) siedet Wasser also bei 373 K (gesprochen: 373 Kelvin).

Aufgaben

1 Welche Skalen haben dieselbe Schrittlänge in der Unterteilung?

2 Lies aus Bild 2 für 50 °C und –10 °C die ungefähren Temperaturwerte in °F und K ab.

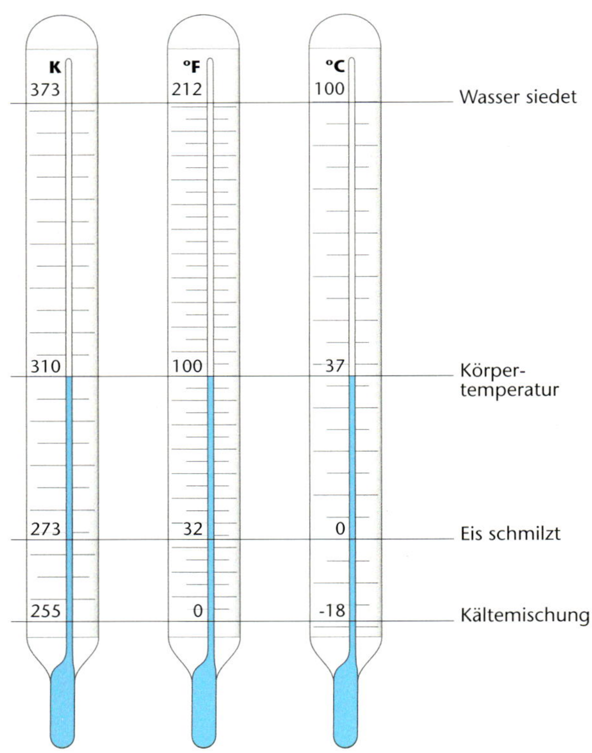

2 Verschiedene Temperaturskalen

Das Thermometer bekommt eine Skala

Material
2 Bechergläser, Wasser, einige Eiswürfel, Thermometer ohne Skala, wasserfester Stift, Zeichenkarton, Schere, Lineal, Heizplatte oder Gasbrenner mit Gestell

1 Kennzeichnung des Gefrierpunkts

Versuchsanleitung
Lege die Eiswürfel in ein Becherglas und fülle etwas Wasser ein. Warte bis das Eis größtenteils geschmolzen ist. Tauche das Thermometer ohne Skala hinein. Der untere Teil muss von der Eis-Wasser-Mischung bedeckt sein. Bewegt sich die Flüssigkeitssäule nicht mehr, kannst du auf dem Thermometer die Stelle markieren, an der sie endet: 0 °C (▷ B 1).

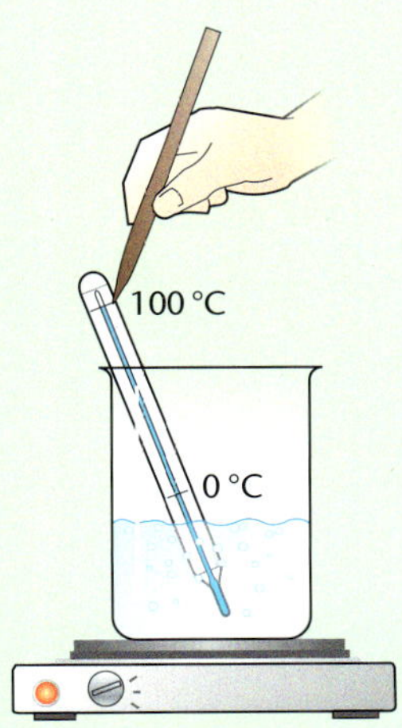

2 Kennzeichnung des Siedepunkts

Fülle das zweite Becherglas mit Wasser und bringe das Wasser auf der Heizplatte zum Sieden.

Halte das Thermometer in das siedende Wasser. **(Vorsicht! Spritzgefahr!)** Wenn die Flüssigkeit im Thermometer zur Ruhe gekommen ist, markiere auf dem Thermometer die Stelle, an der sie endet: 100 °C (▷ B 2).

Übertrage die Markierungen im richtigen Abstand auf den Zeichenkarton. Verbinde sie mit einem Lineal und teile die Strecke in 10 gleiche Teile.

Beschrifte die Skala (▷ B 3): 0 °C, 10 °C, 20 °C, …, 100 °C. Vielleicht gelingt dir eine noch feinere Unterteilung in 5-°C-Schritte.

Verlängere die Skalen nach oben und unten. Temperaturen unter 0 °C bekommen ein Minuszeichen.

3 Einteilung der Skala

Schneide die Skala zurecht und befestige sie am Thermometer. Achte dabei auf die korrekte Ausrichtung (▷ B 4).

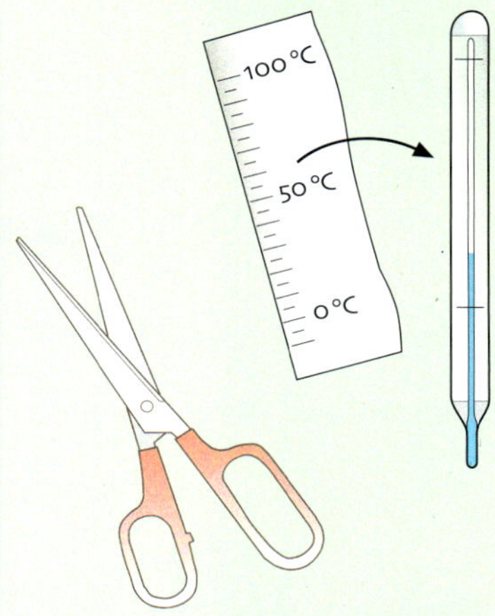

4 Anbringen der Thermometerskala

Teste dein Thermometer!
a) Miss die Temperatur im Klassenraum, einmal mit deinem Thermometer und einmal mit einem bereits vorhandenen Thermometer. Vergleiche die Messwerte.

b) Halte dein Thermometer in den Luftstrom eines Haartrockners. Miss die Temperatur dicht vor dem Haartrockner und dann im Abstand von 20 cm.
Vielleicht hat dein Haartrockner unterschiedliche Leistungsstufen. Dann kannst du die Temperaturwerte der verschiedenen Stufen vergleichen.

Aufgabe
Mit Thermometern misst man in verschiedenen Temperaturbereichen. Es gibt daher verschiedene Thermometer, die teilweise auch unterschiedlich empfindlich sind. Schreibe – soweit möglich – die Temperaturbereiche und die Skaleneinteilung für folgende Thermometer auf:
Fieberthermometer, Innen- bzw. Außenthermometer, Thermometer am Gefrierschrank, Anzeige für Kühlwassertemperatur am Auto.
Du kannst die Liste noch ergänzen!

Der Tastsinn

Alle Versuche auf dieser Seite solltet ihr zu zweit durchführen.

1 Feingefühl

Material

Erbsen, mehrere Filmdöschen, Waage, Schal oder Tuch

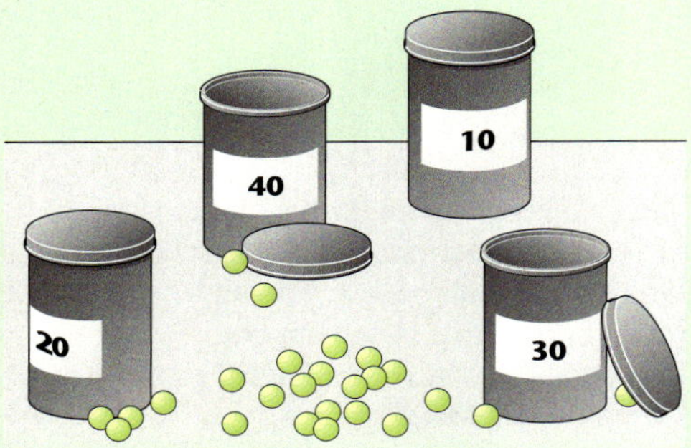

1 Material zu Versuch 1

Versuchsanleitung

Fülle die Filmdöschen mit 10, 20, 30 und 40 Erbsen. Verbinde deine Augen mit dem Tuch und lege deine Hand entspannt auf den Tisch. Ein Mitschüler oder eine Mitschülerin stellt dir nun nacheinander die unterschiedlich schweren Filmdöschen auf den Handrücken.

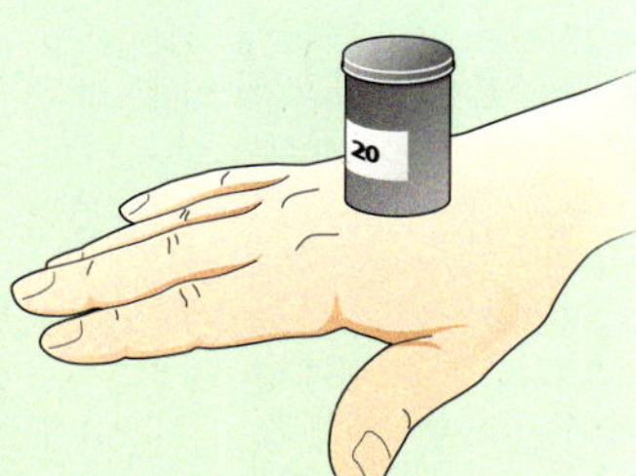

2 Erkennst du den Unterschied?

Aufgaben

1. Erkennst du Gewichtsunterschiede?

2. Gib in das Döschen mit den 10 Erbsen noch 2, 4, 6 bzw. 8 weitere Erbsen hinzu. Bis auf wie viel Erbsen genau spürst du die Gewichtsveränderung?

2 Verteilung der Tastrezeptoren in der Haut

Material

Schal oder Tuch, Büroklammer aus Metall

Versuchsanleitung

Biege eine Büroklammer wie in Bild 3 gezeigt und miss den Abstand zwischen den Enden.

3 Abmessen des Abstands

Spreize die Klammer zunächst weit auseinander. Biege sie anschließend immer mehr zusammen und drücke die Spitzen jeweils leicht auf eine Hautstelle am Rücken, am Unterarm, auf dem Handrücken und der Wange deines Partners. Bei welchem Abstand der Spitzen nimmt dein Partner nur noch eine Spitze wahr?

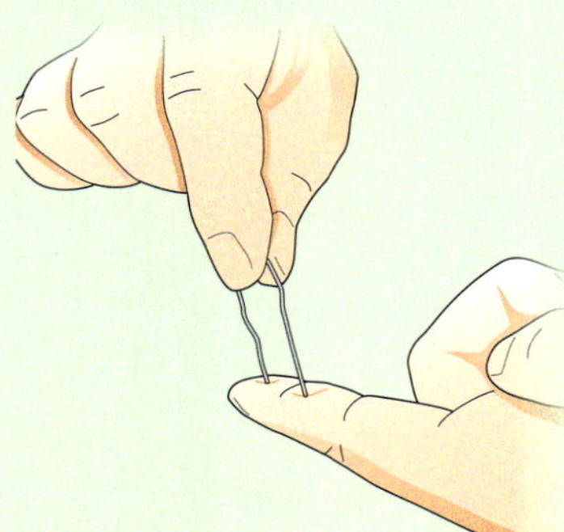

4 Leichter Druck genügt

Wechselt anschließend die „Rollen", sodass jeder von euch die Versuchsreihe einmal durchführt.

Aufgabe

An welchem Körperteil, Unterarm, Handrücken oder Fingerspitzen, kannst du einen Abstand von wenigen Millimetern noch feststellen?

3 Mit den Fingern lesen

Material

Schal oder Tuch, Papier, Kugelschreiber, Mousepad

Versuchsanleitung

Fertige zunächst eine „Blindenzeichnung" an. Lege dazu das Blatt Papier auf eine elastische Unterlage, z. B. ein Mousepad. Zeichne mit Bleistift Gegenstände oder Figuren auf das Papier.

Drücke entlang der gezeichneten Linien mit einem Kugelschreiber im Abstand von etwa 2 mm kleine Löcher durch das Papier (▷ B 5).

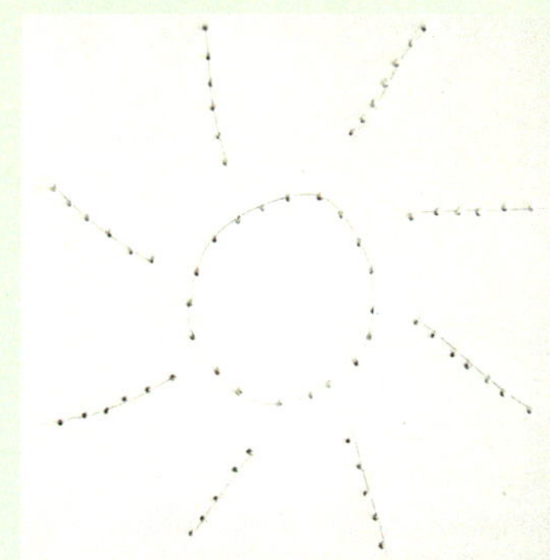

5 Vorderseite

Drehst du das Blatt nun um, spürst du auf der Oberfläche Erhebungen (▷ B 6).

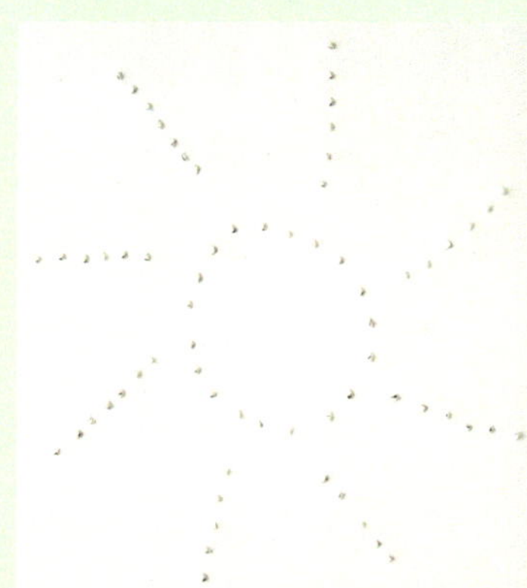

6 Rückseite

Gib deine „Blindenzeichnungen" einer Mitschülerin oder einem Mitschüler. Kann sie oder er mit verbundenen Augen ertasten, was du auf das Blatt gezeichnet hast?

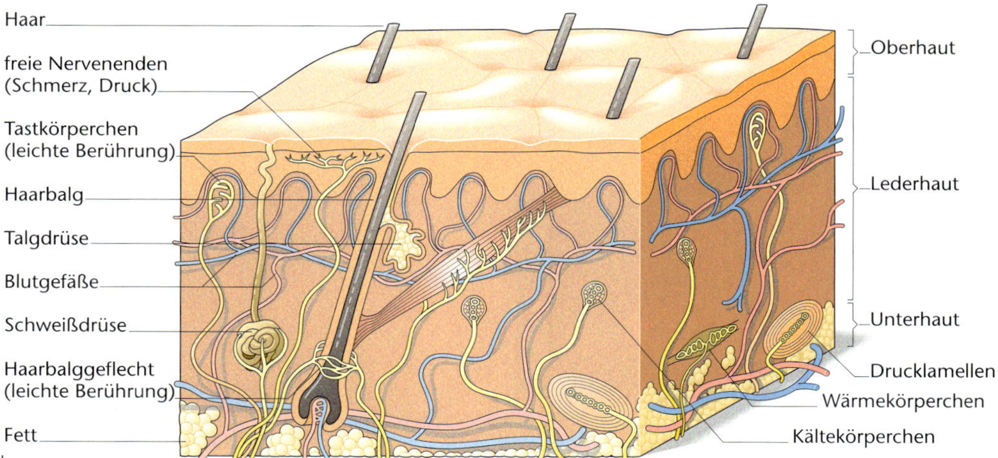

1 Aufbau der Haut

Unterschiedliche „Empfänger" in der Haut

Durch das Abtasten eines Gegenstands erhalten wir Informationen über die Form, die Oberflächenbeschaffenheit, die Größe und die Art des Materials eines Gegenstands.
In unserer Haut befinden sich verschiedene Tastrezeptoren (lat. receptor: Empfänger). Bei den so genannten **Tastkörperchen** handelt es sich um Nervenfasern mit scheibenförmigen Enden (▷ B 1). Sie reagieren schon auf leichteste Berührungen und feinstes Kitzeln. Auch geringste Berührungen der Hautbehaarung können wir spüren. Feine Nervenfasern, welche die Haarwurzeln umgeben, leiten diese Reize weiter (▷ B 1). Berührungsreize werden auch von den freien Nervenenden übermittelt.
Sehr tief in der Haut liegen die etwa 4 mm großen **Lamellenkörperchen**. Sie reagieren nur auf starken Druck.

Verteilung der Rezeptoren in der Haut

Die Rezeptoren, die auf Druck oder Berührung reagieren, sind nicht gleichmäßig über die Körperoberfläche verteilt. Die Zungenspitze, die Fingerspitzen und die Lippen sind z. B. sehr berührungsempfindlich. Dort liegen die Rezeptoren sehr dicht beieinander. Am Rücken liegen sie dagegen weit auseinander. Dort sind wir weniger empfindlich. Die Druckempfindlichkeit verschiedener Körperstellen kann man mit einem Versuch bestimmen: Dazu misst man den Abstand, bei dem zwei gleich starke Druckreize noch getrennt wahrgenommen werden können.

▶ In der Haut befinden sich verschiedene Tastrezeptoren. In der Zungenspitze, den Fingerspitzen und den Lippen sind diese Rezeptoren am dichtesten angeordnet.

Mit den Händen sehen

Viele Menschen setzen den Tastsinn zur Ergänzung anderer Sinne ein. Beim Einkaufen prüfen wir eine scheinbar reife Melone, indem wir sie in die Hand nehmen und leicht drücken. Blinde sind dagegen viel stärker auf ihren Tastsinn angewiesen und nutzen ihn z. B. zum Lesen (▷ B 3). Jeder Buchstabe des Alphabets wird in der Blindenschrift, der **Braille-Schrift**, durch eine bestimmte Anordnung von Punkten dargestellt (▷ B 2). Diese Punktmuster werden in das Papier eingedrückt, sodass der Blinde sie ertasten kann.

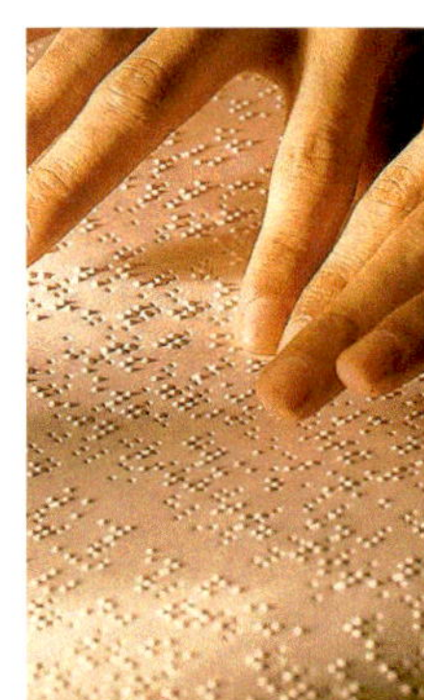

3 Blindenschrift

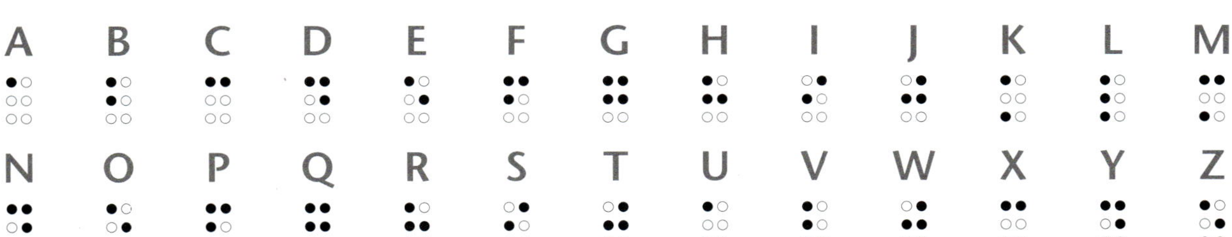

2 Das Alphabet in der Braille-Schrift

1 Eine Rose duftet.

Die Luft prüfen

Mit der Nase prüfen wir die Luft, die wir einatmen. Solange uns dabei nichts auffällt, atmen wir normal. Wenn uns ein angenehmer Duft in die Nase kommt, atmen wir tiefer und schneller hintereinander ein. Wenn es dagegen unangenehm faulig oder modrig riecht, wenden wir uns ab oder halten zunächst einmal den Atem an.

Aufbau der Nase

Die Nasenhöhle ist innen mit einer dünnen, feuchten Schleimhaut überzogen. Sie sondert Schleim ab, der die Atemluft befeuchtet und reinigt. Ist die Schleimhaut bei einem Schnupfen entzündet und angeschwollen, wird mehr Schleim abgesondert. In dieser Zeit können wir nicht gut riechen.

Das **Riechorgan** ist ein kleines Polster, das sich oben in der Nasenhöhle befindet (▷ B 2). In jeder Nasenhälfte ist nur eine 2,5 cm^2 große Fläche mit **Riechzellen** bedeckt. Eine Riechfläche des Menschen enthält etwa 3 Millionen Riechzellen.

2 Riechzelle vergrößert

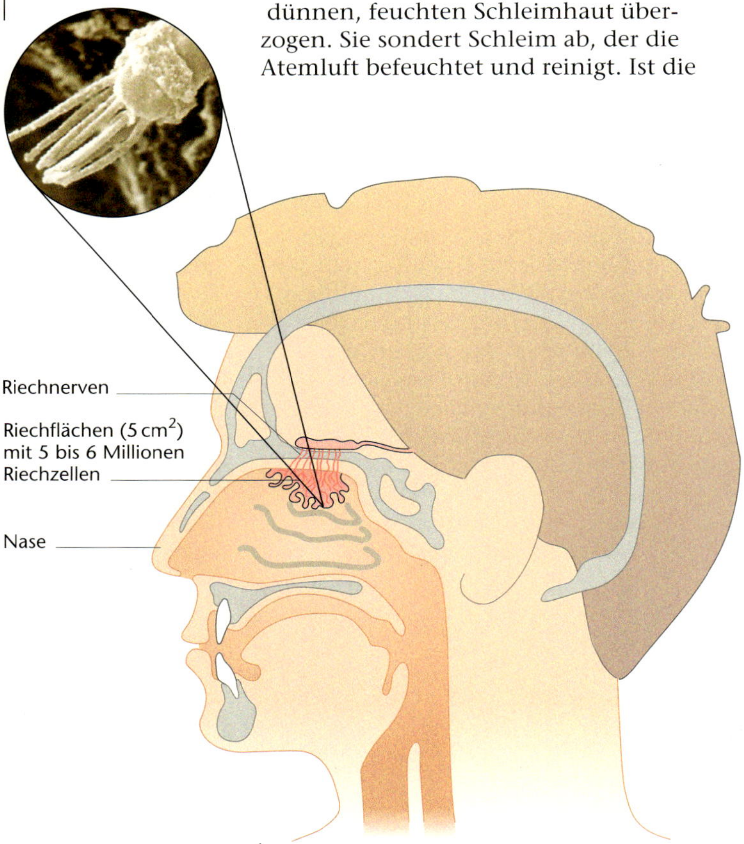

3 Querschnitt durch den Kopf

Gute und schlechte Riecher

Das Riechvermögen wird etwa ab dem 40. Lebensjahr geringer. Ursache dafür ist ein altersbedingter Verschleiß. Aber unabhängig davon wird das Riechvermögen durch das Rauchen verringert. Raucher riechen schlechter als Nichtraucher.

Aber es gibt auch Menschen, die ihren Geruchssinn aufgrund einer Erkrankung völlig verloren haben. Das ist zwar nicht lebensbedrohlich, aber auch keineswegs ungefährlich. Denn der Geruchssinn kann auf Gefahren wie Brände oder giftige Dämpfe aufmerksam machen. Ohne ihn würden wir auch nicht vor verdorbenen Lebensmitteln gewarnt.

▶ Das Riechorgan befindet sich in der Nasenhöhle. Wenn das Riechorgan geschädigt ist, fehlt uns Menschen ein wichtiges Warninstrument für gefährliche Situationen.

Aufgaben

1 Welche Aufgabe hat die feuchte Schleimhaut in der Nase?

2 Wodurch kann der Geruchssinn eines Menschen eingeschränkt werden?

3 Warum leben Menschen, die ihren Geruchssinn verloren haben, nicht ungefährlich?

1 Eis schlecken

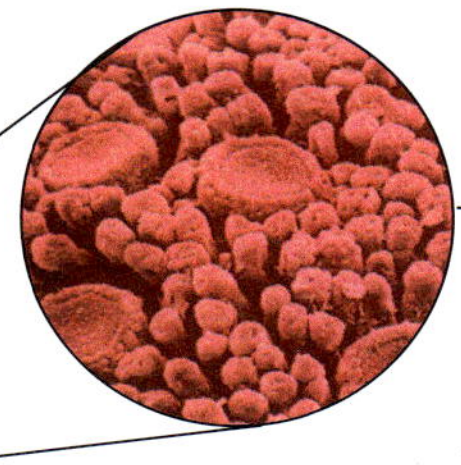

2 Geschmacksknospen (vergrößert)

Süß, sauer, bitter und salzig

Mit dem Geschmackssinn prüfen wir, was in unseren Mund gelangt. Die Geschmacksorgane befinden sich hauptsächlich auf der Zunge. Deren Oberfläche ist mit verschiedenartigen Erhebungen, den so genannten **Geschmacksknospen**, bedeckt. Dort liegen die Geschmackssinneszellen.

Wir unterscheiden zwischen mindestens fünf Geschmacksrichtungen: süß, sauer, bitter, salzig und umami, das japanische Wort für „wohlschmeckend".

Geruch und Geschmack ergänzen sich

Wenn du schon mal einen heftigen Schnupfen hattest, hast du sicherlich festgestellt, dass das Essen gar nicht so richtig schmeckte. Das liegt daran, dass wir beim Essen auch die Düfte, die von den Speisen ausgehen, mit der Nase aufnehmen. Der Geschmackssinn wird durch den Geruchssinn wesentlich verstärkt. Wenn nun bei einem Schnupfen die Nasenschleimhäute die Düfte nicht aufnehmen können, fehlt uns auch beim Schmecken etwas.

Die Geschmackssinneszellen liegen hauptsächlich auf der Zunge. Der Geschmackssinn wird durch den Geruchssinn wesentlich verstärkt.

Aufgabe

1 Informiere dich über die geheimnisvolle Geschmacksrichtung „umami". Berichte deiner Klasse darüber.

Werkstatt

Riechen und Schmecken

1 Duft oder Gestank?

Material

Wasser, Essig, Nagellackentferner, Parfüm, Deo, Curry

Versuchsanleitung

a) Öffne eine Flasche Essig und nimm eine Geruchsprobe. Fächle dazu mit der geschlossenen Hand über die Öffnung des Gefäßes.
b) Rieche nacheinander an einer geöffneten Wasserflasche, an Nagellackentferner, Parfüm, Deo und einer Packung Curry.

Aufgabe

Welchen der Gerüche würdest du als Duft und welchen als Gestank bezeichnen?

2 Geruch und Geschmack wirken zusammen

Material

Zucker, Zimt, Teelöffel

Versuchsanleitung

a) Misch zwei Esslöffel Zucker mit einem Teelöffel Zimt. Halte dir die Nase zu und probiere einen halben Teelöffel der Zimt-Zucker-Mischung.
Was schmeckst du?
b) Öffne kurz darauf die Nase wieder. Welche Eigenschaften hat der Zimt, welche der Zucker?

3 Die Geschmacksschwelle

Material

Wasser, Zucker, Salz, Waage

Versuchsanleitung

a) Löse 0,5 g, 1 g, 2 g, 3 g bzw. 4 g Zucker jeweils in einem Liter Wasser. Beschrifte die einzelnen Lösungen.
b) Löse nun 0,5 g, 1 g, 2 g, 3 g bzw. 4 g Salz in weitere fünf Gefäße. Bei welcher Lösung schmeckst du süßes bzw. salziges Wasser?

Aufgabe

Bei welchen Konzentrationen einer Glaubersalzlösung schmeckst du „bitter"?
Plane dazu einen Versuch.

Tiere mit speziellen Sinnen

1 Greifvogel

2 Suchhund

Besondere Sinnesleistungen
Tiere leben in verschiedenen Lebensräumen. Ihre Augen sind an die jeweilige Lebensweise angepasst, also z. B. an die Art sich fortzubewegen oder zu jagen.
Falken und Adler gehören im Gegensatz zu den Eulen zu den Taggreifvögeln (▷ B 1). Ihre Augen sind denen des Menschen weit überlegen. Wenn es hell genug ist, können diese Greifvögel Mäuse auch aus großer Höhe erkennen. Wichtig ist dabei der besondere Bau des Greifvogelauges. Es ist nach hinten eiförmig ausgebuchtet. Dadurch entsteht ein größeres Bild auf der Netzhaut. Da auf der Netzhaut viele Sehzellen sehr dicht verteilt sind, können Greifvögel feine Einzelheiten auch noch aus größerer Entfernung erkennen.

Hunde hören besser als Menschen
Die Wahrnehmung eines Hundes unterscheidet sich in vielem von der des Menschen. Beispielsweise vernehmen Hunde Töne, die so leise sind, dass wir Menschen sie noch gar nicht hören. Außerdem können sie sehr hohe, für den Menschen nicht hörbare Töne wahrnehmen. Dies hat man sich bei der Hundepfeife zu Nutze gemacht. Auch wenn sich die Ohren verschiedener Hunden je nach Rasse stark in ihrem Aussehen unterscheiden, Gemeinsamkeiten gibt es doch: Hunde können ihre Ohren einzeln bewegen und ihre Ohrmuscheln genau auf die Geräuschquelle ausrichten.
Der innere Aufbau des Gehörs ist bei allen Hunderassen gleich. Er unterscheidet sich auch kaum vom Aufbau des menschlichen Ohres.

3 Hundebesitzer

Hunde haben einen ausgezeichneten Geruchssinn
Hunde orientieren sich in erster Linie über ihren Geruchssinn. Die Nase am Boden, verfolgen sie alle möglichen Spuren. Duftstoffe haften an allen Gegenständen und verbreiten sich in der Luft. Beim Schnuppern gelangen sie in die großen Nasenhöhlen der Hunde und weisen ihm so z. B. den Weg zu seinem Futter.

Hunde können schlechter sehen als Menschen
In der Rangfolge der Sinnesorgane stehen die Augen beim Hund erst an dritter Stelle. Das Sehvermögen des Hundes ist auch auf kurze Entfernung schlecht. Das Tier reagiert hauptsächlich auf Bewegungen. Stellt sich eine vertraute Person regungslos in einer gewissen Entfernung hin, reagiert der Hund nicht. Erst wenn sich die Person bewegt, erkennt der Hund sein Herrchen oder Frauchen.

4 Weißer Hai

Der „sechste" Sinn

Viele Hundehalter glauben an einen „sechsten" Sinn ihres Hundes. Dafür gibt es keine wissenschaftlichen Beweise. Dass viele Hunde munter werden, kurz bevor ihr Halter zu Hause eintrifft, hängt vielmehr mit der „inneren Uhr" der Hunde zusammen.

Die Hunde spüren jedoch kleinste Veränderungen oder Anzeichen von Gefahren, die wir Menschen nicht bemerken. So können sie auch Erdbeben spüren, bevor die empfindlichen Messgeräte ausschlagen und die Erdstöße melden.

Klapperschlangen haben Wärmeaugen

Verdeckt man die Augen von Klapperschlangen und verschließt ihre Nasenlöcher, gehen sie dennoch gezielt auf Nahrungsfang. Klapperschlangen haben eine Grube zwischen Augen und Nasenloch (▷ B 6). Darin liegen dicht gedrängt Nervenzellen, welche empfindlich auf Wärme reagieren. Diese Grube nennt man deshalb auch Wärmestrahlenauge.

Haie haben elektrische Sinne

Haie besitzen in ihrer Nase Sinnesorgane, mit denen sie elektromagnetische Signale erfassen können. Sie können damit nicht nur versteckte Beute aufspüren, sondern sich auch im Dunkeln orientieren. Dieser Sinn dient den Tieren als eine Art Kompass auf ihren Wanderungen, bei denen z. B. Blauhaie bis zu 5000 Kilometer zurücklegen. Mithilfe dieses Sinns können sie auch unterirdische Vulkankegel, Schiffwracks oder Küsten orten.
Die Empfindlichkeit der Haie für elektrische Signale führt jedoch manchmal zu merkwürdigem Verhalten: Bootsbesitzer und Taucher konnten öfters beobachten, dass Weiße Haie zielstrebig auf Außenbordmotoren oder Metallkäfige zuschwammen und diese angriffen.

Magnetsinn bei der Brieftaube

Zugvögel können dank ihrer hervorragenden Orientierungsfähigkeit große Strecken zu ihren Winterquartieren zurücklegen. Sie besitzen ein zuverlässiges Navigationssystem, das sich am Magnetfeld der Erde orientiert.
Schon in der Antike setzte man Felsentauben ein, um Nachrichten zu übermitteln. Die Tiere konnten nach einem gewissen Training einen mehr als tausend Kilometer entfernten Zielort wiederfinden.

5 Klapperschlange

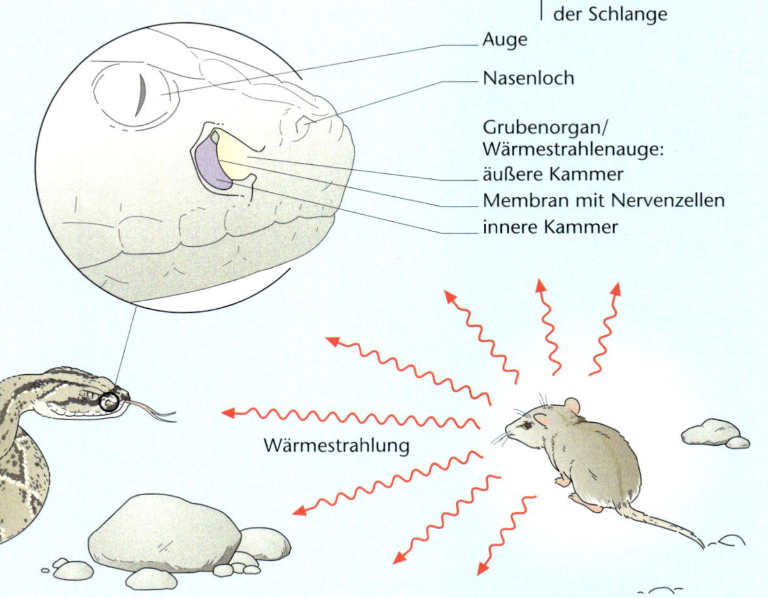

6 Wärmesensor der Schlange

Wahrnehmung mit allen Sinnen

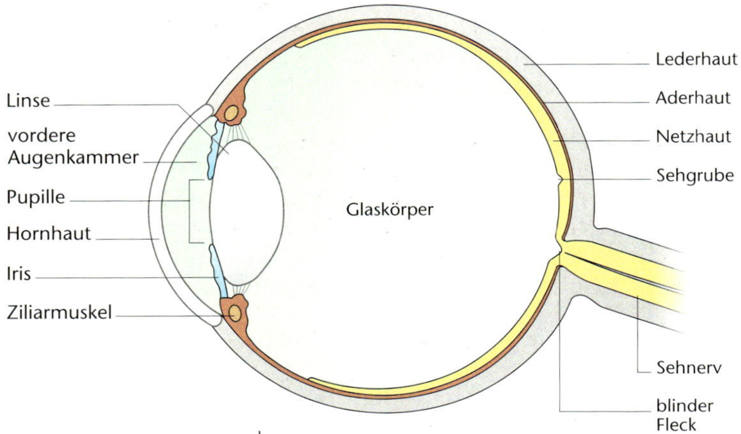

1 Aufbau des menschlichen Auges

Die Sinne des Menschen

Die Sinnesorgane nehmen Reize aus der Umwelt auf. Dabei ist jedes Sinnesorgan nur für einen bestimmten Reiz zuständig. Das Gehirn empfängt die Sinneseindrücke und wertet sie aus.
Ist ein Sinnesorgan ausgefallen, können die anderen Sinne dessen Aufgaben zum Teil übernehmen. Oft werden zusätzliche Hilfsmittel wie Blindenstock, Braille-Schrift, Gebärdensprache usw. eingesetzt.

Mit der Haut fühlen

In der Haut des Menschen sitzt der Temperatursinn, der ihn einen Gegenstand als warm oder kalt empfinden lässt. Zum Messen der Temperatur benutzt man ein Thermometer. Man gibt die Temperatur in Grad Celsius (°C) an.
Außerdem besitzt die Haut Rezeptoren zum Ertasten der Umwelt (▷ B 2). Besonders eng liegen sie in der Zungenspitze, den Fingerspitzen und den Lippen.

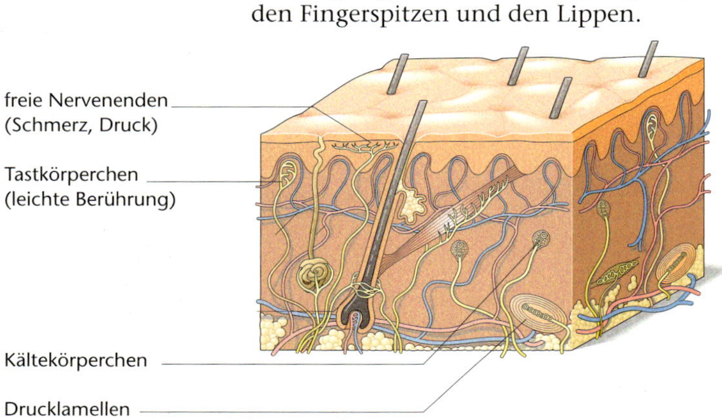

2 Ausschnitt aus der Haut

Vom Hören

Schall entsteht, wenn ein Körper schwingt. Je schneller ein Gegenstand schwingt, desto höher ist der erzeugte Ton. Die Anzahl der Schwingungen in einer Sekunde bezeichnet man als Frequenz. Sie wird in Hertz (Hz) angegeben. Je weiter ein Gegenstand schwingt, desto lauter ist der erzeugte Ton. Die Lautstärke wird in Dezibel (dB) angegeben. Trommelfell, Gehörknöchelchen, Hörschnecke und Hörnerv ermöglichen uns das Hören.

Vom Sehen

Gegenstände, die Licht aussenden oder zurückwerfen, sind Lichtquellen. Die Ausbreitung des Lichts kann mit Lichtstrahlen dargestellt werden.
In unserem Auge erzeugt die Augenlinse ein deutliches und helles Bild. Es ist seitenverkehrt und steht auf dem Kopf (▷ B 3). Die Lichtsinneszellen der Netzhaut wandeln die Lichtreize in elektrische Signale um (▷ B 1).

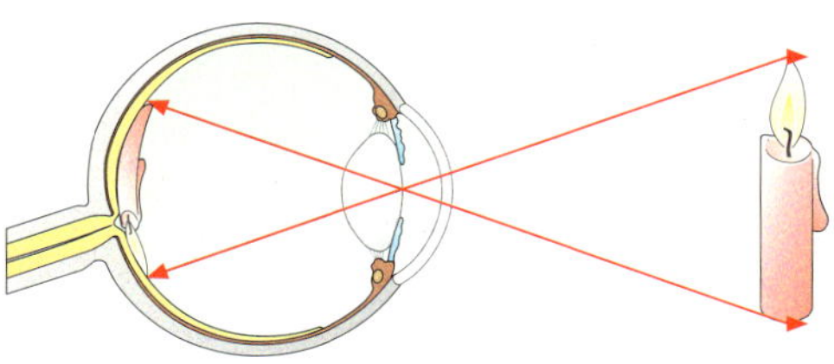

3 Bildentstehung im Auge

Riechen und Schmecken

Die Nase prüft die Atemluft mithilfe der Riechzellen. Das Riechorgan befindet sich in der Nasenhöhle (▷ B 4). Der Geruchssinn ist ein wichtiger Warnmelder. Die Geschmackssinneszellen liegen hauptsächlich auf der Zunge. Der Geschmackssinn wird durch den Geruchssinn unterstützt und verstärkt.

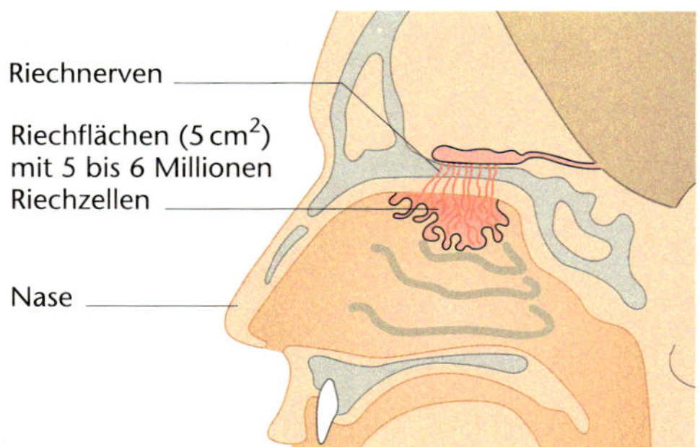

4 Querschnitt durch die Nase

Aufgaben

1 Man sagt, ein Mensch soll „seine fünf Sinne beieinander haben". Hat der Mensch wirklich fünf Sinne? Begründe deine Antwort!

2 Erstelle ein Plakat zu einem menschlichen Sinnesorgan, mit Darstellung seines Aufbaus, seiner Leistung und mindestens einem Experiment.

3 Welche Sinnesorgane sind bei einem Hund, welche bei einem Adler besonders gut ausgeprägt? Vergleiche die Sinnesleistungen dieser Tiere mit denen des Menschen.

4 a) Weshalb kann man nicht um die Ecke sehen?
b) Im Gegensatz zum Sehen kann man um die Ecke hören. Was bedeutet das für die Schallausbreitung?
c) Überlege dir Versuche, um mehr über die räumliche Schallausbreitung herauszufinden.

5 Was ist ein Lichtstrahl? Was musst du beachten, wenn du einen Lichtstrahl zeichnest?

6 Gegenstände kann man auch dann sehen, wenn sie nicht selbst leuchten. Wie kommt das? Welche Eigenschaft eines Körpers ist hierfür wichtig?

7 Die Sitzordnung in deiner Klasse soll geändert werden. Würdest du dich so setzen, dass sich die Fenster links von dir oder rechts von dir befinden? Begründe deine Wahl.

8 Beschreibe Aufbau und Funktionsweise einer Lochkamera. Welche Nachteile hat sie gegenüber einer Fotokamera?

9 Vergleiche den Aufbau des menschlichen Auges mit dem eines Fotoapparats. Worin gleichen sie sich?

10 Denke dir ein Experiment aus, mit dem du bei einer Brille bestimmen kannst, ob sie für Kurzsichtige oder Weitsichtige ist. Führe das Experiment vor.

11 a) Wo befinden sich an deinem Fahrrad selbstleuchtende Körper und reflektierende Körper?
b) Erkundige dich auf einer Polizeiwache, welche Sicherheitsausrüstung am Fahrrad vorgeschrieben ist.

12 Eine Stimmgabel trägt die Aufschrift 1000 Hz. Welchen Ton erzeugt sie im Vergleich zu einer 440-Hz-Stimmgabel?

13 Warum kannst du Wespen, Mücken, Hummeln und Bienen hören, wenn sie an dir vorbeifliegen, einen Schmetterling aber nicht?

1 Astronaut im Weltall

14 a) Die Astronauten, die den Mond besucht haben, konnten sich dort nicht wie auf der Erde unterhalten. Sie mussten Funkgeräte einsetzen, auch wenn sie sich nicht weit voneinander entfernt aufhielten. Diskutiert, aus welchem Grund im Weltall Funkgeräte zur Verständigung nötig sind.
b) Selbst eine Explosion wäre auf der Mondoberfläche nicht zu hören. Man könnte sie höchstens mit den Füßen und dem Körper spüren.
Erkläre diese Erscheinung!

15 Bezeichne alle wichtigen Teile des menschlichen Gehörs anhand von Bild 2.

16 Hören ist lebenswichtig! Wer nicht hören kann, lebt oft in großer Gefahr, weil er akustische Warnsignale nicht wahrnehmen kann.
Nenne Situationen, in denen gutes Hören wichtig – oder sogar lebenswichtig – ist.

17 Welche Folgen kann es haben, wenn ein Mensch ständigem Lärm ausgesetzt ist?

18 Erkläre die Begriffe „Ultraschall" und „Infraschall". Wo kommen diese Schallarten zum Einsatz?

19 Was musst du bei der Temperaturmessung mit dem Thermometer beachten, damit du keine Messfehler machst?

20 Ist der Temperatursinn des Menschen zuverlässig? Erkläre!

21 Beschreibe, wie die Celsius-Skala festgelegt wird? Recherchiere, worin sich ein heutiges Celsius-Thermometer vom ursprünglichen Celsisus-Thermometer unterscheidet.

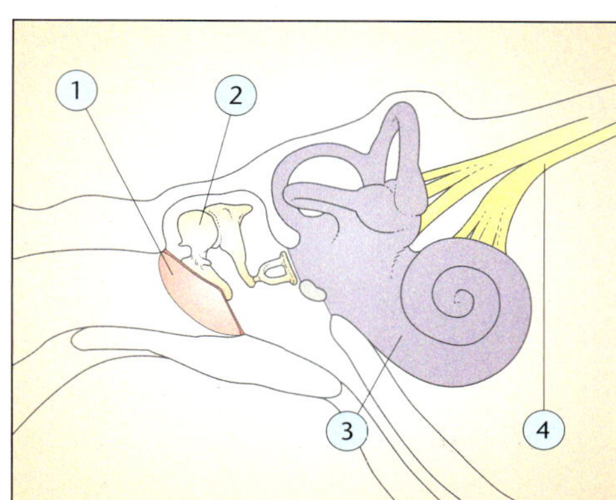

2 Wichtige Bestandteile des Gehörs

Wege in die Welt des Kleinen

Es gibt eine Welt, die für unsere Augen allein nicht sichtbar ist. Mit einer Lupe oder einem Mikroskop kannst du eine Entdeckungsreise in die geheimnisvolle Welt der kleinen Dinge antreten.

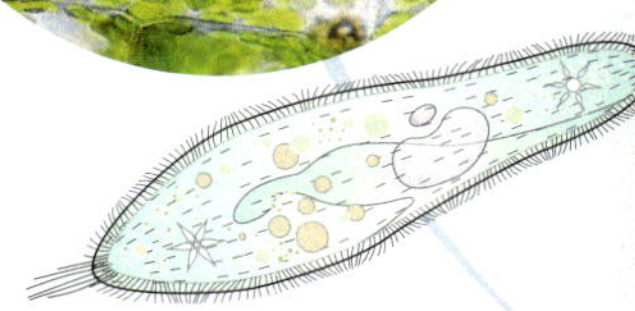

Viele Erscheinungen in der Natur kannst du mit dem bloßen Auge beobachten. Bei kleinen Dingen reicht der Sehsinn aber nicht aus. Zur Vergrößerung benutzt du eine Lupe, ein Binokular oder ein Mikroskop. Wie diese Geräte funktionieren und wie du mit ihnen umgehen musst, wirst du in diesem Kapitel erfahren.

Welche Entdeckungen kannst du mit dem Mikroskop machen? Welche kleinen Lebewesen gibt es im Boden? Wie kann die Polizei unsichtbare Spuren sichtbar machen? Woraus bestehen alle Tiere und Pflanzen?

Viele Entdeckungen warten auf dich. Mach dich auf zu einer Reise in die Welt des Kleinen.

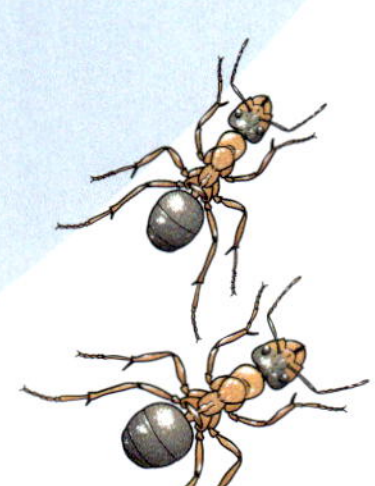

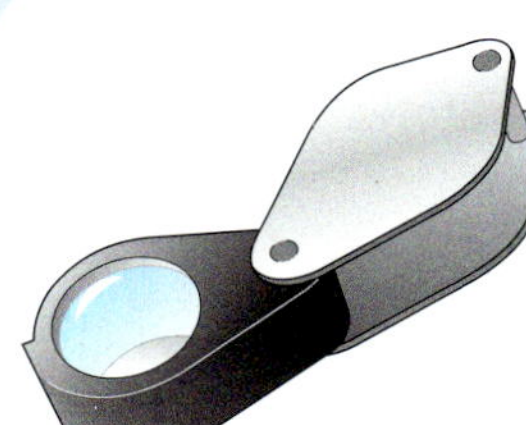

Bilder – im Großen und im Kleinen

1 Viele farbige Punkte ...

2 ... ergeben ein Bild.

Bilder begegnen dir auf Werbeplakaten, in Büchern und Zeitschriften. Fernseher und Computermonitore erzeugen Bilder und du selbst malst sie mit Bunt- oder Filzstiften.
Meist betrachtest du die Bilder aus größerer Entfernung. Was erkennst du, wenn du sie aus der Nähe ansiehst? Und was unterscheidet gedruckte von gemalten Bildern?

1 Bilder auf Papier

Material

Verschiedene Papiersorten, verschiedene Bleistifte, Filzstifte und Buntstifte, Füller und Kugelschreiber, Zeitungsbilder, Lupe oder Binokular

Versuchsanleitung

Betrachte die Spitzen deiner Bleistifte und Filzstifte mit der Lupe oder dem Binokular. Wodurch unterscheiden sie sich?
Untersuche die Spitze des Kugelschreibers. Kannst du erklären, woher der Kugelschreiber seinen Namen hat?
Spitze einen Bleistift an und betrachte die Spitze mit der Lupe. Schreibe einige Sätze mit dem Bleistift und sieh dir die Spitze erneut an (▷ B 4).
Zeichne auf den verschiedenen Papiersorten mit einem Filzstift, einem Bleistift und dem Füller eine einfache Figur. Vergleiche die Striche, die die Stifte erzeugen.
Untersuche Bild 2 mit dem Binokular. Wie entstehen hier die verschiedenen Farben?
Untersuche auch andere gedruckte Bilder in diesem Buch und in Zeitschriften. Stellst du Gemeinsamkeiten fest?

2 Computerbilder

Material

Computer, Fernsehgerät, Lupe

Versuchsanleitung

Erzeuge mithilfe eines Malprogramms rote, grüne, blaue, gelbe und weiße Flächen auf dem Computermonitor. Untersuche diese Flächen mit der Lupe. Betrachte auch das Bild eines Fernsehers mit der Lupe.
Wie werden auf dem Monitor und dem Fernsehschirm farbige Flächen erzeugt?

3 Wir untersuchen Papier

Material

Verschiedene Papiersorten (Schreibpapier, Löschpapier etc.), Lupe oder Binokular

Versuchsanleitung

Reiße die verschiedenen Papiersorten an einer Stelle etwas ein und betrachte die Rissstellen mit dem bloßen Auge. Betrachte die Stellen anschließend mit der Lupe oder dem Binokular. Welche Unterschiede erkennst du? Kannst du dir diese Unterschiede erklären?

3 Papiersorten für viele Zwecke

4 Bleistiftspitze unter dem Binokular

Die Welt der Kristalle

1 Zucker oder Salz?

Manche Stoffe in der Küche sehen sich zum Verwechseln ähnlich. Salz und Zucker, Mehl und Backpulver – häufig verrät dir nur die Verpackung, um welche Substanz es sich handelt.

Kann man gleich aussehende Stoffe unterscheiden, wenn man sie mit der Lupe betrachtet?

1 Wir untersuchen Kristalle

Material

Kochsalz, Zucker, Backpulver, Mehl, Brausepulver, Tütensuppe, schwarze Pappe, Binokular

Versuchsanleitung

Streue Proben der verschiedenen Stoffe auf die schwarze Pappe und betrachte sie mit dem Binokular.
In welchen Proben findest du nur gleiche Kristalle?
Findest du diese Kristalle auch in den gemischten Proben wieder?

2 Wir stellen Kristalle her

Material

Kochsalz, Alaun, Becherglas, Glasschale, Löffel, Lupe oder Binokular

Versuchsanleitung

Gib 50 ml Wasser und 5 g Kochsalz in ein Becherglas. Rühre um, bis sich das Salz aufgelöst hat (▷ B 3). Füge dann so lange Salz hinzu, bis es sich auch nach längerem Rühren nicht mehr auflöst.

3 In Wasser lösen

Gieße das Salzwasser in die flache Glasschale. Stelle die Schale einige Tage an einen warmen Ort.
Was kannst du nach dieser Zeit beobachten?

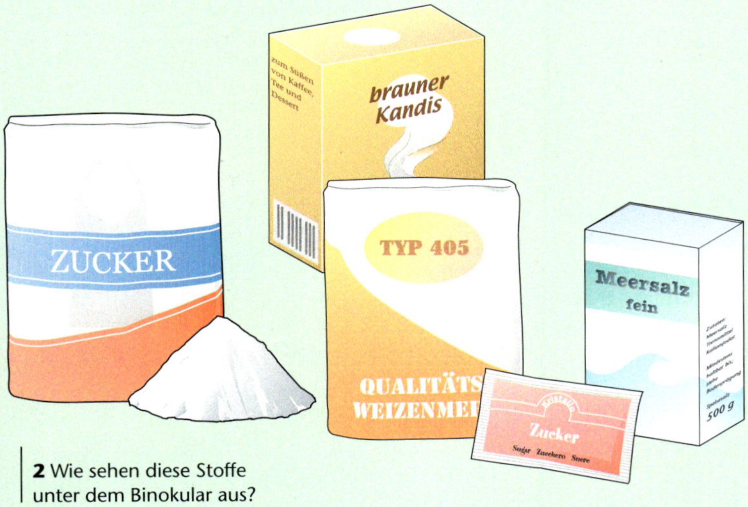

2 Wie sehen diese Stoffe unter dem Binokular aus?

Untersuche den Inhalt der Schale auch mit der Lupe oder dem Binokular.
Wiederhole den Versuch mit Alaun. Bilden sich die gleichen Kristalle? Vergleiche!

3 Wir beobachten das Kristallwachstum

Material

Schutzbrille, Gasbrenner, Dreifuß mit Drahtnetz, Becherglas, Löffel, Kristallisierschale, Salpeter (Kaliumnitrat), Lupe

Versuchsanleitung

Erwärme 50 ml Wasser in einem Becherglas. Füge unter ständigem Rühren so lange Salpeter hinzu, bis sich der Rückstand am Boden nicht mehr auflöst (▷ B 4).

4 Erwärmen der Salpeterlösung

Gib etwas von der erwärmten Flüssigkeit in die Kristallisierschale. Beobachte sofort mit der Lupe, was in der Schale vor sich geht (▷ B 5).

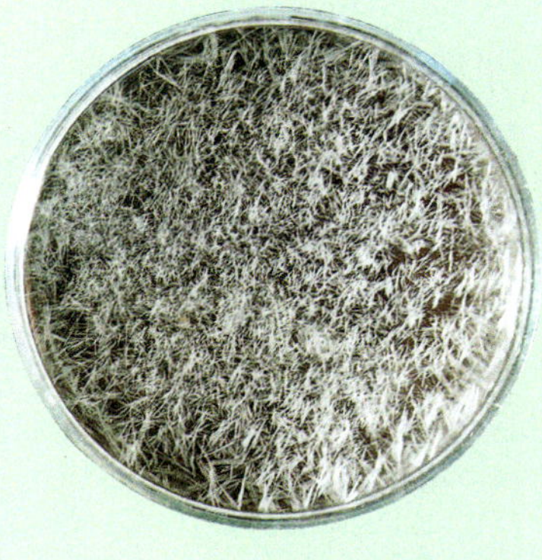

5 Kristalle in der Kristallisierschale

Die Lupe

Briefmarkensammler benutzen sie, Insektenforscher können nicht auf sie verzichten – und sicherlich hast auch du schon manchen Gegenstand mit einer Lupe betrachtet. In den folgenden Versuchen erfährst du, wie du einfache Lupen selbst bauen kannst und wie du mit ihnen unterschiedliche Vergrößerungen erreichst.

1 Ein Wassertropfen als Lupe

Material
Große Sicherheitsnadel, Strohhalm oder Pipette, Klarsichthülle, Zeitungspapier

Versuchsanleitung
a) Lege ein Stück Zeitungspapier in die Klarsichthülle. Tropfe mit der Pipette oder mit dem Strohhalm Wasser auf die Hülle. Versuche, unterschiedlich große Tropfen zu erzeugen. Betrachte den Zeitungstext unter den verschiedenen Wassertropfen. Was fällt dir dabei auf?
b) Gib einen Wassertropfen in die Öse einer großen Sicherheitsnadel (▷ B 1). Welche Form hat der Wassertropfen in der Öse?

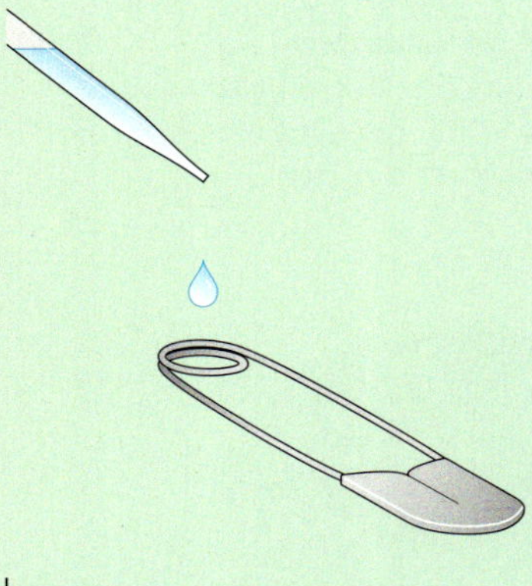

1 Aufbringen des Tropfens

Betrachte nun den Zeitungstext durch den Wassertropfen. Beschreibe deine Beobachtungen.

2 Eine „Wasserlupe"

Material
2 Uhrgläser, Knetgummi, Wasser

Versuchsanleitung
a) Forme aus dem Knetgummi eine lange „Wurst". Lege das so geformte Knetgummi auf den inneren Rand eines Uhrglases. An einer Stelle muss eine kleine Lücke bleiben (▷ B 2).

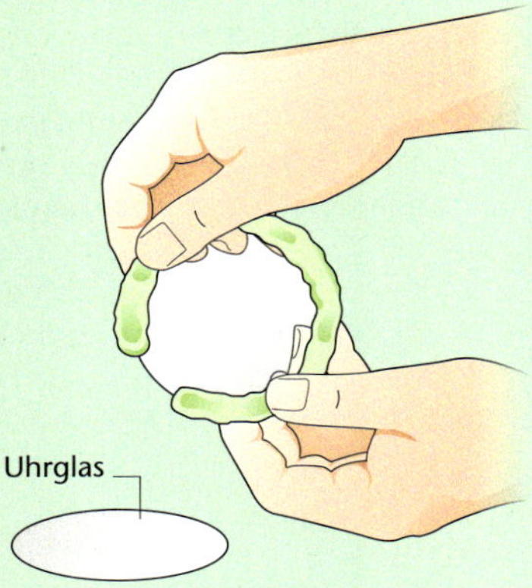

2 Auflegen der Knetgummidichtung

b) Drücke dann das andere Uhrglas so in das Knetgummi, dass zwischen den Uhrgläsern ein Hohlraum entsteht (▷ B 3). Das Knetgummi muss die beiden Gläser vollständig abdichten, es darf keine undichte Stelle entstehen!

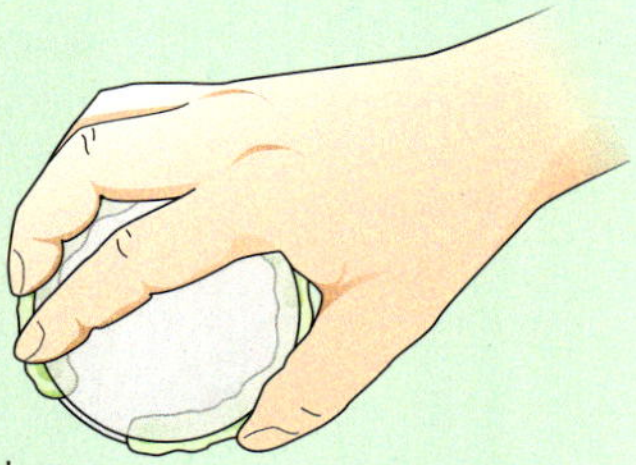

3 Aufsetzen des zweiten Glases

c) Fülle dann über die verbliebene Lücke Wasser ein (▷ B 4). Achte darauf, dass möglichst keine Luftblasen entstehen. Wenn die „Wasserlupe" vollständig gefüllt ist, verschließe die Lücke mit einem Stück Knetgummi. Betrachte verschiedene kleine Gegenstände mit deiner „Wasserlupe".

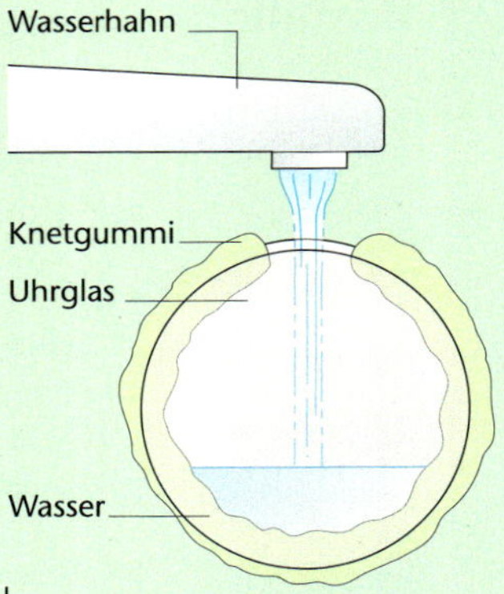

4 Einfüllen des Wassers

3 Lupen mit unterschiedlicher Vergrößerung

Material
Verschiedene Lupen, Millimeterpapier oder kariertes Papier

Versuchsanleitung
a) Lege eine Lupe auf das Millimeterpapier (▷ B 5). Entferne dich dann mit der Lupe langsam vom Millimeterpapier. Betrachte dabei das Millimeterpapier durch die Lupe.
Kannst du aus allen Entfernungen das vergrößerte Millimeterpapier erkennen? Wann erhältst du die stärkste Vergrößerung?
b) Wiederhole den Versuch mit anderen Lupen und vergleiche ihre Vergrößerungen. Welche Form haben die Lupen, die am stärksten vergrößern?
c) Betrachte das Wort „Lupe" in Bild 5 mit einer Leselupe, einer Becherlupe und einem Binokular. Welche Unterschiede kannst du feststellen?

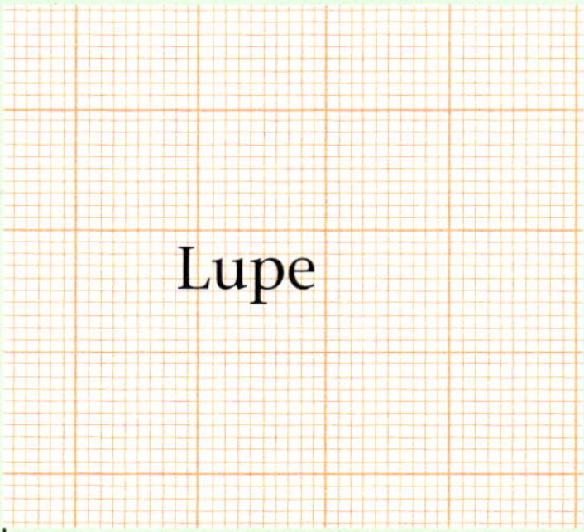

5 Zu Versuch 3

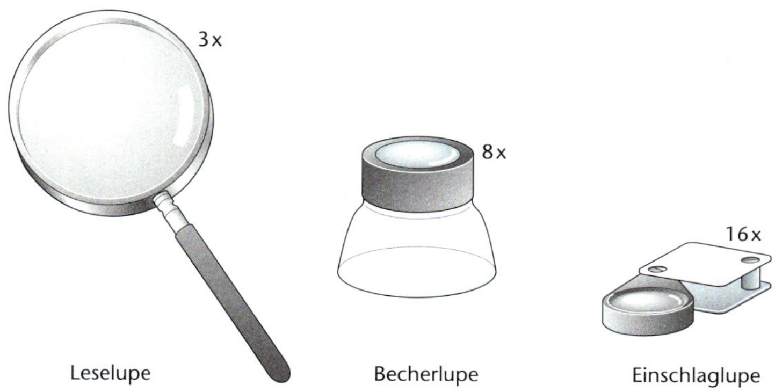

1 Vergrößerungsfaktoren verschiedener Lupen

Die Lupe – eine Sammellinse

Durch einen Wassertropfen betrachtet erscheint die Schrift einer Zeitung vergrößert. Betrachte die Form des Wassertropfens genauer: Er ist in der Mitte dicker als am Rand. Die gleiche Form hat eine **Sammellinse**. Auch durch eine Sammellinse kannst du Gegenstände vergrößert betrachten.
Baut man eine Sammellinse in eine Fassung ein, erhält man eine **Lupe**.

Eine Lupe enthält eine Sammellinse. Mit ihr kann man Gegenstände vergrößert betrachten.

Lupen vergrößern unterschiedlich stark

Allerdings vergrößert die Lupe nicht immer gleich stark. Liegt die Lupe direkt auf dem Gegenstand, kannst du kaum eine Vergrößerung erkennen. Entfernst du die Lupe von dem Gegenstand, nimmt die Vergrößerung zu. Bei einer bestimmten Entfernung wird das Bild unscharf, und du kannst den Gegenstand nicht mehr erkennen.

Betrachte einen Gegenstand mit verschiedenen Lupen. Eine Leselupe lässt den Gegenstand bis zu dreimal größer erscheinen. Benutzt du eine Becherlupe, erscheint der Gegenstand bis zu achtmal größer als ohne Lupe (▷ B 1).

Der Vergrößerungsfaktor gibt an, wie viel Mal größer das Bild im Vergleich zum Gegenstand werden kann.

Die verschiedenen Lupen enthalten unterschiedlich geformte Sammellinsen. Eine dicke Sammellinse mit kleinem Durchmesser erreicht eine starke Vergrößerung. Die Einschlaglupe vergrößert bis zu 16fach. Man benutzt sie häufig für

2 Leselupen vergrößern große Textausschnitte.

Untersuchungen in den Naturwissenschaften. Eine flache Sammellinse mit großem Durchmesser wird z. B. bei einer Leselupe verwendet (▷ B 2). Die Vergrößerung ist nicht sehr stark, dafür kann man mit solchen Lupen einen großen Textausschnitt betrachten.

Das Binokular

Wenn du mit einem Binokular (▷ B 3) arbeitest, kannst du das vergrößerte Bild mit beiden Augen sehen. Die untersuchten Gegenstände erscheinen räumlich, fast wie „zum Greifen". Binokulare vergrößern zwischen 6- und 40fach, manchmal auch 100fach.
Das Bild stellst du über einen Drehknopf an der Seite scharf. Achte auf eine gute Beleuchtung des Gegenstands. In der Regel stellst du die Lichtquelle so ein, dass ihr Licht von oben auf den Gegenstand fällt.

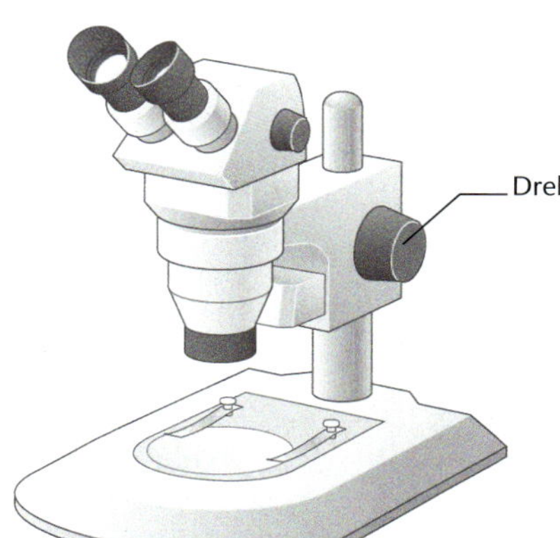

3 Das Binokular

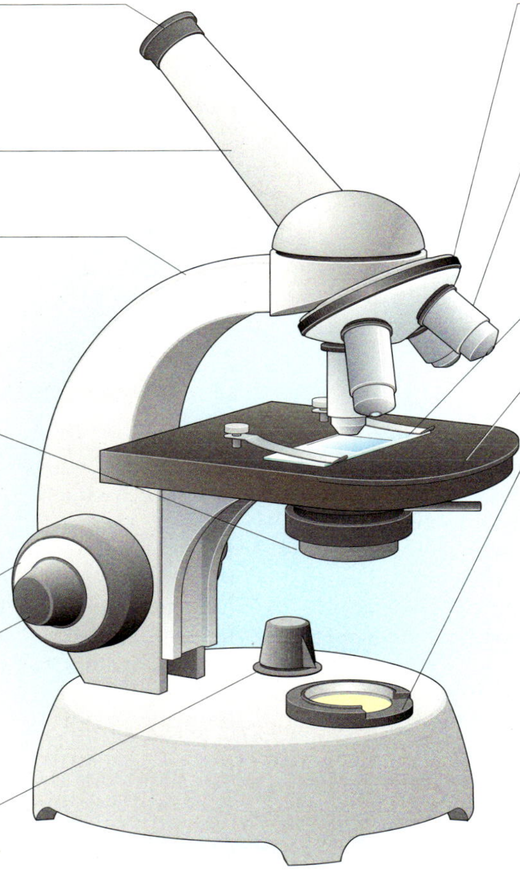

1 Aufbau eines Mikroskops

Eine Lupe reicht nicht

Lupen vergrößern Objekte bis zum 16-fachen, das Binokular bis zum 100fachen. Mithilfe eines Mikrokops kannst du sehr kleine Dinge noch viel stärker vergrößern. Im Mikroskop werden die Vergrößerungsmöglichkeiten der Lupe doppelt genutzt. Das **Objektiv** enthält mehrere Sammellinsen, die ein vergrößertes Bild erzeugen. Dieses Bild wird durch das **Okular** wie durch eine Lupe noch einmal weiter vergrößert.

Die Vergrößerung kann man berechnen

Die Gesamtvergrößerung eines Mikroskops lässt sich berechnen, indem man die Werte von Okularvergrößerung und Objektivvergrößerung miteinander multipliziert.
Besitzt das Okular z. B. eine 10fache und das Objektiv eine 4fache Vergrößerung, so ergibt sich eine 40fache Gesamtvergrößerung. Ein Schülermikroskop vergrößert in der Regel bis zu 400fach, gute Lichtmikroskope sogar bis zu 2000fach.

2 Schmetterlingsflügel vergrößert

Die Gesamtvergrößerung eines Mikroskops ist die Okularvergrößerung mal der Objektivvergrößerung.

Mikroskopisches Längenmaß

Um die Größe sehr kleiner Dinge anzugeben, verwendet man die Längeneinheit Mikrometer. Teilt man die Strecke eines Millimeters in 1000 Teile, so erhält man 1 Mikrometer (1 µm).
Es gilt: 1 mm = 1000 µm

Größer ist nicht immer besser

Die unterschiedlichen Vergrößerungen lassen sich unterschiedlich nutzen. Um ein Insekt genauer anzusehen oder ein Detail näher zu betrachten, reicht die Lupe. Willst du einzelne Teile wie das Flügelpaar betrachten, ist das Binokular geeignet. Die genaue Struktur eines Schmetterlingsflügels (▷ B 2) erkennst du nur mit deinem Mikroskop.

Aufgaben

1 Berechne weitere Vergrößerungsmöglichkeiten deines Schülermikroskops.

2 Zeichne mit spitzem Bleistift unter der Lupe eine Strecke von einem Millimeter. Wie viele Striche kannst du in diese Strecke einzeln einzeichnen? Wie viele Striche kannst du auch ohne Lupe erkennen?

3 Schätze, wie stark die beiden unteren Ausschnitte in Bild 2 vergrößert sind, wenn das oberste Bild das Original zeigt.

Umgang mit dem Mikroskop

Wenn du erfolgreich mit dem Mikroskop arbeiten willst, musst du nach bestimmten Regeln vorgehen. Arbeite stets in der folgenden Reihenfolge.

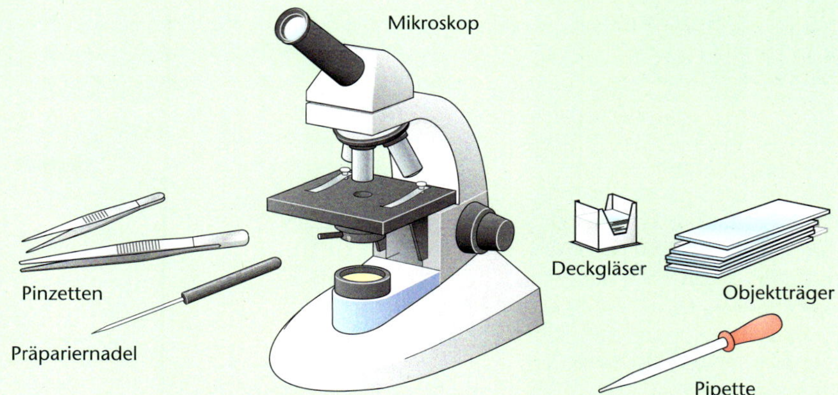

2 Materialien

1 Einstellung des Mikroskops

Material

Mikroskop, Objektträger, auf Folie kopierte Buchstaben, Deckgläschen

Versuchsanleitung

a) Mache das Mikroskop betriebsbereit, indem du die Blende nur halb öffnest. Schalte das Licht ein oder richte den Spiegel so aus, dass das Licht durch den Objekttisch scheint. Drehe das Objektiv mit der kleinsten Vergrößerung senkrecht nach unten.
b) Lege den Folienbuchstaben auf den Objektträger und decke ihn mit dem Deckgläschen ab.

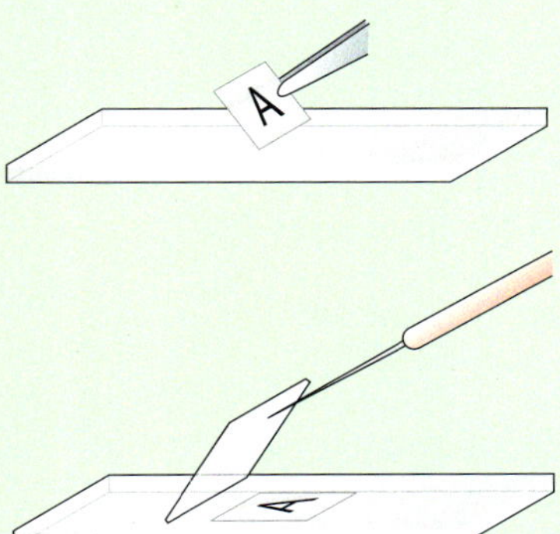

1 Folienbuchstaben auflegen

c) Bringe den Objektträger in die Mitte der Objekttischöffnung und klammere ihn fest.
d) Bringe das Objektiv durch Drehen am Grobtrieb möglichst nah an das Deckgläschen. Achtung: Kontrolliere dabei den Abstand des Objektivs zum Objekttisch.
e) Sieh durch das Okular. Bewege den Objekttisch so weit nach unten, bis das Bild scharf erscheint. Regle mit dem Feintrieb nach.
f) Reguliere die Helligkeit mit der Blende. Beschreibe den Bildausschnitt.
g) Wechsle in die nächste Vergrößerung. Sieh durch das Okular und beschreibe die Veränderung. Wähle am Objektivrevolver das Objektiv mit der mittleren Vergrößerung. Stelle das Bild scharf. Korrigiere vorsichtig die Stellung des Präparates in der Mitte der Objekttischöffnung.

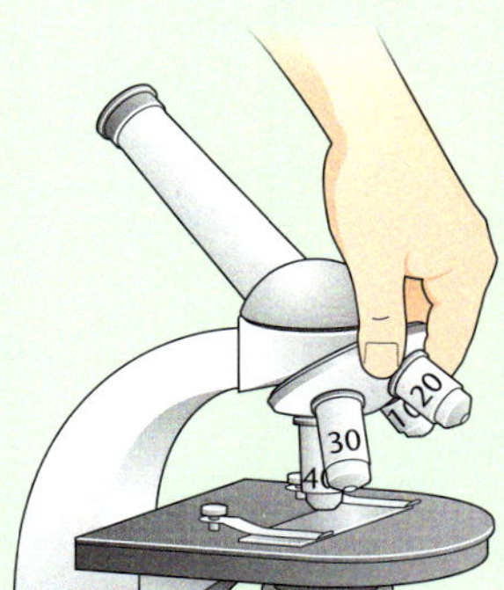

3 Wahl des Objektivs

Was kannst du beobachten, wenn du das Objekt leicht verschiebst?
h) Bewege den Objekttisch nach unten. Wiederhole den Vorgang mit dem Objektiv mit der größten Vergrößerung.

Aufgabe

Vergleiche deine Ergebnisse bei den einzelnen Vergrößerungen. Erkläre, warum es sinnvoll ist, mit der kleinsten Vergrößerung zu beginnen.

Du hast alles nach Anleitung gemacht, kannst aber trotzdem nichts erkennen. Am Anfang fischt man beim Mikroskopieren schon ein bisschen im Trüben. Mit Geduld und einigen Tipps wirst du aber doch zum Ziel kommen.

Mögliche Fehlerquellen

1. Der Folienbuchstabe liegt nicht genau unter dem Objektiv. Überprüfe nochmals seine Position.

2. Du hast nach der Einstellung des Spiegels das Mikroskop bewegt und damit den Lichtweg verändert. Richte den Spiegel neu ein und verschiebe das Mikroskop nun nicht mehr.

3. Der Objektivrevolver ist nicht eingerastet. Das Objektiv hat sich im Gewinde gelockert.

4. Du drehst zu schnell am Grobtrieb. Versuche es noch einmal ganz langsam und vorsichtig. Wenn du dann einen Schatten erkennst, kannst du das Bild mit dem Feintrieb scharf stellen.

Richtig zeichnen

Naturwissenschaftler haben schon immer Zeichnungen von ihren Beobachtungen erstellt, um ihre Versuchsergebnisse festzuhalten. So wurden sie auch für Nicht-Wissenschaftler anschaulich und leichter verständlich. Du wirst sehen: Man muss kein Künstler sein, um die Regeln des wissenschaftlichen Zeichnens zu erlernen.

1 Richtig zeichnen

Material

Mikroskop, Bleistift, unliniertes Papier, Zirkel, Millimeterpapier auf Folie (ein Zentimeterquadrat)

Versuchsanleitung

a) Bereite auf einem unlinierten Blatt drei mit dem Zirkel gezogene Kreise vor (r = 2,5 cm). Hier wirst du deine Beobachtungen einzeichnen. Beschrifte sie mit den drei möglichen Vergrößerungen (40fach, 100fach, 400fach).

1 Drei Kreise mit dem Zirkel ziehen

Wenn du durch das Okular des Mikroskops blickst, siehst du einen hellen Kreis. Bei manchen Mikroskopen siehst du einen Pfeil, der zur Kreismitte zeigt. Er hilft dir, dich im vergrößerten Bild zu orientieren.

b) Lege das Folienquadrat auf den Objektträger. Bringe den Objektträger in die Mitte der Objekttischöffnung und klammere ihn fest. Stelle das Mikroskop so ein, dass ein scharfes Bild des Millimeterpapiers entsteht. Verschiebe den Objektträger so lange, bis du möglichst viele vollständige Quadrate erkennen kannst.

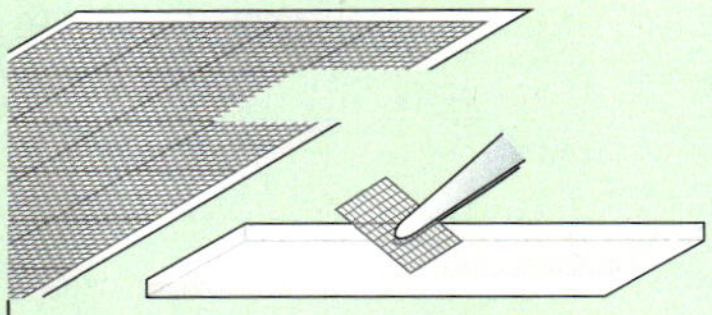

2 Millimeterpapier auflegen

c) Zähle nach, wie viele Quadrate sich in der Waagerechten und in der Senkrechten befinden. Schätze ab, in welcher Größe du die Quadrate in deine Zeichnung bzw. in den Kreis einzeichnen kannst.

d) Zeichne die Quadrate ein. Achte darauf, dass in deiner Zeichnung das Verhältnis zwischen der Dicke der Linien und der Größe der freien Flächen stimmt. Die Linien sind jetzt nicht mehr nur dünne Striche.

e) Sieh immer wieder durch das Okular und vergleich das Original mit deiner Zeichnung.

f) Verfahre nun ebenso bei den anderen Vergrößerungen.

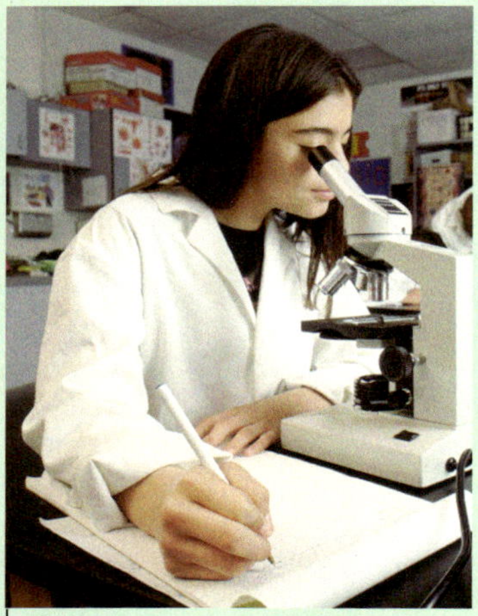

3 Eine Zeichnung anfertigen

Korrigiere immer erst vorsichtig die Stellung des Objektträgers, bevor du zu zeichnen beginnst, damit der Bildausschnitt gut gewählt ist.

Achtung

Es kann sein, dass du bei der stärksten Vergrößerung nichts siehst, obwohl du alle Regeln beachtet hast.

Das Millimeterquadrat ist jetzt stark vergrößert. Vielleicht siehst du nur die freie Fläche zwischen den Linien, weil sich die Millimeterstriche aufgrund der starken Vergrößerung nicht mehr im Bild befinden.

Verschiebe den Objektträger vorsichtig, bis du wieder eine Linie findest.

Tipp:

1. Stelle dir im Mikroskop die Stundenzeiger einer Uhr vor. Du kannst dann besser kontrollieren, ob eine Linie wirklich dort liegt, wo du sie hingezeichnet hast.

2. Zeichne mit lockerem, leichtem Strich, ohne zu drücken.

3. Zeichne das Wesentliche, nicht jede Einzelheit. Such nach Mustern, die sich wiederholen.

3. Achte auf die Stellung der Linien zueinander.

4. Vergleiche deine Zeichnung immer wieder mit dem Bild im Mikroskop. Stimmt die Größe in der Zeichnung? Zeichnest du genauso viele Teile wie du im Okular siehst?

Aufgabe

Übe das mikroskopische Zeichnen an Präparaten von Kartoffel und Zwiebel.

Werkstatt

Herstellen eines Präparates

Proben, die mit dem Mikroskop untersucht werden sollen, müssen vorbereitet werden. Dafür benötigst du verschiedene Arbeitsgeräte. Geh mit allen Geräten vorsichtig um, damit du dich und andere nicht verletzt.

1 Schabepräparat einer Kartoffel

Material

Frische Kartoffel, Messer, Objektträger, Pipette, Deckgläschen, Küchenpapier

Versuchsanleitung

a) Lege die Arbeitsgeräte auf dem Küchenpapier bereit und schneide die Kartoffel längs durch.
b) Streiche mit der stumpfen Seite des Messers über die frische Schnittfläche, sodass sich auf der Schneide des Messers etwas Flüssigkeit ansammelt (▷ B 1).

1 Abschaben der Flüssigkeit

c) Klopfe die Flüssigkeit vom Messer auf den Objektträger. Gib mit der Pipette einen Tropfen Wasser hinzu (▷ B 2).

2 Zugabe von Wasser

d) Senke das Deckgläschen vorsichtig ab, am besten mithilfe der Präpariernadel (▷ B 3).

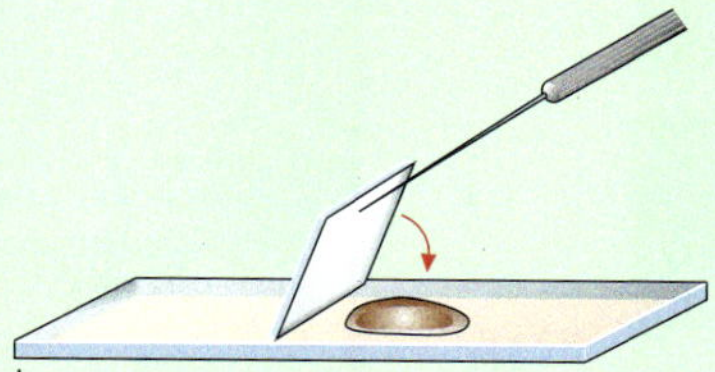

3 Vorsichtig das Deckglas absenken

e) Sauge das überschüssige Wasser mit Küchenpapier ab (▷ B 4).

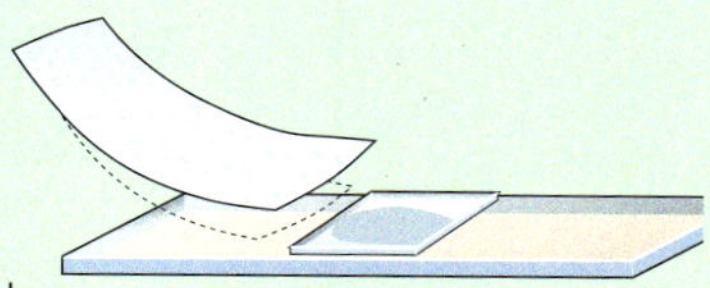

4 Überschüssige Flüssigkeit absaugen

Aufgabe

Betrachte dein Präparat mit dem Mikroskop und erstelle eine Zeichnung.

2 Schnittpräparat der Zwiebelhaut

Material

Zwiebel, Messer, Rasierklinge (auf einer Seite abgeklebt), Pinzette, Pipette Objektträger, Deckgläschen, Küchenpapier, Filterpapier

Versuchsanleitung

a) Lege die Arbeitsgeräte bereit und zerschneide die Zwiebel.
b) Löse eine Zwiebelschuppe heraus.
c) Schneide die Zwiebelschuppe mit dem Skalpell oder einer Rasierklinge ein (▷ B 5).

5 Einschneiden der Zwiebelhaut

d) Gib mit der Pipette einen Tropfen Wasser auf den Objektträger.
e) Löse mit der Pinzette das Stück der Zwiebelhaut heraus (▷ B 6).
f) Lege das Zwiebelhäutchen in den Wassertropfen auf den Objektträger (▷ B 6). Decke es mit dem Deckgläschen ab und sauge das überschüssige Wasser ab.

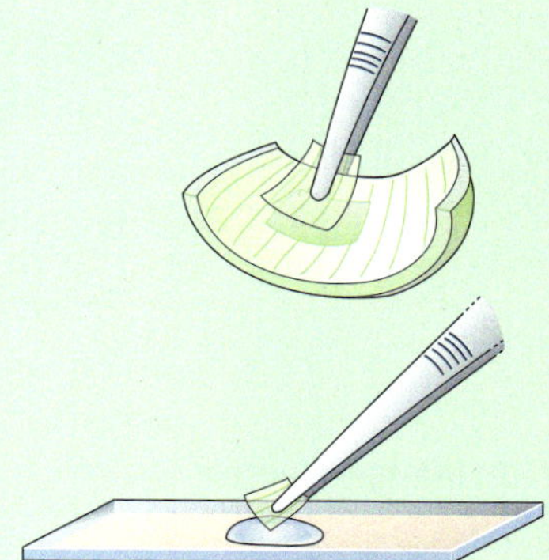

6 Zwiebelhäutchen auflegen

Aufgabe

Untersuche dein Präparat und zeichne es ab.

3 Färben von Präparaten

Material

Wie bei Versuch 2, rote Tinte, ein Streifen Filterpapier (1 cm x 5 cm)

Versuchsanleitung

a) Stelle drei Zwiebelhautpräparate her.
b) Gib einen Tropfen der Farblösung an den Rand des Deckgläschens.

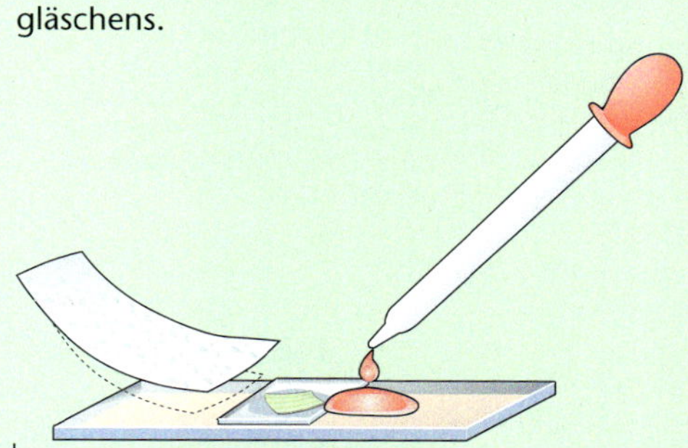

7 Auftropfen der Tinte

c) Lege das Filterpapier auf der anderen Seite des Deckgläschens an (▷ B 7). Sauge auf diese Weise den Farbstoff durch das Präparat. Entferne das Papier, wenn das Präparat deutlich angefärbt ist. Betrachte nun das angefärbte Präparat mit dem Mikroskop. Welchen Vorteil hat die Färbetechnik?

1 Laubblatt

2 Blatt, Längsschnitt

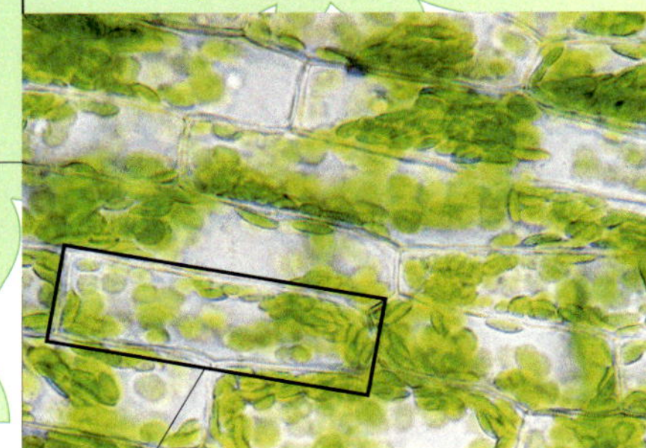

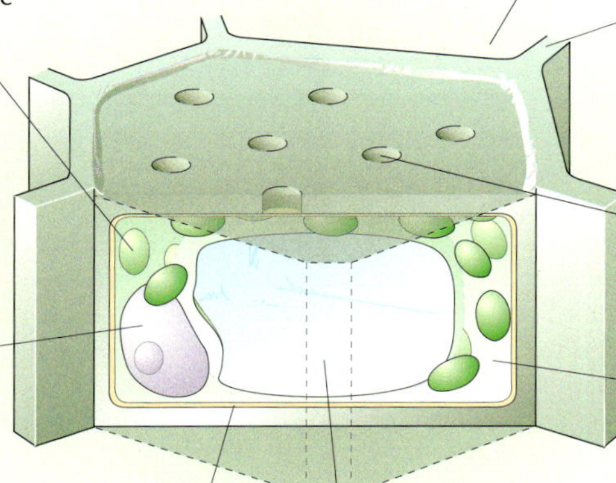

Die Pflanzenzelle

Betrachtest du einen Teil eines Laubblattes unter dem Mikroskop, so kannst du die einzelnen Zellen erkennen (▷ B 2).
Bei einer starken Vergrößerung entdeckt man in den Zellen viele kleine Zellbestandteile, die **Zellorganellen** genannt werden. Zu den Zellorganellen gehören z. B. der **Zellkern**, die **Blattgrünkörner** und die **Vakuole**.
Jede Zelle ist ein kleines Wunderwerk der Natur: Nur wenn die kleinen Zellorganellen richtig zusammenarbeiten, kann die Zelle leben. Zellen können sehr unterschiedlich gebaut sein.

Die wesentlichen Bestandteile einer Pflanzenzelle sind:

- Zellkern
- Vakuole
- Zellplasma
- Blattgrünkörner bei grünen Pflanzen
- Zellwand
- Zellmembran

Aufgabe

1 Vergleiche die Zellen der Küchenzwiebel mit denen der Kartoffel. Nenne Unterschiede und Gemeinsamkeiten.

Die Tier- und Menschenzelle
Die Zellen von Mensch und Tier weisen drei wesentliche Unterschiede zu Pflanzenzellen auf: Die Mundschleimhautzellen (▷ B 3) besitzen keine **Zellwand**, sondern nur eine dünne **Zellmembran**. Sie haben keine Blattgrünkörner und meist keine Vakuole.
Jede Zelle erfüllt eine ganz bestimmte Aufgabe. Zellen, die gleiche Aufgaben in einem Körper erfüllen, werden **Gewebe** genannt. Ein Beispiel ist das Muskelgewebe. Verschiedene Gewebe bilden zusammen ein **Organ**. Die Haut des Menschen ist aus verschiedenen Geweben aufgebaut und wird deshalb ein Organ genannt.

▶ Im Unterschied zu Pflanzenzellen besitzen Menschen- und Tierzellen keine Blattgrünkörner, keine Zellwand und meist keine Vakuolen.

3 Mundschleimhaut

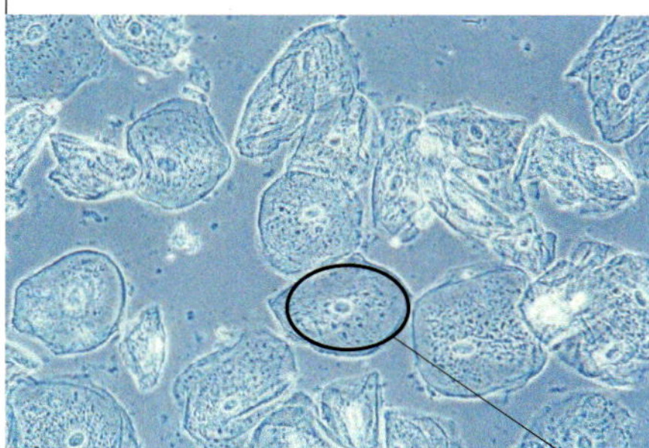

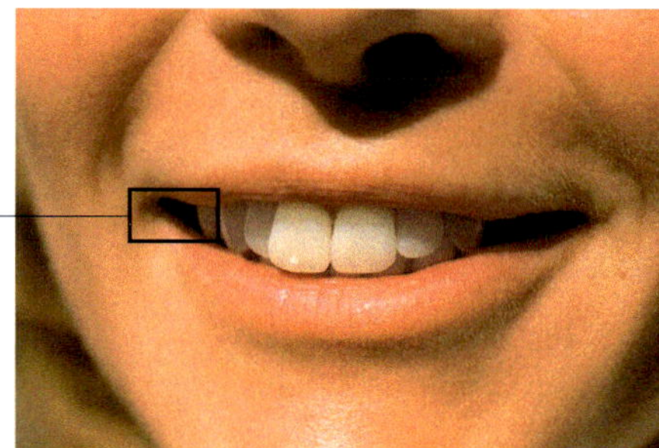

4 Mund

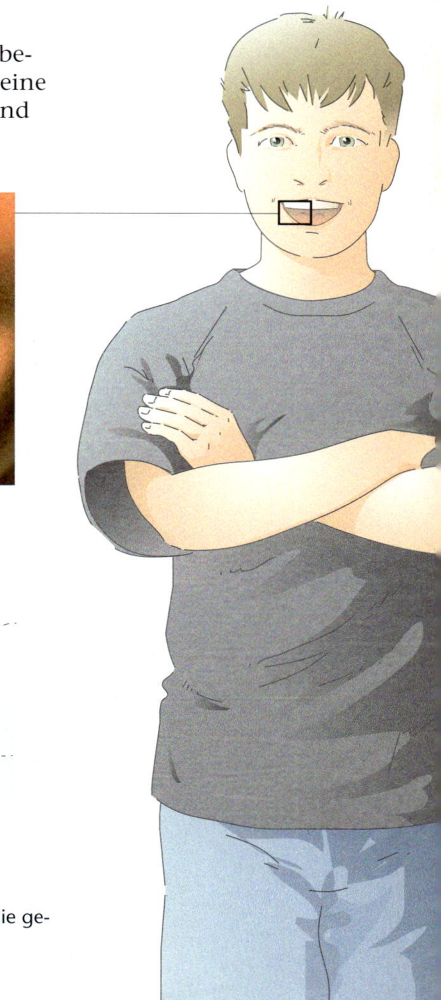

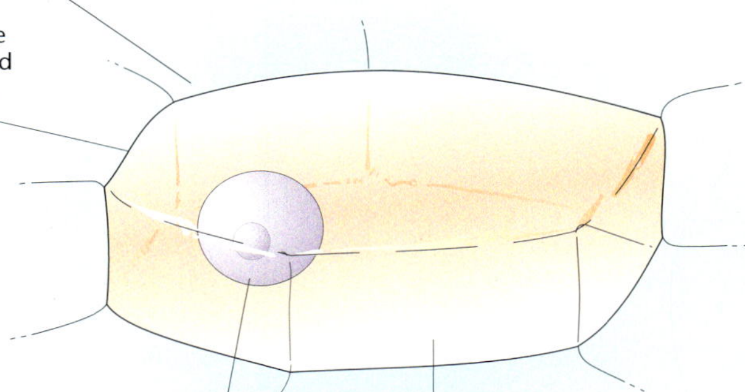

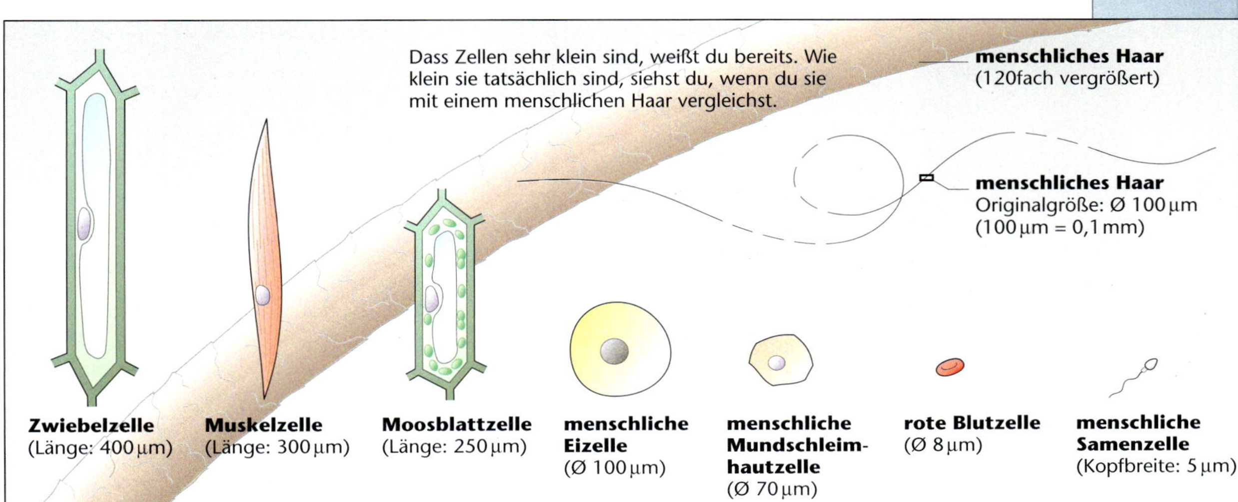

5 Verschiedene Zellen im Vergleich

Die Welt der Kleinstlebewesen

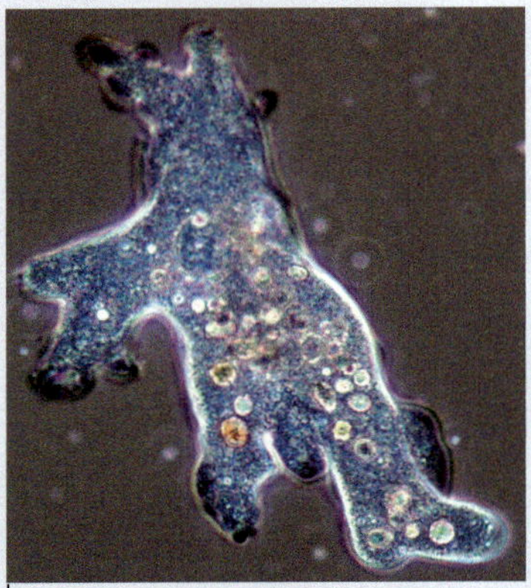

1 Amöbe

Amöbe
Amöben finden sich besonders häufig in Schlammproben. Ihr Körper hat keine dauerhaft gleich bleibende Form. Sie sind farblos. Ihre Bewegungen sind äußerst langsam und mit dem Begriff „fließend“ am besten zu beschreiben. Der Zellkörper hat keine feste Haut und ermöglicht dadurch eine ständig wechselnde Gestalt. Die Amöbe wird daher auch „Wechseltierchen“ genannt (▷ B 1).

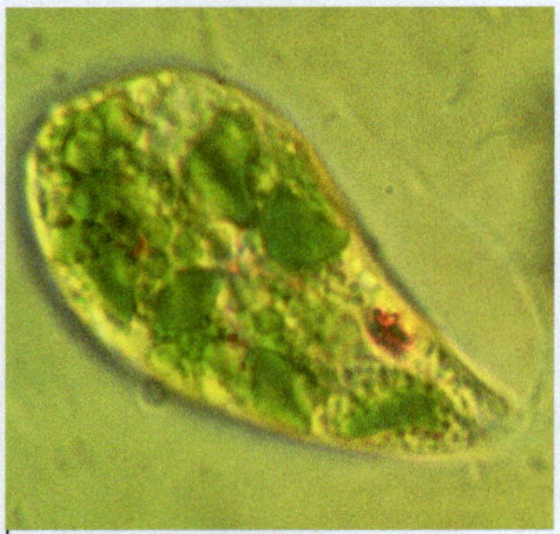

2 Augentierchen

Augentierchen – Pflanze oder Tier?
Augentierchen sind ca. 0,1 mm groß und bevölkern nährstoffreiche Kleingewässer (▷ B 2). Ihr Name rührt von dem roten Augenfleck her, der sich an ihrem Vorderende befindet.

Der Augenfleck ist lichtempfindlich. Das Augentierchen kann so hell und dunkel unterscheiden und sich dem Licht zuwenden. Augentierchen besitzen sowohl Eigenschaften von Pflanzen als auch von Tieren.

Das Augentierchen ist grün wie eine Pflanze und kann sich mithilfe des Blattgrünfarbstoffs selbst ernähren.
Bei langer Dunkelheit verliert es die grüne Farbe jedoch und lebt dann wie ein Tier. Es ernährt sich von anderen Lebewesen, „frisst“ also seine Nahrung.
Augentierchen besitzen eine Geißel, mit deren Hilfe sie sich fortbewegen können.

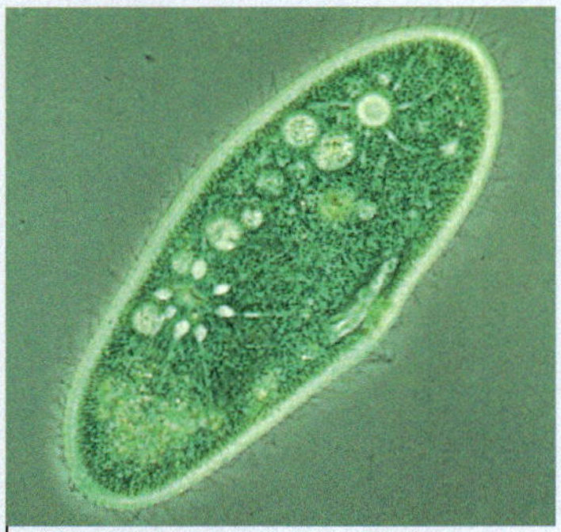

3 Pantoffeltierchen

Pantoffeltierchen
Dieser ca. 0,3 mm große Einzeller lebt vor allem in fauligem Wasser. Sein Körper hat die Form eines Pantoffels, der ringsum von einem Kranz feiner Wimpern umgeben ist (▷ B 3). Wie alle Lebewesen zeigt auch das Pantoffeltierchen alle Kennzeichen des Lebendigen.

Es kann sich bewegen und reagiert auf Reize aus seiner Umwelt. Es hat einen Stoffwechsel, nimmt also Nahrung auf und scheidet die Reste aus, wächst und vermehrt sich. Bei starker Vergrößerung lässt sich das Pantoffeltierchen nur schwer beobachten, weil es relativ schnell durch das Bild „schwimmt“.

Grünalgen
Einzellige Grünalgen bilden grüne Beläge auf Steinen oder Baumrinde. Von diesen Lebewesen gibt es zahlreiche Arten in den schönsten Formen.

Sie enthalten Blattgrün wie ihre großen, vielzelligen Verwandten, bestehen allerdings nur aus einer einzigen Zelle. Trotzdem haben sie einen vollständig funktionierenden Organismus. Einzellige Pflanzen sind als Nährstofflieferanten die Lebensgrundlage der Wassertiere.

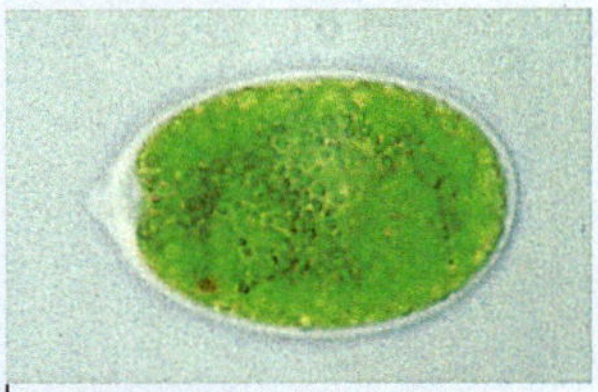

4 Chlamydomonas

Ein Beispiel ist **Chlamydomonas** (▷ B 4). Hinter diesem schweren Namen verbirgt sich eine einzellige Grünalge, die die sonnigen Uferregionen sauberer Seen liebt. Sie hat zwei gleich lange Geißeln und einen roten Augenfleck.
Sie vermehrt sich ungeschlechtlich, indem sie sich teilt. Zunächst bilden sich zwei, dann sogar vier Zellen in einer Hülle.
Wenn diese Hülle schließlich aufplatzt, gibt sie vier neue Einzeller frei.

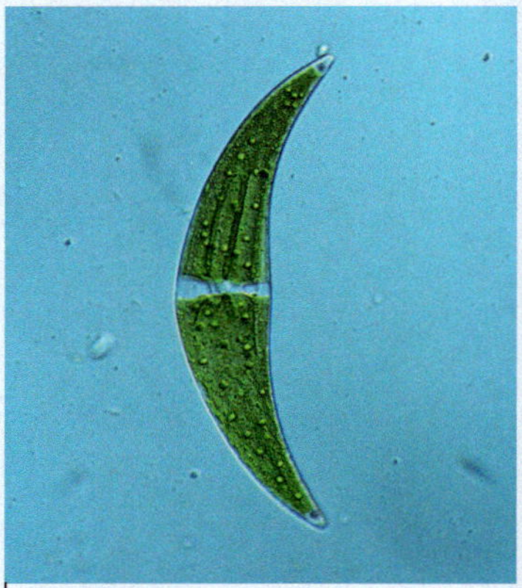

5 Säbelalge

Säbelalgen
Gewässer, in denen man die Säbelalge (▷ B 5) oder die Mondalge findet, sind mittelstark verunreinigt. Nur bestimmte Pflanzen und Tiere können dort leben. Mond- und Säbelalge sind biologische Anzeiger für diese Gewässergüte. Fische können hier nicht so gut leben.

Lebewesen im Heuaufguss

Im Heuaufguss findest du bei entsprechender Vergrößerung verschiedenste Kleinstlebewesen. Sie bestehen nur aus einer einzigen Zelle. Es sind einzellige Pflanzen und Tiere, die das unsichtbare Reich des Kleinen bevölkern.

1 Wir stellen einen Heuaufguss her

Material
Einmachglas (ca. 1 l), Teichwasser, Leitungswasser, Heu von einer Wiese in Flussnähe, Frischhaltefolie

Versuchsanleitung
a) Fülle etwas Heu, Teichwasser und Leitungswasser in das Einmachglas.
b) Decke das Glas mit Frischhaltefolie ab.

1 Heuaufguss

c) Stelle das Glas an einen warmen Ort (Fensterbank) und lass es 6 bis 7 Tage dort stehen.
Auf der Wasseroberfläche bildet sich ein milchig weißes Häutchen, die Kahmhaut.

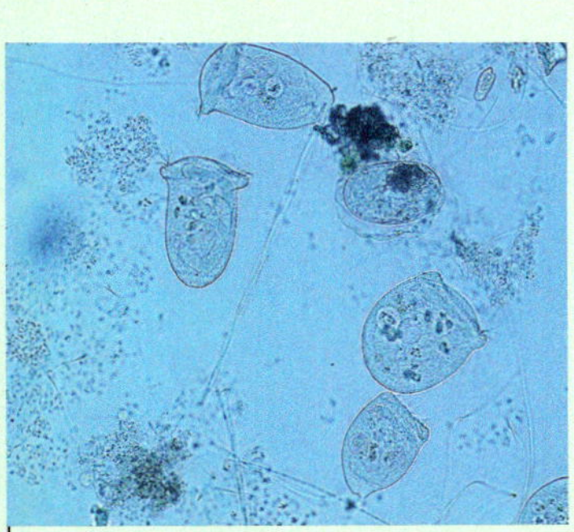

2 Glockentierchen in der Kahmhaut

In der Kahmhaut befinden sich Bakterien und andere Kleinstlebewesen (▷ B 2).

Achtung
Der Heuaufguss könnte Krankheitserreger enthalten, beachte daher beim Arbeiten die allgemeinen Hygienevorschriften.

2 Wir mikroskopieren Amöben

Material
Heuaufguss, Lichtmikroskop, Pipette

Versuchsanleitung
Übertrage mit der Pipette ein kleines Stückchen der Kahmhaut auf einen Objektträger. Stelle das Mikroskop so ein, dass du die Amöben beobachten kannst.
Da sich Amöben nur ganz langsam bewegen und außerdem fast durchsichtig sind, musst du sehr sorgfältig nach ihnen suchen.

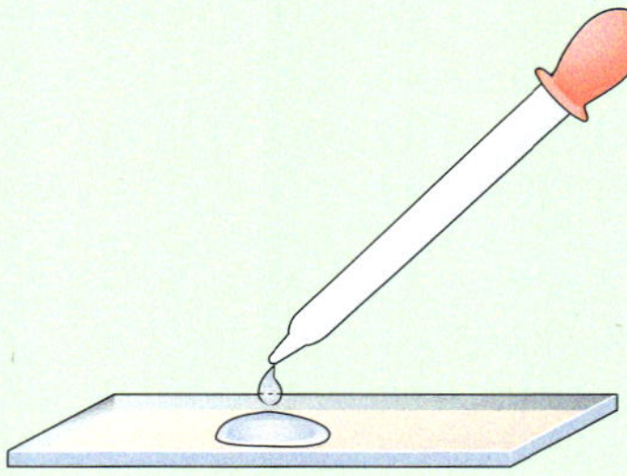

3 Auftropfen der Probe

3 Auf der Jagd nach Pantoffeltierchen

Material
Heuaufguss, Präparierbesteck, Objektträger mit Vertiefung, einige Tropfen Tapetenkleister, Watte

Versuchsanleitung
Entnimm dem 2 bis 4 Wochen alten Heuaufguss mit der Pipette einen Tropfen Wasser unterhalb der Kahmhaut. Untersuche die Probe unter dem Mikroskop.
Da sich die Pantoffeltierchen relativ schnell bewegen, müssen sie etwas gebremst werden. Du kannst sie besser beobachten, wenn du etwas Kleister oder einige Wattefäden auf den Objektträger gibst.

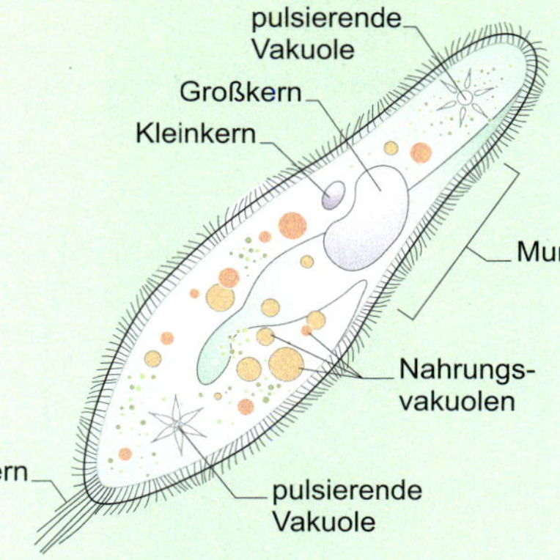

4 Pantoffeltierchen

4 Wir suchen Augentierchen und Grünalgen

Material
Grünes Wasser aus dem Blatttrichter einer Bromelie oder dem Gartenteich, grüner Belag von Baumrinden oder Pflastersteinen

Versuchsanleitung
Schwemme den grünen Belag von den Steinen mit Wasser auf oder entnimme dem grünen Wasser mit der Pipette einen Tropfen. Bringe die Probe vorsichtig auf den Objektträger.
Du findest die verschiedensten Formen einzelliger grüner Pflanzen und vielleicht auch Augentierchen.

5 Bromelie

Aufgaben
1. Erstelle bei jedem Versuch einfache Zeichnungen der beobachteten Einzeller und beschrifte sie.

2. Wenn du weitere Einzeller findest, versuche mithilfe von Lexika herauszufinden, um welche einzelligen Lebewesen es sich handelt.

Daily **Past**

NR. 19 054 SEITE 1

Die Mona Lisa wurde gestohlen

Dreister Raub aus berühmten Museum

Paris, 22. August 1911

„Man könnte genau so gut die Türme der Kirche „Notre Dame" stehlen", sagte noch vor einem Jahr der Direktor des Museums „Louvre" in Paris. Jetzt ist es geschehen. Das berühmte Gemälde „Mona Lisa" wurde dreist gestohlen!

Heute morgen fanden Besucher nur noch eine leere Wand vor. Hier hatte bis vorgestern das Bild gehangen. Mit über 60 Detektiven untersuchte die Pariser Polizei sofort das gesamte Museum. Sie fand bisher nur den Rahmen des Gemäldes, den der Dieb im Treppenhaus zurückgelassen hatte.
Die befragten Mitarbeiter des Museums konnten nicht weiterhelfen. Niemand hat den Raub beobachtet. Man weiß nur, dass das Museum gestern für die Besucher geschlossen war, es sollten Renovierungsarbeiten durchgeführt werden.

So ist die Polizei auf Spuren angewiesen, die der Dieb zurückgelassen haben muss. Die Ermittlungen laufen weiter.

1 Nachricht über einen spektakulären Raub

Der Tag, an dem die Mona Lisa verschwand

Im Jahr 1911 ging eine Nachricht um die Welt: Eines der berühmtesten Gemälde – die „Mona Lisa" des Malers LEONARDO DA VINCI – wurde aus dem Louvre in Paris gestohlen (▷B 1). Viele Polizisten und Detektive untersuchten das Museum. Tatsächlich fanden sie auf dem zurückgelassenen Rahmen einen Fingerabdruck. Zwei Jahre nach dem Diebstahl wurde der Räuber gefasst. Er wollte das Bild verkaufen und wurde beim Verkauf verhaftet. Die Polizei verglich seine Fingerabdrücke mit dem Abdruck auf dem zurückgelassenen Bilderrahmen. Die Abdrücke stimmten überein, der Täter war überführt.

Spurensicherung heute

Heute ist es üblich, dass die Polizei nach einer Straftat Spuren sichert. Doch zurückgelassene Spuren führen nicht immer zum Täter. Wird z.B. nach einem Einbruch ein Fingerabdruck entdeckt, kann der Dieb dadurch allein nicht gefunden werden. Beim Bundeskriminalamt sind über 3 Millionen Fingerabdrücke gespeichert. Aber nur wenn sich die Fingerabdrücke des Täters in dieser Kartei befinden, kann er identifiziert werden.

▶ Erst durch den Vergleich der gefundenen Spur mit bekannten Spuren kann ein Täter ermittelt werden.

Nicht nur Fingerabdrücke werden nach einer Straftat gesucht. Faser-, Haar- und Blutspuren liefern weitere wichtige Hinweise. Für ihre Arbeit verwenden die Beamten der Kriminalpolizei einen Tatort- oder Spurensicherungskoffer. Er enthält Werkzeuge und Chemikalien, mit denen Spuren sichtbar gemacht und gesichert werden (▷B 2).

Aufgaben

1 Überlege, wie der Dieb beim Raub des Gemäldes vorgegangen sein könnte.

2 Welche sichtbaren und welche unsichtbaren Spuren könnte der Dieb zurückgelassen haben?

3 Welche Spuren könnten weiterhelfen, um den Dieb zu finden?

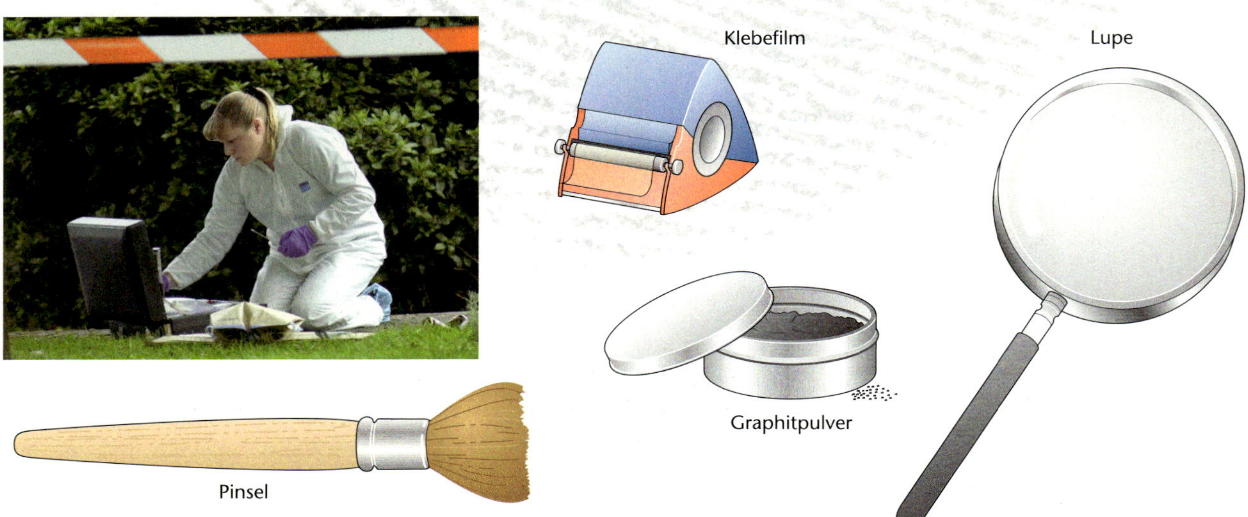

2 Utensilien der Spurensicherung

Spuren und Spurensicherung

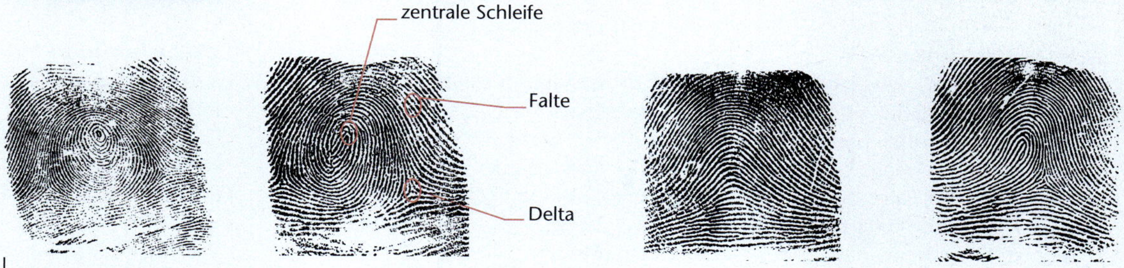

1 Fingerabdrücke

Fingerabdrücke

Fingerabdrücke sind unverwechselbar, sogar Zwillinge besitzen verschiedene Muster in ihren Handinnenflächen. Im Laufe eines Menschenlebens ändern sich die Fingerabdrücke nicht, auch nach Verletzungen bilden sich wieder die gleichen Muster.
Fassen wir einen Gegenstand an, hinterlassen die Finger einen Abdruck aus Hautfett und Schweiß. Mit bloßem Auge sieht man die Fingerabdrücke kaum, mit Ruß- oder Graphitpulver kann man sie sichtbar machen.
Um die am Tatort gefundenen Abdrücke zu identifizieren, benutzt die Kriminalpolizei ein Computersystem. Dieses untersucht die gefundenen Abdrücke gezielt nach bestimmten Mustern (▷ B 1) und vergleicht sie mit gespeicherten Abdrücken. Innerhalb von Sekunden kann ein bereits registrierter Täter gefunden werden.

2 Der genetische Vergleich

Genetischer Fingerabdruck

Jede Zelle unseres Gewebes enthält einen kompletten „Bauplan" des Körpers. Seit dem Jahr 1985 kann man ihn als Strichmuster darstellen (▷ B 2). Dieser „genetische Fingerabdruck" ist so unverwechselbar wie jeder einzelne Mensch selbst.
Am Tag verliert jeder Mensch tausende kleinster Hautschuppen. Finden die Spurensicherer der Polizei am Tatort solche Hautteilchen, können sie den genetischen Fingerabdruck des Täters sichtbar machen. Wenn das Muster mit dem der verdächtigen Personen verglichen wird, kann damit die Schuld oder die Unschuld bewiesen werden.

3 Ein Geschoss, stark vergrößert

Geschossspuren

Der Lauf einer Pistole oder eines Gewehrs weist winzige Riefen und Unebenheiten auf. Beim Abschuss erhält das Geschoss einen unverwechselbaren Abdruck des Laufes (▷ B 3). Häufig ist nach einem Verbrechen unklar, ob ein Schuss aus einer bestimmten Waffe abgegeben wurde. Zur Überprüfung feuern die Polizeiexperten einige Probeschüsse aus der verdächtigen Waffe ab. Dann werden diese Geschosse mit dem am Tatort gefundenen unter dem Mikroskop verglichen. Wenn die Spuren auf beiden Geschossen übereinstimmen, wurden diese aus der gleichen Waffe abgefeuert.

Glasspuren

Bei einem Autounfall werden häufig die Scheinwerfer oder die Rückleuchten eines Autos beschädigt. Im Fall einer Fahrerflucht können die zurück gebliebenen Glassplitter helfen, ein Auto zu identifizieren und damit den Halter zu finden.
Beim Bundeskriminalamt sind die Proben vieler Scheinwerfergläser gesammelt. Selbst winzige Glassplitter lassen sich durch den Vergleich mit den Proben zuordnen. Damit lässt sich zweifelsfrei feststellen, um welchen Autotypen es sich handelt.

Schmauchspuren

Beim Abfeuern einer Waffe entstehen Verbrennungsrückstände. Der so genannte **Schmauch** dringt tief in die Haut der Schusshand ein. Er lässt sich auch durch intensives Waschen nicht entfernen. Die Spurensucher der Polizei können noch Tage später nachweisen, ob eine verdächtige Person eine Pistole oder ein Gewehr abgeschossen hat.

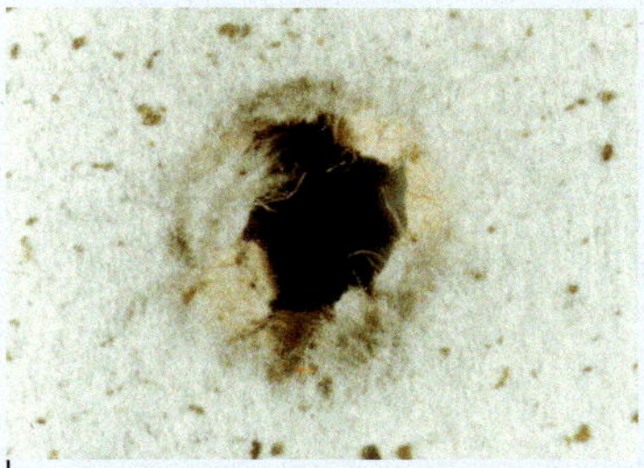

4 Einschussloch mit Schmauchspuren

Das Kriminallabor

Bei der Aufklärung eines Verbrechens sind häufig winzigste Spuren von Blut, Haaren oder Textilfasern von großer Bedeutung. So können winzige Fasern darauf hinweisen, dass der Täter eine blaue Hose und ein grünes Hemd aus Baumwolle getragen hat.

1 Spurensicherung durch Gipsabdruck

Material

Gipspulver, Wasser, Spatellöffel, großes Becherglas, Lupe, fester Pappkarton, Drahtgewebe oder Stoff

Versuchsanleitung

a) Erzeuge in lockerem Boden einen deutlichen Fußabdruck oder eine Reifenspur (z. B. mit deinem Fahrrad).
b) Stelle aus dem Pappkarton-Streifen einen Rahmen her. Er sollte so groß sein, dass er die Spur gerade einfasst.
c) Gib in ein großes Becherglas etwas Wasser und rühre dann Gipspulver ein. Wenn der Gipsbrei zu zäh wird, füge noch etwas Wasser hinzu. Der Gipsbrei muss gut gießfähig sein.
d) Gieße jetzt vorsichtig eine erste Schicht Gipsbrei auf die Spur. Lege zur Verstärkung ein Stück Drahtgewebe oder einen Stoffrest auf den Gips und gieße eine zweite Gipsschicht darüber (▷ B 1).
e) Nach etwa 15 Minuten ist der Gips ausgehärtet und du kannst den Abdruck vorsichtig aus der Spur nehmen. Nachdem du die Erdreste entfernt hast, kannst du den Abdruck untersuchen.

2 Wir untersuchen einen Gipsabdruck

Material

Gipsabdruck aus Versuch 1, Pinsel, Lupe, Pinzette, Protokollbogen

Versuchsanleitung

Säubere den Gipsabdruck sorgfältig mit einem Pinsel von allen anhaftenden Schmutzteilchen. Fest haftender Schmutz (z. B. Wurzelreste) muss mit einer Pinzette vorsichtig entfernt werden. Betrachte den Abdruck mit der Lupe und notiere alle Merkmale, die du feststellen kannst. Erstelle dann wie in Bild 2 ein Untersuchungsprotokoll.

2 Zu Versuch 2

3 Sicherung von Fingerabdrücken

Material

Graphitpulver, weicher Pinsel, kleine Glasscheibe (oder Objektträger), Klebefilm, weißes Papier

Versuchsanleitung

a) Drücke deinen Daumen oder Zeigefinger fest auf den Objektträger. Auf diese Weise hinterlässt du einen Fingerabdruck.
Um einen deutlicheren Abdruck zu erzeugen, kannst du dir vorher die Hände etwas eincremen.

3 Graphitpulver wird verteilt

b) Verteile mit einem weichen Pinsel vorsichtig etwas Graphitpulver über den Fingerabdruck. Presse anschließend einen Klebefilmstreifen auf den Abdruck. Ziehe den Filmstreifen ab und klebe ihn auf ein weißes Blatt Papier.

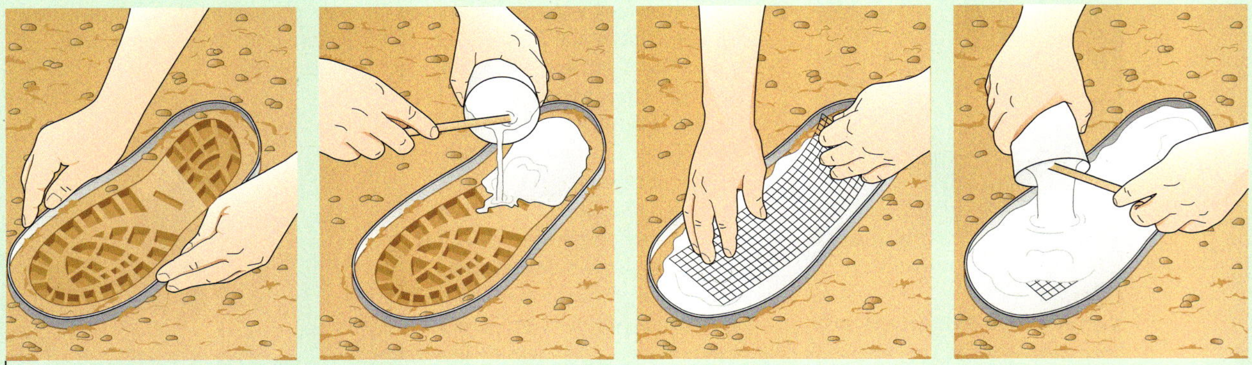

1 Wir fertigen einen Gipsabdruck an

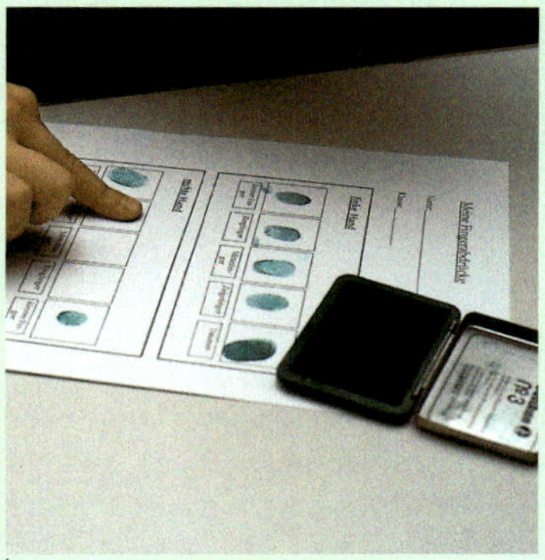

4 Fingerabdrücke

4 Fingerabdrücke im Vergleich

Material

Stempelkissen, Papier, Bleistift, Lineal, Lupe

Versuchsanleitung

Zeichne auf ein weißes Blatt Papier mehrere Quadrate, die mit den Namen der Mitglieder deiner Gruppe versehen werden.
Jeder Schüler aus der Gruppe soll nun seinen rechten Daumen auf ein Stempelkissen drücken und im zugehörigen Quadrat einen deutlichen Fingerabdruck erzeugen. Betrachte die Fingerabdrücke mit der Lupe und notiere unter dem Quadrat Auffälligkeiten.

5 Untersuchung von Textil- und Haarproben

Material

Objektträger, Deckgläschen, Wasser, Pinzette, Mikroskop, verschiedene Haar- und Textilproben

Versuchsanleitung

a) Zupfe einige Fasern aus einem Kleidungsstück. Lege die Fasern in einen Wassertropfen auf einen Objektträger und decke ihn mit einem Deckgläschen ab. Betrachte die Probe unter dem Mikroskop.

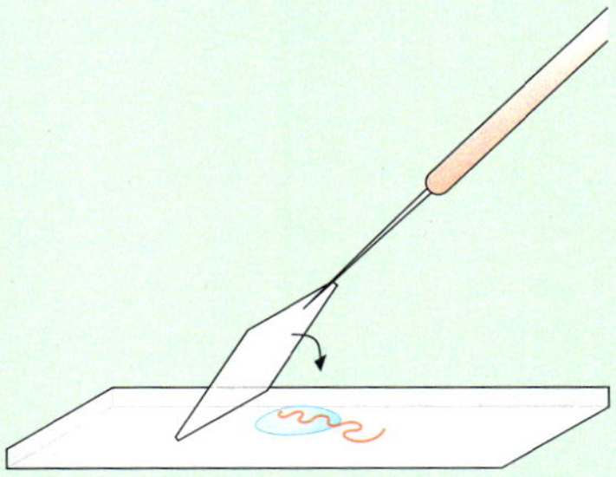

6 Faser auf einem Objektträger

b) Wiederhole den Versuch dann mit einigen Haarproben (verwende Haare unterschiedlicher Farbe).
c) Erstelle Zeichnungen der verschiedenen Proben und beschreibe in kurzen Sätzen die jeweiligen Besonderheiten.

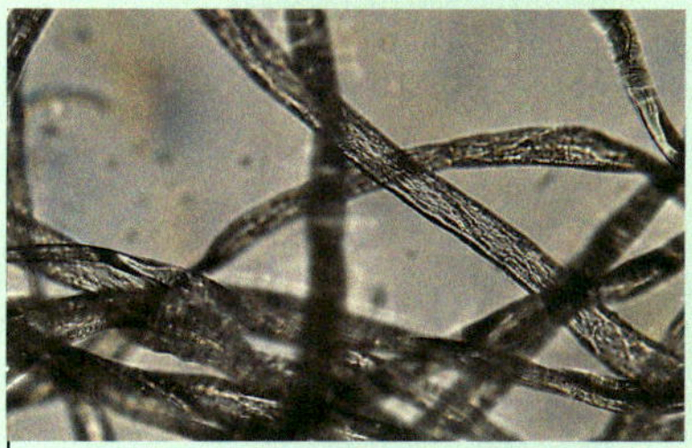

7 Fasern unter einem Mikroskop

6 Wir legen eine Spurenkartei an

Material

Karteikarte, Lineal, Stempelkissen, Fotos oder Zeichnungen von Fußabdrücken, Haar- und Textilproben

Versuchsanleitung

Ein Täter lässt sich leichter überführen, wenn der Täterkreis bereits eingegrenzt ist und die Spuren eindeutig einer Person zugewiesen werden können.
Lege zur Übung von deiner Gruppe eine solche Spurenkartei an. Orientiere dich dabei an dem Muster in Bild 5.

	Schuhabdruck	**rechter Daumen**	**Textilfasern**	**Haare**
Karlo Klaumann	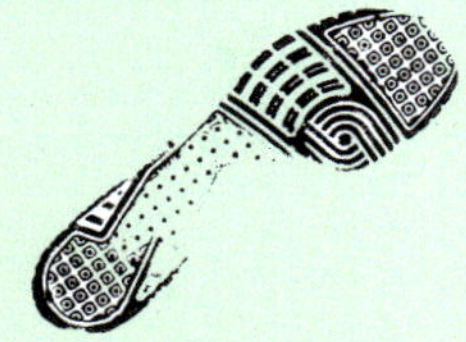		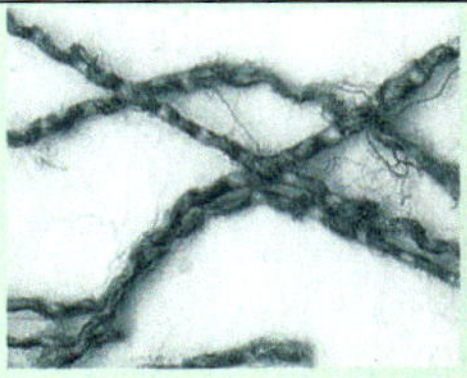	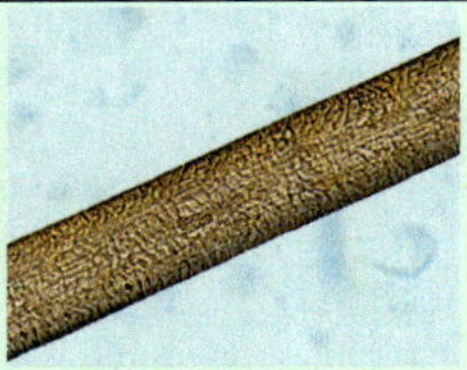
Benno von Bruch	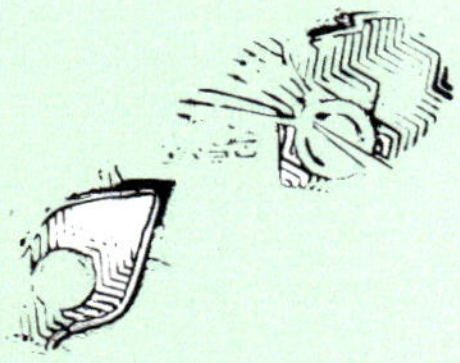		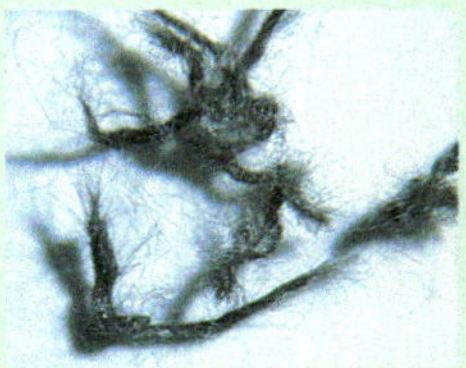	
Gustav Ganowski	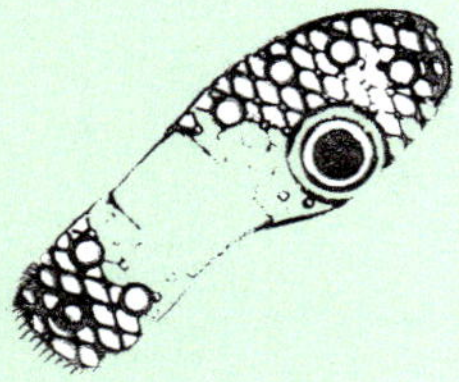		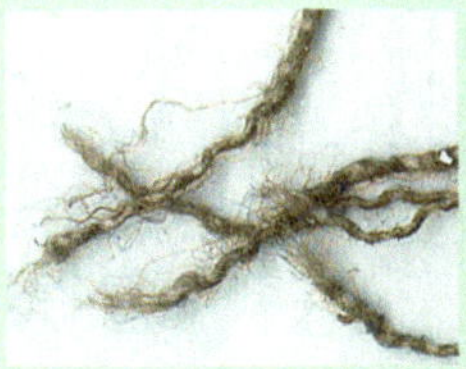	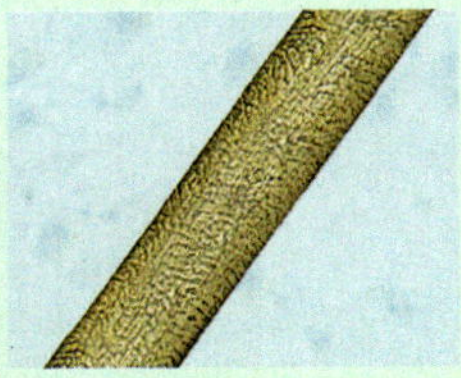

5 Spurenkartei

Fälschern auf der Spur

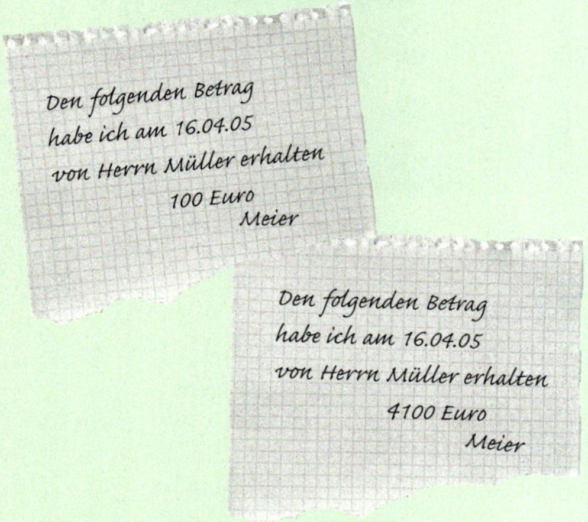

1 Wie entlarvt man einen Fälscher?

Herr Meier staunt nicht schlecht: Er soll 4100 Euro zurückbezahlen, obwohl er nur einen Schuldschein über 100 Euro unterschrieben hat. Offensichtlich ist er einem Fälscher auf den Leim gegangen. Der folgende Versuch soll zeigen, wie man Fälschungen entlarven kann.

1 Wir entlarven eine Fälschung

Material

2 schwarze Filzstifte unterschiedlicher Hersteller (wasserlöslich), 2 Rundfilter, Schere, Petrischale, spitzer Bleistift, Wasser

Versuchsanleitung

a) Schreibe mit einem schwarzen wasserlöslichen Filzstift einen Betrag, z. B. 100 Euro, auf einen Rundfilter. Ergänze nun mit dem schwarzen Filzstift eines anderen Herstellers eine Ziffer, sodass z. B. der Betrag 4100 entsteht.

b) Bohre mithilfe eines spitzen Bleistifts in die Mitte des beschrifteten Rundfilters ein Loch. Rolle ein weiteres Rundfilterpapier auf und stecke diesen „Docht" durch das Loch (▷ B 4).

c) Fülle eine Petrischale zur Hälfte mit Wasser und lege den Rundfilter so auf, dass der Docht gerade ins Wasser taucht.

Was stellst du fest? Woran kannst du die „Fälschung" erkennen?

2 Farbstifte im Vergleich

Material

Farbstifte (mehrere Farben), Materialien wie in Versuch 1

Versuchsanleitung

Trage gleichmäßig von der Mitte eines Rundfliters mit unterschiedlichen Farbstiften Punkte auf. Damit du später noch weißt, wo sich welcher Farbpunkt befunden hat, setzt du mit dem Farbstift eine Markierung am Rand des Filterpapiers. Schneide das Filterpapier nun mit einer Schere in der Mitte ein (▷ B 3).

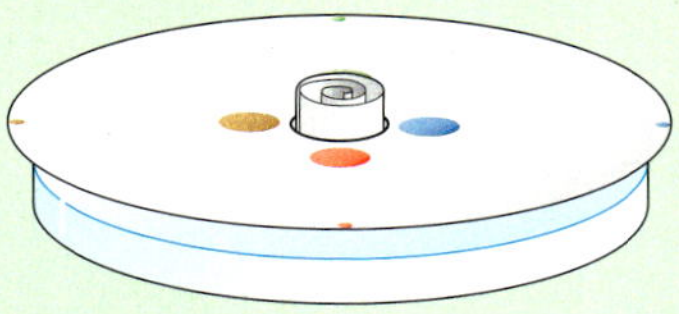

2 Untersuchung verschiedener Farben

Schneide aus einem weiteren Rundfilter einen 1 cm x 3 cm großen Streifen aus. Rolle den Streifen auf und stecke ihn in die Öffnung (▷ B 2). Lege das Papier auf die halb mit Wasser gefüllte Petrischale. Beschreibe deine Beobachtung und versuche sie zu erklären.

3 Wir trennen Farbstoffe mit Kreide

Material

Kreidestück, Petrischale, verschiedene Tintenpatronen, Wasser

Versuchsanleitung

Gib in eine Petrischale etwas Wasser und füge aus verschiedenen Tintenpatronen einige Tropfen Tinte hinzu. Stelle jetzt ein Kreidestück aufrecht in die Mitte der Petrischale.

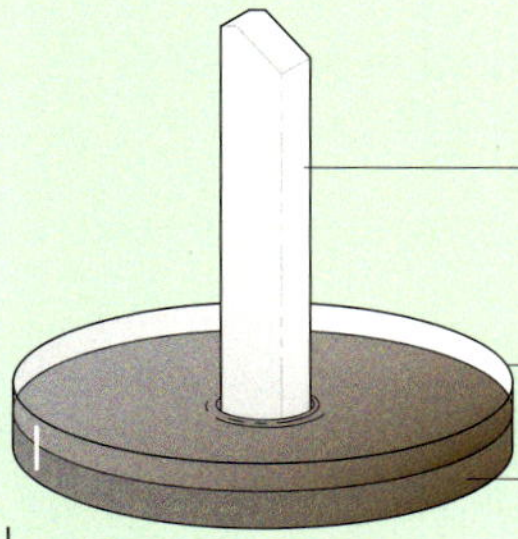

5 Kreide im Tintengemisch

Aufgaben

1. Fertige von dem Versuchsergebnis eine farbige Skizze an.

2. Wie kann man das Zustandekommen der Farbringe auf dem Kreidestück erklären?

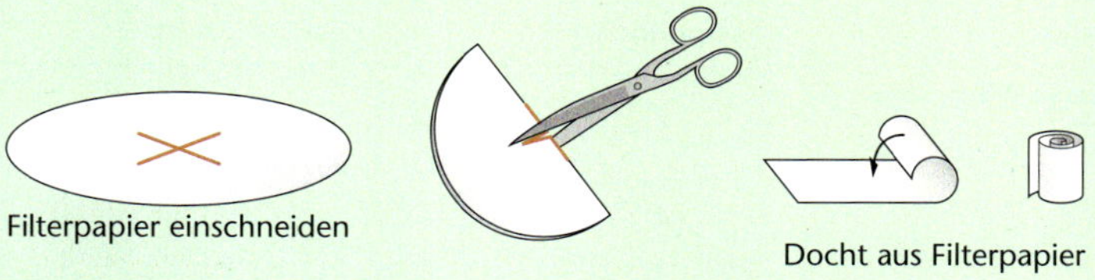

3 Vorbereitungen zu Versuch 2

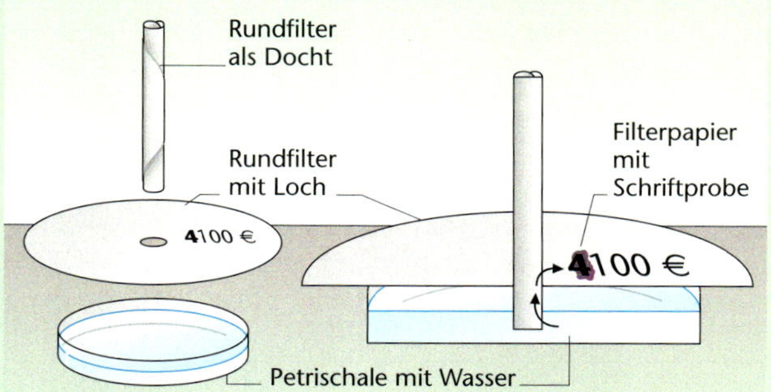

4 Beweisführung in der Petrischale

Mit Filterpapier und Kreide trennen

Tinte oder Filzstiftfarbe ist häufig ein Gemisch aus verschiedenen Farbstoffen. Diese Farbstoffe lassen sich mit einer einfachen Methode trennen. Taucht man mit einer Farbprobe versehenes Filterpapier in Wasser, dann beginnt das Wasser durch das Papier zu wandern. Die Farbstoffe, die sich in Wasser lösen, wandern mit dem Lösungsmittel mit. Farbstoffe, die gut auf dem Papier haften, kommen dabei nur langsam voran. Farbstoffe, die schlecht auf dem Papier haften, wandern dagegen schnell. Da gleiche Farbstoffe auch gleich gut haften, bilden sich auf dem Papier Zonen gleicher Farbe (▷ B 1).
Das Trennen von Stoffgemischen aufgrund der unterschiedlichen Haftfähigkeit der Bestandteile wird **Chromatografie** (griech. chroma: Farbe und graphein: schreiben) genannt.

▶ Das Trennen von Stoffgemischen aufgrund unterschiedlicher Haftfähigkeit wird Chromatografie genannt.

Nicht nur auf Papier wirkt sich die unterschiedliche Haftfähigkeit von Stoffen aus. Auch an Kreide haften Stoffe unterschiedlich gut. Führt man eine Chromatografie mithilfe von Kreide durch, spricht man von **Kreidechromatografie** (▷ B 4). Wie bei der Papierchromatografie bilden sich auch hier Zonen gleicher Farbe.

Chromatografie im Dienste der Kriminalpolizei

Mit modernen Chromatografie-Geräten kann die Kriminalpolizei heute kleinste Spuren von Stoffen wie z. B. Gifte oder Drogen im Urin nachweisen. Nach einem Brand können selbst in verkohltem Holz noch kleinste Reste von Benzin aufgespürt werden. Auf diese Weise lässt sich oft die Brandursache klären.
Moderne Chromatografie-Geräte trennen die zu untersuchenden Proben nicht mithilfe einer Flüssigkeit, sondern mithilfe eines Gases. Die Geräte heißen deshalb **Gas-Chromatografen** (▷ B 2).
Zur Untersuchung werden die Proben in lange, dünne Trenn-Röhrchen geleitet. Dort werden sie so stark erhitzt, dass sie verdampfen, also gasförmig werden. Ein zugeleitetes Trägergas transportiert die verdampften Proben weiter durch die Trenn-Röhrchen.
Für den Weg durch die Röhrchen benötigen unterschiedliche Stoffe unterschiedlich lange Zeiten. Die Stoffe verlassen die Röhrchen daher einzeln und nacheinander. Sie können von empfindlichen Instrumenten nachgewiesen werden.

3 Spurensuche nach einem Großbrand

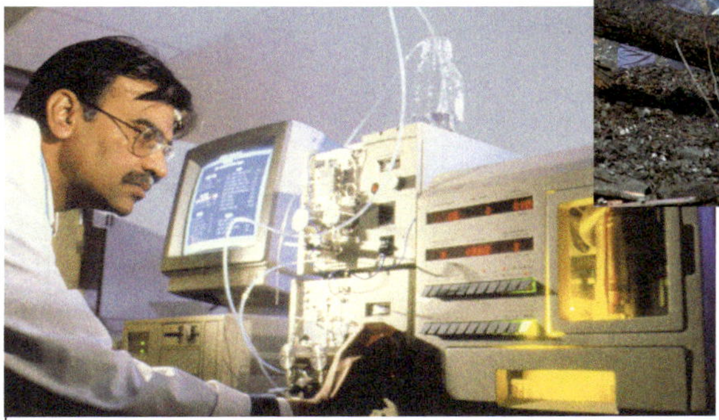

2 Gas-Chromatograf

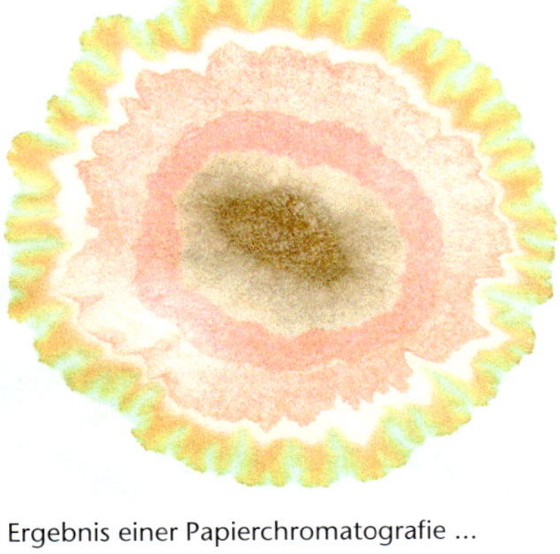

1 Ergebnis einer Papierchromatografie ...

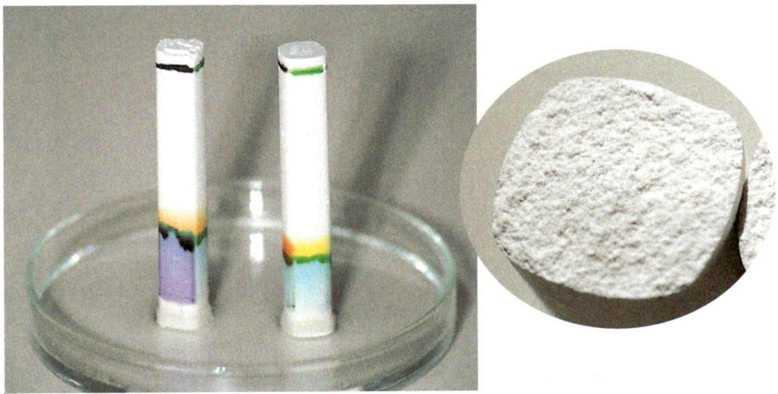

4 ... und einer Kreidechromatografie

1 Der Boden – die dünne Schicht, von der wir leben

2 Bodenschichten

Boden – was ist das eigentlich?
Der Boden ist das, worauf wir laufen und in dem die Wurzeln der Pflanzen stecken. So denkt mancher. Für einige ist der Boden auch nur Dreck, mit dem man sich die Schuhe schmutzig macht. In Wirklichkeit ist Boden aber viel mehr – er ist die Grundlage des Pflanzenwachstums. Pflanzen wiederum sind die Grundlage der Ernährung für Menschen und Tiere. Darum ist der Boden die dünne Schicht, von der wir alle leben (▷ B 1).

Entstehung von Boden
Die Entstehung des Bodens hat eine lange Geschichte. Aus blankem Fels und nacktem Gestein sind zunächst durch Regen, Wind und Frost kleinere Gesteinsbrocken entstanden (▷ B 3). Dazwischen siedelten sich erste Pflanzen an, deren Wurzeln sich weiter in die Gesteinsspalten zwängten und damit das Gestein auflockerten. Auf diese Weise entstand in langer Zeit immer feinerer Boden.

Der Boden – ein Schichtwerk
Gräbt man im Wald ein tieferes Loch, stellt man schnell fest, dass der Boden aus verschiedenen Schichten besteht (▷ B 2). Unter der **Streuschicht** aus Laub findet man eine feinkrümelige braune bis schwarze Schicht, den **Oberboden**. Diese Bodenschicht ist besonders wichtig, denn ihr entnehmen die Pflanzen das für das Wachstum notwendige Wasser und die Mineralsalze. Obwohl diese Schicht häufig nicht dicker als 30 cm ist, spielt sich darin doch fast das gesamte Bodenleben ab. Unter dieser Schicht befinden sich der **Unterboden** und der **Untergrund**, in den meist nur die Wurzeln großer Bäume vordringen können.

3 Boden entsteht – eine lange Geschichte

Boden ist nicht gleich Boden

Wenn du etwas Boden in die Hand nimmst und versuchst, ihn zu einer Wurst zu rollen, dann gelingt dir das nur manchmal. Das liegt daran, dass der Boden aus verschiedenen Bestandteilen besteht. Die Hauptbestandteile sind Sand, Lehm und Ton (▷B 4–B 6). Ist der Anteil an Sand hoch, dann zerbröselt die Bodenprobe beim Ausrollen, es lässt sich keine „Wurst" daraus formen.
Im **Sandboden** sind die einzelnen Körner mit bloßem Auge zu erkennen. **Lehm** ist eine Mischung aus sehr feinem Sand und Ton. **Ton** besteht aus winzigen Teilchen, die auch mit der Lupe nicht zu unterscheiden sind.

4 Sand

5 Lehm

6 Ton

Tiere im Boden

Der Boden ist nicht nur die Grundlage des Pflanzenwachstums, er ist auch ein wichtiger Lebensraum für viele Tiere.
So findet man unter einer Bodenfläche von 1 m x 1 m bis in eine Tiefe von 30 cm etwa 50 Schnecken, 80 Regenwürmer, 100 Käfer, 50 000 Springschwänze und 1 Million Fadenwürmer (▷B 7 – B 13).
Viele dieser Bodenbewohner sind jedoch nur mit der Lupe oder dem Mikroskop zu sehen. Mit einer besonderen Versuchsapparatur, der **Berlese-Apparatur**, lassen sich viele Bodenlebewesen fangen und bestimmen. Denk daran: Auch diese Lebewesen müssen nach der Untersuchung wieder in ihren natürlichen Lebensraum zurückgebracht werden.

7 Zwergspinne

9 Springschwanz

8 Doppelschwanz

10 Tausendfüßler

11 Hundertfüßler

13 Saftkugler

12 Schließmundschnecke

Werkstatt

Wir bestimmen Bodenlebewesen

Material

Feuchte Bodenprobe (aus dem Wald), Trichter, Sieb (passend für Trichter), Lampe (z. B. Schreibtischlampe), Schuhkarton, schwarzer Karton, Becherglas, Lupe, Binokular, Pinzette, Petrischale

Versuchsanleitung

Baue die Versuchsapparatur (Berlese-Apparatur) zur Bestimmung von Bodenlebewesen wie rechts dargestellt auf. Fange die Lebewesen zunächst in einem Becherglas und gib sie dann in eine flache Petrischale. In dieser Glasschale lassen sich die Bodenlebewesen gut beobachten und bestimmen. Besonders kleine Lebewesen müssen mit der Lupe oder dem Binokular betrachtet werden.

Aufgaben

1. Versuche mit einem Bestimmungsbuch die Namen der Bodenlebewesen zu finden.

2. Warum sammeln sich die Bodenbewohner schon nach kurzer Zeit im Becherglas?

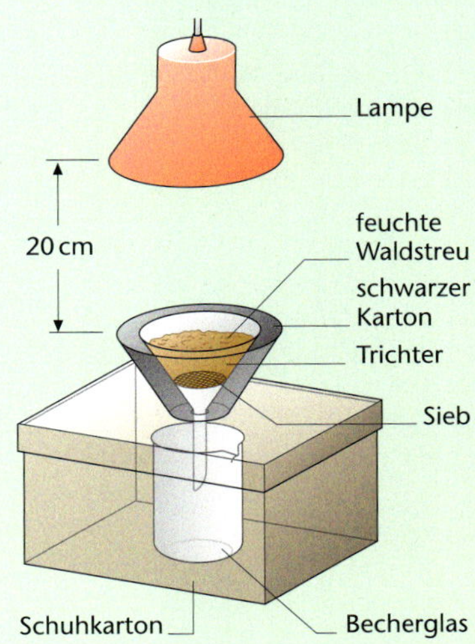

Werkstatt

Bodenuntersuchungen

1 Finger- und Knirschprobe

Material

Unterschiedliche Bodenproben (z. B. Waldboden, Wiesenboden, Gartenerde), Objektträger, Plastiktüten

Versuchsanleitung

a) Entnimm an verschiedenen Standorten Bodenproben, fülle sie in Plastiktüten, verschließe die Plastiktüten und versieh die Proben mit einem Schild, auf dem der Standort vermerkt ist.

b) Führe mit den Bodenproben die Fingerprobe durch. Versuche dazu, aus der Bodenprobe zwischen den Händen eine kleine Rolle zu formen.

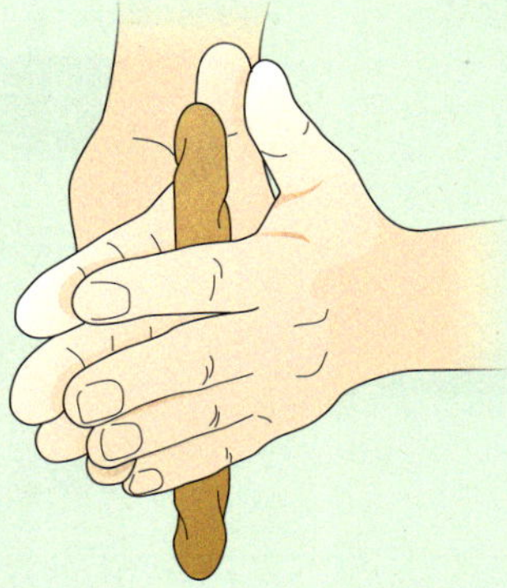

1 Fingerprobe

c) Führe nun die Knirschprobe durch. Reibe dazu eine kleine Probe zwischen zwei Objektträgern. Höre aufmerksam hin, ob du dabei ein Knirschen wahrnimmst.

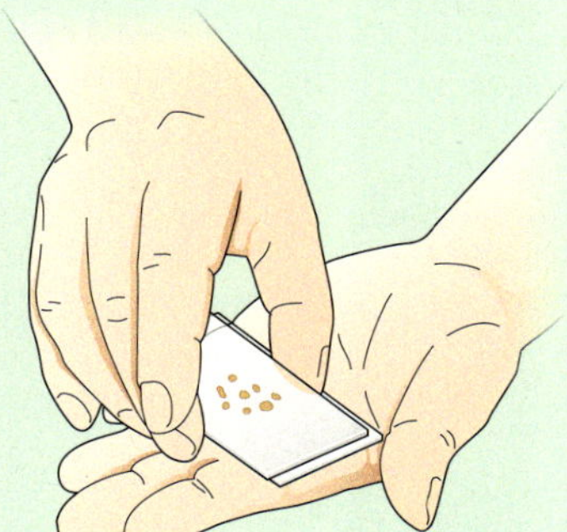

2 Knirschprobe

d) Beurteile den Boden hinsichtlich der gefundenen Eigenschaften (▷ B 3): Um welche Bodenart könnte es sich bei den untersuchten Proben handeln?

Bodenart	Fingerprobe	Knirschprobe
Lehmboden	ja	ja
Sandboden	nein	ja
Tonboden	ja	nein

3 Eigenschaften der Bodenarten

2 Bestimmung der Teilchengröße

Material

Sieb, getrocknete Bodenproben, weißes Papier, Lineal, Zahnstocher

Versuchsanleitung

Siebe die trockene Bodenprobe auf ein weißes Blatt Papier. Lege ein Lineal neben die durchsiebte Erde und bewege einige Bestandteile des Bodens mit dem Zahnstocher neben das Lineal.
Notiere die Größe der verschiedenen Bestandteile in einer Tabelle.

4 Bestimmung der Korngrößen

Aufgabe

Vergleiche die Ergebnisse deiner Untersuchungen mit der Tabelle in Bild 5.

Bodenbestandteile	Korngröße
Grobsteine	über 20 mm
Feinsteine	6 mm – 20 mm
Feinkies	2 mm – 6 mm
Sand	0,1 mm – 2 mm
Schluff	0,002 mm – 0,1 mm
Ton und Lehm	unter 0,002 mm

5 Korngrößen

6 Eine Bodenprobe wird entnommen

3 Die Schlämmprobe

Material

Marmeladenglas mit Deckel, unterschiedliche Bodenproben, Wasser

Versuchsanleitung

Fülle ein Marmeladenglas etwa zu einem Drittel mit einer Bodenprobe. Fülle das Glas dann fast vollständig mit Wasser und verschließ es mit einem Deckel. Schüttle jetzt die Probe mehrfach kräftig durch und lasse das Marmeladenglas dann ruhig stehen.

7 Vorbereitung der Schlämmprobe

Aufgaben

1. Fertige von der Schlämmprobe eine Zeichnung an, in der die einzelnen Schichten deutlich werden. Wie viele Schichten haben sich gebildet?

2. Stelle eine Vermutung an, aus welchen Bestandteilen des Bodens die einzelnen Schichten bestehen könnten.

4 Der Boden als Wasserspeicher

Material

Blumentopf aus Kunststoff, getrockneter Boden, Messzylinder (100 ml), Becherglas, kleiner Stein

Versuchsanleitung

Verschließe die Öffnung so mit einem Stein, dass noch Wasser austreten kann. Befülle den Blumentopf mit trockener Erde. Gieße 100 ml Wasser in den Blumentopf und fange das durchsickernde Wasser in einem Becherglas auf. Falls kein Wasser austritt, gib noch einmal 100 ml Wasser auf die Erde. Wiederhole den Versuch mit anderen Bodenproben.

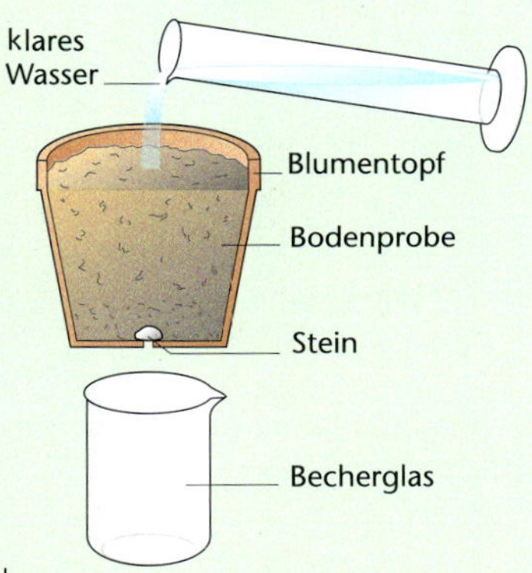

8 Guter oder schlechter Speicher?

Aufgaben

1. Bestimme, wie viel Wasser von der Bodenprobe aufgenommen wurde. Dazu musst du die durchgesickerte Menge von der eingefüllten Wassermenge subtrahieren.

2. Welche Ursache könnte das unterschiedliche Wasserhaltevermögen der Böden haben?

3. Warum ist es wichtig, dass der Boden viel Wasser speichern kann?

4. Warum darfst du bei diesem Versuch keinen Blumentopf aus Ton verwenden?

5 Der Boden als Filter

Material

2 Bechergläser, Wasserfarbe, Blumentopf, Bodenprobe, feiner Sand, kleiner Stein, weißes Papier

Versuchsanleitung

Viele Böden enthalten auch Sand. Deshalb wird der Bodenprobe bei diesem Versuch eine Sandschicht zugefügt.

a) Fülle ein Becherglas mit Wasser und färbe es mit Wasserfarbe kräftig an (z. B. rot oder blau).

9 Materialien

b) Lege auf die Öffnung im Blumentopf wieder einen Stein, sodass noch Wasser austreten kann. Gib in den Topf zunächst eine Sandschicht und fülle ihn dann mit Erde auf. Gieße nun den größten Teil des gefärbten Wassers auf die Erde.

c) Fange das durchsickernde Wasser im Becherglas auf.

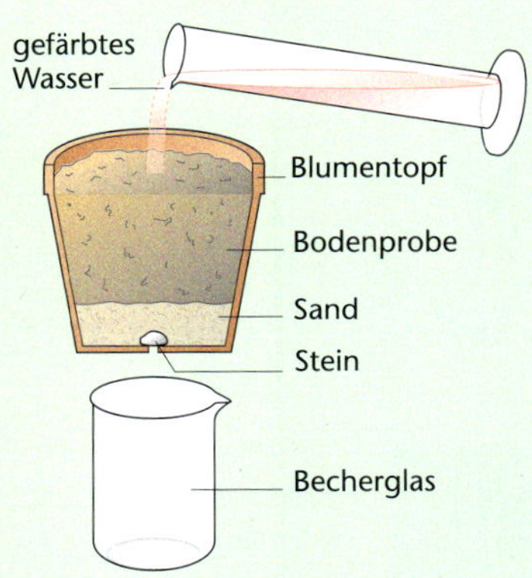

10 Der Boden als Filter

d) Vergleiche die Farbe des durchgesickerten Wassers mit der Ausgangsfarbe. Halte dazu beide Gläser vor ein weißes Blatt Papier.

Aufgabe

Überlege, warum die filternde Wirkung des Bodens bei der Bildung von Grundwasser von besonderer Bedeutung ist.

6 Kalkgehalt des Bodens

Material

Schutzbrille, Porzellanschale, verschiedene Bodenproben, Tropfflasche mit 10%iger Salzsäure (Vorsicht, ätzend!)

11 Materialien

Versuchsanleitung

Gib etwas von einer Bodenprobe in eine Porzellanschale. Füge dann aus einer Tropfflasche einige Tropfen der 10%igen Salzsäure hinzu. Achte darauf, ob bei Zugabe der Salzsäure ein Geräusch wahrzunehmen ist.

12 Auftropfen der Salzsäure

Aufgabe

Beurteile die Bodenproben mithilfe der Tabelle in Bild 13.

Beobachtung	Kalkgehalt
keine sichtbare oder hörbare Reaktion	kein Kalk
kein sichtbares Aufbrausen, aber schwach hörbares Zischen	unter 1% Kalk
schwaches, nicht anhaltendes Aufbrausen	1–4% Kalk
starkes, lang anhaltendes Aufbrausen	über 5% Kalk

13 Wie viel Kalk enthält der Boden?

Was ist das Allerkleinste?
Überlege einmal ganz genau:
Was ist das Allerkleinste, was du Dir vorstellen kannst?
Eine Ameise meinst du, oder ein Staubkörnchen?

● Gibt es nicht vielleicht noch viel kleinere Dinge als ein Staubkörnchen? Diskutiere mit deinen Klassenkameraden und -kameradinnen.

Demokrit von Abdera
Demokrit von Abdera hat von 480 – 371 v. Chr. gelebt. Eigentlich war er ein Philosoph, doch heute ist er den Chemikern vor allem als Begründer der Atomlehre bekannt.

Er hatte sich gedacht, dass, wenn er einen Gegenstand immer und immer wieder teilen würde, er irgendwann ein Teilchen erhalten müsste, das er selbst in seinen Gedanken nicht weiter teilen könnte. Dieses kleinste und unteilbare Teilchen nannte er „Atomos“ (griech. für „das Unteilbare“).

● Was haltet ihr von seiner Idee? Wie könnte man sie nachprüfen?

● Sind all die Dinge, die uns umgeben, nur aus einer Art unteilbarer Teilchen aufgebaut, oder gibt es verschiedene Sorten davon?

Wir sind Künstler
Künstler können alles. Sie können Teile herausnehmen oder welche hinzufügen.
Oder sie stellen die Dinge auf den Kopf, machen sich einen Spaß aus dem Ernsten oder erklären Lustiges zu bitterem Ernst.
Damit helfen sie uns, die Welt mit anderen Augen zu betrachten und immer wieder neue Ideen zu finden.

● Probiere es doch einfach mal aus. Sei ein Künstler! Male oder bastele dir kleinste Teilchen, so wie du sie dir vorstellst.

Atome sind unveränderlich und unteilbar.
Sie haben kugelförmige Gestalt.
Atome verschiedener Elemente unterscheiden sich hinsichtlich Größe und Masse.

Das Kugelteilchenmodell
Die Chemiker haben die Idee von DEMOKRIT aufgenommen und weiter geführt. Sie stellen sich vor, alle Stoffe seien aus kleinen kugelförmigen Teilchen aufgebaut.
Du kannst dir diese Teilchen vorstellen wie eine Murmel, die so klein ist, dass man sie mit bloßem Auge nicht mehr erkennen kann.

Mit dieser Phantasie kann man tolle Sachen machen. Man kann zum Beispiel erklären, warum flüssiges Wasser nicht heißer werden kann als 100 °C.

- Nimm Stellung zu diesen Aussagen. Können sie stimmen?
- Einige der Aussagen lassen sich auch mithilfe von Experimenten überprüfen. Suche dir eine Aussage heraus, die du prüfen möchtest. Zeichne einen Versuchaufbau, der zeigt wie du vorgehen würdest und führe dann das Experiment durch. Zu welchem Ergebnis kommst du?

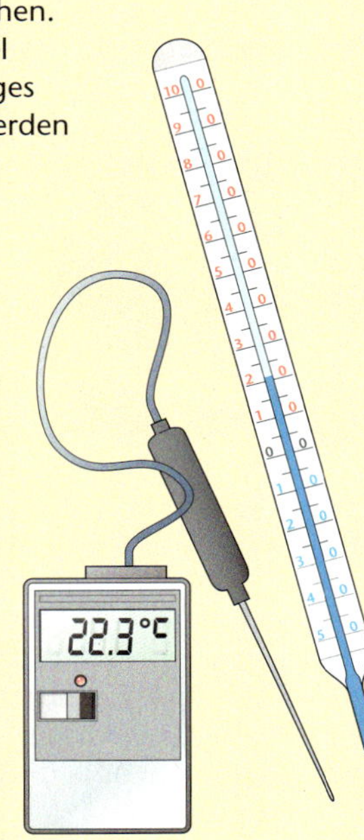

- Du hast bestimmt schon längst eine eigene Theorie, warum Wasser nicht heißer werden kann als 100 °C. Könntest du auch nachweisen, dass sie stimmt?

Schlusspunkt

Wege in die Welt des Kleinen

Lupe und Mikroskop

Eine Lupe, ein Binokular oder ein Mikroskop ermöglichen uns die Betrachtung sehr kleiner Gegenstände oder Lebewesen.
Eine Lupe enthält eine Sammellinse, die ein vergrößertes Bild eines Gegenstands erzeugt. Der Vergrößerungsfaktor einer Lupe gibt an, wie viel mal größer das Bild im Vergleich zum Gegenstand sein kann.
Mithilfe eines Mikroskops lassen sich kleine Gegenstände stark vergrößert betrachten. Jedes Mikroskop enthält ein Objektiv und ein Okular (▷B 1). Die Gesamtvergrößerung erhält man, wenn man die Okularvergrößerung mit der Objektivvergrößerung multipliziert.

Pflanzen- und Tierzellen

Alle Lebewesen sind aus Zellen aufgebaut. Pflanzenzellen bestehen aus: Zellkern, Zellplasma, Vakuole, Blattgrünkörnern, Zellmembran und Zellwand (▷B 1).
Menschen und Tierzellen haben keine Zellwand, keine Blattgrünkörner und keine große Vakuole (▷B 2).

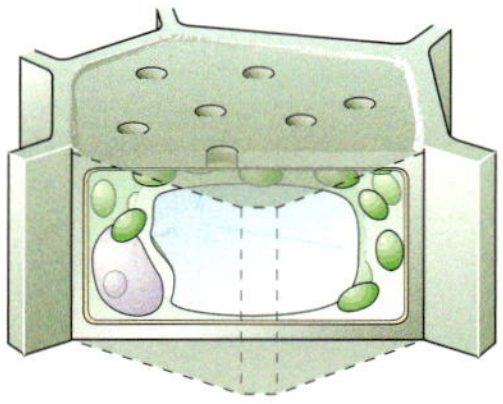

1 Pflanzenzelle

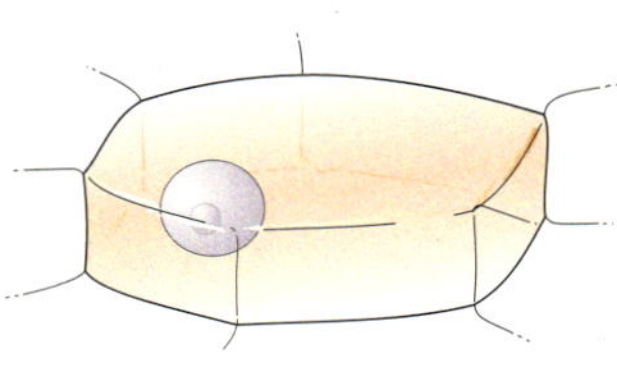

2 Tierzelle

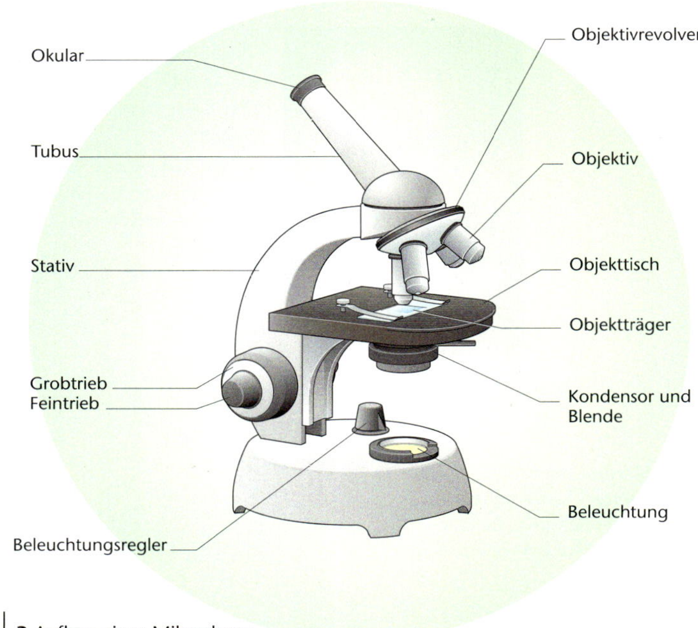

3 Aufbau eines Mikroskops

Teilchenvorstellung

Stoffe bestehen aus kleinsten Teilchen. Man nimmt an, dass diese kleinsten Teilchen kugelförmig sind.
Mithilfe dieses Kugelteilchenmodells kann man sich eine Vorstellung vom Aufbau der Stoffe machen.

Boden

Bei vielen Böden in Deutschland kann man Schichten erkennen: den dunklen Oberboden, den helleren Unterboden und darunter das feste Ausgangsgestein (▷B 4).
Der Oberboden stellt für Lebewesen die wichtigste Bodenschicht dar.
Böden brauchen zu ihrer Entstehung mehrere Tausend Jahre.

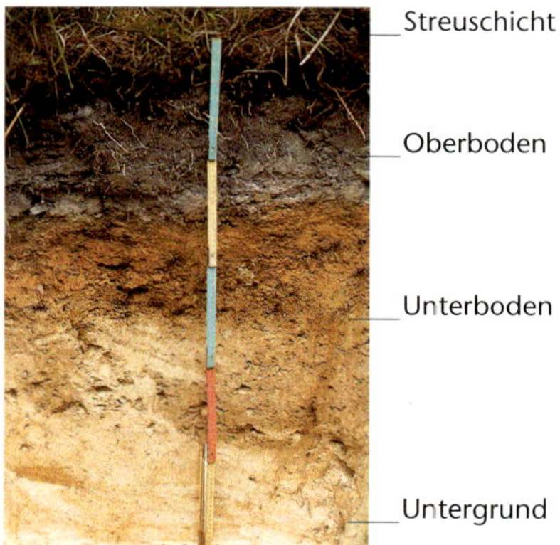

4 Bodenschichten

Aufgaben

1 Du hast folgende Materialien: Tennisball, Luftballon, grüne Holzkugeln und eine durchsichtige Obstschachtel mit Deckel. Bastel daraus ein Modell einer Pflanzenzelle. Verteile die Bauteile in der Schachtel und benenne jedes Teil mit seinem richtigen Namen.

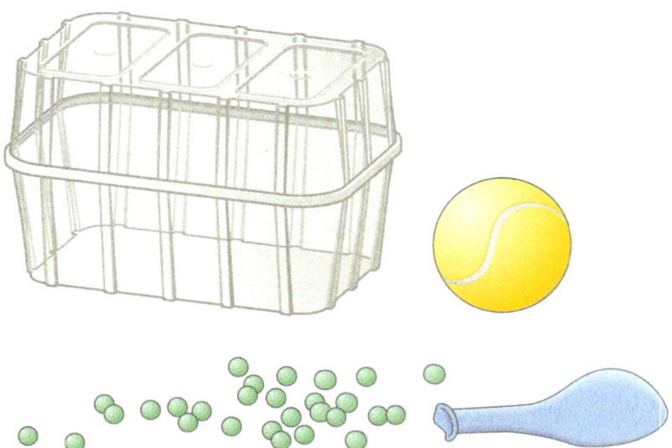

1 Materialien zur Aufgabe 1

2 Bringe Ordnung in den „Krabbelzoo"! Ordne nach Anzahl der Beinpaare. Die Tabelle hilft dir bei der Bestimmung der Tiere.

Keine Beine oder nur Beinstummel	**Würmer, Maden, Raupen**
3 Beinpaare	Insekten
4 Beinpaare	Spinnen
7 Beinpaare	Krebse
Mehr als 7 Beinpaare	Hundertfüßer, Tausendfüßer

2 Krabbelzoo

3 Zähle verschiedene Lupenarten auf und gib an, für welche Zwecke man diese Lupen jeweils einsetzen kann.

4 Egon Zweistein behauptet: „Je weiter ich mich mit einer Lupe von einem Gegenstand entferne, desto größer wird das Bild des Gegenstands." Stimmt diese Aussage?

5 Was gibt der Vergrößerungsfaktor einer Lupe an?

6 Zähle die Bauteile eines Mikroskops auf und gib an, welche Funktion die einzelnen Teile besitzen.

7 Ist es immer sinnvoll, bei einem Mikroskop die stärkste Vergrößerung einzustellen? Begründe deine Antwort!

8 Das Okular eines Mikroskops vergrößert 8fach, das Objektiv vergrößert 15fach. Welche Gesamtvergrößerung besitzt das Mikroskop?

9 Wie musst du vorgehen, wenn du erfolgreich mit dem Mikroskop arbeiten möchtest? Beachte in deiner Antwort auch die richtige Reihenfolge der Arbeitsschritte.

10 Beim Mikroskopieren bist du genau nach der Anleitung vorgegangen. Trotzdem kannst du kein Bild erkennen. Welche Fehler könntest du gemacht haben?

11 Beschreibe die Aufgaben der Zellorganellen in einer Pflanzenzelle.

12 Erstelle eine Tabelle, in der du die Unterschiede zwischen einer Tier- und einer Pflanzenzelle einträgst.

13 Nenne fünf Stoffe, die aus Kristallen bestehen.

14 Der Boden ist ein Lebensraum für viele Tiere. Informiere dich über die Lebensweise von Springschwanz, Saftkugler und Regenwurm.
Welche wichtige Funktion haben diese Tiere für den Waldboden?

15 Die Kriminalpolizei nutzt verschiedene Methoden, um einen Dieb oder Einbrecher zu fassen. Nenne drei dieser Spuren und erläutere das Verfahren.

16 Du hast zwei Bodenproben, von denen eine Kalk enthält, die andere nicht. Wie kannst du die beiden Bodenproben unterscheiden?

17 Führe Untersuchungen mit folgenden Papiersorten durch. Zeitung, Zeitschrift, Löschpapier, Taschentücher, Schmiergelpapier, Eierkarton, Pappe. Untersuche die Papiersorten auf die Eigenschaften und beschreibe die einzelnen Untersuchungsverfahren.

Lebensraum Haus und Hof

In vielen Familien, vielleicht auch in deiner, leben Haustiere wie Familienmitglieder oder Freunde. Häufig halten wir Tiere aber auch zu unserem Nutzen.

Die Tiere, die wir als Heim- oder Nutztiere halten, leben häufig völlig anders als in ihrem natürlichen Lebensraum.
Damit sie sich wohl fühlen, müssen wir sie richtig behandeln. Dazu ist es notwendig, die typischen Verhaltensweisen und Bedürfnisse der Tiere zu kennen und zu beachten. Mit der Haltung eines Heimtiers übernimmst du eine große Verantwortung.

Häufig halten wir Tiere und Pflanzen zu unserem direkten Nutzen. Ein vom Menschen künstlich geschaffener Lebensraum ist der Bauernhof. Er stellt die Grundlage für die Produktion unserer Nahrungsmittel dar. Kühe werden im Stall oder auf Weiden gehalten. Hühner leben in Freilandhaltung oder in engen Käfigen.

Weite Flächen werden für den Anbau von Pflanzen genutzt.
Auf den Feldern findest du häufig unterschiedliche Getreidesorten.
Auch die Kartoffel ist für viele Menschen ein wichtiges Nahrungsmittel.

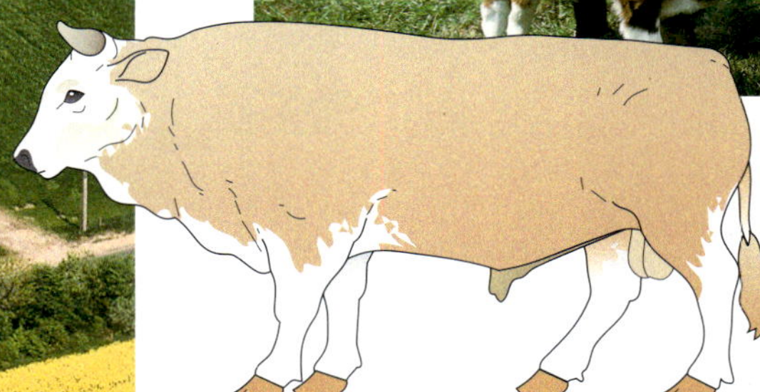

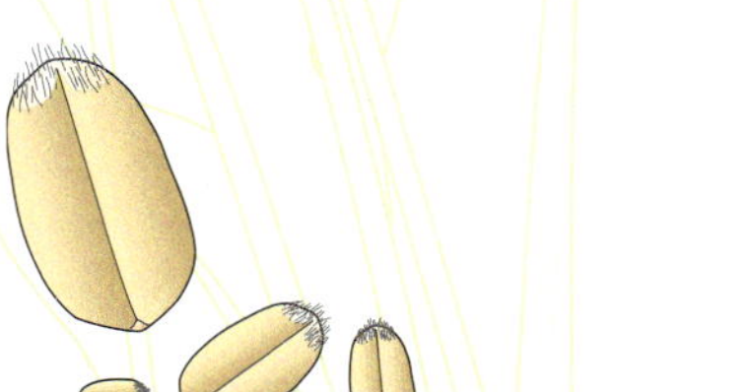

Das richtige Haustier?
Mit Haustieren kannst du viel erleben: In einem Aquarium kannst du dir eine kleine Unterwasserwelt mit Fischen und Pflanzen aufbauen. Meerschweinchen, Hamster oder Zwergkaninchen sind etwas zum Schmusen und Kuscheln. Eine Katze kann lieb, aber auch sehr eigensinnig sein. Wellensittiche sind lustige Zeitgenossen und sorgen für viel Trubel, wenn man sie als Pärchen hält. Ein Hund wird schnell zu deinem besten Freund.

Haustiere sind auf uns angewiesen. Sie brauchen Futter, ausreichend Platz und vor allem Zeit – und das Tag für Tag, auch am Wochenende und in den Ferien. Daran solltest du denken, bevor du dir ein Haustier anschaffst. Mach doch zuerst einmal den **Haustiertest**, vielleicht wird dir dann einiges klarer.

Haustiertest

Bei dir zu Hause …
◆ darf es nie unordentlich sein
● darf es schon mal unordentlich sein
✚ ist nur in deinem Zimmer Unordnung erlaubt

Wo darf sich dein Haustier aufhalten?
◆ nur außerhalb der Wohnung (Stall, Zwinger)
● in der ganzen Wohnung
✚ nur in deinem Zimmer

Wie viel Zeit hast du am Tag für dein Haustier?
● eine Stunde, manchmal mehr
✚ eine halbe Stunde höchstens
◆ mal viel, mal wenig, je nach Lust und Hausaufgaben

Dein Haustier macht in deinem Zimmer „sein Geschäft" auf den Boden,
◆ da ekelst du dich
● das würdest du schnell sauber machen
✚ keine Ahnung, was du tun würdest

Hättest du Unterstützung bei der Pflege?
✚ nein, deine Eltern sagen, es sei dein Tier
◆ du brauchst keine Hilfe
● ja, alle wollen mithelfen

Leidet in deiner Familie jemand an einer Allergie?
● nein
◆ ja
✚ keine Ahnung

Weißt du schon über dein Haustier Bescheid?
● ja, du hast viel darüber gelesen
◆ noch nichts
✚ du fragst mal nach

Was machst du in den Ferien mit deinem Haustier?
◆ weißt du noch nicht
● du hast eine zuverlässige Pflegeperson
✚ du würdest auf den Urlaub verzichten

Auswertung:
Wie oft hast du ● angekreuzt?

7- bis 8-mal:
Bei dir scheinen die Voraussetzungen für eine gute Tierhaltung gegeben zu sein. Aber ohne Hilfe verliert man schnell die Lust an seinem Haustier. Gemeinsam mit deiner Familie kannst du einem Tier ein Zuhause bieten.

5- bis 6-mal:
Nicht jedes Tier passt zu dir. Wenn du wenig Unterstützung hast, solltest du genau überlegen, ob und welches Haustier du dir anschaffst.

4-mal und weniger:
Bei dir hätte es ein Haustier nicht leicht. Die Bedingungen sind schlecht. Verzichte lieber auf ein Haustier.

Strategie

Richtig beobachten – wie die Forscher

Naturwissenschaftler untersuchen die Zusammenhänge in der Natur. Sie wollen z. B. dem Leben der Pflanzen oder dem Verhalten der Tiere auf die Spur kommen. Richtige Forscher gehen dazu Schritt für Schritt vor:

a) Formuliere eine Frage, z. B.: Wie verhält sich Moffel, wenn er Hunger hat?
b) Vermute, wie die Antwort lauten könnte.
c) Beobachte sorgfältig und notiere deine Beobachtungen genau in einem Beobachtungsprotokoll.

Manchmal musst du lange beobachten und viel Geduld haben.

Datum: 20. März
Beobachtungszeitraum: 16.00 bis 16.15 Uhr
Beobachter: Felix
Tier: Zwergkaninchen Moffel
Frage: Wie verhält sich Moffel, wenn er Hunger hat?
Beobachtung: 16.00 Uhr

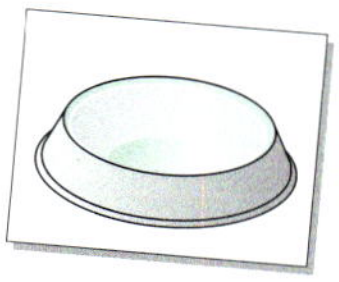

Der Futternapf ist leer.

Moffel kommt aus seinem Versteck unter dem Bett hervor.

Er hoppelt zum Fressnapf und beschnuppert ihn.

Er steckt den Kopf hinein und leckt mit seiner Zunge den Boden ab. Er hoppelt zu mir und stupst mich mit der Schnauze an. Dann hoppelt er aufgeregt vor dem Fressnapf herum. Er putzt sich. Danach kommt er wieder zum Fressnapf zurück und schiebt ihn ein Stück vor sich her. Jetzt schaut er mich an.

16.15 Uhr
Ich gebe Moffel das Futter und er frisst.

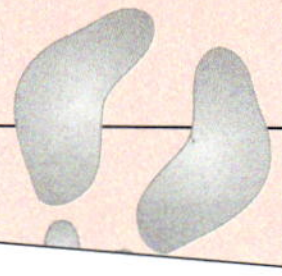

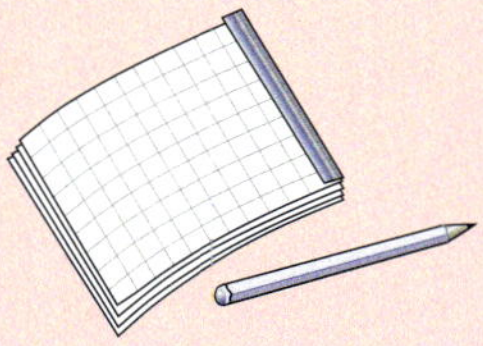

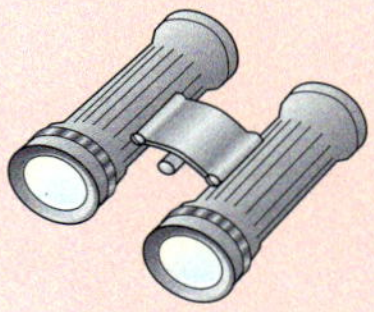

Bald wirst du feststellen, dass du immer genauer beobachten kannst und dir immer mehr Einzelheiten auffallen. Diese Beobachtungsgabe ist für deine weiteren Forschungen eine große Hilfe.

Überlege, welche Tiere du noch beobachten könntest. Auch Pflanzen sind lohnende Beobachtungsobjekte. Vielleicht kannst du ein Naturtagebuch führen. Suche dir draußen einen Platz aus: eine Wiese, einen Teich oder eine Ecke in deinem Garten. Beobachte den ausgewählten Ort vom Frühjahr bis in den Herbst. Aus allen Beobachtungen, Erlebnissen, Veränderungen und allem, was dir sonst noch auffällt, gestaltest du dein eigenes Naturtagebuch. Du kannst Beobachtungsprotokolle erstellen und dazu malen, dichten oder erzählen. Klebe selbstgemachte Fotos dazu oder Bilder, die du gesammelt hast.

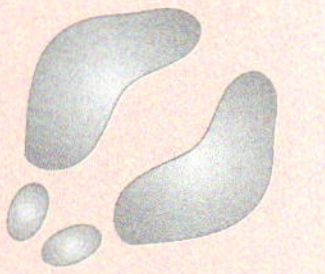

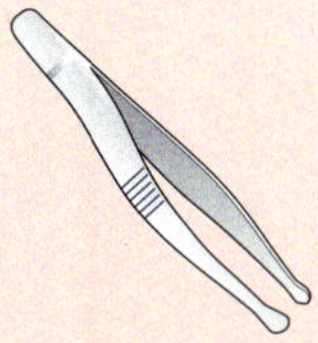

Aufgaben

1 Sieh im Internet unter dem Stichwort „Naturtagebuch" nach.

2 Führe selbst ein Naturtagebuch zu einem Thema, das dich interessiert.

1 Katze pirscht sich an.

„Die Katze lässt das Mausen nicht"
sagt eine Redewendung. Was bedeutet das?

Auch die vom Menschen gefütterte Katze geht auf die Jagd, wenn sie Gelegenheit dazu hat. Mäuse, aber auch Ratten, Eidechsen, Kaninchen und vor allem junge Vögel stehen dann auf ihrem Speiseplan.

Die Katze jagt als **Einzelgänger** immer allein.
Als **Schleichjäger** zeigt sie ein besonderes Jagdverhalten. Egal, ob auf dem Dachboden, in der Scheune oder auf der Wiese, sie darf beim Jagen keinerlei Geräusche machen, damit ihre Beute nicht vorgewarnt wird.

Sie pirscht sich mit ihren kurzen Beinen in geduckter Haltung langsam heran (▷ B 1). Dabei tritt die Katze nur mit den Zehen auf. Sie läuft auf weichen Fußballen und mit eingezogenen Krallen wie auf Samtpfoten. Ist sie nahe genug herangekommen, schnellt sie mit einem Satz vor. Die scharfen Krallen der Vorderpfoten hat sie jetzt aus den Hautfalten geschoben und packt damit die Beute. Ein Nackenbiss mit den dolchartigen Eckzähnen tötet blitzschnell. Die scharfhöckrigen Backenzähne zerschneiden die Beute. Die Katze hat ein **Fleischfressergebiss** (▷ B 2).
Manchmal lässt die Katze ihr Beutetier frei und spielt mit ihm.

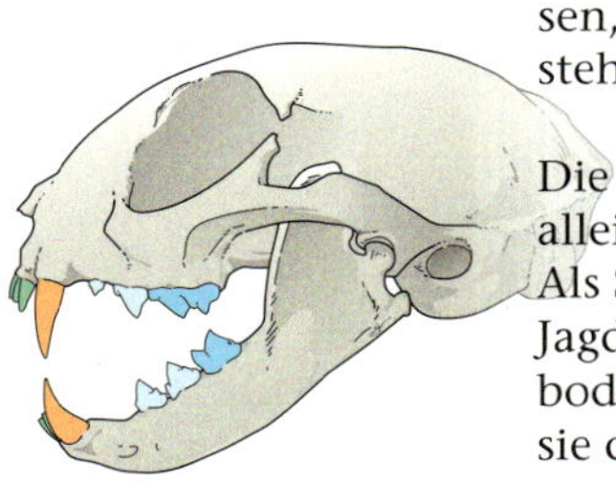

Schneidezähne
Eckzähne
vordere Backenzähne
hintere Backenzähne

2 Schädel einer Katze

Katzenkrallen müssen kratzen
Um ihre Krallen (▷ B 3) abzuschleifen und nachzuschärfen, kratzt die Katze an Baumrinden oder anderen rauen Gegenständen. In der Wohnung können dies auch Möbel oder Tapeten sein, wenn sie keinen Kratzbaum hat.

Immer im Gleichgewicht
Vielleicht hast du das schon einmal beobachtet: Eine Katze balanciert über schmale Gartenzäune, dünne Äste oder Balkongeländer – wie ein Artist!
Ihr Schwanz hilft ihr das Gleichgewicht zu halten. Fällt sie aus nicht zu großer Höhe, dreht sie sich so geschickt, dass sie wieder sicher auf allen Vieren landet. Auch dabei wirkt ihr Schwanz wie ein Ruder.

Nicht alle Katzen sind Schmusekatzen
Katzen können sehr zutraulich und anschmiegsam sein. Sie bestimmen aber immer selbst, wann und wie oft sie schmusen wollen. Als Einzelgänger werden sie nie so anhänglich wie ein Hund und lassen sich nur schwer erziehen. Im Gegensatz zum Hund sind Katzen immer an das Haus und nicht an den Menschen gebunden.

Katzen jagen als Einzelgänger. Sie sind Schleichjäger und haben ein Fleischfressergebiss.

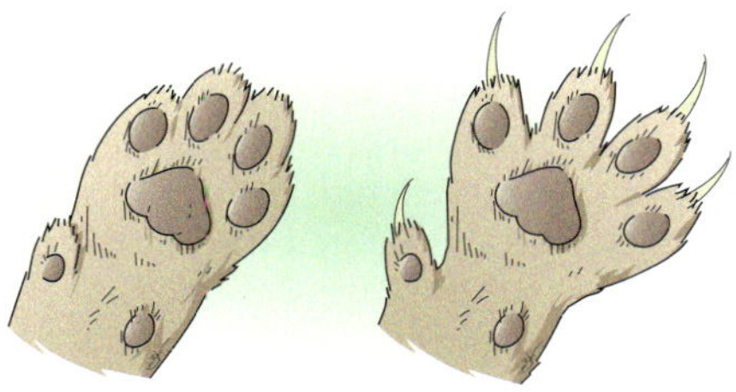

3 Katzenpfote

Jäger in der Dämmerung
Katzen siehst du vor allem in der Dämmerung jagen. Sie sehen im Dunkeln sehr viel besser als wir, weil sie besonders lichtempfindliche Augen haben. Die Pupillen öffnen sich bei Dunkelheit kreisrund, damit möglichst viel Licht ins Auge fallen kann (▷ B 4). Eine besondere Farbschicht spiegelt das einfallende Licht und verstärkt es so noch einmal. Katzenaugen leuchten deshalb auf, wenn sie von einem Licht angestrahlt werden (▷ B 5). Katzen sind **Dämmerungsjäger**.

Bei völliger Dunkelheit kann auch die Katze nichts mehr sehen. Sie verlässt sich dann auf ihr feines **Gehör** und ihre empfindlichen **Schnurrhaare**. Diese ragen rechts und links über die Kopfbreite hinaus. So kann das Tier die Breite eines Schlupfloches, ohne zu sehen, genau bemessen. Mit ihren spitzen Tütenohren, die sich unabhängig voneinander drehen können, peilt sie jedes Geräusch an. Selbst auf größere Entfernung nimmt sie leises Rascheln wahr.

▶ Katzen sind Dämmerungsjäger. Sie haben besonders lichtempfindliche Augen und ein gutes Gehör.

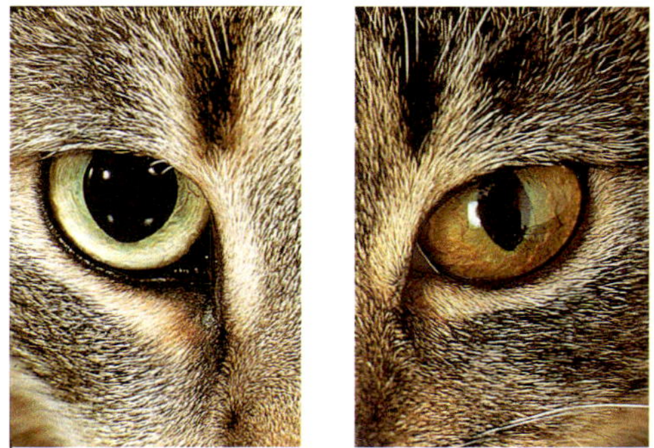

4 Pupillen bei unterschiedlicher Helligkeit

5 Katzenaugen leuchten, wenn sie angestrahlt werden.

Aufgaben

1 Beschreibe, wie die Katze als Schleichjäger Beute macht.

2 Beobachte eine Katze, wenn sie sich bedroht fühlt.
Schreibe deine Beobachtungen auf.

3 Erstelle eine Liste mit Fragen, mit denen du klären kannst, ob eine Katze das richtige Haustier für dich wäre.

4 Überprüft in Partnerarbeit die Veränderung der menschlichen Pupillen im Hellen und im Dunkeln.
Dazu müsst ihr euch gegenseitig in die Augen sehen. Schließt die Augen für einige Zeit und öffnet sie dann schnell wieder. Beschreibt die Veränderungen.

5 Vergleicht das Aussehen eurer Pupillen mit denen der Katzen in den Abbildungen 4 und 5. Zeichnet die jeweiligen Pupillenformen.

6 Finde eine Erklärung dafür, warum man Rückstrahler am Fahrrad oder an Leitpfosten „Katzenaugen" nennt.

1 Katzenmutter mit Jungen

Katzenkinder

Hast du nachts schon einmal kreischende jaulende Laute gehört, die an Babygeschrei erinnern?
So werben Kater um eine Katze, wenn sie 2- bis 3-mal im Jahr paarungsbereit sind. In dieser Zeit verhält sich die Katze sehr auffällig: Sie rollt sich auf dem Boden hin und her – sie ist **rollig**.
Nach der Paarung dauert es etwa zwei Monate, bis die Katze in einem gut gepolsterten Versteck die jungen Kätzchen zur Welt bringt. Sie sind völlig hilflos, blind und nur wenig behaart, wenn sie sich aus ihrer Fruchtblase befreit haben. Die Katzenmutter wärmt ihre unselbstständigen Kleinen, säubert sie und das Lager: Sie betreibt intensive **Brutpflege**.

Bald kriechen die Kleinen unbeholfen über den Boden und gelangen an die warme Bauchseite ihrer liegenden Mutter. Dort stoßen sie mit ihren Schnäuzchen in das Fell der Katze und finden die **Zitzen**, aus denen sie Milch saugen (▷ B 1). Um die Milchdrüsen anzuregen, treten die Kätzchen mit den Vorderpfoten gegen die Umgebung der Zitzen: das nennt man **Milchtritt**. Suchen, Saugen und Milchtreten sind angeborene Fähigkeiten.

Alle Tiere, die wie Katzen Haare haben, lebende Junge gebären und diese säugen, heißen Säugetiere.

Spielend lernen

Nach einer Woche öffnen die Kätzchen die Augen und werden immer lebhafter. Sie spielen viel miteinander. Dabei üben sie schon das spätere Jagdverhalten als Raubtier: Anschleichen und Beute-Ergreifen.

Manchmal packt die Katze ihre Kleinen mit den Zähnen im Genick und trägt sie davon. Hat sich ein Junges weiter entfernt, wird es mit maunzenden Lauten zurückgerufen.
Nach drei Wochen beginnen die Zähne zu wachsen. Mit ungefähr einem Vierteljahr sind die Kätzchen selbstständig.

Nur eine Katzenwäsche?

Da Katzen sehr reinlich sind, lecken und glätten sie ihr Fell und ihre Pfoten bei jeder Gelegenheit. Ihre raue Zunge wirkt bei der Katzenwäsche wie Bürste und Waschlappen. Der Speichel schützt dabei das Fell vor Schädlingen. Dieses angeborene **Putzverhalten** (▷ B 2) soll verhindern, dass die Beutetiere sie vorzeitig riechen.
Deshalb verscharren Katzen auch ihren Kot sorgfältig.
Dagegen nutzen sie den Geruch des Urins als **Duftmarke**, wenn sie ihr Revier markieren.

2 Katzenwäsche

Aufgaben

1 Nenne Haustiere, die auch Säugetiere sind.

2 Liste Tätigkeiten der Katzenmutter auf, die zur Brutpflege gehören.

3 Erläutere, wozu das Spielverhalten der jungen Kätzchen nützlich ist.

4 Finde Gründe für die Reinlichkeit der Katzen.

Strategie

Tiere sortieren

Stell dir vor, du hast einen großen Karton voller Tierbilder. Die sollst du nun wegen der besseren Übersicht in verschiedene kleinere Schachteln einsortieren.
Beim Betrachten der Bilder fällt die auf, dass manche Tiere Ähnlichkeiten haben. Sie haben eine Wirbelsäule, vier Gliedmaßen und eine Schädel, der das Gehirn schützt. Diese Tierbilder legst du in eine Schachtel mit der Aufschrift „Wirbeltiere".
Tiere ohne Wirbelsäule wie Insekten und Spinnen kommen in die Schachtel Wirbellose.

Die Bilder in der Wirbeltierschachtel kannst du anschließend ein weiteres Mal nach neuen Gesichtspunkten sortieren.

So kannst du Tiere sortieren:
Schau dir das Tier genau an und vergleiche seine Merkmale mit den Hinweisschildern. An jeder Wegkreuzung musst du dich entscheiden, welches Merkmal auf das Lebewesen zutrifft. So näherst du dich Schritt für Schritt dem Ergebnis an.

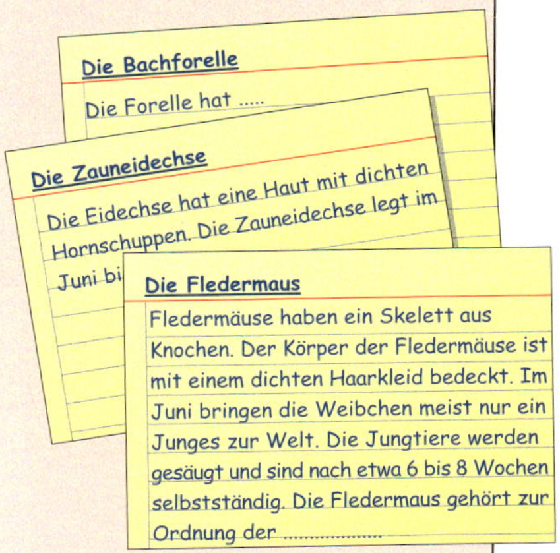

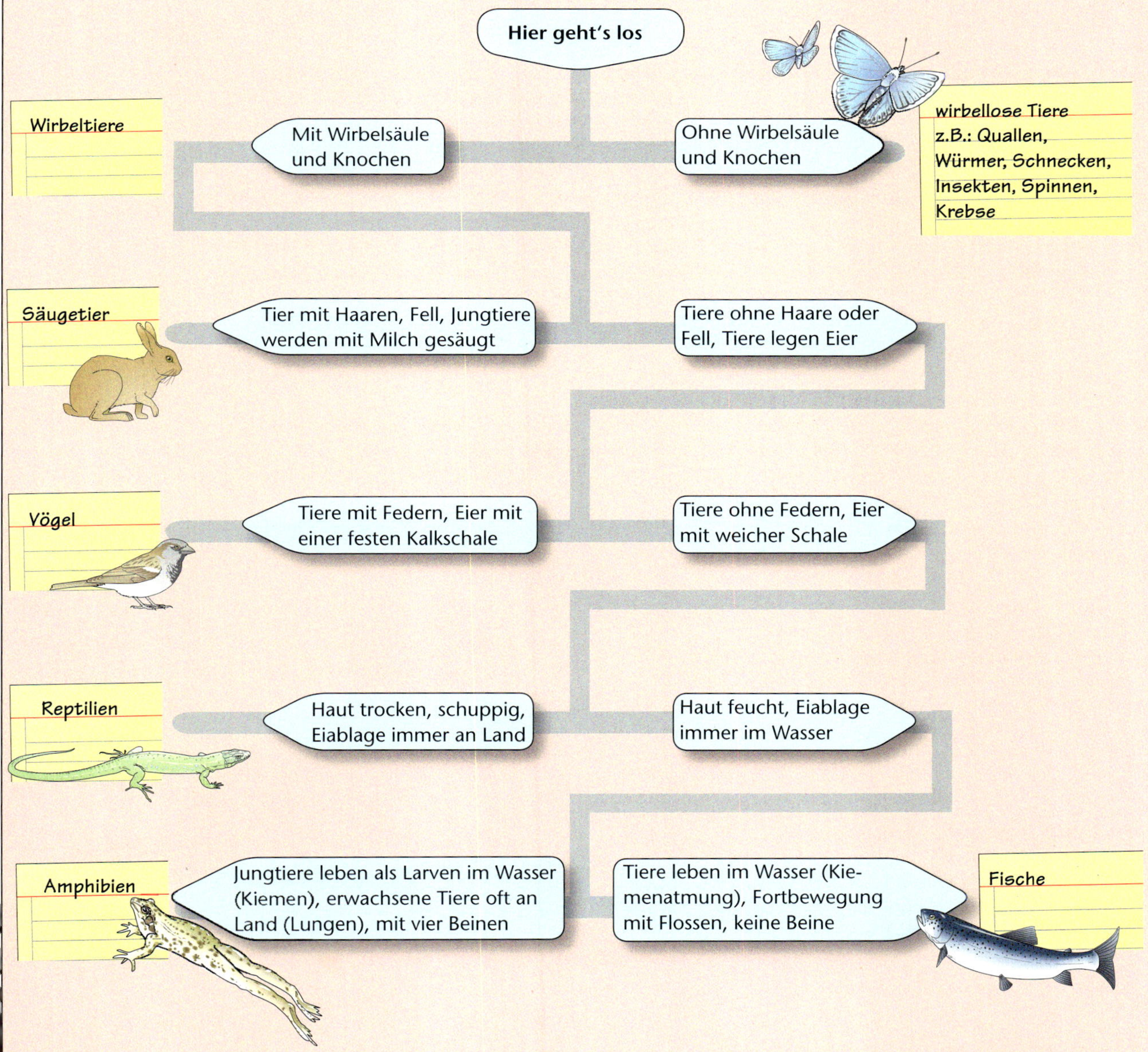

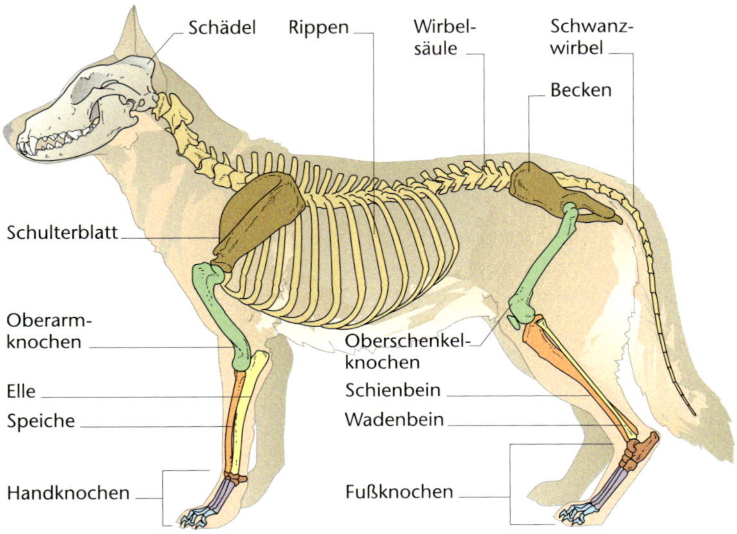

1 Skelett eines Hundes

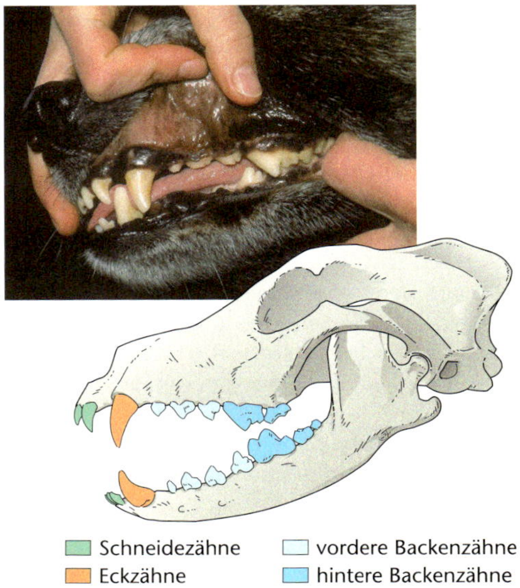

2 Gebiss und Schädel eines Hundes

Auf Zehen schneller voran – das Skelett macht's möglich
Hunde haben wie Menschen eine bewegliche **Wirbelsäule** aus einzelnen Wirbeln (▷B1). Durch Muskeln wird sie gekrümmt und wieder in die Ausgangslage zurückgebracht. Versuchst du neben einem großen Hund herzulaufen, musst du bald feststellen, dass er viel schneller ist als du.

Mit seinen langen Beinen kann er in großen, ausholenden Sätzen rennen. Außerdem läuft der Hund nur auf den Zehen, Mittelfuß und Ferse treten nicht mit auf. Er ist ein **Zehengänger**. Seine dicken, verhornten Ballen unter den Zehen federn den Körper ab und schützen ihn beim Dauerlauf (▷B3). Die immer ausgefahrenen Krallen geben Halt auf rutschigem Untergrund.

Durch seinen besonderen Körperbau kann der Hund als Langstreckenläufer manchmal mit Höchstgeschwindigkeit Beutetiere jagen. Du erkennst daran noch gut das Erbe des Hetzjägers Wolf.

▶ Hunde sind Zehengänger, die ihre Beute hetzen.

Fangen – zerreißen – schlucken
Hunde sind Fleischfresser. Sofort fallen dir am **Fleischfressergebiss** (▷B2) des Hundes die riesigen Eckzähne, die Fangzähne, auf. Mit ihren dolchartigen Spitzen wird die Beute festgehalten und mit einem schnellen, kräftigen Biss getötet.

Die größten Zähne unter den gezackten Backenzähnen sind die Reißzähne, die mit ihren messerscharfen Kanten wie eine Schere arbeiten. Damit zerteilen Hunde Fleisch und zerbrechen sogar Knochen. Ohne viel zu kauen werden abgerissene Fleisch- und Knochenstücke verschluckt und von Verdauungssäften im Magen und Dünndarm zersetzt. Mit den Schneidezähnen können sie feine Fleischreste von den Knochen abschaben. Die hinteren Backenzähne dienen dazu, Knochen zu zermalmen und auch Pflanzen zu zerquetschen.

▶ Hunde haben ein typisches Fleischfressergebiss.

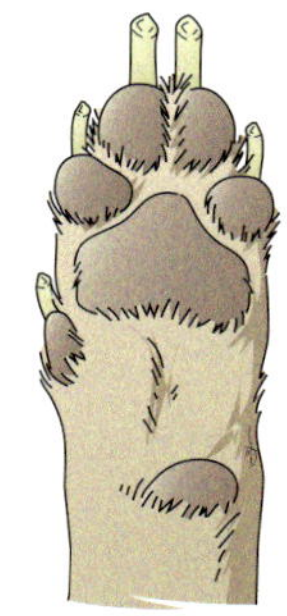

3 Hundepfote

4 Hofhund

Wie durch Züchtung verschiedene Hunderassen entstanden

Schon vor 12 000 Jahren haben Altsteinzeitmenschen begonnen Wölfe zu halten. Die scheuen Tiere blieben wahrscheinlich in Menschennähe, da sie nach der Jagd Reste von der Beute fressen konnten. Zogen die Menschen weiter, folgten ihnen die Tiere. Vielleicht gelang es Jägern, junge Wölfe mitzunehmen und sie zu **zähmen**. Von den Nachkommen dieser Wölfe wählten die Menschen immer nur solche Tiere zur Fortpflanzung aus, die durch besondere Eigenschaften auffielen.

Durch diese **Züchtungen** sind über lange Zeiträume mehr als 400 **Hunderassen** entstanden, die der Ursprungsform Wolf nur noch wenig ähnlich sehen.
Da sich Rassen untereinander fortpflanzen können, sind auch Mischformen, so genannte Mischlinge, möglich.

Der Wolf gilt als Stammform des Hundes. Durch Zähmung und Züchtung entstanden in Jahrtausenden alle heutigen Hunderassen.

Wölfe sind Rudeltiere

Wölfe leben in einer Gemeinschaft von 5 bis 12 Tieren zusammen. In so einem **Rudel** (▷ B 1) herrscht eine feste Rangordnung, jedes Mitglied nimmt einen bestimmten Platz ein. Es gibt jeweils ein männliches und ein weibliches **Leittier**, die zusammen das Rudel anführen. Alle anderen Rudelmitglieder sind den beiden Leittieren untergeordnet. Die Leittiere haben ihre Stellung im Rudel durch Kämpfe mit anderen Mitgliedern erworben.

Verständigung im Rudel

Die Tiere verständigen sich im Rudel durch Laute und **Körpersprache** (▷ B 2). Der Leitwolf frisst als Erster. Er hebt den Kopf, richtet den Schwanz auf und spitzt die Ohren. So **imponiert** er den anderen, das heißt, er stellt seine Größe zur Schau.

Fühlt er sich bedroht, sträubt er die Nacken- und Rückenhaare. Oft fletscht er die Zähne: **Er droht**.

Rangniedere Tiere halten den Schwanz gesenkt oder sogar zwischen die Beine geklemmt.
Im Kampf um einen höheren Rang wirft der Unterlegene sich auf den Rücken und bietet dem Gegner seine ungeschützte Hals- und Bauchseite dar. Dieses **Demutsverhalten** hemmt die Angriffslust.

1 Wolfsrudel

Die Grenzen ihres großen Jagdreviers **markieren** Wölfe eines Rudels mit Harn und Kot, um fremde Rudel fern zu halten.

Wölfe sind Hetzjäger

Nur in der Gemeinschaft jagen sie erfolgreich. Wölfe verfolgen ihre Beute so lange, bis sich größere Tiere wie Elch oder Hirsch zum Kampf stellen oder vor Erschöpfung nicht mehr fliehen können. Oft erlegen Wölfe kranke und schwache Tiere.

Wölfe leben im Rudel mit einer festen Rangordnung.

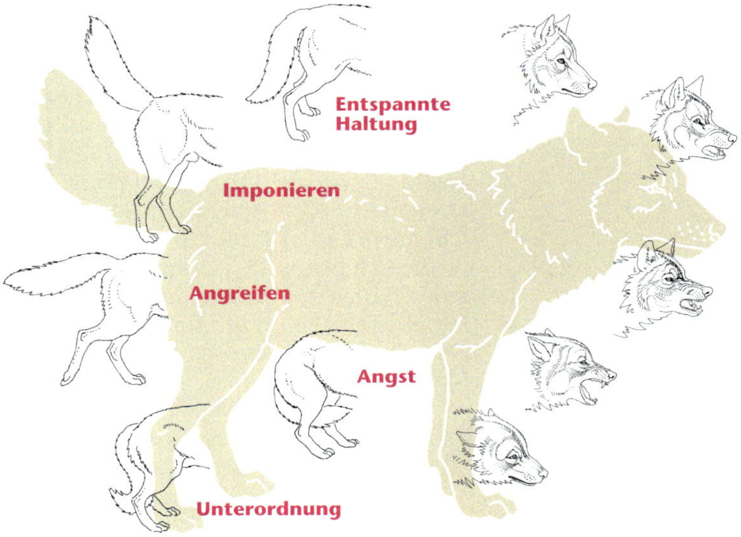

2 Körpersprache der Wölfe

1 Nutzung des Rindes

Rinder sind Herdentiere
Bedächtig grasen Rinder gemeinsam auf der Weide (▷ B 2). Sie sind typische **Herdentiere**, die sich in einer Gruppe von Artgenossen am wohlsten fühlen. Diese Verhaltensweisen haben die Hausrinder von ihrem Stammvater, dem **Auerochsen** oder Ur geerbt.

Rinder sind Herdentiere
Es gibt eigentlich nichts, was vom Hausrind nicht genutzt werden kann (▷ B1). Unsere Rinderrassen sind Zweinutzungsrinder, die sowohl Milch als auch Fleisch liefern. Milch ist für uns eines der wichtigsten Nahrungsmittel.

Rindfleisch ist aufgrund seines geringen Fettgehaltes und wegen des vorzüglichen Geschmacks ein besonders wertvolles Nahrungsmittel. Die Haut wird zu Leder verarbeitet, das Blut in Würsten und als Dünger verwendet. Aus Talg und Fett stellt man Kerzen, Öl und Margarine her, aus den Knochen Seife, auch Fette und Öle sowie Futtermittel. Hufe und Hörner werden zu Hornmehl, Dünger und Knöpfen verarbeitet, während aus den Haaren Filz entsteht. Selbst die kurzen Haare der Ohren nutzt man zur Herstellung von Malpinseln.

Das Hausrind ist eines unserer wichtigsten Nutztiere. Neben Fleisch und Milch nutzen wir fast alle Teile des Rindes.

Rinder sind Weidetiere
Je nach Rasse wiegt eine Kuh bis zu 700 kg. Getragen wird der Körper von vier stämmigen Beinen. Das Rind ist ein **Zehenspitzengänger**, denn es tritt nur mit den Spitzen der beiden mittleren Zehen auf, die besonders stark ausgebildet sind. Jede Zehe ist von einem Huf umgeben, deshalb heißen die Rinder **Paarhufer** (▷ B 5). Die Hufe werden beim Auftreten leicht gespreizt, sodass die Rinder trotz ihres großen Gewichts nur wenig in weiche Böden einsinken.

Das Rind ist ein Zehenspitzengänger. Es tritt nur mit zwei Zehen auf und gehört deshalb zu den Paarhufern.

Erst mal fressen und dann kauen
Rinder grasen den ganzen Tag. Zwischendurch legen sie sich nieder und kauen immerzu, obwohl sie gar keine Nahrung zu sich nehmen. Dieses rätselhafte Verhalten hängt mit ihrer komplizierten Verdauung zusammen.
Ihre Hauptnahrung, das Gras, ist schwer verdaulich und enthält nur wenig Nährstoffe. Deshalb müssen sie täglich etwa 70 kg Futter fressen, um satt zu werden. Die aufgenommene Nahrung wird mit viel Speichel vermischt und dann fast unzerkaut geschluckt. Nur so kann das Rind in kurzer Zeit so große Futtermengen aufnehmen. Das Futter gelangt als erstes in den **Pansen** (▷ B 4), den größten der drei Vormägen. Er fasst bis zu 200 l, das ist etwa eine große Badewanne voll. Hier

leben viele Milliarden einzelliger Lebewesen. Sie helfen mit, die Nahrung für die Verdauung vorzubereiten. Das vorverdaute Futter wird im **Netzmagen** in mundgerechte Happen geformt, hochgeschluckt und gründlich gekaut. Dazu legen sich die Rinder nieder. Dieser Vorgang heißt **Wiederkäuen**.
Das so vorbereitete Futter gelangt nach dem Schlucken wieder in den Pansen und dann weiter in den **Blättermagen** (▷B4). Hier wird der Nahrung Wasser entzogen. Die Vorverdauung ist damit abgeschlossen. Jetzt gleitet das Futter in den **Labmagen** (▷B4), den letzten Abschnitt. Hier werden Verdauungssäfte zugegeben und die eigentliche Verdauung beginnt. Im 50 bis 60 m langen Darm gelangen die in ihre Bausteine zerlegten Nährstoffe ins Blut.

Rinder haben ein Pflanzenfressergebiss
Das Gras können Rinder nicht einfach abbeißen, denn sie haben im Oberkiefer keine Schneidezähne. Deshalb umfassen sie mit ihrer rauen, beweglichen Zunge die Grasbüschel und ziehen sie über die scharfe Kante der Schneidezähne im Unterkiefer. Dabei drücken sie das Gras gegen die Knorpelleiste des Oberkiefers, rupfen kurz und schlucken es ohne weiteres Kauen hinunter. Erst beim Wiederkäuen kommen die kräftigen **Backenzähne** (▷B3) mit einer breiten Kaufläche zum Einsatz. Die Backenzähne des Rindes haben harte Schmelzfalten. Dadurch bekommen sie eine raue Oberfläche, die wie eine Reibe wirkt. Das harte Gras kann so gründlich zerrieben werden.

2 Rinder auf der Weide

Aufgaben

1 a) Zeichne den Rindermagen in dein Heft. Beschrifte die einzelnen Abschnitte. Zeichne den ersten Durchgang der Nahrung mit einer roten Linie, den zweiten Durchgang mit einer blauen Linie ein.
b) Schreibe auf, welche Aufgaben die einzelnen Abschnitte des Magens haben.

2 a) Welche Tiere gehören zu den Wiederkäuern? Informiere dich über deren Lebensweise und erstelle eine kleine Übersicht.
b) Welche Vorteile haben die Wiederkäuer dadurch, dass sie ihr Futter so schnell schlucken und erst später verdauen? Schreibe deine Vermutungen auf.

3 Vergleiche die Backenzähne des Rindes mit denen eines Fleischfressers (Katze/Hund). Zeichne beide Zahnarten in dein Heft.

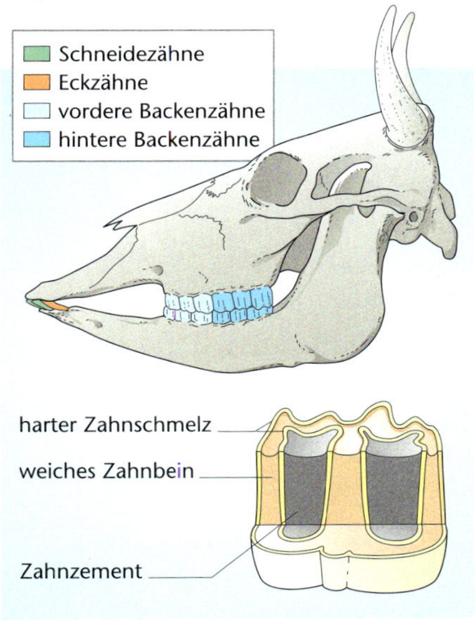

3 Schädel und Zähne eines Rindes

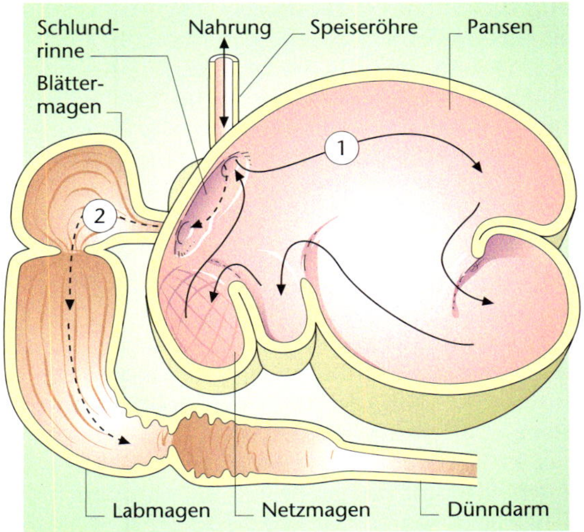

4 Magen eines Rindes

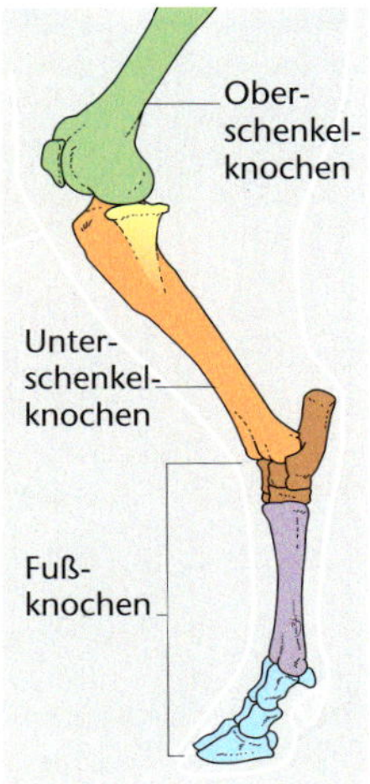

5 Hinterbein, Rind

Weidewirtschaft und Massentierhaltung

Auf der Weide können Rinder weit gehend so leben, wie es ihren natürlichen Bedürfnissen entspricht. Diese Form der Rinderhaltung nennt man **Weidewirtschaft**. Doch kommt sie zunehmend seltener vor. Die meisten Rinder werden heutzutage in Ställen gehalten, die so groß sind, dass sie an Fabrikhallen erinnern. Ziel dieser **Massentierhaltung** ist es, dass viele Tiere von wenigen Menschen versorgt werden können. Nur so können die Produkte, welche wir aus Rindern gewinnen, billig produziert werden.

1 Mastkälber im Laufstall

2 Mastkälber im Boxenstall

Artgerechte Stallhaltung

Bei einer artgerechten Stallhaltung (▷ B 1) wird auf die Lebensgewohnheiten der Tiere Rücksicht genommen. Die Tiere sind nicht angebunden. Sie können Kontakt zueinander aufnehmen und sich frei zwischen Liegeplätzen und voneinander getrennten Futtertrögen bewegen. Das entspricht ihrer natürlichen Lebensweise. Dabei ist so viel Platz vorhanden, dass die Kühe Abstand zueinander halten können, denn Rinder vermeiden Körperkontakte, obwohl es Herdentiere sind. Die Liegeboxen sind mit Stroh oder Sägespänen gefüllt und so geräumig, dass die Kühe ungehindert aufstehen und sich niederlegen können.
Heu und Gras holen sie sich nach Belieben vom Futtertisch. Moderne Melkanlagen melken die Tiere schonend und erlauben ein bequemes und aufrechtes Arbeiten.

Ein Kälbchen wird geboren

Nur die besten Rinder sollen sich fortpflanzen. Deshalb überlässt man beim Nachwuchs der Kühe nichts dem Zufall. Zeichnet sich ein Bulle durch gute Erbeigenschaften aus, möchte man von ihm möglichst viele Nachkommen. Daher wird heutzutage die Kuh meistens durch künstliche Besamung befruchtet. So ist es möglich, gleichzeitig mehrere Kühe zu befruchten.

Ist die Kuh trächtig, kommt nach einer Tragzeit von neun Monaten ein Kalb auf die Welt (▷ B 3). Wenige Minuten nach der Geburt versucht es, sich auf die noch wackeligen Beine zu stellen. Das Kälbchen wird mit Fell geboren und kann von Anfang an sehen. Das Muttertier leckt mit der rauen Zunge sorgfältig das Fell trocken. Erstes Ziel des Kalbes ist das Euter, aus dem es die Milch saugt (▷ B 4). Sie enthält alle notwendigen Nährstoffe für sein Wachstum. Weil die Kälber ziemlich schnell nach der Geburt der Mutter folgen können, heißen diese Tiere **Nestflüchter**.

Milchkühe

Die Kühe geben erst Milch, nachdem sie ihr erstes Kalb geboren haben. Dann wird in den **Milchdrüsen** des Euters aus den Nährstoffen im Blut Milch gebildet.
Der Mensch melkt die Kühe weiter, auch wenn die Kälber schon aufgehört haben zu trinken. So produzieren die Kühe weiterhin Milch. Doch die Kuh muss jedes Jahr ein Kalb bekommen, sonst gibt sie keine Milch mehr. Unsere Milchkühe erhalten hochwertiges Kraftfutter, sodass sie viel Milch geben und zweimal am Tag gemolken werden können. Sie geben zwischen 5000 und 8000 l Milch pro Jahr.

3 Ein Kalb wird geboren

4 Ein Kalb wird gesäugt.

Aufgaben

1. Auf welche natürlichen Verhaltensweisen der Rinder sollten Landwirte bei der Stallhaltung Rücksicht nehmen?
2. Rinder gehören zu den Säugetieren. Schreibe aus dem Text die Belege für diese Behauptung in dein Heft.

Werkstatt

Milchprodukte selbst hergestellt

1 Wir stellen Jogurt her

Material

1 l frische Milch oder H-Milch (sie muss nicht mehr erhitzt werden) Thermometer, Kochtopf, Elektroplatte, frischer Naturjogurt, Wärmegerät (Backofen, Jogurtbereiter) Topflappen, Topfuntersetzer

Versuchsanleitung

Gib die Milch in einen Kochtopf und erhitze sie langsam auf genau 90 °C.

1 Milch erhitzen

Kontrolliere die Temperatur ständig mit dem Thermometer. Lass sie anschließend wieder auf 42 °C abkühlen. (H-Milch muss nur auf 42 °C erhitzt werden.)

Gib pro Liter 2 Esslöffel Naturjogurt zu der warmen Milch. Nimm dabei nicht die oberste Schicht. Rühre den Jogurt gut ein und verteile die Milch nun auf saubere Schraubdeckelgläser. Stelle sie in das auf 42 °C vorgeheizte Wärmegerät.

Nach 3 bis 4 Stunden ist der Jogurt fertig.

2 Jogurt einfüllen

2 Butter selbst gemacht

Material

1 l Sahne, Rührschüssel, Thermometer, Mixer

Versuchsanleitung

Fülle die zimmerwarme Sahne (mindestens 12 °C) in eine Rührschüssel und schlage die Sahne mit dem Mixer, wie beim Zubereiten von Schlagsahne. Wenn die Sahne steif ist, schlage sie so lange weiter, bis sich eine wässrige Flüssigkeit von der festeren Masse trennt. Gieße die Flüssigkeit (Buttermilch) ab.
Gib die feste Masse in ein Sieb, das in eine Schüssel mit Eiswürfeln und kaltem Wasser taucht.

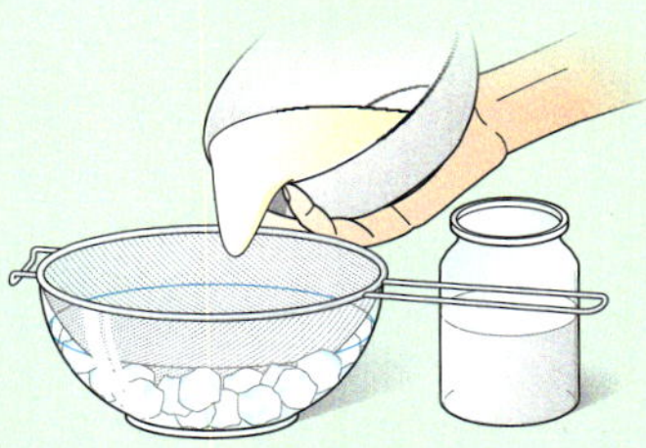

3 Masse in das Sieb geben

Knete nun mit sauber gewaschenen Händen die restliche Buttermilch aus der Butter heraus. Forme anschließend die Butter und stelle sie kühl.

4 Butter kneten

3 Dickmilch leicht hergestellt

Material

1 l zimmerwarme H-Milch, Dickmilch, Rührschüssel, Tuch zum Abdecken

Versuchsanleitung

Gib die Milch mit einem Löffel Dickmilch in eine Schüssel und verrühre sie.
Decke die Schüssel mit dem Tuch ab und lasse sie an einem warmen Ort bis zum nächsten Tag ruhen.

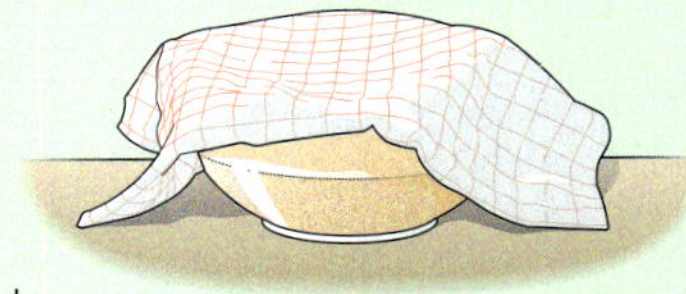

5 Dickmilch unter dem Tuch

Das Gefäß darf nicht bewegt werden.

Aufgaben

1. Informiere dich im Supermarkt, welche verschiedenen Produkte aus Milch hergestellt werden.

Stelle diese in einer umfangreichen Tabelle zusammen. Hinweis: Denke z. B. an die verschiedenen Sorten von Jogurt und Käse.

Du kannst auch Bilder aus Zeitschriften sammeln und eine Collage dazu anfertigen.

2. Notiere in wenigen Sätzen den Unterschied zwischen „Jogurt" und „Jogurt mild".
Hinweis: Informiere dich z. B. in der nächsten Milchzentrale oder im Internet.

Hühner in Legebatterien

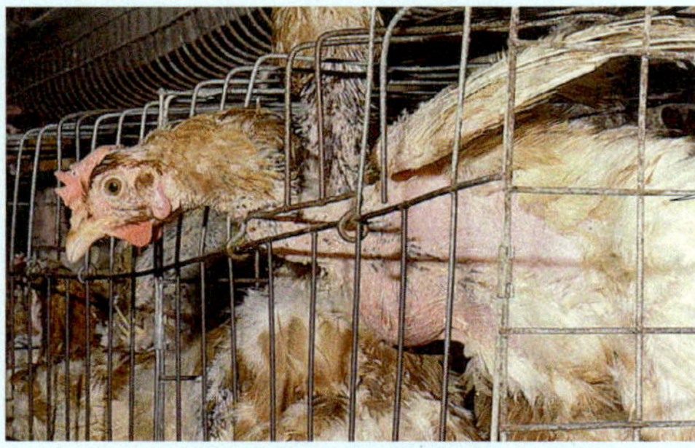

So groß wie eine Buchseite ist die Fläche, die einem Huhn in der Batteriehaltung zur Verfügung steht. Dabei sind mehrere Legehennen in einem Drahtkäfig untergebracht. Viele dieser Käfige stehen neben- und übereinander. Zusammen bilden sie eine „Batterie". Die Tiere stehen auf Metallrosten, durch die der Kot fällt und leicht beseitigt werden kann. Die Eier rollen sofort auf ein Band und brauchen nicht aus den Käfigen geholt zu werden. Auf diese Weise spart man Arbeitskraft und kann mit geringem Aufwand sehr viel produzieren.

Tierschützer sehen in dieser Massentierhaltung eine Tierquälerei. Die Tiere sind oft in einem erbärmlichen Zustand. Sie können nicht scharren oder mit den Flügeln schlagen. Ein artgerechtes Verhalten wie auf dem Hühnerhof ist nicht möglich.

Aufgaben

1 Begründe die Preisunterschiede der Eier aus unterschiedlichen Tierhaltungen in der Abbildung rechts.

2 Salmonellen sind Krankheitserreger, die besonders durch Massentierhaltung verbreitet werden.
Informiere dich darüber im Internet und schreibe auf, wie Salmonellen unserer Gesundheit schaden können.

3 Im Vergleich zu den Hühnern würde dir eine Fläche von etwa 5 DIN-A4-Blättern zustehen.
Lege die Blätter auf den Boden und stelle dich 5 Minuten darauf.
Wie fühlst du dich? Berichte!

4 Schreibe die Geschichte von „Frieda" in deinem Heft zu Ende.

Ich heiße Frieda,

mir war ein Leben in einem Hühnergefängnis vorherbestimmt. Ich lebte mit fünfhundert anderen kleinen Hennen in einem riesengroßen, fensterlosen Stall. Das Atmen fiel einem schwer, weil Staub und beißender Gestank den Raum erfüllten. Ich saß in einem der unteren Käfige, die vierfach übereinander gestapelt waren. Ich musste auf Drahtgittern hocken, auf einer Fläche, die etwa so groß ist wie ein DIN-A4-Blatt. Da konnte man nicht mal mit den Flügeln schlagen oder scharren, geschweige denn ein Sandbad nehmen. Im Stall brannte Tag und Nacht das Licht. Man konnte nicht ungestört fressen und auch nicht schlafen. Manchmal wenn es mir langweilig wurde, rupfte ich mir die Federn aus und wurde an einigen Stellen ganz kahl.

1 Je nach Tierhaltung können Eierpreise unterschiedlich sein.

Untersuchung eines Hühnereis

Material
Hühnerei, Eierkarton, Nadel, Einwegspritze oder Pipette, Schere, Pinzette, Lupe, Petrischale

Versuchsanleitung
a) Lege ein Hühnerei waagerecht in die Vertiefung eines Eierkartons. Stich mit einer Nadel vorsichtig ein kleines Loch in die Eierschale.

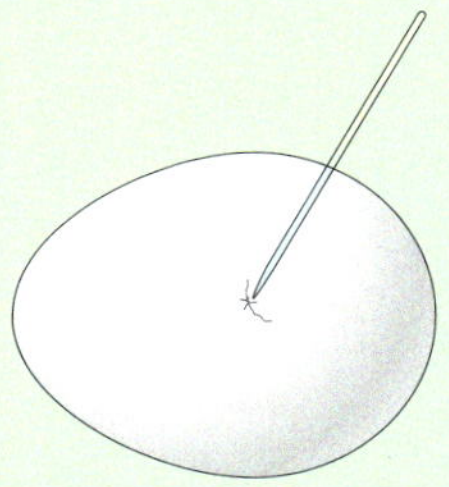

1 Einstechen eines Loches

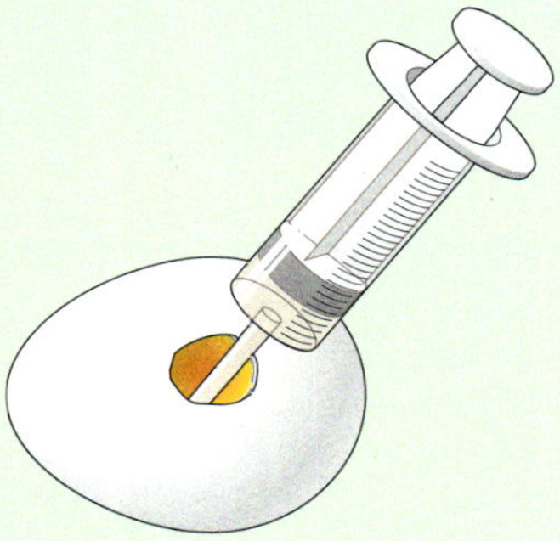

2 Absaugen des Eiklars

b) Sauge mit einer Einwegspritze oder einer Pipette ca. 1,5 ml Eiklar ab.
c) Mit Schere und Pinzette kannst du nun das Loch zu einem kleinen „Fenster" erweitern. Bewahre die Schalenstücke für Versuch d auf. Beschreibe, was du erkennst.

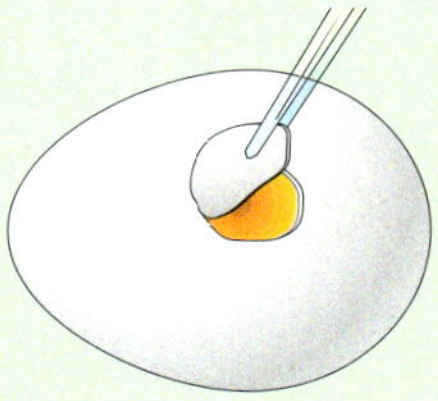

3 Aufbrechen der Kalkschale

Vergleiche die Teile mit denen in der Abbildung und ordne sie zu.

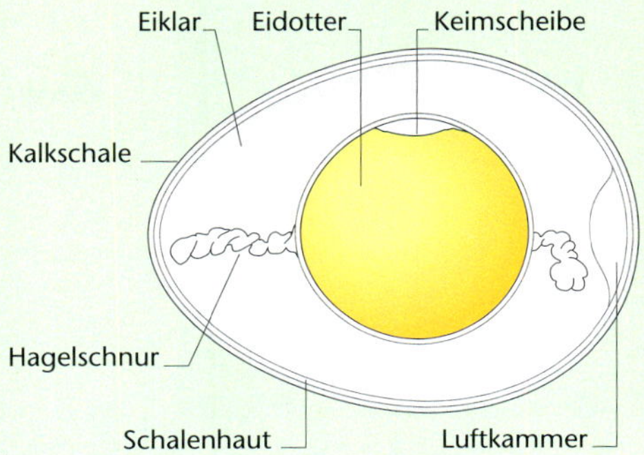

4 Hühnerei, Schema

d) Halte nun ein Stückchen Kalkschale mit der Pinzette gegen das Licht. Betrachte es mit der Lupe. Was kannst du erkennen?
e) Drehe das geöffnete Ei vorsichtig. Wie verhält sich die Keimscheibe?
f) Öffne das Ei vollständig und gib den Inhalt in eine Petrischale. Ziehe vorsichtig mit der stumpfen Pinzette an den Hagelschnüren.

5 Aufgeschlagenes Ei

Welche Aufgabe könnten die Hagelschnüre haben?

Aufgaben
1. Vergleiche die einzelnen Fotos in Bild 6 und beschreibe die Entwicklung eines Kükens. Schreibe zu jedem Stadium einen kurzen Text.

2. Erkläre den Begriff Nesthocker und nenne einige Vogelarten, deren Küken Nesthocker sind.

3. Suche im Buch nach weiteren Tierarten, deren Junge Nestflüchter sind.

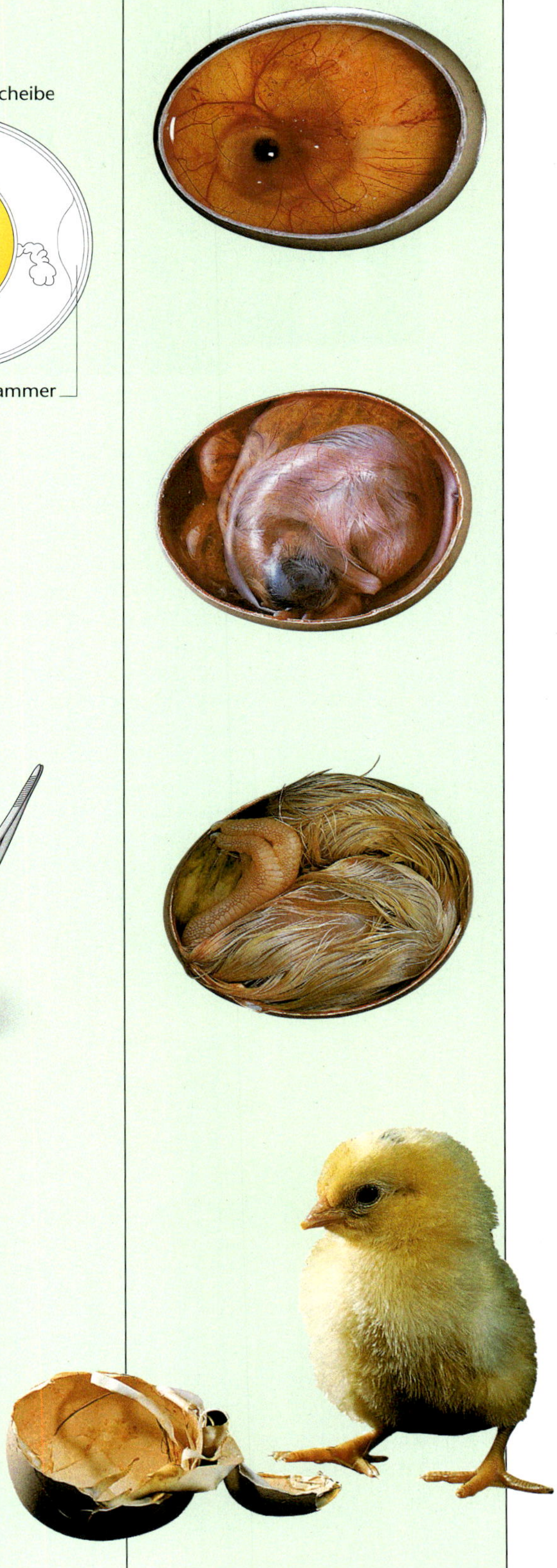

6 Entwicklungsstadien im Hühnerei

1 Kartoffelacker, Kartoffelblüte und Frucht

Die Heimat der Kartoffel (▷B 1) ist das Hochland von Peru und Bolivien in Südamerika (▷B 3). Dort wächst sie wild an trockenen und kühlen Plätzen. Indianer bauen diese Pflanze schon seit Jahrhunderten für die Ernährung an. Nach Europa gelangte die Kartoffel zwar schon mit Seefahrern um 1560, aber erst im 17. Jahrhundert wurde ihr Wert als Nahrungsmittel und Nutzpflanze erkannt. Seitdem wurde die Kartoffel neben dem Getreide die wichtigste Pflanze für die Ernährung der Menschen. Kartoffeln sind einjährige Pflanzen. Im Frühling legt man die dicken **Sprossknollen** (▷B 2) so in den Boden, dass die Triebe möglichst nach oben zeigen. Schon bald entwickeln sich die grünen Pflanzen aus der Knolle. An der Sprossachse bilden sich unter der Erde zahlreiche **Tochterknollen**. Wenn die Pflanze verblüht ist, werden die Tochterknollen aus dem Boden geholt. Sie haben im Laufe des Sommers Stärke als Vorratsstoff gespeichert. Die Mutterknollen sind kaum noch zu erkennen, ihre Vorratsstoffe wurden für das Wachstum der Pflanze aufgebraucht. Aus jeder Tochterknolle kann im nächsten Jahr eine neue Kartoffelpflanze entstehen.

Kartoffelknollen sind verdickte Teile der Sprossachse. Sie enthalten sehr viel Stärke und sind daher wichtige Nahrungsmittel.

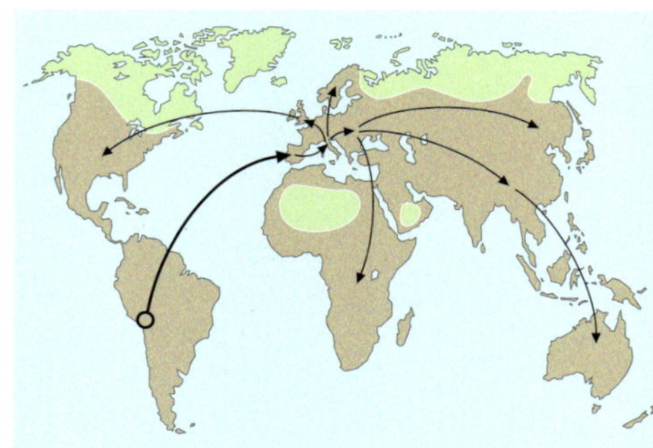

3 Herkunft der Kartoffelpflanze

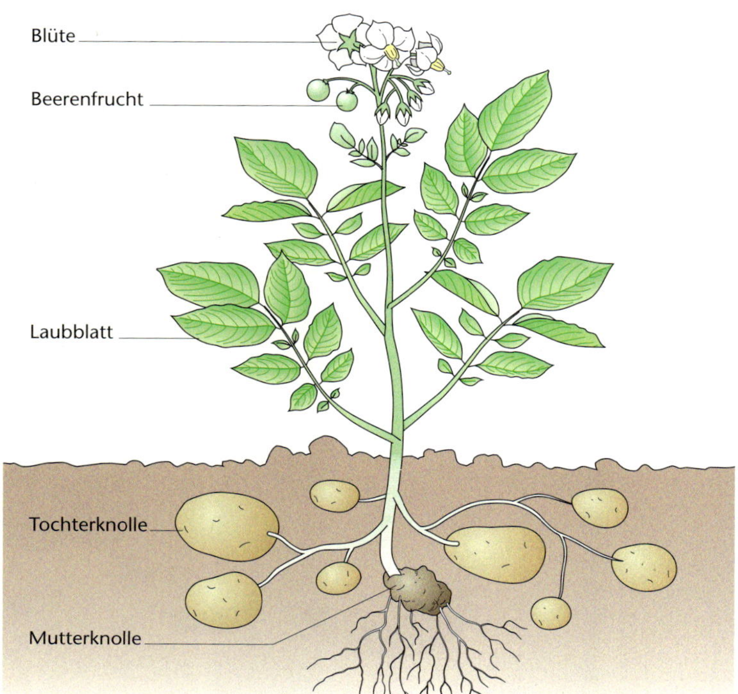

2 Aufbau der Kartoffelpflanze

Versuche

1 Schneide in einen Karton ein etwa 3 cm großes Loch. Lege eine Kartoffel hinein und stelle den Karton mit dem Loch zum Fenster. Prüfe nach einigen Wochen, welche Veränderungen sich an der Kartoffel ergeben haben.

2 Reibe geschälte Kartoffeln, gib etwas Wasser dazu. Presse den Brei durch ein Tuch und lasse die ausgepresste Flüssigkeit stehen. Tauche ein kleines Leinentuch in die am Boden abgesetzte Flüssigkeit und lasse dieses trocknen. Erkläre.

Aufgabe

1 a) Beschreibe die Frucht der Kartoffel.
b) Informiere dich über die Tomate. Wo kommt sie her und wie wird sie angebaut?

2 Überlege dir einen Versuch, mit dem man zeigen könnte, dass Kartoffeln Sprossknollen sind.

Versuche mit der Kartoffel

1 Die Erde vorsichtig in den Eimer schütten

1 Kartoffeln im Eimer

Dieser Versuch ist ein so genanntes Langzeitexperiment, das im Frühjahr angesetzt und im Herbst erst ausgewertet werden kann.
Es ist wichtig, dass du alle beobachteten Veränderungen in einem Langzeitprotokoll unter Angabe des jeweiligen Datums notierst.

Material

Eimer (5 oder 10 l), Kartoffelknolle, Erde, Waage (mindestens 10 kg mit Tarataste), Wasser

Versuchsanleitung

a) Fülle einen Eimer mit Erde, am besten Kompost oder Blumenerde.
b) Bestimme das Gewicht der eingefüllten Erde und notiere es auf einem Etikett, das du auf den Eimer klebst.
c) Wiege eine Kartoffelknolle und notiere das Gewicht auf dem Etikett am Eimer.
d) Setze diese Kartoffelknolle etwa 5 bis 10 cm tief in die Erde im Eimer.
e) Stelle den Eimer ins Licht und gieße ihn täglich mit 200 ml Wasser. Achte darauf, dass die Erde nicht zu nass wird.
f) Notiere alle Beobachtungen mit Datum in einer Tabelle.
g) Wenn das Laub der Kartoffel welk wird, kannst du den Inhalt des Kartoffeleimers ausschütten.
Was kannst du beobachten?
Wiege nun getrennt: die Erde und alle Teile der Kartoffelpflanze. Vergleiche das Ergebnis mit deinen Anfangsmessungen.

Aufgabe

Welche Schlüsse kannst du aus diesen Ergebnissen ziehen?

2 Kartoffeln im Licht und im Dunkeln

Normalerweise keimen die Kartoffeln im Dunkeln, nämlich in der Erde

Material

Kunststoff-Verpackungsschalen (z. B. von Weintrauben), schwarze Blumentöpfe aus Kunststoff, Kompost oder Blumenerde

Versuchsanleitung

a) Fülle zwei Kunststoffschalen mit feuchter Komposterde. Lege jeweils zwei Kartoffeln auf die Erde.
b) Überdecke Gefäß 1 mit einer durchsichtigen Abdeckung und die Kartoffeln in Gefäß 2 mit einem schwarzen Blumentopf.
c) Stelle beide Gefäße auf die Fensterbank.
d) Beobachte mehrere Tage und notiere deine Ergebnisse.

2 Zu Versuch 2

3 Kartoffelstärke

Ein Verfahren, um Stärke nachzuweisen, ist die Zugabe einer Iod-Kaliumiodid-Lösung. Ist Stärke vorhanden, tritt eine blauschwarze Färbung ein.

Material

Kartoffeln, Schälmesser, Schüssel, Kartoffelreibe, Küchentuch, kleines Leintuch, Becherglas, Iod-Kaliumiodid-Lösung

Versuchsanleitung

a) Schäle einige Kartoffeln und reibe sie in eine Schüssel.
b) Gib etwas Wasser hinzu, sodass ein Brei entsteht.
c) Presse den Brei durch ein Tuch und fange die Flüssigkeit in einem Becherglas auf. Tauche ein kleines Leinentuch in die am Boden abgesetzte Flüssigkeit und lasse dieses trocknen.

d) Gib ein paar Tropfen der Iod-Kaliumiodid-Lösung auf das Leinentuch.
e) Erkläre deine Beobachtungen.

Aufgaben

1. Viele Produkte werden aus Kartoffeln hergestellt. Erkunde in der eigenen Küche oder im Supermarkt, für welche Produkte Kartoffeln verwendet werden. Nimm die Zutatenliste auf der Verpackung zu Hilfe.

2. Stelle deine Ergebnisse auf einem Plakat dar. Gestalte das Plakat mit Zeichnungen, Abbildungen, Fotos, Nahrungsmittelverpackungen, Zutatenlisten u. ä.

Gräser ernähren die Menschheit

Gräser sind nicht nur für die Ernährung der Tiere wichtig, sie bilden auch die Nahrungsgrundlage der Menschen. Sämtliche Getreidearten wurden aus Wildgräsern gezüchtet.

Weizen ist das wichtigste Brotgetreide (▷ B 1). Er wächst schnell und kann bereits Ende Juli geerntet werden. Mit Mähdreschern werden die Halme geschnitten und gedroschen. Weizen wird hauptsächlich fein gemahlen und so zu hochwertigem Mehl verarbeitet. Auch Nudeln werden aus Weizen hergestellt.

Roggen ist ebenfalls ein wichtiges Brotgetreide. Roggenbrötchen und -brote sind dunkler als Produkte aus Weizenmehl.

Gerste wird als Futtergetreide für das Vieh genutzt. Angekeimte und anschließend geröstete Gerstenkörner bezeichnet man als Malz. Malz bildet die wichtigste Grundlage bei der Bierherstellung.

Hafer war früher vor allem als Pferdefutter sehr gefragt. Heute gelangen die geschälten und gequetschten Körner als Haferflocken in unsere Küchen.

Reis ist eine Sumpfpflanze und benötigt sehr viel Wasser. Ursprünglich in Ostasien angebaut, wird Reis heute in fast allen Teilen der Welt angepflanzt, in denen genügend Wasser und Wärme vorhanden sind (▷ B 2). Reis ist die Nahrungsgrundlage für fast die Hälfte aller Erdbewohner. In manchen asiatischen Sprachen ist das Wort „Reis essen“ das gleiche Wort wie „essen“.

Hirse (▷ B 3) war vor der Einführung der Kartoffel ein wichtiges Nahrungsmittel in Europa. Hirsebrei gehört heute in den tropischen Gebieten Afrikas zur täglichen Mahlzeit.

Mais wurde in Süd- und Mittelamerika wegen seiner Körner angebaut. Heute dient er auch in Europa als Futterpflanze für Rinder. Wir essen Mais als Gemüse oder Popcorn.

▶ Getreidepflanzen sind für die Ernährung der Menschen auf der ganzen Welt von besonderer Bedeutung.

1 Weizenfeld

2 Reisanbau

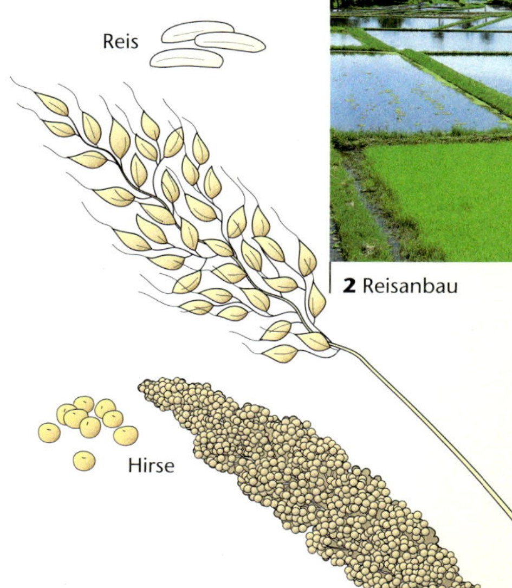

3 Hirseanbau

Brot backen

Mit diesem Rezept kannst du Brötchen, Baguettebrot oder ein Weizenbrot herstellen.

Die Teigzubereitung ist bei allen drei Brotsorten gleich.

1 Teigzubereitung

Material

500 g Weizenmehl, 40 g frische Hefe, 0,25 l lauwarmes Wasser, 1 TL Zucker, 1 TL Salz, kleine und große Schüssel, Kochlöffel, sauberes Leinentuch, Unterlage zum Kneten, Küchentücher, Backpapier

1 Zutaten mischen

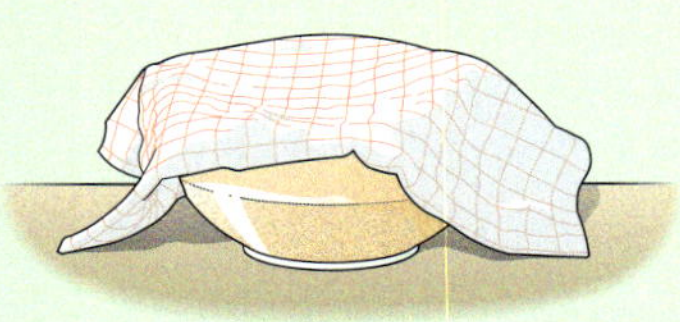

2 Teig ziehen lassen

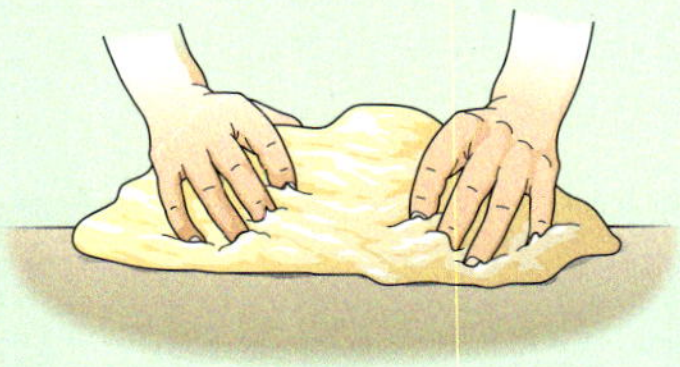

3 Teig kneten

Versuchsanleitung

Verrühre in einer kleinen Schüssel zerkrümelte Hefe mit Zucker und etwas lauwarmem Wasser.

Gib das Mehl in die große Schüssel und drücke eine Vertiefung hinein.

Gib das Wasser-Zucker-Hefe-Gemisch in die Vertiefung (▷ B 1), füge dann Salz und das restliche Wasser hinzu. Knete den Teig mit sauberen Händen durch, bis er geschmeidig ist und keine Blasen mehr wirft. Er sollte sich gut vom Rand der Schüssel ablösen. Decke die Rührschüssel mit einem Leinentuch ab. Nun muss der Teig ein bis drei Stunden „gehen", bis er doppelt so groß geworden ist (▷ B 2). Knete den Teig noch einmal kurz durch (▷ B 3).

2 Vorbereitung des Backofens

Material

Vorgeheizter Backofen, Tasse, Wasser

4 Brot backen

Versuchsanleitung

Heize den Ofen zuerst auf der höchsten Stufe vor, stelle dann erst die Backtemperatur ein.

Willst du Baguettebrot oder Baguettebrötchen backen, dann solltest du eine mit Wasser gefüllte Tasse in den Ofen stellen, damit sich Wasserdampf entwickelt.

Durch den Wasserdampf werden die Brote und Brötchen außen knusprig und innen weich.

3 Der Backvorgang

Material

Teig, Backpapier, Wasser

Versuchsanleitung

Brötchen

Forme mit der Hand Brötchen und schneide sie an der Oberfläche ein. Lege sie auf das Backpapier und backe sie bei 220 °C etwa 15 Minuten lang.

Baguettebrot

Lege die geformten Baguettestangen auf ein mit Backpapier ausgelegtes Backblech und bestreiche sie mit Wasser. Die Backzeit beträgt 20 Minuten bei etwa 240 °C.

Weizenbrot

Forme einen Brotlaib und backe ihn bei 220 °C ca. 40 Minuten lang. Wenn du gegen das Brot klopfst und es hohl klingt, ist es fertig.

Ein paar Tipps zum besseren Gelingen

– Die Backstube muss gleichmäßig warm und frei von Durchzug sein.
– Alle Zutaten müssen zimmerwarm sein, das Wasser lauwarm, nicht zu heiß.
– Rührschüsseln aus Metall oder ein Metallkochlöffel beeinträchtigen das „Aufgehen" des Teigs.

Aufgaben

1. Überlege, warum die Zutaten nicht zu heiß oder zu kalt sein dürfen.
2. Backe ein Brot aus einer fertigen Backmischung. Vergleiche seinen Geschmack mit dem deines selbst gemachten Brotes. Was schmeckt dir besser?
3. Erkundige dich nach der Arbeitsweise eines Backautomaten. Berichte deiner Klasse darüber.

Lebensraum Haus und Hof

Vom Wildtier zum Haustier
In vielen tausend Jahren sind durch Zähmung und Züchtung aus wild lebenden Vorfahren unsere Haus- und Nutztiere entstanden.

Wenn Menschen Tiere halten, übernehmen sie eine große Verantwortung. Durch artgerechte Haltung nehmen wir auf die Lebensbedürfnisse unserer Haus- und Nutztiere Rücksicht und sorgen dafür, dass es ihnen gut geht.

Unsere Haus- und Nutztiere gehören zu den Wirbeltieren
Wirbeltiere haben ein Knochengerüst mit Wirbelsäule – das Skelett. Es stützt den Körper und gibt ihm seine Gestalt.

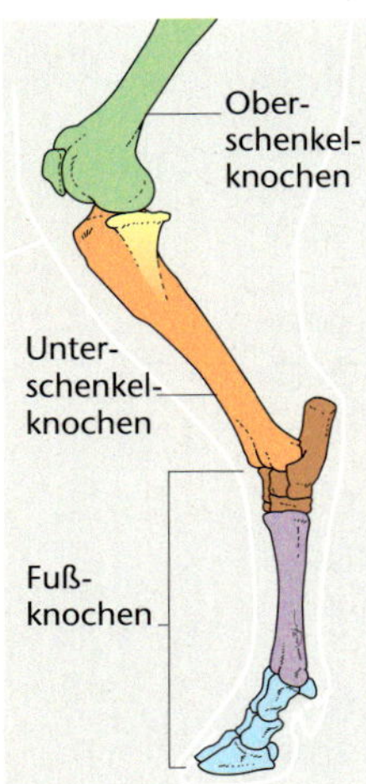

1 Hinterbein, Rind

Fortbewegung auf Beinen
Die Beine der Wirbeltiere haben alle den gleichen Grundbauplan, auch wenn sie bei den verschiedenen Tieren unterschiedlich aussehen.
Katzen und Hunde treten nur mit den Zehen auf, sie sind Zehengänger.
Rinder laufen nur auf den Zehenspitzen und sind Zehenspitzengänger.

Säugetiere entwickeln sich im mütterlichen Körper
Nach der Geburt säugt die Mutter ihre Jungen bis sie sich selbstständig ernähren können. Die Jungen von Katze und Hund werden von den Tiermüttern eine Zeit lang versorgt und gepflegt.
Herdentiere wie Rinder müssen bald nach der Geburt laufen können und mit der Herde weiterziehen.

Jagen oder weiden
Katzen jagen als Einzelgänger. Sie sind Raubtiere, die als Schleichjäger ihre Beute fangen. Durch besonders lichtempfindliche Augen und ein gutes Gehör können sie auch in der Dämmerung erfolgreich jagen.

Hunde sind Raubtiere, die ursprünglich im Rudel jagten und die Beute als Hetzjäger gemeinsam erlegten. Als „Nasentiere" können sie besonders gut riechen. Außerdem besitzen sie ein ausgezeichnetes Gehör.

Rinder schlucken zunächst große Mengen Pflanzennahrung, die sie als Wiederkäuer hochwürgen und dann erst zerkauen. Vier Mägen sind an der Verdauung beteiligt.

Gebisse und Nahrung sind aufeinander abgestimmt
Katzen und Hunde haben ein Fleischfressergebiss mit besonderen Fang- und Reißzähnen.

Rinder fressen Pflanzennahrung, die von breiten, grobhöckrigen Backenzähnen im Pflanzenfressergebiss zermahlen wird.

Zu viele Tiere auf zu wenig Raum
Rinder werden oft in riesigen Ställen und viel zu engen Boxen gehalten, in denen sie sich kaum bewegen können. Ihr Futter können sie nicht mehr selber suchen, denn große Futterautomaten liefern die vorberechnete Menge und Mischung.

Massentierhaltung wird nötig, wenn viel Fleisch zu niedrigen Preisen angeboten werden soll.

Nutzpflanzen
Der Mensch nutzt die in den Pflanzen gebildeten Stoffe, vor allem Zucker und Stärke, für seine Ernährung. Aus zahlreichen Wildpflanzen hat der Mensch ertragreiche Nutzpflanzen gezüchtet, z. B. die Kartoffel und Getreide.

2 Berner Sennenhund

Aufgaben

1 Ordne die dargestellten Produkte (▷ B 1) jeweils den Nutztieren zu, aus deren Erzeugnissen die Produkte gewonnen werden.

2 Was müssen Menschen beachten, wenn sie sich Haustiere halten? Erstelle dazu ein Merkblatt.

3 „Je nach Gebissart ernähren sich die Tiere unterschiedlich." Beschreibe das jeweilige Gebiss und erkläre die Aussage am Beispiel von Rind, Hund und Katze.

4 Welche Grundausrüstung brauchen Katze und Hund, wenn du sie zu dir nimmst?

5 Überlege, was geschehen würde, wenn der Kartoffelkäfer fast alle Blätter einer Kartoffelpflanze fressen würde.

6 Von welchem Gemüse isst du die Blätter, die Früchte, die Sprossachse oder die Wurzel? Erstelle eine Tabelle für die Antworten.

7 Können Menschen und Tiere Freunde sein? Diskutiert über folgende Aussagen:
Freunde teilen miteinander.
Freunde unternehmen etwas gemeinsam (▷ B 2).

8 Welche Vorteile bringt den Wölfen das Leben im Rudel?

9 In Deutschland wurde der Anbau der Kartoffel von Friedrich dem Großen in Preußen 1740 angeordnet. Finde heraus, mit welcher List er den Anbau bei den skeptischen Bauern förderte.

10 Welche Getreidepflanzen kennst du? Stell ihre Besonderheiten in einer Tabelle zusammen.

1 Zu Aufgabe 1

2 Zu Aufgabe 7

Pflanzen und Tiere im Schulumfeld

Der Schulhof ist voller Leben! Mit Fernglas, Bestimmungsbuch, Lupe und vor allem offenen Augen und Ohren kannst du dort viele interessante Tiere und Pflanzen entdecken.

Es hat zur Stunde geläutet. Die letzten Schülerinnen und Schüler sind im Gebäude verschwunden und auf dem Schulhof wird es still. Zwei Rabenkrähen, die während der Pause auf dem Schuldach gesessen haben, fliegen herab und streiten sich um den Rest eines Butterbrots, das einem Schüler auf den Boden gefallen ist.

Aber auch andere Vogelarten finden hier Futter. Einige suchen nach Resten von Obst oder picken die Beeren auf, die unter den Sträuchern liegen. Andere machen Jagd auf Insekten, die sich auf den erwärmten Steinen des gepflasterten Schulhofs aufhalten.

In den Sträuchern füttern Amseln ihre Jungen und in einem Nistkasten brüten Kohlmeisen. Rasen, Sportgelände und Wegränder sind voller Gänseblümchen und Löwenzahnblüten. Am Schulteich schwirren Libellen über die Wasserfläche.

Du siehst, es gibt überall viel zu entdecken.

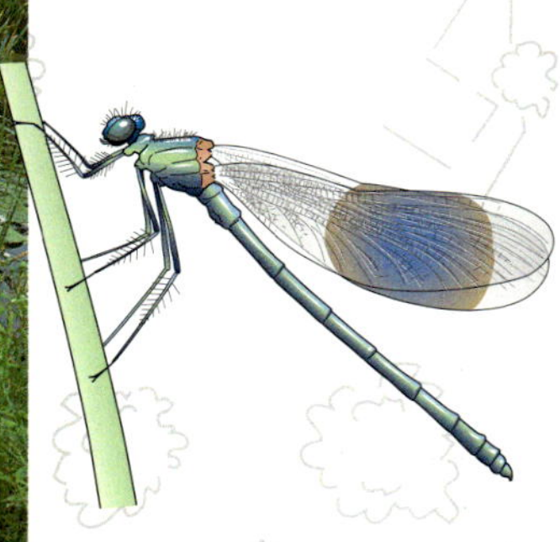

Wir helfen Insekten

Schmetterlinge, Käfer, Hummeln, Wespen und Grillen kannst du im Schulgarten gut beobachten. Viele dieser Insekten sind außerdem noch hilfreich: Sie bestäuben Blüten und fressen „schädliche" Insekten.
Hier sind Tipps, wie wir die für uns nützlichen Insektenarten in Gärten und im Schulgelände ansiedeln und schützen können.

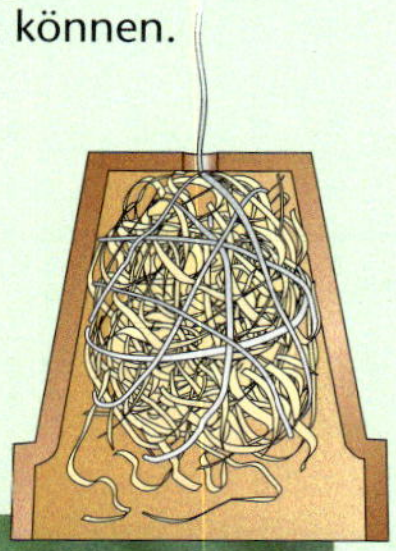

1 Ohrwurm

1 Hilfe für den Ohrwurm

Ohrwürmer sehen zwar gefährlich aus, sind aber für uns Menschen völlig harmlos. Schon gar nicht kneifen oder klettern sie in die Ohren. Innerhalb von wenigen Tagen fressen sie alle Blattläuse, die auf einer Pflanze leben.

Material
Blumentopf (Ton), Holzwolle, Draht, Zange

Versuchsanleitung
Forme aus der Holzwolle ein Knäuel und umwickle dieses locker mit Draht. Fädle das Ende des Drahtes durch das Abflussloch im Blumentopf. Jetzt kannst du die „Ohrwurmwohnung" an einen Obstbaum hängen.

2 Nisthilfen für Insekten

2 Löcher und Röhren für Bienen und Wespen

Es gibt zahlreiche Bienen- und Wespenarten, die einzeln, also nicht in großen Gemeinschaftsnestern, leben. Sie helfen uns im Garten, weil sie zum Beispiel Raupen jagen.
Die Insekten bauen Brutröhren in morschem Holz. Dort legen sie die Eier ab und bringen als Nahrungsvorrat für die Larven Blütenstaub oder Insekten in die Kammer, die sie dann verschließen.

Material
Holzklötze, Bohrer verschiedener Stärken, Bambus- oder Schilfrohre, Draht

Versuchsanleitung
Es gibt zwei Möglichkeiten:
a) Bohre in einen Holzklotz mehrere waagerechte Löcher mit einem Durchmesser von 1 bis 10 mm und einer Tiefe von 5 bis 10 cm.
b) Bündle etwa 20 cm lange Röhrchen aus Bambus oder Schilf mit Draht. Jedes Rohr muss auf einer Seite verschlossen sein. Hänge diese Bündel waagerecht an trockenen und sonnigen Stellen im Garten auf. Füge ein Glasröhrchen in das Bündel ein, damit du die Insekten gut beobachten kannst.

3 Wildbiene

4 Nisthilfe für Erdhummeln

3 Eine Höhle für Hummeln

Hummeln sind neben Bienen die wichtigsten Bestäuber. Viele Arten werden seltener, sodass diese Insekten unsere Hilfe benötigen.

Material
Blumentopf (Ton), Moos, Spaten

Versuchsanleitung
Fülle einen größeren Ton-Blumentopf zur Hälfte mit weichem, trockenem Material (z. B. Moos). Grabe den Topf an einem sonnigen, trockenen Platz umgekehrt in die Erde ein. Der Rand muss einige Zentimeter herausragen. Das Loch im Topfboden – es sollte etwa 15 mm breit sein – dient als Einflugloch. Eine Abdeckplatte schützt vor Regen (▷ B 4).

1 Kröte im Kellerschacht

Fallgruben auf dem Schulgelände
Mithilfe des Hausmeisters kannst du „Fallgruben" auf deinem Schulgelände untersuchen. Das sind z. B. Außentreppen zum Keller, die Schächte unter den Kellerfenstern und unter den Fußrosten.
Hier findest du vor allem Tiere, die in der Nacht auf Beutefang gingen und dabei in diese Fallgruben gerieten (▷ B 1).

Welche Tiere leben unter Brettern und Steinen?
Viele der kleinen Tiere sind nur in der Nacht aktiv. Manche von ihnen sind empfindlich gegen Sonnenstrahlen, denn sie würden schnell austrocknen. Deshalb verstecken sie sich am Tag unter Steinen, Brettern oder sonstigen Gegenständen, die auf dem Boden liegen.

Lebensraum Schulteich
Am Schulteich gibt es immer etwas Besonderes zu sehen. Am Ufer wachsen Schilf und die schöne, gelb blühende Sumpfschwertlilie.

Über dem Wasser fliegen im Sommer zahlreiche Libellen. Das Wasser selbst ist voller interessanter Tiere, vielleicht entdeckst du sogar einmal einen Teichmolch.
Mit einem Kescher kannst du die Tiere fangen und dann beobachten.

▶ Vergiss aber nicht: Geh behutsam mit den Tieren um, die du gefangen hast, und setze sie nach der Beobachtung wieder in ihren Lebensraum zurück!

Aufgaben

1 Fange vorsichtig Kleintiere auf dem Schulgelände.
a) Betrachte die gefangenen Kleintiere mit der Becherlupe und bestimme sie mit einem Bestimmungsbuch.
b) Notiere die Namen der Tiere in deinem Heft und informiere dich über die Lebensweise dieser Tiere.
Tipp: Informationen dazu findest du in Fachbüchern oder im Internet.

2 Bereitet in Gruppenarbeit eine Ausstellung zum Thema „Tiere auf dem Schulgelände" vor. Erstellt zu jedem Lebensraum ein Plakat.

2 Tiere und Pflanzen auf dem Schulgelände

1 Trittrasen

2 Breitblättriger Wegerich

3 Löwenzahn

Einige Pflanzen nehmen Tritte nicht übel

Der Rasen des Sportplatzes ist sehr gepflegt. Nur direkt vor den Fußballtoren will das Gras nicht so richtig gedeihen (▷ B 1). Zu viele Füße trampeln hier herum. Untersuchst du diese Stellen einmal genauer, kannst du feststellen, dass der Boden durch die vielen Tritte fester und härter geworden ist als auf der übrigen Rasenfläche. Bei starkem Regen bleibt das Wasser dort länger stehen, weil es nicht versickern kann.
Nicht nur der Boden ist anders. Es wachsen dort Pflanzen, denen es überhaupt nichts ausmacht, ständig getreten zu werden. Die Biologen nennen diese Pflanzen „**Trittpflanzen**" und eine Lebensgemeinschaft aus solchen Pflanzen einen „**Trittrasen**". Die meisten Pflanzen, die hier wachsen, haben ihre Blätter flach auf dem Boden ausgebreitet; sie bilden eine Rosette (▷ B 2; B 3). Die Wurzeln reichen sehr tief in den Boden, um die Pflanze auch bei längerer Trockenheit noch mit Wasser versorgen zu können. Die Blätter und Stängel sind hart und nur schwer zu zerreißen.

Trittpflanzen sind widerstandsfähig; sie vertragen Tritte, Trockenheit und Nässe. Ihre Stängel sind hart und die Blätter liegen meist flach auf dem Boden auf.

Aufgaben

1 a) Untersuche, welche Pflanzen vor dem Fußballtor auf eurem Sportplatz wachsen.
b) Kennzeichne mit einer langen Schnur, die du auf den Rasen legst, den Bereich vor einem Fußballtor, in dem der Breitblättrige Wegerich wächst. Was fällt dir auf?
c) Vergleiche die Pflanzen der Pflasterritzen mit denen vor dem Fußballtor. Gibt es Unterschiede?

2 Wo könntest du noch weitere Trittpflanzen finden?

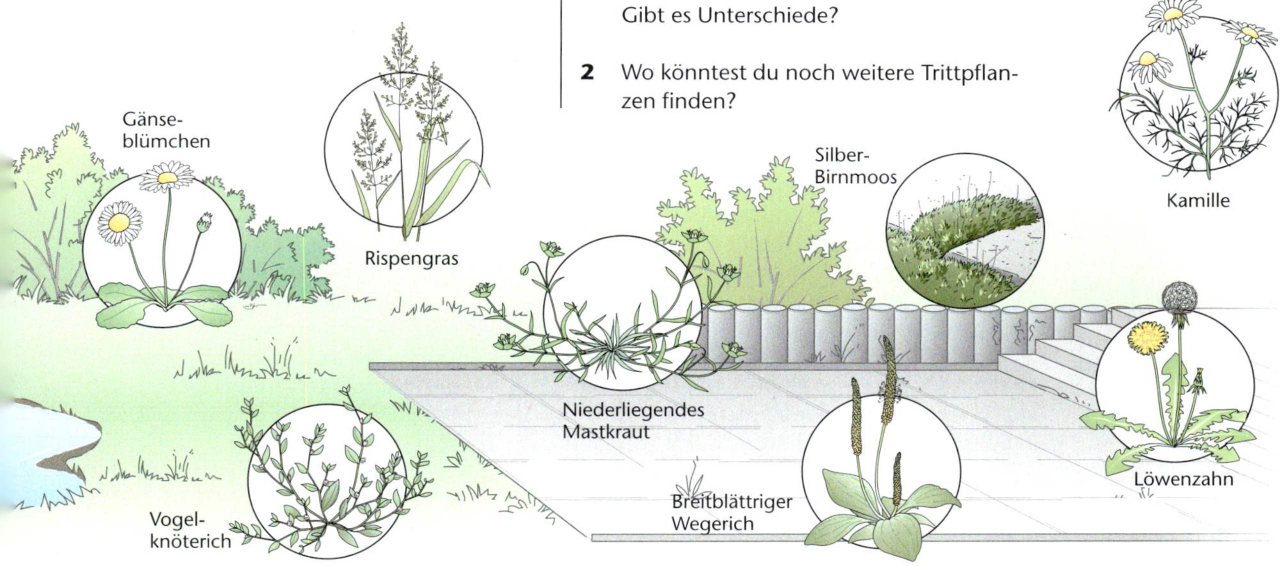

1 Ein Amselmännchen wirbt um ein Weibchen.

2 Amselweibchen beim Nestbau

3 Eier von Amseln

Amseleltern
Mit Gesang lockt das Amselmännchen im Frühjahr ein Weibchen an. Nun umwirbt es die Amsel. Dabei läuft es mit gesenkten Schwanzfedern um sie herum. Ist auch das Weibchen in Paarungsstimmung, fordert es das Männchen mit aufgestellten Schwanzfedern und gestreckter Körperhaltung zur Paarung auf.
Schaust du einmal im Garten einem Amselweibchen hinterher, das mit Grashalmen im Schnabel davonfliegt, kannst du leicht seinen Nistplatz entdecken. Er befindet sich meistens nicht weit entfernt in einer Hecke oder auf einem Baum.

4 Elterntier am Nest

Arbeitsteilung
Das Nest baut bei den Amseln das Weibchen alleine (▷ B 2). Dazu trägt es trockene Pflanzenteile herbei. Halme, Blätter und kleine Zweige legt es in einer Astgabel ab und tritt sie fest. So entsteht die Nestgrundlage. Mit Drehungen des Körpers und scharrenden Beinbewegungen formt es darin eine Mulde. Überstehende Halme flicht sie mit dem Schnabel geschickt in die Wand ein. Das Nestinnere wird mit feuchtem Lehm verklebt und mit weichen Pflanzenteilen ausgepolstert.
Das Weibchen braucht die Technik des Nestbauens nicht zu lernen. Sie ist angeboren.

▶ Die Technik des Nestbauens ist den Vögeln angeboren.

Das Männchen sichert inzwischen die Umgebung des Nistplatzes. Es warnt andere Männchen durch seinen Gesang davor, dem eigenen **Revier** zu nahe zu kommen. Damit ist der Lebensraum gemeint, in dem die Tiere brüten und nach Nahrung suchen. Wird diese eindeutige Warnung nicht beachtet, so folgen Drohrufe und manchmal sogar heftige Angriffe gegen den Eindringling. Das Amselrevier hat eine Fläche von etwa 45 m x 45 m. Zum Vergleich: Auf ein Fußballfeld würden etwa vier Amselreviere passen.

▶ Der Gesang der Vögel dient der Reviermarkierung und lockt Weibchen an.

Aufgaben

1 Schreibe ein Naturtagebuch über den Fahrplan des Frühlings: Welche Vogelart singt als erste? Welche Zugvögel sind als erste zurück? Notiere die Reihenfolge.

2 Beobachte das Brutverhalten einer Vogelart. Achte bei deinen Beobachtungen auf einen großen Abstand zum Nistplatz. Du gefährdest sonst den Bruterfolg!
Beispiele für Beobachtungsaufgaben:
a) Welche Vogelarten haben im Garten oder in Schulnähe ihr Revier?
b) Hat das Männchen einen bevorzugten Platz, an dem es singt?
Beschreibe diese Singwarte genau.
c) Wo wird das Nest gebaut?
In welcher Höhe?
d) Wer baut das Nest?
e) Aus welchem Material wird das Nest gebaut?
f) Wie lange dauert es, bis das Nest fertig ist?

Sammeln und aufbewahren

Auf dem Weg zum Sportplatz hast du zwei schöne Vogelfedern gefunden. Du nimmst sie mit und möchtest sie gerne aufbewahren. Vielleicht findest du noch weitere Exemplare, dann könntest du dir eine Sammlung anlegen.

Für Biologen ist das Sammeln sehr wichtig, denn beim Sammeln und Vergleichen lernen sie Pflanzen und Tiere gut kennen. Zoologen sammeln z. B. Federn oder Schneckenhäuser, Botaniker sammeln Früchte, Samen oder Blätter.

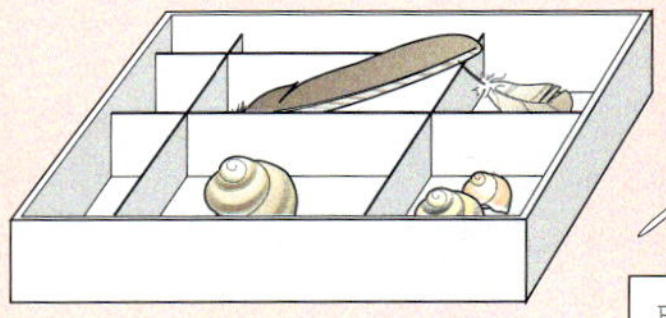

Fundstück	Schwungfeder
Art	Amsel, Weibchen
Familie	Drosseln
Fundort	Stadtpark
Datum	3. Juli 2004

A. Ein Platz für deine Sammlung
Willst du dir deine eigene Sammlung anlegen, brauchst du Schachteln oder Kartons. Unterteile sie in verschiedene Fächer und lege das Gesammelte übersichtlich auf Sägespäne, Watte oder Papier. Beschrifte alles deutlich, damit du immer wieder weißt, was es ist.

B. Ordnung muss sein
Ordne und sortiere deine Sammlung. Stelle Unterschiede und Ähnlichkeiten zwischen den Sammlerstücken fest. Finde die Namen und die wissenschaftlichen Bezeichnungen heraus, frage jemanden oder schlage in Bestimmungsbüchern nach.

C. Das Herbarium
Eine besondere Sammlung ist das Herbarium, kurz Herbar genannt. Das ist eine Sammlung von flach gepressten und getrockneten Pflanzen.

Um ein Herbar anzulegen, brauchst du eine Pflanzenpresse und Zeitungen, zwischen die du die Pflanzen legst. Stelle deine Pflanzenpresse an einen sonnigen, luftigen Ort.

Sind die Pflanzen trocken, so wird jede einzeln auf einen weißen Papierbogen geklebt und mit einem Etikett versehen.

Auf dem Etikett sollte vermerkt sein, zu welcher Art und Familie die Pflanze gehört, wo und wann du sie gefunden hast.

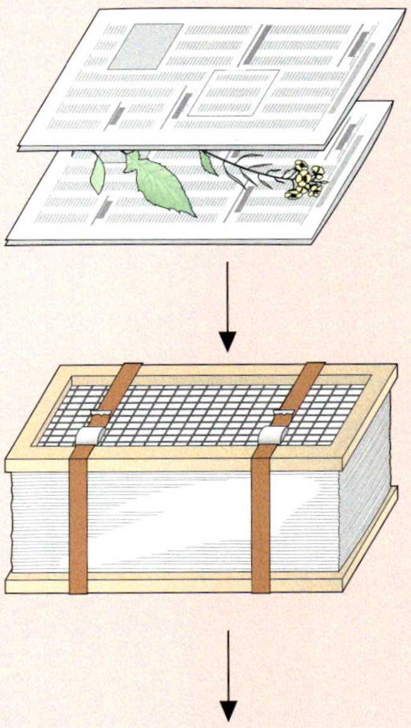

Art	Ackersenf
Gattung	Senf
Familie	Kreuzblütengewächse
Fundort	Feldweg, Bauer Old
Datum	10. Mai 2004

Achtung!
Sammle keine unter Naturschutz stehenden Pflanzen. Informiere dich vorher darüber in einem Bestimmungsbuch.

Zeige die Sammlung deinen Eltern und Klassenkameraden oder gestalte eine Vitrine in der Schule mit deinen Sammlerstücken.

Schutz der Natur

Für viele Menschen ist Naturschutz eine Angelegenheit, die sie persönlich wenig betrifft. Sie denken an unberührte Landschaften weit draußen. Dort verhalten sie sich vielleicht besonders vorsichtig. Aber in der Stadt und in den Randgebieten kann man die Natur doch kaum schützen. Oder?

Gärten, Bahndämme, Wegränder und Baumreihen sind wichtige Bindeglieder zwischen dem Siedlungsraum und dem Außenbereich. Die „Natur" liegt also direkt vor deiner Haustüre. Diese Seiten geben dir Anregungen sie zu schützen. Handeln musst du selbst.

Trockenmauern und Gartenteich

Je unterschiedlicher die Teile eines Gartens gestaltet sind, desto mehr Tierarten lassen sich beobachten. Fast in jedem Garten ist Platz für einen kleinen Teich. Schon die kleinsten Wasserflächen sind eine Bereicherung. Sie dienen als Badestelle und Tränke für verschiedene Vogelarten. Wenn die Fläche etwas größer ist, siedeln sich schon nach kurzer Zeit viele Insekten, z.B. Libellen und Wasserkäfer an.

- Den Erdaushub bei der Erstellung eines Teiches kann man zur Anlage eines Steinhügels mit Trockenmauer nutzen. Trockenmauern sind für ganz bestimmte Tiere und Pflanzen ein idealer Lebensraum.
Findet heraus welche.

- Worauf soll man bei der Anlage eines Teiches achten? Warum sollte er zumindest 80 bis 100 cm tief sein?

Kompost – der unglaubliche Haufen

Erstaunlich, was in der Gartenecke unbemerkt geschieht. Pflanzenabfall aus Haus und Garten, Kaffeesatz und Eierschalen sind im bunten Durcheinander zu einem Haufen aufgeschichtet worden. Und ein Jahr später ist daraus dunkle, krümelige Erde geworden.

- Weißt du, was alles auf einen Komposthaufen gehört und was nicht?

- Warum ist das Anlegen eines Komposthaufens ein Beitrag zum Umweltschutz?

Naturnahe Gartenarbeit

Viele Schulen besitzen einen eigenen Schulgarten. Hier gibt es das ganze Jahr über etwas zu tun.
Wäre es nicht schön, in einer Schulgarten-AG mitzumachen?

- Ohne Bienen keine Ernte im Obstgarten – ohne Wildblumen keine Bienen.
Erkläre den Zusammenhang! Was ergibt sich daraus für einen gut angelegten Garten?

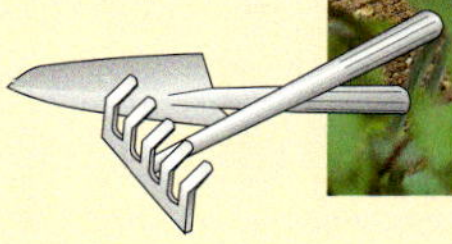

- Die nebenstehende Abbildung zeigt eine Mischkultur von Möhren, Lauch und Tomaten.
Informiere dich, was eine Mischkultur ist. Erkläre was das Anlegen einer Mischkultur mit „Schutz der Natur" zu tun hat.

Krautsäume sind Lebensräume

Gibt es am Rand eures Schulhofes einen Krautsaum? Wie sieht er aus?

- Erkläre, weshalb zu einem Krautsaum auch Mut zur Unordnung gehört.

- Stelle dir vor, du entdeckst am Schulhofrand eine Feldmaus. Kannst du einen Weg zum nächsten Feld oder Park angeben, auf dem die Maus sich eingeschlichen haben könnte?

Beispiele für Krautsäume sind Ackerrandstreifen, Gräben, Böschungen oder Straßenränder. Sie sind bei uns leider immer seltener anzutreffen.

- Kannst du Ursachen angeben, warum viele Krautsäume aus der Landschaft verschwinden? Wodurch sind sie gefährdet?

- Nenne Gründe, weshalb Krautsäume schützenswert sind.

Richtiges Verhalten in der Natur

Für Naturschutzgebiete gelten besondere Bestimmungen. Sie werden oft unbewusst missachtet, weil die Folgen für die Tier- oder Pflanzenwelt nicht unmittelbar erkannt werden.

- Was muss in einem Naturschutzgebiet beachtet werden?

Wenn du es nicht weißt, wende dich z. B. an die untere Naturschutzbehörde deines Landkreises.

- Die meisten Menschen verhalten sich in der Natur rücksichtsvoll. Einige Regeln sollte man immer beachten. Dazu gehört zum Beispiel:
  – keine Abfälle zurücklassen
  – unnötigen Lärm vermeiden
  Gib 5 weitere Verhaltensregeln an!

Auszug aus dem Landschaftsschutzgesetz

§ 61 Artenschutz

(1) Es ist verboten,

1. wild lebende Tiere mutwillig zu beunruhigen oder ohne vernünftigen Grund zu fangen, zu verletzen oder zu töten;
2. ohne vernünftigen Grund wild lebende Pflanzen von ihrem Standort zu entnehmen oder zu nutzen oder ihre Bestände niederzuschlagen oder auf sonstige Weise zu verwüsten;
3. von Bäumen, Sträuchern oder Hecken unbefugt Schmuckreisig zu entnehmen, gleichgültig ob ein wirtschaftlicher Schaden entsteht oder nicht;
4. ohne vernünftigen Grund Lebensstätten wild lebender Tier- und Pflanzenarten zu beeinträchtigen oder zu zerstören.

- Kennst du den Unterschied zwischen einem Naturschutzgebiet, einem Landschaftsschutzgebiet und einem Naturdenkmal? Für diese gibt es unterschiedliche Schilder!

Schaue im Internet nach oder informiere dich bei einem Förster wie sie aussehen.

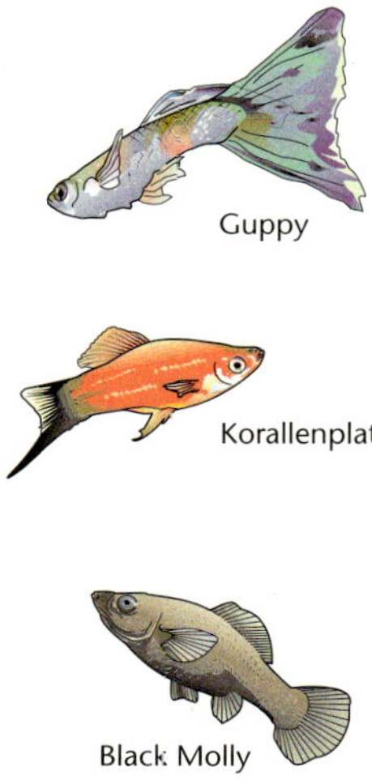

1 Aquarienfische

In einem Aquarium kannst du das Leben der Fische gut beobachten. Bevor du jedoch ein eigenes Aquarium einrichtest, solltest du dich gut informieren.
Tipps zum Thema „Aquaristik" findest du in Büchern und im Zoofachhandel.
Es muss dir auf jeden Fall klar sein: Fische sind Lebewesen, für die du Verantwortung übernimmst – ohne Arbeit geht das nicht!
Auf dieser Seite findest du einige Hinweise zum Einrichten und zur Pflege eines Warmwasseraquariums.

Material
Für den Anfang ist ein Aquarium mit 80–100 l Wasserinhalt gut geeignet. Neben einer Abdeckhaube mit Beleuchtung, einem Filter und einer Heizung benötigst du noch ein Thermometer. Die Temperatur sollte bei einem Warmwasseraquarium zwischen 23 und 26 °C betragen. Zusätzliches Zubehör sind Eimer, Absaugschlauch, Scheibenreiniger und Fangnetz.

Einrichten und Dekorieren
Den Boden des Beckens bedeckt eine 4–5 cm hohe Schicht Aquarienkies. Hierauf kannst du zur Dekoration Steine und Wurzeln legen. Am besten gräbst du sie leicht im Boden ein. Anschließend bringst du im hinteren Bereich die Heizung und den Filter an (▷ B 3).
Danach füllst du vorsichtig etwa 25 °C warmes Wasser ein. Damit der Kies nicht aufgewirbelt wird, legst du am besten einen Teller auf den Boden (▷ B 2).

2 So wird Wasser eingefüllt

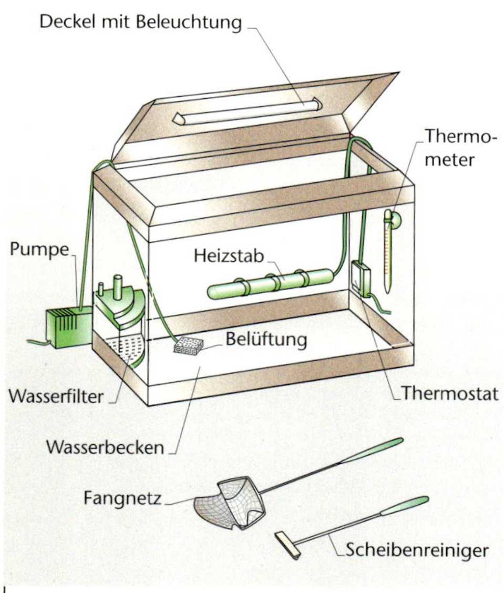

3 Einrichten eines Aquariums

4 Aquarium

Fische
Mit dem Einsetzen der Fische solltest du mindestens eine Woche warten. Die Anzahl der Fische richtet sich nach der Größe des Beckens. Bedenke dabei, dass die Fische noch wachsen und sich vermehren können.

Pflegehinweise
Zur richtigen Pflege eines Aquariums gehören regelmäßige Pflichten.

Gib den Fischen täglich nur so viel Futter, wie sie in 2–3 Minuten restlos auffressen. Kontrolliere außerdem jeden Tag die Wassertemperatur, die Funktion des Filters und der Heizung.
Beobachte täglich die Fische, ob dir an ihrem Verhalten oder Aussehen Veränderungen auffallen. Dies kann auf Krankheiten hindeuten.

Einmal pro Woche solltest du einen Teil des Wassers durch neues ersetzen; Futterreste und Schmutz musst du absaugen.

Falls nötig, solltest du die Innenseiten der Scheiben und den Filter reinigen sowie die Wasserpflanzen zurückschneiden.

Aufgaben

1 Beobachte die Fische in einem Aquarium und beschreibe ihre Fortbewegung.

2 Informiere dich in einem Zoofachgeschäft, woher Aquarienfische stammen, was sie kosten und wie hoch die laufenden Kosten für ein Aquarium sind.

Werkstatt

Vom Schwimmen und Tauchen

1 Wer ist der schnellste Schwimmer?

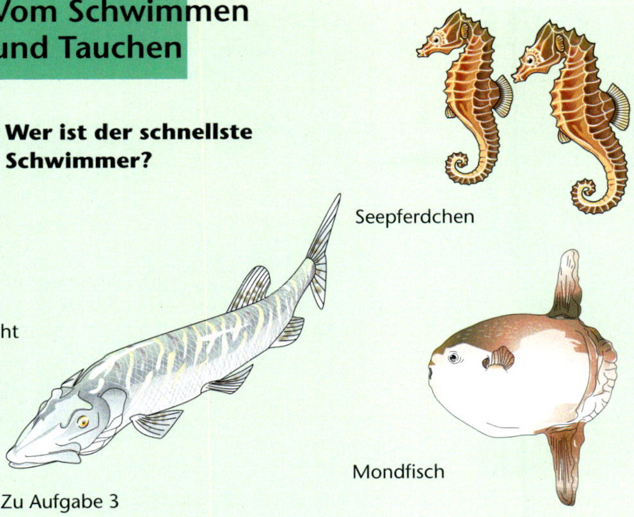

1 Zu Aufgabe 3

Material
Modelliermasse, Standzylinder (Höhe 30 cm), Notizpapier, Messer, Waage, langer Holzstab (z. B. Schaschlikspieß), Stoppuhr

Versuchsanleitung
a) Teile die Knetmasse mit dem Messer in vier gleich schwere Teile (ca. 5 g). Kontrolliere das Gewicht mit der Waage.
b) Stelle anschließend aus der Knetmasse, wie in Abbildung 2 dargestellt, verschieden geformte Körper her.
c) Ordne den Körpern die folgenden Begriffe zu: kugelförmig, zylindrisch, würfelförmig, scheibenförmig.
d) Welcher Körper wird wohl am schnellsten sinken, welcher am langsamsten? Erstelle eine Reihenfolge der Absinkzeiten für deine Vermutung und begründe die Erwartung.
c) Fülle den Standzylinder fast bis zum oberen Rand mit Wasser.
d) Lasse die Körper nacheinander ins Wasser fallen. Miss die Absinkzeiten der verschiedenen Körper.
e) Den abgesunkenen Körper kannst du leicht wieder aus dem Wasser holen, wenn du mit dem Holzstab hineinstichst.

Aufgaben
1. Ordne die Körper nach ihrer jeweiligen Absinkzeit und vergleiche deine Ergebnisse mit denen deiner Mitschüler und Mitschülerinnen.

2. Forme aus der Knetmasse nach eigenen Ideen weitere gleich schwere Körper. Schätze vor der Versuchsdurchführung die Absinkzeit und führe dann den Versuch durch.
Überlege dir, wie die Absinkzeit von der Körperform abhängt.

3. Vergleiche die Körperform der Fische in Bild 1. Welcher Fisch ist wohl der schnellste, welcher der langsamste Schwimmer?
Begründe deine Antwort.

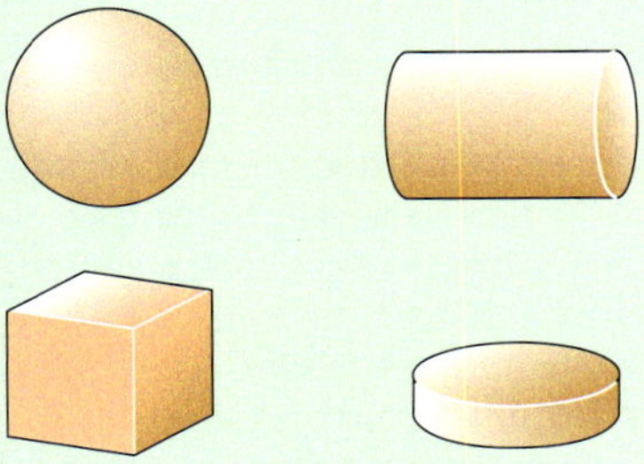

2 Zu Versuch 1

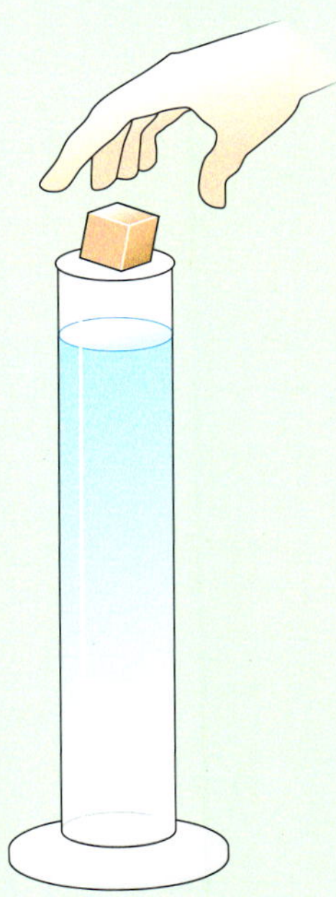

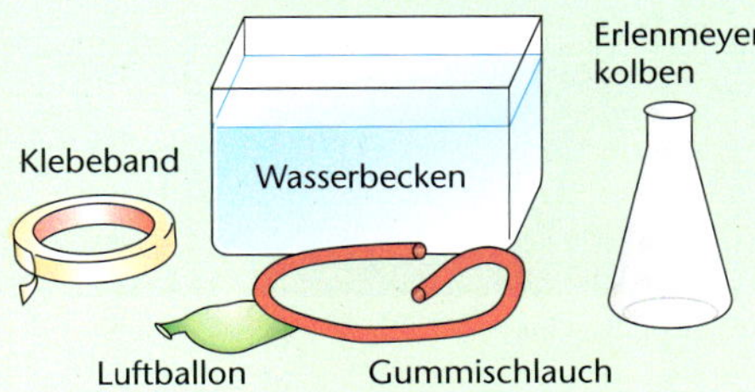

2 Wie funktioniert die Schwimmblase?

Material
Wasserbecken (mindestens 30 cm x 20 cm x 20 cm), Erlenmeyerkolben (500 ml), Gummischlauch, Luftballon, Klebeband

Versuchsanleitung
a) Fülle das Becken fast bis zum Rand mit Wasser.
b) Klebe den Luftballon an das Schlauchende und stecke ihn dann in den Erlenmeyerkolben.
c) Tauche den Erlenmeyerkolben unter Wasser, sodass er ganz mit Wasser gefüllt ist.
d) Blase anschließend Luft durch den Gummischlauch.
e) Lasse die Luft langsam wieder ab.
f) Versuche den Erlenmeyerkolben in der Schwebe zu halten.

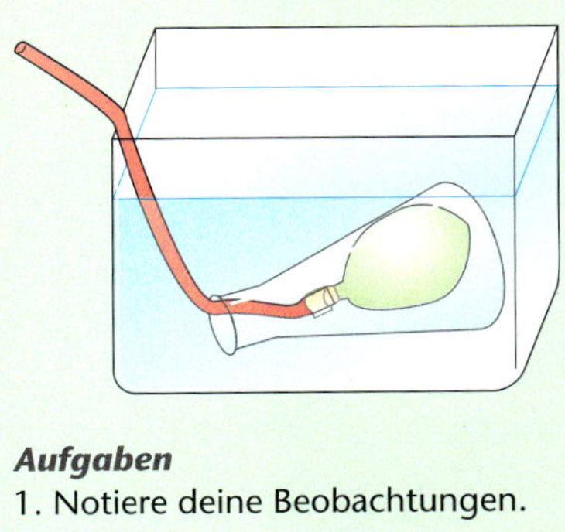

Aufgaben
1. Notiere deine Beobachtungen.

2. Vergleiche den Luftballon mit der Schwimmblase eines Fisches.

1 Schuppenkarpfen

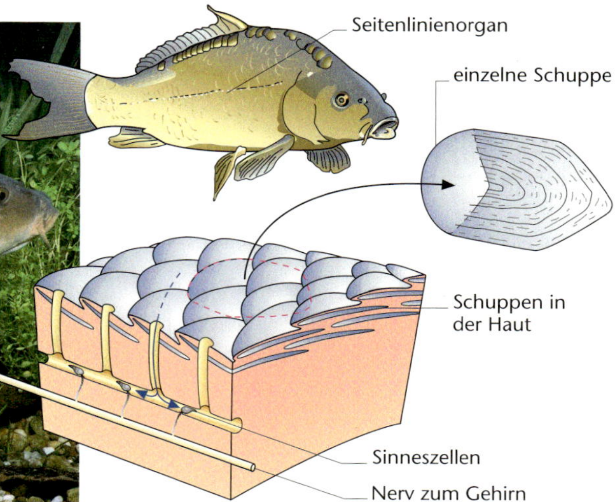

2 Seitenlinienorgan, Haut und Schuppe

Karpfen – ein Leben im Teich

Karpfen (▷ B 1) verbringen ihr ganzes Leben im Wasser: Hier werden sie geboren und hier wachsen sie heran. Im Wasser finden die Fische ihre Nahrung, hauptsächlich Pflanzenteile und kleine Tiere. Sie atmen unter Wasser und pflanzen sich auch hier fort. Sie sind also hervorragend an das Leben im Wasser angepasst.
Aber was genau kennzeichnet den Karpfen als Fisch?

Die Wirbelsäule stützt den Körper

Der stromlinienförmige Körper eines Karpfens ist in Kopf, Rumpf und Schwanz untergliedert. Dadurch gleitet er ohne großen Widerstand durchs Wasser. Im Innern dient die **Wirbelsäule** (▷ B 3) als Stütze für den Fischkörper.

Neben den Skelettknochen besitzen Fische noch die dünnen fadenartigen **Gräten**, die aus verknöchertem Bindegewebe bestehen. Im Unterschied zu den Rippen sind die Gräten nicht mit der Wirbelsäule verbunden.

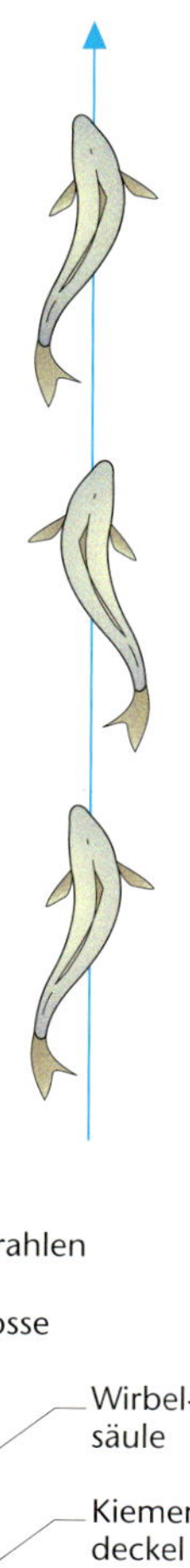

Flossen zur Fortbewegung

Karpfen schwimmen mit schlängelnden Bewegungen. Diese kommen durch das abwechselnde Zusammenziehen der seitlichen Rumpfmuskeln zustande. Als zusätzlicher Antrieb dient die **Schwanzflosse**. Zur Steuerung setzen die Fische die **Brust-** und **Bauchflossen** ein, die paarweise vorhanden sind. Mit der **Rücken-** und der **Afterflosse** halten die Karpfen während des Schwimmens das Gleichgewicht.

Schuppen bedecken den Körper

Die Körperhülle der Karpfen besteht aus einer Hautschicht mit Schleimzellen.
Der von ihnen abgegebene Schleim vermindert den Reibungswiderstand beim Schwimmen und schützt vor Hautkrankheiten. Bei den meisten Fischarten liegen in der Haut kleine Knochenplättchen, die **Schuppen** (▷ B 2). Diese sind wie Dachziegel angeordnet und schützen so den Körper.
Die Körpertemperatur der Fische ist von der Wassertemperatur abhängig: Fische sind **wechselwarme** Tiere.

Das Seitenlinienorgan – ein besonderes Sinnesorgan

Fische haben ein besonderes Sinnesorgan, das du bei anderen Tieren nicht findest: das **Seitenlinienorgan**. Von außen sieht man nur winzige Poren, die vom Kopf bis zum Schwanz eine Linie bilden (▷ B 2). Diese Poren führen zu einem Kanal unter der Haut, in dem **Sinneszellen** liegen, die durch Wasserbewegungen gereizt werden.

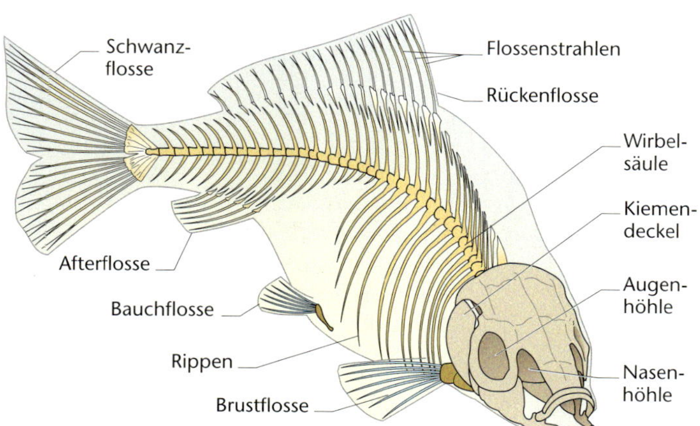

3 Skelett des Karpfens

So nehmen Fische kleinste Veränderungen der Wasserströmung wahr.

Blick ins Innere

Betrachtet man die inneren Organe eines Karpfens, fällt die **Schwimmblase** (▷ B 4) auf. Es handelt sich um eine gasgefüllte Blase, die die meisten Fische besitzen. Dieses Organ ermöglicht es den Fischen, im Wasser zu schweben, aufzusteigen oder abzusinken. Hierzu wird die Gasmenge in der Schwimmblase vergrößert oder verringert.

Atmen unter Wasser

Das wichtigste Merkmal der Fische ist ihre Fähigkeit, unter Wasser zu atmen. Wasserlebende Säugetiere wie Wale können zwar bis zu zwei Stunden tauchen, müssen dann jedoch an die Wasseroberfläche schwimmen, um Luft zu holen.

Fische dagegen besitzen spezielle Atmungsorgane – die **Kiemen** (▷ B 5). Mit ihnen nehmen sie den nötigen Sauerstoff direkt aus dem Wasser auf.
Dazu pumpen sie durch Bewegungen ihrer Mund- und Kiemenhöhlen Wasser an den Kiemen vorbei. Hinter den Kiemendeckeln liegen hintereinander vier Kiemenbögen mit vielen sehr dünnen, stark durchbluteten **Kiemenblättchen** (▷ B 5). An diesen strömt ständig Wasser vorbei. Der im Wasser gelöste Sauerstoff wird hier ins Blut aufgenommen, Kohlenstoffdioxid wird an das Wasser abgegeben.

Typische Merkmale eines Fisches sind:
- der stromlinienförmige Körper,
- die Flossen,
- die Schuppen,
- das Seitenlinienorgan,
- die Schwimmblase sowie
- die Kiemen.

Aufgaben

1 a) Skizziere den Körperumriss eines Fisches, zeichne die Flossen ein und beschrifte sie.
b) Welche Flossen eines Karpfens sind paarweise vorhanden, welche einzeln? Nenne jeweils ihre Funktion.

2 Wo liegt bei Fischen die Schwimmblase? Erkläre die Funktion dieses Organs.

3 Beschreibe den Weg des Wassers, das ein Fisch beim Atmen einsaugt.

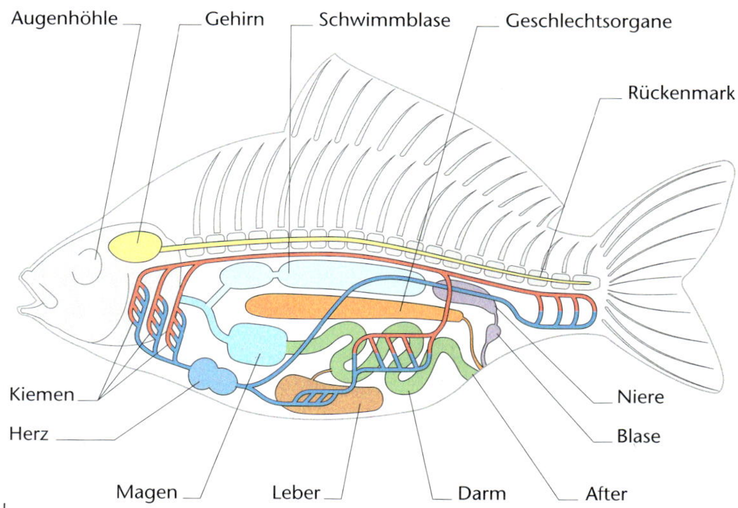

4 Innere Organe eines Fisches

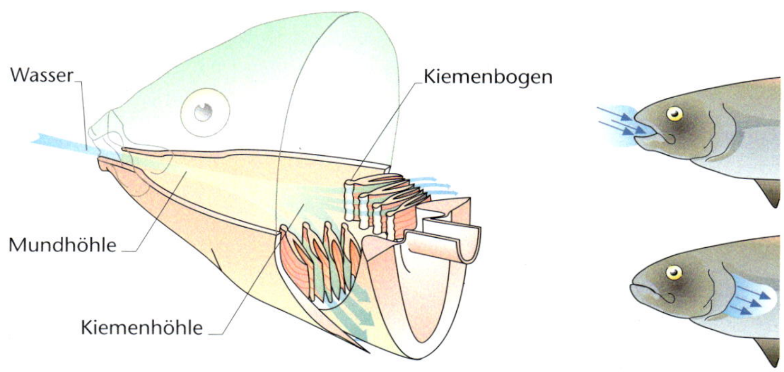

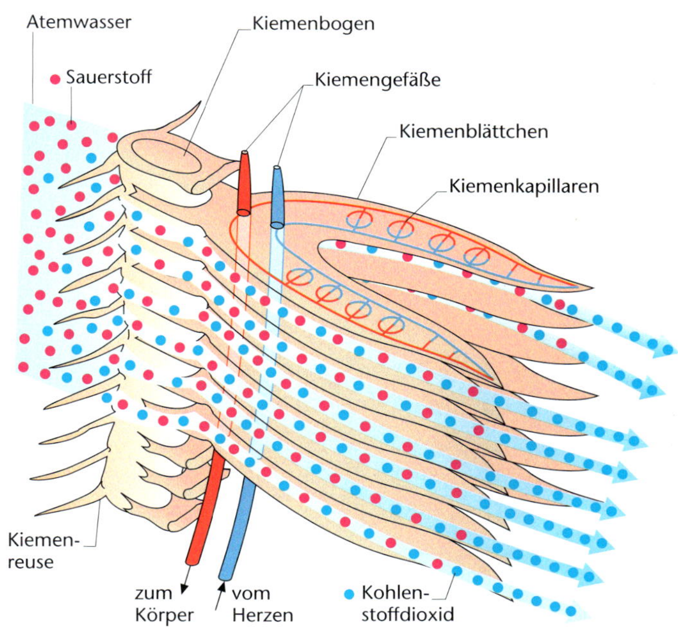

5 Aufbau und Funktionsweise der Kiemen

Pflanzen im Klassenzimmer

Die 5a bezieht nach den Sommerferien ihr neues Klassenzimmer. „Oh je“ ruft Tim, „das sieht ja langweilig aus!“ „Vielleicht können wir mit Pflanzen etwas Leben in unseren Raum bringen. Immer zwei von uns könnten doch eine Zimmerpflanze in Pflege nehmen“, meint Lisa. Am nächsten Tag bringt sie einige Bücher über Zimmerpflanzen in den Unterricht mit. Die Klasse informiert sich zuerst in Gruppen über das Thema Zimmerpflanzen.

3 Grundausstattung für die Zimmerpflanzenpflege

Richtige Pflege von Zimmerpflanzen
Nicht immer gedeihen unsere Zimmerpflanzen gut, obwohl wir sie regelmäßig gießen. In ihrer Heimat herrschen nämlich andere Lebensbedingungen als bei uns im Klassenraum. Deshalb sollte man folgende Regeln kennen, bevor man sich „grüne Pfleglinge“ ins Zimmer holt.

Viele Zimmerpflanzen kommen aus tropischen Ländern mit feucht-warmem Klima. In unseren Räumen mit Zentralheizung ist es zwar warm, aber es fehlt die nötige Luftfeuchtigkeit. Gießen allein hilft nicht, wir müssen einen Handzerstäuber benutzen. Gönne deinen Pflanzen ab und zu ein „Bad im Regen“.

Oft sterben Zimmerpflanzen ab, weil sie zu viel und zu häufig gegossen werden. Erkundige dich zuerst nach dem Wasserbedarf deiner Pflanzen und gieße nur mit

1 Zypergras

2 Yucca

zimmerwarmem Wasser. Vermeide ein „Fußbad“, sonst faulen die Wurzeln.
Mit großer Sorgfalt solltest du den Standort deiner Zimmerpflanzen auswählen. Halte dich an die Ratschläge von Gärtnern, sie sind die Fachleute. Wenige Pflanzen vertragen die pralle Sonne.

Achte regelmäßig auf Schädlinge an deiner Zimmerpflanze, z. B. Blattläuse oder Milben. Du erkennst eine Pflanzenkrankheit oft am Zustand der Blätter. Blattläuse kannst du übrigens mit bloßem Auge sehen.
Ab und zu braucht deine Zimmerpflanze einen neuen, größeren Topf und frische Blumenerde. „Umtopfen“ nennen Gärtner diese Aktion.
Im Zimmer kann man Wärme, Licht und Bodenfeuchtigkeit so regeln, dass Pflanzen zu allen Jahreszeiten blühen und wachsen.

Die 5a braucht eine Grundausstattung an Arbeitsmaterial und kleinen Gartengeräten, ohne die sie die Pflege ihrer Zimmerpflanzen nicht durchführen kann (▷ B 3).

4 Bogenhanf (Sanseverie)

5 Grünlilie

Werkstatt

Zimmerpflanzen – nicht nur zum Anschauen!

1 Buchstabensalat

Material

Kressesamen, Blumendraht, Watte, Teller und Wasser

Versuchsanleitung

Forme aus Blumendraht den Anfangsbuchstaben deines Namens. Befestige eine dicke Watteschicht um den Draht. Besprühe den Wattebuchstaben mit Wasser und bestreue ihn mit Kressesamen. Lege den Buchstaben auf einen Teller. Halte alles feucht und beobachte. Wenn die Kressesamen gewachsen sind, ergibt sich eine tolle Dekoration.
Die Kresse schmeckt später auf einem Tomatenbrot besonders gut.

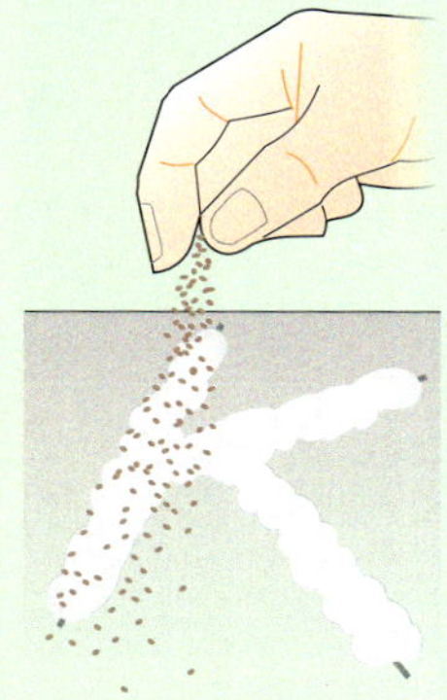

1 Kressebuchstabe

2 Anzucht von Kopfstecklingen

Material

Zypergras, Messer, Tasse und Regenwasser

Versuchsanleitung

Schneide von einem Zypergras einen Stiel ungefähr 5 cm unter dem Blattquirl ab. Kürze alle Blätter um die Hälfte und lege Blätter und Stiel in eine Tasse mit Wasser. Was geschieht? Den Vorgang nennt man Anzucht von „Kopfstecklingen“.

2 Kopfsteckling

3 Avocadopflanzen

Material

Avocadokern, Messer, Streichhölzer, Marmeladenglas und Wasser

Versuchsanleitung

Schneide einen Avocadokern an der breiten Seite ungefähr bis zur Mitte auf. Spitze drei Streichhölzer so an, dass du sie an drei Stellen des Kerns hineinstecken kannst. Lege nun den Kern in ein Marmeladenglas mit Wasser; dabei darf nur der untere Teil des Kerns ins Wasser eintauchen. Nun musst du einige Wochen Geduld haben. Was geschieht? Schreibe deine Beobachtungen ins Heft.

3 Avocadokern zur Anzucht einer neuen Avocadopflanze

Aufbau einer Blütenpflanze

1 Saatmohn

Schau dir einmal Pflanzen, die auf dem Schulgelände wachsen, genauer an. Du wirst auf den ersten Blick die Unterschiede sehen, denn Saatmohn (▷ B 1) sieht ganz anders aus als ein Gänseblümchen oder das Hirtentäschelkraut, das in Bild 2 gezeigt ist.

Vergleichst du die Pflanzen genauer, so kannst du sehen, dass bei allen die gleichen Teile vorkommen: **Blätter, Blüten, Sprossachse** bzw. **Stängel** und **Wurzeln.** Die Pflanzenteile sehen aber sehr verschieden aus. Fachleuten verrät der unterschiedliche Bau oft schon auf den ersten Blick, unter welchen Lebensbedingungen die Pflanzen wachsen.

▶ Alle Blütenpflanzen haben die gleichen Grundorgane: Blüte, Sprossachse, Blatt und Wurzel. Diese Grundorgane benötigt die Pflanze, um zu wachsen, sich zu ernähren und sich fortzupflanzen.

Aufgaben

1 Sammle einige Pflanzen aus der Umgebung der Schule. Überprüfe, ob du bei allen die auf dieser Seite dargestellten Grundorgane erkennen kannst.

2 Bereite eine Ausstellung vor, für die du unterschiedliche Blätter, Blüten und Wurzeln sammelst.

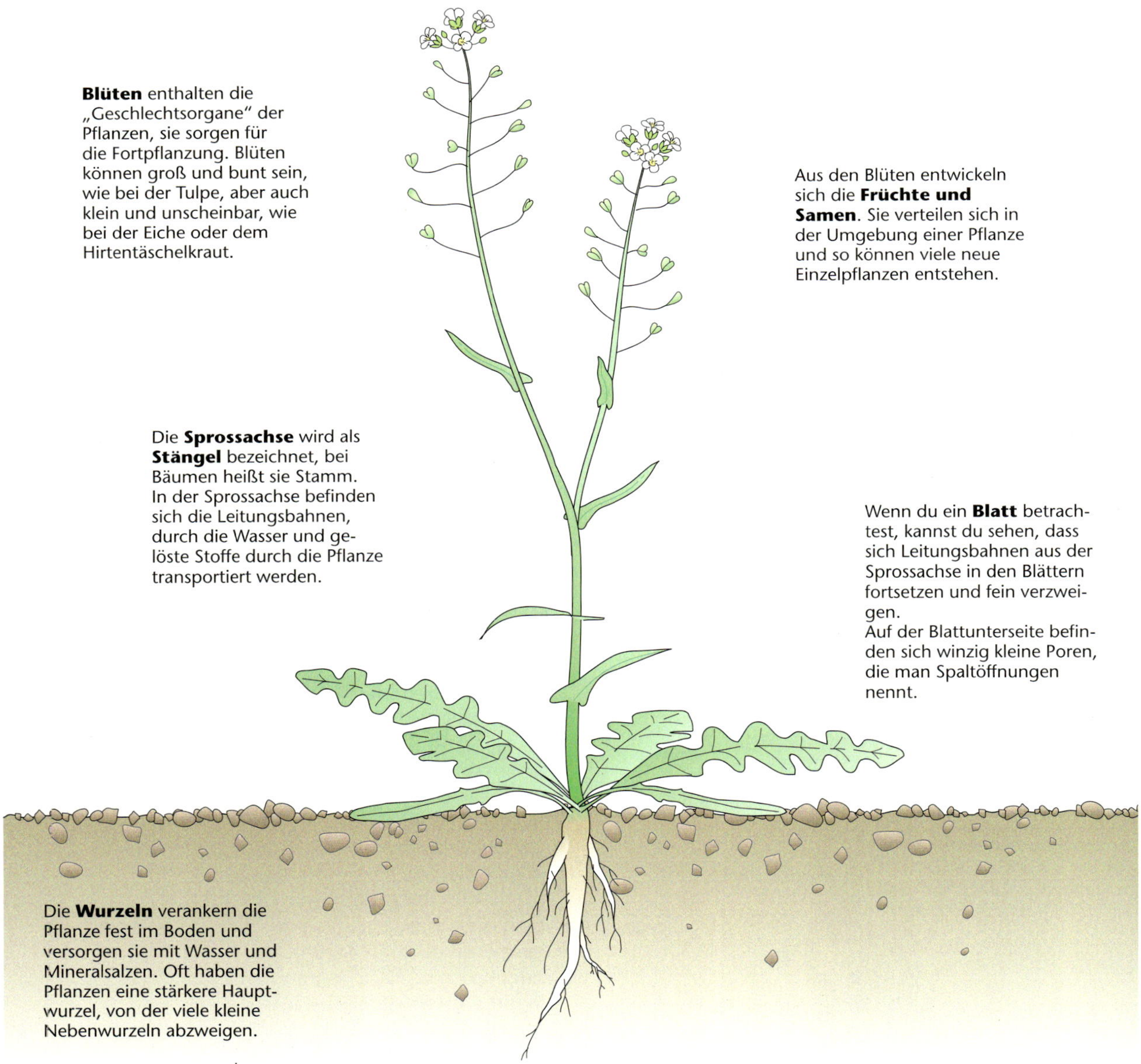

2 Aufbau einer Blütenpflanze, hier Hirtentäschelkraut

Strategie

Mein Heft wird super!

In deinem **Heft** oder **Ordner** kannst du jederzeit nachschauen, was ihr im Unterricht besprochen habt. Das erleichtert dir das Lernen. Dazu ist es allerdings wichtig, dass dein Heft oder dein Ordner übersichtlich und ansprechend gestaltet ist. Die Leser, also auch du selbst, müssen sich schnell zurechtfinden können und „Blickfänge" vorfinden. Dann macht das Lesen und Betrachten Spaß.

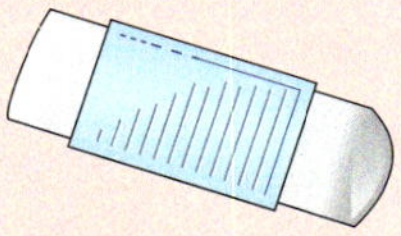

Du musst den Ordner oder das Heft deutlich mit Fach, Name, Klasse und Schuljahr beschriften. Außerdem braucht dein Heft einen sauberen Einband.

Arbeitsblätter werden komplett und fehlerfrei ausgefüllt, eventuell zuerst mit Bleistift, und dann in der richtigen Reihenfolge eingeklebt oder eingeheftet.

Achte auf eine ordentliche, lesbare Schrift. Vielleicht schreibst du im Unterricht zuerst vor und trägst deine Notizen später in Ruhe ein.

Teile die Heftseite sinnvoll ein. Lasse links und rechts einen Rand von etwa 2 bis 3 cm frei. Hier kannst du mit Bleistift Lernhilfen oder „Eselsbrücken" eintragen.

Gliedere den Text in Absätze, wähle Überschriften und schreibe sie groß oder farbig. Merke dir: für jedes Thema eine neue Seite anfangen!

Wer Lust hat, kann selbst Fotos machen oder Bilder einkleben.

Eigene Skizzen und Zeichnungen werden groß und mit Bleistift angefertigt. Vergiss die Beschriftung nicht!

Falls du etwas korrigieren musst, radiere ordentlich.

Themenhefte

Ein besonderer Fall ist das **Themenheft** oder der **Sachordner.** Hier widmest du einem Thema ein ganzes Heft. Themen für ein Themenheft könnten sein: unser Garten, Tiere und Pflanzen auf unserem Balkon, meine Zimmerpflanze, ein Besuch im Zoo.

Versuche

1 Lege einen Bohnensamen einen Tag ins Wasser und entferne dann die Samenschale. Klappe die beiden weißlichen Hälften auseinander, betrachte sie mit der Lupe und zeichne sie.

2 Gib auf die geschälte Bohne und das Weizenkorn Iod-Kaliumiodid-Lösung. Was kannst du beobachten? Erkläre.

Aufbau eines Bohnensamens

Der Bohnensamen (▷ B 1) ist von einer harten Samenschale umgeben. Deutlich kannst du den Nabel, die Stelle, an der die Bohne an der Hülse angewachsen war, erkennen. Der geschälte Samen besteht aus zwei dicken, weißlichen Hälften, den **Keimblättern**. Sie sind voller Nährstoffe und enthalten vor allem Stärke. Ihre Aufgabe ist die Ernährung des jungen Keimlings, der aus dem Samen entsteht. Du kannst diesen Keimling, den **Pflanzenembryo**, zwischen den beiden Keimblättern finden. Mit der Lupe erkennst du seine Einzelteile: den Keimstängel mit den ersten Laubblättern, die Keimknospe und die Keimwurzel. Der Keimling ist also bereits ein vollständiges Pflänzchen, das nur noch heranwachsen muss.

1 Bohnensamen

Der Bohnensamen keimt

Die Keimung kann nur beginnen, wenn ausreichend Feuchtigkeit, Wärme und Sauerstoff vorhanden sind. Dann läuft der Keimungsvorgang innerhalb weniger Tage ab.

Bei der Bohne bricht die Keimwurzel durch die Samenschale, dringt in den Boden ein und entwickelt Seitenwurzeln. Jetzt wird der wie ein Haken gekrümmte Stängel sichtbar. Er wächst nach oben und zieht dabei die beiden Keimblätter aus der Samenschale heraus. Wenn sich die ersten grünen Blätter entfalten, verkümmern die Keimblätter und fallen schließlich ab.

Die junge Pflanze kann nun wachsen. Dazu braucht sie viel Licht und genügend Wasser mit Mineralsalzen aus dem Boden, da die Vorratsstoffe des Samens aufgebraucht sind.

Der Samen enthält den Keimling der neuen Pflanze. Keimblätter versorgen den Keimling mit Nährstoffen. Samen benötigen zur Keimung Wasser, Wärme und Sauerstoff.

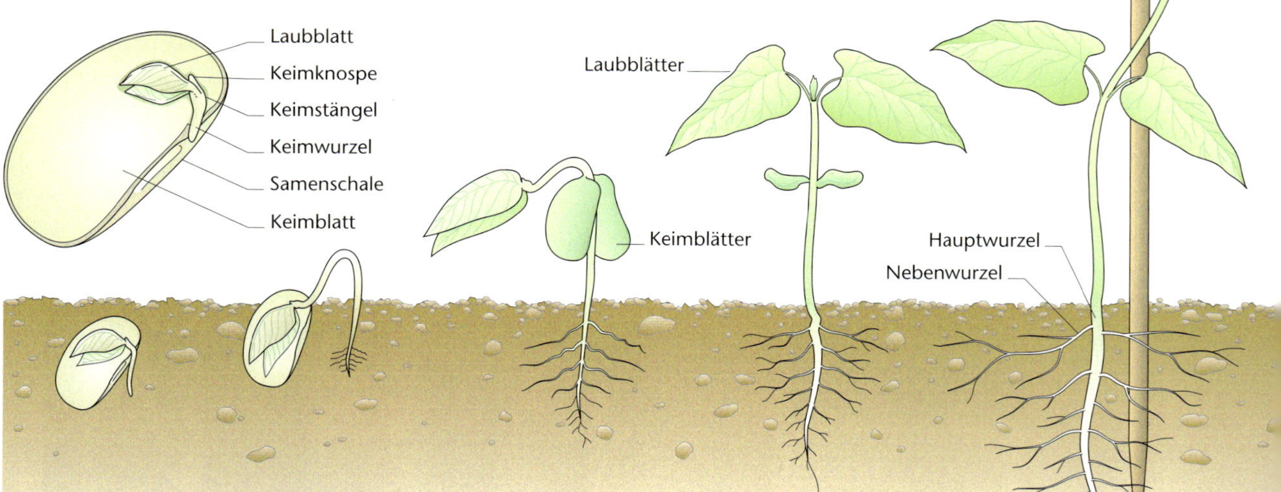

Keimung und Wachstum

1 Kann man Pflanzen wachsen sehen?

Material

Zwiebel der Hyazinthe, Bohnensamen, Watte, Lineal, Filzstift

Versuchsanleitung

a) Wenn du das Wachstum der Sprossachse untersuchen willst, musst du regelmäßig die Länge der Sprossachse messen und protokollieren. Nach den gemessenen Werten kannst du eine Wachstumskurve zeichnen.
Miss drei Wochen lang den Blütentrieb, der aus der Zwiebel einer Hyazinthe herauswächst. Erstelle eine Tabelle und zeichne die Wachstumskurve in dein Heft.
b) Feuerbohnen werden in feuchter Watte zum Keimen gebracht. Wenn Sprossachse bzw. Wurzel etwa 2 cm lang sind, werden mit einem dünnen, wasserfesten Filzstift Markierungsstriche im Abstand von 2 mm angebracht. Nach vier Tagen wird kontrolliert. Vergleiche die Ergebnisse mit nebenstehender Abbildung.

2 Was benötigt der Samen für die Keimung?

Material

60 Bohnensamen, 6 Glasschalen (Petrischalen), rundes Filterpapier, Eiswürfel, Frischhaltefolie

Versuchsanleitung

a) Lege in die sechs Petrischalen jeweils drei Rundfilter und lege darauf jeweils 10 Bohnensamen. Denk daran: Schalen beschriften!
b) Die Schalen 1 und 2 erhalten einen hellen Standort, ausreichend Wärme, Wasser und Luft. Sie sind unsere Kontrollversuche.
Auch die übrigen Schalen versorgen wir ähnlich, aber:
- Schale 3 wird in einen Schrank ohne Licht gestellt.
- Schale 4 wird nicht gegossen.
- In die Schale 5 werden wiederholt Eiswürfel gelegt, um die Samen kalt zu halten.
- Schale 6 wird dicht mit einer Frischhaltefolie eingewickelt, damit möglichst wenig Luft an die Samen gelangen kann.

c) Beobachte die Schalen über mehrere Tage, protokolliere und versuche die Ergebnisse zu erklären.

Achtung: Eine Keimung ist gelungen, wenn sich die ersten grünen Blättchen sehen lassen.

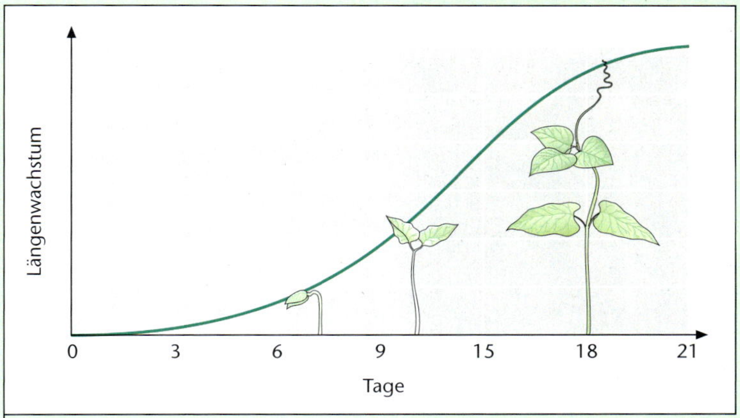

1 Wachstumskurve

2 Stängelwachstum

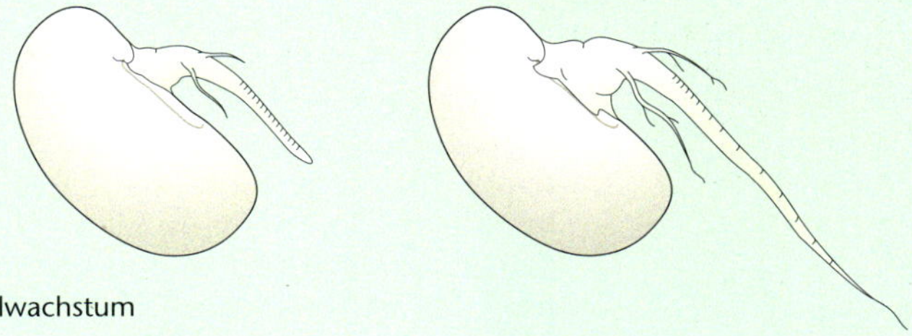

3 Wurzelwachstum

4 Ein Bohnensamen keimt.

Aufgabe

Bambus kann am Tag 84 cm wachsen.
Wie viele Zentimeter wächst diese tropische Pflanze in der Stunde?

1 Kirschblüte

2 Bestäubung

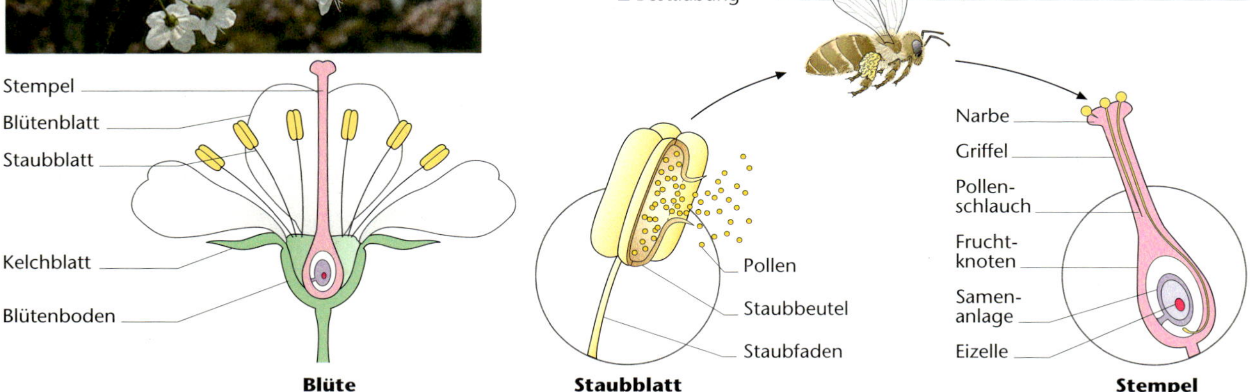

5 Eine Kirsche entsteht: Bestäubung, Befruchtung, Entwicklung der Frucht

Blüten werden bestäubt
An einem warmen Frühlingstag kannst du hunderte von Bienen sehen, die um einen blühenden Kirschbaum herumfliegen. Schaust du einmal genauer hin, siehst du, dass jede Biene versucht, an den Grund der Blüte zu gelangen. Dort sucht sie eine süße Flüssigkeit, den Nektar.
Die Biene muss sich an den Staubblättern vorbeidrängen und pudert dabei ihren pelzigen Körper mit den Pollen aus den Staubbeuteln ein. Nun fliegt sie zur nächsten Blüte, um auch dort nach dem süßen Nektar zu suchen. Dabei berührt sie die klebrige Narbe und es bleiben einige Pollenkörner hängen. Die Biene hat für die **Bestäubung** (▷ B 2) der Blüte gesorgt.

Bestäubung nennt man den Vorgang, durch den Pollen auf die Narbe einer Blüte gelangt.

In der Blüte erfolgt die Befruchtung
Was sich nun im Inneren des Stempels abspielt, wird nur unter dem Mikroskop sichtbar. Der Pollen, in dem die männlichen Keimzellen der Pflanze enthalten sind, bildet Pollenschläuche (▷ B 6). Diese wachsen durch die Narbe und den Griffel hindurch bis ins Innere des Fruchtknotens. Dort befindet sich die Samenanlage mit einer oder mehreren Eizellen. Der erste Pollenschlauch, der die Samenanlage erreicht, öffnet sich. Aus ihm wird ein Zellkern frei, der mit dem Zellkern der Eizelle verschmilzt. Dieser Vorgang heißt **Befruchtung**. Nur wenn in der Blüte eine Befruchtung erfolgt ist, kann sich daraus eine Kirsche entwickeln. Aus dem Kirschkern kann später eine neue Pflanze entstehen.

Bei der Befruchtung verschmilzt die männliche Geschlechtszelle aus dem Pollenschlauch mit der Eizelle.

Eine Kirsche entsteht
In den nächsten Wochen entwickelt sich aus der befruchteten Blüte die Kirsche. Zunächst werden die Kronblätter welk und fallen herab. Dann wird auch der Blütenboden mit den trockenen Staubblättern und Kelchblättern abgestoßen. Der Fruchtknoten dagegen wird immer größer, man erkennt allmählich die Kirsche. Aus der Wand des Fruchtknotens entstehen das rote Fruchtfleisch der Kirsche und der harte Kirschkern. Aus der Samenanlage der befruchteten Eizelle hat sich im Innern des Kirschkerns der Samen entwickelt. Wenn dieser in den Boden gelangt, kann

6 Pollenschläuche wachsen

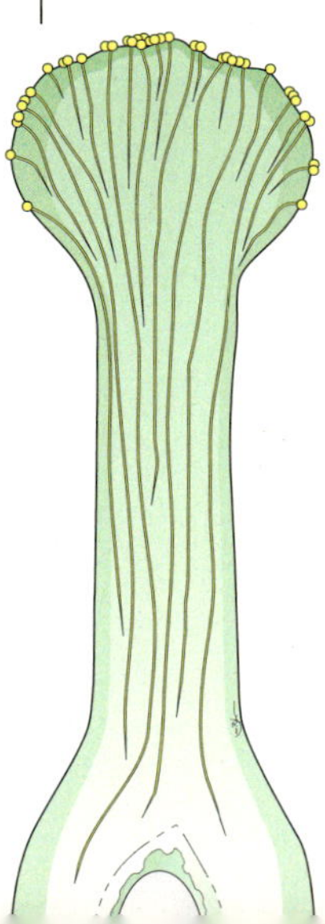

3 Unreife Früchte

4 Reife Früchte

er auskeimen und zu einem neuen Kirschbaum heranwachsen.

Auch der Wind bestäubt Pflanzen
Vielleicht ist dir schon einmal aufgefallen, dass nach Regentagen im Frühling die Pfützen und Teiche mit einem gelben Staub überpudert sind (▷ B 7). Betrachtest du diesen Staub unter dem Mikroskop, so kannst du sehen, dass die gelbe Schicht Pollen von sehr vielen verschiedenen Pflanzen enthält. Bäume und Sträucher wie Kiefer, Fichte, Birke, Eiche und Haselnuss, aber auch Gräser brauchen nämlich für die Bestäubung keine Insekten. Sie produzieren große Mengen von Pollen, die dann durch den Wind in dichten Wolken verstreut werden. Dabei ist es ziemlich sicher, dass auf fast jede Narbe der weiblichen Blüten auch wirklich Pollen gelangt.

Aufgaben

1 Was würde geschehen, wenn man eine Blütenknospe, bevor sie aufblüht, mit einer kleinen Plastiktüte umhüllen würde? Begründe deine Antwort.

2 In manchen Geschäften werden Flaschen angeboten, in denen die vollständige Frucht einer Birne in Alkohol liegt. Erkläre, wie die große Birne in eine Flasche kommt.

3 Viele Waldbäume, aber nur wenige Waldblumen werden durch den Wind bestäubt. Erkläre.

4 Haselsträucher sind zur Blütezeit im Vorfrühling noch ohne Laub. Warum ist dies für die Pflanze sehr günstig?

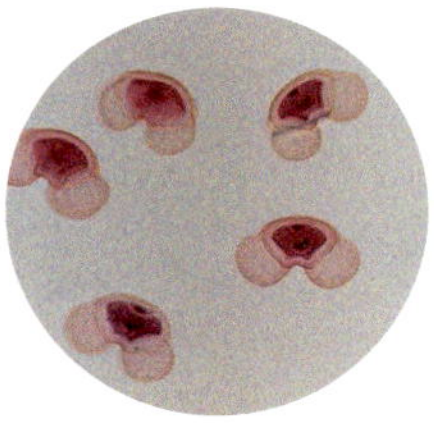

7 Pollen auf einem Gewässer, rechts Kiefernpollen

Aufbau einer Blüte

Blüten können groß und farbig sein, so wie bei einer Rose oder klein und unscheinbar wie bei der Eiche.

Schau dir mal eine Kirschblüte genauer an.

Als äußere Hülle findest du fünf grüne **Kelchblätter**. Sie umgeben bei der ungeöffneten Blüte schützend die anderen Blütenteile.

Besonders auffällig sind die fünf weißen **Kronblätter**, die man auch Blütenblätter nennt. Die Kronblätter locken durch ihre Farben Insekten an, sie wirken also wie ein Reklameschild.

Die Kronblätter umgeben die etwa 30 fadenförmigen **Staubblätter**. Jeder Faden trägt eine gelbe Verdickung an der Spitze, den **Staubbeutel**. Die Staubbeutel enthalten den Blütenstaub oder **Pollen**, das sind die männlichen Geschlechtszellen. Staubblätter sind männliche Blütenteile.

In der Mitte der Blüte befindet sich in einer kleinen Aushöhlung des Blütenbodens der **Fruchtknoten**. In ihm liegen die Eizellen, aus denen später die Samen entstehen. Nach oben verlängert sich der Fruchtknoten zum **Griffel**, an dessen Ende findet man die **Narbe**. Griffel, Narbe und Fruchtknoten werden zusammen auch als Stempel oder **Fruchtblatt** bezeichnet. Das Fruchtblatt ist der weibliche Blütenteil.

Auf dem Blütenboden befindet sich bei vielen Pflanzen der Nektar, eine süße Flüssigkeit, die Insekten sehr gerne aufsaugen.

Obwohl es die verschiedensten Blütenformen gibt, findest du die gleichen Bestandteile bei fast allen Blüten.

Blüten bestehen meistens aus Kelchblättern, Kronblättern, Staubblättern und Fruchtblättern.

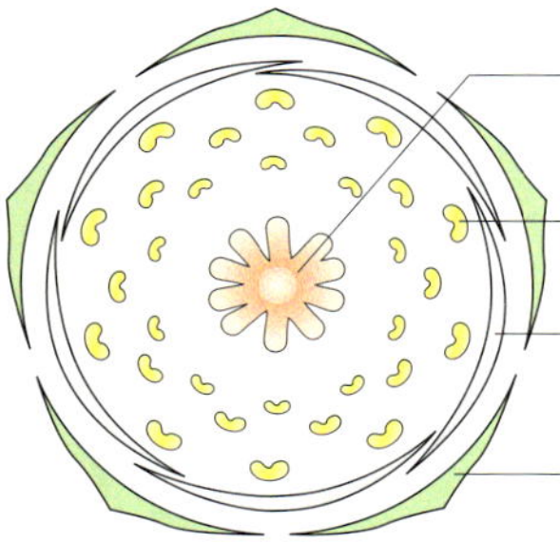

1 Aufbau einer Kirschblüte

Werkstatt

Das Legebild einer Blüte entsteht

Material

Pinzette, 6 cm x 6 cm große Stücke Klebefolie, Kirsch- oder Apfelblüten, evtl. weitere Blüten (Ackersenf, Wicke, Bohne), Zirkel, Papier

Versuchsanleitung

a) Betrachte zunächst die Blüte genau und versuche, die einzelnen Teile richtig zu benennen.

b) Zeichne auf einem weißen Blatt mit dem Zirkel mehrere Kreise ein (Abstand ca. 1 cm).

c) Lege darüber die Klebefolie mit der klebenden Seite nach oben.

d) Zupfe nun mit der Pinzette die einzelnen Teile aus der Blüte und lege sie auf die Folie. Nimm zunächst die großen Kronblätter und ordne sie auf dem äußeren Kreis an (▷ B 1). Lege nun die Kelchblätter zwischen die Kronblätter. In die Mitte lege den Stempel und ordne die Staubblätter um diesen herum an.

e) Anschließend brauchst du die Folie nur noch vorsichtig in dein Heft oder auf ein Blatt zu kleben – und fertig ist das Legebild.

f) Vergiss nicht, die Teile zu beschriften (Folienstifte).

g) Fertige ein weiteres Legebild an. Probiere es einmal mit Blüten von Garten-Wicken, Bohnen oder Ackersenf (▷ B 2).

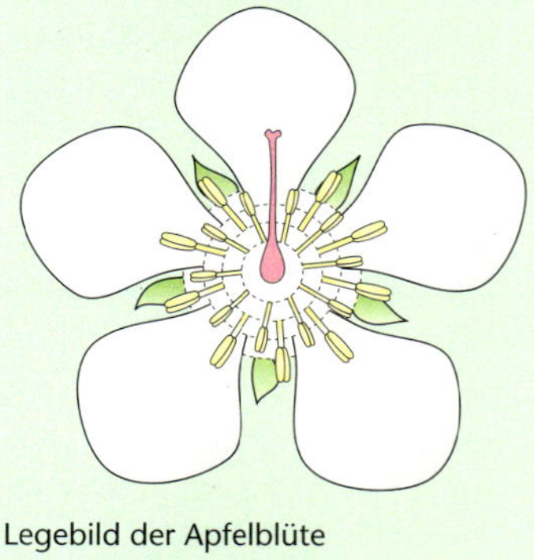

1 Legebild der Apfelblüte

2 Ackersenf: Blüte und Legebild

Pflanzen vermehren sich nicht nur geschlechtlich über Samen, sondern oft viel einfacher über Pflanzenteile. Da hierbei keine Befruchtung erfolgt, spricht man von **ungeschlechtlicher Vermehrung**.
Die ungeschlechtliche Vermehrung ist vorteilhaft für Gartenbau und Landwirtschaft. Alle Nachkommen haben die gleichen Eigenschaften wie die Mutterpflanzen.
So kann man Pflanzen mit besonderen Eigenschaften, z. B. bei der Blütenfarbe oder dem Geschmack, beliebig oft vermehren.
Es gibt mehrere Formen der ungeschlechtlichen Vermehrung:

Ausläufer
Die Erdbeere bildet im Sommer lange kriechende **Ausläufer** (▷ B 1). An ihnen entstehen junge Erdbeerpflanzen, die Wurzeln bilden und – wenn man sie trennt – völlig eigenständige Pflanzen sind.

Ableger
Das Brutblatt, eine Zimmerpflanze, vermehrt sich durch **Ableger**. Am Blattrand der Mutterpflanze wachsen winzige **Tochterpflanzen** (▷ B 2) heran. Sie besitzen schon Blättchen und kleine Wurzeln. Wenn sie abfallen oder abgelöst werden, entstehen aus ihnen neue Pflanzen.

Stecklinge
Manche Pflanzen bilden Wurzeln, wenn man nur einen Zweig ins Wasser stellt. Man spricht von **Stecklingen**. Das gelingt besonders gut bei Geranien (▷ B 3) oder Weiden. Es kann sogar vorkommen, dass ein Pfahl aus Weidenholz Wurzeln und neue Blätter bildet.

Knollen
Kartoffeln und Dahlien besitzen unterirdische **Knollen**. Das sind Verdickungen von Sprossachse oder Wurzel (▷ B 4). Beide Arten werden ausschließlich ungeschlechtlich vermehrt.

Zwiebeln
Eine **Zwiebel** (▷ B 5) ist eine unterirdische, verdickte Sprossachse. Viele Zwiebelgewächse, wie z. B. die Tulpe, bilden in jedem Jahr Tochterzwiebeln, aus denen man neue Pflanzen ziehen kann.

Bei der ungeschlechtlichen Vermehrung entwickelt sich aus Teilen der Mutterpflanze eine vollständige neue Pflanze.

Aufgaben

1 Welche Vorteile bringt die ungeschlechtliche Vermehrung von Pflanzen für Gärtner?

2 Erkläre, warum Pflügen und Hacken den Ackerwildkräutern mit Ausläufern nur Vorteile bringt und ihnen nicht schadet.

1 Erdbeerpflanze mit Ausläufern

2 Brutblatt mit Tochterpflanzen

3 Steckling einer Geranie

4 Knolle einer Dahlie

5 Zwiebel einer Tulpe

Pflanzen und Tiere im Schulumfeld

Lebensraum Schulhof
In den unterschiedlichen Lebensräumen eines Schulhofes können zahlreiche Tier- und Pflanzenarten leben. In Pflasterritzen und auf dem Sportplatz wachsen besonders widerstandsfähige Trittpflanzen.

Der Schulgarten
Ein Garten bietet vielen Tieren Lebensraum. Auch Bäume und Sträucher sind Lebensräume für viele Tier- und Pflanzenarten. Vor allem bieten sie zahlreichen Arten Nahrung und Nistmöglichkeiten.

Keimung
Samen enthalten den Keimling der neuen Pflanze. Bekommt ein reifer Samen Wasser, so beginnt der Keimling zu wachsen. Für die Keimung werden Wasser, Luftsauerstoff und Wärme benötigt. Die Keimung ist beendet, wenn sich die ersten Laubblätter gebildet haben.

Blüten
Blüten bestehen meistens aus Kelchblättern, Kronblättern, Staubblättern und Fruchtblättern.
Sie sind die Fortpflanzungsorgane von Pflanzen. Männliche Organe sind die Staubblätter, die Pollen bilden. Weibliche Organe sind Fruchtblatt mit Griffel, Narbe, Fruchtknoten und Eizelle.

Bau der Blütenpflanze
Blütenpflanzen haben die gleichen Grundorgane: Sprossachse, Blatt, Wurzel und Blüte. In der Sprossachse befinden sich Leitungsbahnen, die Wasser und gelöste Stoffe durch die Pflanze leiten. Die Sprossachse wird Stängel genannt, bei Bäumen und Sträuchern heißt sie Stamm.

Wurzeln verankern die Pflanze im Boden. Mit den feinen Wurzelhärchen werden Wasser und darin gelöste Mineralsalze aufgenommen.

Von der Blüte zur Frucht
Bei der Bestäubung gelangen Pollen auf die Narbe einer Blüte. Bei der Befruchtung verschmilzt die männliche Geschlechtszelle im Pollen mit der Eizelle im Fruchtknoten.
Bunte Blüten locken Insekten für die Bestäubung an. Windbestäuber haben meist unscheinbare Blüten. Sie produzieren große Mengen von Pollen.

Fische – ein Leben im Wasser
Fische sind perfekt an das Leben im Wasser angepasst sind. Sie besitzen einen stromlinienförmigen Körper; zur Fortbewegung dienen Flossen. Bei den meisten Fischen ist die Haut mit Schuppen besetzt, die den Körper schützen.

Fische haben ein Seitenlinienorgan. Hierbei handelt es sich um einen Ferntastsinn. Ein Organ, das nur Fische besitzen, ist die Schwimmblase. Mit ihrer Hilfe können Fische in unterschiedlichen Wassertiefen schweben.
Ein weiteres Kennzeichen ist die Kiemenatmung.

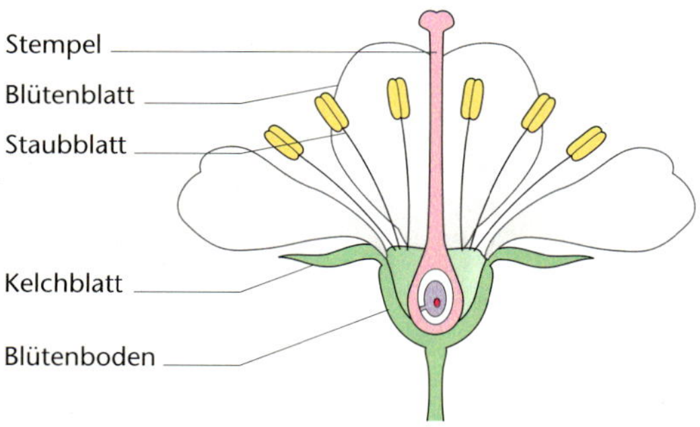

1 Teile einer Blüte

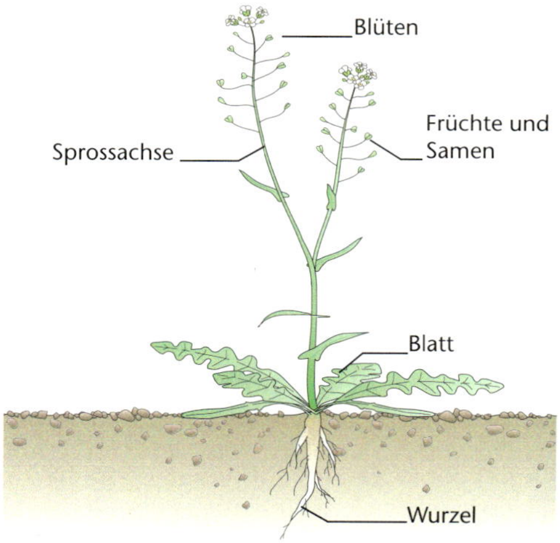

2 Hirtentäschelkraut

Aufgaben

1 „Erfinde“ eine Pflanze, die in den Ritzen von Pflastern leben könnte. Wie müsste sie gebaut sein? Welche Anpassungen müsste sie haben?

1 Zu Aufgabe 1

2 Unter Brettern und Steinen findest du Schnecken. Warum müssen sich die Tiere am Tag dort verkriechen?

3 Kannst du erklären, warum Amseln in jedem Jahr ein neues Nest bauen und selten das alte weiterbenutzen. (Tipp: Schau dir ein Amselnest an.)

4 Suche im Internet nach Informationen, welche Zimmerpflanzen viel Sonnenlicht brauchen, welche kaum Sonne vertragen.
Befrage auch einen Gärtner oder eine Gärtnerin.

5 Welche Teile der Wurzel nehmen das Wasser und die Mineralsalze auf?

6 Wo findest du die „Stromlinienform“ des Fisches in der Technik?
Nenne 4 Beispiele und überlege dir, welche Vorteile diese Bauweise hat.

7 Vergleiche die Lungenatmung der Säugetiere mit der Kiemenatmung der Fische.

8 In der rechten Spalte findest du Tiere abgebildet und daneben einen Buchstaben. Wenn du diese Tiere den Beschreibungen richtig zuordnest, ergeben die Buchstaben ein Lösungswort.

a) Der günstige Platz auf der Ecke des Schuldachs gibt diesem Vogel den Überblick!

b) Man findet sie häufig unter Brettern und Steinen.

c) Er sitzt im Frühling auf den ersten Blüten an der Hecke.

d) Im Keller und auf Dachböden ist dieses Tier zu finden. Hoffentlich nicht in der Schulküche!

e) Wenn du die Holzwolle der aufgehängten Tontöpfe untersuchst, findest du viele davon.

f) Er sucht im Laub unter der Hecke nach Schnecken und Würmern.

g) Am Abend ging sie auf Jagd nach Würmern und Insekten. Nun sitzt sie im Kellerschacht.

h) Sie leben in Löchern der alten Holzwand.

i) Nicht jeder freut sich über diese Gäste, die auf Mauervorsprüngen sitzen.

j) Die Beeren der Hecke locken diesen Vogel an.

9 Bei der Kiemenatmung werden die Kiemenblättchen von Atemwasser umspült.
Welche Voraussetzungen müssen gegeben sein, damit Fische möglichst viel Sauerstoff aus dem Wasser aufnehmen können?

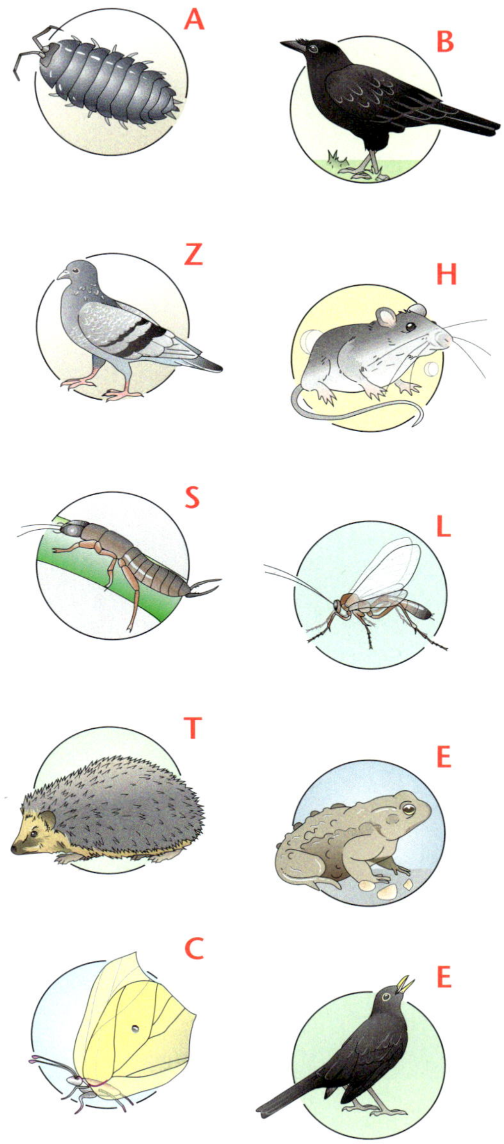

2 zu Aufgabe 8

3 Kiemen

Der Wald – ein Lebensraum für Pflanze, Tier und Mensch

In ihrer Freizeit zieht es viele Menschen in den Wald. Dort kann man joggen, Rad fahren, spazieren gehen oder einfach ausruhen. Aber der Wald bietet noch viel mehr!

Du kannst im Wald Rehe, Buntspechte und viele andere Tiere beobachten. Die scheuen Tiere zeigen sich allerdings nur dann, wenn es ganz ruhig ist – du darfst also keinen Lärm machen.

Wenn du den Wald erforschen möchtest, wirst du auf den nächsten Seiten viele Anregungen dazu bekommen. Dabei lernst du den Wald als Lebensraum für Tier- und Pflanzenarten kennen. Dass sie voneinander abhängig sind, wirst du an mehreren Beispielen erfahren.

Auch das seit Jahren anhaltende Waldsterben wirst du kennen lernen. Aber es gibt noch andere Störungen und Gefahren, die den Wald bedrohen. Vielleicht gelingt es dir ja, dem Wald ein wenig zu helfen.

Strategie

Raus aus dem Klassenzimmer

Nicht immer nur stillsitzen. Exkursionen sind auch Unterricht, aber anders: Sie sind Unterricht „vor Ort". Auf einer Exkursion könnt ihr viele Einblicke in die Natur und eure Umwelt bekommen, die ihr im Klassenzimmer nicht so lebendig erfahren könnt.

A. So könnt ihr mithelfen
Eine Exkursion sollte nicht der Lehrer allein planen, ihr solltet auch eigene Ideen einbringen und bei der Vorbereitung mithelfen. Sprecht zuerst das grobe Thema mit eurer Lehrerin oder eurem Lehrer ab.

B. Sammelt Informationen über das Ziel eurer Exkursion
- Studiert Karten,
- fordert Broschüren an,
- recherchiert im Internet oder nehmt Kontakt mit Fachleuten, z. B. dem Förster, auf.

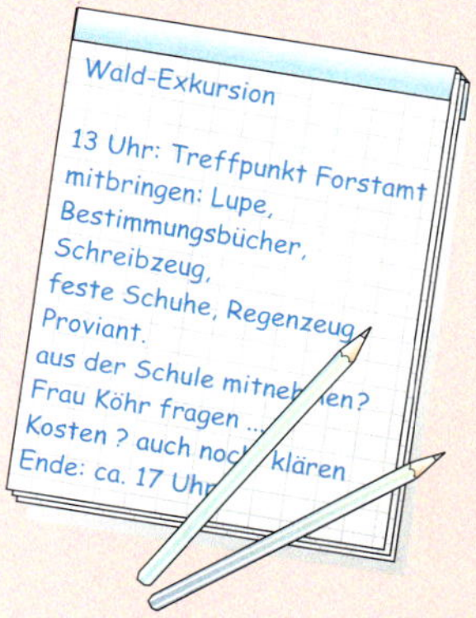

C. Legt den Ablauf fest und erstellt einen Zeitplan
- Wann geht es los?
- Wie kommt ihr an euer Ziel?
- Wo plant ihr Treffpunkte?
- Wann wollt ihr fertig sein?

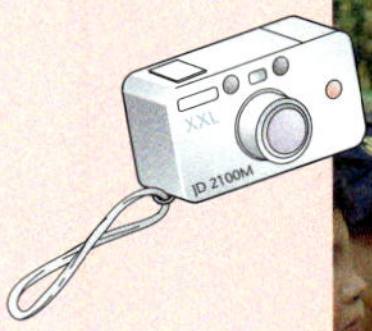

D. Fragen stellen
Sammelt gemeinsam Fragen, die ihr beantwortet haben möchtet. Vielleicht kennt sich ein Mitschüler aus und kann an der Führung mitarbeiten.

E. Was ihr braucht
- Eine Schreibunterlage, Schreibzeug und Papier zum Protokollieren
- Technische Hilfsmittel wie Fernglas, Fotoapparat, Videokamera oder Kassettenrekorder
- Natürlich dürft ihr auch Lupe, Gläschen und Bestimmungsbücher nicht vergessen.
- In der freien Natur solltet ihr zweckmäßig gekleidet sein: Festes Schuhwerk und Regenschutz braucht ihr auf jeden Fall.

F. Was soll's denn kosten?
Denkt rechtzeitig an die Kosten. Wie viel müsst ihr für An- und Abreise einrechnen? Müssen eventuell auch Eintrittsgelder bezahlt werden?

Noch ist die Arbeit nicht zu Ende ...
... denn nach der Exkursion solltet ihr eure Ergebnisse dokumentieren. Ihr könnt z. B. einen Exkursionsbericht schreiben oder die gesammelten Exkursionsfunde in einer Ausstellung präsentieren. Vielleicht habt ihr auch Fotos gemacht oder gefilmt.

Viel Spaß bei eurer nächsten Exkursion!

Kennst du die Bäume auf dem Schulgelände?
Um aus einer sehr großen Anzahl von Lebewesen das richtige herauszufinden, benutzen Biologen einen **Bestimmungsschlüssel**. Wenn du zum Beispiel feststellen möchtest, von welchem Baum ein Blatt stammt, vergleich es einfach mit den Abbildungen unten.

Auf dieser Seite siehst du einen einfachen Schlüssel für die häufigsten Laubbäume.

So kannst du das Blatt bestimmen:
Du beginnst beim Start. Hier werden dir zwei Möglichkeiten angeboten. Du schaust dir dein Blatt genau an und entscheidest dich dann für die richtige Antwort. Wenn am Ende der betreffenden Zeile der Name eines Baumes steht, bist du am Ziel, sonst musst du weiterbestimmen. Entscheide an jeder Wegkreuzung, welche Merkmale auf dein Blatt zutreffen. So geht es weiter, bis du den richtigen Baum gefunden hast. Zur Kontrolle vergleichst du das Blatt mit der Zeichnung.

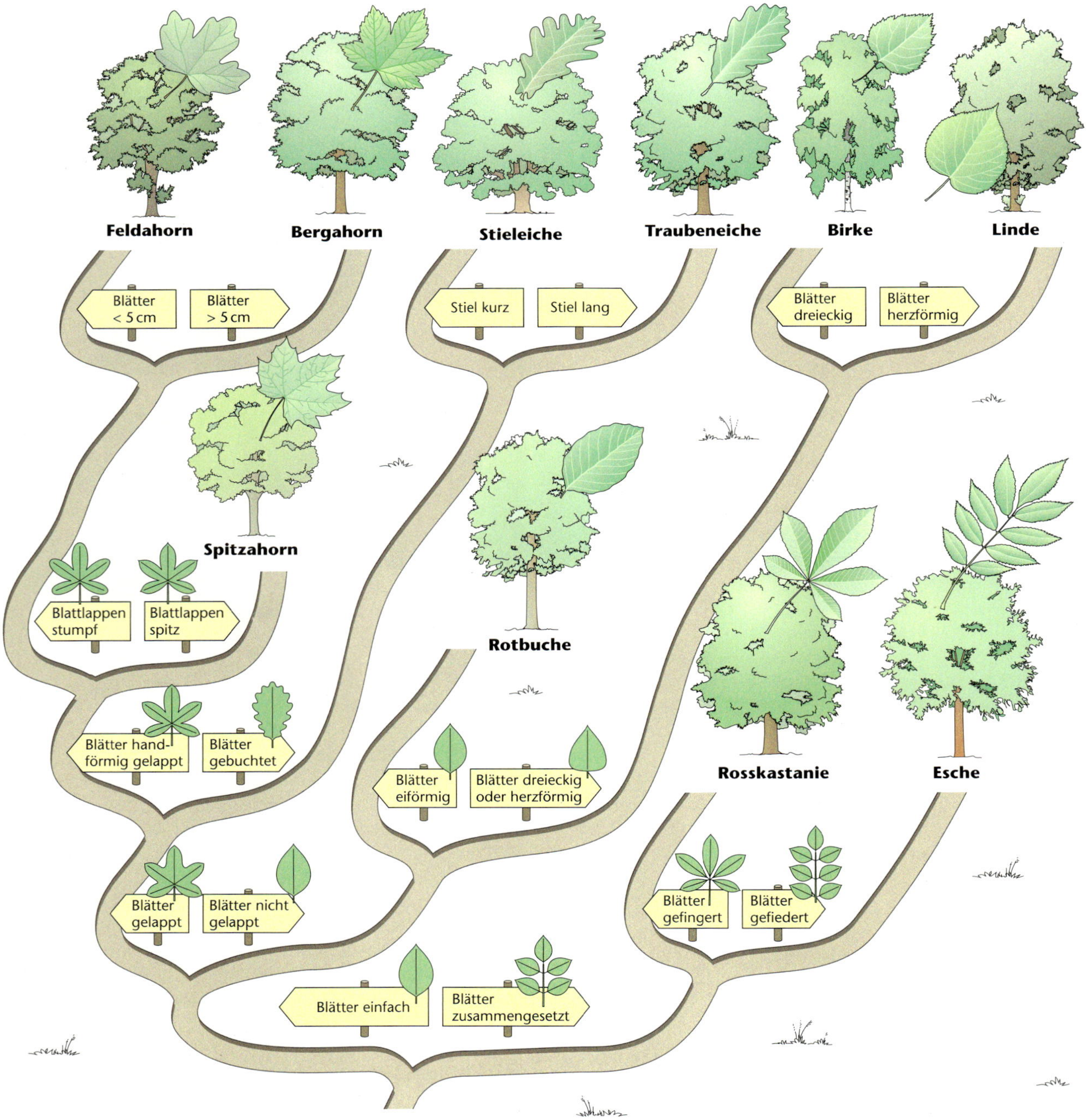

Die Stockwerke des Waldes

Bei einer Exkursion durch das Forstrevier hält der Förster mit der Schulklasse am Rande eines Waldstücks an. Die hohen Eichen und Birken mit ihren lockeren Baumkronen lassen genügend Licht für die Pflanzen darunter hindurch.
„Stellt euch einmal vor, wir würden hier am höchsten Baum einen Fahrstuhl einrichten, um die Vögel in den Sträuchern und oben in den Bäumen beobachten zu können. Wir müssten vier Haltestationen bauen. Unten würden wir im Erdgeschoss zwischen der **Moosschicht** und der **Krautschicht** anfangen. Der nächste Halt wäre im 1. Stock in etwa 3 m Höhe, in der **Strauchschicht**.“ „Den nächsten Aussichtspunkt würde ich auf Höhe der kleineren Bäume, da vorne bei der Vogelbeere in 10 m Höhe bauen – an der Spitze der **ersten Baumschicht**“, schlägt Sebastian vor. „Gut, Endstation wäre dann die Baumkrone unserer Eiche in der **zweiten Baumschicht** in ungefähr ..., ich schätze mal 20 m Höhe“, meint Ina. „Mich würde auch das Untergeschoss des Waldes interessieren, die **Wurzelschicht**. Da gibt es zwar keine Vögel, aber sicher viele andere Tiere“, schlägt Ünal vor.

Nicht in allen Wäldern sind sämtliche Baumschichten vorhanden. In Buchenwäldern dringt nur wenig Licht durch das dichte Kronendach. Hier findet man neben der ersten Baumschicht meist nur eine Krautschicht. Aber auch die besteht häufig nur aus so genannten Frühblühern. Das sind Pflanzen, die im Frühjahr erscheinen, wenn die Buchen noch kein Laub haben.

Der Wald ist in Wurzelschicht, Moosschicht, Krautschicht, Strauchschicht und Baumschicht gegliedert.

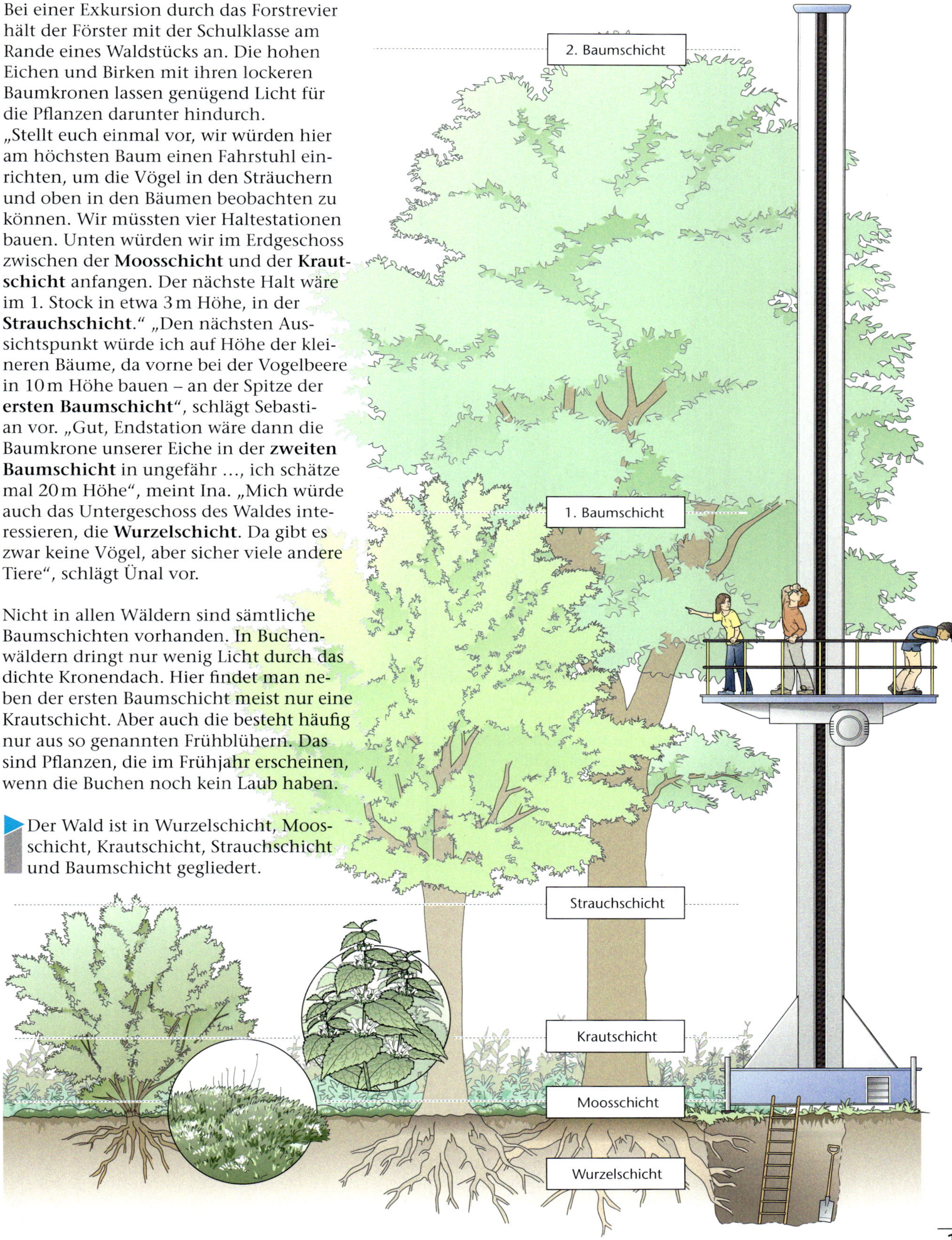

1 Farne mögen es schattig.

2 Bärlauch gehört zu den Frühblühern.

3 Walderdbeeren und Tollkirschen brauchen Licht.

Eine andere „lichthungrige" Pflanze ist die Tollkirsche (▷ B 3). Ihre Früchte sehen wie Kirschen aus, sind aber äußerst giftig. Für Amseln und andere Vögel sind die Beeren der Tollkirsche dagegen unschädlich. Die Tiere scheiden die unverdaulichen Samen aus, die an geeigneten Standorten auskeimen.

Die Walderdbeere und die Tollkirsche sind Pflanzen, die auf Kahlschlägen und Waldlichtungen nicht nur wegen des Lichtes besonders gute Lebensbedingungen finden. Der humusreiche Waldboden liefert ihnen Mineralsalze, die sie hier ohne die Konkurrenz durch Bäume aufnehmen können.

Unterwegs im Rotbuchenwald

Wie in einer riesigen Halle mit einem Dach aus Blättern fühlen sich Jonas und Merle auf ihrem Weg durch den Buchenwald. Alle Bäume sind etwa gleich alt und gleich groß, da sie zur gleichen Zeit gepflanzt wurden. Kein Sonnenstrahl erreicht den Boden. Die Baumkronen sind dicht geschlossen. Der Waldboden ist fast nur mit Laub vom Vorjahr bedeckt. An manchen Stellen wachsen Farne (▷ B 1), die mit dem wenigen Licht am Boden auskommen. Nur dort, wo aufgrund umgestürzter Bäume Licht hinfällt, wächst ein fast undurchdringliches Dickicht.

Kleine Lichtungen

Auf Waldlichtungen kannst du interessante Beobachtungen machen. Hier wachsen an mehreren Stellen Walderdbeeren. Diese Pflanzen brauchen viel Licht, um Zucker für die Früchte bilden zu können. Du solltest sie aber vor dem Essen immer waschen.

Frühling im Wald

Im Frühjahr bietet der Buchenwald ein ganz anderes Bild. Der Waldboden ist fast vollständig mit blühenden Kräutern übersät. Die Rotbuchen tragen jetzt noch keine Blätter, sodass genügend Sonnenlicht auf den Boden fällt. Der Bärlauch (▷ B 2) keimt als Frühblüher aus einer länglichen Zwiebel, die über den Winter Nährstoffe gespeichert hat. Diese stellt sie jetzt der jungen Pflanze zur Verfügung, die innerhalb weniger Wochen blühen und Früchte ausbilden muss.

Auch am Waldrand zeigt sich der Frühling. Hier wachsen Sträucher, von denen einige ebenfalls früh mit der Blüte beginnen. Die Haselnuss zeigt bereits im Februar ihre Kätzchenblüten und die Schlehe sieht im April wegen ihrer vielen weißen Blüten wie mit Schnee bedeckt aus.

▶ Licht- und Bodenverhältnisse bestimmen, welche Pflanzen an einem Standort vorkommen.

Werkstatt

Wir untersuchen Pflanzen im Wald

1 Eichenblatt mit Galläpfeln

1 Tinte aus „Galläpfeln"

Untersuche die Blätter einer Eiche. An einigen sitzen runde Gallen. Diese „Galläpfel" (▷ B 1) werden vom Blatt gebildet, wenn eine Gallwespe das Blatt ansticht und ihre Eier hineinlegt.

Material

Eichenblätter mit Galläpfeln, Lupe, Messer, Eisenfeilspäne, Glasstab, Erlenmeyerkolben, Gasbrenner

Versuchsanleitung

Öffne einen Gallapfel. Falls noch eine Larve darin sitzt, musst du sie entfernen. Nimm einige Galläpfel und schneide sie in Stücke.

Lege die Stücke in einen Erlenmeyerkolben. Befülle den Erlenmeyerkolben mit 50 ml Wasser und mit 5 g Eisenfeilspänen aus der Sammlung (Vorsicht!).

Erhitze das Gemisch mit einem Gasbrenner und rühre es dabei mit einem Glasstab um.

Lasse das Gemisch abkühlen und gieße die Flüssigkeit dann vorsichtig ab. Du erhältst eine Tinte, mit der du schreiben kannst.

2 Bucheckern

2 Wir sammeln Bucheckern

Bucheckern (▷ B 2) sind die Früchte der Rotbuche. Wenn du die harte Schale entfernst, kannst du sie wie Nüsse essen. Bucheckern enthalten ein nahrhaftes Öl, das für viele Tierarten ein wichtiges Nahrungsmittel ist. Du kannst das Öl leicht aus den Bucheckern gewinnen.

Material

Bucheckern, Mixer, Gazebeutel, Plastikschüssel, Gewichtsstück (mehrere Kilogramm)

Versuchsanleitung

Die sauberen Bucheckern werden mit Schale in einem Mixer zerkleinert und in einen Gazebeutel abgefüllt. Den Beutel legst du in eine Plastikschüssel und stellst ein schweres Gewicht darauf. Das Öl wird nun mit der Zeit herausgepresst. Koste das Öl mit der Fingerspitze.

Bucheckernöl wird für schmackhafte Pilz- und Wildgerichte, aber auch für Pfannkuchen verwendet.

3 Wir erstellen eine Pflanzenkarte

Material

Bestimmungsbuch, Schreibblock, Bleistift, Zollstock, Bindfaden, 4 Holzpflöcke (ca. 30 cm lang)

Versuchsanleitung

a) Wähle am Waldrand eine Untersuchungsfläche von 2 m x 2 m aus. Begrenze sie an den Eckpunkten mit jeweils einem Pflock oder einem kräftigen Stock. Verbinde die Pflöcke mit einem Bindfaden zu einem Quadrat.

b) Bestimme nun die Namen aller Pflanzenarten auf deiner Untersuchungsfläche.

c) Verwende für jede Pflanzenart ein leicht zu zeichnendes Symbol. Beispiel: + für Buschwindröschen

d) Zeichne nun auf Papier ein Quadrat mit 20 cm Seitenlänge. Es ist ein verkleinertes Abbild deiner Untersuchungsfläche. Zeichne dort möglichst alle Pflanzen mit den Symbolen ein.

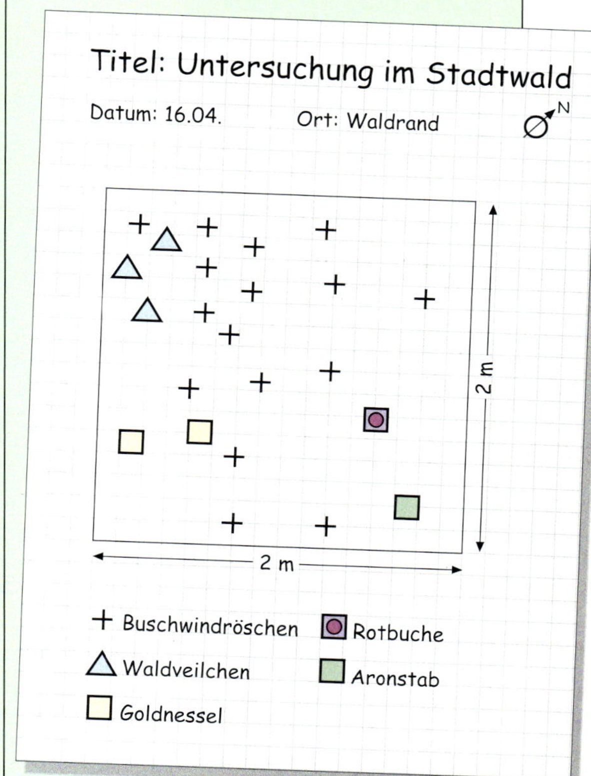

Aufgaben

1. Welche Art ist die häufigste?

2. Welche Pflanzen wachsen im Schatten anderer? Denke an die Bäume.

3. Zu welchen Schichten des Waldes gehören die einzelnen Arten?

4. Welche Arten wachsen einzeln, welche in Gruppen? Welche wachsen im Licht, welche im Schatten?

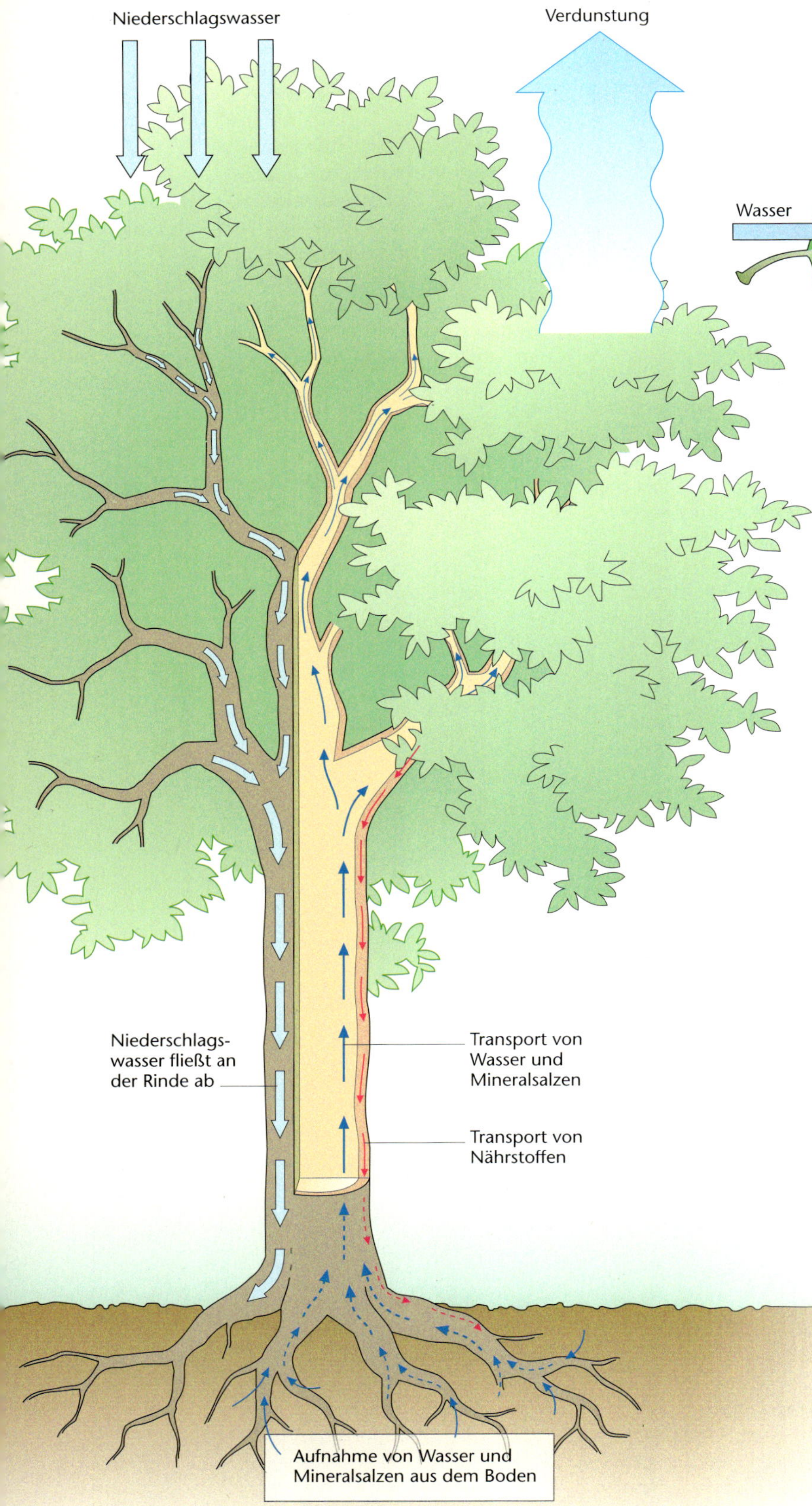

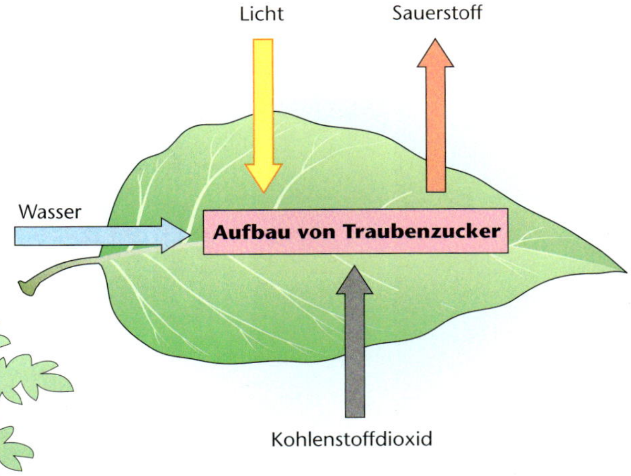

Das Laub einer Birke, der Zucker in einer Kirsche oder einer Weintraube, das Mehl in einem Getreidekorn oder das Holz eines Baumes – alle diese Stoffe müssen von der Pflanze aufgebaut werden. Heute weiß man ziemlich genau, wie dies geschieht:

- Mit den Wurzeln nimmt die Pflanze **Wasser** und **Mineralsalze** aus dem Boden auf. Durch die Leitungsbahnen werden diese Stoffe in jede Zelle der Pflanze transportiert.

- Durch die Spaltöffnungen der Blätter gelangt **Kohlenstoffdioxid** aus der Luft in die Blätter.

- In den Blattgrünkörnern werden nun mithilfe des **Sonnenlichtes** das Wasser und das Kohlenstoffdioxid umgewandelt. Dabei werden **Traubenzucker** und **Sauerstoff** erzeugt.

- Den Sauerstoff gibt die Pflanze durch die Spaltöffnungen an die Luft ab.

Dieser gesamte Vorgang heißt **Fotosynthese.**

Grüne Pflanzen stellen bei der Fotosynthese mithilfe von Licht aus Kohlenstoffdioxid und Wasser Traubenzucker her; dabei wird Sauerstoff freigesetzt.

Aus Traubenzucker können Pflanzen Stärke herstellen, die sie in verschiedenen Organen speichern. Traubenzucker und Stärke benutzen die Pflanzen, um Energie zu gewinnen. Dabei verbrauchen sie Sauerstoff und geben Wasser und Kohlenstoffdioxid ab. Diesen Vorgang nennt man **Zellatmung.**

Naturfarben

1 Pflanzen geben ein Gas ab

Material
Sprosse der Wasserpest, 3 Reagenzgläser, Reagenzglasständer, Pinzette, abgekochtes Leitungswasser, Leitungswasser, Mineralwasser

Versuchsanleitung
Fülle jedes Reagenzglas zu etwa $^3/_4$ seiner Höhe mit einer der drei angegebenen Flüssigkeiten. Gib danach mit einer Pinzette jeweils einen frisch abgeschnittenen Spross der Wasserpest (höchstens halbe Reagenzglaslänge) mit der Spitze nach unten in die Gläser. Zähle die jeweils aufsteigenden Gasbläschen, protokolliere und erkläre das Ergebnis.

2 Blätter entfärben

Material
Schere, grüne Blätter (Brennnessel, Taubnessel oder Spinat), Becherglas (100 ml), Mörser mit Pistill, Sand, Brennspiritus

Sicherheitshinweis

Brennspiritus ist leicht entzündlich. Er gehört zu den Gefahrstoffen. Arbeite nie in der Nähe einer offenen Flamme mit Spiritus.

Versuchsanleitung
Zerschneide einige Blätter in kleine Stücke und gib sie in den Mörser. Füge etwas Sand und einige Milliliter Brennspiritus zu.
Zerreibe das Gemisch intensiv mit dem Pistill. Gieße die grüne Flüssigkeit, die so genannte Blattgrünlösung, vorsichtig in ein Becherglas ab und bewahre sie für den Versuch 3 auf.

1 Zerreiben der Blätter im Mörser

3 Naturfarben laufen lassen

Material
Blattgrünlösung, Pipette, Petrischale, Rundfilter, Papierhandtuch

Versuchsanleitung
Lege ein rundes Filterpapier auf die Petrischale. Tropfe mithilfe der Pipette drei Tropfen Blattgrünlösung in die Mitte des Rundfilters (▷ B 2). Warte, bis das Filterpapier die Flüssigkeit vollständig aufgesaugt hat. Fahre so fort, bis die Flüssigkeit den Rand des Filterpapiers erreicht. Lasse das Papier trocknen.

2 Auftropfen der Blattgrünlösung

Aufgaben
1. Beschreibe, was du beim Auftropfen der Flüssigkeit auf das Filterpapier beobachten kannst.

2. Woran kannst du erkennen, dass die Blattgrünlösung ein Farbstoffgemisch ist?

3. Das Verfahren, mit dem man ein Farbstoffgemisch in seine einzelnen Bestandteile trennen kann, heißt Chromatografie. Wo wird dieses Verfahren noch eingesetzt?

4. In welcher Jahreszeit zeigt sich, dass Blätter nicht nur einen grünen Farbstoff enthalten? Welche Farben haben Laubblätter zu dieser Zeit?

4 Welche Pflanzenteile enthalten Stärke?

Material
Iod-Kaliumiodid-Lösung, Reis, Apfel, Getreidekörner, Kartoffeln

Versuchsanleitung
Gibst du einige Tropfen einer Iod-Kaliumiodid-Lösung auf Stärke, so kannst du eine blauschwarze Färbung beobachten.
Untersuche Reis, Getreidekörner, Apfelscheiben und angeschnittene, frische Kartoffeln und stelle fest, ob sie Stärke enthalten.

5 Grün-weiße Blätter

Material
Pflanze mit grün-weißen Blättern (z. B. Buntnessel), Tischlampe mit 100-Watt-Lampe, Iod-Kaliumiodid-Lösung, Kartonpapier, Brennspiritus (Vorsicht brennbar!)

Versuchsanleitung
a) Belichte das Blatt einer Zimmerpflanze, die grün-weiße Blätter hat, 24 Stunden lang mit einer sehr hellen Tischlampe.
b) Schneide dann das Blatt ab und zeichne es, um die Verteilung der weißen und grünen Stellen auf dem Blatt festzuhalten.
c) Lege nun das Blatt so lange (einige Stunden) in Brennspiritus (Vorsicht!), bis das Blatt einfarbig gelblich aussieht.
d) Lege das Blatt danach in eine Iod-Kaliumiodid-Lösung.
e) An welchen Stellen konnte Stärke nachgewiesen werden? Vergleiche das Ergebnis mit deiner Zeichnung. Erkläre.

3 Zu Versuch 5

1 Buchfink

2 Eichhörnchen

3 Schwarzspecht

4 Hohltaube

Waldtiere sind scheu

Rehe, Hirsche, Wildschweine und Spechte sind jedem Kind bekannt (▷B3, B6). Aber wohl nur wenige haben sie schon in freier Natur beobachtet. Die Erklärung dafür ist einfach: Die meisten Tiere des Waldes sind dem Menschen gegenüber sehr scheu und fliehen bei einer Begegnung sofort. Dieses Verhalten schützt die Tiere auch vor ihren natürlichen Feinden.

Wildschweine fressen (fast) alles

Der Wald bietet den Tieren Flucht- und Versteckmöglichkeiten und erfüllt außerdem die unterschiedlichsten Ansprüche. Wo die Buchen nicht alle die gleiche Größe haben, ist der Wald zu einem fast undurchdringlichen Dickicht gewachsen. Von hier aus beginnen die Wildschweine in der Dämmerung ihre Streifzüge. Sie wühlen bei der Suche nach Nahrung den Boden auf und finden mit ihrer empfindlichen Nase Engerlinge (▷B5), Würmer, Pilze und Bucheckern, die Früchte der Buchen.

Die meisten Tiere leben im Boden

Engerlinge sind die Larven der Maikäfer. Sie ernähren sich von Wurzeln und verbringen rund drei Jahre bis zur Verpuppung im Boden. Der Maikäfer selbst frisst während seines kurzen Lebens von etwa zwei Monaten die Blätter der verschiedensten Baumarten. Seine Eier legt er wieder in den weichen Waldboden.

Eichhörnchen nisten in den Kronen

Das Eichhörnchen kannst du mit etwas Glück bei seinen Kletterkünsten beobachten. Sein Lebensraum sind die Baumkronen. Hier baut es auch seinen Kobel, wie die Jäger das Nest nennen. Es besteht aus Zweigen, Laub, Gras und Wolle. Baumsamen, Beeren, Pilze, Nüsse, Insekten und manchmal auch Vogeleier bilden die Hauptnahrung des Eichhörnchens.

Der Buchfink – ein eifriger Sänger

Buchfinken sind im Buchenwald die häufigste Vogelart. Hier finden sie reichlich Insektennahrung, aber auch Samen verschiedener Pflanzen fressen sie gerne. Auffällig ist der schmetternde Gesang des Männchens. Damit lockt er Weibchen an und warnt Rivalen vor dem Eindringen in sein Revier.

▶ Der Wald hält für die Tiere viele passende Nahrungsquellen und Plätze als Lebensraum bereit.

5 Maikäferlarve (Engerling)

6 Wildsau mit Frischlingen

1 Fraßspuren an Zapfen

2 Hier hat ein Greifvogel Beute gemacht.

Wer war der Täter?
Im Winter leben viele Tiere zurückgezogen. Oft verraten nur Spuren ihre Anwesenheit. Wenn Schnee liegt, kannst du an den Fußspuren auch die nächtlichen „Täter" ermitteln. Schneespuren können nicht nur verraten, welche Tiere dort gelaufen sind, sondern auch wie sie sich verhalten haben. Sind sie gerannt oder haben sie nur ruhig nach Futter gesucht?
Auch Fraßspuren und Kot können dir bei deinen „Ermittlungen" helfen.

Aufgaben

1 Von welchen Tieren kannst du Spuren im frischen Schnee feststellen?

2 Lege eine kleine Sammlung mit Fraßspuren verschiedener Tiere an.

3 Mäuse im Garten und auf dem Schulhof gehen auch im Winter jede Nacht auf Futtersuche. Warum sind die Spuren aber nur selten im Schnee zu finden?

3 Kot von Tieren

Brennpunkt

Mit Harpune und Steigeisen in den Wald

Alle Lebewesen sind an ihren Lebensraum angepasst. Sie haben bestimmte Körpermerkmale, die ihnen unter anderem die Fortbewegung oder Nahrungsaufnahme ermöglichen.
Der Vogel hat zum Beispiel Flügel zum Fliegen, der Fisch besitzt Flossen, mit denen er gut schwimmen kann. Jede Struktur hat also eine bestimmte Funktion.

Ein gutes Beispiel für die Anpassung an das Leben im Wald bietet der Buntspecht.

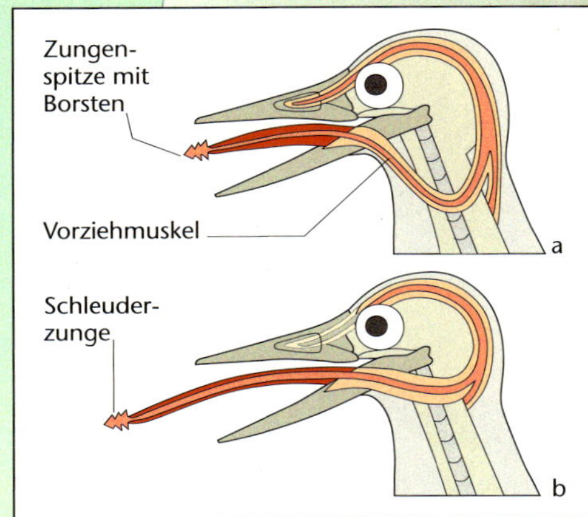

1 So funktioniert die Spechtzunge

Harte Schläge

Die Nahrung des Buntspechts besteht aus den Samen von Nadelbäumen, aus Früchten sowie Insekten und deren Larven. Mit seinem **kräftigen Schnabel** meißelt der Buntspecht Äste, Nüsse und Zapfen auf. Man nennt den Schnabel deshalb **Meißelschnabel**.
Ohne besondere Stoßdämpfer würde der Vogelschädel die dabei auftretenden Erschütterungen nicht aushalten. Knochenverstärkungen und kräftige Schädelmuskeln federn die harten Schläge ab.

Mit Steigeisen und Harpune unterwegs

Die **lange Zunge** ermöglicht eine besondere Nahrungsaufnahme. Spechte können ihre Zunge weit vorstrecken. Sie ist vorne verhornt und besitzt kleine Borsten, an denen Insekten wie an den Widerhaken einer Harpune hängen bleiben (▷B 1). So können die Spechte Insekten aus den engsten Gängen herausziehen.

Der **Kletterfuß** mit seinen spitzen Krallen ist eine weitere Besonderheit der Spechte. Wie mit Steigeisen können sie damit an Baumstämmen hinaufklettern. Zwei Zehenpaare stehen einander gegenüber (▷B 2). Das untere Zehenpaar dient als Stütze, das obere wirkt wie ein Haken. Wenn sie meißeln oder hüpfend abwärts klettern, stützen sich die Spechte mit den festen Federn des **Stützschwanzes** ab (▷B 2).

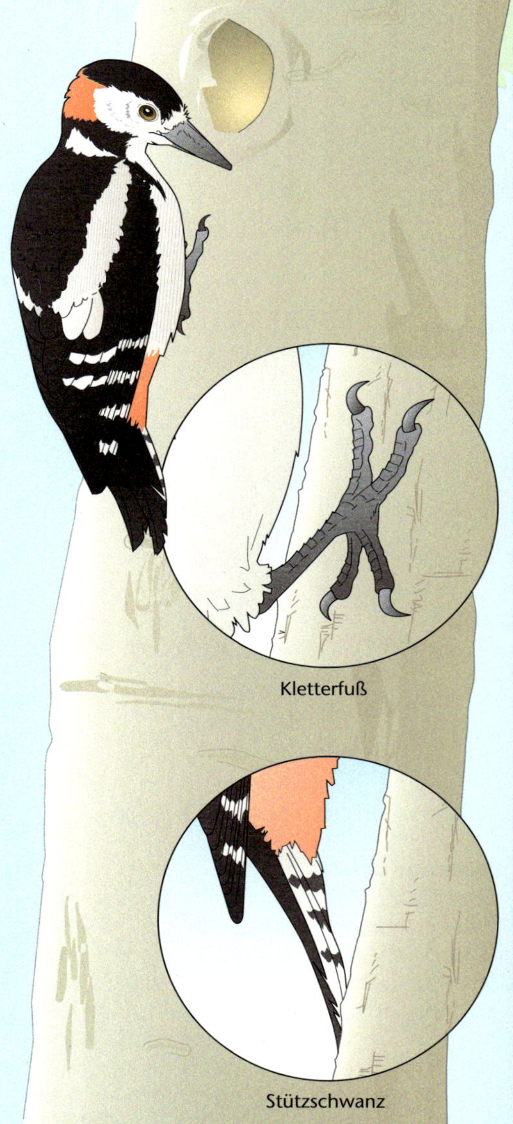

2 Anpassung an das Leben auf Bäumen

Aufgabe

1 Finde Körpermerkmale beim Grasfrosch, die ihm das Leben an Land und im Wasser ermöglichen.

Schweben wie ein Vogel

1 Ein Flügel steigt

Vögel haben speziell geformte Flügel, die es ihnen ermöglichen ohne einen Flügelschlag in der Luft zu steigen.

Material

Tonpapier, Strohhalm, Klebeband, Faden, Stift, Schere, Haartrockner

Versuchsanleitung

a) Falte das Tonpapier so, dass eine Seite etwas kürzer ist.

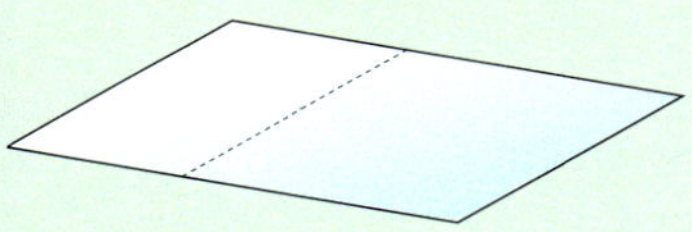

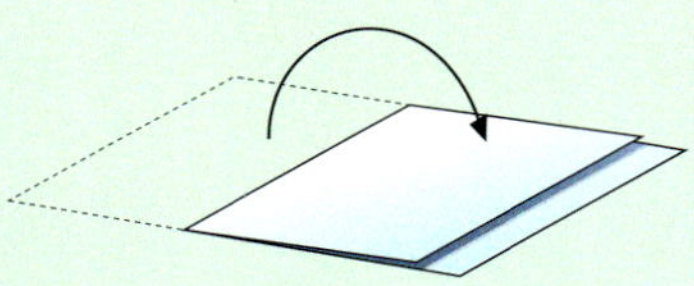

b) Drehe das Tonpapier um. Klebe die längere Seite genau auf die kürzere.

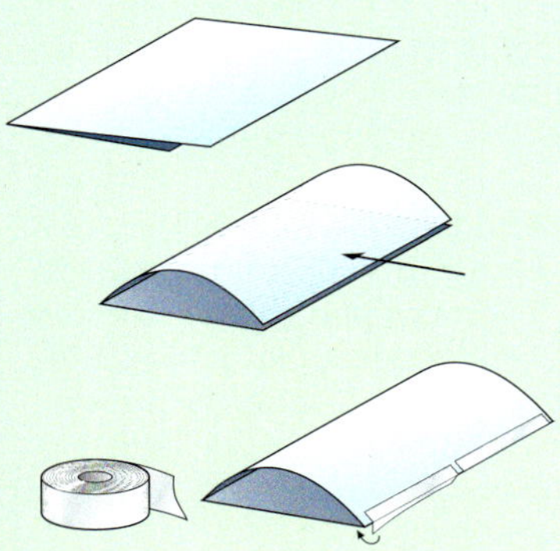

c) Bohre mit dem Bleistift zwei einander gegenüberliegende Löcher in den Karton.

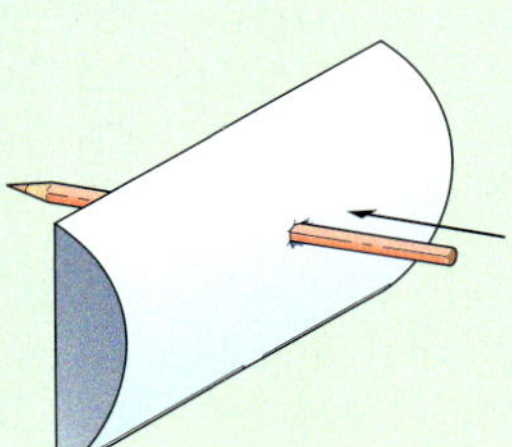

d) Schneide ein Stück Strohhalm ab, das etwas länger ist als der Abstand der Löcher.
Schiebe den Strohhalm durch die Löcher und klebe ihn gut fest.

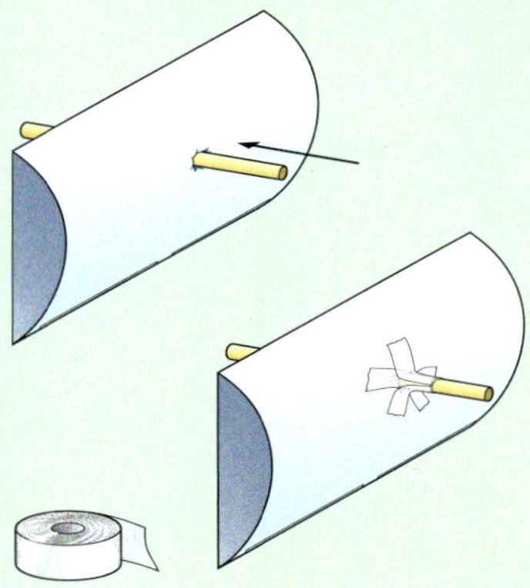

e) Ziehe den Bindfaden durch den Strohhalm und spanne ihn zwischen zwei Querstangen ein.

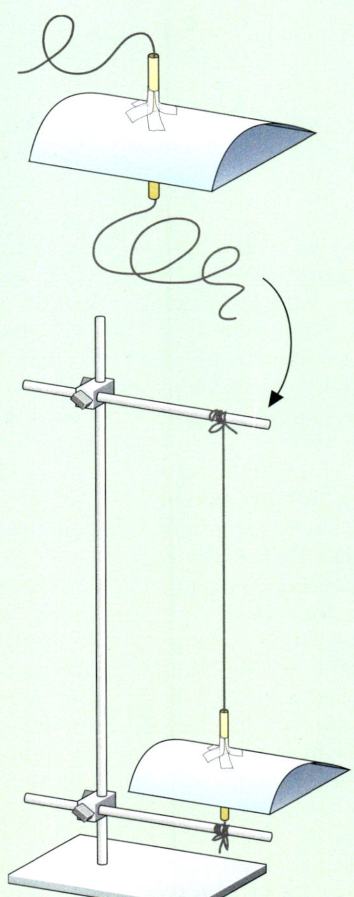

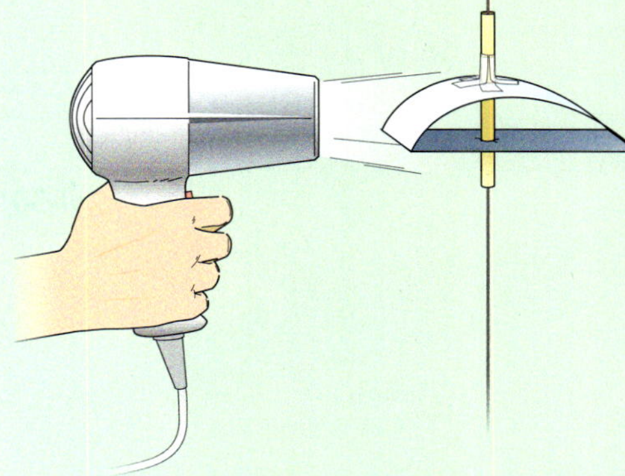

f) Blase mit dem Haartrockner gegen den Flügel. Was kannst du beobachten?

Aufgabe

Vergleiche den Querschnitt deines Modellflügels mit dem eines Vogelflügels (▷ B 2). Nenne Gemeinsamkeiten und Unterschiede.

2 Adlerflügel im Querschnitt

3 Segelflieger

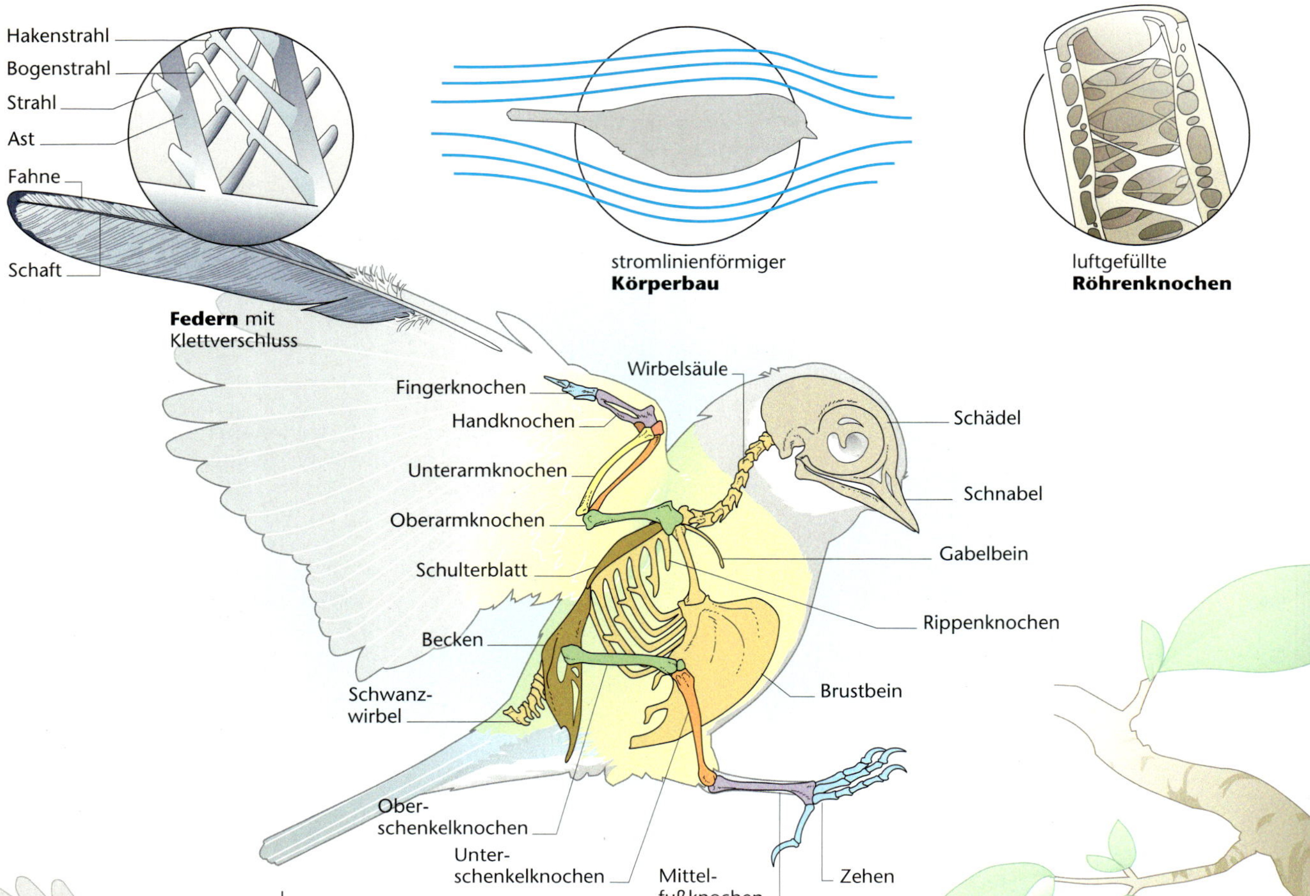

1 Körperbau der Vögel

2 Luftsäcke unterstützen die Atmung.

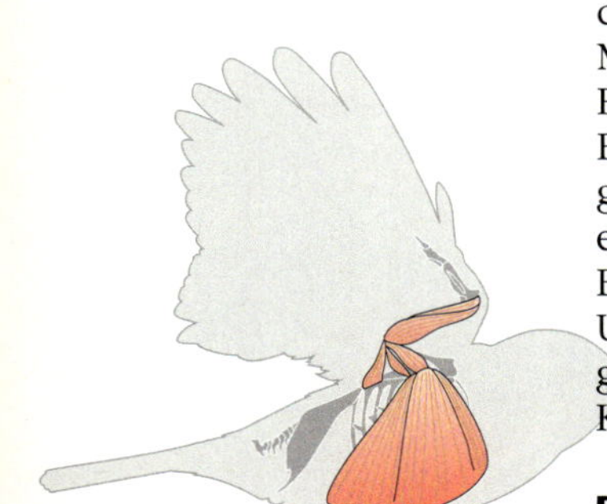

3 Die Flugmuskeln sind kräftig und ausdauernd.

Der Traum vom Fliegen

Eine Kohlmeise fliegt mit breit gefächertem Schwanz und weit ausgebreiteten Flügeln durch den Wald. Mit lang gestreckten Beinen und gespreizten Zehen steuert sie auf einen Ast zu. Die vier Zehen umschließen den Zweig, der Vogelkörper sackt zusammen, die Flügel werden angelegt – eine perfekte Landung.

Das scheint ganz einfach zu sein und hat die Menschen schon immer begeistert. Manche versuchten, sich mit künstlichen Flügeln in die Luft zu erheben. Albrecht Berblinger (1770–1829), der berühmt gewordene Schneider von Ulm, ist daran ebenso gescheitert wie viele andere auch. Es genügt also nicht, Flügel anzuschnallen. Unser Körper ist einfach nicht zum Fliegen geschaffen. Wir sind zu schwer und die Kraft der Armmuskeln reicht nicht aus.

Federleicht

Das Körpergewicht der Vögel ist vergleichsweise gering. So wiegt eine Taube nur halb so viel wie ein gleich großer Igel.

Ein Grund dafür sind die mit Luft gefüllten Röhrenknochen (▷ B 1) der Vögel. Diese sind bei Säugetieren mit Mark gefüllt.

Im Körper befinden sich **Luftsäcke** (▷ B 2), die mit der Lunge in Verbindung stehen. So können Vögel doppelt so viel Luft aufnehmen wie ein vergleichbar großes Säugetier. Die große Flügelfläche verhindert ein schnelles Absinken. Kräftige Flügelschläge drücken den Körper gegen die Luft nach oben und nach vorn.

Dass Fahrzeuge mit einer **Stromlinienform** (▷ B 1) weniger Benzin und damit weniger Energie verbrauchen als andere, haben Autohersteller inzwischen erkannt. Der Vogelkörper macht es vor: Auch er ist stromlinienförmig gebaut, sodass die Tiere bei geringem Energieverbrauch hohe Fluggeschwindigkeiten erreichen können.

Während des Fliegens wirken durch die auf und ab schlagenden Flügel ganz erhebliche Kräfte auf den Körper des Vogels. Die Flugmuskeln benötigen deshalb bei ihrer schweren Arbeit einen festen Halt. Die zusammengewachsenen Brust- und Lendenwirbel und die Knochen des Brustkorbes bilden trotz der „**Leichtbauweise**“ der Knochen ein starres und stabiles Gerüst.

Das geringe Körpergewicht, die Stromlinienform und die kräftige Flugmuskulatur ermöglichen den Vogelflug.

Federn halten warm
Ein bitterkalter Wintertag. Das Amselmännchen sitzt in einem kahlen Fliederstrauch und plustert sein Gefieder auf. Es vergrößert die isolierende Luftschicht zwischen seinen **Daunenfedern**, die den ganzen Körper bedecken. Es tut damit etwas Ähnliches wie wir, wenn wir einen Pullover unter einer Jacke tragen. So schützt sich der Vogel mit seiner „Unterwäsche“, den Daunenfedern, gegen Wärmeverlust. Diese Eigenschaft machen wir uns übrigens bei Federbetten zu Nutze. Vögel sind wie wir **gleichwarme Lebewesen**, deren Körper stets die gleiche Temperatur aufweist.

Die „Oberbekleidung“ der Vögel besteht aus den **Deckfedern**, die den Vogelkörper dachziegelartig einhüllen. So schützen sie die Daunenfedern vor Nässe und Wind und geben dem Vogelkörper seine stromlinienförmige Gestalt.

Die schnellen Flieger, z. B. Baumfalken, besitzen sehr harte Gefiederflächen. Deshalb werden diese Vögel von der Luftströmung nur wenig gebremst.

Die beiden übrigen Federtypen haben ganz besondere Aufgaben. Die **Schwungfedern** bilden die Tragflächen. Mit den **Schwanzfedern** kann der Vogel während des Fluges steuern und bei der Landung abbremsen.

Federn schützen vor Kälte und sind eine wichtige Voraussetzung für den Vogelflug.

Wie sind Federn gebaut?
Die einzelne Feder ist ein Meisterwerk der Natur (▷ B 1). Sie besteht aus einem langen Röhrchen, das zur Spitze hin immer dünner wird. Das ist der **Federkiel**, von dem seitlich zahlreiche Seitenäste abzweigen. Im oberen Teil des Federkiels, dem **Schaft**, befinden sich lufthaltige Zellen, die zum geringen Gewicht der Feder beitragen. Der untere Teil, auch **Spule** genannt, ist hohl. Mit der Spule ist die Feder in der Haut des Vogels befestigt.
Vom Schaft laufen zu beiden Seiten kleine Äste, die aneinander zu kleben scheinen.

Erst die Lupe enthüllt das Geheimnis zweier benachbarter Äste. Von dem oberen Ast laufen winzige bogenförmige Strahlen nach unten. In diese greifen zahllose kleine Häkchen, die an Strahlen des unteren Astes sitzen. Wie ein Klettverschluss greifen Haken- und Bogenstrahlen ineinander und bilden die geschlossene **Fahne** (▷ B 1). Dort kommt sehr wenig Luft hindurch.

4 Olympiade der Vögel

Aufgaben

1 Begründe, warum das tägliche Aufschütteln von Federbetten wichtig ist.

2 Erkläre, warum ein Fasan ein weicheres Deckgefieder besitzt als ein Habicht.

Versuche

1 Versuche, eine brennende Kerze durch eine Schwungfeder hindurch auszublasen.

2 Untersuche den Aufbau einer Vogelfeder mit der Lupe. Ziehe dabei vorsichtig die Äste der Feder auseinander und zeichne die Haken- und Bogenstrahlen.

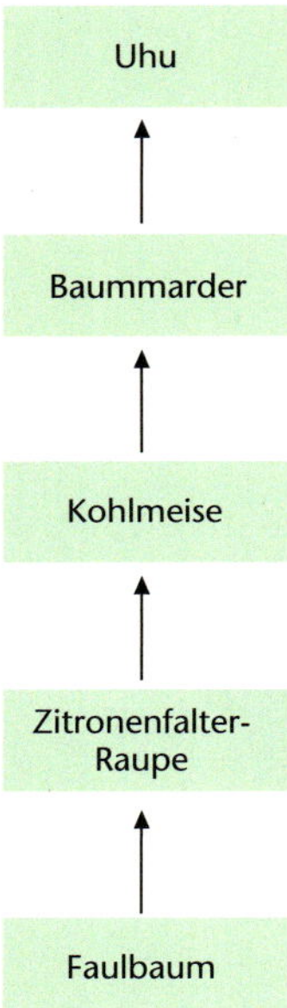

1 Nahrungskette

Fressen und gefressen werden
Den Zitronenfalter kannst du im Frühjahr als einen der ersten Schmetterlinge beobachten. Seine Raupen fressen im Sommer die Blätter des Faulbaums. Andere pflanzliche Nahrung nehmen sie nicht auf.
Für die Kohlmeise ist der Schmetterling ein Leckerbissen. Die Kohlmeise selbst steht auf dem Speisezettel mehrerer Fressfeinde. In Acht nehmen muss sie sich besonders vor dem Baummarder, der ihr vor allem während des Brütens und bei der Fütterung der Jungen gefährlich werden kann. Der Baummarder wiederum kennt nur einen Feind. Der seltene Uhu schafft es bei seiner nächtlichen Jagd ab und zu, einen Baummarder zu überwältigen. Am Tag hat der flinke Jäger dagegen kaum Feinde zu fürchten.

Faulbaum, Zitronenfalter, Kohlmeise, Baummarder und Uhu bilden eine **Nahrungskette** (▷B 1). Am Anfang steht immer eine Pflanze als **Erzeuger**. Sie bildet Nährstoffe, von denen Tiere und Menschen leben. Tiere und Menschen bezeichnet man als **Verbraucher**, denn sie verzehren die gespeicherten Nährstoffe. Einige dieser Pflanzen fressenden Tiere dienen anderen Verbrauchern als Nahrung. Stehen diese am Ende der Nahrungskette, bezeichnet man sie als **Endverbraucher**.

Nahrungsnetze im Wald
Würde der Baummarder nur von Kohlmeisen leben, müsste er bald verhungern. Er macht Jagd auf alle Tiere, die er überwältigen kann. Dazu gehört auch das Eichhörnchen, das ein Glied in einer ganz anderen Nahrungskette ist.
Auch die Kohlmeise ist nicht nur auf ein Beutetier angewiesen. Viele Arten von Insekten und deren Larven bilden ihre Nahrung. So stehen Tiere und Pflanzen des Waldes wie in einem Netz miteinander in enger Verbindung.

Tiere und Pflanzen sind Glieder zahlreicher Nahrungsketten, die miteinander ein verzweigtes Nahrungsnetz bilden.

1 Müll schadet dem Wald.

2 Lärm stört die Waldbewohner.

Wir müssen Rücksicht nehmen
Auf den ersten Blick scheint alles in Ordnung zu sein. Am Waldrand treiben die Sträucher neue Blätter aus, und auch die Nadelbäume zeigen die ersten grünen Spitzen. „Schaut mal nach oben“, bittet der Förster die Schulklasse. „Fällt euch an den Fichten da vorn etwas auf?“ Die Wipfel der Bäume wirken stark ausgelichtet und sind deshalb sehr durchsichtig.

Nadelbäume sind besonders empfindlich gegenüber Autoabgasen und Rauch aus den Schornsteinen der Häuser und Fabriken. Diese Schadstoffe haben den Bäumen schwere Schäden zugefügt. Am deutlichsten ist das an den Nadeln zu erkennen, die gelb werden und nach einiger Zeit abfallen (▷ B 4). Durch Filteranlagen, moderne Heizkessel und Katalysatoren in den Autos konnten die Schadstoffe inzwischen deutlich verringert werden. Aber die Zunahme des Straßenverkehrs ist immer noch das Hauptproblem. Früher glaubte man, nur Nadelbäume würden durch die Schadstoffe in der Luft geschädigt. Inzwischen weiß man aber, dass auch Laubbäume dadurch krank werden (▷ B 3). Vor allem Buchen sind gegenüber Abgasen aus dem Straßenverkehr sehr empfindlich.

Lärm und Müll schaden dem Wald
Viele Menschen verbringen, wie du vielleicht auch, im Wald einen Teil ihrer Freizeit. Du kannst dort spielen, Rad fahren oder mit deinem Hund laufen. Doch du wirst beobachtet! Viele Tiere verfolgen aus sicherer Entfernung, ob von dir eine Gefahr ausgeht. Musik, lautes Geschrei und die Fahrradklingel vertreiben sie sofort (▷ B 2). Hunde können zu einer richtigen Gefahr für die Tiere werden. Jedes Jahr werden im Frühjahr und Sommer viele Tiere, besonders Rehkitze, von frei laufenden Hunden schwer verletzt oder getötet. Immer wieder sieht man besonders an Waldrändern ganze Müllberge, die achtlos hier abgeladen werden (▷ B 1). Bauschutt, selbst Kühlschränke hat man da schon gefunden. Solche „Umweltsünden“ zerstören Lebensgemeinschaften und verschandeln die Landschaft. Und schließlich hat schon manche Glasscherbe einen Waldbrand ausgelöst.

Schadstoffe der Luft, Lärm und Müll bedrohen die empfindlichen Lebensgemeinschaften des Waldes.

Aufgaben

1 Entwerft Plakate, auf denen die Ursachen der Waldschäden dargestellt werden. Fasst die Plakate zu einer Ausstellung zusammen. Material erhaltet ihr bei Forstämtern, Naturschutzvereinen und im Internet mithilfe einer Suchmaschine.

2 Stellt Regeln für das Verhalten von Spaziergängern und Sportlern im Wald auf. Fasst diese Regeln zu einem kleinen Flyer zusammen und denkt euch eine passende Überschrift aus.

3 Kranke Buche

4 Waldsterben

Der Wald

1 Frühjahr

2 Sommer

3 Herbst

Der Wald ist in Stockwerke gegliedert

Alle Pflanzen des Waldes lassen sich einzelnen Stockwerken zuordnen (▷ B 4). Auf die unterste Schicht, die Moosschicht, folgt die Krautschicht. Daran schließen sich Strauchschicht sowie erste und zweite Baumschicht an. Im Waldboden verborgen befindet sich die Wurzelschicht.

Wälder sind Lebensräume für Pflanzen

Pflanzen sind vom Licht, vom Wasser und von Nährstoffen im Boden abhängig. Dabei sind die Ansprüche nicht bei allen Arten gleich. Im Wald wachsen einige Pflanzen im Schatten, wie zum Beispiel die meisten Farne. Andere benötigen sehr viel Licht. Hierzu zählen die Pflanzen am Waldrand und auf den Lichtungen.

4 Die Stockwerke des Waldes

Die Kohlmeise – ein Vogel im Wald

Nur Vögel besitzen Federn. Deckfedern umschließen außen den Vogelkörper. Daunen umhüllen die Körperoberfläche und schützen gegen Kälte. Schwungfedern bilden die Tragflächen des Flügels. Schwanzfedern steuern den Flug und bremsen bei der Landung. Das Gefieder verleiht dem Körper eine Stromlinienform. Die Knochen der Vögel sind stark lufthaltig. Dadurch verringert sich das Körpergewicht.

Wälder sind Lebensräume für Tiere

Pflanzen sind Nahrung für viele Tiere des Waldes und deshalb die Grundlage für jede Lebensgemeinschaft. Nahezu alle Pflanzenteile werden von irgendeiner Tierart genutzt. Selbst abgestorbene Pflanzen werden von vielen Tieren im Waldboden gefressen. Die einzelnen Tierarten sind in ihrem Körperbau und mit ihrer Lebensweise dieser Nahrung angepasst.

Spechte sind an ihren Lebensraum angepasst

Spechte sind typische Waldbewohner. Sie fressen Insekten, aber auch Samen und Früchte der Bäume und Sträucher. Ihr Meißelschnabel dient zum Öffnen von Nüssen und Früchten und zum Hacken nach Insekten, die unter der Baumrinde leben. Der Stützschwanz und die Kletterfüße ermöglichen das geschickte Klettern an Baumstämmen und Ästen.

5 Einige Bewohner des Waldes

6 Winter

Lebewesen bilden Nahrungsketten

Am Anfang jeder Nahrungskette stehen Pflanzen als Erzeuger von Nährstoffen. Pflanzenfresser sind Verbraucher. Sie gewinnen Energie aus den Nährstoffen der Pflanze.

Pflanzenfresser dienen ihrerseits anderen Verbrauchern als Nahrung. Am Ende jeder Nahrungskette stehen Endverbraucher, deren Zahl jedoch in der Natur sehr klein ist. Nahrungsketten sind über einzelne Glieder oft zu Nahrungsnetzen verknüpft.

Schadstoffe in der Luft belasten die Wälder

Luftschadstoffe aus Industrie, Haushalten und Straßenverkehr führen zu einer Schwächung und Schädigung der Bäume. Dadurch sind sie besonders anfällig gegenüber Schädlingen und Infektionen durch Krankheitserreger. Auch Lärm und Müll stören und gefährden Pflanzen und Tiere des Waldes. Hier kann jeder durch richtiges Verhalten einen wirksamen Beitrag zum Schutz dieses wertvollen Lebensraumes leisten.

Aufgaben

1 Wodurch entstehen die unterschiedlichen Stockwerke im Wald?

2 Welche Waldtiere kennst du? In welchen Stockwerken halten sie sich vorwiegend auf?

3 Lege eine Sammlung von Waldpflanzen an. Du kannst die Pflanzen fotografieren oder sammeln. Lege ein Herbarium an und schreibe Steckbriefe zu deinen Pflanzen.

4 Stelle mindestens zwei Nahrungsnetze auf, in denen der Buntspecht (▷ B 1) vorkommt.

1 Der Buntspecht

5 Der Körper des Spechts ist in besonderer Weise an den Lebensraum Wald angepasst. Vergleiche diese Körpermerkmale mit technischen Werkzeugen oder Geräten. Beispiel: Schnabel – Meißel

6 Nenne mindestens fünf Besonderheiten beim Körperbau der Vögel, die den Tieren das Fliegen ermöglichen.

7 Ermittle über das Internet die Waldflächen in den einzelnen Bundesländern. Welche Bundesländer haben die größten Waldflächen? Lässt sich eine Reihenfolge aufstellen?

8 Im Winter ruht der Stoffwechsel unserer einheimischen Pflanzen weitgehend. Dennoch nimmt der Sauerstoffgehalt der Luft nicht ab. Nenne hierfür eine Begründung.

9 Da in unseren Wäldern Endverbraucher wie Wolf oder Luchs ausgestorben sind oder nur selten vorkommen, haben sich deren Beutetiere wie Rehe und Hirsche stark vermehrt. Welche Probleme für den Wald könnten sich daraus ergeben?

10 In deiner Schule gibt es eine Schulordnung. Wie müsste deiner Meinung nach eine „Waldordnung" für Besucher des Waldes aussehen? Gestalte einen Entwurf in Form eines kleinen Plakats.

11 Nicht nur Waldbäume, sondern auch Straßenbäume werden durch Schadstoffe belastet und geschädigt.
a) Erkundige dich bei der Gemeinde- oder Stadtverwaltung, ob es in deinem Heimatort solche Probleme gibt und welches die Ursachen sind.
b) Frage nach, welche Baumarten besonders empfindlich auf Schadstoffe reagieren.
c) Erkundige dich auch, ob es unempfindlichere Arten gibt.

2 Der Wald stirbt

Leben mit den Jahreszeiten

Die Sonne ist für uns von zentraler Bedeutung. Erst ihr Licht und ihre Wärme machen das Leben auf der Erde möglich.

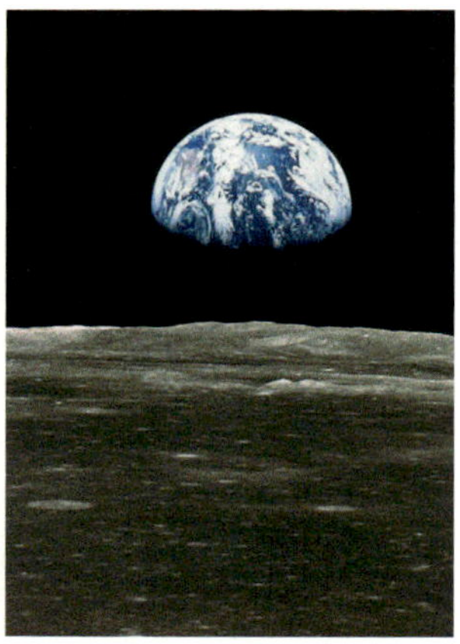

Kannst du dir vorstellen, in wie vielen Bereichen die Strahlung der Sonne gebraucht wird? Pflanzen, Tiere, aber auch wir Menschen nutzen sie jeden Tag. Allerdings werden wir nicht das ganze Jahr hindurch in gleichem Maße von der Sonne versorgt. Abhängig von der Jahreszeit liefert sie mal mehr, mal weniger Licht und Wärme. Hast du schon einmal überlegt, woran das liegt?

Uns Menschen macht der Wechsel der Jahreszeiten nicht so viel aus. Mithilfe der Technik sind wir fast unabhängig davon. Wie aber stellen sich Pflanzen und Tiere auf die wechselnden Temperaturen und Lichtverhältnisse ein?

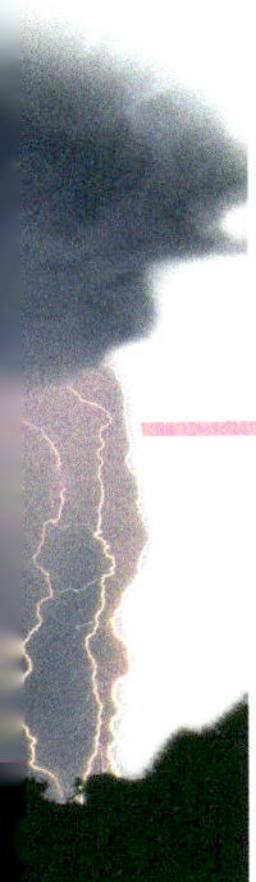

Durchmesser	ca. 1 400 000 km
Entfernung Erde – Sonne	ca. 150 000 000 km
Temperatur im Inneren	ca. 15 000 000 °C
Temperatur an der Oberfläche	ca. 6 000 °C

Die Sonne ist 1 300 000-mal größer und 330 000-mal schwerer als die Erde. Sie ist 4,5 Milliarden Jahre alt.

3 Die Sonne in Zahlen

1 Das Licht und die Wärme der Sonne sind Grundlage des Lebens.

Die Sonne als Lebensspender

Ohne die Sonne wäre auf der Erde kein Leben möglich. Ihr Licht lässt die Pflanzen wachsen, die die Nahrungsgrundlage für Menschen und Tiere bilden. Außerdem erwärmt die Sonne unsere Erde auf Temperaturen, die für die Entwicklung von Leben nötig sind (▷ B 1).

Wenn wir unsere Häuser mit Brennstoffen wie Kohle und Erdöl beheizen, dann nutzen wir auch dabei die Energie der Sonne. Denn Kohle und Erdöl sind über Millionen von Jahren aus abgestorbenen Pflanzenresten entstanden. Wenn wir diese Materialien verbrennen, dann erhalten wir die darin gespeicherte Sonnenenergie zurück.

2 Sonnenblumen richten sich nach dem Sonnenstand.

Ein glühender Stern

Die Sonne ist eine Art Kraftwerk, das Licht und Wärme erzeugt. Sie ist ein riesiger glühender Ball aus Gas, in dessen Innerem Temperaturen von über 15 000 000 °C herrschen (▷ B 3). An der Oberfläche sind die Temperaturen niedriger, sie liegen aber immer noch bei unvorstellbar heißen 6 000 °C. Da die Sonne selbst Licht erzeugt, bezeichnet man sie als Stern.

▶ Die Sonne ist ein Stern. Sie erzeugt das Licht und die Wärme, die das Leben auf der Erde ermöglichen.

Sonnenstrahlen – Genuss und Gefahr

Von der Sonne gelangt unterschiedliche Strahlung zu uns. Das Licht, das unsere Tage erhellt, ist nur ein Teil davon. Daneben sendet die Sonne **Infrarotstrahlung** aus, die man auch als Wärmestrahlung bezeichnet. Diese Strahlung können wir nicht sehen, aber wir spüren sie.

Ein weiterer Teil der Sonnenstrahlung ist die **Ultraviolettstrahlung**. Sie kann schädlich oder sogar gefährlich für uns sein. Gerötete, brennende Haut nach einem zu langen Sonnenbad ist ein erstes Anzeichen dafür. Wirkt dauerhaft zu viel Sonnenstrahlung auf die Haut ein, kann sogar Hautkrebs entstehen. Vor dem größten Teil dieser gefährlichen Strahlung ist die Erde aber geschützt: Die Erdatmosphäre wirkt wie ein Filter und lässt nur einen Teil der Sonnenstrahlung durch (▷ B 4).

▶ Die Sonnenstrahlung enthält verschiedene Anteile. Vor der gefährlichen Strahlung ist die Erde durch ihre Atmosphäre weitestgehend geschützt.

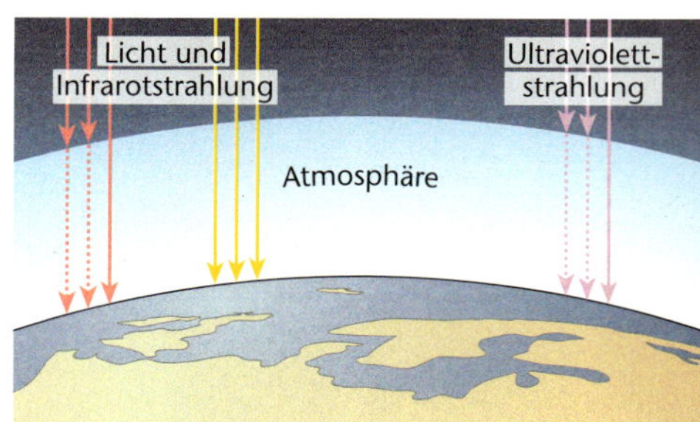

4 Die Atmosphäre wirkt als Schutzfilter.

Aufgaben

1 Wolken, Dunst oder Nebel können die Sonnenstrahlung dämpfen. Welche Auswirkung hat das an der Erdoberfläche?

2 Erkläre, warum die beim Heizen mit Kohle, Erdöl oder Erdgas abgegebene Wärme von der Sonne kommt.

Sonnenkollektoren

1 Ein Marmeladenglas als Wärmespeicher

Material

2 Marmeladengläser, schwarze Farbe, Pinsel, Thermometer, Stoppuhr

Versuchsanleitung

Bemale eines der beiden Marmeladengläser mit schwarzer Farbe. Fülle beide Gläser mit Leitungswasser (▷ B 1) und miss die Temperatur. Stelle die Gläser anschließend in die Sonne. Miss nach 30 Minuten erneut die Wassertemperatur in den beiden Gläsern. Erstelle ein Versuchsprotokoll und vergleiche die Werte.

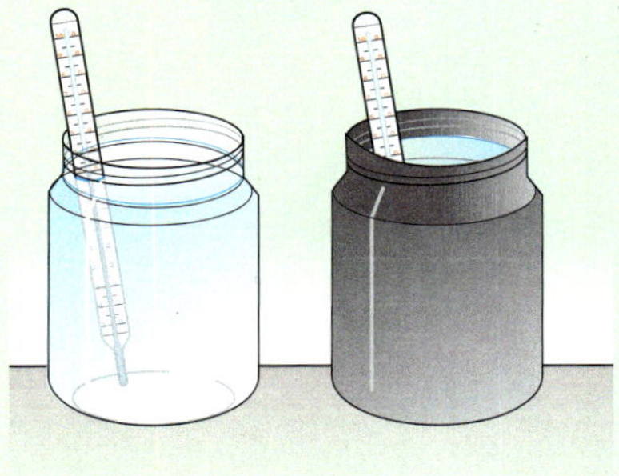

1 Welches Marmeladenglas wird wärmer?

2 Sonnenkollektoren

2 Bau eines Sonnenkollektors

Material

Fester Karton (ca. 30 cm x 40 cm), Styropor®-Platte (Dicke ca. 2 cm), Plastikschlauch (ca. 3 m lang), Trichter, großer Bogen schwarzes Tonpapier, Klarsichtfolie, Styroporkleber, Klebstoff, Schere, scharfes Messer, schwarze Plakatfarbe

Bauanleitung

Kürze die Höhe des Kartons auf etwa 15 cm. Schneide aus der Styropor®-Platte passende Stücke für den Boden und die Seitenwände und klebe sie in den Karton. Schneide aus dem schwarzen Tonpapier ein passendes Stück für den Boden und die Seitenwände und klebe es auf das Styropor®.

Bohre an zwei gegenüberliegenden Seiten Löcher von der Dicke des Schlauchs in den Karton. Streiche den Schlauch schwarz an. Wickle ihn zu einer langgezogenen Spirale auf und schiebe die beiden Schlauchenden durch die Löcher. Klebe den Schlauch fest. Spanne eine Klarsichtfolie über den Karton und befestige sie mit Klebeband.

Versuchsanleitung

Bringe den Sonnenkollektor in die Sonne. Lagere ihn so, dass eine Seite etwas erhöht liegt (▷ B 4). Stelle am unteren Ende des Schlauchs ein Gefäß auf, in dem du etwa 2 bis 3 Liter Wasser auffangen kannst.

Gieße in das obere Ende des Schlauchs durch einen Trichter Wasser ein (je nach Größe des Kollektors benötigst du 2 bis 3 Liter Wasser). Miss die Temperatur des eingefüllten Wassers und vergleiche sie mit der Temperatur des Wassers, das am unteren Schlauchende ausfließt.

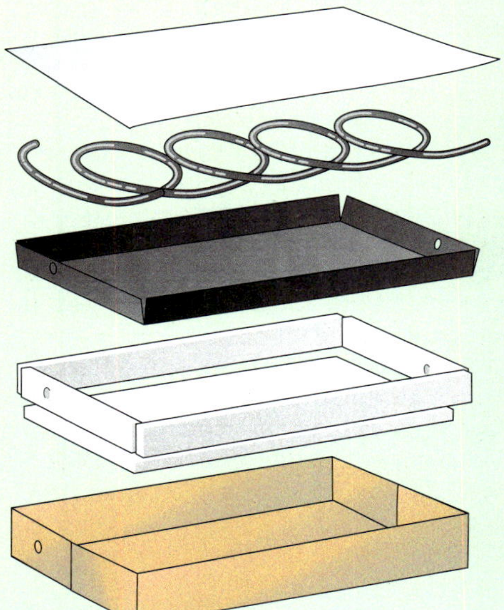

3 So wird der Kollektor zusammengesetzt.

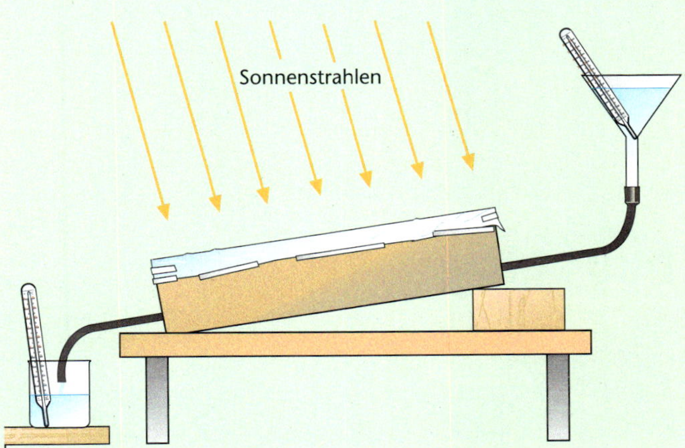

4 Sonnenkollektor im „Versuch"

1 Die Erkundung des Mondes

Die „Eroberung“ des Weltalls?
Am 12. April 1961 umkreiste der Kosmonaut Juri Gagarin als erster Mensch die Erde in einer Raumkapsel. Acht Jahre später betraten die Amerikaner Neil Armstrong und Edwin Aldrin den Mond (▷ B 1). Damals stellten viele Menschen die Frage, ob das Weltall damit erobert sei. Um diese Frage beantworten zu können, muss man einmal die Stellung unserer Erde im Weltall betrachten.
Wenn du in einer wolkenlosen Nacht in den Himmel schaust, erkennst du ein milchig schimmerndes Band. Das ist die Milchstraße (▷ B 3), eine Ansammlung von hundert Milliarden Sternen. Die Sterne der Milchstraße sind spiralförmig angeordnet. Weil sie wie ein schwach leuchtender Nebelstreif erscheinen, nennt man solche Sternanordnungen auch Spiralnebel. Einer dieser Sterne ist unsere Sonne (▷ B 2, rechts), sie befindet sich am Rand der Milchstraße. Neben der Milchstraße gibt es unzählige weitere solche Sternansammlungen im Weltall.

Sonne

Unser Sonnensystem
Die Sonne ist das Zentrum unseres Sonnensystems. Dazu gehören außerdem die neun Planeten, die die Sonne umkreisen (▷ B 2), sowie deren Monde. Als Planeten bezeichnet man wandernde Himmelskörper, die selbst nicht leuchten. Wie weit die Planeten von der Sonne entfernt sind und in welcher Zeit sie sich jeweils um die Sonne bewegen, zeigt die Tabelle in Bild 2.

▶ Die Erde ist einer von neun Planeten, die unsere Sonne umkreisen. Die Sonne, die Planeten und deren Monde bilden unser Sonnensystem. Es ist Teil des noch größeren Sternensystems Milchstraße.

Die Planeten
Von der Sonne aus betrachtet, ist die Erde der dritte Planet. Die günstige Entfernung von der Sonne und die Entstehung einer Atmosphäre haben dazu beigetragen, dass sich auf der Erde Leben entwickeln konnte. Über die anderen sonnennahen Planeten Merkur, Venus und Mars hat man mithilfe unbemannter Weltraumsonden Informationen gesammelt. Bei einer Marsmission konnten sogar Gesteinsproben untersucht

Planet	Mittlere Entfernung von der Sonne (in Mio. km)	Dauer eines Umlaufs um die Sonne	
Merkur	58		88 Tage
Venus	108		224 Tage
Erde	150		365 Tage
Mars	228	1 Jahr	321 Tage
Jupiter	778	11 Jahre	315 Tage
Saturn	1428	29 Jahre	167 Tage
Uranus	2873	84 Jahre	4 Tage
Neptun	4502	164 Jahre	280 Tage
Pluto	5917	248 Jahre	315 Tage

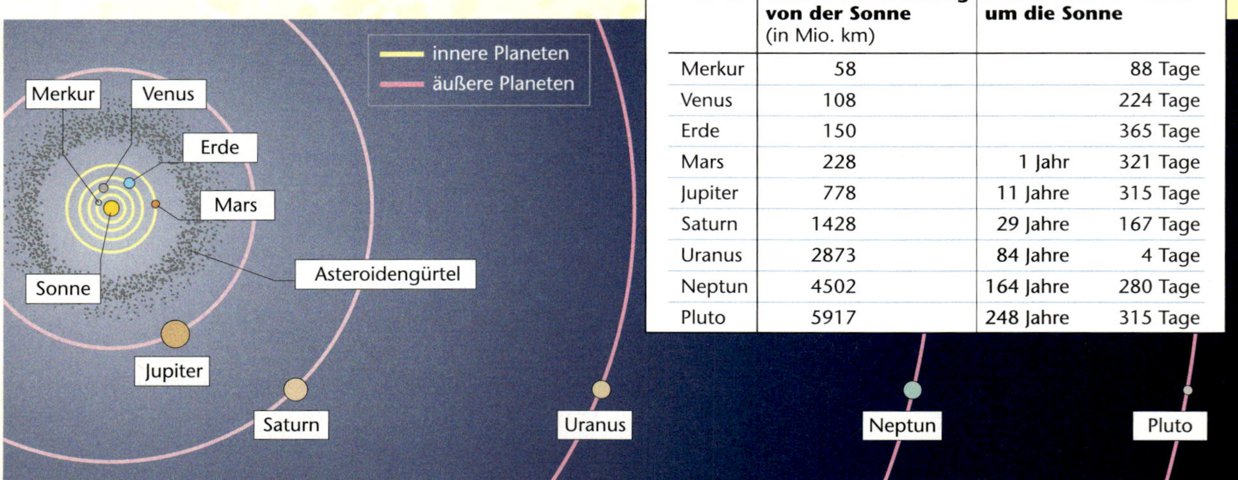

2 Unser Sonnensystem

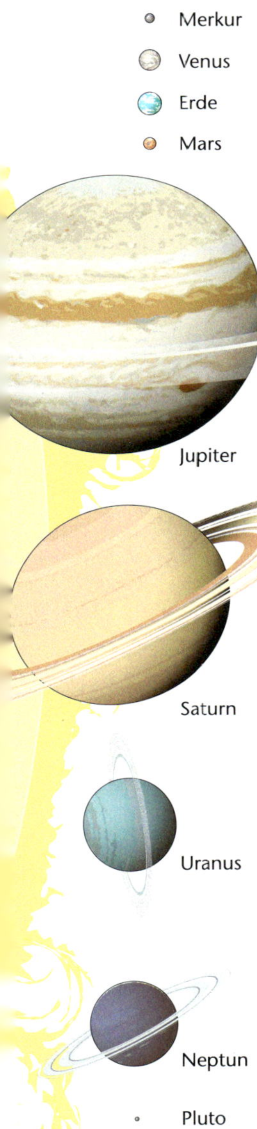

werden. Außerdem hat man herausgefunden, dass es auf dem Mars einmal Wasser gegeben hat. Das bedeutet, dass es auch dort einmal Leben gegeben haben könnte. Die nächsten vier, weiter von der Sonne entfernten Planeten sind Jupiter, Saturn, Uranus und Neptun. Sie sind viel größer als die Erde und jeweils von Ringen umgeben. Diese Ringe bestehen aus einer Unzahl kleiner Gesteins- und Eisbrocken mit Durchmessern von wenigen Zentimetern bis zu einigen Metern, die um den Planeten kreisen. Die Ringe des Saturn sind am deutlichsten zu erkennen. Am weitesten von der Sonne entfernt ist Pluto. Über diesen Planeten, der erst 1930 entdeckt wurde, weiß man bis heute nur wenig.

Entfernungen im Weltall

Die Entfernungen im Weltall sind unvorstellbar groß. In Kilometern angegeben, würde man unlesbar große Zahlen erhalten. Daher hat man eine neue Einheit geschaffen: das Lichtjahr. Das Lichtjahr ist die Strecke, die das Licht in einem Jahr zurücklegt. In einer Sekunde legt das Licht 300000 Kilometer zurück. In einem Jahr sind das etwa 9460000000 (9,46 Billionen) Kilometer. Solche großen Entfernungen lassen sich einfacher in Lichtjahren angeben.
Der Durchmesser der Milchstraße beträgt z.B. 100000 Lichtjahre und unsere Sonne ist etwa 30000 Lichtjahre vom Zentrum der Milchstraße entfernt. Sieh dir jetzt nochmals Bild 2 an. Im Vergleich zur Größe des Weltalls erscheint unsere Erde wie ein „Staubkorn".

Aufgaben

1 Um eine Vorstellung von den Größen und Entfernungen zu bekommen, verkleinern wir das Sonnensystem: An die Startlinie einer 100-Meter-Laufbahn wird eine Kugel mit dem Durchmesser 1m gelegt – die Sonne. Die Erde, die am Ziel liegt, hat die Größe einer Erbse. Berechne nun, wo der Pluto liegt.

2 Für den Weg von der Sonne bis zur Erde braucht das Licht etwa 8 Minuten. Wie weit ist die Erde von der Sonne entfernt?

3 Erstellt zu den Planeten „Steckbriefe" und hängt sie im Klassenraum auf. Recherchiert dazu im Internet oder schlagt in einem Lexikon nach.

4 Mit folgendem Satz kannst du dir die Reihenfolge der Planeten, von der Sonne aus betrachtet, leicht merken: „Mein Vater erklärt mir jeden Samstag unsere neun Planeten". Übertrage den Satz in dein Heft und notiere zu jedem Wort den Namen des Planeten.

3 Die Milchstraße

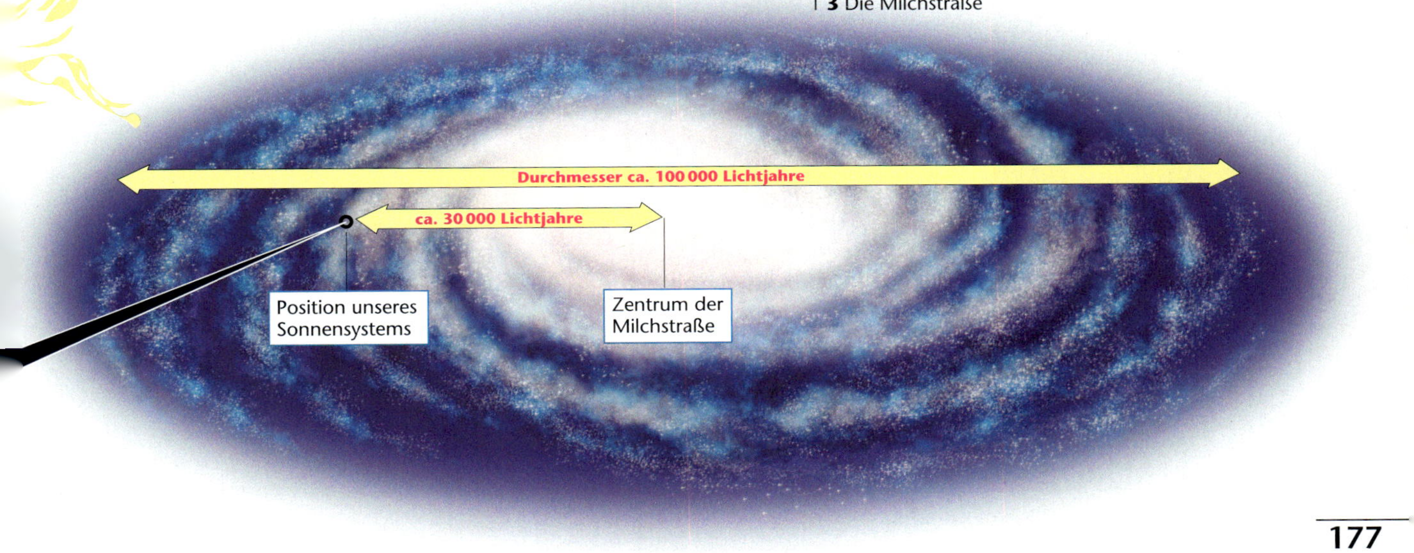

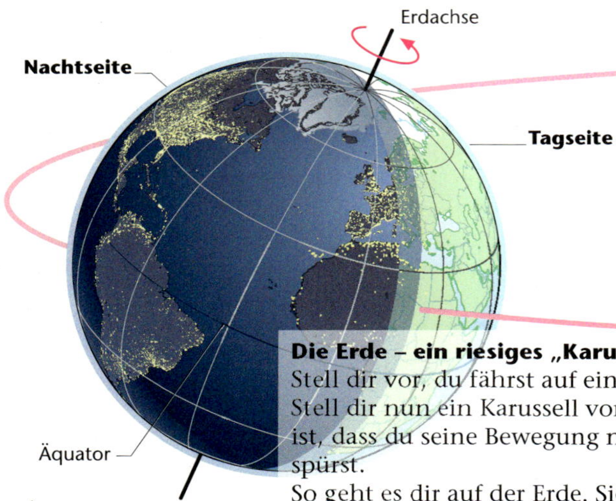

1 Die Erde dreht sich um ihre Achse.

Die Erde – ein riesiges „Karussell"
Stell dir vor, du fährst auf einem Karussell. Stell dir nun ein Karussell vor, das so groß ist, dass du seine Bewegung nicht mehr spürst.
So geht es dir auf der Erde. Sie ist eine riesige Kugel, die zwei verschiedene Drehbewegungen ausführt: Sie kreist um die Sonne und dreht sich gleichzeitig um ihre eigene Achse.

Drehung um die eigene Achse
Die Erde dreht sich um eine gedachte, durch den Nord- und den Südpol verlaufende Erdachse (▷ B 1). Diese Bewegung wird als **Erdrotation** bezeichnet. Eine volle Umdrehung dauert 24 Stunden. Das entspricht in unserer Zeiteinteilung einem Tag.
Die Erdrotation verursacht den ständigen Wechsel von Tag und Nacht, weil nur eine Hälfte der Erde von der Sonne beleuchtet wird (▷ B 1). Suche dir in Bild 1 einen Punkt auf dem Äquator aus und überlege, wie er sich bewegt: Im Verlauf eines Tages durchläuft dieser Punkt sowohl den beleuchteten als auch den unbeleuchteten Bereich.

Bewegung um die Sonne
Wie die anderen Planeten bewegt sich auch die Erde um die Sonne (▷ B 2). Dabei legt sie in jeder Sekunde 30 Kilometer zurück. Das entspricht einer Geschwindigkeit von 108 000 Kilometer pro Stunde. Die Dauer eines vollständigen Umlaufs um die Sonne ist die Grundlage unserer Zeitrechnung. Nach ihr wurde das Jahr festgelegt. Allerdings benötigt die Erde nicht genau 365 Tage für ihren Umlauf, sondern sechs Stunden länger.
Nach vier Jahren hat die Erde gegenüber der Zeitrechnung deshalb eine Verspätung von 24 Stunden. Als Ausgleich wird alle vier Jahre ein zusätzlicher Tag in den Kalender „eingeschoben", und zwar der 29. Februar. Ein solches Jahr bezeichnet man als **Schaltjahr**.

▶ Die Erde führt zwei Bewegungen aus: Sie dreht sich in 24 Stunden ein Mal um die eigene Achse und umrundet in 365 Tagen und 6 Stunden ein Mal die Sonne.

Aufgaben

1 Woher kommen die Zeiteinheiten Tag und Jahr?

2 Warum ist es notwendig, alle vier Jahre ein Schaltjahr einzufügen?

3 Überlege, wie die Drehungen der Erde deinen Lebensrhythmus beeinflussen. Denke daran, dass die Erde zwei verschiedene Drehungen ausführt.

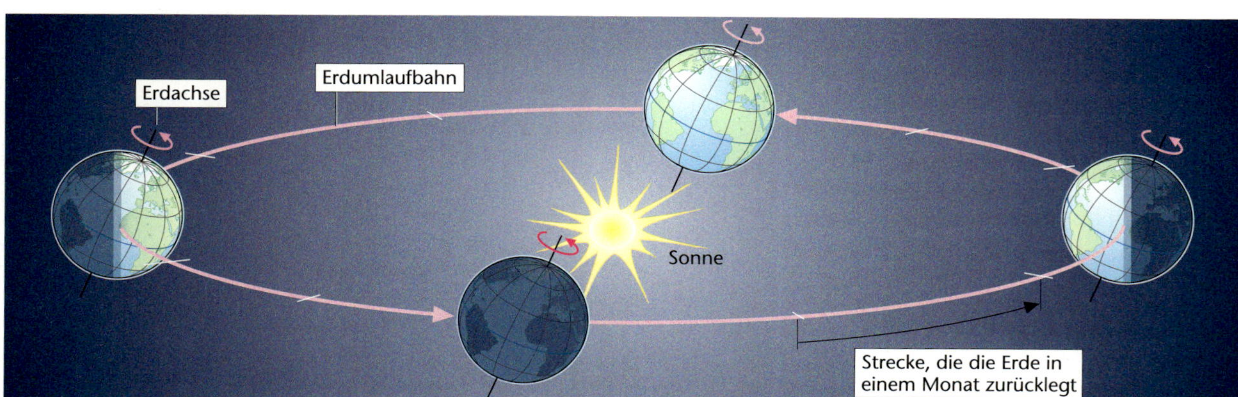

2 In einem Jahr umrundet die Erde einmal die Sonne.

Werkstatt

Bewegung mit Folgen

Kannst du dir vorstellen, welche Bewegungen die Erde ausführt? Wie kann man diese Bewegung zur Zeitmessung nutzen? Mithilfe der folgenden Versuche kannst du diese Fragen beantworten.

1 Wie Tag und Nacht entstehen

Material

Styropor®-Kugel (ca. 15 cm Durchmesser), Stricknadel, Stift, Taschenlampe

Versuchsanleitung

Diesen Versuch führst du am besten mit einem Partner durch. Stecke zunächst die Stricknadel möglichst genau durch die Mitte der Styropor®-Kugel. Die Nadel ist die Achse, um die sich deine Erde dreht.
Markiere auf der Kugel einen gut erkennbaren Punkt. Halte die Achse aufrecht (▷ B 1). Bitte deinen Partner, die Kugel von einer Seite mit der Taschenlampe zu beleuchten.

Tipp: Führt den Versuch in einem abgedunkelten Raum durch.

a) Stelle mit deiner Kugel die Bewegung nach, die die Erde im Verlauf eines Tages ausführt. Beachte dabei, dass sich die Erde von West nach Ost dreht.
b) Drehe die Erde immer nur ein Stückchen (von West nach Ost) weiter und halte sie immer dann an, wenn für den eingezeichneten Punkt folgende Aussagen zutreffen: Dort ist es
- kurz nach Sonnenaufgang,
- Mittag,
- kurz vor Sonnenuntergang,
- Mitternacht.

1 Entstehung von Tag und Nacht im Modell

2 Sonnenuhr

2 Bau einer Sonnenuhr

Material

Blumentopf mit Sand, ein Bogen Pappe, Holzstab, Filzstift

Versuchsanleitung

Schneide aus der Pappe eine Scheibe aus, deren Durchmesser etwas größer ist als der des Blumentopfs. Durchbohre die Scheibe in der Mitte und stecke den Stab durch das Loch. Stecke den Stab in den mit Sand gefüllten Blumentopf. Stelle den Topf in die Sonne. Markiere zu jeder vollen Stunde mit dem Filzstift die Position des Schattens auf der Pappscheibe (notiere auch die zugehörige Uhrzeit). An Sonnentagen kannst du auf deiner Sonnenuhr dann stets die Zeit ablesen. Allerdings darfst du ihren Standort nicht verändern!

3 Blumentopf als Sonnenuhr

Die Entstehung der Jahreszeiten

1 Winter

2 Frühling

3 Sommer

4 Herbst

Der Einfluss der Jahreszeiten

Der Lebensrhythmus von Pflanzen und Tieren ist besonders durch die **Jahreszeiten** geprägt. So sind das Wachstum und die Vermehrung der Pflanzen und das Reifen ihrer Früchte daran gebunden. Viele Tiere nutzen in den warmen Monaten das große Nahrungsangebot und haben die unterschiedlichsten Methoden entwickelt, um gut durch den Winter zu kommen. Der Mensch hat zahlreiche technische Lösungen gefunden, um von den Jahreszeiten möglichst unabhängig zu sein. Heizungsanlagen und elektrisches Licht sind nur zwei Beispiele. Trotzdem werden auch wir von den Jahreszeiten beeinflusst.

Freust du dich an heißen Tagen nicht auch auf einen Besuch im Schwimmbad oder auf den Skiurlaub, wenn der Winter beginnt?

Schieflage mit Folgen

Wie entstehen die Jahreszeiten? Ihre Ursache ist die Schrägstellung der Erdachse (▷ B 5). Die Erde behält diese Schrägstellung auf ihrer Bahn um die Sonne bei. Daher ist im Verlauf eines Jahres einmal die Südhalbkugel und einmal die Nordhalbkugel zur Sonne geneigt.
Auf der Halbkugel, die der Sonne zugewandt ist, sind die Tage lang. Mittags steht die Sonne hoch über dem Horizont. Die Sonneneinstrahlung ist dort stärker als auf der abgewandten Halbkugel, sodass es dort auch wärmer ist. Auf der sonnenzugewandten Halbkugel herrscht Sommer, auf der abgewandten Halbkugel ist Winter.

Im Bereich der Tropen, nördlich und südlich des Äquators, gibt es keine Jahreszeiten. Dort sind die Temperaturen während des ganzen Jahres fast gleich bleibend hoch. Die größten Temperaturschwankungen gibt es zwischen Tag und Nacht.

▶ Die Erdachse steht schräg. Daher ist einmal die Nordhalbkugel und einmal die Südhalbkugel der Sonne stärker zugewandt. So entstehen die Jahreszeiten.

Aufgaben

1 Wodurch kommt es zur Entstehung der Jahreszeiten?

2 Überlege, wie die Jahreszeiten dein Leben beeinflussen.

3 Warum gibt es in den Tropen keine Jahreszeiten?

5 Die Entstehung der Jahreszeiten

1 Kastanienbaum im Winter, Knospe einer Kastanie

Winterprobleme
Der Winter mit seiner Kälte macht allen Pflanzen zu schaffen. Das Hauptproblem ist die Wasserversorgung. Wenn der Boden gefroren ist, kann die Pflanze kein Wasser mehr aufnehmen. Bei Frost dehnt sich Wasser aus, die Wasserleitungsbahnen in der Pflanze würden zerspringen.

Blattfall als Rettung
Bäume und Sträucher, die die Blätter abwerfen, haben die Verdunstung ganz eingestellt. Es kann kein Wasser mehr abgegeben werden, sodass die Pflanzen vor dem Vertrocknen geschützt sind.

Grün durch den Winter
Die Stechpalme ist das ganze Jahr über grün. Der Baum schützt sich durch lederartige, dicke Blätter, die von einer Schutzschicht aus Wachs überzogen sind, vor Kälte und Verdunstung. Die Nadeln der Fichten, Kiefern und Tannen haben außerdem eine kleine Oberfläche, sodass sie kaum Wasser abgeben können.

Manche Pflanzen ziehen sich zurück
Bei einigen Wildkräutern, wie dem Sauerampfer, bleiben nur die unterirdischen Teile erhalten. Oft übersteht auch eine Knospe oder eine Rosette dicht an den Boden geschmiegt die kalte Jahreszeit.

Überwinterung als Samen
Das Hirtentäschelkraut ist wie die meisten Wildkräuter **einjährig**. Er stirbt im Herbst ab, die vielen Samen aber sichern seinen Bestand auch im nächsten Jahr.

Knospen für das nächste Jahr
Nach dem Blattfall sieht man die **Knospen**, in denen sich die Blätter und Blüten des kommenden Jahres befinden. Sie sind gut geschützt. Klebrige und hornige Knospenschuppen liegen wie Dachziegel übereinander (▷ B 1). Sie schützen das Innere vor Kälte und Nässe. Die Blütenknospen werden außerdem manchmal durch ein wolliges Haarkleid und grüne Blättchen vor der Kälte bewahrt.

Viele Pflanzen überstehen den Winter durch Laubfall, andere besitzen Blätter mit besonderen Schutzeinrichtungen. Bei manchen Arten überwintern nur einzelne Teile der Pflanze.

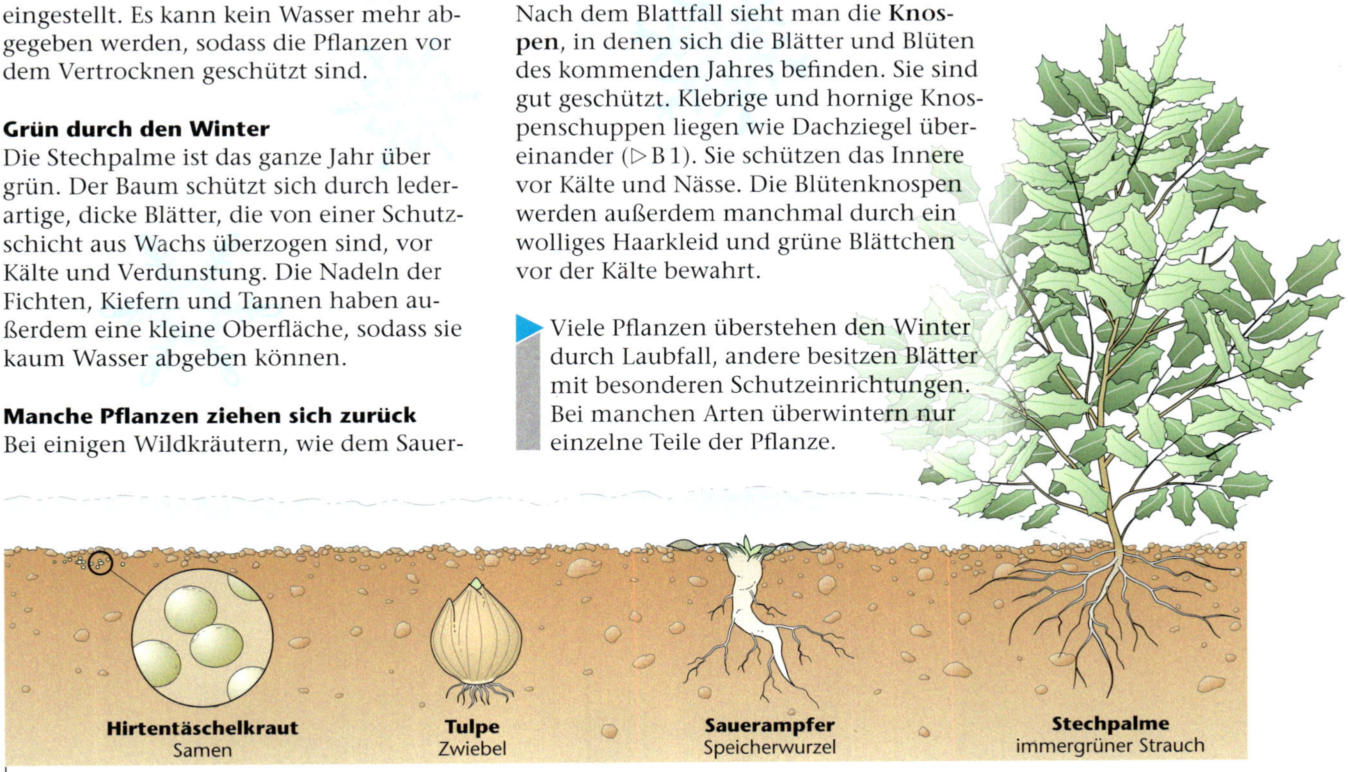

2 Überwinterung bei Pflanzen

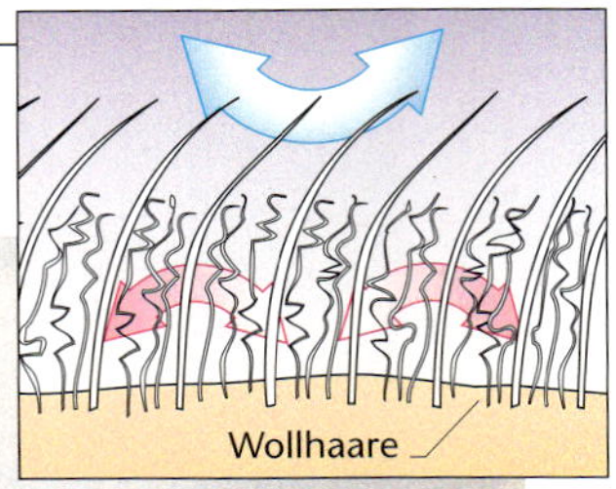

1 Funktion des Winterfells

2 Rotfuchs im Winterfell

Winterprobleme
Es ist Ende Januar. Die Temperaturen steigen am Tag nur wenig über 0 °C, nachts gefriert es sogar. Eiskalt fegt der Wind über verschneite Äcker und Wiesen. Es ist schwierig, jetzt Nahrung zu finden. Wie überstehen die Tiere diese harte Jahreszeit?

Ein warmer „Mantel" schützt vor Kälte
Das Fell des Fuchses ist im Winter besonders dicht. Es sind zusätzlich Wollhaare gewachsen. Sie bewirken, dass der kalte Wind kaum noch durch das Fell wehen kann (▷ B 1 und B 2).

3 Feldhamster

Die stehende Luft zwischen den Wollhaaren erwärmt sich durch die Körperwärme des Tieres und isoliert dadurch gut gegen Kälte. Bei uns bekommen fast alle Säugetiere in der kalten Jahreszeit ein solches Winterfell. Solange es noch reichlich Nahrung gab, haben sich die Tiere außerdem Fettpolster angefressen, die sie ebenfalls vor Kälte schützen.

Energie sparen durch Winterschlaf
Igel, Siebenschläfer und Fledermaus halten **Winterschlaf**. Das bedeutet, dass ihre Körpertemperatur stark abgesenkt wird, ihr Herz schlägt nur sehr langsam und der Körper verbraucht dabei kaum Energie. Die Tiere leben mehrere Wochen oder Monate nur von den angefressenen Fettvorräten.

Der Feldhamster (▷ B 3) macht eine Ausnahme: Er sammelt in seiner unterirdischen Höhle Getreide als Wintervorrat. Mehrmals unterbricht er seinen Winterschlaf, um von diesen Vorräten zu fressen. Sollte es den Winterschläfern einmal zu kalt werden, hat die Natur vorgesorgt: Bestimmte Stoffe im Körper, Hormone genannt, sorgen dann dafür, dass die Tiere aufwachen. Sie können ein neues Versteck suchen, in dem sie besser vor der Kälte geschützt sind.

Winterruher
Hoch oben in den Baumkronen hat das Eichhörnchen sein kugelförmiges Nest, den Kobel. Es ist mit Moos und anderen Pflanzenteilen so ausgepolstert, dass die Winterkälte das Tier nicht erreichen kann. Zu einer Kugel zusammengerollt, verschläft das Eichhörnchen hier viele Wintertage.

Hungern muss es dabei nicht, denn im Herbst hat es Nüsse und Eicheln versteckt. Ab und zu kommt es aus seinem warmen Versteck und frisst von den Vorräten. Im

4 Eichhörnchen frisst von seinen Vorräten.

5 Siebenschläfer

Herbst hat sich das Tier außerdem kleine Fettpolster angefressen; von ihnen zehrt es im Winter. Die Körpertemperatur des Eichhörnchens ist nur wenig herabgesetzt und auch das Herz schlägt normal. Das Eichhörnchen spart Energie, indem es die meiste Zeit ruht. Säugetiere, die auf diese Weise den Winter überstehen, halten eine **Winterruhe**.

Bei Säugetieren gibt es verschiedene Überwinterungsstrategien. Die meisten Säugetiere bekommen ein Winterfell, andere legen Vorräte an und halten Winterruhe oder einen Winterschlaf.

Aufgaben

1 Vergleiche, wie Hamster und Eichhörnchen den Winter überstehen. Stelle die einzelnen Punkte in einer Tabelle gegenüber.

2 Warum müssen Igel und Fledermaus einen Winterschlaf halten, nicht aber das Kaninchen und der Maulwurf?

3 Fertige ein Plakat zu dem Thema „Wie die Tiere den Winter überstehen" an. Sammle und ordne auch Bilder für das Plakat.

6 Fledermaus im Winterschlaf

Werkstatt

Geschützt wie ein Eisbär

Der Eisbär ist ein Bewohner der Arktis. Im Winter gräbt er sich eine Schneehöhle und hält Winterschlaf. Doch auch im Sommer ist es in der Arktis sehr kalt. Wie schützt sich der Eisbär vor Kälte, Schnee und eisigen Stürmen?

1 Die Hülle macht's

Material

4 Bechergläser, 4 Reagenzgläser, 4 Gummistopfen, Kosmetikcreme, Watte, eine Packung Trinkhalme, Gummiringe, Thermometer

Versuchsanleitung

Beschichte ein Reagenzglas dick mit Creme, hülle es in Klarsichtfolie. Packe das zweite Reagenzglas in Watte, die du mithilfe der Gummiringe befestigst. Ordne um das dritte Glas eine Lage Trinkhalme an. Befestige auch diese mithilfe der Gummibänder. Lass das letzte Reagenzglas unverändert. Befülle nun alle Reagenzgläser mit warmem Wasser (ca. 35 bis 40 °C) und verschließe sie mit einem Gummistopfen. Stelle sie dann jeweils in einem Becherglas an einen kühlen Ort.
Miss nach 30 und nach 60 Minuten die Temperatur des Wassers in den Reagenzgläsern. Notiere die Ergebnisse.

2 Die Farbe macht's

Material

2 kleine Schachteln, weißes und schwarzes Papier, Thermometer

Versuchsanleitung

Beklebe eine der beiden Schachteln mit weißem Papier, die andere mit schwarzem Papier. Schneide jeweils auf einer schmalen Seite eine Öffnung in die Schachteln, sodass das Thermometer gerade hindurchpasst. Lege beide Schachteln in die Sonne. Miss nach etwa 30 Minuten die Temperatur in den Schachteln und notiere die Ergebnisse.

Aufgabe

Betrachte Bild 2. Kannst du mithilfe deiner Versuchsergebnisse erklären, welchen Nutzen die dunkle Haut des Eisbären, seine hohlen Haare und seine Fettschicht haben?

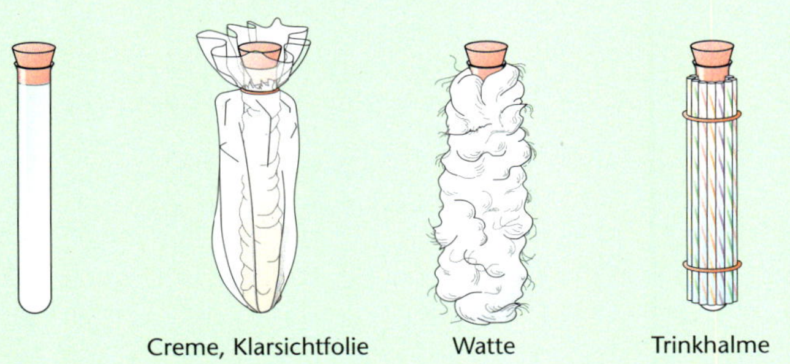

1 Zu Versuch 1

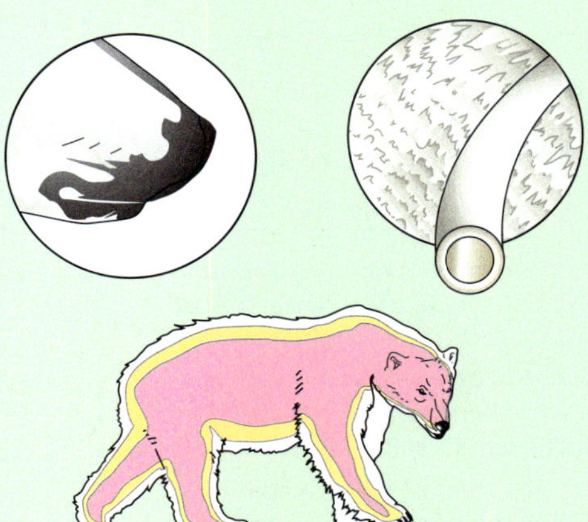

2 Besonderheiten beim Eisbären

Wasser verhält sich anders

Wasser ist ein ganz besonderer Stoff. Seine Eigenschaften beeinflussen alle Lebewesen.

Was unterscheidet Wasser von anderen Flüssigkeiten? Hier kannst du es selbst herausfinden.

1 Flüssigkeiten im Steigrohr

Material

Mehrere Rundkolben, Stopfen mit Bohrung, Glasrohre, Wanne, verschiedene Flüssigkeiten (Wasser, Salatöl, Essig, Spiritus usw.)

Versuchsanleitung

a) Färbe Wasser mit einigen Tropfen Tinte an. Fülle den Rundkolben bis knapp unter den Rand mit dem gefärbten Wasser.
b) Stecke das Glasrohr in die Bohrung des Stopfens und verschließe damit den Kolben. Achte darauf, dass keine Luftblase eingeschlossen wird.
c) Kühle den Kolben in Eiswasser auf etwa 0 °C ab. Markiere den Wasserstand im Glasrohr.

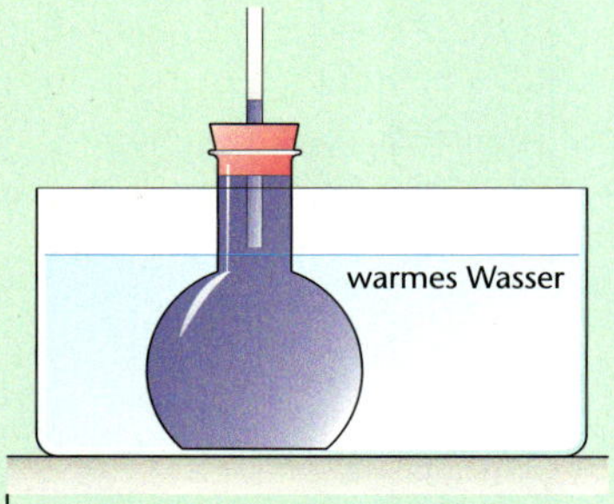

1 Erwärmen des Kolbens

d) Stelle den Glaskolben in eine Wanne mit zimmerwarmem Wasser (▷ B 1). Miss jede Minute die Steighöhe des Wassers im Glasrohr und notiere die Messwerte in einer Tabelle (▷ B 3).
e) Wiederhole den Versuch wie beschrieben mit den anderen Flüssigkeiten (▷ B 2). Achte darauf, dass die Flüssigkeiten zu Beginn ebenfalls eine Temperatur von 0 °C haben und dass die Füllhöhe jeweils etwa gleich ist.

2 Vergleichsmessung mit anderen Flüssigkeiten

Flüssigkeit	Zeit (in min)	Steighöhe (in cm)
Wasser	0	2,7
	1	

3 Tabelle zu Versuch 1

Aufgaben

1. Bereite für jede der untersuchten Flüssigkeiten ein Diagramm vor. Trage nach oben die Steighöhe der Flüssigkeit in Zentimeter ein, nach rechts die Zeit in Minuten.

2. Beschreibe, wie sich die Steighöhen der verschiedenen Flüssigkeiten bei der Erwärmung verändern. Wodurch unterscheidet sich Wasser von den anderen Flüssigkeiten?

2 Wasser und Wachs

Material

2 leere Teelichtdöschen, Wachs, Wasser

4 Wachs und Wasser im Vergleich

Versuchsanleitung

a) Fülle die beiden Döschen fast randvoll, das eine mit Wasser, das andere mit flüssigem Wachs (▷ B 4). Betrachte die Döschen von der Seite. Zeichne die Oberfläche der Flüssigkeiten im Querschnitt.
b) Stelle beide Döschen für etwa 3 Stunden ins Frostfach des Kühlschranks. Betrachte die erstarrten Flüssigkeiten in den Döschen von der Seite und zeichne wieder den Querschnitt. Welche Unterschiede zwischen Wasser und Wachs stellst du fest?

3 Gefahr im Frostfach

Material

Glasflasche mit Schraubverschluss, Plastiktüte, Wasser

Versuchsanleitung

Fülle die Flasche bis zum Rand mit Wasser und drehe den Verschluss ganz fest zu. Achte darauf, dass keine Luftblase eingeschlossen ist.
Packe die Flasche in die Plastiktüte und lege sie etwa einen halben Tag lang ins Frostfach des Kühlschrankes.
Hole die Tüte vorsichtig aus dem Frostfach und öffne sie. Was stellst du fest?

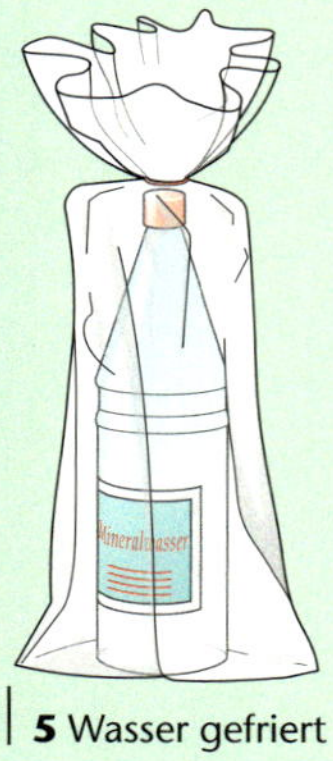

5 Wasser gefriert

Aufgabe

Warum muss man aus freiliegenden Wasserleitungen im Herbst das Wasser ablassen?

Erfrieren Fische im Winter?

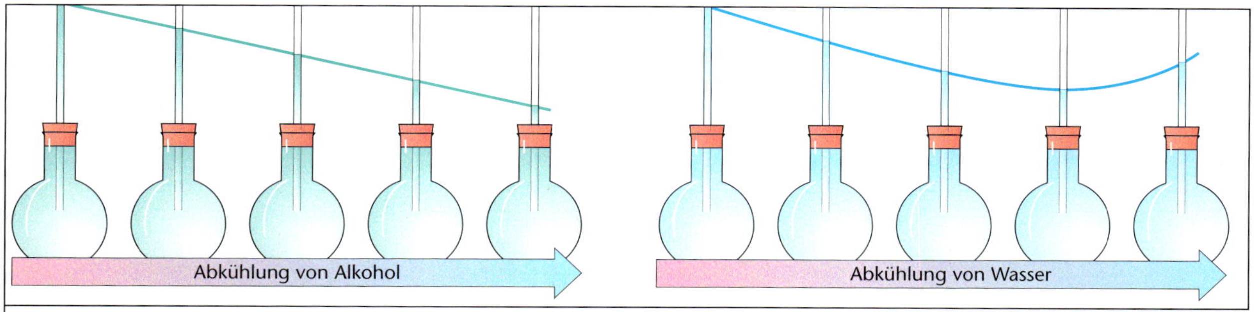

1 Alkohol und Wasser werden abgekühlt.

Wasser verhält sich anders
Um im Sommer Getränke schnell abzukühlen, liegt es nahe, die Saftflasche ins Eisfach zu legen. Wenn man die Flasche jedoch vergisst, kann man eine böse Überraschung erleben: Am nächsten Tag findet man im Eisfach einen gefrorenen Klotz inmitten von Glasscherben.
Wasser bildet unter den Flüssigkeiten eine Ausnahme. Zwar zieht es sich beim Abkühlen ebenfalls zusammen, aber nur bis zu einer Temperatur von +4 °C. Bei einer weiteren Abkühlung dehnt sich das Wasser wieder aus (▷B 1). Dieses Verhalten wird als **Anomalie** des Wassers bezeichnet.

Ein See im Winter
Vielleicht warst du im Winter auch schon einmal auf einem zugefrorenen See Schlittschuhlaufen. In vielen solcher Seen und Teiche leben Fische. Wie überleben sie die kalte Jahreszeit?
Im Winter kühlt sich das Wasser in einem See ab, weil ein Wärmetransport vom wärmeren Wasser zur kälteren Luft stattfindet. Da Wasser von +4 °C sich am stärksten zusammengezogen hat, ist es am schwersten. Es sinkt auf den Boden des Sees. Wenn Wasser kälter als + 4 °C wird, dehnt es sich wieder aus. Das bedeutet, es wird leichter und sinkt nicht mehr nach unten.

Weil die Wassertemperatur von der Oberfläche bis zum Grund bis auf 4 °C ansteigt, können Fische und Pflanzen im Winter auch in zugefrorenen Seen überleben (▷B 2).

Bei +4 °C nimmt eine bestimmte Menge Wasser den kleinsten Raum ein. Wenn es stärker abgekühlt wird, dehnt es sich wieder aus. Dieses Verhalten wird als Anomalie des Wassers bezeichnet.

Versuch

1 Fülle einen Messzylinder mit Wasser und Eis wie in Bild 2. Miss die Temperatur in der Eisschicht und am Zylinderboden. Vergleiche das Ergebnis mit einem See im Winter.

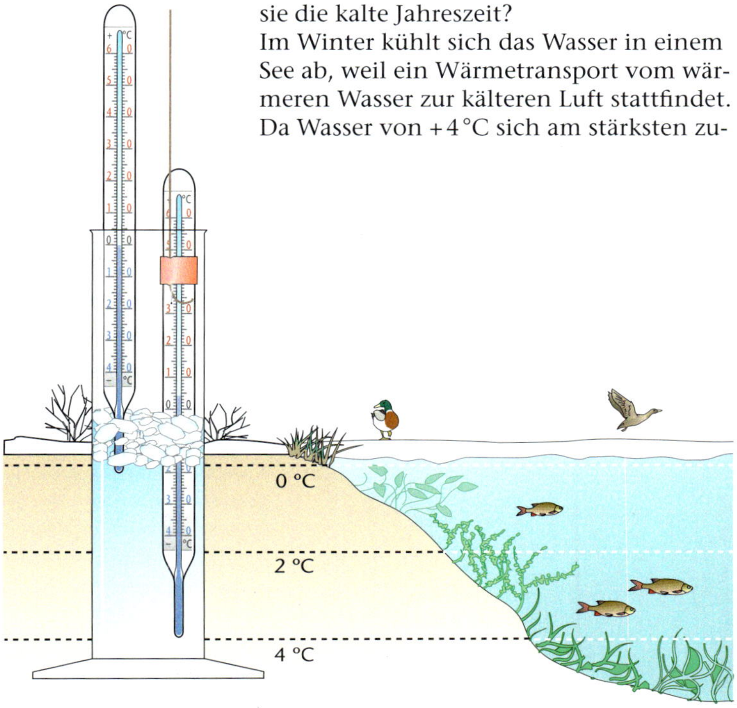

2 Temperaturschichtung im Versuch und im See

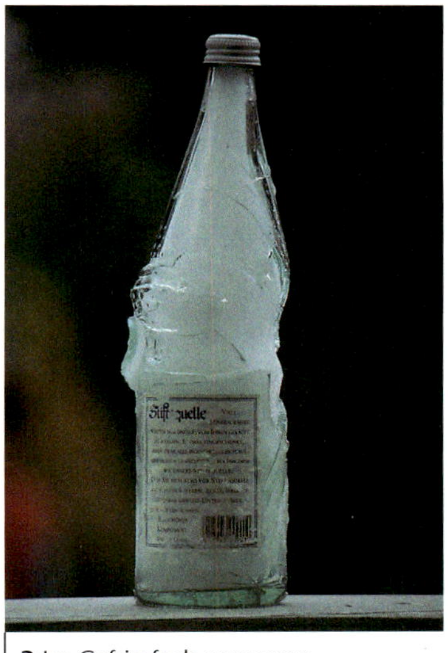

3 Im Gefrierfach vergessen.

Anpassung an die kalte Jahreszeit

Es ist für dich ganz selbstverständlich, dass sich die Jahreszeiten regelmäßig abwechseln. Tiere und Pflanzen haben sich darauf eingestellt.
Auch wir Menschen passen uns den Jahreszeiten an. Wie stellst du dich auf den Frühling, den Sommer, den Herbst und den Winter ein?

Jahreszeiten

Im Winter werden die Tage kürzer. Weniger Licht und weniger Wärme für die Tier- und Pflanzenwelt sind die Folge. Wie kommt es eigentlich dazu, dass die Sonne nicht mehr mit der gleichen Kraft wie im Sommer scheint?

Um das zu verstehen, müsste man eigentlich ein entsprechendes Modell basteln. Suche nach geeigneten Möglichkeiten!

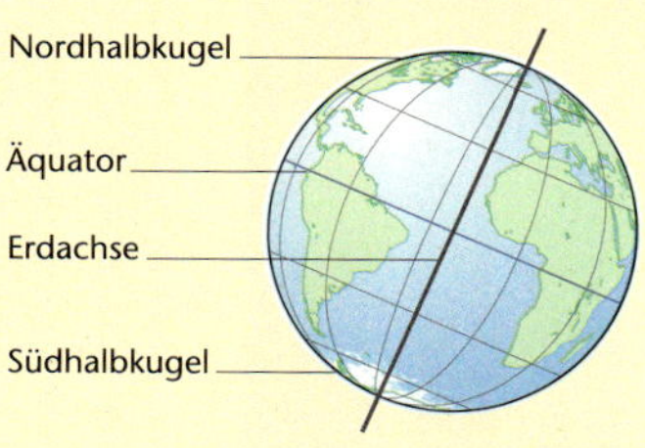

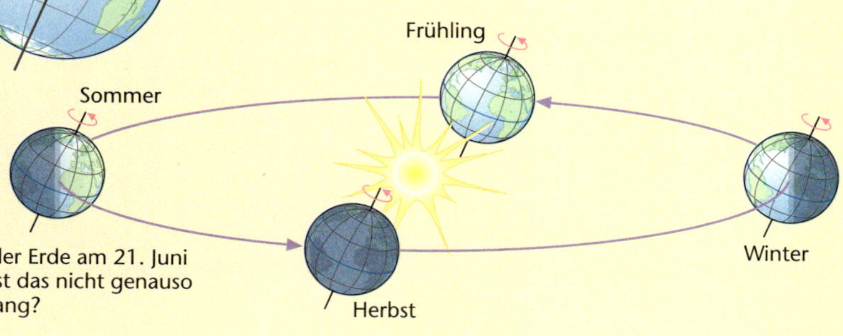

So ist die Stellung der Erde am 21. Juni (Sommeranfang). Ist das nicht genauso wie zum Winteranfang?

Laubfall

Schon im Herbst stellt sich die Natur auf den herannahenden Winter ein. Besonders auffällig ist die Verfärbung der Blätter bei unseren Laubbäumen. Gelbe, rote und braune Farbtöne beherrschen dann die Landschaft.

- Welche Aufgabe haben die grünen Blätter im Sommer?
- Hast du schon einmal überlegt, woher die gelben, roten und braunen Farbtöne im Herbst kommen?
- Und noch etwas zum Thema Farben:
Woher kommt die weiße Farbe beim Schnee und bei manchen Pflanzen, zum Beispiel in den Blütenblättern von Schneeglöckchen?

- Lege eine Sammlung herbstlich gefärbter Blätter an. Presse die Blätter zwischen Zeitungspapier und ordne sie nach Baumart und Färbung. Notiere Fundort und Datum.

- Wie kannst du den Verlauf der Blattadern möglichst genau in dein Heft zeichnen?

- Legt an einer Wand eures Klassenraums ein großes Poster von herbstlichen Blättern zum Beispiel in Form eines Baumes an.

- In den Tropen gibt es keine Jahreszeiten. Aber auch hier werfen die Bäume ihr Laub im Abstand von bis zu zehn Jahren ab. Das geschieht allerdings nicht gleichzeitig. Deshalb erscheinen diese Bäume immergrün. Aus unseren Breiten wurden Laub werfende Bäume in Äquatornähe gebracht und dort wieder eingepflanzt.
Äußere Vermutungen, ob und wann sie nun ihr Laub abwerfen.

Kälteschutz

Viele Nadelbäume, aber auch Laubbäume wie zum Beispiel die Stechpalme, sind immergrün. Wenn das wesentliche Problem bei der Überwinterung der Wassermangel ist, dann müssten diese Pflanzen ähnliche Anpassungen besitzen, wie sie bei Pflanzen an trockenen Standorten anzutreffen sind. Vergleiche und berichte darüber.

● Eine Schneedecke schützt die darunter liegenden Pflanzen vor eisiger Kälte. Begründe diese Aussage, indem du weitere Beispiele dafür angibst, dass eine Luftschicht isolierend wirkt.

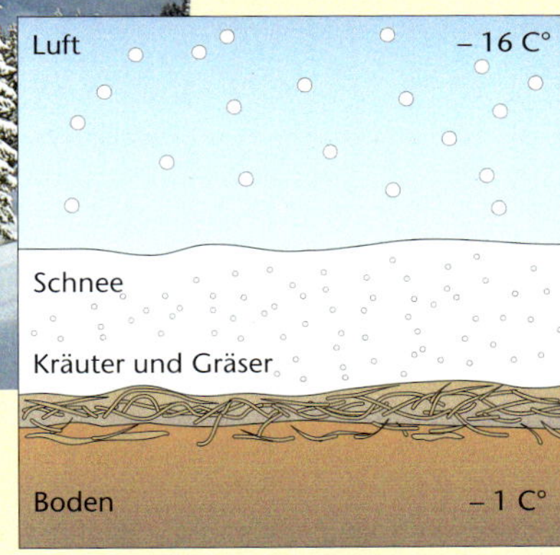

Schneeflocken

Wenn stehendes Wasser langsam unter den Gefrierpunkt abkühlt, dann entsteht Eis. Ein Eiszapfen ist ebenso durchsichtig und fast so klar wie Wasser. Auch Schnee ist gefrorenes Wasser, sieht aber ganz anders aus. Bei einer Schneeflocke schließen die Eiskristalle sehr viel Luft ein. Dadurch entsteht das weiße Aussehen.

Die eingeschlossene Luft hat eine wichtige Bedeutung für den Kälteschutz.

● Zeichne eine Phantasie-Schneeflocke. Aber bedenke, dass Schneeflocken immer sechseckig sind.

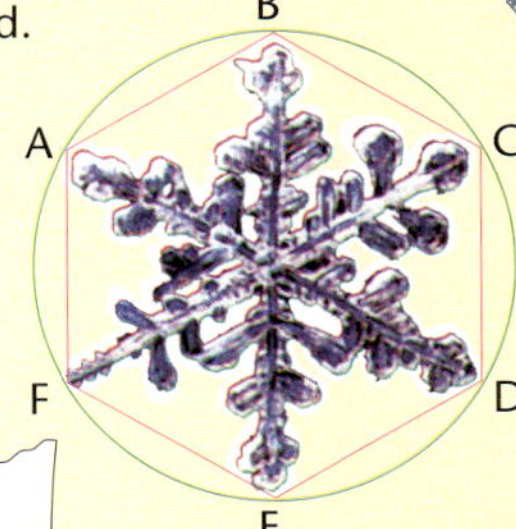

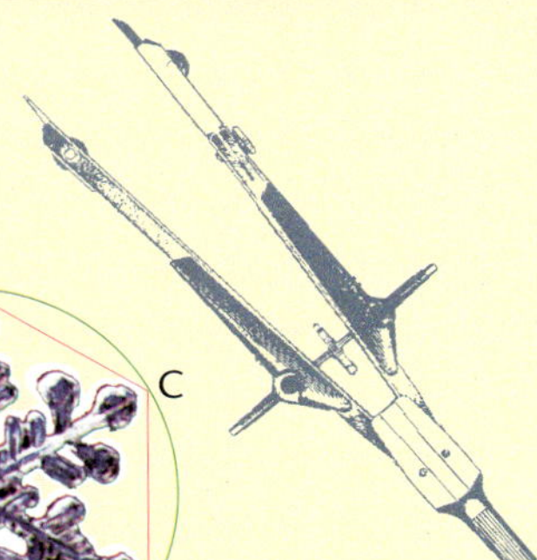

Wassermangel

Im Winter fallen die Temperaturen häufig weit unter den Gefrierpunkt. Dann steht den Pflanzen kein Wasser mehr zur Verfügung. Außerdem kann das Wasser in den Pflanzenzellen gefrieren. Dann sterben sie ab.

● Auf Autobahnen wird bei Schneefall und Eisglätte Salz gestreut. Überlege dir einen Versuch, mit dem du zeigen kannst, dass Salz wie ein Frostschutzmittel wirkt. Stellt einen Bezug zu den Pflanzensäften im Winter her.

● Es gibt einige Schutzeinrichtungen, mit denen die Pflanzen dieser Gefahr entgehen. Welche sind das?

● Wenn im Frühjahr wieder genügend Wasser zur Verfügung steht, dann können sich wieder neue Blätter oder ganze Pflanzen entwickeln. Es lohnt sich, diese Vorgänge einmal genauer zu beobachten und zu protokollieren. Das geht besonders gut bei Knospen.

● Beobachte und beschreibe die Veränderungen an einer Knospe. Beginne im zeitigen Frühjahr mit dem Protokoll.

Protokoll zur Knospenentwicklung

Datum	Beschreibung	Skizze
15.02.	Knospe mit rotem Faden markiert	
18.02.	Noch keine Veränderungen sichtbar	
22.02.	... ...	

1 Mehlschwalbe

2 Bergfink

5 Flugrouten von Bergfink (blau), Mehlschwalbe (violett) und Rauchschwalbe (rot)

Gründe für den Vogelzug

Viele Vogelarten könnten im Winter nicht überleben, wenn sie nicht in mildere Klimagebiete umziehen würden.
Diese **Zugvögel** ernähren sich von Insekten und anderen wechselwarmen Tieren, die sie im Winter bei uns nicht mehr finden. Schwalben z. B. sammeln sich im Herbst und fliegen schließlich gemeinsam bis ins südliche Afrika.

Andere Arten sind **Jahresvögel**, die auch im Winter bei uns genügend Nahrung finden. So bleiben Amsel, Haussperling und Dompfaff das ganze Jahr über hier.

3 Erlenzeisig

Manche Vögel kommen erst mit Beginn des Winters zu uns. Sie stammen aus den eisigen Regionen Nordeuropas. Zu ihnen gehören Bergfinken (▷ B 2) und Erlenzeisige (▷ B 3). Sie finden auch im Winter noch genügend Nahrung in Mitteleuropa.

Einige unserer einheimischen Vogelarten ziehen bei ungünstigen Bedingungen in Gebiete ab, die noch Nahrung liefern. Der Eisvogel (▷ B 4) ist trotz seines Namens auf eisfreies Wasser angewiesen, um nach Fischen tauchen zu können. Er wandert deshalb an die Unterläufe der Flüsse.

4 Eisvogel

Gefährliche Reise

Auf ihrer langen Reise sind die Zugvögel vielen Gefahren ausgesetzt: Ein früher Wintereinbruch in den Alpen kann den Schwalben den Weg an das Mittelmeer versperren. Hohe Starkstromleitungen sind besonders nachts tückische Hindernisse. Hunderttausende von Vögeln fallen jährlich Fallenstellern zum Opfer, da die Tiere in einigen europäischen Ländern als Leckerbissen gelten.

▶ Zugvögel fliegen vor Wintereinbruch in warme Regionen. Nur dort finden sie noch ausreichend Nahrung.

Flugroute der Mönchsgrasmücke

Die Mönchsgrasmücke kannst du im Frühjahr in Gärten, Parkanlagen und Wäldern beobachten. Sie baut ihr Nest niedrig ins Gebüsch und ist im Sommer im dichten Laub nur schwer zu entdecken.
Mönchsgrasmücken sind Zugvögel, die im Herbst zunächst Richtung Spanien fliegen. Anschließend geht es weiter nach Afrika bis ins Winterquartier südlich der Sahara. Und das schaffen sie gleich beim ersten Flug, ohne jemals vorher dort gewesen zu sein!

Magnetische Feldlinien weisen den Weg

Wissenschaftler haben entdeckt, dass sich die Vögel dabei nach dem Magnetfeld der Erde richten. Um sich das vorzustellen, kann man die Erde mit einem Stabmagneten vergleichen. Legt man auf den Magneten ein Blatt Papier und streut vorsichtig

6 Mönchsgrasmücke

Eisenpulver darüber, so werden Linien sichtbar. Diese Linien heißen magnetische Feldlinien. Sie geben Richtung und Stärke des magnetischen Felds an, das um den Magneten herum wirkt. Bei der Erde treten die Feldlinien senkrecht am magnetischen Nordpol aus, verlaufen in einem Bogen zum magnetischen Südpol und treten dort wieder senkrecht in die Erde ein. Menschen können dieses Magnetfeld nicht wahrnehmen. Vögel erkennen dagegen seine Stärke und Richtung, als hätten sie einen eingebauten Kompass. Im afrikanischen Winterquartier hat das Feld eine andere Richtung und Größe als in Mitteleuropa.

Zugvögeln ist die Wahrnehmung des Erdmagnetfeldes angeboren. Sie scheinen ein Sinnesorgan dafür zu besitzen. Während des Fluges wird das Magnetfeld ständig registriert. Wenn es die richtige Stärke hat, wissen die Vögel, dass sie ihren Zielort erreicht haben.

Unterwegs sind die Gestirne sowie Flüsse, Meeresküsten und Gebirge weitere wichtige Orientierungspunkte.

Zugvögel orientieren sich am Magnetfeld der Erde, an Gestirnen und auffälligen Geländeformen.

Aufgabe

1 Im Internet können die Flugrouten einiger Zugvögel verfolgt werden. Ermittle über Suchmaschinen die Internetadressen und trage in eine Tabelle ein:
- Vogelarten
- Stationen auf dem Zugweg
- Flugdauer zwischen den einzelnen Stationen

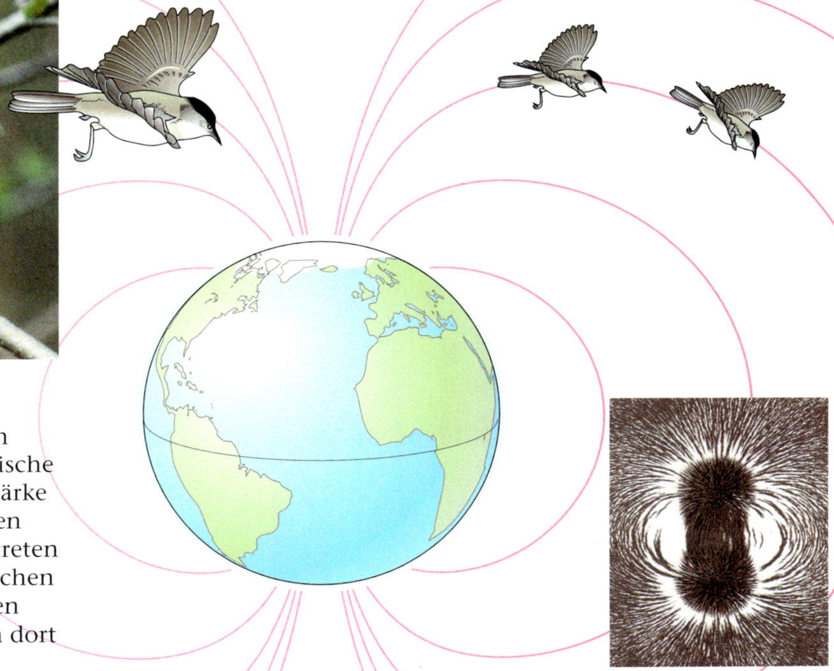

7 Die Mönchsgrasmücke orientiert sich am Magnetfeld der Erde.

Brennpunkt

Die Tricks der Vogelzugforscher

Jungvögel oder im Netz gefangene Vögel werden in Deutschland von Mitarbeitern der **Vogelwarten** Helgoland, Hiddensee oder Radolfzell am Bodensee beringt. Dabei befestigen sie am Fuß der Tiere kleine Aluminiumringe (▷B 1), auf denen die Anschrift der Vogelwarte und eine Nummer eingestanzt sind. Findet nun jemand einen solchen Ring und meldet den Fund mit genauer Ortsangabe der Vogelwarte, so wird diese Meldung auf eine Landkarte übertragen.
Greifvögeln und anderen großen Vogelarten haben die Wissenschaftler kleine Minisender wie Rucksäcke auf den Rücken geschnallt. Während des Fluges werden die Sendeimpulse von Satelliten empfangen und an Empfangsstationen auf der Erde weitergeleitet. Auf diese Weise kann man bis auf 150 m genau den jeweiligen Aufenthaltsort des Vogels bestimmen.

1 Beringter Vogel

1 Schneeglöckchen

Blüten im Schnee

Schneeglöckchen (▷B 1) sind Vorboten des Frühlings. Sie können bereits Anfang Februar aus dem Schnee herausschauen. Wer das in seinem Garten erleben möchte, muss im Herbst die Zwiebeln etwa 5 cm tief in den Boden legen.
In der Mitte der **Zwiebel** sitzt die Blütenknospe mit einem sehr kurzen Stängel, der unten breiter wird. Die Blütenknospe wird von mehreren kleinen Blättern umhüllt, die mit Nährstoffen gefüllt sind. Brutzwiebeln und Ersatzzwiebeln liegen wie kleine Knospen zwischen den Blättern (▷B 2).
Im späten Herbst schiebt sich eine kleine weiße Spitze aus der Zwiebel hervor. Darin ist schon die junge Blüte enthalten. Sie wird von Hüllblättern geschützt.
Wenn die Sonne im Februar den Boden erwärmt, schieben sich aus der weißen Spitze, die immer dicker geworden ist, zwei grüne Laubblätter hervor. Zwischen ihnen findet man den Stängel mit der Blütenknospe. Sie ist noch geschlossen und durch Blätter gegen Frost geschützt. In den nächsten sonnigen Tagen wächst der Stängel und das Schneeglöckchen öffnet seine Blüten.

Vorrat für nächstes Jahr

Wenn die Pflanzen verblüht sind, bleiben die grünen Blätter noch mehrere Wochen erhalten. Dann werden auch sie gelb und vertrocknen.
Im Sommer ist von den Schneeglöckchen nichts mehr zu sehen. Unter der Erde ist aber inzwischen einiges mit der Zwiebel geschehen: Die Ersatzzwiebeln haben sich mit Nährstoffen gefüllt und ersetzen die alte Zwiebel. So ist die Pflanze gut für das nächste Frühjahr versorgt und kann vor allen anderen Pflanzen austreiben. Gleichzeitig haben sich Brutzwiebeln entwickelt, aus denen im nächsten Jahr neue Pflanzen wachsen können.
Die Samen von Schneeglöckchen werden durch Ameisen verbreitet (▷B 2).

▶ Schneeglöckchen haben Zwiebeln, in denen sie Nährstoffe speichern. So wird ein frühes Austreiben und Blühen möglich.

Aufgabe

1 Erkläre, warum Schneeglöckchen oft in kleinen Gruppen dicht nebeneinander stehen und nach vielen Jahren sogar dichte Teppiche bilden.

Versuch

1 Die Küchenzwiebel speichert ebenfalls Nährstoffe in einer Zwiebel.
Fertige einen Längsschnitt durch eine Zwiebel und zeichne, was du siehst. Beschrifte die Zeichnung.

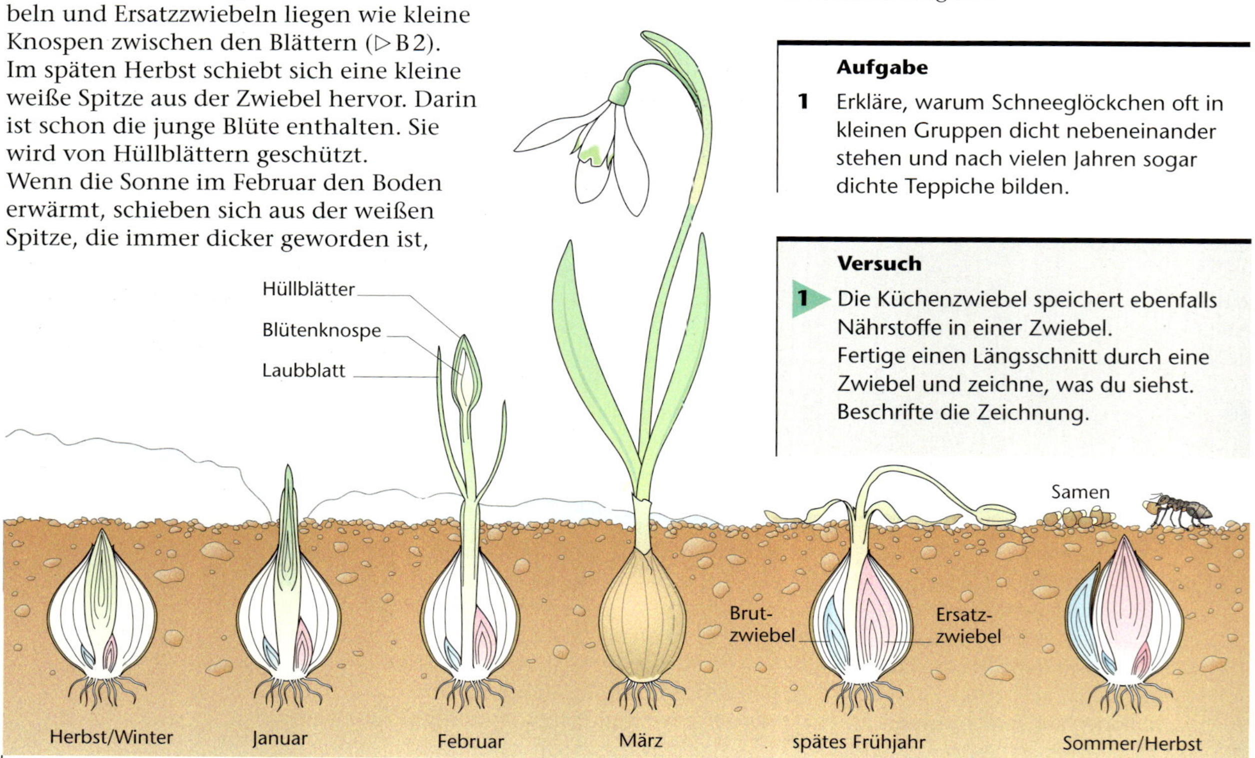

2 Das Schneeglöckchen im Jahresverlauf

Frühblüher

Traubenhyazinthe
Die Heimat der Traubenhyazinthe ist Kleinasien. Die Blüten entwickeln sich im April aus kleinen Zwiebeln. Die oberen duftenden Blüten sind unfruchtbar und haben die Aufgabe, Insekten anzulocken.

Gartenkrokus
Aus den Knollen der Gartenkrokusse sprießen schon im März die ersten Blüten. Eine verwandte kleine, meist weiß blühende Art bedeckt im Frühjahr zu Tausenden unsere Bergwiesen im Hochgebirge. Die getrockneten Narben einer wilden Krokusart liefern das teure Gewürz Safran.

Schachblume
Die Blüte der Schachblume ist purpurn gefärbt mit einem Karomuster, das an ein Schachbrett erinnert. Die Pflanze entwickelt sich ab April aus einer sehr kleinen Zwiebel.

Märzenbecher
Die Heimat des wilden Märzenbechers ist Mittel- und Südeuropa. Die Pflanze ähnelt dem Schneeglöckchen. Sie entwickelt sich im März aus der unterirdischen Zwiebel heraus.

Narzisse
Wilde Narzissen kann man heute noch in den Mittelmeerländern und in den Alpen finden. Da viele Narzissenarten im März oder April, also zur Osterzeit blühen, nennt man die Pflanze auch Osterglocke.

Energie aus der Zwiebel

1 Tulpen

Material
Becherglas, Blumendraht, Wasser, Tulpenzwiebel

Versuchsanleitung
Forme ein Ende des Drahts zu einer Schlaufe und biege das andere Ende so um, dass du es am Rand des Becherglases einhängen kannst. Die Schlaufe sollte so groß sein, dass du deine Tulpenzwiebel hineinsetzen kannst, sie aber nicht durchrutscht. Hänge die Tulpenzwiebel in das Glas und fülle so viel Wasser hinein, dass die Zwiebel etwas ins Wasser eintaucht. Prüfe täglich, ob du Wasser nachgießen musst. Stelle das Glas an einen warmen Ort und beobachte die Zwiebel einige Tage.

Miss jeden Tag die Länge der Wurzeln und des Sprosses und trage die Ergebnisse in ein Diagramm ein. Fertige außerdem eine Zeichnung einer halbierten Zwiebel an und beschrifte sie.

2 Tulpenzwiebel im Becherglas

Wiesen-Kerbel

Scharfer Hahnenfuß

1 Sommerwiese

Endlich Sommer!

Es ist ein heißer Sommer; jetzt muss man jeden Abend den Garten gießen, damit die Blütenpracht erhalten bleibt und die Pflanzen nicht verwelken.

Nicht nur im Garten blüht es, auch der Teil des Schulrasens, der nicht regelmäßig gemäht wird, hat sich zu einer blühenden Wiese entwickelt (▷ B 1). Wiesen-Kerbel, Scharfer Hahnenfuß und Löwenzahn stehen zwischen den Süßgräsern. Ende Juni bis Anfang Juli verblühen die meisten Blumen, dann wird gemäht (▷ B 2).

2 Anpassungen an das Mähen

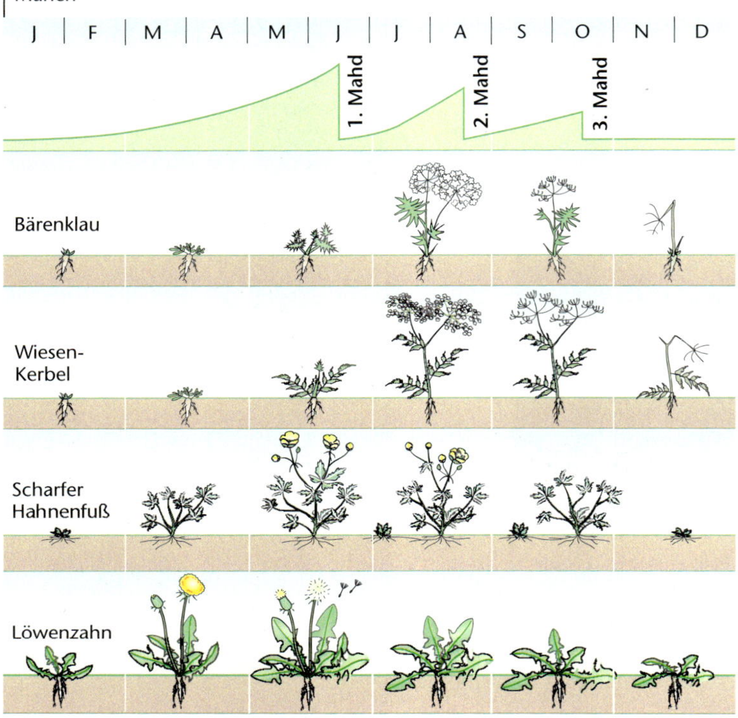

Samenverbreitung

Im nächsten Jahr sind diese Pflanzen wieder da, denn die Wiesenpflanzen sind hervorragend an das Mähen angepasst: Wiesen-Schaumkraut, Löwenzahn und Schlüsselblume blühen bereits sehr früh im Jahr. Wenn die Wiese im Juni das erste Mal gemäht wird, sind diese Pflanzen schon lange verblüht und haben ihre Samen bereits ausgestreut.

Rosetten

Der Löwenzahn hat außerdem eine **Rosette**, die beim Mähen erhalten bleibt.
Der Wiesen-Bärenklau wächst erst ab Mitte Juni zu voller Größe heran. Bis zu diesem Monat ist die Pflanze noch ziemlich klein. Die Grundblätter und die meisten Blütenknospen überstehen den ersten Schnitt daher ohne Beschädigung. Dann entwickeln sich die Stängel und die Blütendolden innerhalb kurzer Zeit und noch vor dem zweiten Mähen im August sind die Früchte reif und werden verstreut.

Seitentriebe

Wie geht es nun den Gräsern, die ja den Hauptanteil an einer Wiese bilden? Gräser entwickeln nach dem Mähen an den unteren Knoten des Stängels **Seitentriebe**. So können sie nach dem Schnitt sogar noch besser und dichter wachsen. Das ist der Grund, warum ein Rasen durch häufiges Mähen immer dichter wird.

Die anderen Blütenpflanzen haben dann immer weniger Möglichkeiten zu wachsen, weil das Gras ihnen den Platz wegnimmt.

▶ Wiesenpflanzen überstehen das Mähen durch frühzeitige Samenverbreitung, Bildung von Rosetten oder Bildung von Seitentrieben.

Aufgaben

1 Welchen Ratschlag würdest du jemandem geben, der in seinem Garten eine blumenreiche Wiese und keinen grünen Zierrasen haben möchte?

2 Können Krokusse und Schneeglöckchen auch in einem Rasen wachsen, der regelmäßig gemäht wird? Begründe deine Meinung.

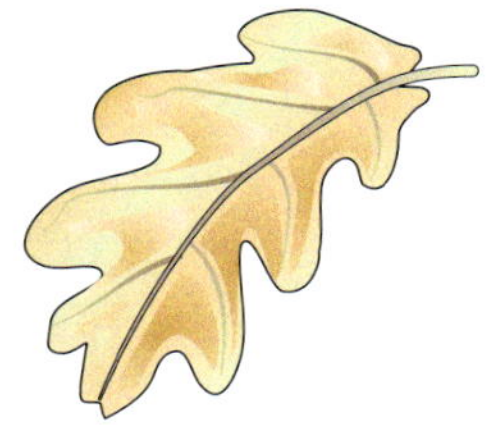

1 Herbstwald

Bunte Wälder

Die herbstliche Farbenpracht zeigt, dass sich die Pflanzen auf den Winter einstellen. Die meisten Bäume werfen ihre Blätter am Ende des Herbstes ab. Die Farbe der Blätter ergibt sich aus einem Gemisch von grünen, gelben und roten Farbstoffen. In den Blättern werden im Herbst zunächst die grünen Farbstoffe abgebaut, der Baum speichert die Bestandteile in den Zweigen. Verbleibende gelbe Farbstoffe, die vorher von den grünen überdeckt waren, geben dem Blatt nun die gelbe **Herbstfärbung.** Rote Farben gehen auf andere Farbstoffe zurück, die zum größten Teil neu hergestellt werden. Später, wenn die Blätter absterben, werden sie braun und fallen ab.

Blattfall als Schutz

Bäume verdunsten über ihre Blätter viel Wasser, das sie über die Wurzeln aufnehmen. Im Winter ist der Boden gefroren und die Bäume können kein Wasser mehr aus dem Boden aufnehmen. Um nicht zu vertrocknen, ist es für den Baum lebensnotwendig, im Herbst die Blätter abzuwerfen. An den Stellen der Äste, wo vorher Blätter saßen, erkennt man jetzt die Blattnarben. Diese sind durch eine Korkschicht gut abgedichtet. So gelangt weder Wasser hinaus, noch können Fäulnisbakterien und Krankheitserreger in die Pflanze eindringen.
In den Knospen sind die Blätter und Blüten für das nächste Jahr angelegt. Knospenschuppen schützen sie vor Kälte und Nässe. Bäume, die ihre Blätter nicht abwerfen wie z. B. die Tannen, Fichten und die Stechpalme, schützen sich u. a. durch eine Wachsschicht vor dem Trockentod, da so nur wenig Wasser verdunstet.

▶ Der Blattfall ist eine Anpassung an den Winter, denn dadurch wird verhindert, dass der Baum vertrocknet und stirbt.

Versuch

1 Zerreibe zarte grüne Blätter in einem Mörser, gieße ein wenig Brennspiritus dazu (Vorsicht, brennbar!). Lasse das Gemisch von Blättern und Spiritus einige Minuten stehen. Stelle nun einen Streifen weißes Fließpapier in die Flüssigkeit und lasse diese etwa 15 Minuten im Papier steigen. Trockne anschließend das Fließpapier. Welche Farben kannst du auf dem Papier erkennen? Versuche, das Ergebnis zu erklären.

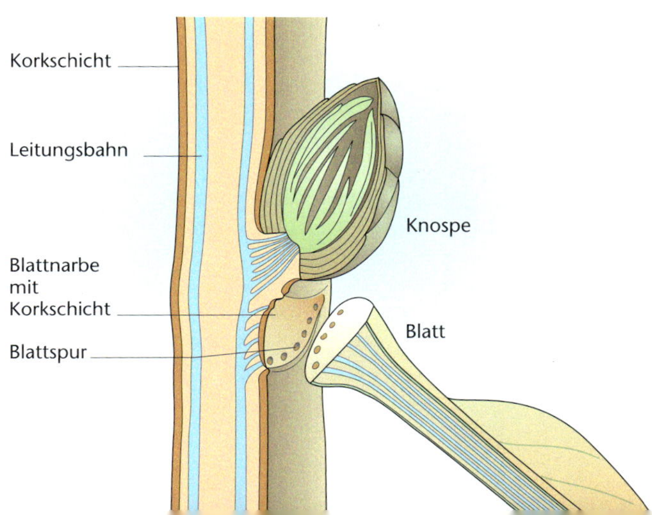

Leben mit den Jahreszeiten

Die Sonne – Zentrum unseres Sonnensystems

Die Sonne spendet Licht und Wärme. Sie macht das Leben auf der Erde möglich. Die Erde ist einer der Planeten, die die Sonne umkreisen. Sonne und Planeten bilden das Sonnensystem. Es ist Teil eines riesigen Sternensystems, das als Milchstraße bezeichnet wird.

Die Jahreszeiten

Die Erdachse steht schräg. Daher ist einmal die Nordhalbkugel und einmal die Südhalbkugel der Sonne zugeneigt. Dies ist die Ursache der Jahreszeiten.

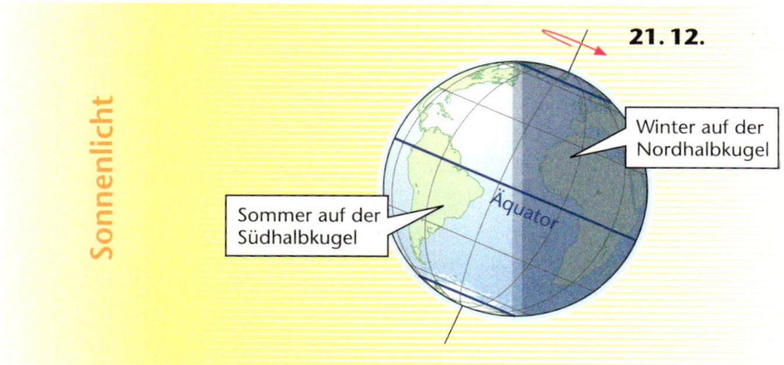

1 Die Jahreszeiten entstehen durch die Schrägstellung der Erdachse.

Pflanzen in den Jahreszeiten

Viele Pflanzen überstehen den Winter durch Laubfall, andere besitzen besondere Schutzeinrichtungen gegen die Kälte. Bei manchen Arten überwintern nur einzelne Teile der Pflanze.

Tiere im Winter

Bei Säugetieren gibt es verschiedene Überwinterungsstrategien. Die meisten Säugetiere bekommen ein Winterfell, andere legen Vorräte an und halten Winterruhe oder einen Winterschlaf.
Zugvögel fliegen vor Wintereinbruch in warme Regionen, in denen sie ausreichend Nahrung finden.

Anomalie des Wassers

Wasser zieht sich beim Erwärmen von 0 °C bis 4 °C zusammen und dehnt sich ab einer Temperatur von 4 °C wieder aus. Dieses ungewöhnliche Verhalten bezeichnet man als Anomalie des Wassers.

2 Fuchs mit Winterfell

Frühblüher leben vom Vorrat

Frühblüher speichern Nährstoffe in unterirdischen Speicherorganen wie Zwiebeln, Knollen, Erdstängeln. Die Pflanzen nutzen diese Vorräte, um bereits im zeitigen Frühjahr Blüten und Blätter zu entwickeln. Die Frühblüher erzeugen dann einen Vorrat an Nährstoffen und lagern diesen für das nächste Jahr in den unterirdischen Speicherorganen ein.

3 Frühblüher

4 Zwiebel

Aufgaben

1 Woher hat der Spiralnebel „Milchstraße" seinen Namen?

2 Auf welches Jahr fällt das nächste Schaltjahr? Welche Besonderheit weist ein Schaltjahr auf?

3 Herr Müller ist sehr erstaunt. Sein Geschäftspartner in New York klingt morgens um 9 Uhr am Telefon sehr verschlafen. Warum?

4 Welche Vorteile bietet es, wenn die Nährstoffe in unterirdischen Pflanzenteilen gespeichert werden?

5 Welche Frühblüher wachsen in deinem Wohnort auf Wiesen, in Wäldern und Parks? Bestimme die Pflanzen mithilfe eines Bestimmungs- oder Gartenbuchs.

6 Erkläre warum sich Teichbesitzer an die Angaben halten sollten.

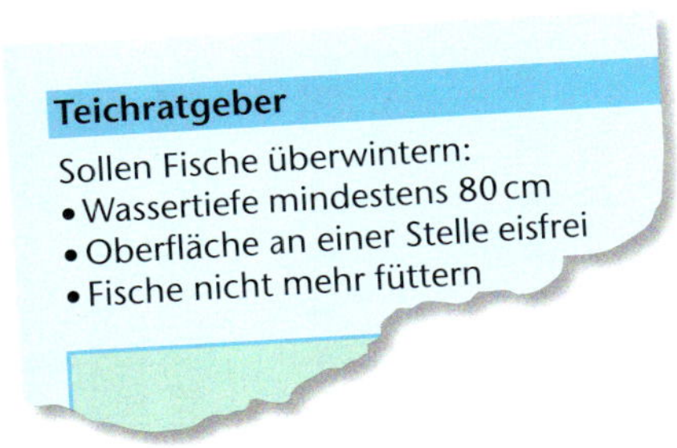

1 Zu Aufgabe 6

7 Erkläre die Begriffe Winterruhe und Winterschlaf.

8 Nenne drei verschiedene Arten von Sonnenstrahlen.

9 Im Winter können die Bäume kaum noch Wasser aus dem Boden aufnehmen. Wie schützen sie sich vor dem Vertrocknen?

10 Im Frühjahr siehst du die Hummel im Garten fliegen. Wie hat sie den Winter überlebt? Warum kann sie so früh im Jahr schon fliegen?

11 Warum ist Schnee ein guter Schutz vor Kälte für Pflanzen und Tiere? Plane einen Versuch wie du die Menge an Luft in 200 ml Schnee messen kannst.

12 Jedes Jahr fliegt der Storch „Rudi" von Südafrika nach Deutschland. Im Durchschnitt legt er täglich 150 km zurück. Schätze mithilfe eines Atlanten:
a) Wie viele Kilometer fliegt „Rudi" insgesamt?
b) Wie lange hat das gedauert?
Mit welchen Methoden kann man die Wanderwege von Zugvögeln erforschen? Welche Methode wurde wohl bei „Rudi" angewendet?

13 Erkläre deinen Freunden mit den abgebildeten Hilfsmitteln (▷ B 3) die vier Jahreszeiten. Zeige, warum der Schatten einer Sonnenuhr im Winter länger ist als zur gleichen Zeit im Sommer.

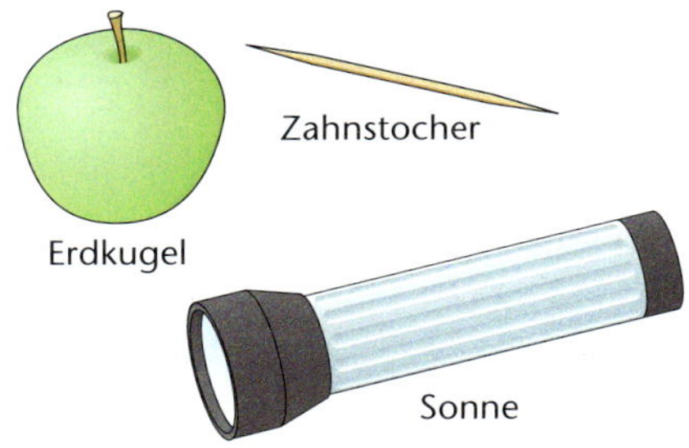

3 Zu Aufgabe 13

14 Finde heraus, welche Frühblüher hier abgebildet sind. Warum kannst du sie schon so früh im Jahr finden? Zeichne eine der abgebildeten Pflanzen in dein Heft und benenne die Pflanzenteile.

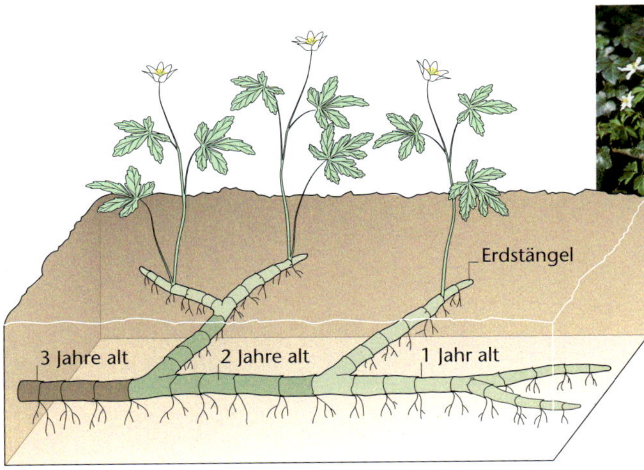

4 Zu Aufgabe 14

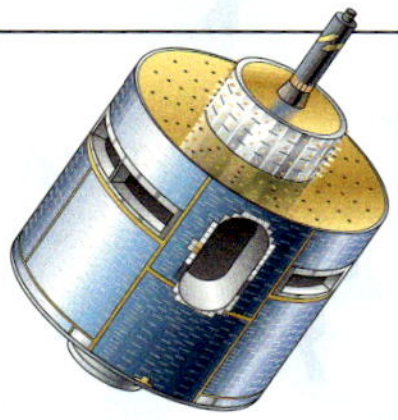

Wetter und Klima

An manchen Tagen ist es warm, an anderen kalt. Mal ist es bewölkt, mal wolkenlos, mal ist es trocken und mal regnet es.

Das Wetter ist unser ständiger Begleiter. Es beeinflusst uns in starkem Maße. Das beginnt schon am Morgen beim Anziehen, es hat Einfluss auf unser Freizeitverhalten.

Was gehört eigentlich zum Wetter? Warum bilden sich Wolken? Warum fallen aus einigen Wolken Niederschläge, aus anderen wieder nicht? Wie wird der Wetterbericht gemacht? Auf diese und andere Fragen wirst du in diesem Kapitel Antworten erhalten.

Und dann gibt es neben dem Wetter noch das Klima. Du hast bestimmt schon gehört, dass von möglichen Klimaveränderungen die Rede ist. Aber was haben wir Menschen damit zu tun und welche Folgen könnte das für uns haben? All das sind spannende und für uns wichtige Fragen.

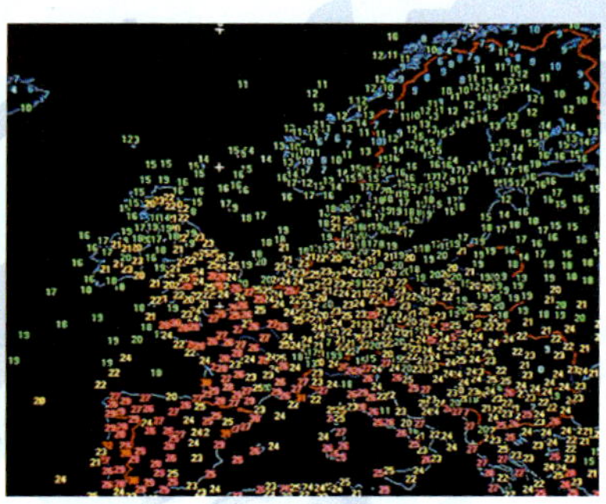

1 So ein Wetter!

Das Wetter – tägliches Gesprächsthema
„Ist das heute ein Wetter!" „Mir geht das Wetter auf die Nerven!" – Bemerkungen wie diese kennst du bestimmt.
Das Wetter hat großen Einfluss auf unser Leben. Wir richten uns danach mit unserer Kleidung, mit dem, was wir in unserer Freizeit unternehmen und wo wir Urlaub machen. Menschen, die im Freien arbeiten, sind besonders vom Wetter abhängig. Landwirte müssen sich z.B. bei der Bestellung der Felder und bei der Ernte sehr stark nach der Wetterlage richten.
Auch unser Wohlbefinden hängt vom Wetter ab. Wenn es im Sommer lange Zeit regnet und kühl ist, sind wir gereizt und schlecht gelaunt. Aber auch große Hitze kann uns zu schaffen machen.

Die Elemente des Wetters
Am Wetter interessiert uns hauptsächlich die Temperatur und ob es regnet. Wenn du dir aber einen Wetterbericht im Fernsehen ansiehst, dann bekommst du Informationen über weitere Bestandteile des Wetters: Da ist vom Wind und von der Bewölkung die Rede, manchmal auch vom Luftdruck und der Luftfeuchtigkeit.
Das Wetter setzt sich wie ein Puzzle aus all diesen Teilen zusammen, die auch als **Wetterelemente** bezeichnet werden (▷ B 2).

Die „Wetterschicht" der Atmosphäre
Die Lufthülle der Erde bezeichnet man als Atmosphäre. Ähnlich wie ein Haus ist auch die Atmosphäre in Stockwerke eingeteilt. Das unterste Stockwerk ist die **Troposphäre**. Sie reicht bis in eine Höhe von etwa zehn Kilometern. In ihr findet das Wettergeschehen statt (▷ B 4).
Passagierflugzeuge fliegen in einer Höhe, die am oberen Rand der Wetterschicht liegt. Dort gibt es keine Niederschläge

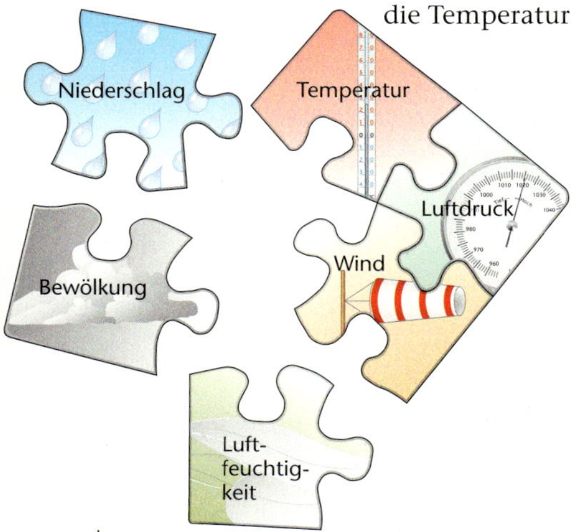

2 Die Elemente des Wetters

3 Das Wetter kann sich an einem Ort innerhalb von einer Stunde ändern.

mehr und die Luft ist klar. Auch Winde erreichen diese Höhen meist nicht, sodass die Flugzeuge dort ruhig in der Luft liegen. Erst bei der Landung kann es „turbulent“ werden.

Wetter und Klima
Über das Wetter wurde schon immer gesprochen. Das Klima dagegen ist lange unbeachtet geblieben. Es ist uns erst in den letzten Jahrzehnten ins Bewusstsein gerückt, seit durch den Einfluss der Menschen eine Klimaveränderung droht.

Was ist Wetter?
Unter Wetter versteht man den augenblicklichen Zustand der Troposphäre (▷ B 4). Wie ist die Temperatur, regnet oder schneit es? Welcher Luftdruck herrscht, wie hoch ist die Luftfeuchtigkeit? Wie stark weht der Wind, ist der Himmel bewölkt oder klar?
Das Wetter ist das Zusammenwirken der verschiedenen Wetterelemente (▷ B 2) zu einem bestimmten Zeitpunkt an einem bestimmten Ort. Dabei kann es selbst innerhalb einer Stadt in einem Gebiet regnen, während in einem anderen Stadtteil bei wolkenlosem Himmel die Sonne scheint. Das Wetter kann sich sehr schnell ändern (▷ B 3).

▶ Wetter ist das momentane Zusammenwirken der Wetterelemente an einem bestimmten Ort.

Was ist Klima?
Auch das Klima wird von den Wetterelementen bestimmt. Allerdings betrachtet man hier die Entwicklung von Temperatur, Niederschlägen usw. über sehr lange Zeiträume in einem großen Gebiet (z. B. Mitteleuropa). Aus den Messwerten berechnen die Meteorologen Durchschnittswerte für die Wetterelemente.

Große Gebiete der Erde, in denen diese Mittelwerte ähnlich sind, bilden eine **Klimazone**. Die verschiedenen Klimazonen ziehen sich wie „Bänder“ um die Erde. Deutschland liegt z. B. in der gemäßigten Zone. Und obwohl in Hamburg und München dasselbe Klima herrscht, kann das Wetter in den beiden Städten zur gleichen Zeit vollkommen unterschiedlich sein.

▶ Das Klima ergibt sich aus den langjährigen Durchschnittswerten aller Wetterelemente eines großen Gebietes.

4 Die Wetterschicht der Atmosphäre

Ganz anders als bei uns ist z. B. das Klima im Mittelmeerraum, an den Polen oder am Äquator. Diese Gebiete liegen in anderen Klimazonen. Welche Klimazonen es auf der Nordhalbkugel gibt und über welche Gebiete der Erde sie sich erstrecken, zeigt Bild 5.

Aufgaben

1 Erkläre mit eigenen Worten, was man unter Wetter und was man unter Klima versteht.

2 In welche Klimazonen ist die Erde eingeteilt? In welcher Zone leben wir (▷ B 5)?

3 Sieh dir einen Wetterbericht im Fernsehen an. Welche Wetterelemente werden dort angesprochen?

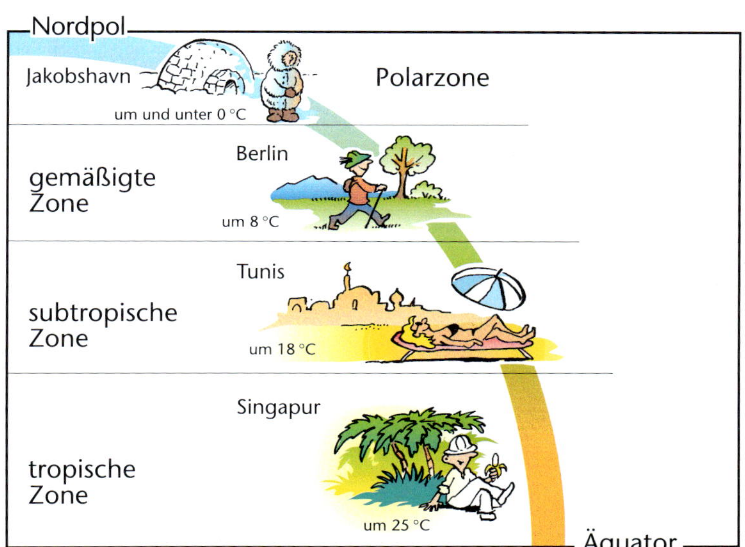

5 Klimazonen auf der Nordhalbkugel

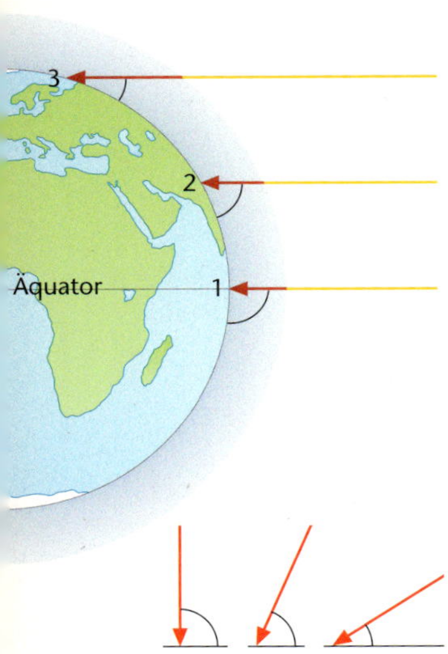

1 Die Sonnenstrahlung trifft mal steil und mal flach auf die Erdoberfläche.

Die Erde – ein beheizter Lebensraum

Die Sonne ist „Lampe“ und „Heizstrahler“ für unsere Erde. Sie spendet uns Licht und Wärme. An den Polen und am Äquator sind die Temperaturen zur selben Zeit aber ganz unterschiedlich. Grund dafür ist die Kugelform der Erde: Die Strahlung der Sonne fällt unterschiedlich steil auf die Erdoberfläche (▷B 1).

Diesen Zusammenhang kannst du in Versuch 1 überprüfen. Je nachdem wie du die Lampe ausrichtest, wird die Pappe mehr oder weniger stark erwärmt.

Gleiches gilt für die Erdoberfläche: Am Äquator trifft die Sonnenstrahlung senkrecht auf. Dort erwärmt sich die Erdoberfläche stärker als im Bereich der Pole. Durch den steilen Einfall ist die Strahlung auf eine besonders kleine Fläche konzentriert (▷B 5). Außerdem legt sie hier den kürzesten Weg durch die Atmosphäre zurück (▷B 1). Je kürzer dieser Weg ist, desto mehr Strahlung erreicht den Erdboden.

Temperaturen im Verlauf eines Jahres

Die Temperaturen sind nicht nur zwischen den Polen und dem Äquator unterschiedlich. Sie ändern sich über das Jahr auch an einem festen Ort. Das liegt daran, dass die Sonne in den verschiedenen Jahreszeiten zur Mittagszeit unterschiedlich hoch am Himmel steht.

Schließlich verändern Dunst, Nebel oder Wolken die Sonneneinstrahlung. Das merkst du an einem warmen Sommertag, wenn sich eine Wolke vor die Sonne schiebt.

5 Je nach Einfallswinkel werden unterschiedlich große Flächen bestrahlt.

Je mehr Sonnenstrahlung ein Gebiet der Erde erreicht, desto stärker wird es erwärmt. Entscheidend hierfür ist, ob die Strahlung steil oder flach einfällt, und wie lang der Weg durch die Atmosphäre ist.

Versuch

1 Beleuchte schwarze Pappe senkrecht von oben mit einer Lampe. Wiederhole den Versuch mit schräg gerichteter Lampe (▷B 5). Prüfe mit der Hand, in welchem Fall die Pappe wärmer wird. Kannst du mithilfe deiner Beobachtung die Temperaturunterschiede auf der Erde erklären?

2 Regenwald

4 Wüste

3 Arktis

Werkstatt

Temperaturen messen und berechnen

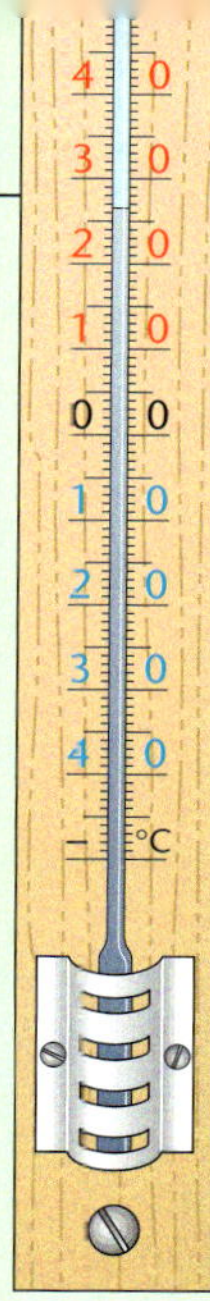

Die Temperatur ist nur eines von mehreren Wetterelementen – allerdings ein sehr wichtiges. Aus dem Verlauf der Temperatur während eines Monats oder Jahres kannst du z. B. ablesen, welche Monate günstig für das Pflanzenwachstum sind. Wie du Temperaturen misst und daraus Monats- und Jahresmittelwerte berechnest, lernst du auf dieser Seite.

Material
Thermometer, Heft, Lineal, Stift

Versuchsanleitung
Zeichne in dein Heft eine Tabelle wie in Bild 1 gezeigt. Hänge das Thermometer im Freien an einem schattigen Platz auf. Lies die Temperatur jeden Tag drei Mal ab. Achte darauf, dass du die Temperatur immer zu den gleichen Zeiten misst (z. B. um 7 Uhr, um 14 Uhr und um 21 Uhr). Trage die Messwerte in die Tabelle ein.

Datum	**7 Uhr**	**14 Uhr**	**21 Uhr**	**Tagesmitteltemperatur**
14. Juli	18 °C	24 °C	19 °C	20 °C

1 Gemessene Temperaturwerte

Wie hoch ist die Tagestemperatur am 14. Juli?

Gegeben: $T_1 = 18\,°C$, $T_2 = 24\,°C$, $T_3 = 19\,°C$

Gesucht: T_{mittel}

Lösung: $T_{mittel} = \frac{(T_1 + T_2 + T_3 + T_3)}{4}$

$T_{mittel} = \frac{(18\,°C + 24\,°C + 19\,°C + 19\,°C)}{4}$

$T_{mittel} = 20\,°C$

Die Tagesmitteltemperatur vom 14. Juli beträgt 20 °C.

2 Berechnung der Tagesmitteltemperatur

a) Tagesmitteltemperatur
Um die Temperaturen verschiedener Tage vergleichen zu können, musst du die Tagesmitteltemperatur berechnen. Addiere dazu die Temperaturwerte, die du um 7 Uhr, um 14 Uhr und 21 Uhr gemessen hast. Den Messwert von 21 Uhr musst du doppelt zählen, der zweite Wert dient als Nachttemperaturwert.
Diese Summe durch 4 dividiert ergibt die Tagesmitteltemperatur (▷ B 2). Notiere die Werte in einer Tabelle wie in Bild 3.

Erstelle aus den berechneten Werten ein Diagramm (▷ B 4).

Datum	1.4.	2.4.	3.4.	…
Tagesmitteltemp. in °C	12	14	17	…

3 Tagesmitteltemperaturen

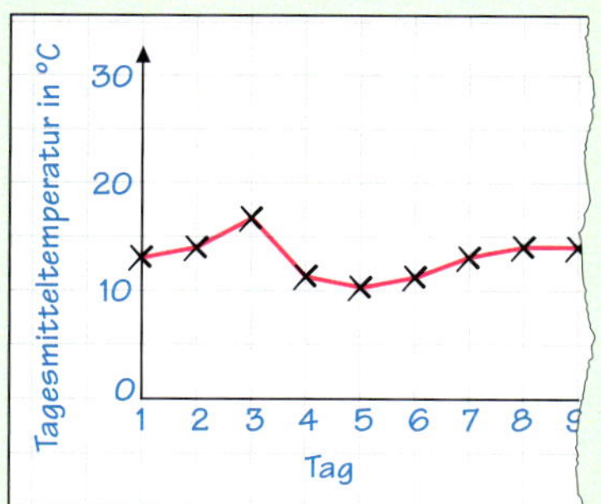

4 Temperaturverlauf eines Monats

b) Monatsmitteltemperatur
Um die Monatsmitteltemperatur zu berechnen, bildest du von allen Tagesmitteltemperaturen eines Monats die Summe. Dividiere diese Summe anschließend durch die Anzahl der Tage.

Wenn du am Ende jeden Monats die berechnete Monatsmitteltemperatur (▷ B 5) deines Wohnorts in ein Temperaturdiagramm einträgst, kannst du erkennen, wie sich die Temperatur im Laufe des Jahres verändert hat (▷ B 6).

Monat	Mai	Juni	Juli	…
Monatsmitteltemp. in °C	14	18	18	…

5 Monatsmitteltemperaturen

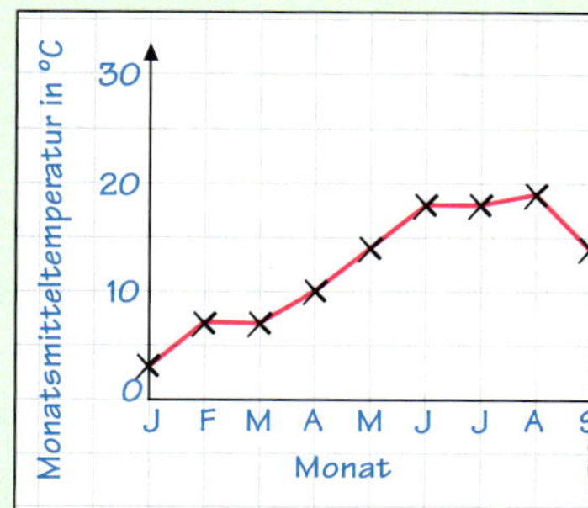

6 Temperaturverlauf eines Jahres

Aufgaben

1. Die Jahresmitteltemperatur berechnet sich ähnlich wie die Monatsmitteltemperatur: Zähle die durchschnittlichen Temperaturen aller Monate zusammen und teile die Summe durch 12. Berechne auf diese Weise aus den Werten in Bild 7 die Jahresmitteltemperatur von Rom.

2. Erstelle aus den in Bild 7 angegebenen Werten die Temperaturkurven eines Jahres für Oslo, Rom und Frankfurt/M. Zeichne das Diagramm wie in Bild 6 vorgegeben.

Monat	J	F	M	A	M	J	J	A	S	O	N	D
Oslo	−5	−4	0	5	11	15	17	16	11	6	1	−2
Frankfurt/M.	0	1	5	9	14	17	19	18	15	9	5	1
Rom	7	8	11	14	18	22	25	24	21	16	12	9

7 Monatsmitteltemperaturen (in °C) verschiedener Städte

1 Regen – die häufigste Niederschlagsart

Die Luftfeuchtigkeit

An kalten Tagen beschlagen Fensterscheiben manchmal von innen und nach dem Duschen kannst du dich im Badezimmerspiegel meist nicht mehr sehen.

In der Luft ist Wasser enthalten.
Du kannst es in der Regel nicht sehen, weil es gasförmig vorliegt. Das Wasser gelangt z. B. durch die Verdunstung über Seen und Flüssen, aber auch über Wiesen und Feldern in die Luft.

Luft kann Wasser aufnehmen – und zwar umso mehr, je wärmer sie ist. Die Menge an Wasser in der Luft bezeichnet man als **Luftfeuchtigkeit**. Welche Wassermenge ein Würfel Luft mit einer Kantenlänge von 1 Meter – das sind $1 m^3$ oder 1000 l – bei

Lufttemperatur in °C	Wassermenge in g/m^3
+40	51
+30	30
+20	17
+10	9
0	5
−10	2
−20	1

2 Maximale Wasserdampfmenge in $1 m^3$ Luft

einer bestimmten Temperatur höchstens aufnehmen kann, kannst du in der Tabelle in Bild 2 nachlesen. Wenn dieser Wert erreicht ist, dann ist die Luft gesättigt.

Wolkenbildung und Niederschläge

Warme Luft kühlt sich beim Aufsteigen ab. Kalte Luft kann aber nicht so viel Wasser speichern wie warme Luft (▷ B 2). Das überschüssige Wasser sammelt sich zunächst in winzigen, schwebenden Tröpfchen. Diese Tröpfchen bilden die Wolken.

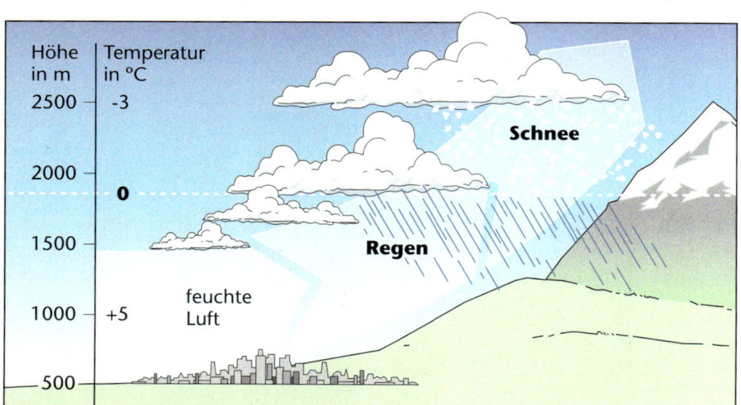

3 Entstehung von Steigungsregen

4 Ein Modell für die Entstehung von Niederschlägen

Das ist ein Vorgang ähnlich dem Beschlagen des kalten Badezimmerspiegels.
Die Tröpfchen innerhalb der Wolken können zu größeren Tropfen „zusammenfließen“. Wenn sie zu groß werden, dann können die Tropfen nicht mehr schweben. Sie fallen zur Erde.

Niederschlagsarten

In unseren Breiten ist der Regen die häufigste Niederschlagsart (▷ B 1). Beträgt die Lufttemperatur zwischen Wolken und Erdboden durchgehend weniger als 0 °C, erreichen die Niederschläge die Erdoberfläche in Form von Eiskristallen oder Schnee. Hagelkörner entstehen vor allem in Gewitterwolken. Dort können die Eiskristalle sehr groß werden. Wenn Regentropfen erst in Bodennähe gefrieren, spricht man von Graupelschauer.

Niederschlagsmessung

Wie die Temperatur sind auch die Niederschläge ein wichtiges Wetterelement. Gemessen werden sie mit einem Messzy-

Versuche

1 Fülle ein Glas zur Hälfte mit warmem Wasser und ein anderes zur Hälfte mit Eiswürfeln und Wasser. Lasse die Gläser eine halbe Stunde stehen. Beschreibe und erkläre deine Beobachtung.

2 Fülle einen Topf zu einem Drittel mit Wasser. Lege den Deckel auf den Topf und erhitze das Wasser bis es siedet. Hebe den Deckel schräg an (sei vorsichtig und verwende einen Topflappen). Fange das heruntertropfende Wasser in einem Glas auf (▷ B 4). Erkläre den Zusammenhang zwischen dem Versuch und der Verdunstung, der Wolkenbildung und dem Niederschlag auf der Erde.

linder, in dem sich das Wasser sammelt. Am Ende des Tages liest der Meteorologe die Höhe der Wassersäule in Millimetern ab. Um die Niederschlagsmenge eines Monats zu bestimmen, zählt er die Messwerte der einzelnen Tage zusammen. Zeichnerisch werden die Niederschlagswerte in Säulendiagrammen dargestellt (▷B 5).

Aufgaben

1 In 1000 l Luft (20 °C) sind 10 g Wasser enthalten. Die Luft kühlt sich auf 10 °C ab (▷B 2). Was passiert?

2 Wie entsteht Steigungsregen (▷B 3)?

3 a) Berechne die Jahresniederschläge für die in der Tabelle (▷B 6) angegebenen Stationen. Schlage im Atlas nach, in welcher Klimazone Bilma liegt.
b) Zeichne mithilfe der Tabelle die Niederschlagsdiagramme für beide Städte.

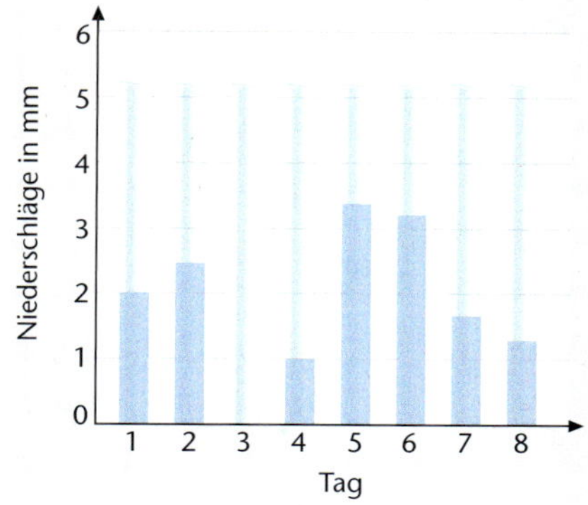

5 Niederschlagsdiagramm von Köln (Tagesniederschläge)

Station	J	F	M	A	M	J	J	A	S	O	N	D
Köln	46	39	38	49	73	92	80	75	64	47	46	38
Bilma (Niger)	1	0	0	0	1	1	3	10	5	2	1	0

6 Monatsniederschläge in mm von Köln und Bilma

Werkstatt

Geräte für die Wetterbeobachtung

1 Bau eines Luftfeuchtigkeitsmessers

Material

Ein Stück Pappe, große Kiefernzapfen, Trinkhalm, Knetmasse, Stift

Versuchsanleitung

Knicke die Pappe so, dass eine Hälfte als Boden, die andere als Rückwand dient. Stecke den Trinkhalm auf einen der Schuppen des Kiefernzapfens; er dient als Zeiger. Befestige den Zapfen mit Knetmasse auf der Pappe (▷B 1). Zeichne auf der Rückwand eine Skala auf.

Steigt die Luftfeuchtigkeit, schließen sich die Schuppen, nimmt die Luftfeuchtigkeit ab, öffnen sie sich. Mithilfe deines Messgeräts kannst du schon kleine Unterschiede erkennen.

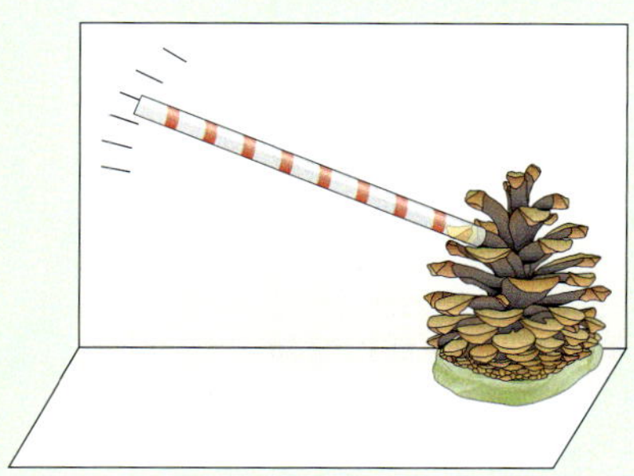
1 Ein Gerät zur Messung der Luftfeuchtigkeit

2 Bau eines Niederschlagsmessers

Material

Trinkglas, Millimeterpapier, Klebstoff, Schere

Versuchsanleitung

Voraussetzung für eine genaue Messung ist, dass das Trinkglas eine gerade Wand und einen ebenen Boden besitzt.

Schneide aus dem Millimeterpapier einen etwa 1 cm breiten Streifen und ziehe alle 5 Millimeter einen Strich; damit erleichterst du dir später das Ablesen der Werte.
Klebe den Streifen so auf das Glas, dass sich der Nullpunkt der Skala am Boden des Glases befindet.

Stelle deinen Niederschlagsmesser im Freien auf und lies jeden Tag die Niederschlagsmenge ab. Halte dazu das Glas auf Augenhöhe.
Trage die Messwerte in eine Tabelle ein und erstelle ein Säulendiagramm aus den Werten.

2 Ein Niederschlagsmesser – einfach selbst gebaut

1 Der Luftdruck sinkt mit steigender Höhe.

2 Das Gewicht von einem Liter Luft.

Luft – ein unsichtbarer Stoff

Die Erde ist von einer Lufthülle umgeben, der Atmosphäre. Sie reicht bis in eine Höhe von 400 km.
Luft selbst können wir nicht sehen. Aber wir können die Auswirkungen von Luftbewegungen sehen: Ein schwacher Luftzug wirbelt Blätter umher, stürmische Luftbewegungen können Bäume entwurzeln oder Dächer abdecken.

Luft hat ein Gewicht

Jeder Körper auf der Erde hat ein Gewicht. Das gilt auch für einen Körper, der aus Luft besteht. Das Gewicht von beispielsweise 1 l Luft ist gleich dem Gewicht von 1,3 g (▷ B 2).

Aufgrund des Gewichts der Luft werden die unteren Luftschichten der Atmosphäre von den darüber liegenden zusammengepresst. Dies ist die Ursache des **Luftdrucks**. Das erklärt auch, warum der Luftdruck kleiner wird, wenn man auf einen Berg steigt. Die Luftschicht, die den Druck erzeugt, wird mit zunehmender Höhe immer dünner (▷ B 3).

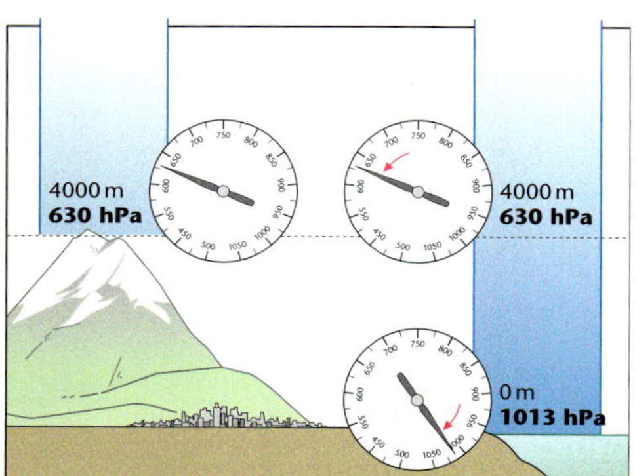

3 Unterschiedlich hohe Luftsäulen – unterschiedlich großer Luftdruck

In etwa 6000 m Höhe ist der Luftdruck nur noch halb so groß wie über dem Meeresspiegel.

Luftdruckmessung

Gemessen wird der Luftdruck mit dem Barometer. Die heute gebräuchlichste Form ist das Dosenbarometer (▷ B 4). Gemessen wird der Luftdruck in Pascal (Pa), oft auch in Bar (bar): 1 bar = 100 000 Pascal.

Der mittlere Luftdruck über dem Meeresspiegel ist auf 1013 hPa festgelegt (h steht für hekto, griech.: 100; 1 hPa = 100 Pa).
Er wird auch als **Normaldruck** bezeichnet.

Das Gewicht der Luft ist die Ursache für den Luftdruck. Die Einheit des Luftdrucks ist Pascal (Pa). Mit zunehmender Höhe nimmt der Luftdruck ab.

4 Das Barometer

Ein gewaltiger Druck

Kannst du dir vorstellen, wie groß ein Druck von 1013 hPa ist? Ein Beispiel soll dir helfen.

Betrachte eine Fläche von 1 m Länge und 1 m Breite. Stapele darauf in Gedanken etwa 100 000 Tafeln Schokolade, die jeweils 100 g wiegen.
Dieser gewaltige Schokoladenberg erzeugt an der Fläche einen Druck, der genauso groß ist wie der Luftdruck, der auf uns wirkt (▷ B 1). Wir Menschen spüren diesen Druck aber nicht, da wir ständig damit leben.

Werkstatt

Luftdruck – messen und erfahren

Die folgende Anleitung zeigt dir, wie du ein einfaches Barometer selbst baust. Mit diesem Messgerät kannst du Veränderungen des Luftdrucks feststellen.

1 Ein selbst gebautes Barometer

Material

Flasche mit großer Öffnung (z. B. eine Saftflasche), Luftballon, Schere und Lineal, Trinkhalm, Tonpapier, Gummiband, Klebstoff

Bauanleitung

Schneide den Hals des Luftballons ab (▷ B 1). Spanne den Ballon straff über die Öffnung der Flasche und befestige ihn mithilfe des Gummibands. Achte darauf, dass die Öffnung der Flasche luftdicht verschlossen ist (▷ B 2).

Klebe den Trinkhalm auf die Mitte der gespannten Ballonfläche.

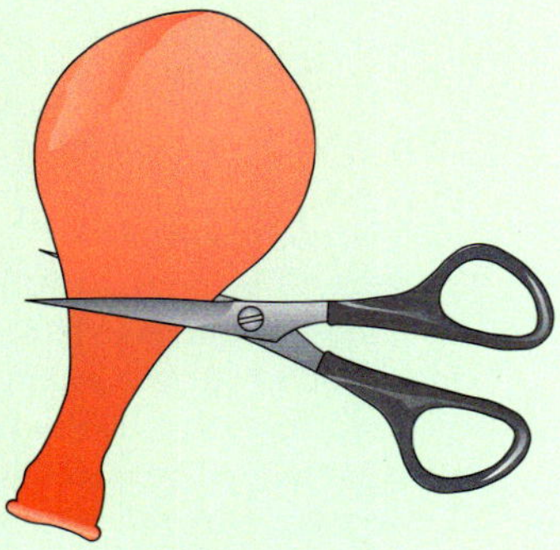

1 Zuschneiden des Luftballons

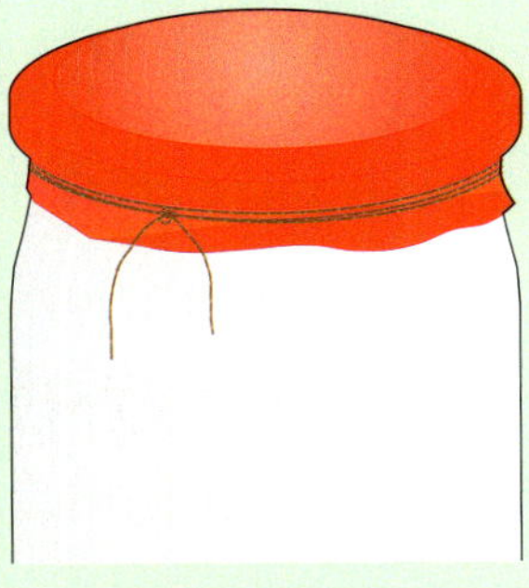

2 Der Luftballon wird über die Öffnung der Flasche gespannt

3 Das Barometer im Einsatz

Klebe eine Rückwand aus Tonpapier an die Flasche und zeichne eine Skala ein (▷ B 3).

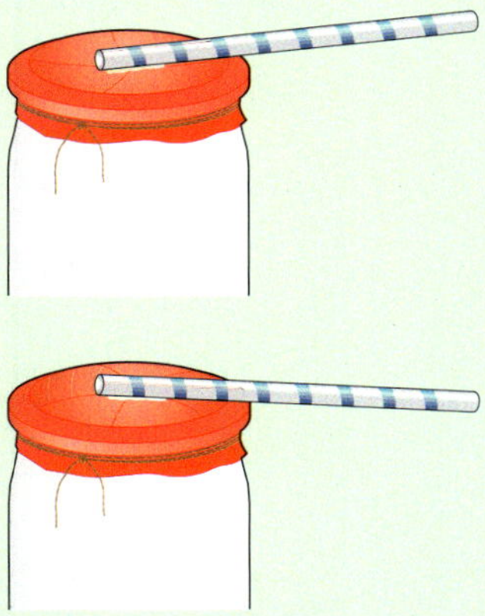

4 Zeigerausschlag bei hohem (oben) und niedrigem Luftdruck (unten)

Stelle dein Barometer an einem schattigen Platz auf, es sollte nicht in der Sonne oder in der Nähe der Heizung stehen.
Beobachte die Veränderung des Luftdrucks mit deinem Barometer über einen längeren Zeitraum. Überlege, wie dein Barometer funktioniert.

2 Luft oder Wasser – wer gewinnt?

Material

Trinkglas, Wasser, Blatt Papier

Tipp: Führe den Versuch im Freien oder über einer Badewanne durch.

Versuchsanleitung

Fülle ein Trinkglas randvoll mit Wasser. Decke es mit einem glatten Blatt Papier ab, das etwas größer ist als die Öffnung des Glases. Achte darauf, dass du keine Luftblase einschließt.

Halte das Papier mit einer Hand fest. Drehe das Glas vorsichtig um, sodass die Öffnung nach unten zeigt. Nimm jetzt vorsichtig die Hand unter dem Papier weg (▷ B 5). Beschreibe was passiert und erkläre das Ergebnis.

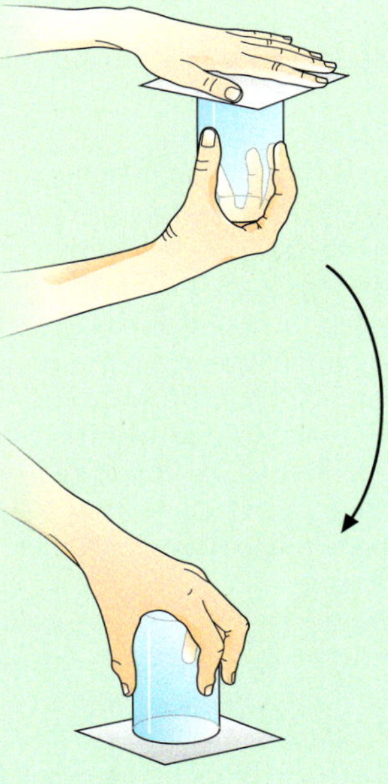

5 Zu Versuch 2

Luft braucht Platz

Teilt euch in Gruppen von max. 5 Schülerinnen und Schülern auf. Jede Gruppe sucht sich einen Versuch aus und führt diesen durch. Im Anschluss sollen die Gruppen den Versuch und die Ergebnisse den anderen präsentieren. Deshalb müsst ihr eure Beobachtungen und Ergebnisse schriftlich festhalten.
Wählt eine geeignete Form der Präsentation.

1 Luft contra Wasser

Material

Wanne, Becherglas, Papiertuch

Versuchsanleitung

Fülle die Wanne so hoch mit Wasser, dass du das Becherglas vollständig eintauchen kannst. Stecke ein Papiertuch in das Becherglas. Befestige es eventuell mit einem Klebstreifen. Drehe das Glas um und tauche es mit der Öffnung nach unten in das Wasserbad ein. Was kannst du beobachten? Erkläre.

2 Luft nimmt ein Volumen ein

Material

2 Flaschen mit engem Hals, 2 Trichter, Knetmasse, 1 Trinkhalm

Versuchsanleitung

a) Stecke den Trichter in den Hals der Flasche. Dichte den Spalt zwischen Flaschenhals und Trichter mit Knetmasse ab. Fülle nun Wasser in den Trichter. Was passiert? Erkläre deine Beobachtung.
b) Nimm die zweite Flasche und stecke zusätzlich zum Trichter noch den Trinkhalm in den Flaschenhals (▷ B 1). Dichte die Flaschenöffnung wieder mit Knetmasse ab.
Welchen Unterschied zu Versuch a) kannst du beobachten, wenn du nun Wasser in den Trichter füllst? Begründe deine Beobachtung.

1 Zu Versuch 2 b

3 Die springende Münze

Material

Gekühlte Glasflasche, Münze

Versuchsanleitung

Befeuchte die Öffnung der gekühlten Flasche mit Wasser und lege das Geldstück darauf. Erwärme die Flasche mit deinen Händen.
Was passiert mit dem Geldstück?

2 Die Flasche wird erwärmt.

4 Die steigende Wassersäule

Material

Gekühlter Glaskolben, durchbohrter Stopfen, Glasrohr, Haartrockner

Versuchsanleitung

Fülle den gekühlten Glaskolben bis zur Hälfte mit Wasser. Verschließe ihn mit dem durchbohrten Stopfen. Stecke ein Glasrohr so durch den Stopfen, dass es bis ins Wasser reicht (▷ B 3). Erwärme nun den oberen Teil des Kolbens mit einem Haartrockner. Beobachte den Flüssigkeitsstand im Glasrohr. Versuche deine Beobachtung zu erklären.

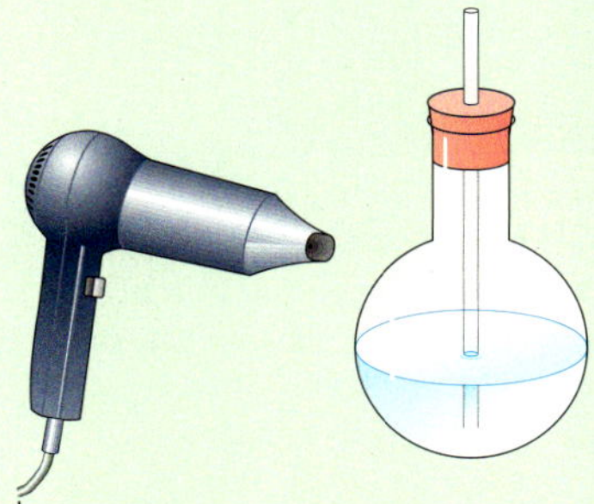

3 Der Kolben wird erwärmt

5 Ein Luftballon füllt sich selbst

Material

Luftballon, gekühlte Glasflasche, Becken mit heißem Wasser

Versuchsanleitung

Spanne den Luftballon über die kalte Glasflasche. Erwärme die Flasche, indem du sie in das heiße Wasserbad stellst (▷ B 4).
Was kannst du beobachten?

4 Die Flasche wird erwärmt.

Gemeinsame Aufgabe

Nach der Präsentation der Versuche und Ergebnisse soll folgende Frage wieder in den Gruppen bearbeitet werden: Wie bekommt man ein hartgekochtes Ei in einen Erlenmeyerkolben (▷ B 5), ohne es von Hand hineinzupressen? Demonstriert den anderen eure Lösung und erklärt das Ergebnis.

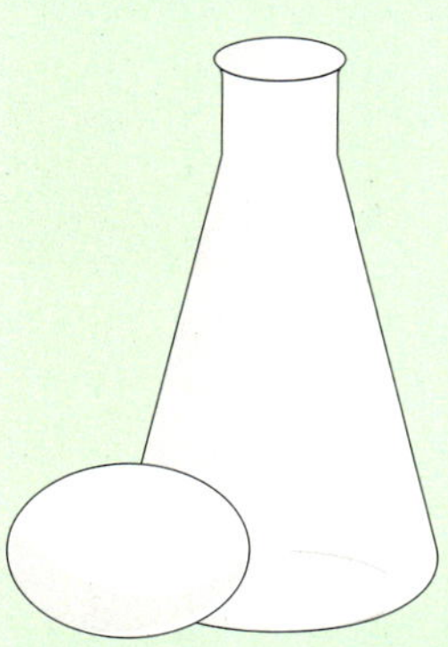

5 Wie kommt das Ei in den Kolben?

1 Bequemes Polster und Spielgerät zugleich

2 Ein luftgefülltes Kissen schützt vor Verletzungen.

Luft – mehr als nichts

Mario will sich etwas Duschgel aus dem Vorratsbehälter abfüllen. Er hält eine leere Plastikflasche unter einen dicken Strahl der auslaufenden Flüssigkeit (▷ B3, links). Sein Versuch ist erfolglos – die Flasche bleibt leer. Was hat Mario falsch gemacht?
Mario hat nicht berücksichtigt, dass die Flasche nicht leer, sondern mit Luft gefüllt ist. Die Luft nimmt den gesamten Raum in der Flasche ein. Wenn die Flüssigkeit in die Flasche hinein soll, dann muss Luft aus der Flasche heraus. Weil der dicke Flüssigkeitsstrahl aber die gesamte Flaschenöffnung abdeckt, ist der Luft der Weg nach draußen versperrt.
Im zweiten Anlauf lässt Mario das Duschgel in einem dünnen Strahl aus dem Vorratsbehälter laufen. Wenn er jetzt genau zielt, dann lässt sich die Flasche problemlos befüllen (▷ B3, rechts): Die Luft kann nun über die verbleibende Öffnung aus der Flasche entweichen.

Luft nimmt einen Raum ein

Wie aber ist die Luft in die „leere" Flasche gelangt?
Die Luft, die uns umgibt, ist ein unsichtbares Gemisch aus verschiedenen Gasen. Gasförmige Stoffe zeichnen sich wie feste Stoffe oder Flüssigkeiten durch gewisse Eigenschaften aus.

Besteht ein Körper aus einem **festen Stoff**, besitzt er ein bestimmtes Volumen und eine bestimmte Form. Ein Stein in deinem Schuh drückt z. B. beim Laufen, er passt sich der Form deines Fußes nicht an.
Ein **flüssiger Körper** kann seine Form dagegen verändern. Du kannst Saft entweder in ein hohes schlankes Glas füllen oder in einen Becher – die Flüssigkeit passt sich immer der Form des Gefäßes an. Ihr Volumen bleibt dabei aber gleich.
Gase wiederum füllen gleichmäßig den gesamten Raum aus, der ihnen zur Verfügung steht. Gasförmige Körper haben weder eine feste Form noch ein festes Volumen.
Auch Luft ist ein gasförmiger Körper und füllt jeden verfügbaren Raum aus – also auch den Raum in der Flasche.

Luft ist ein unsichtbares Gas.
Luft nimmt einen Raum ein.

Aufgabe

1 Erkläre, warum sich eine Flasche mit engem Hals besser mit Wasser füllen lässt, wenn der Wasserstrahl nur dünn ist.

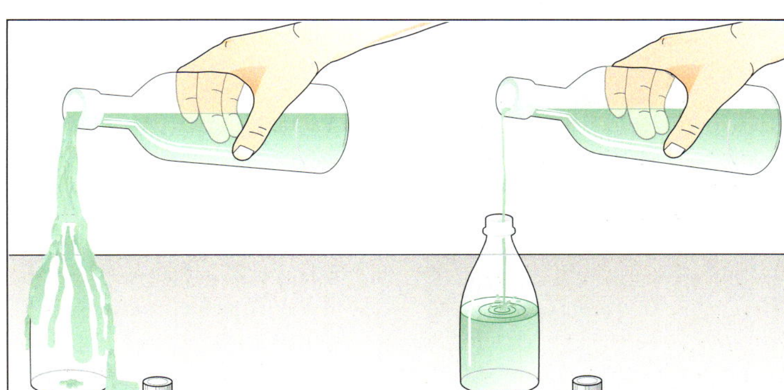

3 Bevor man die Flasche füllen kann, muss die Luft raus.

1 Segelflieger

2 Brenner eines Heißluftballons

3 Weihnachtspyramide

Warme und kalte Luft
Sicherlich hast du schon einmal beobachtet, dass sich eine Weihnachtspyramide dreht, wenn die Kerzen darunter angezündet werden (▷ B 3). Auch die Gardinen über einer Heizung bewegen sich, wenn diese im Winter angeschaltet wird.
Die Ursache für die Bewegung ist die Erwärmung der Luft. Luft dehnt sich, wie andere Gase auch, bei Erwärmung aus. In einer kühleren Umgebung steigt die warme Luft auf. Dabei versetzt sie die Pyramide in Drehung oder bewegt die Gardine.

Versuch 1b demonstriert dir dies auf anschauliche Weise. Da sich warme und kalte Luft in mancher Hinsicht ähnlich wie warmes und kaltes Wasser verhalten, wird dieser Versuch mit Wasser durchgeführt.
Eine mit heißem, gefärbtem Wasser gefüllte Flasche wird vorsichtig in ein Gefäß mit kaltem Wasser getaucht. Man kann nun beobachten, wie das gefärbte Wasser nach oben aufsteigt (▷ B 4).

4 Warmes Wasser steigt auf

Wie alle Gase dehnt sich Luft beim Erwärmen aus und steigt in einer kühleren Umgebung nach oben.

Ballonfahrer, Segelflieger und Vögel
Auch Ballonfahrer nutzen diese Eigenschaft der warmen Luft, um vom Boden abzuheben. Unterhalb der Ballonhülle wird ein Brenner angebracht, der die Luft in der Hülle erwärmt (▷ B 2).
Segelflieger suchen Gebiete mit aufsteigender Luft, um sich in weiten Bögen immer höher in die Luft schrauben zu können (▷ B 1). Das kannst du an Sommertagen auch bei manchen Vögeln beobachten, die mit weit ausgebreiteten Flügeln durch die Luft gleiten.

Aufgaben

1 Erkläre, warum ein Heißluftballon vom Boden abheben kann.

2 Über Heizkörpern sind Zimmerdecken oft schmutziger als anderswo. Begründe.

Versuch

1 Warme und kalte Luft verhalten sich ähnlich wie warmes und kaltes Wasser. Deshalb werden die folgenden Versuche mit Wasser durchgeführt.

a) Fülle einen Luftballon mit sehr warmem Wasser und einen zweiten mit Eiswasser (Wasser, das mit Eiswürfeln abgekühlt wurde). Achte darauf, dass sich in den Ballons keine Luftblasen bilden. Lege beide Ballons in ein Gefäß mit lauwarmem Wasser. Beobachte und erkläre.

b) Fülle ein großes Gefäß zu drei Vierteln mit kaltem Wasser. Befestige am Hals einer kleinen Flasche eine Schnur, sodass ein Henkel entsteht. Fülle nun die Flasche bis zum Rand mit heißem, gefärbtem Wasser. Tauche die Flasche in das kalte Wasserbad ein (▷ B 4). Beschreibe deine Beobachtung und erkläre sie.

Werkstatt

Was die Luft bewegt

Wodurch werden Luftströmungen verursacht? Mit folgenden Versuchen lernst du die Voraussetzungen für die Entstehung von Wind kennen und kannst leichte Luftbewegungen nachweisen.

1 Bauanleitung für eine Flügelscheibe

Material

Papier, Zirkel, Schere, Lineal, Stecknadel, Stabmagnet, Kerze

Versuchsanleitung

Zeichne mit dem Zirkel zwei ineinander liegende Kreise (Radien 1 cm und 5 cm) auf das Papier. Teile die Kreise mit Lineal und Stift in 8 gleiche Segmente (die Linien müssen durch das Einstichsloch des Zirkels gehen).

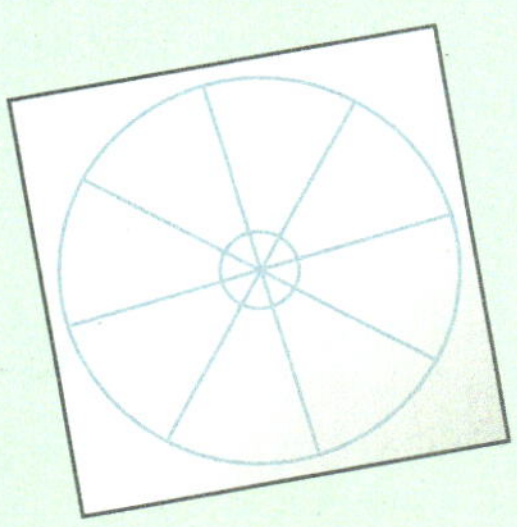

Schneide nun den äußeren Kreis aus. Schneide anschließend entlang der Linien bis zum inneren Kreis. Knicke alle „Flügelteile" in die gleiche Richtung etwas nach oben. Stecke die Stecknadel durch das Einstichsloch des Zirkels.

1 Zu Versuch 1

	Wasser	Sand
Anfangstemperatur		
nach 30 min		
nach ...		

2 Tabelle zu Versuch 3

Hänge die Stecknadel an den Magneten und halt die Flügelscheibe im Abstand von ca. 15 cm über eine Kerzenflamme. Beschreibe und erkläre deine Beobachtung.

2 Luftbewegung zwischen zwei Räumen

Material

Streichhölzer, Kerze

Versuchsanleitung

Diesen Versuch kannst du im Türrahmen zwischen einem warmen und einem kalten Raum durchführen. Im Winter funktioniert er auch an einem geöffneten Fenster. Achte darauf, dass kein Durchzug entsteht. Halte eine brennende Kerze oben, in der Mitte und unten in den Türrahmen der geöffneten Tür (▷ B 3).

Aufgabe

Beobachte und erkläre das Verhalten der Kerzenflamme.

3 Erwärmung von Wasser und Sand

Material

2 Schälchen, Sand, Wasser, Küchenwaage, Thermometer, Löffel, Herdplatte oder Heizung

3 Zu Versuch 2

Versuchsanleitung

Fülle in ein Schälchen 200 g Wasser, in das andere 200 g Sand. Die Anfangstemperaturen von Sand und Wasser müssen gleich sein. Erwärme das Wasser und den Sand gleichzeitig. Stelle dazu beide Schälchen für etwa 10 Minuten auf eine warme Herdplatte oder für eine halbe Stunde auf die warme Heizung (▷ B 4).

Durchmische den Sand nach Ablauf der Zeit gründlich mit einem Löffel. Rühre auch das Wasser kurz um. Miss die Temperaturen von Wasser und Sand. Übertrage die Tabelle (▷ B 2) in dein Heft und trage die Werte ein. Miss nach einer halben Stunde erneut die Temperaturen von Sand und Wasser.

Aufgabe

An der Küste weht tagsüber der Wind vom Meer her und nachts vom Land her. Erkläre mithilfe der Beobachtungen aus den Versuchen 1 bis 3.

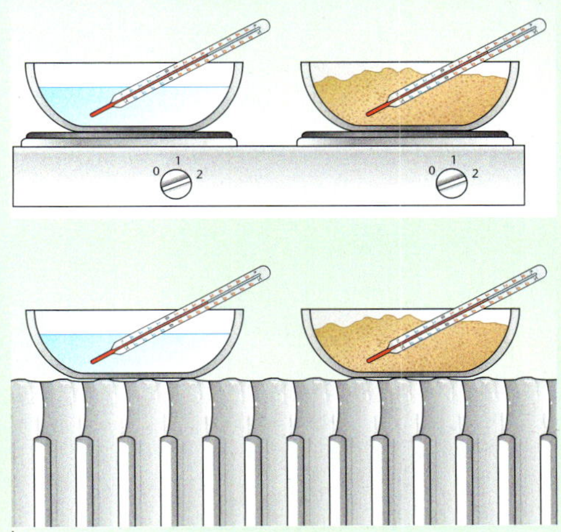

4 Zu Versuch 3

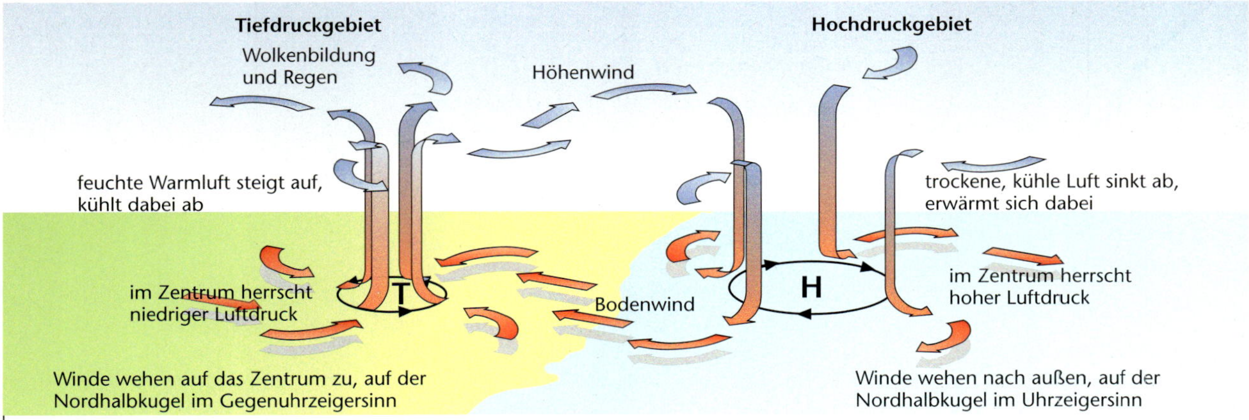

1 Die Entstehung von Wind

Wie entsteht Wind?

Du verbringst einen heißen Sommertag am Strand. Der Sand und das Wasser werden gleichermaßen von der Sonne beschienen. Wenn du barfuß durch den Sand läufst, verbrennst du dir fast die Fußsohlen. Das Wasser aber ist kühl. Der Sand hat sich also stärker erwärmt als das Wasser. Wegen der stärkeren Erwärmung des Sands erwärmt sich auch die Luft darüber stärker als über dem Wasser. Und das ist eine Ursache für Wind.
Warme Luft dehnt sich aus und steigt auf (▷B1). Am Boden verringert sich dadurch der Luftdruck. Die Druckunterschiede zwischen der kühlen Luft über dem Wasser und der warmen Luft über dem Sand werden durch eine Luftströmung – den Wind – ausgeglichen.

Vom Hoch zum Tief

Was am Beispiel der Sandküste beschrieben wurde, passiert auch großräumig auf der gesamten Erde. Winde entstehen durch die unterschiedlich starke Erwärmung verschiedener Gebiete der Erde. In Gebieten, in denen Warmluft vom Boden aufsteigt, nimmt der Luftdruck am Boden ab. Dort herrscht Tiefdruck. Wo kalte Luft absinkt, sind die Verhältnisse umgekehrt. Am Boden entsteht ein Hochdruckgebiet. Zwischen einem Hoch und einem Tief findet ein Druckausgleich statt. Dabei strömt Luft vom **Hochdruckgebiet** (H) zum **Tiefdruckgebiet** (T). Diese Luftströmung bezeichnen wir als Wind (▷B1, B2).
Aufgrund der Erddrehung bewegt sich die Luft aber nicht direkt vom Hoch zum Tief. Auf der Nordhalbkugel strömt sie im Uhrzeigersinn aus dem Hoch heraus und gegen den Uhrzeigersinn ins Tief hinein. Auf der Südhalbkugel ist es gerade umgekehrt.

Hoch- und Tiefdruckgebiete entstehen durch unterschiedlich starke Erwärmung verschiedener Gebiete der Erde. Es findet ein Druckausgleich statt, indem Luft vom Hoch- zum Tiefdruckgebiet strömt. Diese Luftströmung wird als Wind bezeichnet.

Die Westwindzone

Wir leben in einer Zone, in der der Wind fast das ganze Jahr über aus westlicher Richtung weht. Diese Zone wird daher Westwindzone genannt.
Dort, wo der Wind besonders stark ist, können Bäume in eine Richtung gekrümmt sein. Der ständig aus Westen wehende Wind hat sie so „verformt" (▷B3).

2 Sturm

3 Vom Westwind verformte Bäume

Aufgaben

1 Erkläre, wie Hoch- und Tiefdruckgebiete entstehen.

2 Was ist Wind?

3 Wie bewegt sich Luft von einem Hoch zu einem Tief?

Was der Wind so treibt

Vom Winde verweht

Der Wind spielt bei der Verbreitung von Samen eine wichtige Rolle. Viele Früchte und Samen haben spezielle Einrichtungen, durch die sie möglichst weit von ihrer Mutterpflanze fortgetragen werden können.

Die Samen von Ahorn und Kiefer haben „Flügel", welche die Frucht in eine kreiselnde Bewegung versetzen. Solche Schraubenflieger können länger und damit auch weiter fliegen. Auch Schirmflieger wie Löwenzahn und Distel nutzen den Wind als Transportmittel. Ihre „Fallschirme" hast du bestimmt schon gesehen.

Segeln und Surfen

Segeln und Surfen gehören zu den Freizeitbeschäftigungen, für die Wind benötigt wird (▷ B 2).

Bevor es für die Schiffe Maschinen gab, mussten diese mit Rudern oder durch die Kraft des Windes vorangetrieben werden. Auch Christoph Kolumbus unternahm seine Entdeckungsreisen mit Segelschiffen (▷ B 3). Zur damaligen Zeit waren windstille Gebiete von den Seefahrern besonders gefürchtet. Geriet ein Schiff in ein solches Gebiet, lag es oft wochenlang auf der Stelle. Dabei konnten Trinkwasser und Nahrungsvorräte knapp werden.

2 Windsurfer

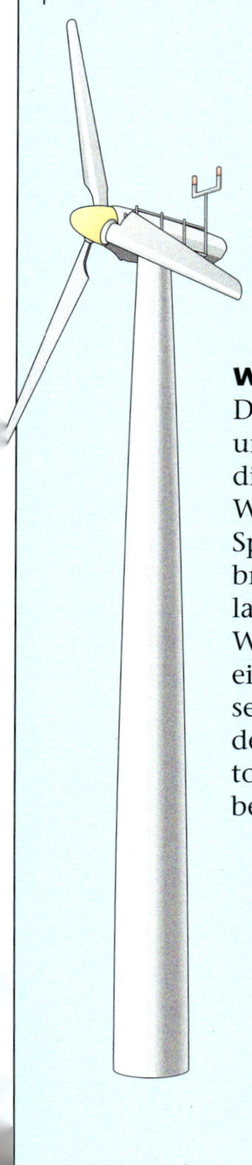

1 Windkraftanlage

3 Ein altes Segelschiff

Wind erzeugt Strom

Der Wind weht vor allem an den Küsten und in den Höhen der Mittelgebirge ständig und kräftig. Dort werden immer mehr Windkraftanlagen errichtet (▷ B 1). An der Spitze des Turms sind Rotorblätter angebracht, die im Durchschnitt etwa 45 m lang sind. Diese Rotorblätter werden vom Wind in Bewegung versetzt und treiben einen Generator an. Ein Generator ist ein sehr großer Dynamo. Wie der Dynamo an deinem Fahrrad erzeugt auch der Generator elektrischen Strom, wenn er angetrieben wird.

Wenn der Wind zum Orkan wird

So nützlich der Wind ist, er kann auch verheerende Schäden verursachen. Wenn er sich zu einem Orkan entwickelt, kann er Schiffe auf hoher See zum Kentern bringen, ganze Wälder wie Streichhölzer knicken und Häuser zerstören. Treibt ein Orkan Wasser gegen die Küsten, besteht die Gefahr einer Sturmflut.

Andere gefährliche Formen von Wind sind Taifune, die in Südostasien auftreten, und Tornados, die in den USA vorkommen. Mit Windgeschwindigkeiten von bis zu 300 Kilometern pro Stunde verwüsten diese Wirbelstürme fast alles, was ihnen in den Weg kommt.

Brennpunkt

Kreisläufe – beim Wetter und anderswo

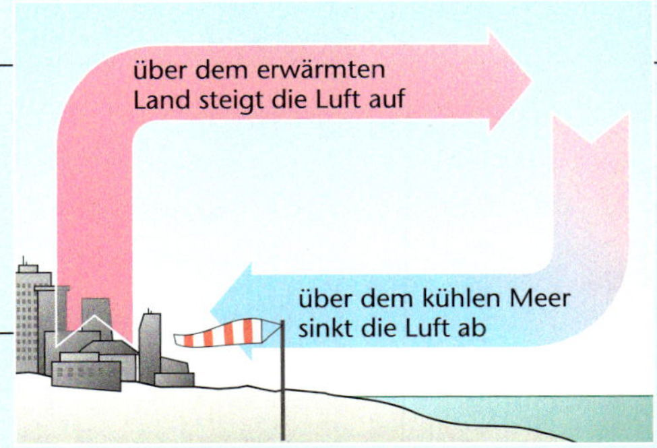

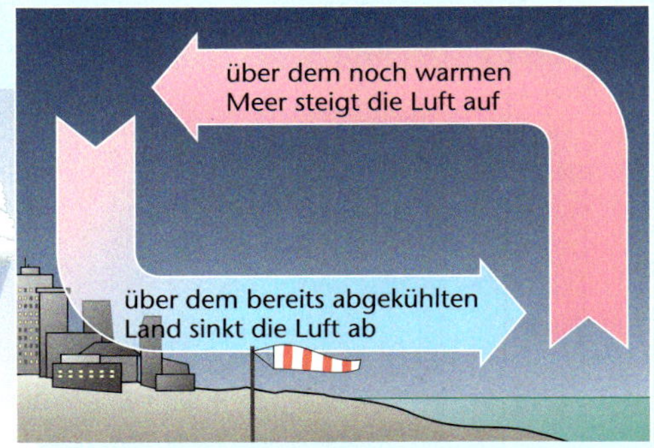

1 Seewind und Landwind

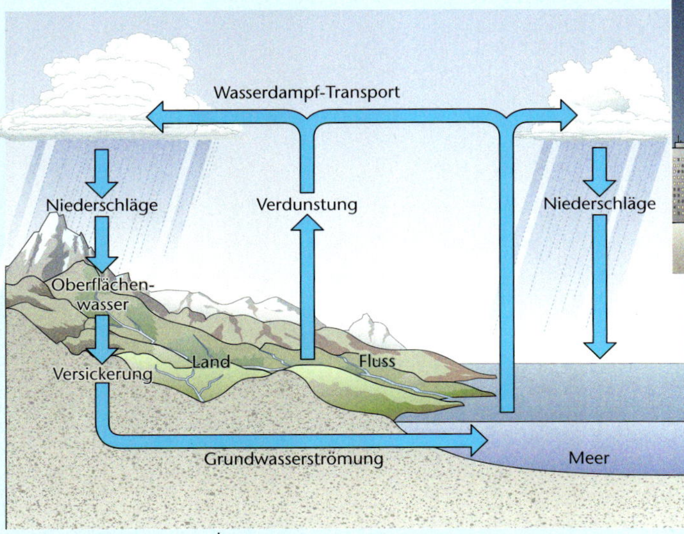

2 Der Kreislauf des Wassers

Was ist ein Kreislauf?

Es ist Herbst. Draußen stürmt es heftig. Daniel steht mit seinem Vater am Fenster: „Ist das ein Sturm! Woher kommt der starke Wind, der an unserem Haus vorbei fegt? Kann sich die Luft irgendwo sammeln? Und was passiert an dem Ort, aus dem der Wind kommt? Dort entstehen doch keine Luftlöcher?“

„Nein“, erklärt sein Vater, „die Luft um die gesamte Erde herum ist in ständiger Bewegung. Sie bewegt sich in Kreisläufen. Wenn jemand z. B. im Stadion seine Runden dreht, dann kann man das im wahrsten Sinne des Wortes einen Kreislauf nennen. Er startet an einem Punkt, läuft herum und kommt wieder am Start vorbei. Habt ihr nicht vor einiger Zeit in der Schule über den Kreislauf des Wassers gesprochen?“
„Ja“, sagt Daniel. „Durch die Wärme der Sonne verdunstet das Wasser auf der Erde. Es steigt auf und bildet Wolken. Diese Wolken werden vom Wind weggeweht und regnen an anderer Stelle wieder ab (▷ B 2). Wenn das Wasser wieder auf der Erde angekommen ist, kann es erneut verdunsten usw. Das Wasser kehrt also immer wieder dorthin zurück, wo es hergekommen ist.“

„In solchen Kreisläufen bewegt sich auch die Luft“, sagt der Vater. „Und denk mal an die Flaschen, die wir gestern zu den Glascontainern gebracht haben, und an die Zeitungen. Diese Abfälle werden zu neuen Flaschen und Zeitungen verarbeitet und wieder benutzt.“

Luft bewegt sich im Kreis

Wenn du deine Sommerferien am Meer verbringst, fällt dir vielleicht auf, dass der Wind tagsüber meist vom Meer in Richtung Land weht. Nachts ist die Windrichtung umgekehrt (▷ B 1).

Der Strand wird im Verlauf eines sonnigen Tages stärker erwärmt als das Wasser. Weil der Sand die Wärme auch schneller wieder abgibt, heizt sich die Luft darüber auf. Diese warme Luft steigt nach oben. In der Höhe bewegt sie sich in Richtung Meer, wo sie sich abkühlt und wieder nach unten sinkt. Über dem Land, wo die Luft aufsteigt, ist der Luftdruck am Boden ge-

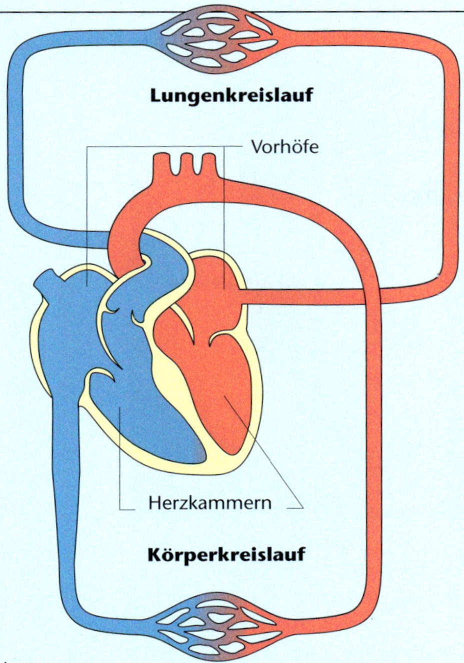

3 Der Blutkreislauf

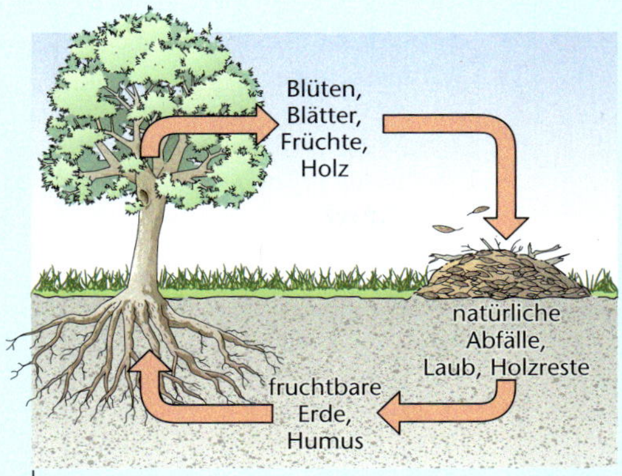

4 Der Nährstoffkreislauf

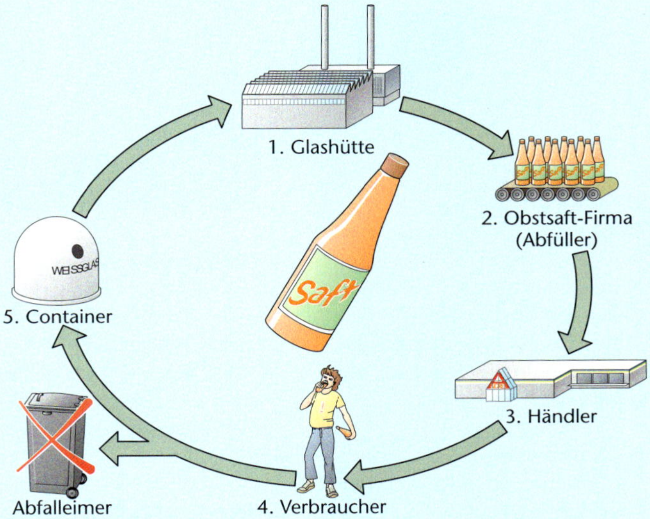

5 Die Wiederverwertung von Glas

ringer als über dem Meer. Deshalb strömt Luft vom Meer nach. Es bildet sich damit ein geschlossener Kreislauf.
Nachts sind die Verhältnisse anders: Weil das Wasser die Wärme länger speichert, ist es dort wärmer als über dem Land. Jetzt steigt die Luft über dem Wasser auf. Die Luft bewegt sich nun in umgekehrter Richtung im Kreis.

Der Blutkreislauf

Auch in unserem Körper vollziehen sich Kreisläufe. Betrachte einmal den Weg, den das Blut in deinem Körper nimmt (▷ B 3). Das Herz pumpt das Blut über die Arterien zu den Lungen und in die anderen Teile des Körpers. In den Venen fließt das Blut wieder zum Herzen zurück. Auf seinem Weg bringt das Blut lebensnotwendige Stoffe in die Zellen und transportiert nicht mehr benötigte ab.
Die durchschnittliche Blutmenge eines Erwachsenen beträgt etwa 5 Liter. Diese Flüssigkeit wird vom Herzen, das als Pumpe arbeitet, ständig in einem geschlossenen Kreislauf bewegt.

Wiederverwertung

In deiner Umgebung findest du weitere Beispiele für Kreisläufe: Der Komposthaufen im Garten und die Papier- und Glascontainer an der Straßenecke sind Bestandteile davon.

Auf dem Kompost verrotten Pflanzenteile und Gartenabfälle zu Humus, das ist ein fruchtbarer Boden. Bringt man ihn auf Beeten aus, können Pflanzen daraus wieder Nährstoffe für ihr Wachstum entnehmen (▷ B 4).

Die Container für Glas, Papier und Kunststoff sind „Stationen“ eines künstlichen Kreislaufs (▷ B 5). Durch die Wiederverwertung benutzter Materialien kann man die Müllmenge verringern und Rohstoffe sparen. Dazu müssen die Abfälle aber erst einmal getrennt werden. Wir beteiligen uns an diesem Kreislauf, indem wir unsere Abfälle vorsortieren.

Aufgabe

1 Welche weiteren Kreisläufe kennst du? Benenne sie und erkläre, was sich dabei „im Kreis bewegt“.

Die Messgeräte der Wetterstation

Barograph
Der Barograph ist ein Gerät, das den Luftdruck aufzeichnet. Auf einer sich drehenden Walze, auf der auch die Zeit mit angegeben wird, zeichnet ein Schreiber die gemessenen Luftdruckwerte in Form einer Kurve auf.

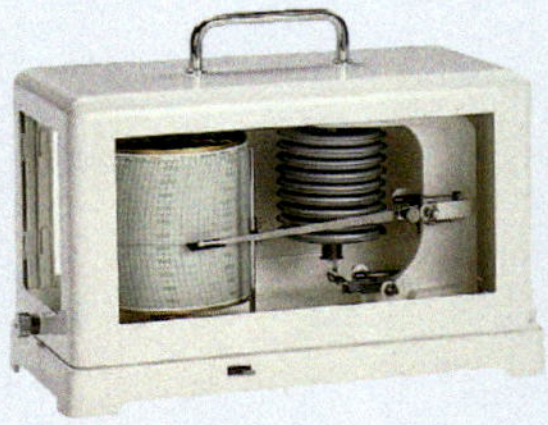

Barometer
Das Barometer misst den Luftdruck in Hektopascal (hPa). In Wetterstationen werden Quecksilberbarometer verwendet, in Haushalten meist Dosenbarometer.

Bodenmessfeld
Im Bodenmessfeld werden mit Thermometern die Temperaturen wenige Zentimeter über dem Boden sowie in unterschiedlichen Bodentiefen gemessen.

Hygrometer
Ein Hygrometer ist ein Messgerät zur Bestimmung der Luftfeuchtigkeit. Dabei macht man sich zunutze, dass sich Haare abhängig von der Feuchtigkeit unterschiedlich stark dehnen lassen. Das Gerät, das die Feuchtigkeitswerte aufzeichnet, heißt Hygrograph.

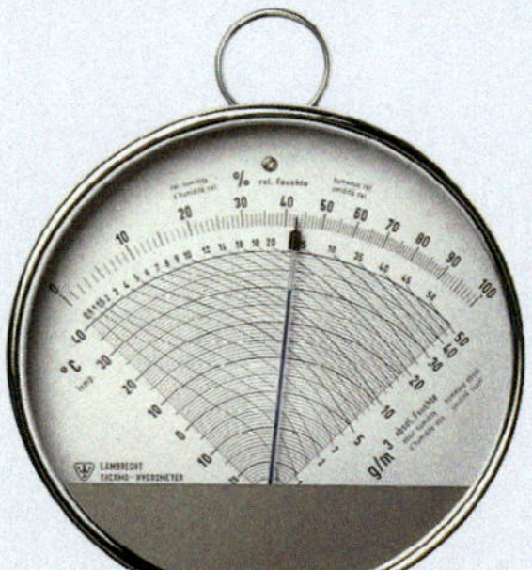

Minimum-Maximum-Thermometer
Auf diesem Thermometer kann man den tiefsten und den höchsten Temperaturwert seit der letzten Messung ablesen.

Niederschlagsmesser
Zur Messung der Niederschlagswerte dient der Niederschlagsmesser. Er befindet sich etwa einen Meter über dem Boden an einer windgeschützten Stelle. Die Niederschläge fallen in ein geeichtes trichterförmiges Auffanggefäß.

Thermometer
Mit den Thermometern werden die Temperaturen der Luft in zwei Metern Höhe, unmittelbar über dem Erdboden und die Temperatur des Bodens gemessen.

Wetterhütte
Die Wetterhütte ist ein „Kasten", der sich in etwa zwei Metern Höhe befindet. Die Wetterhütte hat keine geschlossenen Wände, sondern Lamellenwände, die eine gute Belüftung zulassen. In der Wetterhütte befinden sich die Messgeräte für Temperatur, Luftdruck und Luftfeuchtigkeit.

Windfahne und Windmesser
Diese beiden Messgeräte findet man häufig kombiniert.

Der Windmesser – auch Anemometer genannt – ist in etwa zehn Metern Höhe auf freiem Gelände an einem Mast angebracht. Mit diesem Gerät wird die Windgeschwindigkeit gemessen.
Die Windfahne zeigt die Windrichtung an.

Wetterbeobachtung und -aufzeichnung

Material

Heft, Stifte, Lineal, Thermometer, Barometer, Niederschlagsmesser, Kompass, Wollfaden

Mit diesem Versuch kannst du dich selbst als Meteorologe versuchen. Miss dazu über einen längeren Zeitraum (zum Beispiel über 4 Wochen) die Werte verschiedener Wetterelemente und zeichne die Daten auf.
Wichtig ist, dass du die Messwerte jeden Tag zur gleichen Uhrzeit abliest.

Versuchsanleitung

Übertrage den Wetterbeobachtungsbogen (▷B 1) in dein Heft.

a) Temperaturmessung
Hänge das Thermometer draußen an einem schattigen Platz auf. Achte darauf, dass du das Thermometer beim Ablesen der Messwerte immer auf Augenhöhe hältst (▷B 4).
Lies die Temperatur zu drei verschiedenen Tageszeiten ab (zum Beispiel um 7 Uhr, um 14 Uhr und um 21 Uhr). Trage die Messwerte in die Tabelle ein.
Am Ende des Tages kannst du die Tagesmitteltemperatur berechnen.
b) Messung des Luftdrucks
Das Barometer solltest du an einem Platz aufhängen, der vor Sonne und Regen geschützt ist. Lies die Anzeigewerte des Messgeräts einmal täglich ab und trage sie in die Tabelle in deinem Heft ein.
c) Niederschlagsmessung
Stelle den Niederschlagsmesser möglichst frei auf, also nicht in der Nähe einer Hauswand oder anderer Gegenstände. Entleere das Messgerät nach dem Ablesen (sofern es geregnet hat).
d) Bestimmung der Windrichtung
Bevor du die Windrichtung bestimmen kannst, musst du mit einem Kompass die Himmelsrichtungen zuordnen.

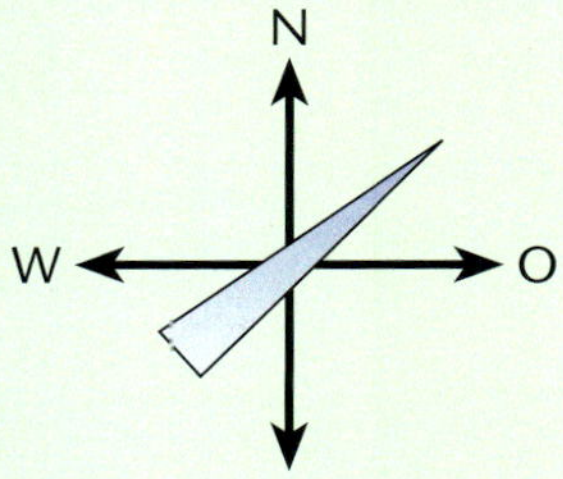

2 Wind aus Südwest

Lasse dann am ausgestreckten Arm einen leichten Wollfaden herunterhängen. Er zeigt an, aus welcher Richtung der Wind weht (▷B 5). Bestimme die Windrichtung zweimal täglich, einmal am Vormittag und einmal am Nachmittag.

Notiere das Ergebnis in der Tabelle. Trage dazu die Himmelsrichtungen ein und einen Pfeil, der die Windrichtung anzeigt.

3 Bewölkung

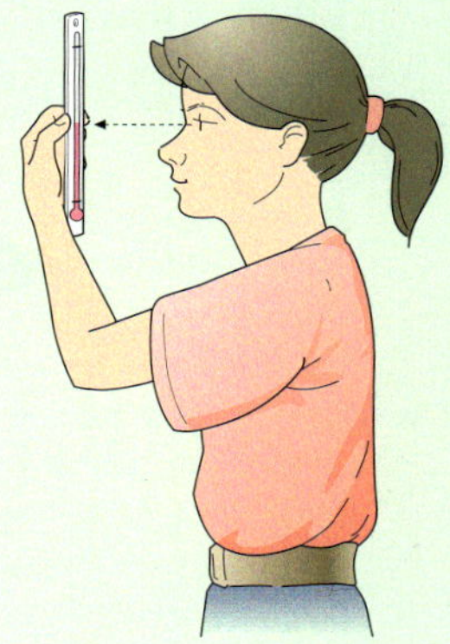

4 Richtiges Ablesen der Temperatur

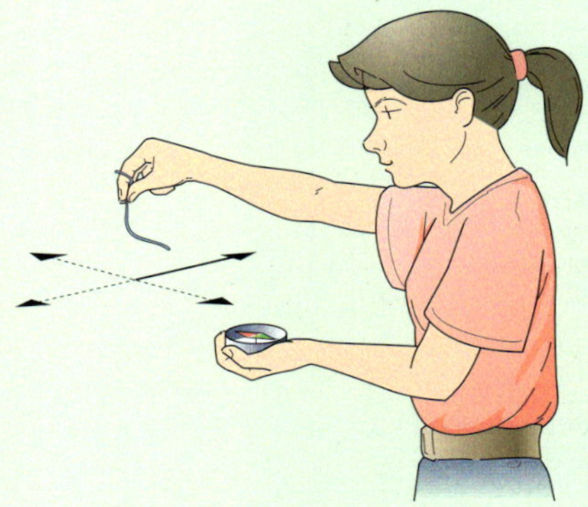

5 Bestimmung der Windrichtung

e) Aufzeichnung der Bewölkung
Die Bewölkung wird je nach Stärke durch einen teilweise bis vollständig ausgemalten Kreis (▷B 3) dargestellt. Bestimme den Grad der Bewölkung ebenfalls am Vor- und Nachmittag.

Aufgabe

Vergleiche nach Abschluss deiner Wetterbeobachtung deine Ergebnisse mit denen deiner Mitschüler. Stimmen eure Werte überein?
Welche Ursachen könnten unterschiedliche Ergebnisse haben?

Tag	**Temperatur (in °C)**				**Niederschlag**	**Luftdruck**	**Windrichtung**		**Bewölkung**	
	7.00	**14.00**	**21.00**	**Tagesmittel-temperatur**	**(in mm)**	**(in hPa)**	**vor-mittags**	**nach-mittags**	**vor-mittags**	**nach-mittags**

1 In den Wetterbeobachtungsbogen werden die Messwerte eingetragen.

Strategie

Ein Klimadiagramm erstellen und deuten

Diagramme
Diagramme sind ein wichtiges Hilfsmittel um Daten, wie z. B. Messwerte, in eine übersichtliche Form zu bringen.
Durch die grafische Darstellung werden viele Zusammenhänge deutlich, die beim Betrachten der reinen Zahlenwerte nur schwer zu erkennen wären. Am Beispiel des Klimadiagramms wirst du erfahren, wie ein Diagramm erstellt wird und wie man Informationen daraus abliest.

Das Klimadiagramm
Klimadiagramme enthalten Informationen über die Temperaturen und die Niederschläge an einem Ort. Aus diesen beiden Wetterelementen lassen sich z. B. Rückschlüsse auf die Wachstumsbedingungen für Pflanzen ziehen.

Die **Jahresmitteltemperatur** gibt die durchschnittliche Temperatur des ganzen Jahres an. Sie wird errechnet, indem man die Monatsmitteltemperaturen addiert und die Summe durch 12 teilt.

Standort der **Messstation**

Die **Niederschlagssäulen** geben die gesamte Niederschlagsmenge eines Monats an. Sie entsprechen der Summe aller Tagesniederschläge eines Monats.

Der **Jahresniederschlag** gibt die Niederschlagsmenge des ganzen Jahres an. Er ist gleich der Summe der Niederschläge aller 12 Monate.

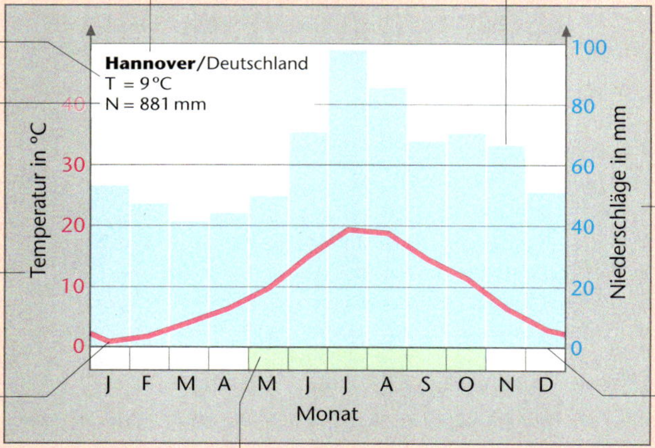

An der Skala für die **Niederschlagswerte** kann man die Niederschlagsmengen in **mm** ablesen. Die Abstände auf dieser Skala sind nur halb so groß wie auf der Temperaturskala.

An der **Temperaturskala** kann man die Temperaturwerte in **°C** ablesen.

An der **Temperaturkurve** kann man die mittlere Temperatur für jeden Monat ablesen. Die Monatsmitteltemperatur wird errechnet, indem man die Tagesmitteltemperaturen addiert und durch die Anzahl der Tage teilt.

Null-Linie

Wenn die Durchschnittstemperatur eines Monats über 10 °C liegt und zusätzlich die Niederschlagssäule die Temperaturkurve überragt, dann herrschen **günstige Bedingungen für das Pflanzenwachstum**. Diese Monate werden „humid" genannt und **grün** gekennzeichnet. Monate mit schlechten Wachstumsbedingungen heißen „arid".

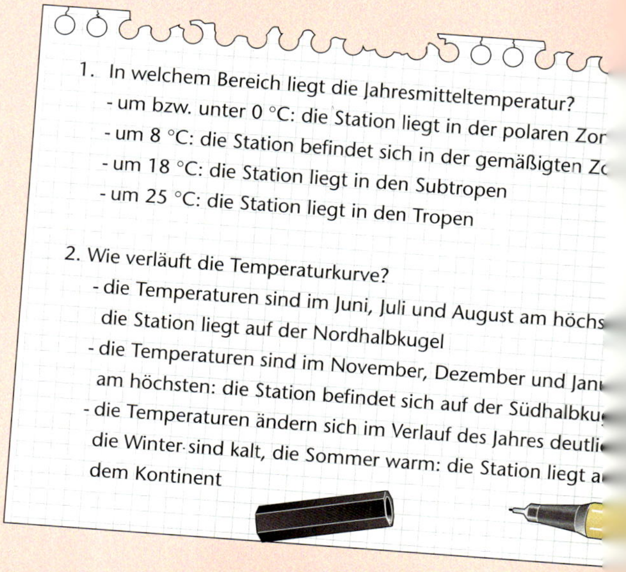

1 Informationen zur Deutung eines Klimadiagramms

Das Klimadiagramm richtig lesen und deuten
Ein Klimadiagramm kann dir viele Informationen liefern. Die Fragen und Hinweise in Bild 1 helfen dir, Klimadiagramme auszuwerten.

Klimadiagramme zeichnen

Wenn du ein Klimadiagramm zeichnen willst, dann gehe in den folgenden Schritten vor.
Tipp: Verwende ein kariertes Blatt oder Millimeterpapier. (Die Angaben im Beispiel beziehen sich auf die Werte der Tabelle in Bild 2.)

Monat	J	F	M	A	M	J	J	A	S	O	N	D
Monatsmitteltemperatur in °C	2	3	6	9	14	16	18	18	14	10	6	4
Niederschlag in mm	43	52	46	44	76	84	83	64	47	41	72	107

2 Klimawerte von Köln

A. Festlegen des Rahmens

Die Breite des Diagramms ist durch die 12 Monate des Jahres vorgegeben (▷ B 3). Wenn du für jeden Monat ein Kästchen vorsiehst, dann wird das Diagramm 12 cm breit.

Die Temperaturskala an der linken Seite richtet sich nach der höchsten und der tiefsten Temperatur des Jahres. In unserem Beispiel reicht sie von +2 °C bis +18 °C. Nach oben und unten solltest du immer etwas Platz lassen.

Die Niederschlagsskala auf der rechten Seite richtet sich nach dem größten Niederschlagswert. In unserem Beispiel beträgt er 84 mm. Auch hier sollte nach oben hin etwas Platz bleiben.

Die Linie, die einen Niederschlag von 0 mm anzeigt, liegt auf der Höhe der Temperatur 0 °C. Wichtig ist, dass du die Abstände auf der Niederschlagsskala nur halb so groß wie auf der Temperaturskala wählst. Auf der Höhe von 10 °C liegt also der Niederschlagswert 20 mm, auf der Höhe von 30 °C der Wert 60 mm. Nur wenn du diese Einteilung wählst, kannst du das Diagramm später auch richtig auswerten.

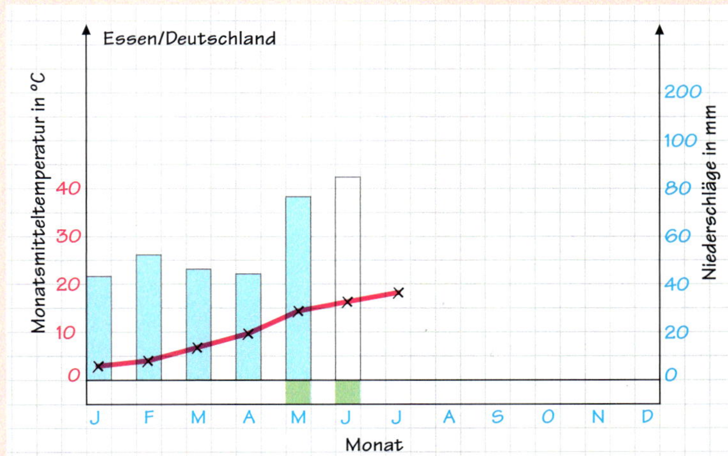

3 Ein Klimadiagramm entsteht.

Damit die Skala bei großen Niederschlagswerten nicht zu hoch wird, verkürzt man sie. Oberhalb einer Niederschlagsmenge von 100 mm ist die Skala nicht mehr in 20-mm-, sondern in 100-mm-Schritte eingeteilt.

B. Temperaturkurve zeichnen

Trage den Temperaturwert für einen Monat in das Diagramm ein, indem du auf der Höhe des entsprechenden Wertes auf der Temperaturskala ein Kreuz einzeichnest (▷ B 3). Verbinde die Kreuze für die verschiedenen Monate anschließend durch eine rote Linie.

C. Niederschlagssäulen zeichnen

Markiere den Niederschlagswert eines Monats durch einen kleinen Strich auf der Höhe des Wertes auf der Niederschlagsskala. Zeichne nun eine schmale Säule von der Null-Linie bis zu diesem Strich und male sie blau aus.

D. Bestimmung der humiden Monate

In den Monaten, in denen die Durchschnittstemperatur über 10 °C liegt und die Niederschlagssäule die Temperaturkurve überragt, herrschen gute Bedingungen für das Pflanzenwachstum. Diese Monate werden durch ein grünes „Kästchen" gekennzeichnet. Man bezeichnet sie als humide Monate (▷ B 3).

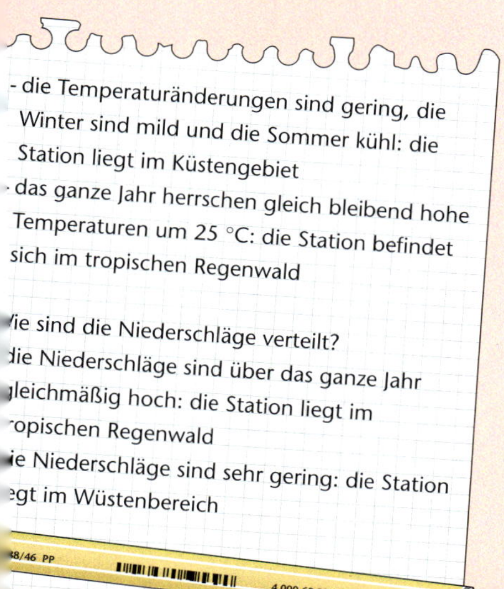

1 Wetterballon

Wetterdaten werden gesammelt

Bevor eine Wettervorhersage gemacht werden kann, muss eine Wetterbeobachtung durchgeführt werden. Dazu sammelt man die Wetterdaten innerhalb eines größeren Gebietes.

Ganz Deutschland ist von einem dichten Netz von Wetterstationen überzogen. Außerdem gibt es über das Land verteilt zahlreiche Wetterämter.
Die Wetterämter sammeln die Messdaten aller Wetterstationen in ihrer Region. Diese Daten werden dann an das Zentralamt des Deutschen Wetterdienstes nach Offenbach übermittelt und dort weiterverarbeitet.

2 Wettermessboje

Zusätzliche Informationen liefern Wettersatelliten, Wetterballons (▷ B 1) und Messbojen (▷ B 2) im Meer.

Austausch von Wetterdaten

Zu den Wetterdaten gehören Angaben über Lufttemperatur, Luftdruck, Luftfeuchtigkeit, Bewölkung, Windrichtung und Windstärke. Diese Daten werden zwischen verschiedenen Wetterämtern ausgetauscht.

Der Austausch von Informationen erfolgt weit über die Landesgrenzen hinaus, denn auch die Wetterdaten angrenzender Staaten sind wichtig für die Erstellung von Wetterkarte und Wettervorhersage.

3 Hier wird das Wetter „gemacht".

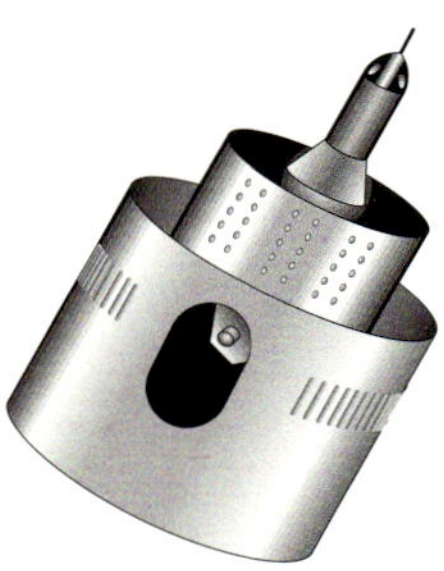

Aufgaben

1 a) Wie werden Wetterdaten gesammelt und gespeichert?
b) Nicht nur die Wetterstationen am Boden liefern Daten über die Wetterelemente. Welche weiteren Informationsquellen kennst du?
c) Was muss getan werden, bevor der Wetterbericht erstellt wird?

2 Sammle aus unterschiedlichen Zeitungen Wetterberichte.
a) Über welche Wetterelemente werden Aussagen gemacht?
b) Stimmen die Aussagen überein?

3 Vergleiche an mehreren aufeinander folgenden Tagen die Wettervorhersage mit dem tatsächlichen Wettergeschehen. Kannst du Unterschiede feststellen?

4 Die Bilder 4 und 5 zeigen die gleiche Wettersituation, einmal auf einer amtlichen Wetterkarte und einmal als Satellitenaufnahme.
a) Vergleiche die beiden Darstellungen und beantworte folgende Fragen:
Wie ist zum angegebenen Zeitpunkt das Wetter in Berlin, München, Oslo, Madrid und London? Mache Aussagen über Niederschlag, Bewölkung, Windrichtung und Windstärke. Welcher Luftdruck herrscht in London und Madrid?
Verfolge die schwarzen Linien. Sie verbinden Orte gleichen Luftdrucks miteinander. Diese Linien heißen Isobaren (Zonen gleichen Drucks).
b) Versuche anhand von Bild 4 vorherzusagen, wie sich das Wetter in den nächsten Tagen in München entwickeln wird.

Wetterkarte und Wettervorhersage
Alle drei Stunden erstellt ein Computerprogramm aus den gespeicherten Wetterdaten eine Wetterkarte (▷ B 4). Sie beschreibt die momentane Wettersituation in einem bestimmten Raum.
Wenn der Meteorologe nun mehrere zeitlich aufeinander folgende Wetterkarten vergleicht, dann kann er aus den Veränderungen des Wetters eine Wettervorhersage treffen.

Genauigkeit der Vorhersage
Das Wetter wird von vielen Faktoren beeinflusst. Daher ist es schwierig, eine genaue Vorhersage zu machen.

Man unterscheidet zwischen kurzfristigen Wettervorhersagen (die für 24 Stunden gültig sind), mittelfristigen (für 3 bis 10 Tage gültigen) und langfristigen Wettervorhersagen (gültig für mehr als 10 Tage).

Dabei wird die Genauigkeit der Vorhersage immer geringer, je länger der Zeitraum ist, für den die Vorhersage gelten soll. Kurzfristige Vorhersagen sind in etwa neun von zehn Fällen richtig. Bei Vorhersagen über Zeiträume von mehr als drei Tagen sinkt die Genauigkeit: Nur noch in der Hälfte aller Fälle entwickelt sich das Wetter so, wie in der Vorhersage beschrieben.

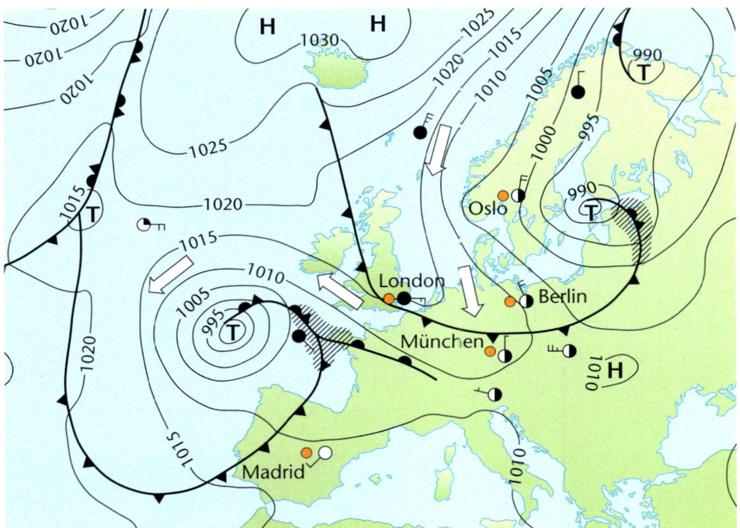

4 Wetterkarte vom 27.08.2003, 12 Uhr

5 Satellitenaufnahme vom 27.08.2003, 12 Uhr

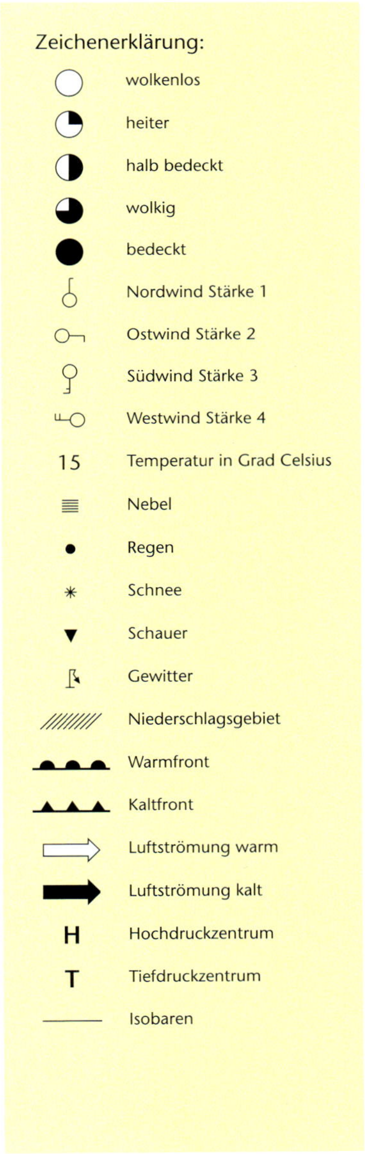

Wärmeaustausch

Wird es uns im Sommer zu warm, legen wir Kleidungsstücke ab. In den kalten Monaten tragen wir dagegen Kleidung in mehreren Schichten übereinander. In beiden Fällen versuchen wir, den Wärmeaustausch zwischen unserem Körper und der Luft zu regeln. Bei leichter Kleidung kann der Körper viel Wärme an die Luft abgeben. Dicke Kleidung verhindert den Wärmetransport, sie wirkt wärmedämmend.

Wärmedämmung beim Hausbau

Die Heizkosten steigen von Winter zu Winter an. Da lohnt es sich, die Wärmedämmung der Häuser zu verbessern. Der Einsatz von Wärmedämmstoffen soll verhindern, dass zu viel Wärme nach außen abgeleitet wird (▷B 2). Aber auch im Sommer ist eine gute Isolierung nützlich. Wenn die Sonne auf ein nicht isoliertes Dach „knallt", wird es in der darunter liegenden Wohnung unerträglich heiß.
Ein im Hausbau häufig eingesetzter Wärmedämmstoff ist Styropor® (▷B 1). Dieses Material besteht aus Kunststoff und Luft. Bei der Herstellung werden „Kunststoffperlen" erhitzt. Dabei blähen sie sich auf und verkleben miteinander.
Styropor® wird häufig zur Wärmedämmung eingesetzt, weil Kunststoff und Luft schlechte **Wärmeleiter** sind. Sie nehmen Wärme sehr langsam auf und transportieren sie nur schlecht weiter.
Metalle dagegen sind gute Wärmeleiter. Das bemerkst du z. B., wenn du einen Heizkörper kurz nach dem Einschalten anfasst. Das Metall leitet die Wärme des Wassers schnell nach außen.

▶ Wenn Wärme in einem Stoff weitergegeben wird, spricht man von Wärmeleitung. Zur Wärmedämmung werden schlechte Wärmeleiter verwendet.

Eine andere Art von Wärmeverlust kann z. B. an undichten Fenstern auftreten. Er entsteht dadurch, dass Luft hinausströmen kann und dabei Wärme abtransportiert.

▶ Wenn Wärme zusammen mit einem Stoff transportiert wird, spricht man von Wärmeströmung.

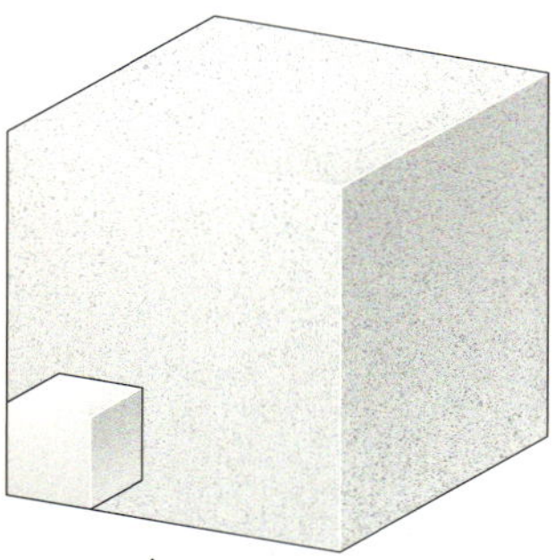

1 Aus 20 Liter Kunststoff werden 1000 Liter Styropor®.

Aufgaben

1 Warum sind „luftgefüllte Materialien" gut als Wärmedämmstoffe geeignet?

2 Durch welche baulichen Maßnahmen wird bei der Heizungsanlagen in deinem Wohnhaus erreicht, dass die Wärme auf dem Weg von der Heizungsanlage zu den Heizkörpern nicht „verloren" geht?

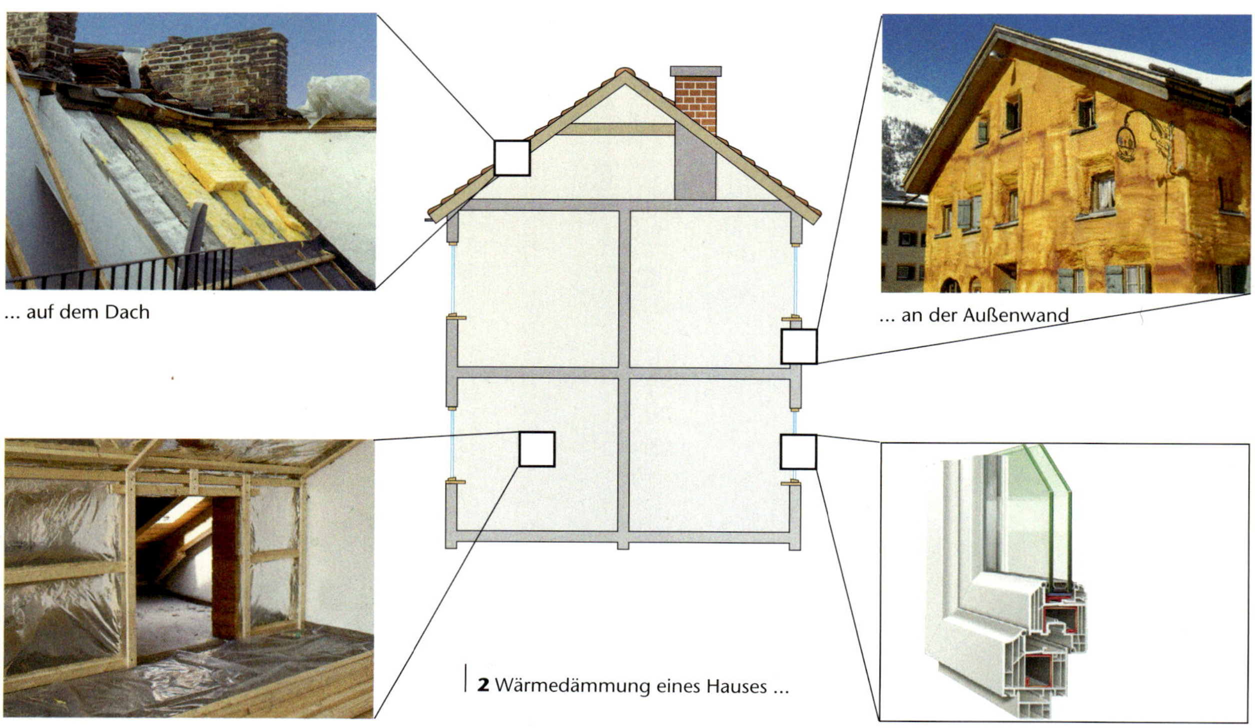

... auf dem Dach

... an der Außenwand

... im Inneren

... bei den Fenstern

2 Wärmedämmung eines Hauses ...

Eine 5 cm dicke Wand aus Holz isoliert genau so gut wie:

- **eine 13 cm dicke Ziegelsteinmauer,**
- **eine 23 cm dicke Glaswand,**
- **eine 55 cm dicke Betonwand,**
- **eine 100 cm dicke Marmormauer.**

3 Dämmeigenschaften verschiedener Baumaterialien

Holz als Baumaterial

In Skandinavien, Alaska, Kanada und Sibirien werden Häuser meist aus Holz gebaut. Das ist nicht verwunderlich, da dort Holz als Baumaterial in großen Mengen vorhanden und somit preiswert ist. Aber das ist nicht der einzige Grund. Vergleiche einmal die Dämmeigenschaften verschiedener Baumaterialien (▷ B 3) miteinander. Warum, glaubst du, ist Holz ein „ideales" Baumaterial?

Luft als „Wärmepolster"

Wenn du dich an kalten Wintertagen im Freien aufhältst, musst du deinen Körper davor schützen, dass er zu viel Wärme an die Luft abgibt. Du würdest frieren. Deine Winterkleidung besteht meist aus dickeren Materialien. Eine Daunenjacke wirkt wie „aufgeblasen". Wenn du sie zusammendrückst, entweicht die Luft. Auch zwischen den Maschen eines dicken Wollpullovers können sich Luftpolster bilden. Beobachte einmal Vögel im Winter: Sie plustern sich auf (▷ B 4) und spreizen das Gefieder ab, sodass sich zwischen den Federn ein Luftpolster bildet.

4 Vogel im Winter

Werkstatt

Gute und schlechte Wärmeleiter

Beim Hausbau ist eine gute Isolierung notwendig. Welche Materialien leiten die Wärme gut und welche schlecht?

1 Luft und Wasser im Wettstreit

Material

2 große feuerfeste Reagenzgläser, Eiswürfel, Stativ, Doppelmuffe, biegsamer Draht, Wasser, Gasbrenner, Schutzbrille

Versuchsanleitung

Gib in jedes Reagenzglas einen Eiswürfel, den du mit Draht umwickelt hast. Befülle nun das eine Glas mit Wasser. Achte darauf, dass der Eiswürfel am Boden des Reagenzglases liegt.
Erhitze beide Reagenzgläser am oberen Ende über einer Brennerflamme (▷ B 1). (Vorsicht, Spritzgefahr!) Beobachte die Eiswürfel und notiere deine Beobachtungen.

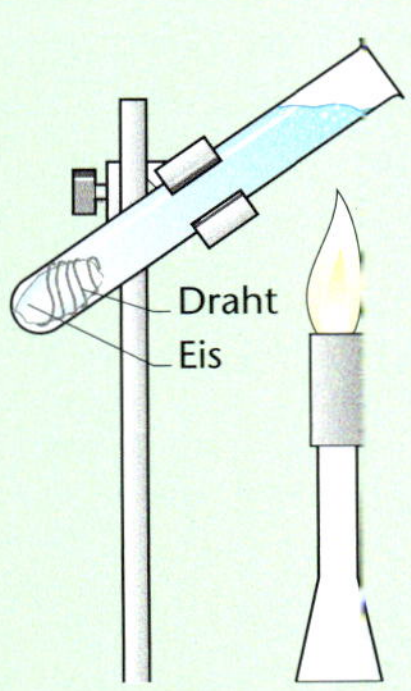

1 Erhitzen des Wassers

2 Schmelzende Kugeln

Material

Mehrere gleich lange Stäbe aus verschiedenen Materialien, Wachskügelchen, Wasserwanne, Styropor®-Platte, Heizplatte, Wasser

Versuchsanleitung

Befestige die Wachskügelchen in gleichen Abständen an den Stäben (▷ B 2). Stecke die Stäbe durch die Styropor®-Platte. Fülle Wasser in die Wanne und lege die Styropor®-Platte darauf. Erhitze das Wasser. Notiere, in welcher Reihenfolge die Wachskügelchen von den unterschiedlichen Materialien abfallen. Welche Schlussfolgerung kannst du daraus ziehen?

Aufgabe

Vergleiche die Ergebnisse der beiden Versuche. Wie beurteilst du Luft, Wasser und Metall als Wärmeleiter?

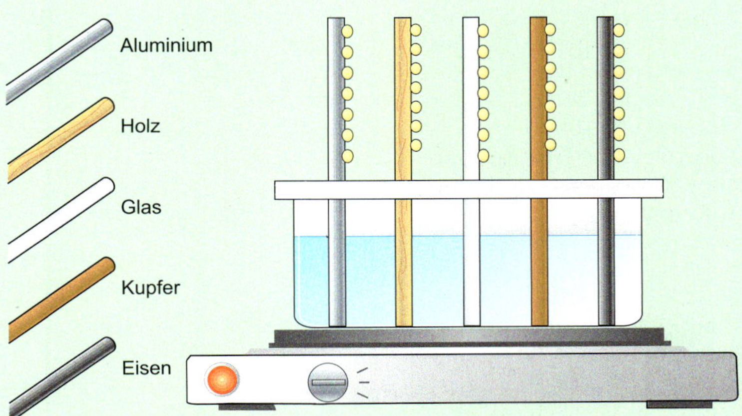

2 Guter oder schlechter Wärmeleiter?

Werkstatt

Wir bauen ein Modellhaus

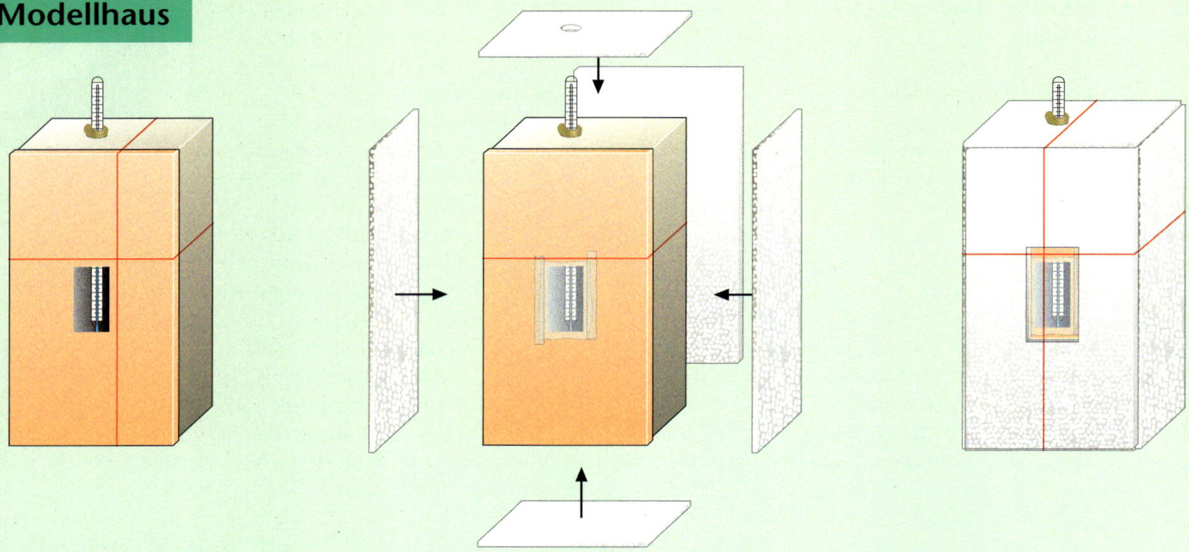

1 Ein Modellhaus ohne und mit Dämmung

Du hast über Hausbau mit besonderer Wärmedämmung bereits einiges gehört. Auf dieser Seite bekommst du nun die Bauanleitung für ein „Modellhaus". Hier kannst du selbst überprüfen, welchen Einfluss die Wärmedämmung auf die Temperaturen in einem Haus hat.

Material

2 gleich große Schuhkartons, 2 gleich große Steine, 2 Thermometer, scharfes Messer, Schere, Kleber, Knetmasse, Klarsichtfolie, Alufolie, 4 Gummiringe, 2 Platten Styropor® (etwa 1 cm dick)

Versuchsanleitung

a) „Haus" ohne Wärmedämmung
In den Deckel des Schuhkartons schneidest du ein Fenster und klebst als Scheibe ein Stück Frischhaltefolie davor. Oben wird ein kleines Loch in den Karton geschnitten, das Thermometer hineingesteckt, mit Knetmasse abgedichtet und festgehalten. Das Thermometer sollte so tief in den Karton gesteckt werden, dass durch das Fenster die Skala zum Ablesen sichtbar bleibt. Mit zwei Gummiringen wird der Deckel am Karton befestigt.

b) „Haus" mit Wärmedämmung
Dieses Haus wird zunächst genau so gebaut wie das erste. Dann kommt die Isolierung dazu. Aus den Styroporplatten werden Stücke geschnitten, die so groß sind wie die vier Seitenwände, der Boden und der Deckel. Zeichne dazu mit einem Stift die Größe der Stücke auf das Styropor® und schneide sie anschließend mit einem scharfen Messer aus. Denke an die Fensteröffnung.
Das Fenster bekommt bei diesem Haus eine „Doppelverglasung". Dazu klebst du von innen und von außen Klarsichtfolie auf die Fensteröffnung.

Als weitere Isolierung kleidest du das Innere des Kartons (auch den Deckel) mit Alufolie aus. Die muss gar nicht festgeklebt werden, sondern hält auch, wenn du sie fest andrückst. Die Styroporplatten für die Seiten und den Boden kannst du mit zwei Gummiringen am Karton befestigen.

c) Wie funktioniert die Heizung?
Heize den Backofen auf 50 °C vor, lege zwei gleich große Steine etwa eine halbe Stunde hinein und lege sie dann in die Kartons (Vorsicht! Verwende Topflappen!).
Solltest du nur einen Karton und nur ein Thermometer zur Verfügung haben, kannst du die Messungen auch nacheinander ausführen. Falls das Thermometer einen längeren „Stiel" hat, steckst du es – wie beschrieben – in den Deckel und lässt es zum Ablesen der Temperaturen im Haus oben aus dem Deckel herausschauen.

Aufgabe

Übertrage die Tabelle ins Heft, trage die Werte der Messungen ein und bewerte dein Ergebnis.

	Temperatur				
	nach 0 min	nach 15 min	nach 30 min	nach 45 min	nach 60 min
ohne Dämmung					
mit Dämmung					

2 Tabelle

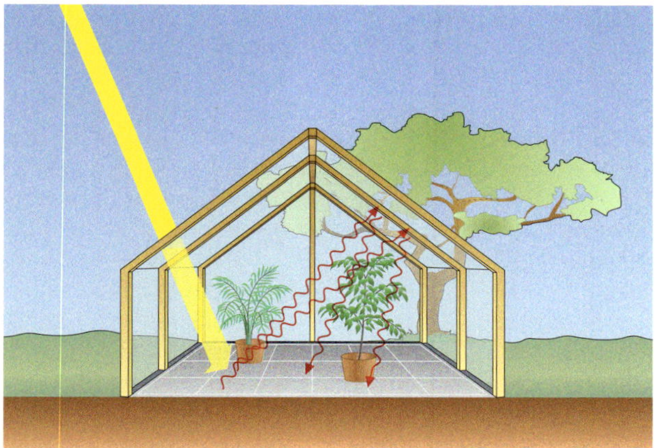

1 Gewächshaus

Gewächshäuser in Gärtnereien

In Gärtnereien gibt es langgestreckte „Häuser“ aus Glas. Man nennt sie Gewächshäuser oder Treibhäuser (▷ B 1). Im Frühjahr, wenn es draußen noch kalt ist, die Sonne aber schon scheint, beginnen sich die Gewächshäuser aufzuheizen. Die Pflanzen sind dort nicht nur vor kaltem Wind geschützt, sondern beginnen durch die Wärme auch ein zeitiges Wachstum. So kann man früh – noch vor der eigentlichen Saison – Früchte und Gemüse ernten.

Gewächshäuser nutzt man auch zum „Vorziehen“ von Pflanzen. Die kräftigeren Jungpflanzen werden erst ins Freiland gesetzt, wenn die Außentemperaturen etwas angestiegen sind.

Wie erwärmen sich Gewächshäuser?

Die Sonnenstrahlung durchdringt die Glasscheiben des Gewächshauses. Sie erwärmt die Pflanzen und den Boden.
Ein Teil der aufgenommenen Energie wird vom Boden als Wärmestrahlung wieder abgegeben. Diese Wärmestrahlung kann die Glasscheiben allerdings nicht mehr so einfach durchdringen, sondern sie wird von den Scheiben zurückgeworfen (▷ B 2). Die Wärme ist im Innern des Gewächshauses „gefangen“. Dadurch heizt sich die Luft im Gewächshaus auf.
Durch die Gewächshäuser sind wir bei der Produktion von Nahrungsmitteln von den Wettererscheinungen unabhängiger.

Aufgaben

1 Erkläre, warum die Sonnenstrahlung Gewächshäuser aufheizt.

2 Welche Vorteile haben Gewächshäuser für die Produktion von Nahrungsmitteln?

Werkstatt

Das Minitreibhaus

Material
Einmachglas mit Deckel, Gartenerde, 2 Blumentöpfe, Kressesamen

Versuchsanleitung
Fülle Gartenerde in die Blumentöpfe. Streue die Samen darauf und decke sie mit etwas Erde ab. Feuchte die Erde leicht an. Stelle nun einen der beiden Blumentöpfe in das Einmachglas und verschließe es mit dem Deckel. Stelle dein „Minitreibhaus“ und den zweiten Blumentopf nebeneinander draußen an einen sonnigen, vor Regen geschützten Ort. Vergleiche das Pflanzenwachstum in beiden Töpfen und erkläre die Unterschiede.

1 Treibhaus

2 Material

Wetter und Klima

Was ist Wetter, was ist Klima?

Wetter ist das augenblickliche Zusammenwirken der Wetterelemente an einem bestimmten Ort. Zu den Wetterelementen gehören Temperatur, Niederschlag, Luftdruck, Wind und Bewölkung.
Das Klima ergibt sich aus langjährigen Beobachtungen der Wetterelemente. Klimadiagramme geben die zeitlich und über einen großen Raum gemittelten Werte dieser Größen an.

Temperaturen auf der Erde

Die Erde wird zwischen den Polen und dem Äquator unterschiedlich stark erwärmt. Aber auch an einem festen Ort haben die Jahreszeiten und die Tageszeiten Einfluss auf die Temperatur: Sie hängt davon ab, ob die Sonnenstrahlung steil oder unter einem flachen Winkel einfällt.

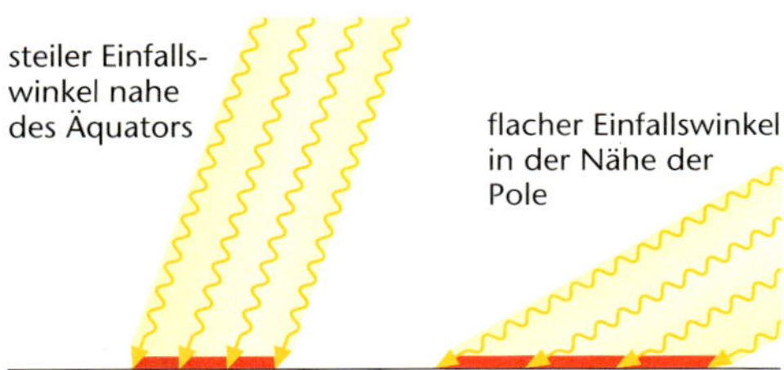

1 Je nach Einfallswinkel werden unterschiedlich große Flächen bestrahlt.

Luftfeuchtigkeit, Wolken und Niederschläge

In der Luft ist Wasserdampf enthalten. Der Gehalt an Wasserdampf in der Luft – die Luftfeuchtigkeit – wird mit dem Hygrometer gemessen.
Wenn feuchte Luft aufsteigt, kommt es in höheren, kälteren Luftschichten zur Bildungen von Wassertröpfchen. Wenn sich die feinen Wassertröpfchen zusammenschließen, bildet sich Niederschlag. Niederschläge treten in Form von Nebel, Regen, Schnee, Hagel oder Graupeln auf.

Der Luftdruck

Die Lufthülle übt aufgrund ihres Gewichts einen Druck aus, den man als Luftdruck bezeichnet. Er wird mit dem Barometer gemessen und in der Einheit Hektopascal (hPa) angegeben. Mit zunehmender Höhe nimmt der Luftdruck ab.
Ein Gebiet mit hohem Luftdruck heißt Hochdruckgebiet (H), eines mit niedrigem Druck Tiefdruckgebiet (T).

Wind – Luft in Bewegung

Hoch- und Tiefdruckgebiete entstehen durch unterschiedlich starke Erwärmung verschiedener Bereiche der Erdoberfläche.
Zwischen einem Hochdruckgebiet und einem Tiefdruckgebiet findet durch eine Luftströmung ein Druckausgleich statt. Diese Luftströmung wird als Wind bezeichnet.

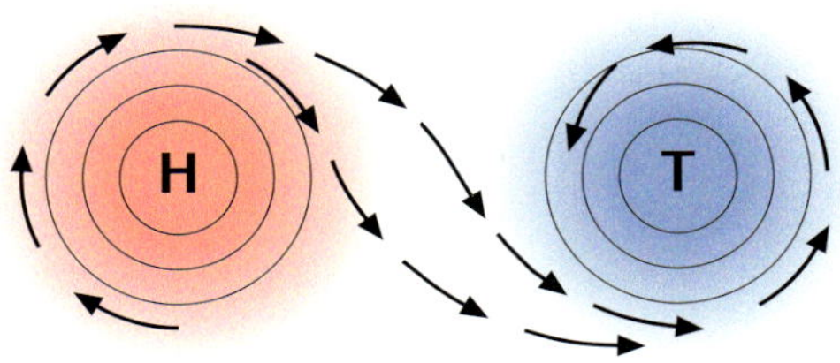

2 Der Wind weht vom Hoch zum Tief

Wetterbericht und Wetterkarte

Um einen Wetterbericht und eine Wetterkarte erstellen zu können, werden Wetterdaten gesammelt und in Computern verarbeitet. Es entstehen die Wetterkarten, die als Grundlage für die Wettervorhersage dienen.
Heute gibt es in weiten Teilen der Erde ein dichtes Netz von Wetterstationen. Auch Satelliten beobachten die Entwicklung des Wetters. Daher sind inzwischen sehr genaue Wettervorhersagen möglich.

Menschen schützen sich gegen Hitze und Kälte

Besonders beim Hausbau wird auf eine gute Wärmedämmung geachtet, damit die Menschen gegen Hitze und Kälte geschützt sind. Stoffe für den Hausbau, die Wärme schlecht leiten und einen Wärmetransport erschweren, nennt man Wärmedämmstoffe.

5 Wärmedämmung am Haus

Aufgaben

1 Worauf musst du beim Messen der Lufttemperatur achten, um Messfehler zu vermeiden?

2 Erkläre, wie man die Tages-, Monats- und Jahresmitteltemperaturen berechnet.

3 Wie kommt es zur Bildung von Wolken?

4 Warum fallen aus einigen Wolken Niederschläge, aus anderen aber nicht?

5 Erkläre, was man unter gesättigter Luft versteht.

6 Worüber werden im Klimadiagramm Aussagen gemacht?

7 Welche Massestücke haben zusammen das gleiche Gewicht wie 1 Liter Luft?

8 Schneide über längere Zeit den Wetterbericht aus der Tageszeitung aus. Klebe die Berichte untereinander und notiere dir daneben, wie das Wetter tatsächlich war. Wie genau waren die Vorhersagen?

9 Welche Aufgabe übernimmt der Wind bei vielen Pflanzen?

10 Erkläre, wie ein Gewächshaus funktioniert.

11 Bei einem Urlaub am Meer stellst du fest, dass der Wind tagsüber meist vom Meer in Richtung Land weht (▷ B 1). Erkläre diese Beobachtung.

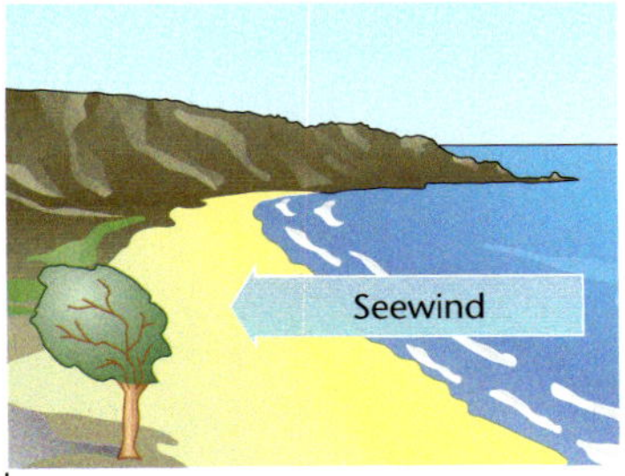

1 Zu Aufgabe 11

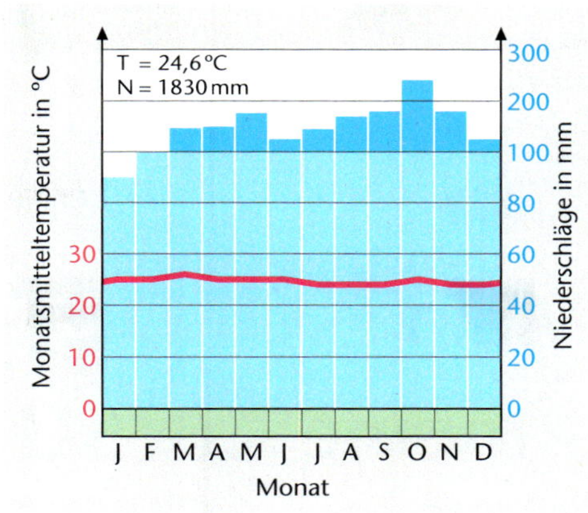

2 Zu Aufgabe 20

12 Mit dem Hygrometer wird die Luftfeuchtigkeit gemessen. Was macht man sich bei diesem Gerät zu Nutze?

13 Welche Messgeräte gehören zu einer Wetterstation?

14 Worauf solltest du achten, wenn du Wetterbeobachtungen machst und die Werte in den Wetterbeobachtungsbogen einträgst?

15 Erkläre mit eigenen Worten den „Kreislauf des Wassers".

16 Über welchen Zeitraum kann eine zuverlässige Wettervorhersage gemacht werden?

17 Erkläre, wie eine Weihnachtspyramide funktioniert.

18 Wie bezeichnet man die Wetterschicht der Atmosphäre?

19 a) Wie nennt man Monate, in denen günstige Bedingungen für Pflanzenwachstum herrschen?

b) Welche Werte müssen die Temperaturen und die Niederschlagsmengen in diesen Monaten mindestens erreichen?

20 Betrachte das Klimadiagramm in Bild 2. Wo liegt die Station, mit der dieses Diagramm aufgenommen wurde?

21 Spüle eine durchsichtige, helle Glasflasche gründlich mit heißem Wasser innen und außen ab. Halte sie dann schnell mit der Öffnung nach unten in eine Schüssel mit kaltem Wasser, bis sich die Flasche abgekühlt hat. Was beobachtest du?

Erkläre mithilfe kleiner Luftteilchen. Zeichne dazu eine Comicgeschichte.

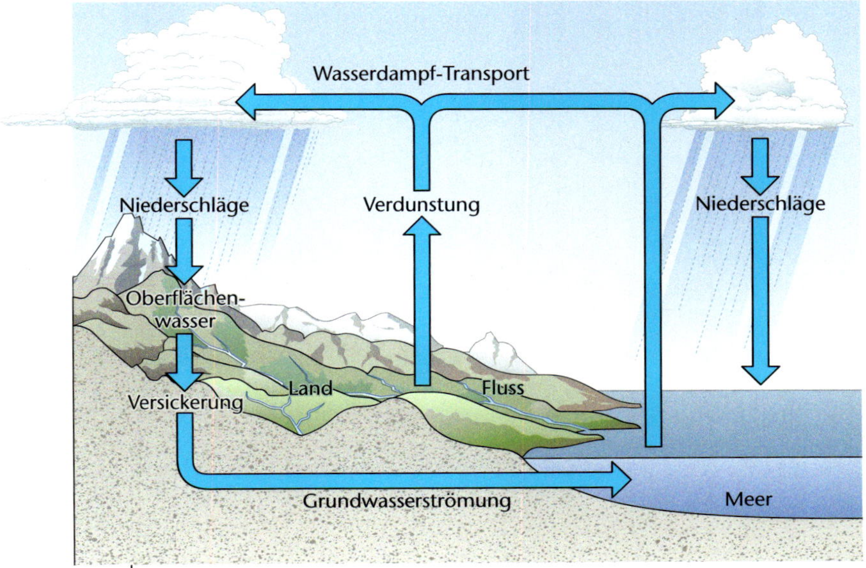

3 Zu Aufgabe 15

Mein Körper – meine Gesundheit

Tanzen, einem Ball hinterherlaufen, Fahrrad oder Inliner fahren: Das alles macht unheimlich viel Spaß! Und ganz nebenbei hältst du damit deinen Körper in Schwung und gesund.

Du weißt aber auch, dass man es nicht übertreiben darf. Ein untrainierter Körper kann leicht überfordert werden. Dann kann es zu Verletzungen oder schwerwiegenden Erkrankungen kommen. Wenn du schnell genug gelaufen bist, kannst du spüren, dass dein Herz schneller schlägt und dass du tiefer und schneller atmest.

Gemeinsam essen und trinken macht Spaß. Nur wer sich richtig ernährt lebt gesund. Was steckt in der Nahrung? Wie ernähren wir uns gesund?

Auf den nächsten Seiten erfährst du, wie dein Körper funktioniert, warum du ihn regelmäßig bewegen musst und wie die Bewegungen ablaufen.

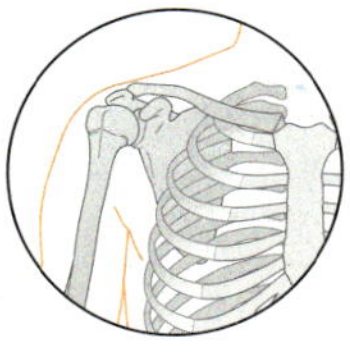

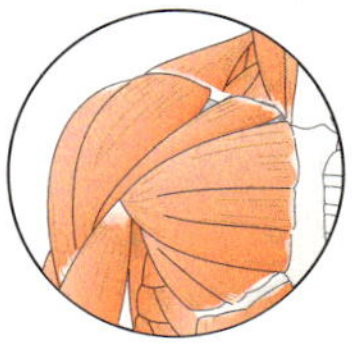

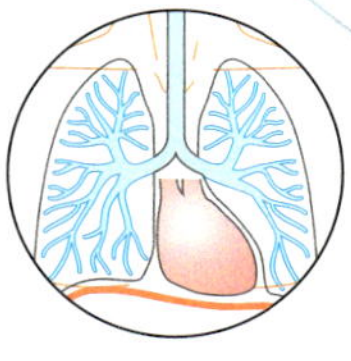

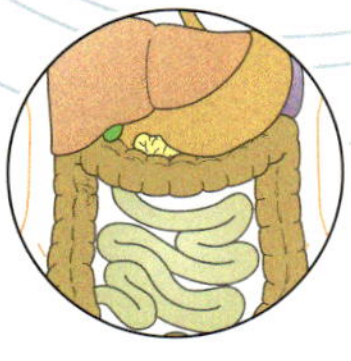

Beobachte deinen Körper

In den folgenden Versuchen kannst du deinen Körper beobachten und seine Reaktionen auf bestimmte Belastungen untersuchen.

1 Aus der Puste …

Material
Eine Stoppuhr

Versuchsanleitung
a) Setze dich ruhig auf deinen Stuhl. Zähle eine Minute lang deine Atemzüge. Einatmen und Ausatmen bilden zusammen einen Atemzug. Notiere dein Ergebnis im Heft.

1 Dehnungsübung

b) Führe nun 1 Minute lang Dehnungsübungen durch. Danach 1 Minute lang Kniebeugen.

Zähle danach sofort wieder die Anzahl deiner Atemzüge in einer Minute. Notiere das Ergebnis.
c) Ruhe dich jetzt 2 Minuten aus. Entspanne dich. Zähle dann erneut deine Atemzüge pro Minute. Vergleiche deine Werte mit denen deiner Mitschüler.

Welchen Unterschied kannst du feststellen?

2 Das Atemvolumen

Material
Eine große Glaswanne, 4 schwere Unterlegklötze, eine Glasglocke mit Verschluss und Liter-Einteilung, Gummischlauch, gewinkeltes Glasröhrchen, gerades Glasröhrchen

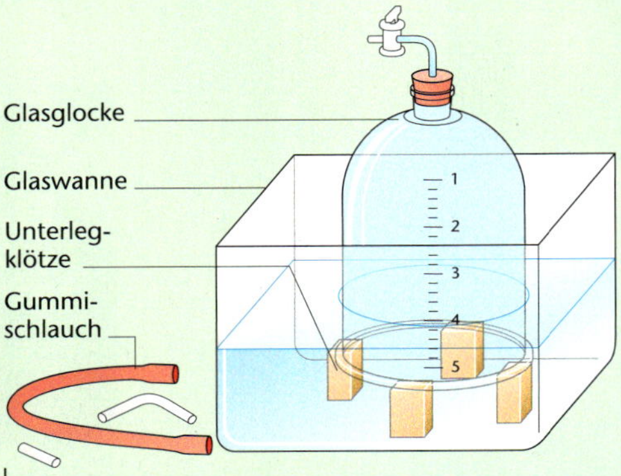

2 Material zu Versuch 2

Versuchsanleitung
Fülle die Glasglocke vollständig mit Wasser. Tauche die Glasglocke mit der Öffnung nach unten in die mit Wasser gefüllte Glaswanne. Befestige die Glasröhrchen am Schlauch und halte ihn unter die Glasglocke wie in Abbildung 3.

a) Atme normal ein und durch den Schlauch wieder aus (▷ B 3). Durch den Schlauch wird die ausgeatmete Luft in die Glasglocke geleitet. Dort verdrängt sie das Wasser.
Lies ab, wie viel Liter Luft du ausgeatmet hast.
Man nennt die Luftmenge, die du ausatmest, das Atemvolumen. Notiere das Ergebnis in dein Heft.

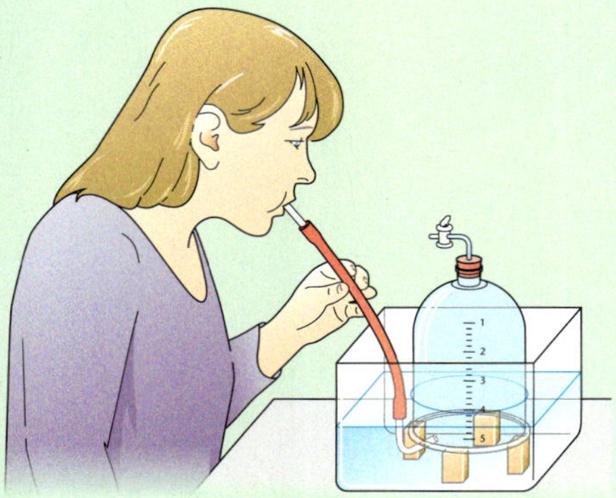

3 Atemvolumen messen

b) Fülle das Gefäß wieder mit Wasser.
Atme nun so tief ein wie du kannst. Atme nun die gesamte Luft aus deinen Lungen durch den Schlauch.
Diese größtmögliche Menge Luft, die du mit einem Atemzug ausatmen kannst, ist die Vitalkapazität. Wie viel Liter Luft hast du nun ausgeatmet?

3 Brust oder Bauch?

Material
Stuhl

Versuchsanleitung
a) Setze dich entspannt auf einen Stuhl. Lege eine Hand auf die Brust, die andere auf den Bauch (▷ B 4). Atme nun eine Minute lang ruhig ein und aus. Beobachte deine Hände.

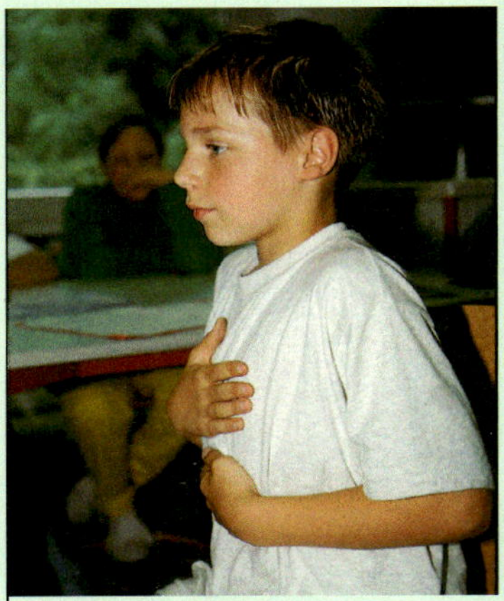

4 Spürst du die Atembewegungen?

b) Versuche so einzuatmen, dass sich nur der Brustkorb hebt. Du spürst die Brustatmung.
c) Atme nun bei jedem Atemzug tief in den Bauch, sodass sich die Bauchdecke jedesmal hebt. Man spricht von Bauchatmung. Versuche, genauso lange auszuatmen wie du einatmest.

4 Bist du gelenkig?

Versuchsanleitung
a) Versuche mit gestreckten Beinen auf und ab zu hüpfen. Gelingt es dir?

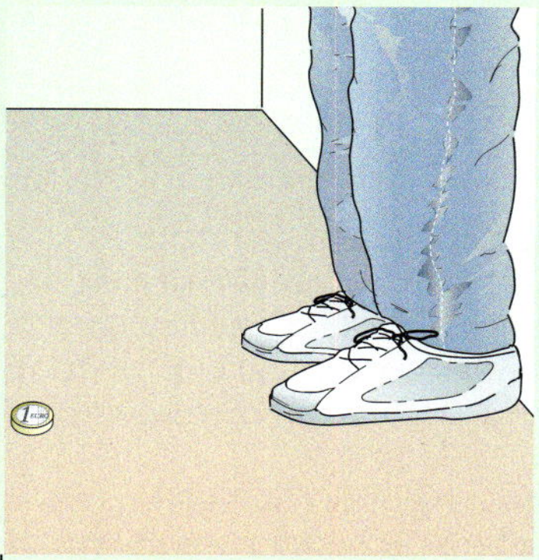

5 Eine Münze aufheben

b) Lege eine Euromünze etwa eine halben Meter von einer Wand entfernt auf den Boden. Stelle dich, den Rücken zur Wand, mit geschlossenen Beinen (▷ B 4) vor diese Euromünze. Die Fersen müssen dabei die Wand berühren und die Füße sind zusammen.
Versuche nun, die Münze aufzuheben, ohne in die Knie zu gehen und ohne dich irgendwo abzustützen.
Kannst du das Ergebnis erklären?
c) Stelle dich so an eine Wand, dass dein linker Fuß und deine linke Schulter die Wand berühren. Versuche nun das rechte Bein für 5 Sekunden anzuheben.
Du darfst dich dabei nicht an einer Türklinke oder an anderen Gegenständen abstützen!

6 Auf einem Bein stehen

d) Stelle dich mitten im Raum gerade hin. Hebe nun das linke Bein für 5 Sekunden an. Beobachte deinen Körper beim Anheben des Beins.

Wiederhole den Versuch mehrmals. Erkläre nun das Ergebnis von Versuch c.

5 Kräfte messen – aber wie?

Material
Personenwaage, volle Getränkekiste mit 1,5 l Kunststoffflaschen, Lineal

Versuchsanleitung
Wenn ihr in eurer Klasse Kräfte vergleichen wollt, müsst ihr, wie bei verschiedenen Sportarten üblich, „Gewichtsklassen" bilden. Teilt eure Klasse in drei sinnvolle Gruppen ein, z. B. „Federgewichte" – „Mittelgewichte" – „Schwergewichte".
Mit einer Personenwaage geht es noch genauer.

a) Achte darauf, dass beim folgenden Versuch dein Rücken gerade bleibt!
Nun hebt jeder nur mit den Armen den Kasten mit so vielen Flaschen, dass er die Kiste um 10 cm vom Boden oder einem Tisch anheben kann. Dabei dürfen Flaschen ein- oder ausgepackt werden. Das gehobene Höchstgewicht (oder die Anzahl der vollen Flaschen) wird für jeden notiert. Nun könnt ihr den „Meister jeder Gewichtsklasse" ermitteln.

7 Richtig heben

b) Um einen Vergleich zwischen allen Gewichtsklassen zu ermöglichen, könnt ihr berechnen, wie viel Gramm jeder pro Kilogramm Körpergewicht gehoben hat.

8 Gewichtheber

Teile dazu das gehobene Gewicht (in Gramm) durch dein Körpergewicht (in Kilogramm). Je größer das Ergebnis ist, desto mehr hast du bezogen auf dein Körpergewicht gehoben.

a) Meltem bringt 35 kg auf die Waage. Sie hat 12 000 g gehoben.

Rechnung:
12 000 : 35 = 342,9

b) Wolfgang (50 kg) hat 15 000 g gehoben.

Rechnung:
15 000 : 50 = 300

Meltem hat bezogen auf ihr Körpergewicht mehr gehoben.

Aufgabe
Sicher habt ihr schon einmal Armdrücken gemacht.
1. Kann man durch Armdrücken den Stärksten herausfinden?

2. Ist Armdrücken ein gerechtes Verfahren, um den Meister aller Gewichtsklassen zu ermitteln? Begründe deine Antwort.

Das Skelett – deine stabile innere Stütze

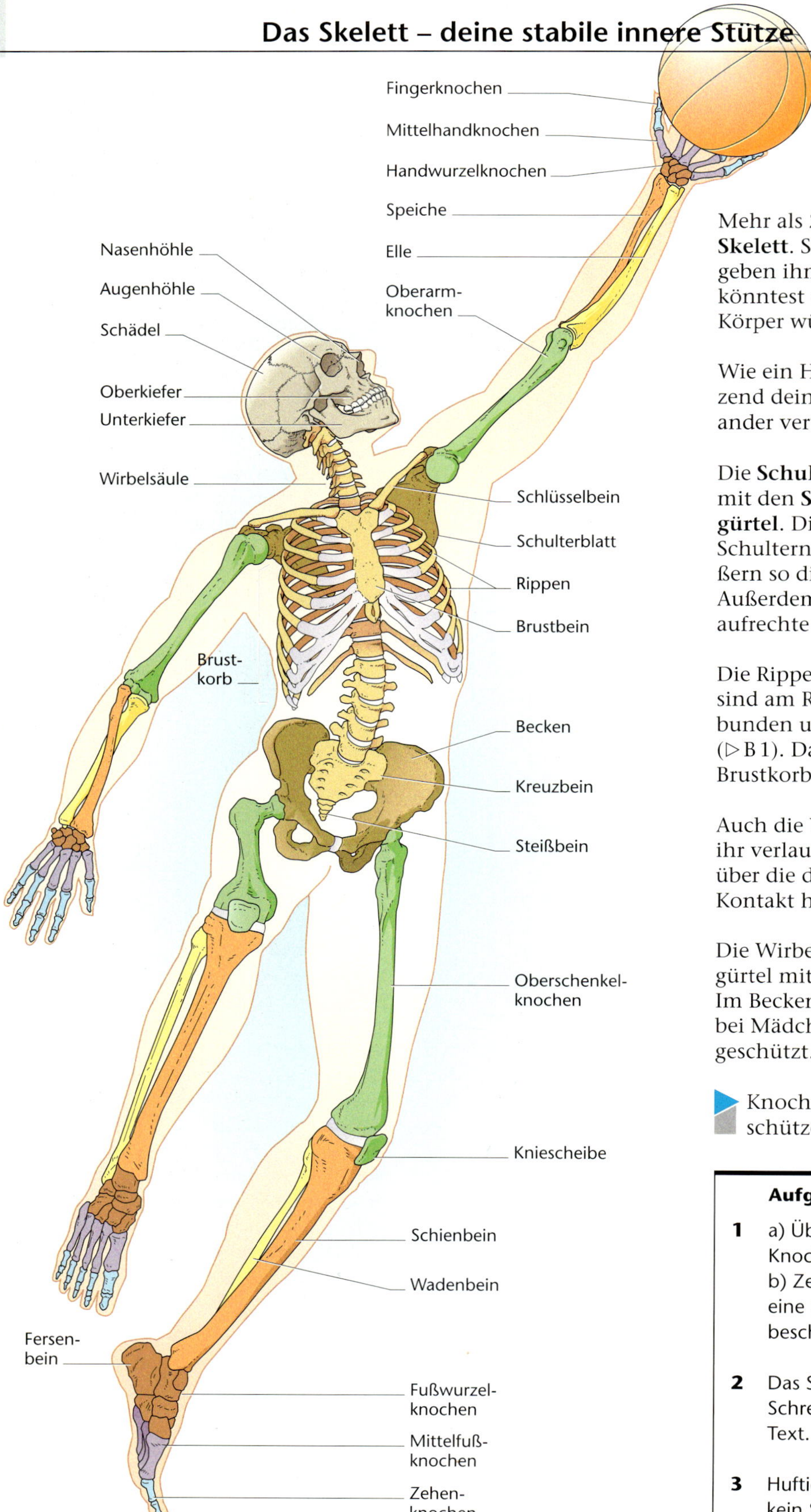

1 Skelett des Menschen

Mehr als 200 Knochen bilden dein **Skelett**. Sie stützen deinen Körper und geben ihm seine Gestalt. Ohne Knochen könntest du nicht aufrecht gehen, dein Körper würde in sich zusammensacken.

Wie ein Helm umgibt der **Schädel** schützend dein Gehirn. Er besteht aus miteinander verwachsenen Knochen (▷ B 1).

Die **Schulterblätter** bilden gemeinsam mit den **Schlüsselbeinen** den **Schultergürtel**. Die Schlüsselbeine „schieben" die Schultern nach außen (▷ B 1) und vergrößern so die Bewegungsfreiheit der Arme. Außerdem sorgen sie für eine stabile, aufrechte Haltung des Oberkörpers.

Die Rippen formen deinen **Brustkorb**. Sie sind am Rücken mit der Wirbelsäule verbunden und vorn am Brustbein befestigt (▷ B 1). Das Herz und die Lunge finden im Brustkorb Schutz.

Auch die **Wirbelsäule** bietet Schutz: In ihr verlaufen wichtige Nervenbahnen, über die das Gehirn mit allen Körperteilen Kontakt hat.

Die Wirbelsäule verbindet den Schultergürtel mit den **Beckenknochen** (▷ B 1). Im Becken liegen die Blase, der Darm und bei Mädchen die Geschlechtsorgane gut geschützt.

Knochen stützen den Körper und schützen zahlreiche innere Organe.

Aufgaben

1 a) Überprüfe an dir selbst, welche Knochen gut zu ertasten sind.
b) Zeichne die ertasteten Knochen in eine Umrisszeichnung des Körpers und beschrifte sie.

2 Das Skelett erfüllt mehrere Aufgaben. Schreibe zu diesem Thema einen kurzen Text.

3 Huftiere, Hunde und Katzen besitzen kein Schlüsselbein. Warum benötigen sie diese Knochen nicht? Vergleiche mit dem Menschen.

1 Eiffelturm (Paris)

Wie sind Knochen aufgebaut?

Die äußere, feste und harte Schicht des Knochens ist das **Knochengewebe**. Dieses ist gleichzeitig elastisch, damit der Knochen nicht so leicht bricht. Die dünne **Knochenhaut** überzieht das Knochengewebe wie ein Strumpf den Fuß (▷ B 2).

Im Inneren mancher Knochen liegt eine weiche Masse, das **Knochenmark**. Es befindet sich meist nur im **Schaft** des Knochens und spielt eine wichtige Rolle bei der Bildung von Blut. Die hier gebildeten Blutbestandteile werden vom Blut mitgeführt.

Die Knochenenden zeigen einen erstaunlichen Aufbau: Viele kleine Balken und Verbindungen schaffen ein dichtes Netz (▷ B 2). Ähnlich wie die Verstrebungen des Eiffelturms (▷ B 1) sorgen **Knochenbälkchen** im Knochen für Stabilität. So wiegt der Knochen viel weniger, als wenn die Enden ganz mit Knochengewebe ausgefüllt wären.

Der Knochen besteht aus Schaft, Knochenhaut, Knochengewebe, Knochenbälkchen und Knochenmark.

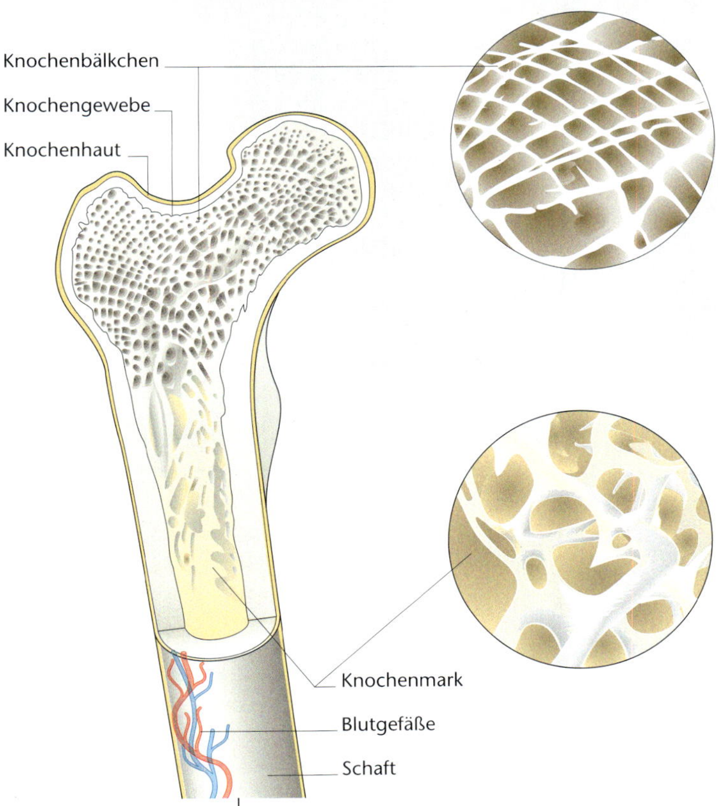

2 Aufbau des Oberschenkelknochens

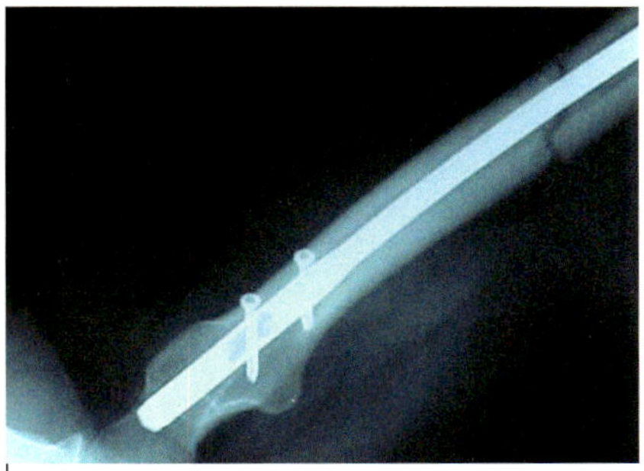
3 Röntgenaufnahme eines Knochenbruchs

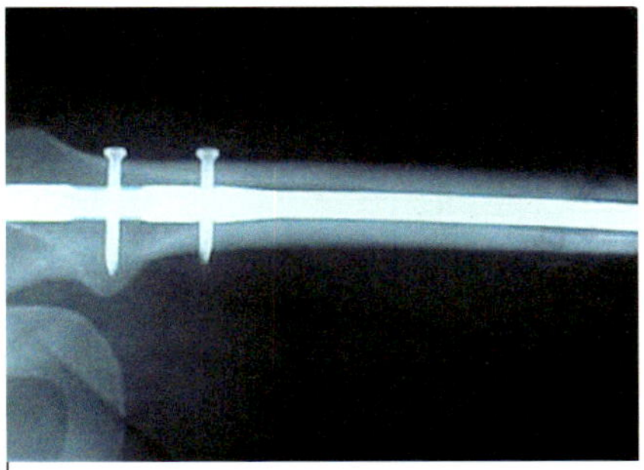
4 Röntgenaufnahme eines geheilten Knochenbruchs

Deine Knochen leben!

Knochen sind nicht starr und tot, sondern lebende Organe. Wenn du größer wirst, wachsen deine Knochen mit. Auch wenn du nicht mehr wächst, werden die Knochen ständig erneuert.
Deshalb muss der Knochen ernährt werden. Für die Ernährung sorgt das Blut. Es gelangt über Blutgefäße in den Knochen hinein.

Manchmal bricht ein Knochen (▷ B 3). Damit die Knochenteile richtig zusammenwachsen, müssen Ärzte ihre Lage überprüfen und, wenn nötig, korrigieren. Nur dann ist der nach einiger Zeit geheilte Knochen (▷ B 4) wieder normal belastbar.

Knochen erneuern sich ständig. Sie leben und werden über die Blutgefäße ernährt.

Aufgaben

1 Betrachte einen großen Knochen in der Metzgerei. Fertige zu Hause eine Zeichnung an und beschrifte sie.

2 Wozu dienen die Blutgefäße im Knochen?

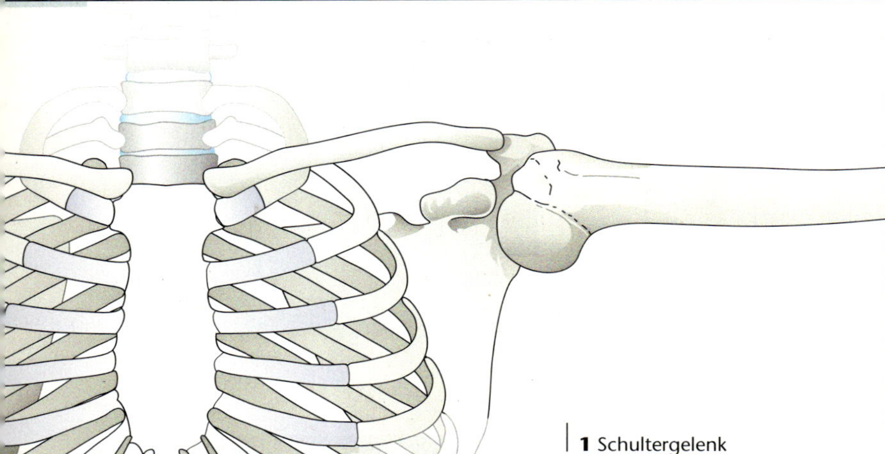

1 Schultergelenk

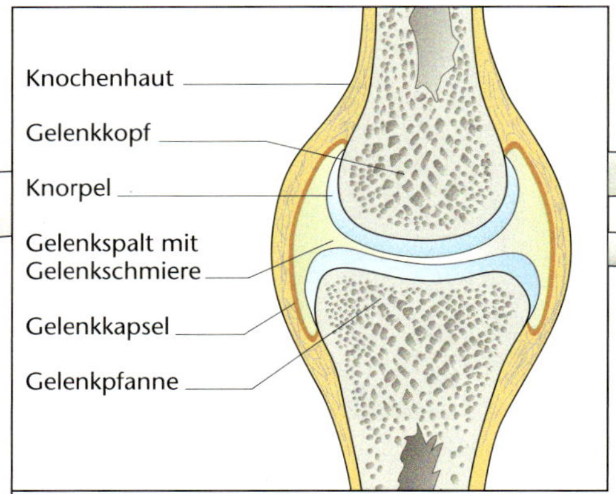

3 Aufbau eines Gelenkes, Schema

Du kannst den Arm seitlich heben, dich vielleicht sogar im Spagat auf den Boden setzen. In beiden Situationen werden die Knochen in deinem Arm oder deinen Beinen bewegt. Die bewegliche Verbindung zweier Knochen heißt **Gelenk**. Nur weil du Gelenke hast, kannst du laufen, schwimmen, tanzen und springen.

Wie ist ein Gelenk aufgebaut?
Die aufeinander liegenden Flächen der Knochen sind mit einer **Knorpelschicht** (▷ B 3) überzogen. Diese Schicht hat eine feste Form und ist elastisch. So reiben die Knochen nicht aneinander, nutzen sich nicht ab und sind auch bei starkem Druck zu bewegen. Damit die überknorpelten Flächen besser aufeinander gleiten, befindet sich im **Gelenkspalt** eine Schmiere, die **Gelenkflüssigkeit.**

Die **Gelenkkapsel** umschließt das Gelenk. **Bänder** festigen es und geben mögliche Bewegungsrichtungen vor. Sie sind stabil und kaum dehnbar. Deshalb können sie die Knochen im Gelenk zusammenhalten. Im Kniegelenk passen die aufeinander treffenden Gelenkflächen nicht gut zusammen. Eingelagerte Knorpelscheiben und Halt gebende Bänder haben hier eine besonders wichtige Funktion. Sie geben auch die Pendelbewegung des Unterschenkels vor.

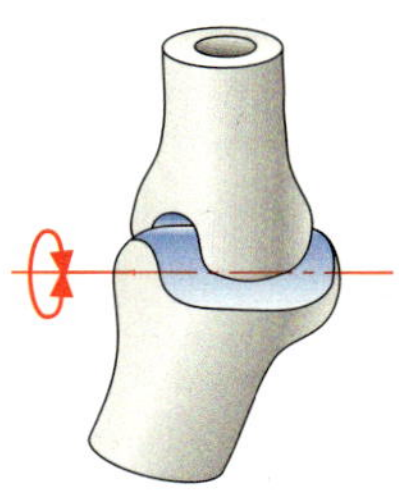

Scharniergelenk

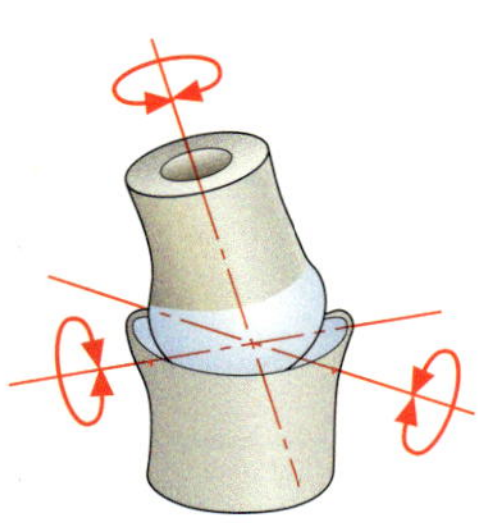

Kugelgelenk

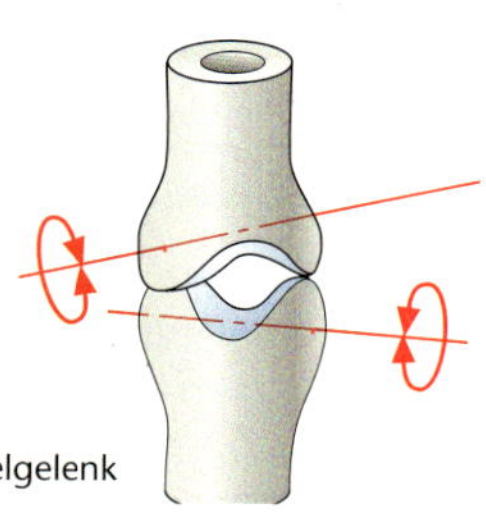

Sattelgelenk

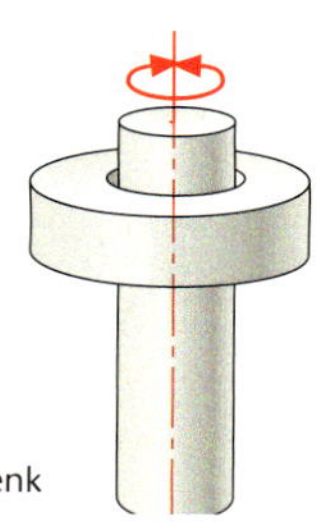

Drehgelenk

2 Gelenktypen

Gelenke sind unterschiedlich geformt
Nach ihrer Form werden die Gelenke in verschiedene Typen eingeteilt:
Du kannst deinen Unterarm am Ellbogen wie eine Tür bewegen. Türen sind mit Scharnieren befestigt. Gelenke, die solch eine Bewegung ermöglichen, heißen **Scharniergelenke** (▷ B 2).
Dein Oberarmknochen endet kugelförmig im Schultergelenk. Deshalb kannst du deinen Arm in jede Richtung bewegen. Diesen Gelenktyp nennt man **Kugelgelenk** (▷ B 2).
Drehst du deinen Kopf nach links oder rechts, ermöglichen das die beiden obersten Wirbelknochen der Wirbelsäule. Ein Wirbel bildet einen Zapfen, der andere hat eine passende Öffnung und kann um den Zapfen drehen. Dieses Gelenk ist ein **Drehgelenk** (▷ B 2).
Dein Daumen beginnt an der Handwurzel. Die Gelenkflächen dort sehen aus wie ein Pferdesattel. Daher heißt dieser Gelenktyp **Sattelgelenk** (▷ B 2).

▶ Die bewegliche Verbindung von Knochen heißt Gelenk.
Es gibt Scharniergelenke, Kugelgelenke, Drehgelenke und Sattelgelenke.

Aufgaben

1 Versuche bei gestreckten Beinen mit den Fingerspitzen den Boden zu berühren. Gelingt es dir?

2 Viele Gegenstände aus dem täglichen Leben sind beweglich wie Gelenke. Notiere fünf Beispiele.

3 a) Überlegt in der Gruppe, wie ihr Modelle der Gelenktypen herstellen könnt.
b) Baut solche Modelle gemeinsam.

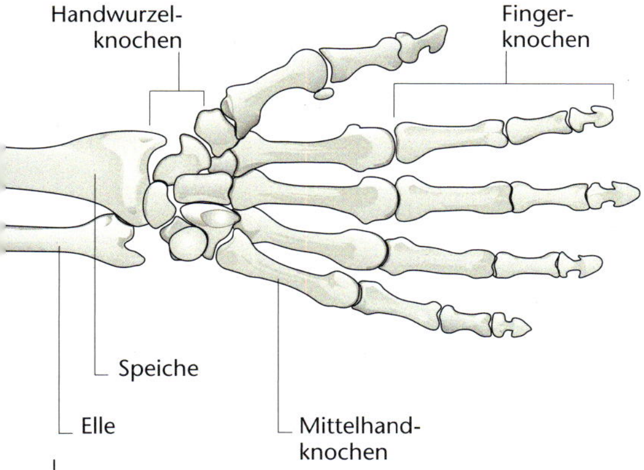

1 Handskelett

Soweit die Füße tragen

Fast alle Kinder kommen mit gesunden Füßen zur Welt. Schlechte Schuhe und mangelnde Bewegung können die Füße aber verändern. Bei über der Hälfte der Erwachsenen sind die Füße verformt. Sie haben Senk-, Hohl- oder Spreizfüße. Diese verformten Füße schmerzen meistens. Das ganze Leben halten deine Füße viele Belastungen aus. Beim gesunden Fuß federt das **Fußgewölbe** (▷ B 2) das Körpergewicht ab und verteilt es auf Ballen und Ferse, wie du es von einer Brücke und den Brückenpfeilern kennst (▷ B 3).

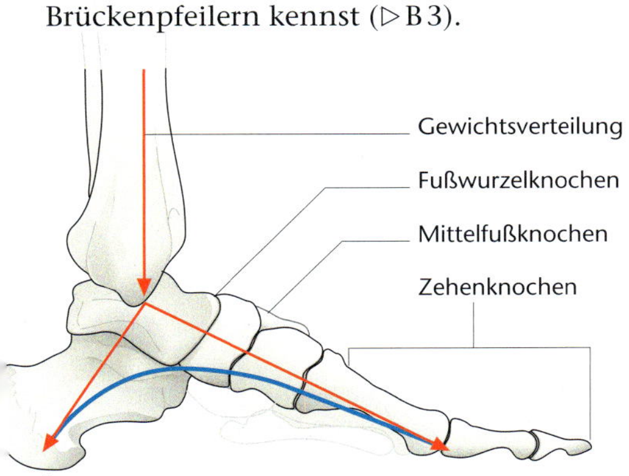

2 Fußgewölbe

3 Brücke mit Pfeilern

Versuche

1 a) Zeichne den Umriss deiner Hand.
b) Markiere die beweglichen Stellen.

2 Überprüfe, wie du den gestreckten Daumen bewegen kannst.

3 Du kannst deine Hände wie Werkzeuge gebrauchen. Welche Werkzeuge sind das? Zeichne sie.

4 Überlege dir Übungen, die deine Füße stärken. Frage den Sportlehrer oder die Sportlehrerin, ob ihr diese Übungen gemeinsam ausprobieren könnt.

5 a) Drücke deinen nassen Fuß auf ein Küchenpapier und umrande den Abdruck sofort mit einem farbigen Stift.
b) Vergleiche mit den Fußformen in Abbildung 4. Ist dein Fuß verformt?

Die Hand kann beinahe alles

Es ist erstaunlich, wie vielseitig du deine Hände einsetzen kannst. Du hältst einen Stift zum Schreiben, du öffnest eine Flasche und du stützt deinen Körper am Reck. Deine Arme enden mit „Universalwerkzeugen", die zugleich präzise und kräftig sind. Du kannst sie so unterschiedlich benutzen, weil du in der Lage bist, den Daumen zur Handfläche zu führen.
Die Hand ist für den Menschen ein sehr wichtiger Körperteil.

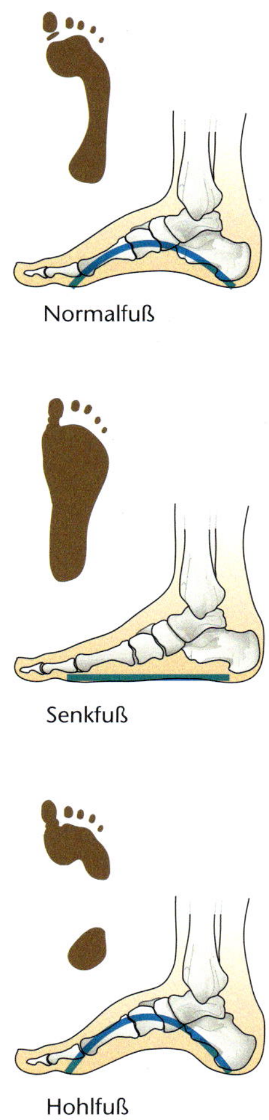

4 Fußskelettformen

Einige Tipps zur Pflege der Füße

- Wasche deine Füße täglich und trockne sie gründlich ab.
- Schneide dir regelmäßig die Zehennägel.
- Wechsle täglich die Strümpfe, da deine Füße schwitzen.
- Gute Schuhe entsprechen der natürlichen Fußform.
- Laufe oft barfuß, um die Fußmuskulatur zu kräftigen.
- Sorge für einen Wechsel von Bewegung und Ruhe. Lege in Ruhepausen die Füße hoch.

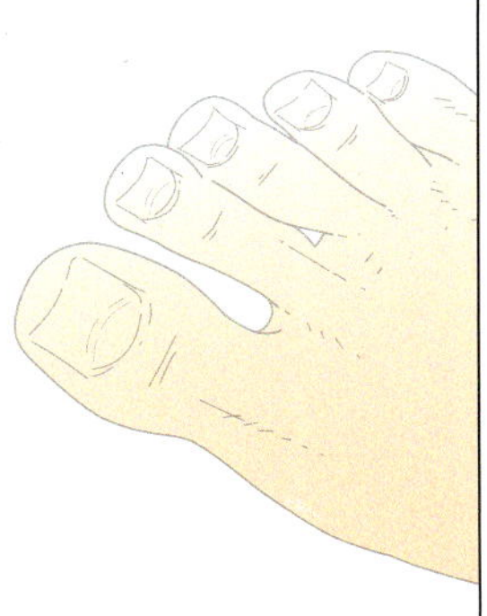

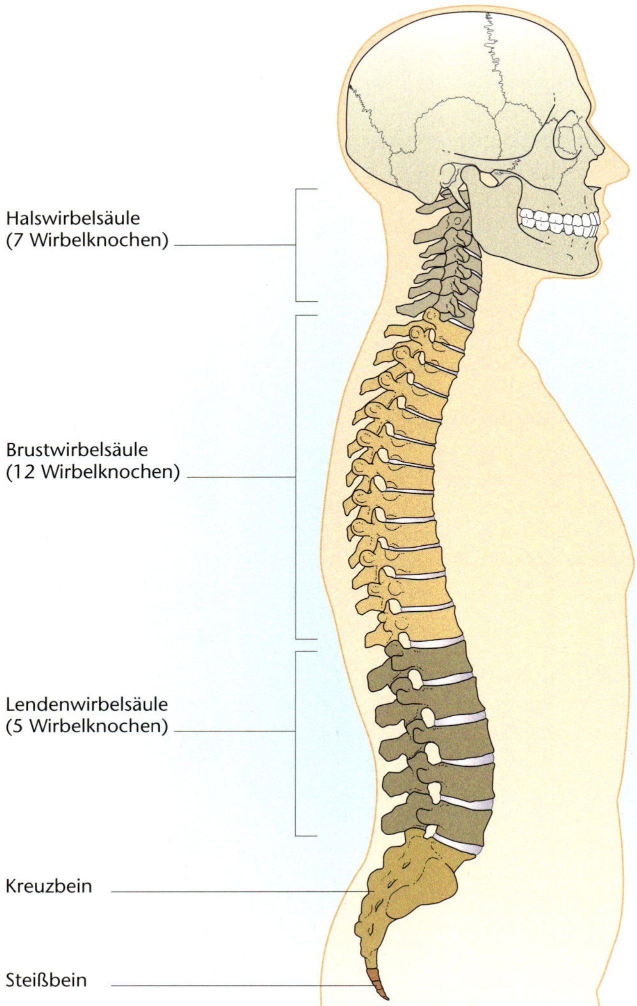

1 Wirbelsäule des Menschen

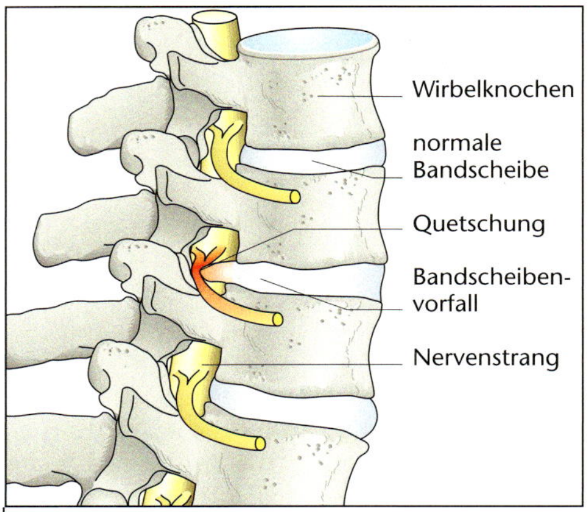

2 Bandscheiben und Bandscheibenvorfall

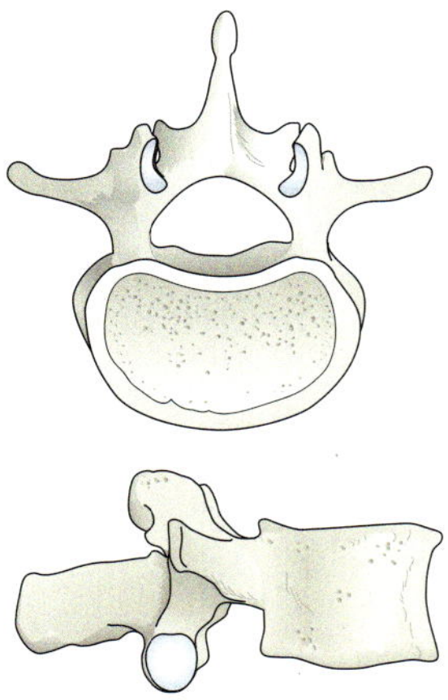

3 Wirbel von oben und von der Seite

Mitten durch deinen Oberkörper verläuft eine Stütze

Die **Wirbelsäule** verbindet Schädel und Becken. Sie verläuft durch den Schwerpunkt und die Mitte deines Körpers und ermöglicht so den aufrechten Gang.

Viele kurze Knochen – die **Wirbel** – bilden übereinander gelegt die Wirbelsäule. Sie wird in verschiedene Abschnitte unterteilt: Halswirbelsäule, Brustwirbelsäule, Lendenwirbelsäule, Kreuzbein und Steißbein (▷B 1). Die Wirbel des Kreuz- und Steißbeins sind verkümmert und fest miteinander verwachsen.

Viele Wirbeltiere wie der Hund oder die Katze verfügen zusätzlich über eine Schwanzwirbelsäule.

Morgens bist du größer!

Die Wirbel sind durch Bänder miteinander verbunden. Elastische **Bandscheiben** liegen zwischen den Wirbeln (▷B 2). Wenn du nach einem Sprung landest, wirken die Bandscheiben als Stoßdämpfer. Wie Gelkissen sind sie mit einer Flüssigkeit voll gesogen. Morgens sind deine Bandscheiben etwa 1 cm dick. Abends sind sie etwas flacher. Stöße und Erschütterungen werden auch durch die besondere Form deiner Wirbelsäule abgefedert. Sie sieht aus, als würdest du zwei lang gezogene „S" untereinander schreiben (▷B 1). Bei Tieren wie dem Hund findest du diese Form nicht, da sich der Hund auf vier Beinen fortbewegt.

Die Wirbelsäule des Menschen ist doppelt S-förmig und federt Stöße ab.

Haltungsschäden
Die Form der Wirbelsäule kann verändert sein. Ist der Bogen eines „S“ sehr stark ausgeprägt, entsteht ein **Rundrücken** oder ein **Hohlkreuz**. Wenn die Wirbelsäule dauerhaft zur Seite verbogen ist, heißt das **Seitenverkrümmung** (▷ B 4). Oft sind Rückenschmerzen die Folge.

Haltungsschäden entstehen meist durch häufiges falsches Tragen, Heben und Sitzen.

Aufgabe

1 Ladet einen Experten, einen Arzt oder Physiotherapeuten zu dem Thema „Haltungsschäden“ein.
Sammelt vorab Fragen, die ihr an den Experten stellen wollt.

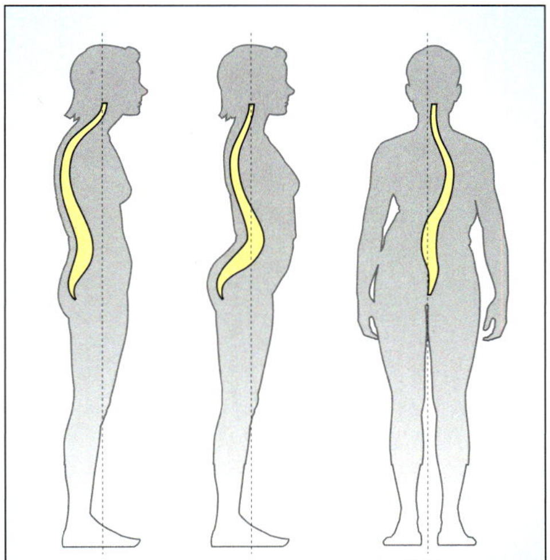

4 Krankhafte Veränderungen der Wirbelsäule

Werkstatt

Richtiges Heben

Folgende Versuche zeigen dir, wie die Wirbelsäule bewegt wird.

Tipp: Die Experimente führt ihr am besten zu zweit durch.

Material
Gefüllte Schultasche, gefüllter Rucksack, Stühle mit unterschiedlicher Sitzhöhe, unterschiedlich hohe Tische, eine gefüllte Getränkekiste

1 Richtig tragen
Versuchsanleitung
a) Stelle dich hinter eine Klassenkameradin oder einen Klassenkameraden. Taste mit der flachen Hand die Wirbelsäule ab. Was kannst du fühlen? Wechselt euch ab.
b) Wiederholt den Versuch. Die Versuchsperson hält dabei eine gefüllte Schultasche mit der rechten Hand. Taste den Rücken ab. Was hat sich verändert?
c) Nun soll die Versuchsperson einen Rucksack oder Schultornister mit beiden Trägern aufsetzen. Beobachte den Rücken. Wie sollte man seine Schultasche tragen?

2 Richtig sitzen
Versuchsanleitung
a) Setzt euch gemütlich auf einen Stuhl. Beobachtet, wie sich die Wirbelsäule krümmt.
b) Setzt euch auf unterschiedlich hohe Stühle an unterschiedlich hohe Tische. Wie sitzt man am besten?
Wann wird die Wirbelsäule am wenigsten belastet oder verkrümmt?

3 Richtig heben
Versuchsanleitung
Beim Heben schwerer Gegenstände kann es leicht zu einer Schädigung der Wirbelsäule kommen. Deshalb ist es wichtig, richtiges Heben zu üben (▷ B 2).
a) Stelle dich zuerst gerade vor den Gegenstand.
Geh dann in die Hocke.
b) Hebe die Kiste. Winkle dabei die Arme an.
c) Gehe langsam aus der Hocke nach oben.
Oberkörper und Wirbelsäule bleiben dabei gerade!

1 Richtiges Sitzen

2 Richtiges Heben

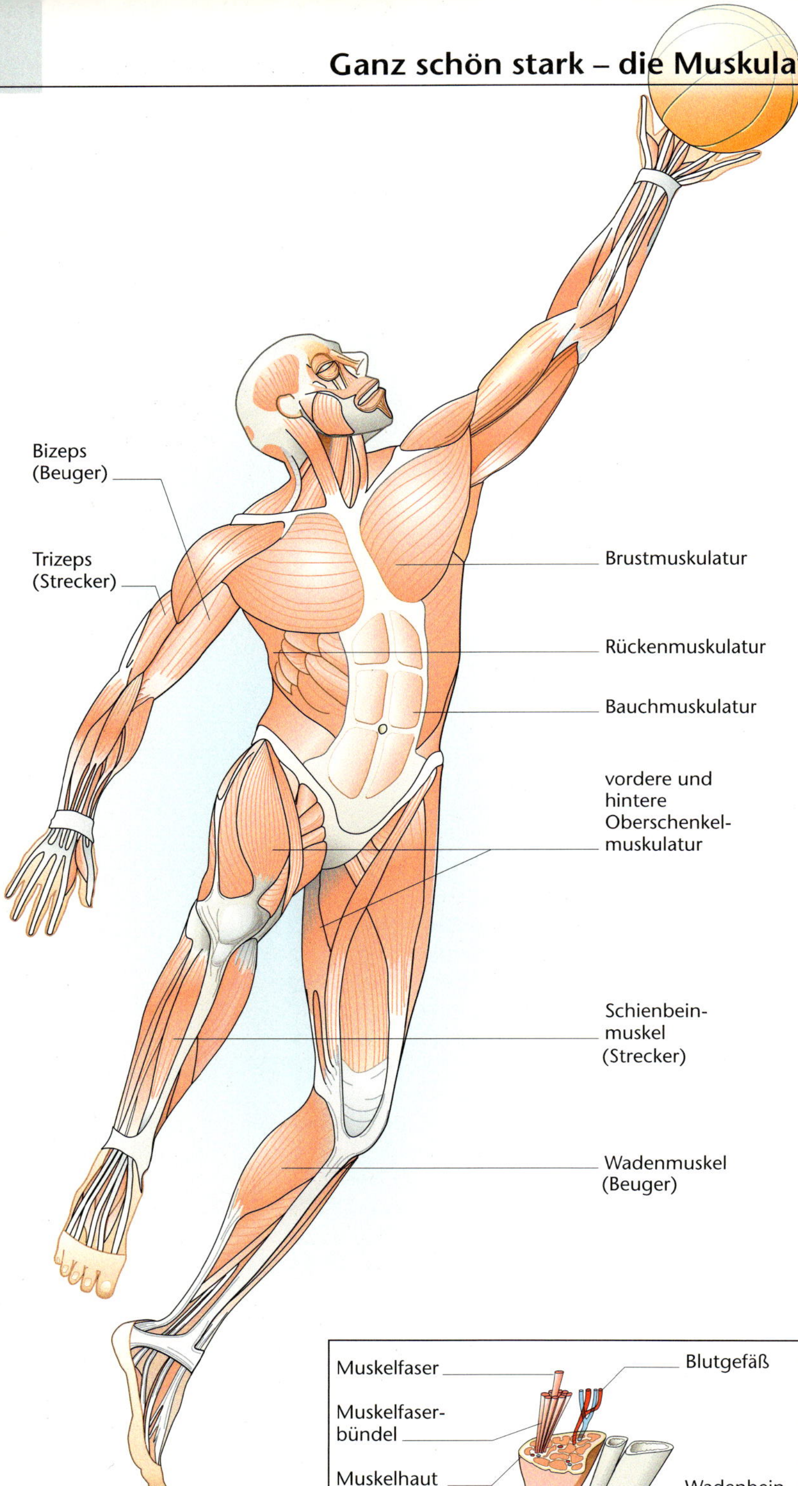

1 Muskulatur des Menschen

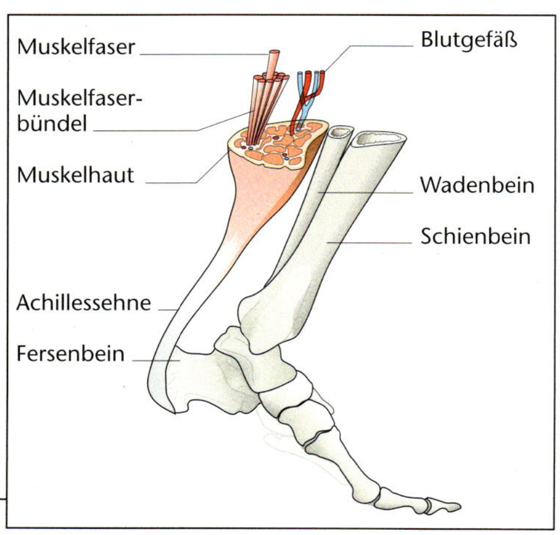

2 Aufbau des Muskels

Muskelsache
In Abbildung 1 siehst du die Muskulatur eines Basketballspielers in der Wurfbewegung. Die **Muskeln** sorgen dafür, dass er sich bewegen kann und dass er seine Gliedmaßen anwinkeln und strecken kann.
Auch wenn du auf einem Stuhl sitzt, halten dich Muskeln aufrecht. Die Gesichtsmuskeln bestimmen deinen Gesichtsausdruck. Insgesamt verfügt jeder Mensch über mehr als 600 Muskeln. Einer davon bringt dein Blut in Bewegung. Es ist das **Herz**. Auch die Wände von Magen und Darm bestehen aus Muskulatur.
Alle deine Muskeln zusammen machen fast die Hälfte deines Körpergewichts aus.

▶ Für alle Bewegungen braucht der Mensch Muskeln.

Wie ist ein Muskel aufgebaut?
Wenn du dir ein Stück Fleisch anschaust, siehst du einen tierischen Muskel. Der Muskel des Menschen ist genauso gebaut (▷ B 2).

Der kleinste Bestandteil ist die **Muskelfaser**. Sie ist mit bloßem Auge nicht sichtbar, erst unter dem Mikroskop kannst du sie erkennen. Viele dünne Muskelfasern werden durch eine Bindehaut zusammengehalten und bilden ein **Muskelfaserbündel**. Die Muskelfaserbündel liegen eingebettet in Bindegewebe und werden von der **Muskelhaut** umschlossen.

Zwischen den Muskelfaserbündeln befinden sich Blutgefäße. In ihnen wird das Blut transportiert, das den Muskel ernährt. Die Enden des Muskels werden von Muskelhaut gebildet, sie werden **Sehnen** genannt. Über die Sehnen sind die Muskeln an einem Knochen befestigt.
An deiner Achillessehne an der Ferse (▷ B 2) kannst du ertasten, wie fest eine Sehne ist.

▶ Der Muskel besteht aus Muskelfaserbündeln, die von Muskelhaut umhüllt sind. Er endet in einer Sehne, die am Knochen ansetzt.

Wie arbeitet ein Muskel?
Jeder Muskel kann sich zusammenziehen. Dabei wird er fester und dicker.
Wenn sich der Muskel zusammenzieht, wird der Knochen, der über eine Sehne mit diesem Muskel verbunden ist, in eine andere Lage gebracht.

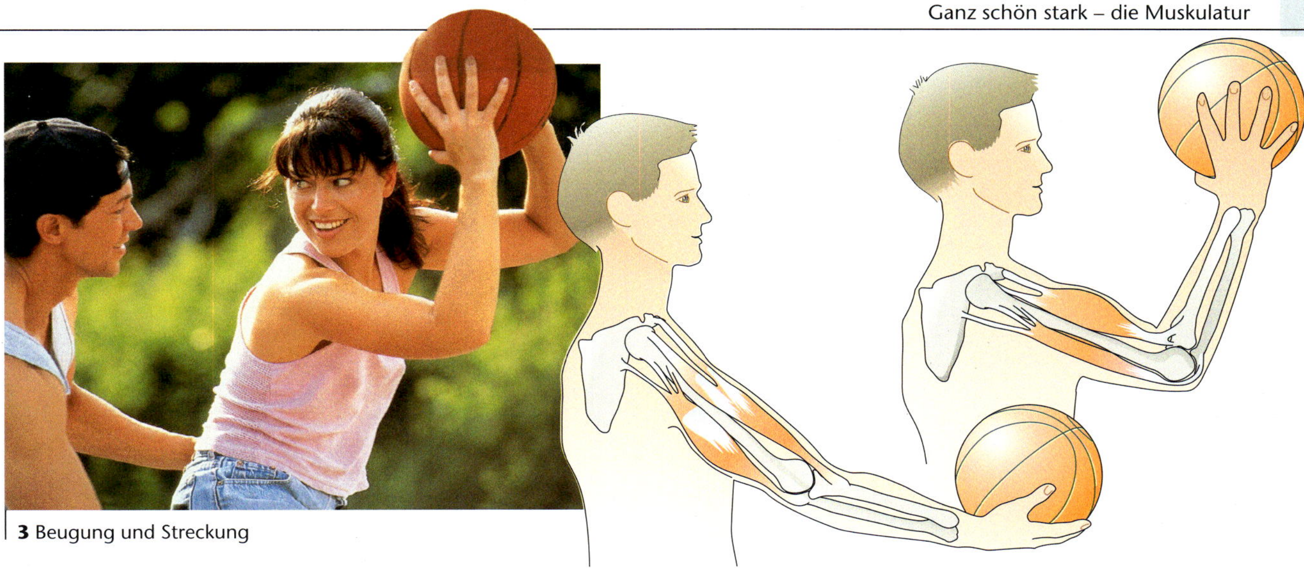

3 Beugung und Streckung

Entspannt sich der Muskel, wird er wieder länger und der Knochen bewegt sich zurück in die Ausgangslage.

Muskeln können sich zusammenziehen und die Lage von Knochen dadurch verändern.

Muskeln arbeiten immer im Team

Wenn du deinen Arm beugst, wird dein Unterarm an den Oberarm herangezogen. Der Muskel, der sich dabei verkürzt, heißt **Bizeps**. Er ist ein Beugemuskel.

Um den Arm zu strecken, muss der Beugemuskel wieder gedehnt werden. An der Rückseite des Oberarms arbeitet ein anderer Muskel. Er streckt dem Arm im Ellenbogengelenk. Dieser Muskel heißt **Trizeps** und ist ein Streckmuskel.

Es gehören immer zwei Muskeln zusammen, die entgegengesetzt wirken. Diese Muskeln heißen **Gegenspieler**.

Muskeln arbeiten an einer Bewegung immer als Gegenspieler.

Werkstatt

Muskeln arbeiten im Team

1 Muskelbewegungen spüren

Versuchsanleitung

Nimm ein Buch in die rechte Hand. Strecke den Arm langsam aus und winkle ihn dann wieder an.
Ertaste bei beiden Bewegungen den Muskel auf dem Oberarm und an der Rückseite des Oberarms in der Nähe des Ellenbogens. Was spürst du?
Notiere deine Beobachtungen.

Aufgabe

Vergleiche dein Ergebnis mit der Abbildung 3.

2 Beuger-Strecker-Modell

Material

Feste Pappe, 2 Gummibänder, Rundkopfklammer, Schere, Locher

Versuchsanleitung

Schneide aus Pappe die beiden Teile für Ober- und Unterarm aus. Verbinde nun beide Teile wie in Bild 1 zu sehen mit der Rundkopfklammer. Stanze vier Löcher in die zwei Teile und befestige die beiden Gummibänder auf der Rückseite.
Welches Gummiband entspricht dem Beuger und welches dem Strecker?
Wie verändern sich die Gummibänder beim Bewegen des Arms?

Aufgaben

1. Erkundige dich über das Auftreten von Muskelkater.

2. Beuge und strecke das Fußgelenk. Beobachte, welche Muskeln du dabei anspannst.

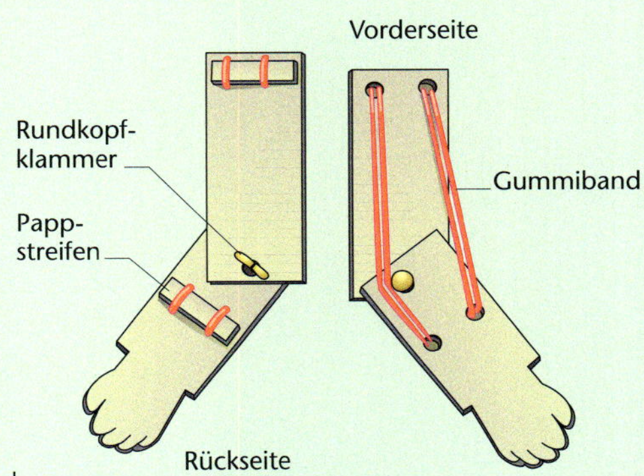

1 Modell zur Armmuskulatur

Der Pulsschlag

1 Herzschlag – Puls

Den folgenden Versuch solltet ihr in Gruppen zu dritt durchführen.

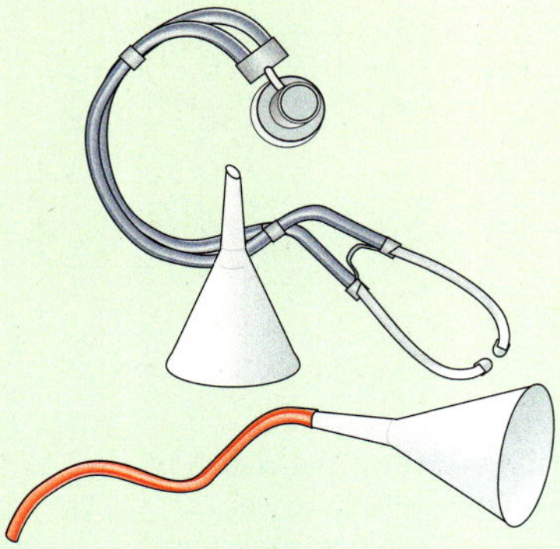

1 Material zu Versuch 1

Material

Gummi- oder Plastikschlauch, 2 Trichter (oder ein echtes Stethoskop)

Versuchsanleitung

a) Baut aus einem Schlauch und 2 Trichtern ein Stethoskop.
b) Der Patient setzt sich auf einen Stuhl und entspannt sich. Ein Arzt hört mit dem Stethoskop das Herz ab und klopft im Takt des Herzschlages auf den Tisch (▷ B 3). Der zweite Arzt fühlt den Pulsschlag am Arm und klopft im Takt des Pulsschlages.
c) Wechselt euch nun ab. Jeder sollte einmal der Patient sein. Erklärt das Ergebnis euren Mitschülern.

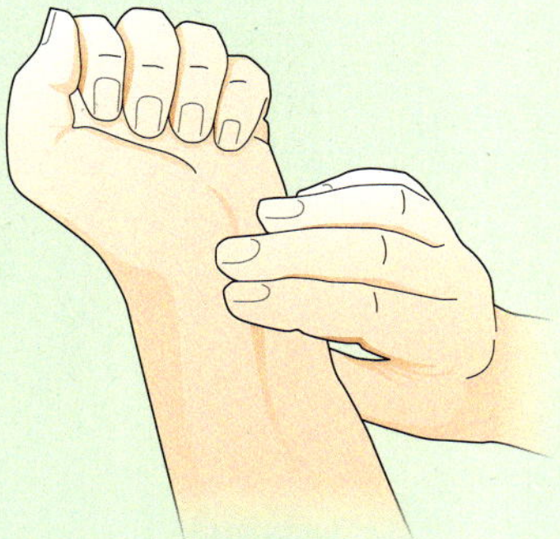

2 Pulsmessung am Handgelenk

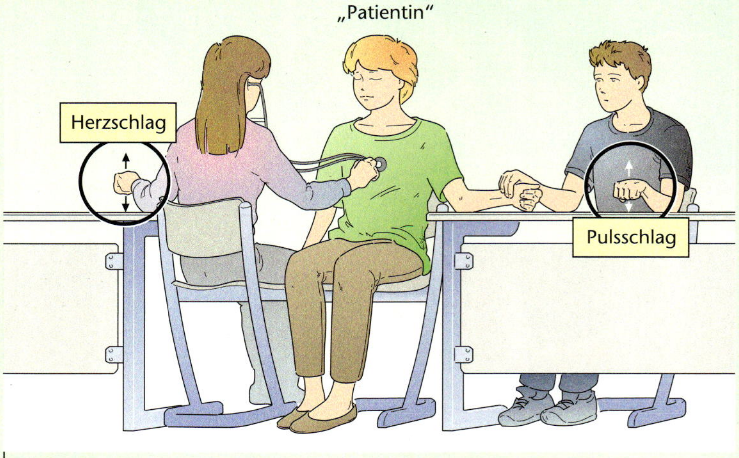

3 Herzschlag und Puls werden gleichzeitig gemessen.

Aufgabe

Der Pulsschlag kann an verschiedenen Stellen gemessen werden. Die Abbildungen 2 und 4 zeigen, an welchen Stellen du auch deinen Puls und damit den Schlag des Herzens fühlen kannst. Probiere aus, wo du den Puls am besten ertasten kannst.
Es genügt, den Finger leicht aufzulegen. Drücke nicht zu fest!

2 An der Faust beobachtet

Versuchsanleitung

a) Mache eine Faust. Beobachte die Blutgefäße auf dem Handrücken und am Handgelenk. Manchmal ist es möglich, den Pulsschlag zu sehen.
b) Auf dem Handrücken kannst du mehrere Blutgefäße sehen. Streiche mit dem Daumen der anderen Hand vom Handgelenk zu den Fingern hin über eines der sichtbaren Blutgefäße hinweg. Die Blutgefäße verschwinden dabei. Sie bleiben so lange verschwunden, wie du den Daumen aufdrückst (▷ B 5).

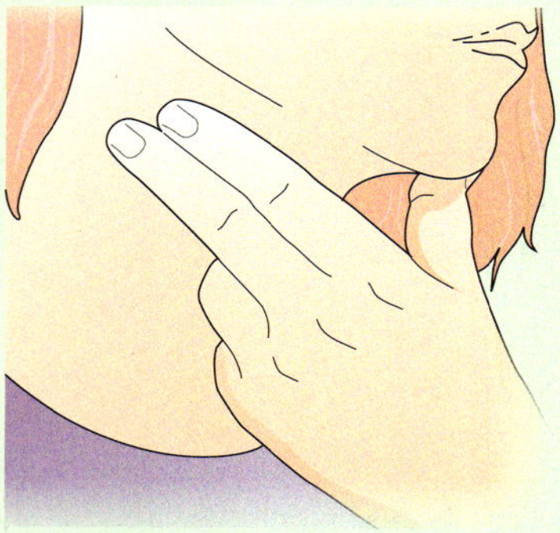

4 Pulsmessung am Hals

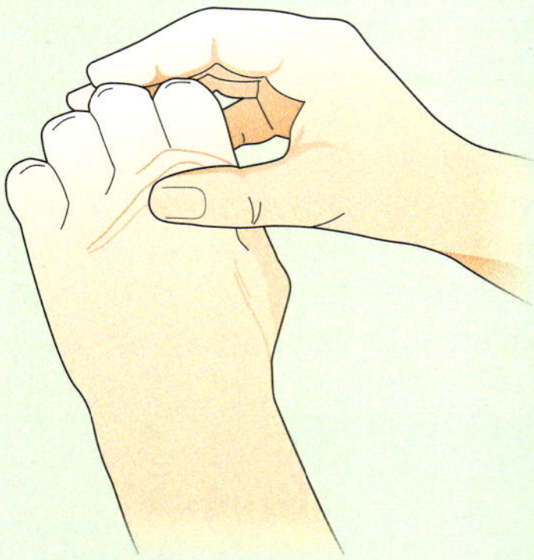

5 Das Blut fließt auch zurück.

Beobachte, aus welcher Richtung das Blut wieder in die Blutgefäße fließt, wenn du den Daumen wegnimmst.

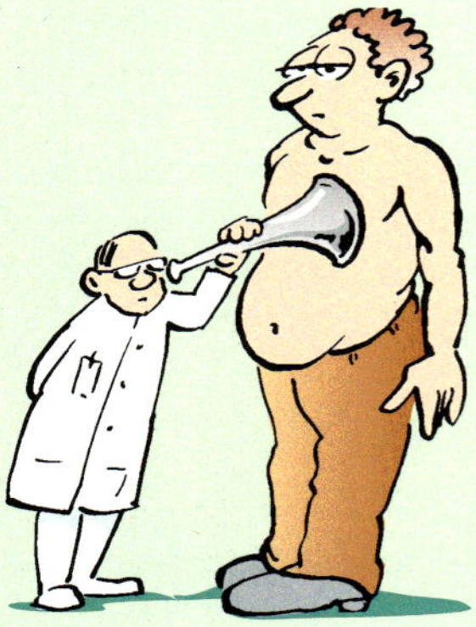

Wie ist unser Herz gebaut?
Das Herz liegt links in der Brust. Es ist ein **Hohlmuskel**, in dessen Innerem sich vier Hohlräume befinden: ein linker und rechter **Vorhof** sowie eine linke und eine rechte **Herzkammer** (▷ B 1).

Mit jedem Schlag zieht sich das Herz zusammen. Dabei pumpt es das Blut aus den Vorhöfen in die Herzkammern und von dort über große Blutgefäße in die Lunge und den übrigen Körper. Die rechte Herzhälfte pumpt das Blut in die Lunge. Die linke Herzhälfte pumpt das Blut in den übrigen Körper.

Zwischen Vorhof und Herzkammer liegen **Herzklappen**. Sie verhindern, dass das Blut zurückfließt, wenn sich der Herzmuskel entspannt. Auch zwischen Herzkammern und Blutgefäßen liegen Herzklappen.

Dein Herz schlägt und schlägt
Wenn du beim Sport schnell gelaufen bist, musst du nicht nur schneller und tiefer atmen, auch dein Herz schlägt schneller und kräftiger.

Besonders gut kannst du deinen Herzschlag fühlen, wenn du die Fingerspitzen einer Hand auf die Unterseite des Handgelenks der anderen Hand legst. Suche dann die Stelle, an der du ein deutliches Pochen spüren kannst: das ist der **Puls**. Er entsteht, weil das Herz mit jedem Schlag das Blut durch die Blutgefäße drückt.

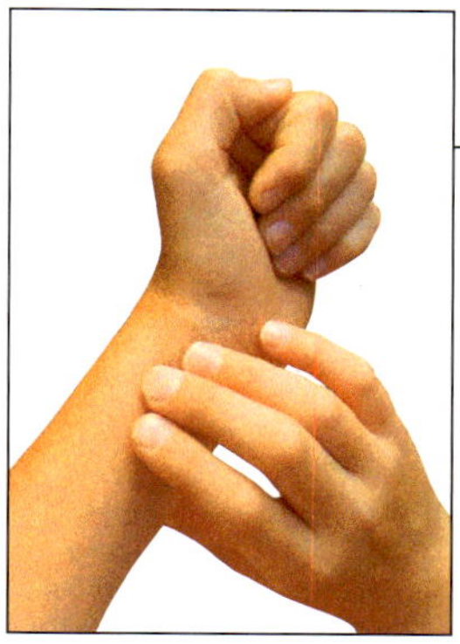

2 So fühlt man den Puls.

Je mehr du dich anstrengst, desto kräftiger und schneller schlägt das Herz. In Ruhe schlägt das Herz eines Erwachsenen etwa 70-mal in der Minute.

Warum schlägt dein Herz bei Anstrengung schneller?
Wenn du dich körperlich anstrengst, verbrauchen die arbeitenden Muskeln mehr Sauerstoff. Damit der in den Lungen aufgenommene Sauerstoff schneller zu den Muskeln transportiert werden kann, muss das Blut schneller fließen. Darum pumpt das Herz schneller und kräftiger. Das schneller fließende Blut transportiert auch das in den Muskeln entstandene Kohlenstoffdioxid rascher zur Lunge.

▶ Das Herz ist ein Hohlmuskel. Es pumpt Blut in die Lungen und in den Körper.

Aufgabe

1 Untersuche das Modell eines Herzens. Suche die Teile, die in Abbildung 1 beschriftet sind.

1 Aufbau des Herzens

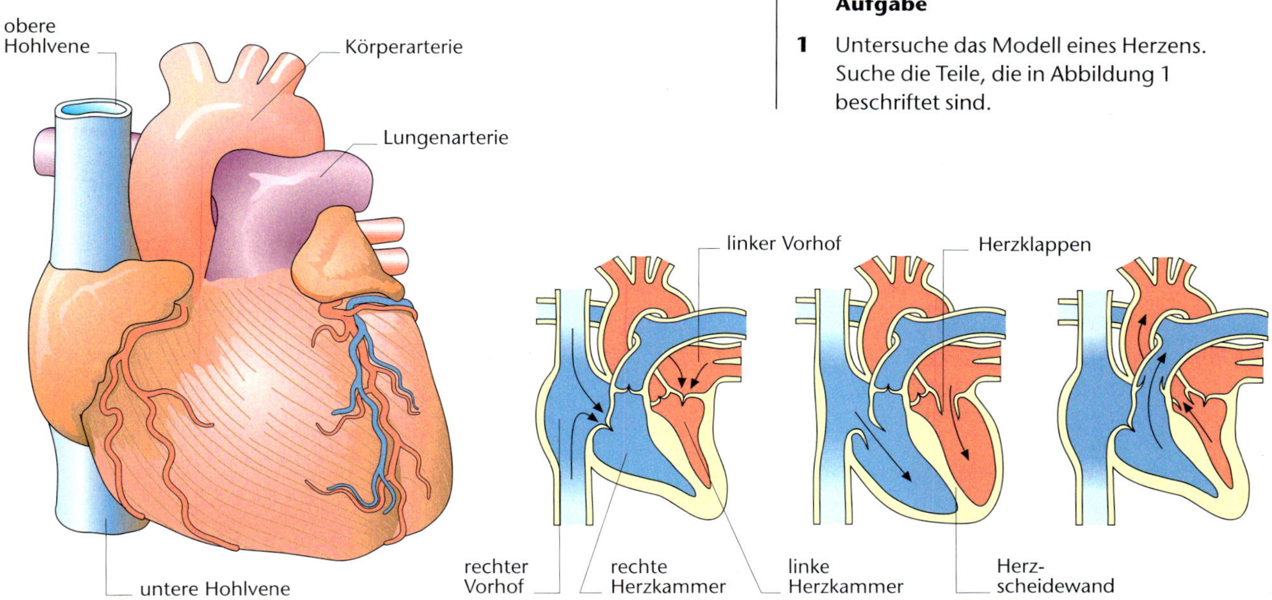

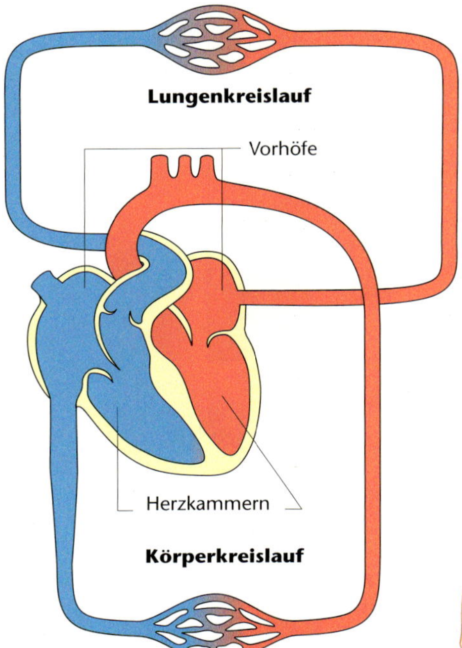

1 Blutkreislauf, Schema

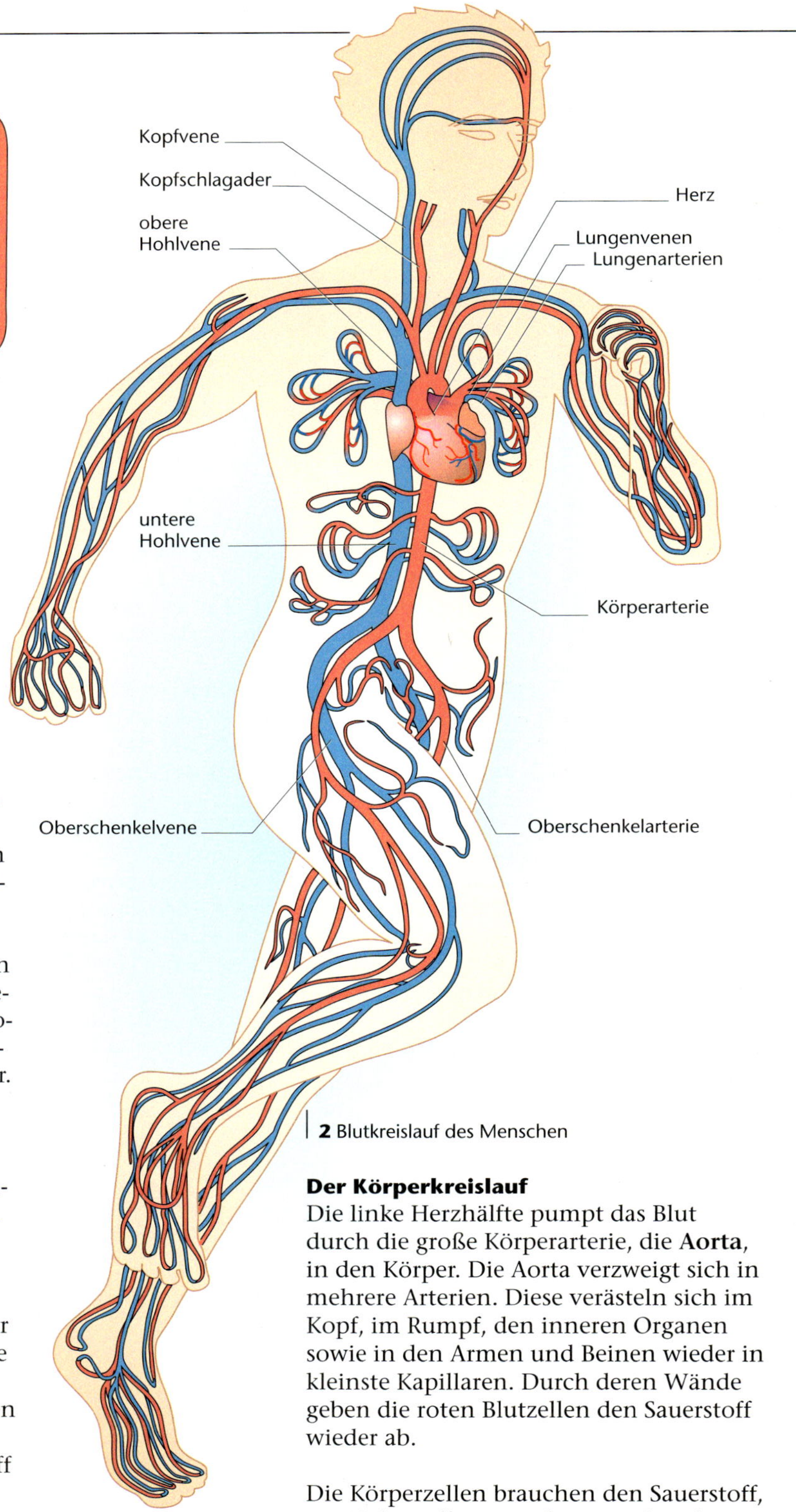

2 Blutkreislauf des Menschen

Eine rote Blutzelle auf ihrer Reise durch den Körper

Die rote Farbe des Blutes stammt von den **roten Blutzellen** (▷ B 3). Das sind die Zellen im Blut, die den Sauerstoff transportieren. Jede einzelne ist nur winzig, aber es gibt davon sehr viele. In einem Tropfen Blut befinden sich mehrere Millionen dieser Zellen! Nach ihrer Entstehung im Knochenmark wandern sie ins Blut und begeben sich auf die „Reise" durch den Körper.

Der Lungenkreislauf

Das Blut gelangt aus dem Körper über Blutgefäße zur rechten Herzhälfte. Blutgefäße, die zum Herzen führen, nennt man **Venen**. Die rechte Herzhälfte pumpt das Blut über andere Blutgefäße zur Lunge. Blutgefäße, die vom Herzen wegführen, nennt man **Arterien**. Die Arterien, die zur Lunge führen, heißen Lungenarterien. Sie verästeln sich in der Lunge zu feinsten Blutgefäßen, den **Kapillaren**. Sie umgeben die Lungenbläschen, durch deren dünne Wände die roten Blutzellen den Sauerstoff aus der Luft aufnehmen. Außerdem gibt hier das Blut Kohlenstoffdioxid ab.
Die Kapillaren vereinigen sich wieder zu größeren Blutgefäßen, die schließlich in die Lungenvenen münden. Durch sie fließt das sauerstoffreiche Blut zurück zur linken Herzhälfte. Dieser Kreislauf heißt **Lungenkreislauf** (▷ B 1; B 2).

Der Körperkreislauf

Die linke Herzhälfte pumpt das Blut durch die große Körperarterie, die **Aorta**, in den Körper. Die Aorta verzweigt sich in mehrere Arterien. Diese verästeln sich im Kopf, im Rumpf, den inneren Organen sowie in den Armen und Beinen wieder in kleinste Kapillaren. Durch deren Wände geben die roten Blutzellen den Sauerstoff wieder ab.

Die Körperzellen brauchen den Sauerstoff, um Nährstoffe zu „verbrennen" und so Energie zu gewinnen. So wird auch die Körpertemperatur bei etwa 36 bis 37 °C gehalten.
Kommt es bei schweren Verletzungen oder großen Operationen zu einem starken Blutverlust, kann es geschehen, dass

der Blutkreislauf nicht mehr ausreichend „gefüllt“ ist. Die Organe werden nicht mehr ausreichend versorgt. Der Mensch fühlt sich schwach, friert, hat Durst und es kann zu Atemnot kommen. Dann ist eine sofortige Blutübertragung notwendig.
Im gesunden Körper transportiert das Blut das Kohlenstoffdioxid aus den Muskeln und Organen des Körpers durch Kapillaren und Venen zur rechten Herzhälfte zurück. Dies ist der **Körperkreislauf.**
Der Kreislauf beginnt nun von neuem. So durchfließt das Blut in den Blutgefäßen den gesamten Körper immer wieder. Daher spricht man von einem **geschlossenen Blutkreislauf.**

Das Blut ist auch dafür verantwortlich, überschüssige Wärme aus dem Inneren des Körpers an die Körperoberfläche abzuleiten.

Der Blutkreislauf besteht aus dem Lungenkreislauf und dem Körperkreislauf. Zusammen bilden sie einen geschlossenen Blutkreislauf.

Die Zusammensetzung des Blutes
Für unser Auge scheint das Blut eine rote Flüssigkeit zu sein. Lässt man Blut eine Zeit lang stehen (▷ B 5), so kann man erkennen, dass sich das Blut in einen roten Bodensatz und eine hellgelbe Flüssigkeit trennt.
Untersucht man den roten Anteil unter einem Mikroskop, so erkennt man darin rote Blutkörperchen, weiße Blutkörperchen und Blutplättchen.
Über diesen Blutzellen erkennt man eine gelbliche Flüssigkeit, das Blutplasma. Hierbei handelt es sich um Wasser, das die Blutzellen trägt. Außerdem enthält es unter anderem Nährstoffe, Kohlenstoffdioxid und Abfallstoffe.

Das Blut dient dem Transport von Sauerstoff durch rote Blutzellen, Kohlenstoffdioxid und Nährstoffen.
Außerdem sorgt es durch die weißen Blutkörperchen für die Abwehr von Krankheitserregern.
Das Blut transportiert Wärme.

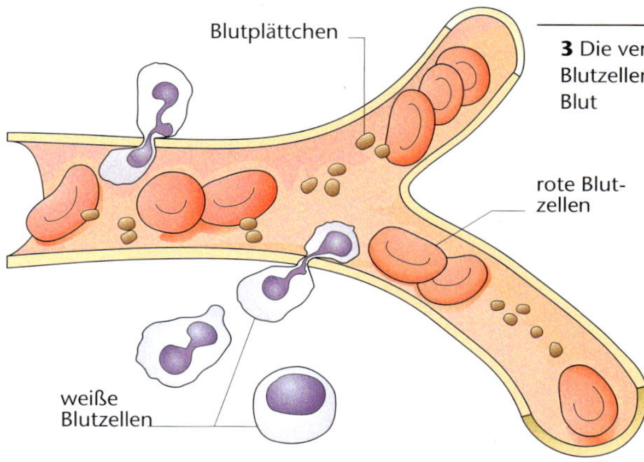

3 Die verschiedenen Blutzellen in unserem Blut

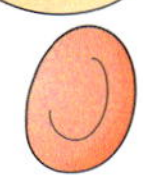

Bestandteil	Aufgabe
rote Blutkörperchen	Sauerstofftransport
weiße Blutkörperchen	Bekämpfung von Krankheitserregern
Blutplättchen	Blutgerinnung zum Verschluss von Wunden
Blutplasma	Transport der Blutzellen, Transport von Nährstoffen, Kohlenstoffdioxid und Abfallstoffen

4 Die Aufgaben der Blutbestandteile

5 Blutbestandteile

Aufgaben

1 Das Herz pumpt am Tag etwa 8000 l Blut durch den Körper. Ein Erwachsener hat etwa 5 l Blut.
Wie viel Mal am Tag fließt das gesamte Blut des Menschen also durch den Körper?

2 Malt den Blutkreislauf mit Kreide nach dem Schema von Abbildung 1 auf den Schulhof.
Versucht durch rote und blaue Kreide zwischen sauerstoffreichem und sauerstoffarmem Blut zu unterscheiden. Anschließend könnt ihr den Kreislauf durchlaufen. Ihr könnt dabei auch rote und blaue Zettel tragen, die Sauerstoff und Kohlenstoffdioxid darstellen.
Wo müsst ihr die Zettel jeweils aufnehmen und wo wieder abgeben?

3 Nenne die verschiedenen Bestandteile des Blutes.
Welche Aufgaben haben diese Bestandteile jeweils?

4 Durch intensives Ausdauertraining erhöht sich im Blut die Anzahl der roten Blutkörperchen.
Welchen Vorteil haben Ausdauersportler wie Marathonläufer oder Radrennfahrer davon?

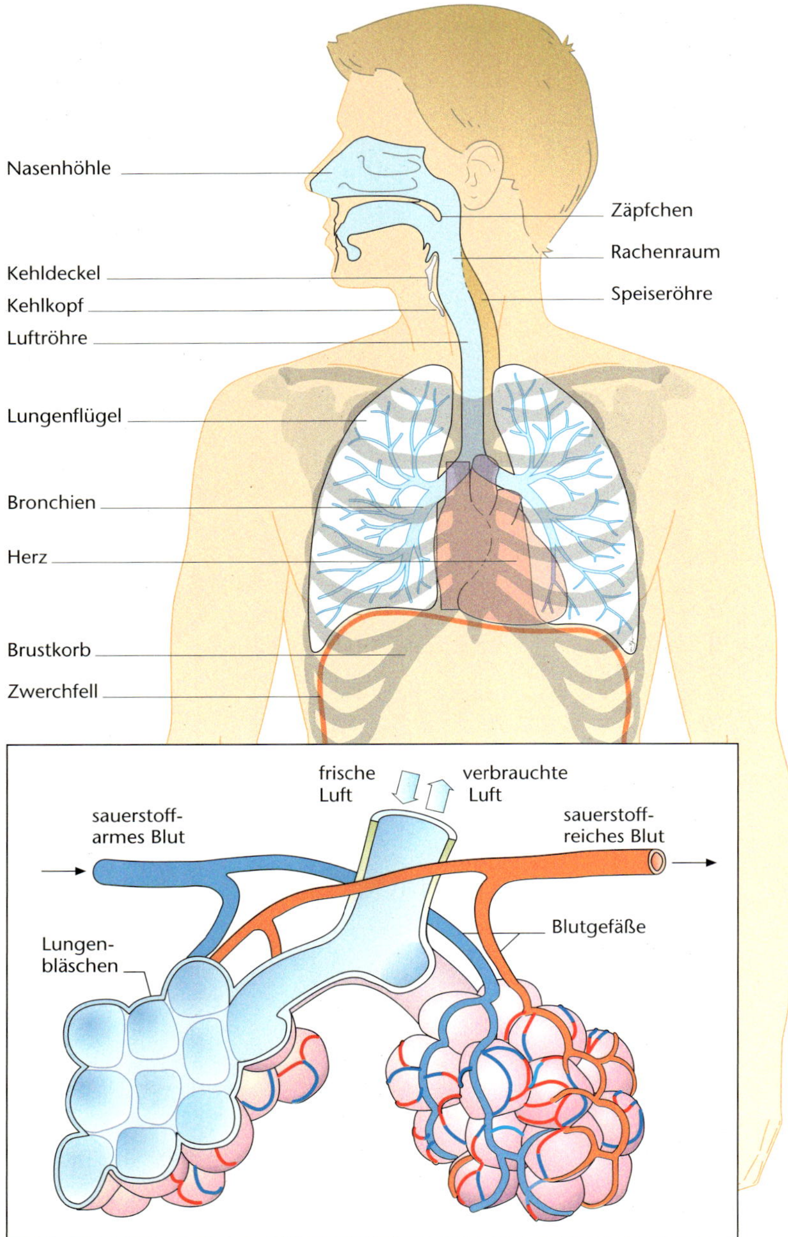

1 Atmungsorgane

Atmen geht von allein

Der Mensch atmet ständig ein und aus, am Tag und in der Nacht, ob er sitzt, läuft oder schläft. Das Atmen geht von allein, ohne dass du daran denken musst. Den Atem kannst du sehen als Hauch in der kalten Winterluft und auf einer Glasscheibe oder auch als Luftblasen, wenn du unter Wasser ausatmest. Den Atem kannst du hören als ruhiges Schnaufen oder als Keuchen, wenn du schnell gerannt bist. Den Atem kannst du spüren, wenn du durch Mund oder Nase auf deine Hand atmest.

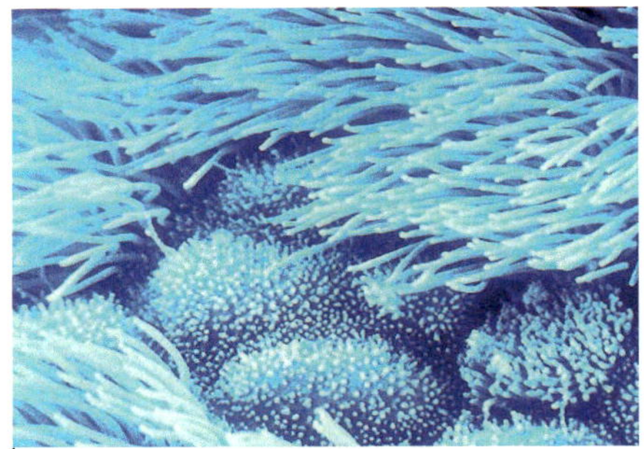

2 Flimmerhärchen

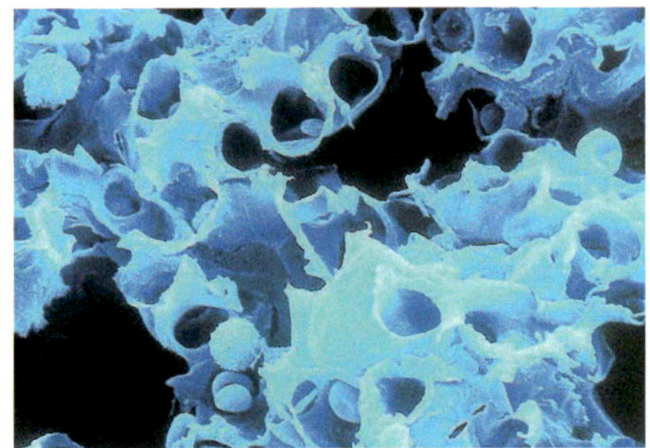

3 Lungenbläschen

Wohin geht dein Atem?

Alle Muskeln und Organe brauchen **Sauerstoff** zum Arbeiten. Der Sauerstoff ist in der Luft enthalten, die wir einatmen. Beim Einatmen strömt Luft durch die Nasenhöhle über den Rachen in die **Luftröhre**. Die Luftröhre gabelt sich an ihrem unteren Ende in zwei Äste, die **Bronchien**, die zu den beiden **Lungenflügeln** führen (▷ B 1). Die Schleimhaut in der Nasenhöhle erwärmt und befeuchtet die Luft. Außerdem reinigt sie die Atemluft, weil kleine Staubteilchen an ihr haften bleiben.
Auch die Luftröhre und die Bronchien sind von einer Schleimhaut ausgekleidet. Auf dieser sitzen viele kleine **Flimmerhärchen** (▷ B 2), die durch ihre Bewegung Staubteilchen und Krankheitserreger mit dem Schleim nach oben in den Rachen abtransportieren.
Die Bronchien verzweigen sich wie die Äste eines Baumes in immer kleinere Zweige. Die feinsten dieser Verästelungen enden in den **Lungenbläschen** (▷ B 1; B 3), von denen sich etwa 500 Millionen in der Lunge befinden. Die Wände der Lungenbläschen sind von feinen Blutgefäßen umgeben.

Der Sauerstoff aus der Luft dringt durch die hauchdünnen Wände der Lungenbläschen in diese Blutgefäße ein. Über das Blut wird der Sauerstoff dann zu allen Muskeln und Organen transportiert.

Die Atemluft wird auf dem Weg zur Lunge erwärmt, befeuchtet und gereinigt. In der Lunge gelangt der Sauerstoff aus der Luft ins Blut.

Außer Atem
Wenn du schnell gelaufen bist, ändert sich deine Atmung. Dein Atem geht schneller, du atmest also häufiger ein und aus, und du atmest tiefer, was du am Heben und Senken des Brustkorbs beobachten kannst.

Bei Anstrengung atmen wir schneller
Beim Laufen brauchen deine Beinmuskeln mehr Sauerstoff als in Ruhe, weil sie dann mehr arbeiten müssen. Damit das Blut mehr Sauerstoff zu den Muskeln transportieren kann, muss es in der Lunge auch mehr davon aufnehmen. Durch die stärkere Atmung wird der Sauerstoff schneller nachgeliefert.
Bei der Arbeit der Muskeln und Organe wird nicht nur Sauerstoff verbraucht, sondern es entsteht auch **Kohlenstoffdioxid**. Dieses wird vom Blut zu den Lungen transportiert und gelangt über die Lungenbläschen in die Atemluft. Beim Ausatmen verlässt es dann den Körper. Es geht also genau den umgekehrten Weg wie der Sauerstoff. Je mehr die Muskeln arbeiten, desto mehr Kohlenstoffdioxid produzieren sie. Auch deshalb musst du beim Sport mehr atmen als in Ruhe.

Tief Luft holen
Bei körperlicher Anstrengung kannst du spüren, wie sich dein Brustkorb hebt und senkt. Dabei heben Zwischenrippenmuskeln den Brustkorb an und dehnen ihn aus. Dadurch strömt Luft in die Lungen. Beim Ausatmen senkt sich der Brustkorb, die Lunge verkleinert sich wieder und die Luft strömt aus ihr heraus. Diese Atmung nennt man **Brustatmung** (▷ B 4).

Ruhig durchatmen
In Ruhe bewegt sich der Brustkorb kaum beim Atmen. Nur der Bauch hebt und senkt sich. Das liegt an der Bewegung des **Zwerchfells** (▷ B 5), einer Muskelschicht, die Brust- und Bauchraum trennt. Bei dieser **Bauchatmung** zieht sich das Zwerchfell nach unten, wodurch sich der Bauch nach vorne wölbt. Außerdem wird dadurch auch die Lunge gedehnt, sodass Luft in sie hineinströmt. Zum Ausatmen hebt sich das Zwerchfell wieder und die Luft wird aus den Lungen herausgedrückt.

Die Atmung dient der Aufnahme von Sauerstoff und der Abgabe von Kohlenstoffdioxid. Man unterscheidet die Brustatmung und die Bauchatmung.

Versuche

1 Das Modell (▷ B 6) veranschaulicht wie die Bauchatmung funktioniert. Die Glasglocke stellt den Brustkorb dar, die Luftballons die Lungenflügel und die Gummihaut das Zwerchfell. Was passiert mit den Luftballons, wenn du das Modellzwerchfell nach unten ziehst? Vergleiche deine Beobachtung mit dem Text zur Bauchatmung.

2 Zähle, wie oft du in einer Minute ein- und ausatmest, wenn du ruhig sitzt. Notiere die Zahl deiner Atemzüge pro Minute. Laufe dann mindestens eine Minute lang. Zähle danach erneut deine Atemzüge pro Minute und notiere diese Zahl. Vergleiche die beiden Werte miteinander. Erkläre den Unterschied.

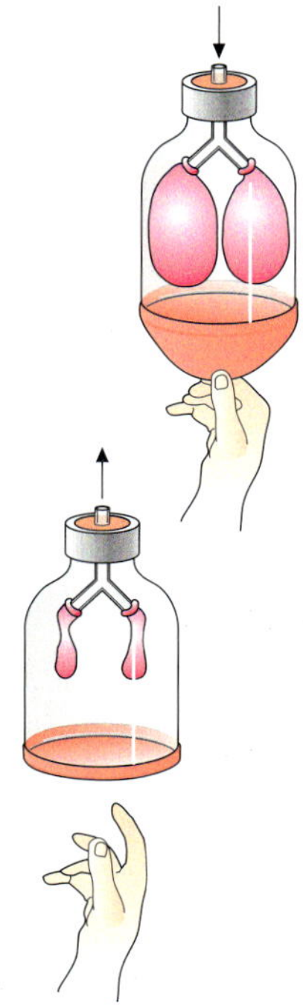

6 Glasglocken-experiment

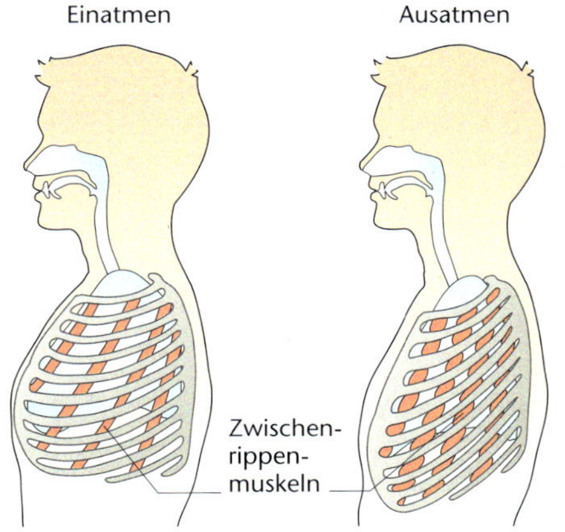

4 Brustatmung

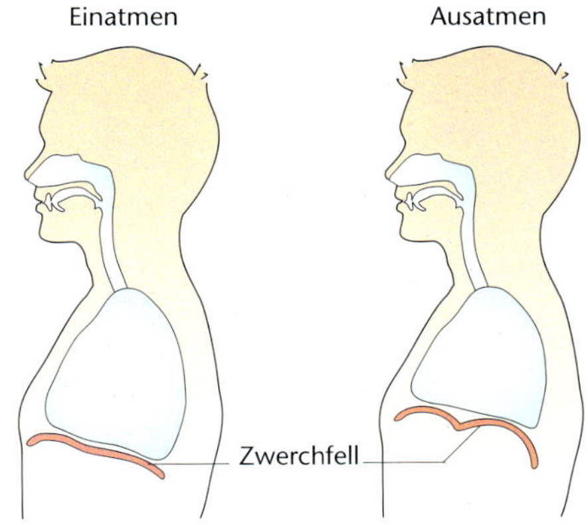

5 Bauchatmung

Rauchen – ich sag nein!

Ein paar aus der Klasse haben schon mal geraucht. Wer das nicht probiert, wird von ihnen lächerlich gemacht. Wenn sie dann rauchen, versuchen sie besonders interessant und cool auszusehen – wie die Leute in der Werbung. Selbst wenn es beim ersten Mal nicht schmeckt, gibt das keiner zu.

Ich probiere jetzt mal was anderes: Beim nächsten Mal, wenn die anderen rauchen, werde ich nicht mitmachen. Einfach „nein“ sagen. Dazu gehört wirklich Mut!

1 „Nein“ sagen

Warum rauchen manche Leute?
Rauchen schadet der Gesundheit – das steht auf jeder Zigarettenpackung. Trotzdem rauchen viele Erwachsene und Jugendliche. Sogar Kinder greifen schon zur Zigarette. Warum tun sie das?
Ein wichtiger Grund ist sicher die Werbung. Darin werden Raucher als jung, schön, lässig und interessant dargestellt. Wer raucht, ist erfolgreich und attraktiv, so lautet die Botschaft. Doch keine Werbung zeigt die Nachteile des Rauchens: süchtige und kranke Menschen.

Was ist so schädlich am Rauchen?
Zigarettenrauch enthält viele verschiedene Gifte, vor allem **Teer** und **Nikotin**. Der Teer im Rauch verklebt in den Bronchien die Flimmerhärchen, die normalerweise Schadstoffe abtransportieren. Er lagert sich in den Lungenbläschen ab und behindert so die Aufnahme von Sauerstoff. Wer raucht, ist daher körperlich weniger leistungsfähig. Teer und die nicht abtransportierten Schadstoffe verursachen bei Rauchern häufig **Bronchitis** und sogar **Lungenkrebs**.

Das Nikotin im Rauch verengt die Blutgefäße. Viele Organe, auch das Herz, werden dadurch schlechter durchblutet. Sie erhalten langfristig zu wenig Sauerstoff. Das Herz kann dadurch so geschädigt werden, dass ein **Herzinfarkt** entsteht. Dabei sterben Teile des Herzmuskels ab. Verengte Blutgefäße in den Beinen können auch zum Absterben der Beine führen: Sie müssen dann amputiert werden.

Auch wenn du nur den Zigarettenrauch anderer einatmest, ist das schädlich, weil du dadurch die gleichen giftigen Stoffe aufnimmst. Viele Schäden durch das Rauchen zeigen sich erst nach Jahren. Doch dann können viele nicht mehr damit aufhören, denn Rauchen macht **süchtig**.

Rauchen schadet der Gesundheit. Es macht süchtig.

Aufgaben

1 Lies in dem Text „Rauchen – ich sag nein“, was ein Schüler über das Rauchen sagt. Warum fängt jemand an zu rauchen?

2 Nenne Gründe, warum viele nicht mehr aufhören zu rauchen, obwohl sie wissen, dass es ungesund ist.

3 Denke dir eine Situation aus, in der du Mut bräuchtest, eine angebotene Zigarette abzulehnen. Spielt diese Situation in der Klasse.

4 Plant ein Aktionsplakat gegen das Rauchen. Durch welche Argumente könnten Mitschüler oder auch Erwachsene überzeugt werden? Wie könnte man damit Werbung gegen das Rauchen machen?

Strategie

Wir starten ein Projekt

Ein Projekt steht immer unter einem bestimmten Thema. Euer Projektthema könnte lauten: Rauchen – Nein Danke!
Ihr besprecht mit eurem Lehrer oder eurer Lehrerin in der Klasse wie ihr das Thema vorbereiten, durchführen und präsentieren wollt.
Die folgenden Aufgaben könnt ihr in unterschiedlichen Gruppen lösen. Am Ende tragt ihr eure Ergebnisse zusammen und stellt sie vor.
Diskutiert dabei auch darüber, was euch Spaß gemacht hat und was nicht.
Vielleicht ist es sogar möglich, die Ergebnisse bei einer Projektwoche oder bei einem Schulfest zu veröffentlichen.

ZEITUNG

Raucher leben gefährlich 02.03.2005

Tabakrauch enthält neben feinen Rußteilchen viele Giftstoffe. Darunter ist das süchtig machende Nikotin. Hinzu kommen Teer, Schwermetalle und viele andere gefährliche Stoffe.
Bei Rauchern verändert sich in kurzer Zeit die Lunge: Unter der Wirkung der mit der Atemluft aufgenommenen Giftstoffe entzünden sich die Bronchien. Die Wände der Lungenbläschen werden dicker und die Kapillaren verstopfen. Schließlich wird die Lunge, die in gesundem Zustand dünnwandig und elastisch ist, starr und schwarz. Man spricht von der „Raucherlunge".
Raucher leiden oft unter chronischem Husten und unter Atemnot. Viele Raucher erkranken an Lungenkrebs.
In den Industrieländern ist Lungenkrebs bei Männern die häufigste Krebsart.

A. Umfrage
Führt eine Umfrage zum Thema Rauchen durch. Befragt mehrere Personen, die an einem belebten Ort (auf dem Markt, an der Post, vor einem bestimmten Geschäft o. ä.) vorbeikommen.
Mögliche Fragen könnten sein, wer raucht, wer nicht raucht, wer schon geraucht hat, aber inzwischen aufgehört hat.
Die Raucher könnte man fragen, wann und warum sie mit dem Rauchen begonnen haben.
Überlegt euch selbst geeignete Fragen und wertet die Ergebnisse aus.
Stellt aus den Ergebnissen Plakate zusammen.
Es ist auch möglich, die Umfrage mit einem Tonband oder als Videofilm aufzuzeichnen.

1 Mitschüler werden befragt

B. Informationen sammeln
Benutzt Lexika, das Internet oder informiert euch bei Experten: Wie schadet Rauchen dem Körper? Was ist im Zigarettenrauch enthalten? Führt Experimente durch, in denen ihr die Bestandteile nachweisen könnt.
Schreibt eure Ergebnisse auf. Fertigt Diagramme an.

Seit dem Jahr 2004 stehen auf jeder Zigarettenpackung Warnungen, z. B. „Rauchen schadet der Gesundheit" oder „Rauchen belästigt Ihre Mitmenschen".
Geht in ein Geschäft und schreibt einige Warnungen gegen das Rauchen von den Packungen ab. Vergrößert die eurer Meinung nach besten Warnungen als Plakat.
Diskutiert die einzelnen Warnungen.

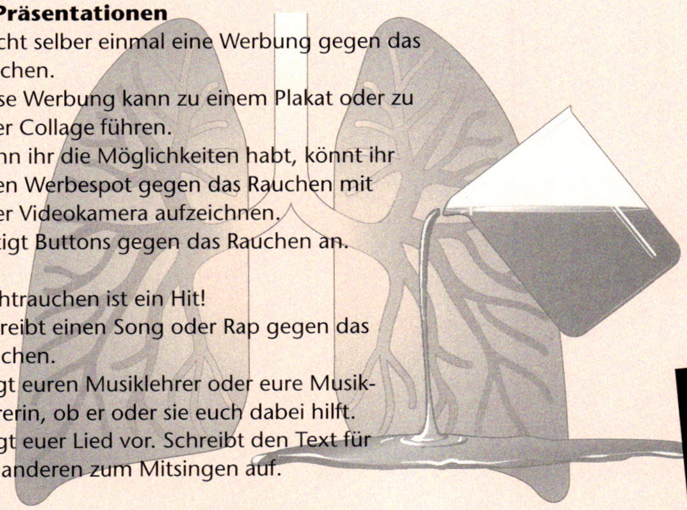

C. Präsentationen
Macht selber einmal eine Werbung gegen das Rauchen.
Diese Werbung kann zu einem Plakat oder zu einer Collage führen.
Wenn ihr die Möglichkeiten habt, könnt ihr einen Werbespot gegen das Rauchen mit einer Videokamera aufzeichnen.
Fertigt Buttons gegen das Rauchen an.

Nichtrauchen ist ein Hit!
Schreibt einen Song oder Rap gegen das Rauchen.
Fragt euren Musiklehrer oder eure Musiklehrerin, ob er oder sie euch dabei hilft.
Singt euer Lied vor. Schreibt den Text für die anderen zum Mitsingen auf.

Ihr Arzt oder Apotheker kann Ihnen dabei helfen, das Rauchen aufzugeben

Rauchen fügt Ihnen und den Menschen in Ihrer Umgebung erheblichen Schaden zu

Die Nährstoffe

Obwohl Frühstücke ganz verschieden sein können, enthalten sie doch immer die gleichen drei Nährstoffe: **Kohlenhydrate**, **Fette** und **Eiweiße** (▷B2). Allerdings kommen diese in unterschiedlichen Anteilen vor.
Brötchen mit Marmelade oder Müsli enthalten überwiegend Stärke und Zucker. Beide Stoffgruppen gehören zu den Kohlenhydraten. Sie liefern dem Körper die notwendige Energie.
Butter, Margarine, Wurst und Käse enthalten Fett. Fett ist ebenfalls ein Energielieferant, doch liefert 1g Fett doppelt so viel Energie wie 1g Kohlenhydrate.
Für den Aufbau des Körpers, die Erneuerung und den Erhalt der Körperzellen sind Eiweiße unentbehrlich. Sie sind in Milchprodukten, Eiern, Fleisch, Wurst und Käse vorhanden.
Diese Nährstoffe, die der Körper zur Energiegewinnung, zum Aufbau und Wachstum braucht, werden vom Körper aufgenommen und durch das Blut dorthin transportiert, wo sie gebraucht werden.

Nährstoffe sind Kohlenhydrate, Fette und Eiweiße. Sie liefern dem Körper Energie und dienen als Baustoffe.

Andere wichtige Inhaltsstoffe

Nahrungsmittel enthalten aber noch weitere wichtige Stoffe:
Ballaststoffe sind die unverdaulichen Bestandteile in Obst und Gemüse und allen Vollkornprodukten. Sie füllen den Darm, regen die Darmtätigkeit an und verhindern Verstopfung.

Vitamine sind für die Gesundheit unentbehrlich. Der Körper kann Vitamine nicht selbst herstellen, deshalb müssen sie täglich mit der Nahrung aufgenommen werden. Es reichen dabei kleine Mengen, aber sie dürfen nicht fehlen. Die meisten Vitamine sind in frischem Obst und Gemüse enthalten, andere Vitamine kommen in Fleisch und Fisch vor.

Auch verschiedene **Mineralstoffe** benötigen wir in geringen Mengen. Sie sind lebenswichtig für den Aufbau des Körpers. Calcium, enthalten in der Milch, wird zum Beispiel für den Aufbau von Knochen und Zähnen benötigt.

Fast alle Nahrungsmittel und natürlich die Getränke enthalten **Wasser**. Regelmäßiges

1 So unterschiedlich können Frühstücke aussehen.

Trinken ist lebensnotwendig, denn unser Körper besteht zu zwei Dritteln aus Wasser und der Wassergehalt in unserem Körper muss stets gleich hoch sein, damit er seine Leistungsfähigkeit behält.

Vitamine, Mineralstoffe und Ballaststoffe sind unverzichtbar für die Gesunderhaltung des Körpers.

Aufgabe

1 Schneide aus Werbeprospekten Bilder von Lebensmitteln aus.
Stelle damit eine Collage über die Nährstoffgruppen zusammen.

2 Die Nährstoffe

Werkstatt

Den Nährstoffen auf der Spur

Wenn du isst und trinkst, nimmst du ein Gemisch aus Nährstoffen in deinen Körper auf. Willst du wissen, welche Nährstoffe in den Nahrungsmitteln enthalten sind, kannst du sie mit einfachen Methoden nachweisen.

1 Nachweis von Traubenzucker

Material

Reagenzglas, Reagenzglasständer, Stopfen, Wasser, Teelöffel, Traubenzucker, Glucose-Teststreifen

Versuchsanleitung

Fülle ein Reagenzglas mit Wasser. Gib einen halben Teelöffel Traubenzucker hinzu. Verschließe die Öffnung mit einem Stopfen und schüttle das Reagenzglas. Tauche einen Glucose-Teststreifen in die Lösung. Vergleiche die Verfärbung mit den Angaben auf der Packung.

2 Nachweis von Eiweiß

Material

Eiklar, Reagenzglas, Reagenzglasständer, Wasser, Stopfen, Eiweiß-Teststreifen

Versuchsanleitung

Gib in ein Reagenzglas Eiklar. Fülle etwas Wasser hinzu, setze den Stopfen auf und schüttle gut durch. Nimm den Stopfen ab und halte in die Mischung einen Eiweiß-Teststreifen. Vergleiche das Ergebnis mit den Angaben auf der Packung.

3 Nachweis von Stärke

Material

Speisestärke, Spatel, Reagenzglas, Reagenzglasständer, Stopfen, Wasser, Pipette, Iod-Kaliumiodid-Lösung

Versuchsanleitung

Gib eine Spatelspitze Speisestärke in ein Reagenzglas. Fülle das Reagenzglas zu einem Viertel mit warmem Wasser. Setze einen Stopfen auf das Reagenzglas und schüttle. Nimm den Stopfen ab und gib 2 bis 3 Tropfen Iod-Kaliumiodid-Lösung hinzu. Beschreibe die Farbänderung.

4 Nachweis von Fett

Material

Öl, Wasser, 2 Pipetten, weißes Filterpapier

Versuchsanleitung

Gib mit einer Pipette Öl auf das Filterpapier und setze einen Tropfen Wasser daneben. Lass das Filterpapier trocknen und halte es dann gegen das Licht. Was kannst du beobachten?

Aufgaben

1. Führe die Nachweisversuche an verschiedenen Nahrungsmitteln durch. Feste Nahrungsmittel musst du vorher zerkleinern und mit etwas Wasser vermengen.

2. Halte deine Ergebnisse für jedes untersuchte Nahrungsmittel in Form einer Tabelle fest. Übertrage dazu die Tabelle unten in dein Heft.

	Zucker	Stärke	Eiweiß	Fett
Marmelade				
Milch				
Kartoffel				
Weintraube				

1 Mittagessen

Freude am Essen
Die meisten Menschen essen gern, aber Geschmäcker sind bekanntlich verschieden: Anne findet Tomaten einfach unerträglich, schwört aber auf Schafskäse, den wiederum ihr Bruder Malte verweigert. Es kommt aber nicht nur auf die Speisen selbst an. Wir essen mit Appetit, wenn es gut riecht und schön aussieht. Wir essen mit Genuss, wenn wir uns rundum gut versorgt fühlen.

Gesunde Ernährung und Freude am Essen müssen sich nicht ausschließen. Eine Tüte Kartoffelchips ruiniert nicht gleich die Gesundheit. Du musst nicht auf alle Dinge verzichten, die dir besonders gut schmecken. Um gesund zu bleiben, brauchst du eine vielseitige und ausgewogene Ernährung.

2 Ernährungspyramide

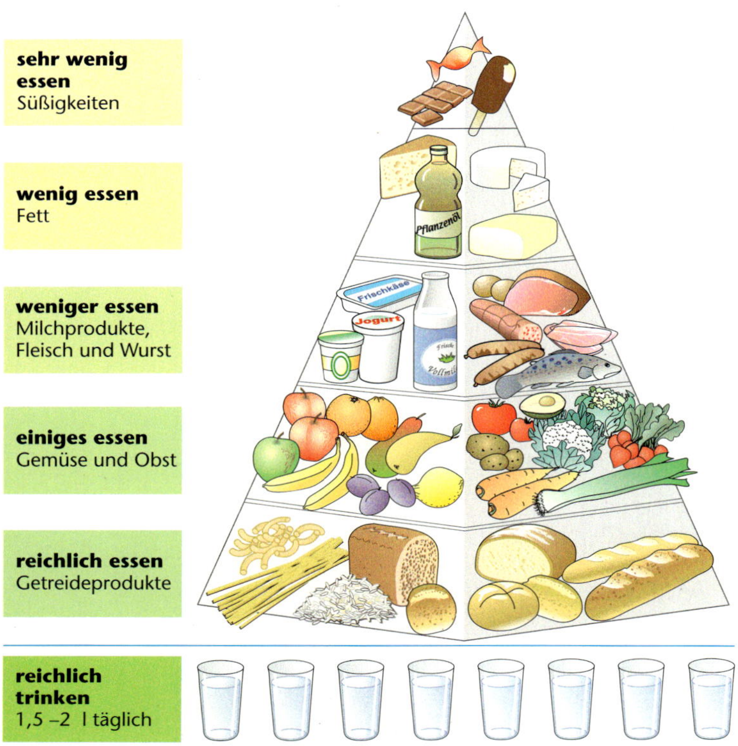

Auf die Zusammensetzung kommt es an
Entscheidend ist die Auswahl von Nahrungsmitteln, die alle für den Körper wichtigen Nährstoffe in einem ausgewogenen Verhältnis enthalten. Die **Ernährungspyramide** (▷ B 2) gibt dir wichtige Hinweise über die Zusammensetzung der Mahlzeiten.
Kein Leben ohne Wasser – 1,5 bis 2 l täglich solltest du trinken, am besten zuckerarme Getränke.

Die Grundlage der Ernährung sollten Kartoffeln, Reis, Nudeln und Brot sein. Sie sind die Hauptlieferanten für Stärke. Vollkornprodukte enthalten mehr Vitamine und Mineralstoffe als Weißmehlprodukte.

Gemüse und Obst solltest du reichlich essen. Fünf Portionen, über den Tag verteilt, werden von allen Ernährungswissenschaftlern empfohlen.
Fleisch, Fisch und Eier sind eiweißreich. Der Körper braucht für Wachstum und Aufbau nur wenig davon, deshalb sollte man sie nur in kleinen Portionen essen. Außerdem sind diese Nahrungsmittel sehr fetthaltig. Eine Kombination aus tierischem und pflanzlichem Eiweiß ist ideal.

Verwende Fette und Öle sparsam, denn zu viel Fett macht nicht nur dick, es kann dich auch krank machen. Ganz verzichten dürfen wir allerdings auf Fett nicht, denn viele Vitamine sind erst durch die Anwesenheit von Fetten für den Körper verwertbar, außerdem sorgt Fett für den guten Geschmack der Speisen.
Kuchen, Kekse und Süßigkeiten solltest du nur gelegentlich genießen.

▶ Um gesund zu bleiben, braucht der Körper ausreichend Nährstoffe, Vitamine, Mineralstoffe und Flüssigkeit. Wichtig ist, dass alle diese Stoffe im richtigen Verhältnis täglich in der Nahrung enthalten sind.
Obst und Gemüse sollte man regelmäßig essen. Sie versorgen uns mit Vitaminen, Mineral- und Ballaststoffen.

Die richtige Menge – richtig verteilt
Der tägliche Energiebedarf eines Menschen hängt vom Alter und von der Lebensweise ab, ebenso von seiner Tätig-

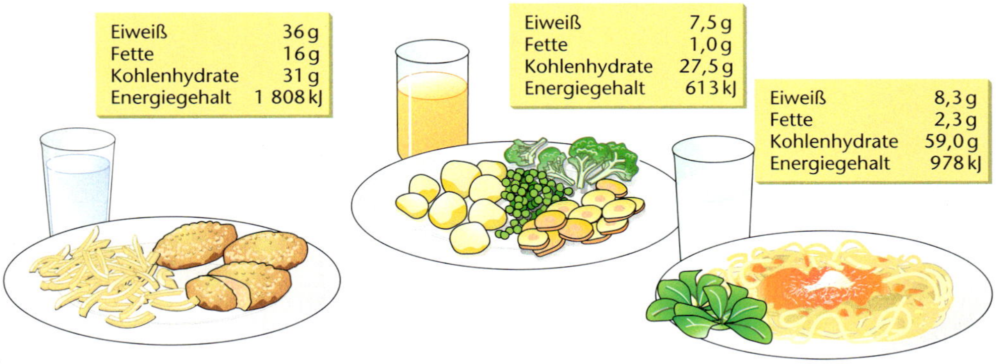

Täglicher Nährstoff- und Energiebedarf eines 10 – 12 Jährigen:

Fette	65 g
Eiweiß	85 g
Kohlenhydrate	320 g
Energiebedarf	10 000 kJ

3 Nährstoffgehalt von drei unterschiedlichen Mittagessen.

keit. Je aktiver du bist, desto mehr Energie benötigen die Muskeln. Wer mehr Energie mit seiner Nahrung zu sich nimmt, als er verbraucht, wird zu dick. Dagegen hilft am besten Bewegung und weniger essen. Aber es gibt auch Kinder, die zu dünn sind. Sie sollten immer kleine Zwischenmahlzeiten essen, dafür eignen sich besonders gut Obst und Vollkornprodukte.

Fleisch in kleinen Mengen

Fleisch sollte als Beilage, also in kleinen Portionen, gegessen werden, denn es enthält hochwertiges Eiweiß, wichtige Vitamine und Mineralstoffe. Für Kinder im Wachstumsalter ist Eiweiß besonders wichtig. Manche Kinder mögen weder Fleisch noch Fisch. Sie sollten dann viel Nüsse, Trockenfrüchte, Müsli, Vollkornprodukte und Hülsenfrüchte essen. Auch Eier, Milch und Käse liefern alle wichtigen Eiweißstoffe.

Energiegehalt

Woher weiß man eigentlich, wie viel Energie in einem Lebensmittel steckt? Wissenschaftler verbrennen die Nahrungsmittel in einem speziellen Gerät, dem **Kalorimeter**, und messen, wie viel Wärme entsteht. Diese Energie geben sie in der Einheit kJ (lies: Kilojoule) an (▷ B 4).

	Eiweiß (in g)	Fett (in g)	Kohlenhydrate (in g)	Mineralstoffe (in mg)	Energiemenge (in kJ)
Schinken, gekocht	19	20	–	507	1145
Hühnereier	11	10	1	372	615
Vollmilch	3,5	3,5	5	368	275
Vollmilch-Jogurt	5	4	5	475	310
Hartkäse, vollfett	25	28	3	1436	1555
Butter	1	83	–	48	3240
Roggenvollkornbrot	7	1	46	558	1000
Mischbrot	7	1	52	577	1055
Weizenvollkornbrot	8	1	47	362	1010
Brötchen	7	1	58	251	1160
Kartoffeln	2	–	19	519	350
Pommes Frites	4	15	41	96	1361
Linsen	24	1	56	1302	1480
grüne Bohnen	2	–	5	321	130
Tomaten	1	–	3	324	75
Haselnüsse	14	62	13	1194	2890
Äpfel	0,3	–	12	147	210
Bananen	0,8	–	16	286	275
Marmelade	–	–	66	40	1090
Vollmilchschokolade	9	33	55	878	2355

4 Nährstoffgehalt verschiedener Lebensmittel bezogen auf 100 g

Aufgaben

1 Entwerft ein Plakat mit Ernährungstipps.

2 Schreibe auf, was du an einem Tag isst. Ordne die Nahrungsmittel der Ernährungspyramide zu. Entscheide selbst: Hast du dich an die Empfehlung mit dem Umgang der Ernährungspyramide gehalten?

3 Begründe, warum ein Möbelpacker mehr Nahrung zu sich nehmen muss als ein Büroangestellter.

4 Gemüse und Obst sind unverzichtbare Bestandteile unserer Nahrung. Entwerft ein Plakat, auf dem ihr für Obst und Gemüse werbt.

5 Organisiert in Tischgruppen ein gemeinsames Frühstück. Typische Spezialitäten aus eurer Heimat sind erwünscht. Denkt an passende Getränke. Ein schön gedeckter Tisch gehört dazu. Wenn ihr eure Tische fertig gedeckt habt, geht herum, macht Fotos von jedem Tisch.
Wer hat den ansprechendsten Frühstückstisch? Guten Appetit!

Gesunde Ernährung

Nie mehr dick mit der Kartoffel-Diät

Gesund abnehmen mit der Atkins Diät

Jetzt Schlank werden ohne zu hungern – mit der Vier-Jahreszeiten-Diät

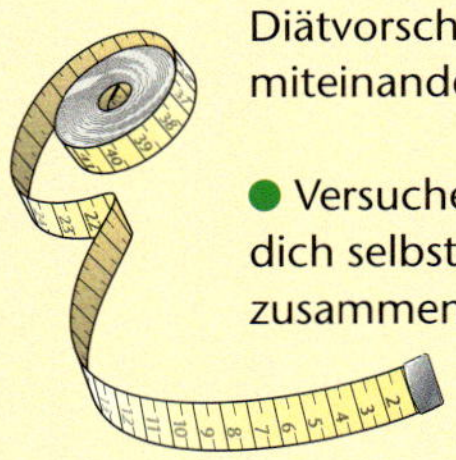

● Vergleiche die zwei Diätvorschläge rechts miteinander.

● Versuche einmal für dich selbst eine Diät zusammenzustellen.

Diäten

In Zeitschriften und Büchern findet man eine Fülle von Ernährungsvorschlägen zum Schlankwerden.

Kartoffeldiät

Montag	Dienstag

Mittwoch	Donnerstag

Freitag	Samstag u. Sonntag

Donnerstag

ZUTATEN
(ca. 1000 Kalorien)

125 g Beefhacksteak,
50 g Magerquark
1 EL Parmesankäse,
3 TL Öl,
1 Scheibe Vollkornbrot,
170 g gekochter Rundkorn-Naturreis (60 g Rohgewicht),
1 TL Sesamsamen,
1 TL Kürbiskerne,
Gemüsebrühe (Instant),
1 kleine Banane,
125 g Weintrauben,
150 g grüne Bohnen,
5 kleine Tomaten,
1 kleine Zwiebel,
Koriander, glatte Petersilie, Schnittlauch, Thymian, Pfeffer, Piment, Rosenpaprika, Salz, Zitrone

500 Kalorien zusätzlich:
3 Scheiben Rindfleischsülze (60 g)
2 TL Öl,
30 g Rundkorn-Naturreis,
1 Birne
175 g Weintrauben

FRÜHSTÜCK
Kräuterquark mit Parmesan
Eine Scheibe Vollkornbrot mit dem restlichen Quark (etwa 50 g) bestreichen. Eine Tomate aufschneiden, auf das Brot legen und mit einem Esslöffel Parmesankäse, frischen Kräutern und Pfeffer bestreuen.

EXTRA
Sesambanane
Bananenscheiben mit Zitronensaft beträufeln und einen Teelöffel Sesamsamen darüberstreuen.

WARME MAHLZEIT
Hackfleischröllchen mit Reis
125g Beefhacksteak mit je einer Messerspitze Piment, Rosenpaprika, Salz, einem Teelöffel Zitronensaft, gehackter Petersilie und einer halben geriebenen Zwiebel verkneten. Kleine längliche Röllchen formen und in der Grill- oder Eisenpfanne ohne Fett braten. 300 g geputzte Bohnen in Salzwasser 10 Minuten garen und abgießen – die Hälfte ist für morgen. Die restliche Zwiebel würfeln, eine Tomate vierteln. Zwiebelwürfel in drei Esslöffel Gemüsebrühe aufkochen, die Hälfte vom vorgekochten Reis (von gestern, etwa 30 g Rohgewicht), dann die Tomatenwürfel und zum Schluss die gekochten Bohnen dazu rühren. Zwei Teelöffel Öl hinzu fügen. Über alles frischen Thymian streuen.

EXTRA
125 Gramm Weintrauben

IMBISS
Tomaten-Reis-Salat
3 Tomaten kleinschneiden und zusammen mit dem restlichen gekochten Reis (30 g Rohgewicht), einem Teelöffel Öl, Zitronensaft, Salz, Pfeffer, Schnittlauch und frischem Koriander mischen und ziehen lassen. Einen Teelöffel Kürbiskerne darüber streuen.

Tip für 1500 Kalorien:
Mittags gibt es die doppelte Portion Reis (zwei Esslöffel Reis zusätzlich aufsetzen). Den Tomatensalat mit drei Scheiben gewürfelter Sülze mischen, das zusätzliche Öl darüber träufeln. Zwischendurch kännen Sie das Obst essen.

Fragen Sie Dr. Hilfreich

Du kennst aus Zeitschriften die Ratgeber, die zu allen Problemen des Lebens eine Antwort wissen.

Lieber Dr. Hilfreich,

ich will das schlankeste und schönste Mädchen unserer Schule werden. Seit Wochen mache ich eine Diät und bin auch schon ganz dünn.
Leider wackeln seit letzter Woche alle meine Zähne.
Können Sie mir helfen?
Was soll ich tun?

Mit freundlichen Grüßen

Martina

```
Liebe Martina,

vielen Dank für Deinen
Brief.

. . .

Mit freundlichen Grüßen
Dr. Hilfreich
```

● Teilt die Klasse in zwei Gruppen auf. Die erste Gruppe denkt sich Fragen an Dr. Hilfreich aus. Die zweite Gruppe versucht dann als Dr. Hilfreich diese Fragen zu beantworten.

● Krankenkassen, Apotheken oder euer Hausarzt informieren über Wege zu einer gesunden Ernährung. Auch dein Schulbuch kann dir weiterhelfen.

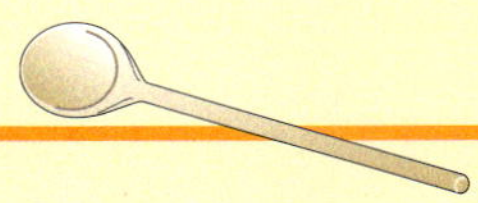

Rezepte

Habt ihr bei Euren Aktionen Durst oder Hunger bekommen? Hier sind zwei Rezeptvorschläge für gesunde Fitness-Drinks und Müsli-Riegel. In Zeitschriften und Kochbüchern findet ihr bestimmt noch mehr.

● Solche Getränke, Müsli-Riegel oder andere gesunde Nahrungsmittel kann man auch prima für ein gemeinsames Klassenfrühstück, Schulfeste oder für einen Pausenverkauf einplanen.

Fitness-Drink (für zwei Personen)

Saft von zwei Orangen
1 kleine Banane
4 Esslöffel ungesüßter Sanddornsaft
300g Buttermilch
2 Teelöffel Honig

Den Saft, die grob zerdrückte Banane und die anderen Zutaten werden im Mixer oder mit dem Pürierstab verquirlt.
Fertig ist der Mix!

Checkliste für Joule-Detektive

Der Energiegehalt von Lebensmitteln lässt sich gut vergleichen, wenn man ausrechnet, wie viele Zuckerstückchen man stattdessen essen müsste.

Produkt	**Würfelzucker** (3 g pro Stück)
Gummibärchen (Tüte 100 g)	19 Stück
Lakritze (Tüte 75 g)	15 Stück
Päckchen Kaugummi	9 Stück
Vollmilchschokolade (Tafel 100 g)	19 Stück
Milchschnitte	3 Stück
Müsli-Riegel	8 Stück
Nussnougat-Creme (Glas 400 g)	79 Stück
Limonade (Glas 0,3 l)	13 Stück
Orangennektar (Glas 0,3 l)	18 Stück
Orangensaft (Glas 0,3 l)	1 Stück

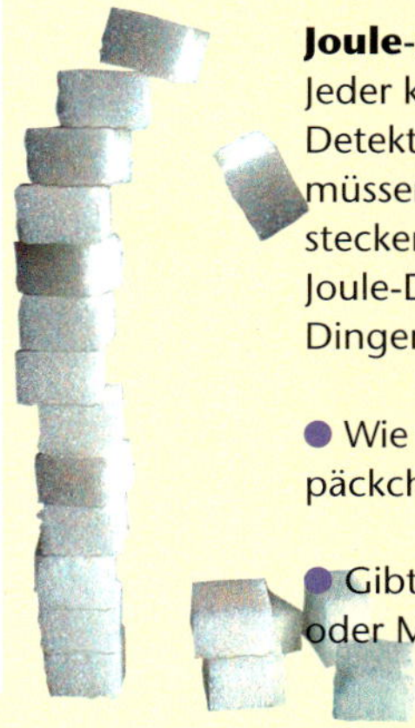

Joule-Detektive

Jeder kennt die Geschichten in denen Detektive geheimnisvolle Fälle lösen müssen. Auch in unserer Nahrung stecken viele Geheimnisse. Geht als Joule-Detektive doch einmal den Dingen genau auf den Grund.

- Wie viel Zucker ist in einem Trinkpäckchen „Orangengeschmack"?
- Gibt es auch Zucker in Ketchup oder Mayonaise?

Fremde Länder – fremdes Essen

Mexiko

Spanien

Frankreich

Italien

- Vergleicht die verschiedenen Gerichte und ermittelt die Zutaten!

Griechenland

Thailand

- Bestimmt kannst du viel über die einheimische Küche in fremden Ländern von deinen Mitschülern erfahren.
- Aus den Küchen fremder Länder kennen wir die verschiedensten Nahrungsmittel, Zubereitungsweisen und Gewürze. Aber kennen wir die Küche wirklich? Oder sind die Speisen beim „Chinesen" oder „Griechen" an unsere Gewohnheiten angepasst?

Müsli-Riegel selbst gemacht

(Rezept für ca. 20 Riegel)

50 g Haselnüsse, 50 g Kürbiskerne,
100 g Feigen, 50 g Trockenpflaumen,
2 Äpfel, 50 g Sonnenblumenkerne,
150 g Weizenvollkornmehl, 150 g Haferflocken,
250 ml Wasser, 5 Esslöffel Sonnenblumenöl,
100 g Rosinen, 1/2 Teelöffel Salz,
2 Esslöffel Honig, 1 Teelöffel Zimt.

Trockenpflaumen, Feigen, Kürbiskerne und Haselnüsse grob hacken. Die Äpfel raspeln.

Mehl und Haferflocken in eine Schüssel geben. Wasser, Öl und die anderen grob gehackten Zutaten untermischen. Mit Salz, Honig und Zimt schmeckt ihr das Gemisch ab und verknetet es zu einem Teig. Legt ein Backblech mit Backpapier aus und streicht den Teig gleichmäßig darauf aus. Im vorgeheizten Backofen wird bei 180 °C der Teig 30 Minuten gebacken. Den warmen Teig schneidet ihr in Portionen und lasst ihn auskühlen.

Damit dein Körper von einem Käsebrötchen einen Nutzen hat, muss es erst einmal verdaut werden. Auf dem Weg durch die **Verdauungsorgane** wird es in immer kleinere Teile zerlegt, die schließlich so klein sind, dass sie die Darmwand passieren und ins Blut gelangen können. Sie werden dann mit dem Blut zu den Zellen transportiert.

Verdauung beginnt im Mund

Im Mund wird die Nahrung durch die **Zähne** zerkleinert, mit Speichel vermischt und dadurch gleitfähig gemacht.
Die Verdauung beginnt schon im Mund, denn im Speichel befindet sich ein Stoff, der **Stärke** in Zuckerbausteine zerlegt.
Die Zunge drückt den Nahrungsbissen gegen den hinteren Gaumen, dann wird er geschluckt und gelangt in die **Speiseröhre**.
Die Nahrung fällt nicht etwa durch die Speiseröhre nach unten, sondern die Muskeln der Speiseröhre ziehen sich in regelmäßigen Abständen zusammen und entspannen sich wieder. Durch diese Wellenbewegung wird der Bissen zum Magen transportiert.

Verdauungssäfte zerlegen die Nährstoffe

Im **Magen** (▷ B 2) wird der Nahrungsbrei gesammelt, ständig geknetet und mit

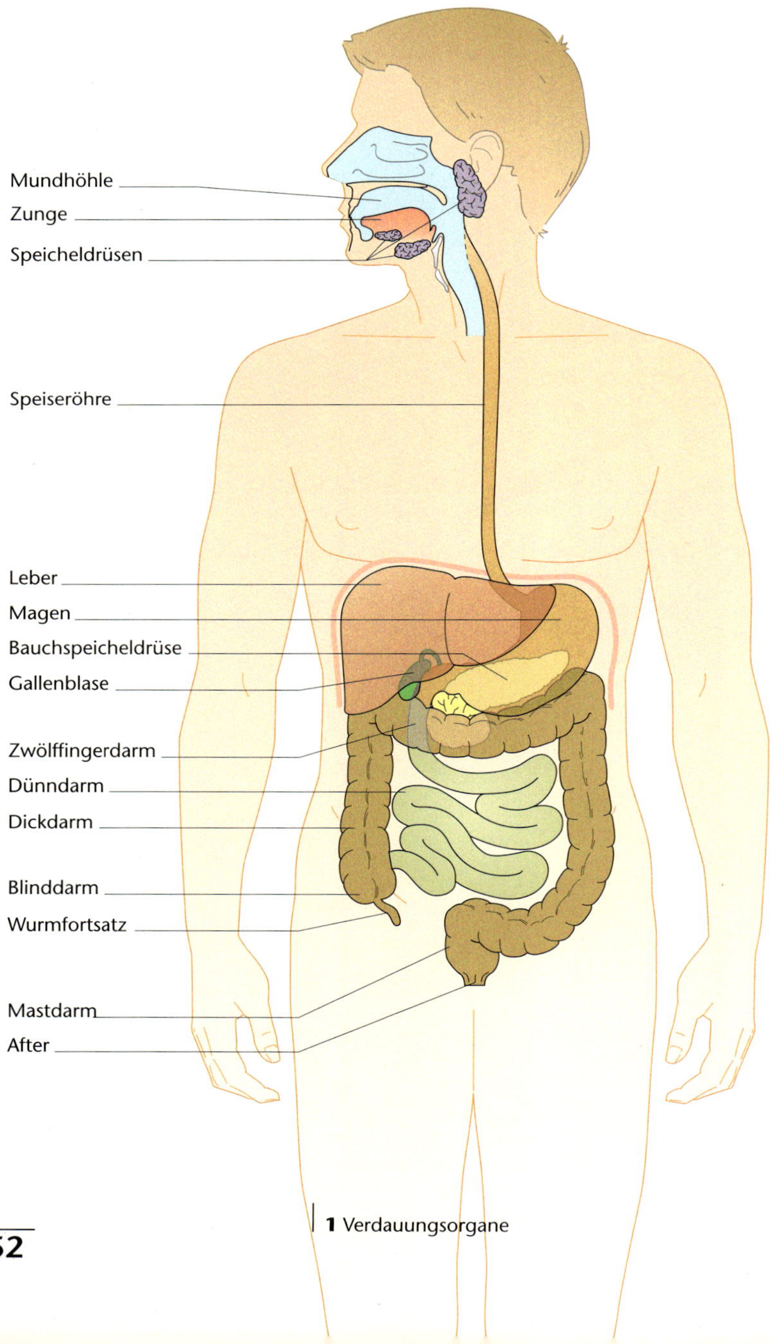

1 Verdauungsorgane

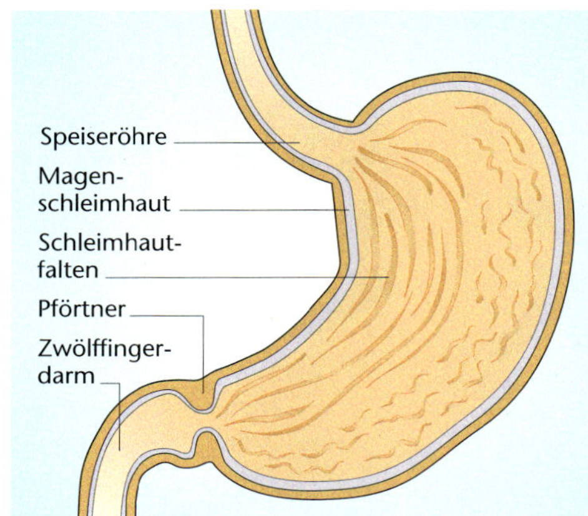

2 Magen

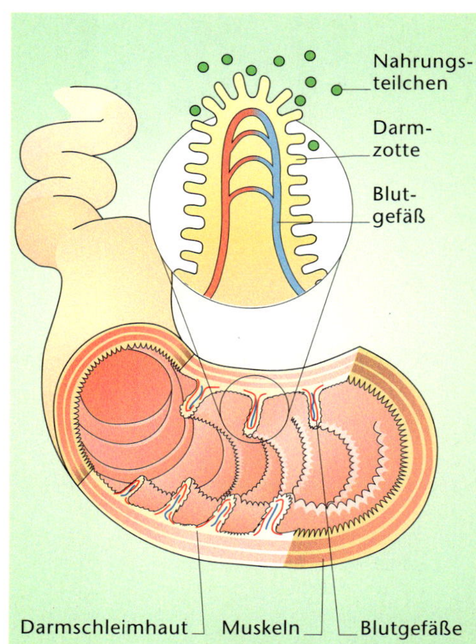

3 Dünndarm mit Darmzotten

Magensaft durchmischt. Der Magen besteht aus Muskelwänden, die sich kräftig zusammenziehen können. Innen ist die Magenwand mit der faltigen **Magenschleimhaut** ausgekleidet. Drüsen der Magenschleimhaut produzieren den Magensaft. Dieser enthält unter anderem verdünnte Salzsäure, die mit der Nahrung aufgenommene Bakterien abtötet. Der Magensaft bereitet die **Zerlegung der Eiweißstoffe** vor. Der Nahrungsbrei bleibt je nach Zusammensetzung der Speisen unterschiedlich lang im Magen.

Über den Magenausgang, den **Pförtner**, gelangt der Speisebrei in kleinen Portionen in den ersten Abschnitt des Dünndarms, den **Zwölffingerdarm**. Die **Bauchspeicheldrüse** und die **Gallenblase** geben hier ihre Verdauungssäfte ab. Die Gallenblase sondert Gallenflüssigkeit ab, die bei der **Fettverdauung** hilft. Drüsen in der Wand des Dünndarms geben Verdauungssäfte ab, die dafür sorgen, dass bisher noch nicht verdaute Nährstoffe in ihre Bausteine zerlegt werden.

Geschafft!
Der Nahrungsbrei wird durch wellenförmige Bewegungen durch den 3 bis 4 m langen **Dünndarm** (▷ B 3) befördert. Winzig kleine, fingerartige Ausstülpungen, die **Darmzotten**, ragen in den Nahrungsbrei. Durch diese erfolgt die Aufnahme der verdauten Nährstoffe ins Blut.
Unverdauliche Reste und Wasser gelangen in den **Dickdarm** (▷ B 1). Ein Teil des Wassers und Mineralstoffe werden aufgesogen, dadurch wird der Brei dickflüssiger. Dieser wird zum **Mastdarm** transportiert und als Kot durch den **After** ausgeschieden.

Aufgabe

1 a) Arbeitet zu zweit. Einer der Arbeitspartner legt sich auf einen Bogen Packpapier. Der Partner zeichnet den Körperumriss mit einem dicken Stift auf. Zeichnet in den Umriss die Verdauungsorgane ein. Schreibt Kärtchen mit dem Namen und der Aufgabe des entsprechenden Verdauungsorgans. Teilt euch die Arbeit auf. Klebt die Kärtchen in die Umrisszeichnung.
b) Welchen Weg legt ein Käsebrötchen im Körper zurück? Erklärt euch abwechselnd von einer Station der Verdauung zur nächsten, was mit dem Käsebrötchen geschieht. Benutzt dafür eure große Zeichnung.

4 Gute Verdauung – schlechte Verdauung

Bei der Verdauung wird die Nahrung in kleinste Teile zerlegt. Diese werden vor allem im Dünndarm ins Blut aufgenommen und dann zu den Zellen transportiert.

Magenknurren
Wenn du längere Zeit nichts gegessen hast, bilden sich in deinem Magen Luftblasen. Sie bewegen sich und verursachen dabei Geräusche.

Erbrechen
Hast du verdorbene oder giftige Speisen zu dir genommen, reagiert dein Magen „sauer“. Dir ist übel und du musst dich erbrechen. Diese Reaktion schützt den Körper vor Vergiftungen.

Durchfall
Eine der häufigsten Verdauungsbeschwerden ist Durchfall. Mehrmals täglich entleert sich dabei der Darm. Der Darminhalt ist wässrig. Dadurch kommt es zu starkem Flüssigkeitsverlust. Neben Wasser verliert der Körper auch wichtige Mineralstoffe. Das kann vor allem für Säuglinge und alte Menschen gefährlich werden. Durchfall kann verschiedene Ursachen haben. Oft sind es krankheitserregende Bakterien, die in verunreinigtem Trinkwasser oder in verdorbenen Speisen enthalten sind.

Verstopfung
Der Darm bewegt sich nur langsam, dadurch wird dem Darminhalt zu viel Wasser entzogen. Ursachen sind oft zu wenig Ballaststoffe in der Nahrung, zu wenig Zufuhr an Getränken und Bewegungsmangel.

Brennpunkt

Auch das Gehirn braucht Futter

Was usner Gerhin alles kann
Dem Gehrin ist es vlölig eagl, in wechler Reeihnfloge die Buhcsatben iennerhlab enies Wotres auftacuhen. Es erknent soagr den gröteßn Unsnin. Das Hrin nmimt nihct die einzlenen Bcuhsataben auf, sodnern iemmer gnaze Wröter.

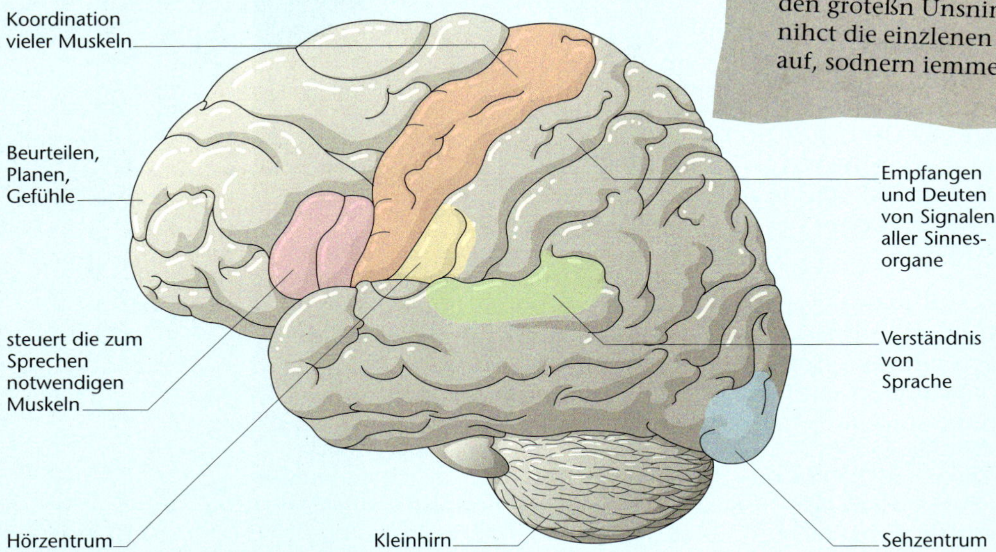

1 Arbeitsteilung im Gehirn

Unser Gehirn – ein Supercomputer
Das Gehirn liegt gut geschützt zwischen den Schädelknochen. Es ist von einer Flüssigkeitsschicht umgeben und wird durch Wände aus Bindegewebe sicher an seinem Platz gehalten.

Egal, was du tust, alles wird durch das Gehirn gesteuert. Man kann das Gehirn mit einem Computer der absoluten Spitzenklasse vergleichen. Dagegen ist selbst der beste und schnellste Computer der Welt ein billiges Modell. Er schafft nur etwa 5 % der Leistung eines menschlichen Gehirns. Das Gehirn verarbeitet Meldungen aus allen Organen des Körpers. Siehst du etwas, so hat das Gehirn diese Information bereits über Netzhaut und Sehnerv erhalten. Das Gehirn kann in Bruchteilen von Sekunden Befehle an jede Körperregion aussenden. So kannst du gleichzeitig mit deinen Zehen wackeln und in die Hände klatschen.
Aber das Gehirn kann noch viel mehr. In jahrzehntelangen Beobachtungen haben Gehirnforscher herausgefunden, welche Teile des Hirns für die verschiedenen Fähigkeiten zuständig sind. Die Abbildung 1 zeigt dir die unterschiedlichen Teile. Werden bestimmte Teile des Gehirns durch einen Unfall oder eine Krankheit zerstört, so fehlen dem Menschen bestimmte Fähigkeiten.

Das Gehirn braucht Futter
Das Gehirn bekommt seine Energie wie alle Teile unseres Körpers durch die Aufnahme von Nahrung. Durch das Blut wird ihm Sauerstoff zugeführt.
Aber das alleine reicht nicht!

Das Gehirn braucht „Futter", das wir nicht mit der Nahrung aufnehmen. Es benötigt ständiges Training.
Deine „kleinen grauen Gehirnzellen" müssen laufend üben, um nicht „einzurosten". Am besten funktioniert das durch lesen, lernen, reden, sehen, kopfrechnen, schreiben, singen, malen, basteln, turnen, spielen, rätseln, musizieren und vieles mehr.

Nicht gut für das Gehirn ist eine einseitige Beschäftigung: Wer immer nur vor dem Fernsehgerät sitzt, verlernt mit anderen zu reden und zu spielen.

Wer immer nur mit dem Taschenrechner rechnet, der kann beim Kartenspielen kaum noch seine Punkte im Kopf zusammenzählen.

Wer nicht übt auswendig zu lernen, kann sich nicht einmal eine Postleitzahl oder eine Telefonnummer merken.

Strategie

Tipps für erfolgreiches Lernen

A. Vor dem Lernen

Punkt 14 Uhr sitzt du am Schreibtisch und bist entschlossen, nun mit deinen Hausaufgaben zu beginnen. Wenn du früh am Nachmittag anfängst, hast du später mehr Zeit für Sport oder dein Hobby. Der Anfang fällt dir leichter, wenn du zuerst dein Gehirn in Schwung bringst: Wie wäre es zum Start mit etwas frischer Luft? Öffne das Fenster und atme tief durch. Jetzt kann es losgehen. Stimme dich aufs Lernen ein, indem du dich motivierst. Du hast es nämlich in der Hand, ob Lernen auch Spaß machen kann.

Schau zuerst auf deinen Stundenplan und überlege dir, in welcher Reihenfolge du lernen willst. Welche Aufgaben musst du schon bis zum nächsten Tag fertig haben?
Erledige zuerst Aufgaben, die dir Spaß machen oder leicht zu bewältigen sind, bis dein „Lernmotor" warm gelaufen ist, gehe erst dann an schwierigere Aufgaben.

B. Beim Lernen

Lass dich beim Lernen nicht ablenken, weder von Musik noch von Anrufen oder Besuchern. Je konzentrierter du bei der Arbeit bleibst, umso schneller bist du fertig.
Versuche, Ordnung zu schaffen. Gliedere einen langen Text in Abschnitte. Überlege dir Überschriften und Oberbegriffe. Schreibe dir Wörter, die nicht in deinen Kopf gehen wollen, auf. Stelle dir selber Fragen: „Wer? Was? Wann? Wo? Warum? Wieso?".
Setze dein „Kopfkino" in Gang. Stelle dir den Lernstoff möglichst bildlich und anschaulich wie in einem Film vor. Manchmal hilft es beim Lernen, wenn du dabei laut sprichst, z. B. dir selbst etwas erklärst.
Jeder lernt anders. Du hast sicher schon gehört, dass es verschiedene „Lerntypen" gibt. Zu welchem Lerntyp du gehörst, musst du erst ausprobieren.
Wenn du mal länger lernen musst, plane Pausen ein. Die erste solltest du nach 20 Minuten machen. Verschaffe dir Bewegung, recke und strecke dich oder tanze nach deiner Lieblingsmusik. Iss eine Banane und weiter geht's.

C. Nach dem Lernen

Schau dir den Lernstoff regelmäßig wieder an, am besten nach einem Tag, nach einer Woche und nach einem Monat. Drei bis vier Wiederholungen reichen, um einmal Gelerntes zu speichern und nicht mehr zu vergessen. Vielleicht hört dir jemand zu, während du den Lernstoff wiederholst und du kannst seine Fragen beantworten. Das hilft, damit sich das Gelernte im Gehirn „setzt".

Mein Körper – meine Gesundheit

Skelett

Das Skelett ist aus zahlreichen Knochen zusammengesetzt, die den Körper stützen und vielen inneren Organen Schutz bieten.
Die Knochen bestehen aus Knochenhaut, Knochengewebe, Knochenbälkchen und Knochenmark und werden über die Blutgefäße ernährt.
Bewegliche Verbindungen der Knochen heißen Gelenke.
Hände sind Universalwerkzeuge. Füße tragen das gesamte Körpergewicht.
Die doppelt S-förmige Wirbelsäule federt Stöße und Erschütterungen ab und schützt das Rückenmark.

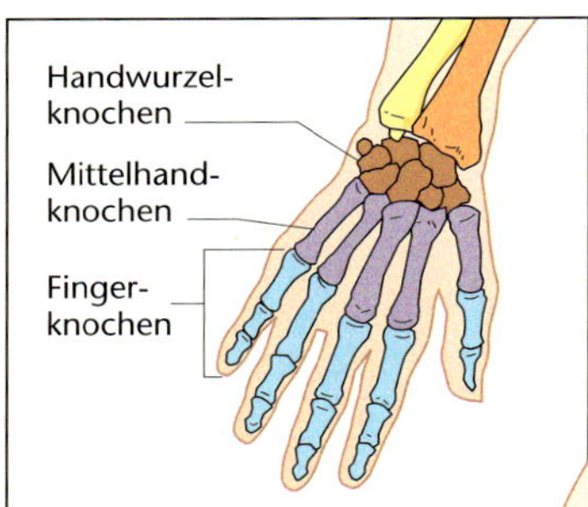

1 Handgelenk

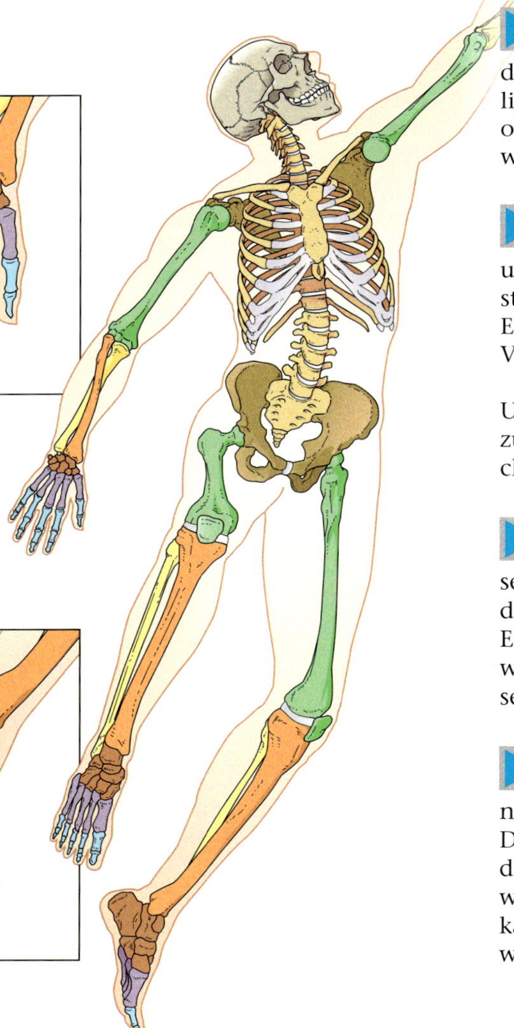

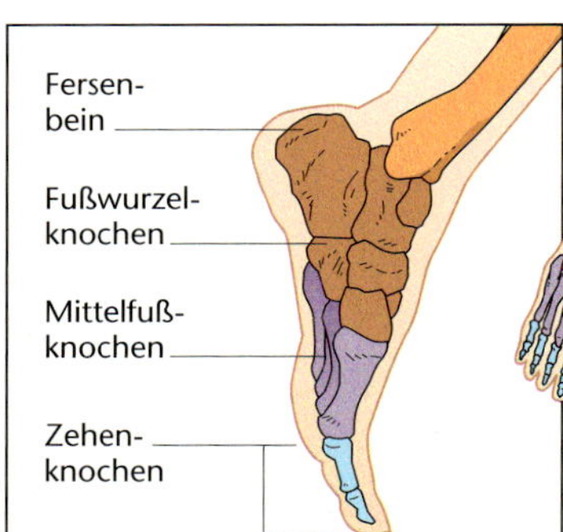

2 Fußgewölbe

Muskulatur

An jeder Bewegung sind Muskeln beteiligt. Ein Muskel kann sich nur verkürzen, sein Gegenspieler dehnt ihn dann wieder.

Das Herz

Das Herz beinhaltet vier Hohlräume: zwei Vorhöfe und zwei Herzkammern. Die rechte Herzhälfte pumpt Blut durch den Lungenkreislauf. Die linke Herzhälfte pumpt Blut durch den Körperkreislauf.

Atmung

Die Atmung dient dazu, den Körper mit dem lebensnotwendigen Sauerstoff zu versorgen und Kohlenstoffdioxid abzugeben. Der Austausch von Sauerstoff und Kohlenstoffdioxid findet in der Lunge durch die dünnen Wände der Lungenbläschen statt.

Rauchen schadet!

Rauchen birgt große Gefahren für die Gesundheit. Viele Kinder und Jugendliche lassen sich zum Rauchen überreden, obwohl sie es von alleine nicht anfangen würden. Rauchen macht süchtig.

Das steckt in der Nahrung

Nährstoffe liefern dem Körper Energie und dienen als Baustoffe. Zu den Nährstoffen gehören Kohlenhydrate, Fette und Eiweiße. Außerdem benötigt der Körper Vitamine, Mineralstoffe und Ballaststoffe.

Um Nährstoffe in Nahrungsmitteln nachzuweisen, führt man spezielle Untersuchungen durch.

Gesund ernährt

Eine ausgewogene Nahrung ist vielseitig. Sie enthält wenig Fett und Zucker, dafür aber viel Obst und Gemüse. Die Ernährungspyramide gibt Anhaltspunkte, wie die tägliche Nahrung zusammengesetzt sein sollte.

Verdauung

Damit unser Körper die Nahrung nutzen kann, muss sie verdaut werden. Die Verdauungsorgane sorgen dafür, dass die Nahrung in so kleine Teile zerlegt wird, dass sie die Darmwand passieren kann, um ins Blut aufgenommen zu werden.

Aufgaben

1 Das Skelett hat unterschiedliche Funktionen. Zum einen stützt es den Körper, zum anderen bietet es den inneren Organen Schutz.
Nenne Teile des Skeletts und gib an, welche der beiden Funktionen sie haben.

2 Beschreibe anhand von Bild 2 den Aufbau eines Knochens. Ordne den Zahlen die passende Bezeichnung zu.

3 Suche in der Technik oder der Architektur nach Konstruktionen, deren Aufbau der Anordnung der Knochenbälkchen ähnlich ist.

4 a) Welche Gelenktypen kennst du?
b) Nenne zu jedem Gelenktyp ein Beispiel aus deinem Körper.

5 Die verschiedenen Gelenktypen kommen auch in vielen Gegenständen des täglichen Gebrauchs zur Anwendung. Nenne solche Gegenstände, die bei dir zu Hause oder in der Schule benutzt werden.

6 Betrachte das Armskelett und das Beinskelett.
Welche Gemeinsamkeiten kannst du feststellen?

7 Welche Muskeln im Bein kennst du?

8 Nenne einen Muskel und seinen Gegenspieler. Beschreibe deren Wirkungsweise.

9 Jeder Mensch kann etwas für die Gesunderhaltung seines Skeletts und seiner Muskulatur tun. Beschreibe, wie du dazu beitragen kannst und worauf du achten musst.

10 Sieh dir die Grafik mit den Verdauungsorganen des Menschen an. Benenne die Verdauungsorgane der Reihe nach.

11 Nenne die Nährstoffe und wichtigsten Inhaltsstoffe von Nahrungsmitteln.

12 Welche Aufgaben haben unsere wichtigsten Verdauungsorgane? Stelle sie übersichtlich in Form einer Tabelle dar.

13 Warum wölbt sich bei der Bauchatmung der Bauch vor? Und warum fällt dir das Einatmen schwer, wenn du sehr viel gegessen hast?

14 Raucher spüren die Wirkung des Nikotins aus der Zigarette oft schon nach dem ersten Zug im ganzen Körper. Warum ist das so, obwohl der Rauch doch nur in die Lunge gelangt?

15 In großer Höhe enthält die Luft weniger Sauerstoff. Warum fahren Leistungssportler vor wichtigen Wettkämpfen in ein Höhentrainingslager?

16 Zeichne den Weg des Blutes durch das Herz. Beschrifte deine Zeichnung mit folgenden Begriffen: linke Herzhälfte, rechte Herzhälfte, linker Vorhof, linke Kammer, rechter Vorhof, rechte Kammer, Herzklappen.

17 Nenne die Funktionen des Blutes.

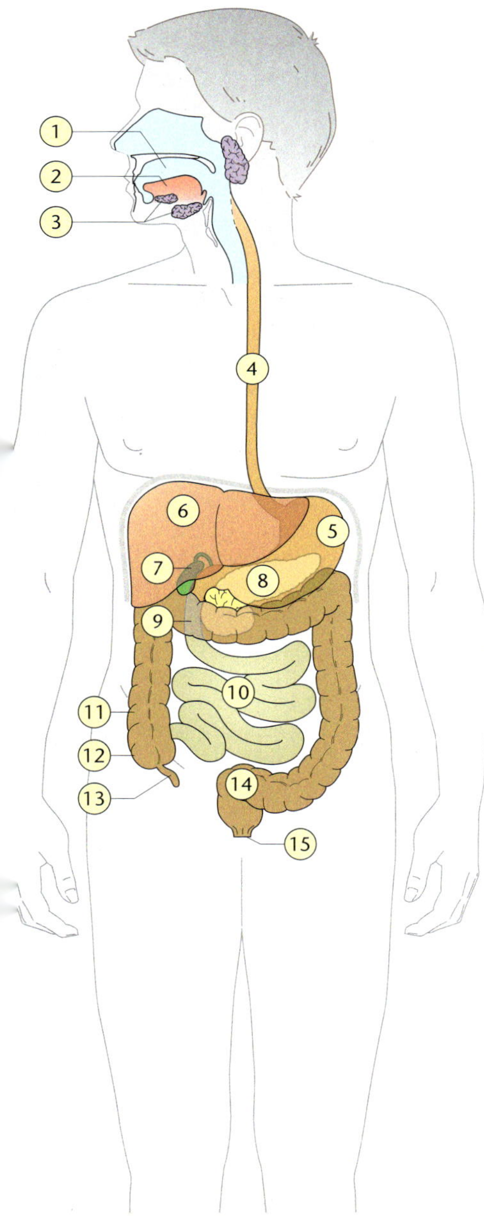

1 Verdauungsorgane

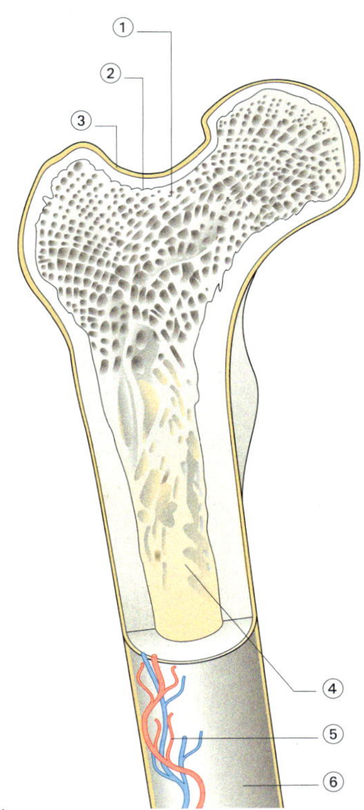

2 Zu Aufgabe 2

Eine neue Zeit beginnt

Hast du nicht auch manchmal den Eindruck, es ist nichts mehr so wie früher? Dein Körper verändert sich, aber auch Gefühle, Einstellungen und Interessen werden andere. Du wirst erwachsen.

Verflixt, die Badezimmertür ist immer noch abgeschlossen. Mark hämmert mit der Faust dagegen und ruft ärgerlich: „Christina, beeil dich, ich komme sonst zu spät!" Hinter der Tür ertönt nur gereizt: „Ja, ja, ich bin gleich fertig, du nervst!" Der hat ja keine Ahnung, denkt Christina, ich muss doch wenigstens so gut aussehen wie meine Freundinnen. Denen fällt doch immer alles gleich auf.

Mark ist wütend auf seine Zwillingschwester. Wieso verbringt sie immer so viel Zeit vor dem Spiegel? Das war doch früher nicht so.
Immer öfter streitet Christina sich mit ihren Eltern und auch mit ihm. Ihr Zimmer hat sie auch ganz verändert und er darf nur noch hinein, wenn er angeklopft hat. Mark findet das alles ziemlich albern, aber Schwestern müssen wohl so sein.

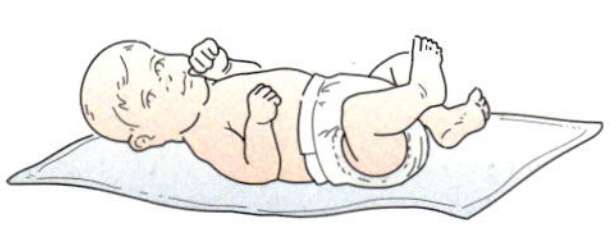

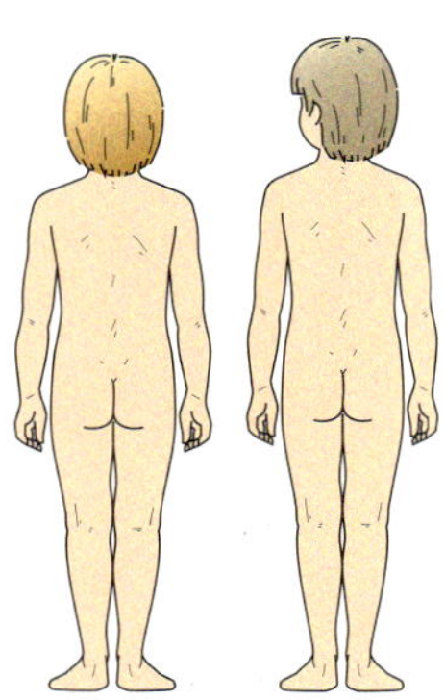

„Mark, wie sieht es denn hier aus und angezogen bist du auch noch nicht", ertönt da die vorwurfsvolle Stimme der Mutter aus seinem Zimmer. „Wie willst du in dem Chaos deine Sachen finden?"

Gut, dass ich gleich hier raus bin, denkt Mark, als Christina endlich aus der Tür kommt. Schnell huscht er ins Bad und schließt die Tür hinter sich.
Draußen hört er noch seine Mutter entsetzt sagen: „Kind, wie siehst du denn aus, so willst du doch wohl nicht in die Schule?“

Mark freut sich auf seine Klassenkameraden, die wenigstens so sind wie er und ihn verstehen.

Erwachsen werden – die Zeit der Pubertät
Du erlebst nun einen neuen Lebensabschnitt, in dem du geschlechtsreif wirst: die Pubertät.
In dieser Zeit entwickelst du dich vom Mädchen zur jungen Frau oder vom Jungen zum jungen Mann.

Die Pubertät dauert einige Jahre und verläuft bei jedem anders. Bei den Mädchen beginnt sie etwa zwischen dem 9. und 14. Lebensjahr, bei den Jungen etwa zwischen dem 11. und 16. Lebensjahr.
Erwachsen werden ist eine schöne, aber manchmal auch schwierige Zeit.

1 In der Sauna

Dein Körper verändert sich

Bei kleinen Kindern, die du nackt von hinten siehst, kannst du Jungen und Mädchen nicht unterscheiden. Erst von vorne erkennst du sie an den Geschlechtsorganen, die schon von Geburt an vorhanden sind. Diese heißen **primäre Geschlechtsmerkmale**. Äußerlich sichtbar sind bei Jungen das Glied oder der Penis und der Hodensack, der die Hoden und Nebenhoden enthält. Die beiden Samenleiter, die Bläschendrüse und die Vorsteherdrüse liegen verborgen im Unterleib.
In der Pubertät entwickeln sich dann weitere Geschlechtsmerkmale, die den erwachsenen Mann vom Jungen unterscheiden. Sie heißen **sekundäre Geschlechtsmerkmale**.

Jungen bemerken den Beginn der Pubertät meistens daran, dass Körperhaare vor allem oberhalb des Gliedes im Schambereich und in den Achselhöhlen wachsen. Später erscheint ein leichter Bartflaum auf der Oberlippe. Bei manchen Jungen wachsen auch Haare auf Armen und Beinen, sowie Brust, Bauch, Po und Rücken.
Am Anfang der Pubertät streckt sich der Körper in die Länge. Die Schultern werden breiter, die Hüften bleiben schmal. Die Muskulatur wird nach und nach überall kräftiger, sodass die ganze Körperform männlicher wird.

Deutlich tritt der Kehlkopf als „Adamsapfel" hervor und die Stimmbänder werden darin länger. Dadurch „bricht" schon mal die hohe Kinderstimme in eine tiefere Männerstimme um. Die Stimmbänder sind noch nicht richtig auf die veränderte Länge eingestellt. Das ist der **Stimmbruch**.

Warum verändert sich der Körper mit Beginn der Pubertät? Der Körper bildet in Drüsen Botenstoffe oder **Hormone**, die auf die verschiedenen Organe einwirken. Auch die Hoden bilden Geschlechtshormone.
Es ist völlig normal, dass diese Veränderungen nicht bei allen Jungen zum gleichen Zeitpunkt beginnen und enden.
Außerdem ist es normal, dass die Pubertät bei Jungen später beginnt als bei Mädchen.

Botenstoffe oder Hormone bewirken die Ausbildung der sekundären Geschlechtsmerkmale:
- die typisch männliche Körperform,
- die Körperbehaarung,
- der Bartwuchs,
- die tiefe Stimme.

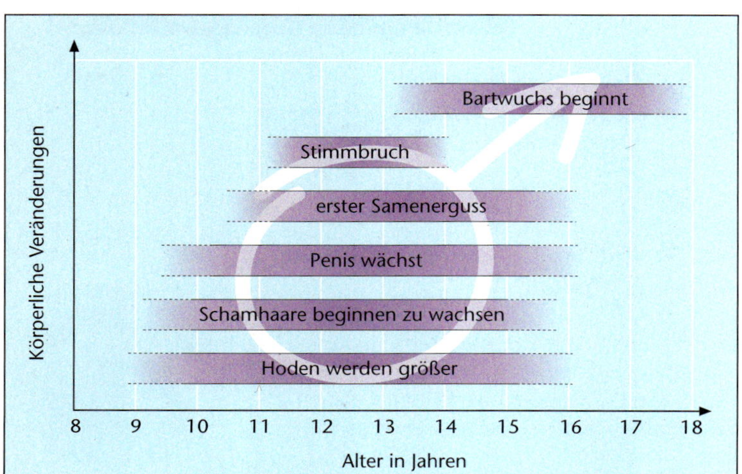

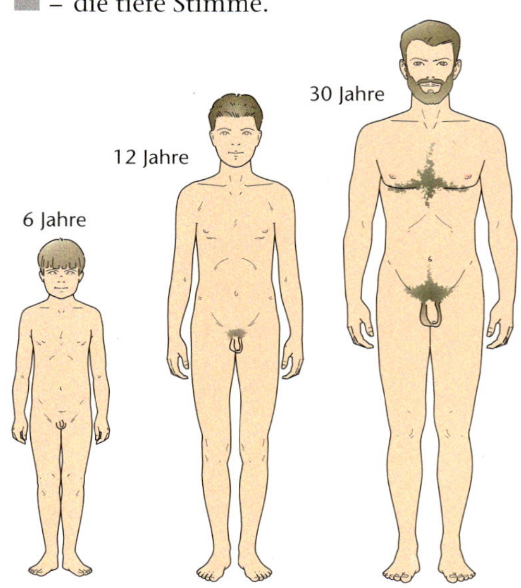

2 Entwicklung bei Jungen

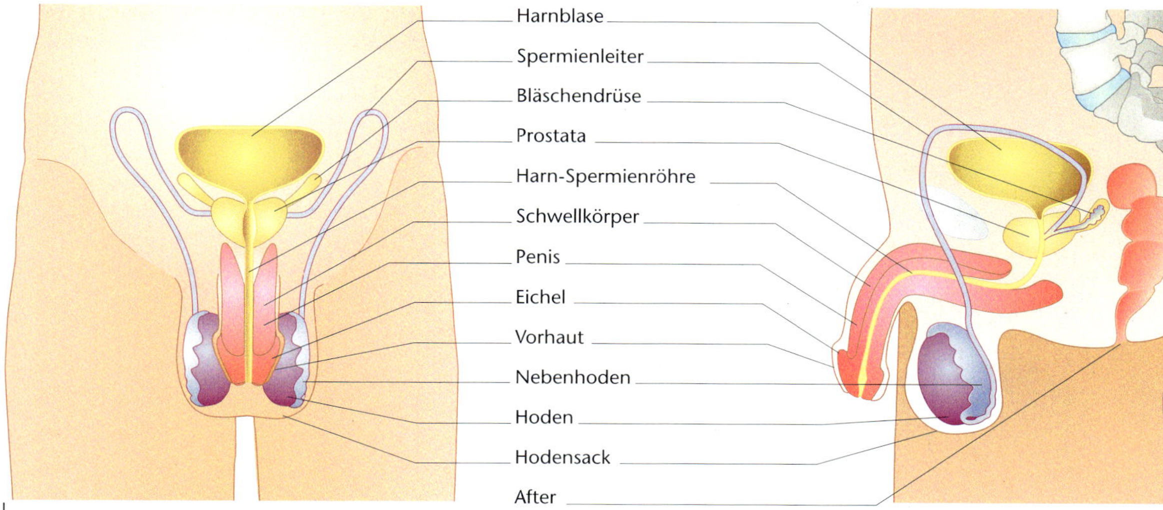

3 Männliche Geschlechtsorgane

Männliche Geschlechtsorgane
In der Pubertät wachsen auch Penis, Hoden und Hodensack.
In den Hoden entstehen die männlichen Keimzellen oder **Spermien**, die ab jetzt ein Leben lang nachgebildet werden. Es sind täglich mehrere Millionen, die sich in den Nebenhoden sammeln.

Vorne am Penis befindet sich die Eichel. Sie ist sehr empfindlich und wird durch die Vorhaut bedeckt. Der Penis kann sich aufrichten und steif werden, weil sich die Blutgefäße in den Schwellkörpern prall mit Blut füllen. Eine solche Gliedversteifung heißt **Erektion**.

Anschließend können die Spermien durch die beiden Samenleiter zusammen mit Flüssigkeiten aus Bläschendrüse und Vorsteherdrüse, der Prostata, durch die Harnröhre nach außen gelangen. Das weißliche Gemisch aus Spermien und Drüsenflüssigkeit heißt **Sperma**.

Was bedeutet eigentlich „geschlechtsreif" sein?
Der erste Samenerguss erfolgt meist unbewusst im Schlaf. So eine Pollution ist ein ganz natürlicher Vorgang.
Der Junge ist mit dem ersten Samenerguss geschlechtsreif und könnte nun ein Kind zeugen.

Auch eigene Berührungen oder Gedanken, Träume und Bilder führen manchmal zu einer Erektion. Dabei empfinden Jungen und Männer ein erregendes Gefühl. Durch Reiben des Penis kommt es zum Höhepunkt der Lust, dem Orgasmus, der mit einem Samenerguss verbunden ist. Dieses Selbstbefriedigen oder Onanieren ist ganz normal und nicht schädlich.

Wenn sich die männlichen Geschlechtsorgane vergrößert haben, bilden die Hoden Spermien.
Ab dem ersten Samenerguss ist der Junge geschlechtsreif und kann Kinder zeugen.

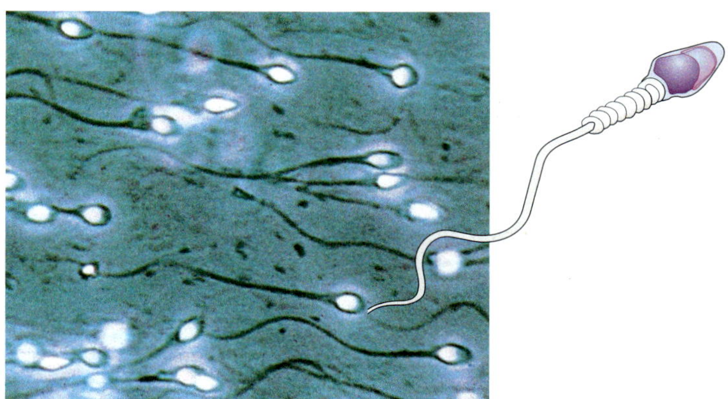

4 Menschliche Spermien (1 000 x vergrößert)

Aufgaben

1 Beschreibe mit eigenen Worten die Entwicklung vom Jungen zum Mann.

2 Erkläre, wie die Veränderungen während der Pubertät ausgelöst werden.

3 Beschreibe den Unterschied zwischen Spermien und Sperma.

1 Am Strand

Dein Körper verändert sich
Während der Kindheit wachsen die Geschlechtsorgane, die du von Geburt an hast, einfach mit deinem Körper mit und verändern sich nur wenig.
Diese **primären Geschlechtsorgane** liegen beim Mädchen verborgen im Unterleib: Gebärmutter, Eierstöcke mit unreifen Eizellen und Eileiter. Äußerlich sind nur die großen Schamlippen sichtbar.

Mit Einsetzen der Pubertät bilden die Eierstöcke Botenstoffe oder **Hormone**, die über das Blut auf die verschiedenen Organe einwirken. Deshalb entwickeln sich nun auch die **sekundären Geschlechtsmerkmale**, die den Körper einer erwachsenen Frau vom kindlichen Mädchenkörper unterscheiden.

Zu Beginn der Pubertät verändert sich die Figur des Mädchens. Die Hüften werden breiter und die Taille bildet sich aus. Fetteinlagerungen in der Unterhaut machen den Körperumriss runder und weicher.

Wenn die Brüste zu wachsen beginnen, wachsen auch die Haare im Schambereich und etwas später in den Achselhöhlen.

Manche Mädchen warten sehnsüchtig darauf, dass sie Brüste bekommen und die Körperform weiblicher wird. Andere sind über die sichtbaren Veränderungen ihres Körpers noch nicht so glücklich. Mal empfinden sie sich als zu dick, mal als zu dünn, mal als zu früh fraulich oder noch zu kindlich.

Manchmal versuchen Mädchen sogar, mit ihren Essgewohnheiten die Körperveränderungen gewaltsam zu beeinflussen.

Botenstoffe oder Hormone bewirken die Ausbildung der sekundären Geschlechtsmerkmale:
- die typisch weibliche Körperform,
- Scham- und Achselhaare,
- Brüste.

Weibliche Geschlechtsorgane
Die äußerlich sichtbaren primären Geschlechtsorgane, die großen Schamlippen, sind weiche Hautfalten. Sie überdecken und schützen die kleinen Schamlippen, den Kitzler und den Eingang zur Scheide. Der Kitzler ist eine sehr empfindsame Stelle und etwa so groß wie eine Erbse.

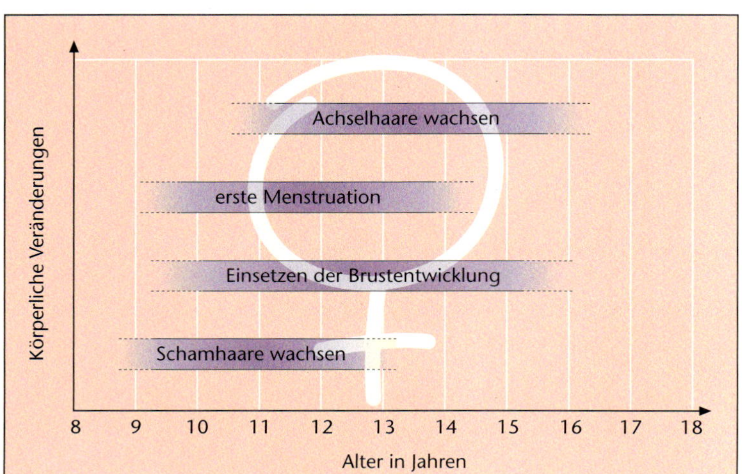

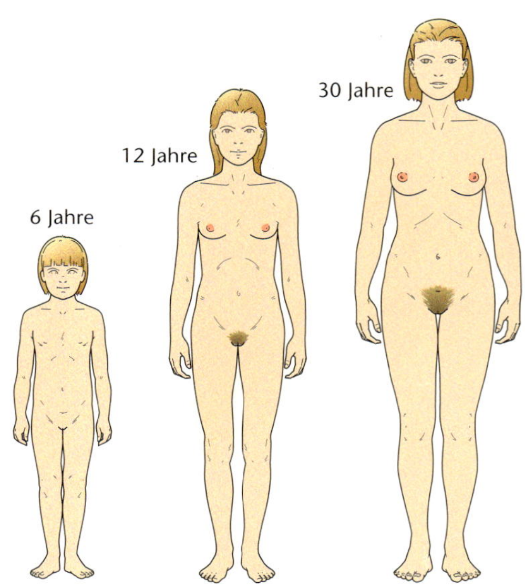

2 Entwicklung bei Mädchen

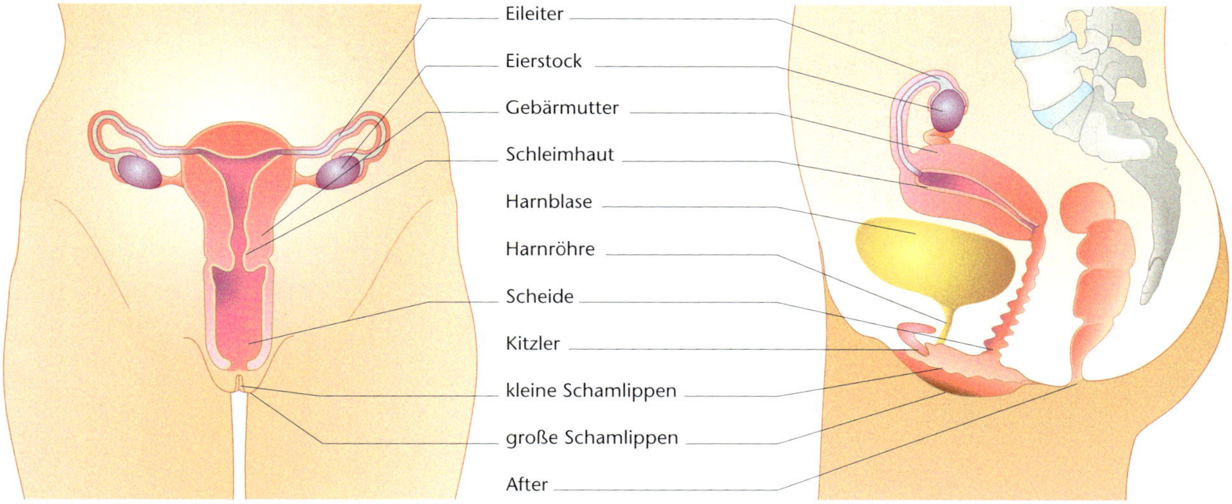

3 Weibliche Geschlechtsorgane

Die Verbindung von außen zur Gebärmutter ist die Scheide. Bei jungen Mädchen ist der Scheideneingang durch ein feines Häutchen, das Jungfernhäutchen, teilweise umrandet.

Das unverletzte Jungfernhäutchen wird oft als Beweis dafür verstanden, dass ein Mädchen noch Jungfrau ist. Eine Jungfrau ist eine Frau, die noch nie mit einem Mann geschlafen hat, egal ob das Häutchen gerissen ist oder nicht. Das kann auch schon vorher ohne Geschlechtsverkehr passieren, z. B. beim Sport.

Was heißt eigentlich „geschlechtsreif" sein?

Die Gebärmutter ist ein sehr dehnbares Organ. Sie hat die Form und Größe einer kleinen Birne. Während der Schwangerschaft kann sie sich so ausdehnen, dass in ihr ein Baby bis zur Geburt Platz findet. Rechts und links von der Gebärmutter führt je ein Eileiter zu einem Eierstock. Die beiden Eileiter verbreitern sich vor den Eierstöcken zu einem Eitrichter.

Ab der Pubertät reifen in den Eierstöcken die weiblichen Keimzellen, die Eizellen. Dann ist ein Mädchen geschlechtsreif und könnte ein Kind bekommen.

Mädchen können durch Streicheln der äußeren Geschlechtsorgane intensive Lustgefühle haben und sich selbst befriedigen. Dabei erleben sie den Höhepunkt der Erregung als Orgasmus.
Selbstbefriedigung ist ein ganz natürlicher Vorgang und schadet nicht.

Von den primären weiblichen Geschlechtsorganen sind äußerlich nur die großen Schamlippen zu erkennen. Gebärmutter, Eierstöcke und Eileiter liegen geschützt im Becken.
Mädchen sind geschlechtsreif, wenn reife Eizellen gebildet werden.

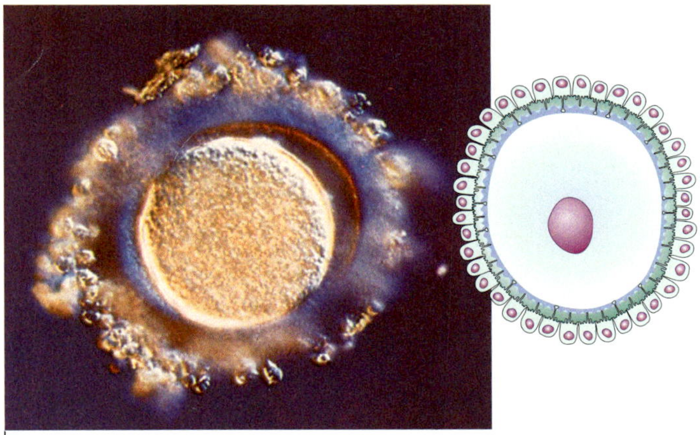

4 Menschliche Eizelle 270 x vergrößert

Aufgaben

1 Beschreibe die unterschiedlichen Geschlechtsmerkmale auf dem Foto / der Grafik in Abbildung 1 und 2.

2 Beschreibe mit eigenen Worten die Entwicklung vom Mädchen zur Frau.

3 Erkundige dich bei Mitschülerinnen anderer Kulturen über Verhaltensregeln, die sie ab dem Beginn der Pubertät einhalten müssen.
Berichte darüber.

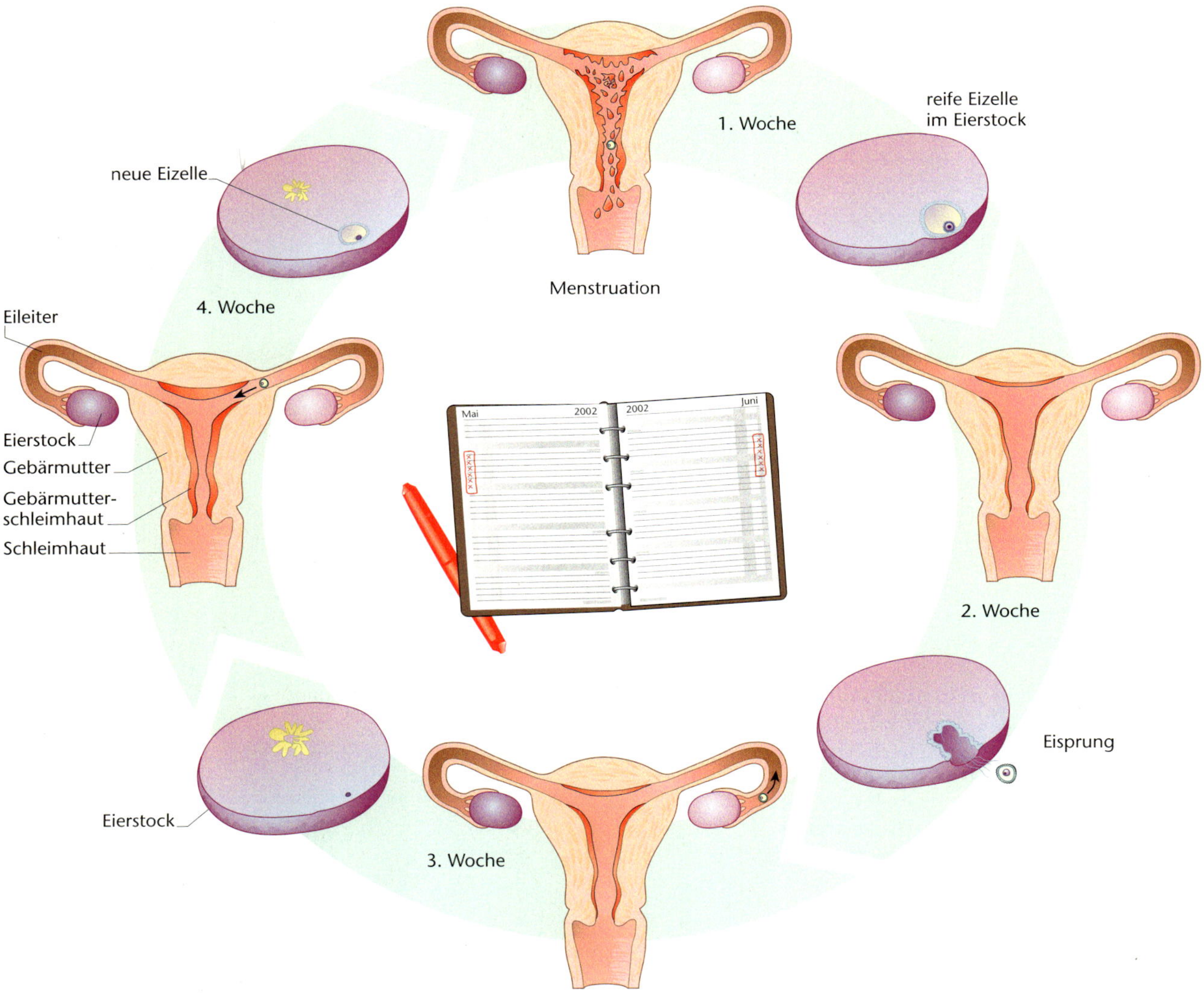

1 Menstruationszyklus

Eine Eizelle reift heran
In den Eierstöcken liegen die weiblichen Keimzellen, die Eizellen. Schon von Geburt an hat jedes Mädchen etwa 400 000 Eizellenanlagen in den Eierstöcken, aber nur 400–500 davon werden im Laufe eines Lebens heranreifen.

Zu Beginn der Pubertät bewirken bestimmte Hormone, dass sich alle 26–30 Tage abwechselnd im linken und rechten Eierstock eine Eizelle entwickelt. Sie wächst in einem flüssigkeitsgefüllten Bläschen heran, das nach etwa 14 Tagen aufplatzt und die reife Eizelle freisetzt. Das ist der **Eisprung**.

Der Trichter des Eileiters fängt die Eizelle auf. Da sich die Eizelle nicht selbst fortbewegen kann, tragen die Bewegungen feinster Härchen an den Innenwänden der Eileiter die Eizelle zur Gebärmutter.
Die Eizelle könnte jetzt von einem Spermium befruchtet werden.

Eine befruchtete Eizelle beginnt sich zu teilen und nistet sich nach einigen Tagen in der Gebärmutterschleimhaut ein. Die Frau ist dann schwanger.

Menstruation – die Regelblutung
Wird die Eizelle nach dem Eisprung nicht befruchtet, stirbt sie ab. Nach ungefähr 14 Tagen löst sich dann die Gebärmutterschleimhaut ab. Schleimhautfetzen und Blut werden durch die Scheide ausgeschieden. Die Blutung dauert einige Tage und tritt ab jetzt fast regelmäßig einmal im

Monat auf. Deshalb wird diese Blutung auch **Regelblutung**, Monatsblutung, Periode oder einfach „Tage“ genannt. Ärzte sprechen von **Menstruation**.
Die erste Blutung in der Pubertät zeigt an, dass das Mädchen **geschlechtsreif** ist.

Schon während der Regelblutung reift in dem anderen Eierstock eine neue Eizelle heran und der ganze Vorgang beginnt von Neuem. Da es sich um einen immer wiederkehrenden Kreislauf handelt, wird er mit dem Fremdwort **Zyklus** bezeichnet.

Was ist ein Menstruationskalender?
Am Anfang der Pubertät ist der Zyklus noch alles andere als regelmäßig. Auch die Dauer kann schwanken und damit verschiebt sich der Zeitpunkt der nächsten Regelblutung. Es ist deshalb wichtig, einen **Menstruationskalender** zu führen. Darin werden alle Tage der Blutung eingetragen. Etwa 26–30 Tage später ist dann mit der nächsten Blutung zu rechnen. Regelmäßige Eintragungen helfen, die persönlichen Abweichungen zu erkennen.

An manchen Tagen ...
Viele Mädchen fühlen sich kurz vor und zu Beginn der Regelblutung nicht wohl. Bauch- und Rückenschmerzen oder auch Kopfschmerzen können auftreten, verschwinden aber allmählich wieder. Bei sehr starken, krampfartigen Schmerzen sollte ein Arzt oder eine Ärztin befragt werden.
Die Regelblutung ist ein ganz natürlicher Vorgang und keine Krankheit. Leichter Sport ist gut und kann Krampfschmerzen entgegenwirken.
Mit etwa 50 Jahren hört die Regel wieder auf. Frauen können dann keine Kinder mehr bekommen.

Kommt es nicht zur Befruchtung, löst sich die Gebärmutterschleimhaut ab und wird mit Blut ausgeschieden. Dieser einmal pro Monat wiederkehrende Vorgang heißt Regelblutung oder Menstruation.

Hygiene während der „Tage“
Aus der Gebärmutter fließen während der Periode etwa 120 ml Blut – das entspricht ungefähr einer halben Tasse.
Hygiene ist in dieser Zeit besonders wichtig, denn Blut und Schleimhautreste lassen Krankheitserreger besonders gut wachsen. Diese könnten jetzt leicht bis in die Gebärmutter vordringen.

Saugfähige **Binden** fangen das ausfließende Blut außerhalb des Körpers auf. Sie werden in die Unterwäsche eingelegt und kleben dort rutschfest.

Tampons sind kleine Watteröllchen, die in die Scheide eingeführt werden und das Blut bereits im Körper aufnehmen. Mit einem speziellen Rückholfaden können sie wieder herausgezogen werden (▷B 2). Dünne Tampons passen durch die Öffnung des Jungfernhäutchens und beschädigen es normalerweise nicht.

Blut selbst riecht nicht. An der Luft wird es aber durch Bakterien zersetzt. Dadurch entstehen unangenehme Gerüche. Binden und Tampons müssen deshalb alle paar Stunden gewechselt werden. Sie gehören niemals in die Toilette, sondern in den Mülleimer.

Die äußeren Geschlechtsorgane sollen während der Regelblutung sorgfältig gewaschen werden. Duschen ist erlaubt und schadet nicht.

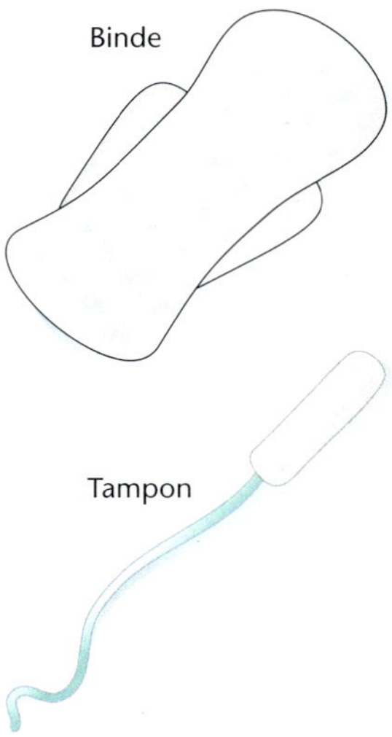

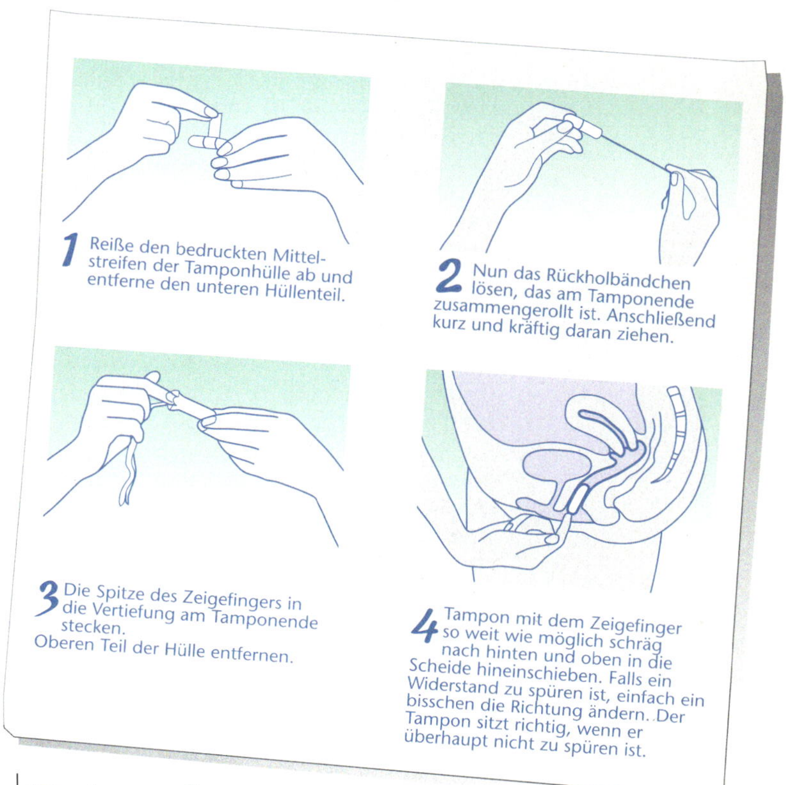

2 Benutzung von Tampons

1 Waschorgie

2 Sport

3 Gruppenarbeit

Waschen – wann und wie?
Während der Pubertät verändert sich auch die Haut und verlangt besondere Pflege. Der Körpergeruch nimmt zu, weil die Schweißdrüsen mehr Flüssigkeit abgeben. Schweiß ist eigentlich geruchlos. Der unangenehme Geruch entsteht erst, wenn Bakterien Schweiß, abgestorbene Hautzellen und Hautfett zersetzen. Diese Bakterien sind keine Krankheitserreger, sondern kommen immer auf einer gesunden Haut vor.

Wenn du stark geschwitzt hast, ist es besonders wichtig, dass du dich wäschst und die Wäsche wechselst. Dabei darfst du Strümpfe oder Socken nicht vergessen, denn auch die Fußsohlen sondern mehr Schweiß ab.
Deos verhindern zwar den Schweißgeruch, sollten aber keinesfalls zum Überdecken des Geruchs verwendet werden.
Dennoch ist auch zu häufiges Duschen ungesund und trocknet die Haut nur unnötig aus.

Bei der täglichen Körperpflege darfst du die Geschlechtsorgane, also den Intimbereich, nicht auslassen.

Die Jungen müssen beim Waschen die Vorhaut des Penis vorsichtig zurückschieben und die talgähnlichen Absonderungen entfernen. Neben unangenehmem Geruch können sonst auch Entzündungen entstehen. Mädchen müssen bei der Intimpflege und auf der Toilette besonders darauf achten, sich von vorne nach hinten zu reinigen. Sonst können Bakterien vom Darm in die Scheide gelangen.

Weil in der Pubertät die Schweißdrüsen verstärkt Schweiß absondern, ist regelmäßige Körperpflege besonders wichtig.

Keine Frage – eine Plage: Pickel, Akne, Mitesser
Hast du im Gesicht, vor allem um die Nase herum, auch schon mal schwarze Pünktchen entdeckt?
Das sind **Mitesser.** So werden die dunklen Stellen genannt, die meist auf fettiger Haut zu sehen sind. Talgdrüsen produzieren unter dem Einfluss von Geschlechtshormonen besonders viel Talg, der die Drüsenausgänge verstopft. An der Hautoberfläche verfärbt er sich schwarz. Aus den Mitessern können leicht **Pickel** entstehen. Hautbakterien gelangen in die Talgdrüsen, es bildet sich Eiter. Wenn der Pickel „reif" ist, sind die äußeren Hautschichten ganz dünn geworden und können aufreißen. Aufkratzen oder ausdrücken darfst du sie auf keinen Fall, denn so werden die Bakterien unnötig verteilt. Außerdem entstehen vielleicht hässliche Narben.

Treten im Gesicht oder auf dem Rücken viele solcher Pickel auf, dann hast du **Akne**. Sie ist eine typische Erscheinung in der Pubertät und kein Zeichen von nachlässiger Hautpflege.
Oft hilft es schon, wenn du dich anders er-

4 In der Disko

nährst. Zuviel Fett, Süßigkeiten oder stark gewürzte Speisen fördern die Aknebildung. Starke Akne solltest du immer vom Hautarzt behandeln lassen.

Mitesser, Pickel und Akne sind Hautunreinheiten, die besonders häufig in der Pubertät vorkommen.

Aufgaben

1 Erstelle einen Ratgeber für richtige Körperpflege von Kopf bis Fuß.

2 Erarbeitet in Gruppen Vorschläge, wie ihr eine Mitschülerin oder einen Mitschüler freundlich darauf aufmerksam machen könnt, dass sie/er die Körperpflege vernachlässigt.

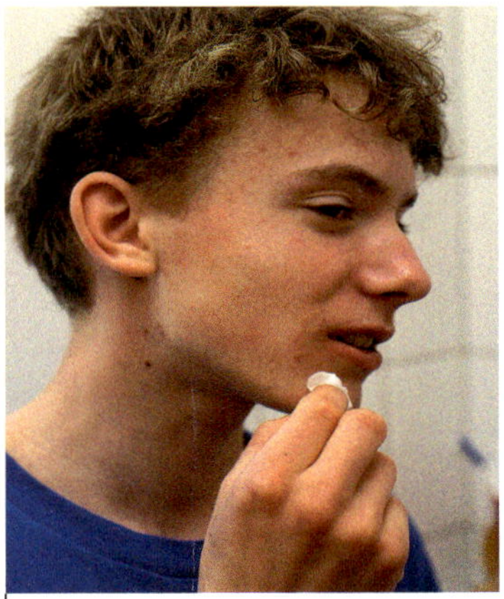

5 Hautpflege ist wichtig.

6 Hilfe, ein Pickel!

Brennpunkt

Beschneidung

1 Beschneidungsfeier

Was bedeutet „Beschneidung"?
Bei einer Beschneidung wird die Vorhaut des Jungen oder Mannes gekürzt oder völlig entfernt. Die Eichel liegt dann frei und das Glied kann leichter sauber gehalten werden.

Gründe für die Beschneidung
Die Beschneidung hat eine lange Tradition. Die Ägypter ließen schon vor Jahrtausenden ihre Söhne beschneiden und im Alten Testament wurde sie für die Juden als sichtbares Zeichen des Bundes zwischen Gott und seinem Volk gefordert. Auch bei den Muslimen und vielen afrikanischen Völkern ist die Entfernung der Vorhaut aus religiösen Gründen üblich. In vielen Teilen der Welt wird die Beschneidung aus hygienischen Gründen durchgeführt. Eine Operation kann auch aus medizinischen Gründen notwendig sein, wenn z. B. eine Phimose besteht, die Vorhaut sich also nicht oder nur unter Schmerzen über die Eichel des Penis zurückschieben lässt.

Ein Festtag!?
In früheren Zeiten wurde die Beschneidung ohne Betäubung vollzogen und war oft zugleich eine Mutprobe für den Heranwachsenden. In den meisten Gegenden der Welt führen heute Mediziner diese Operation mit einer Narkose durch. Nach einer Beschneidung heilt die Wunde in der Regel innerhalb von zehn bis 14 Tagen ab und nach zwei bis drei Monaten bestehen keine Beschwerden mehr.

Die Beschneidung spielt im Leben eines muslimischen Jungen eine wichtige Rolle. Sie wird wie ein großes Familienfest gefeiert. Der Junge ist dann der Mittelpunkt der Feierlichkeiten, wird mit besonderer Kleidung versehen und erhält zahlreiche Geschenke.

Geschlechtliche Vereinigung

Im Verlauf der Pubertät entwickelt sich zum ersten Mal der Wunsch, einem vertrauten und geliebten Partner auch körperlich ganz nah zu sein. Küssen und Streicheln des ganzen Körpers verstärken das Verlangen. Eine sexuelle Erregung entsteht und die Partner wollen „miteinander schlafen". Das ist nur eine Umschreibung für Geschlechtsverkehr, Liebe machen oder Sex haben.

Bei der geschlechtlichen Vereinigung gleitet der steife Penis in die Scheide. Drüsen in der Scheide sondern Gleitflüssigkeit ab und machen die Scheide feucht. Beide Partner bewegen sich stürmisch oder sanft hin und her und können dabei einen **Orgasmus** erleben. Kommt es beim Mann zum Samenerguss, schwimmen Millionen Spermien in Richtung Eizelle.

Jede geschlechtliche Vereinigung kann zu einer Befruchtung und damit zu einer Schwangerschaft führen.

Eine Eizelle wird befruchtet

Nur das erste Spermium, das die Eizelle erreicht, kann mit seinem Kopf eindringen und dann mit der Eizelle verschmelzen. Das ist die **Befruchtung**. Danach bildet die Eizelle eine Schutzhülle, die verhindert, dass weitere Spermien eindringen. Die Eizelle kann nur in den ersten 12 Stunden nach dem Eisprung befruchtet werden.

Der Keim nistet sich ein

Die befruchtete Eizelle teilt sich auf dem Weg durch den Eileiter mehrmals. Nach fünf Tagen nistet sie sich als vielzellige Kugel in der verdickten Gebärmutterschleimhaut ein. Die Frau ist **schwanger**. Die Gebärmutterschleimhaut wird nicht abgestoßen und die Regelblutung bleibt aus. Ab der dritten Schwangerschaftswoche wird der Keim **Embryo** genannt.

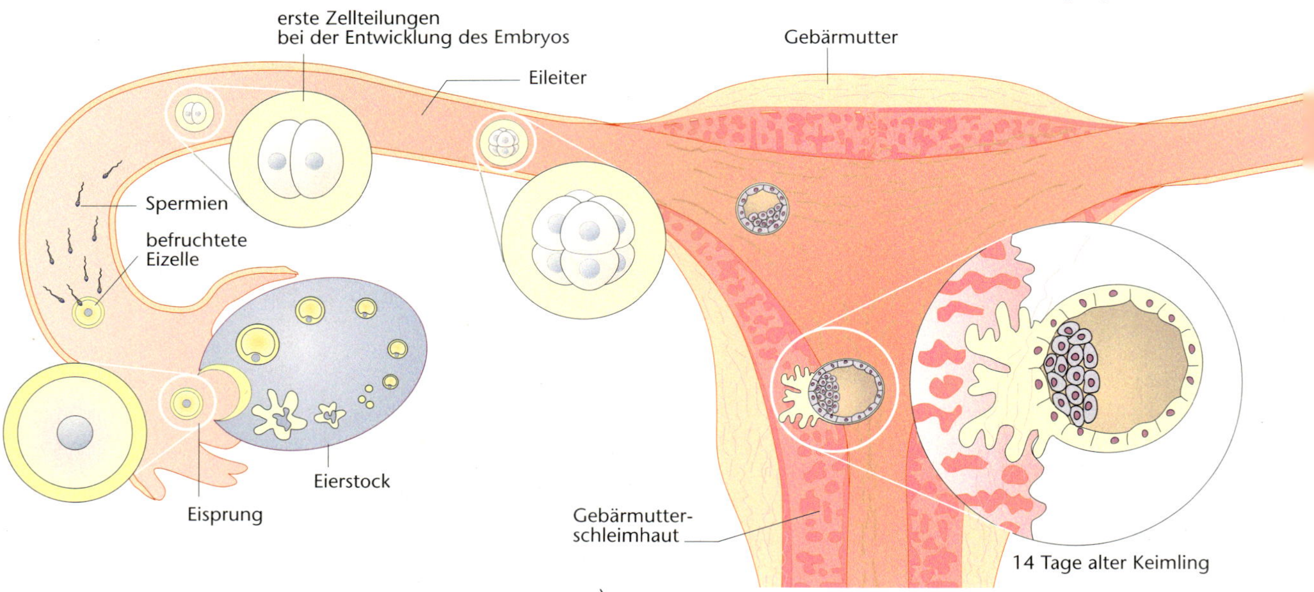

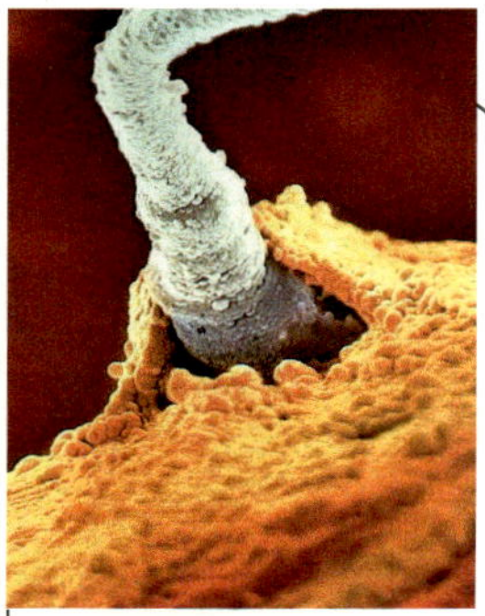

1 Befruchtung

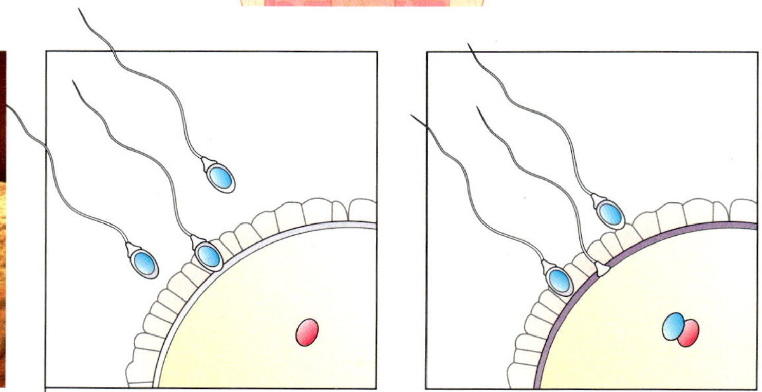

2 Vorgang der Befruchtung

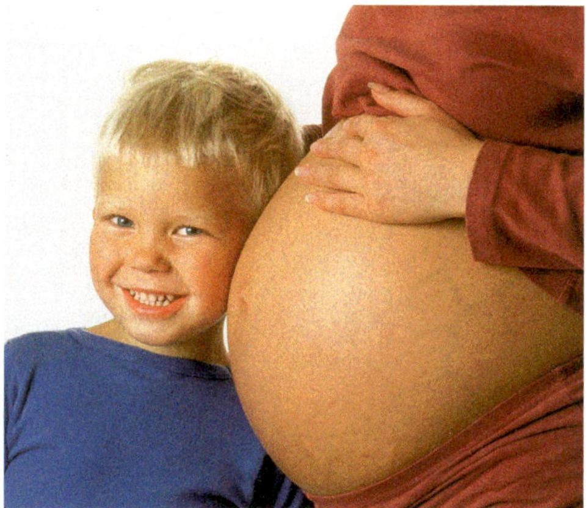

3 Schwangere mit Kleinkind

Der Embryo bekommt menschliche Gestalt

Ein Teil des bläschenförmigen Keims bildet zusammen mit der Gebärmutterschleimhaut die **Plazenta**. Von dort erhält der Embryo durch eine Nabelschnur alle Nährstoffe aus dem mütterlichen Blut. Der wachsende Embryo sieht zunächst einem Baby noch gar nicht ähnlich. Er liegt geschützt in der Fruchtblase, die mit Fruchtwasser gefüllt ist.

In den ersten acht Wochen werden schon alle Organe angelegt, obwohl der Embryo am Ende des 2. Monats erst etwa 4 cm groß ist und 1 g wiegt. Inzwischen ähnelt er einem winzigen Baby. Im 3. Monat werden Augen, Ohren, Nase und Mund weiter ausgebildet. Außerdem können Ärzte auf dem Ultraschallbild erkennen, ob es ein Mädchen oder ein Junge ist.
Der Embryo heißt ab jetzt **Fetus**, er misst 12 cm und wiegt 30 g.
Ab dem 5. Monat bewegt sich der Fetus so heftig, dass die Mutter die Bewegungen spüren kann. Er nimmt Geräusche und Musik von außen wahr und hört die Stimme seiner Mutter.
Nach sieben Monaten könnte ein Fetus schon gut überleben, wenn er als Frühgeburt oder „Frühchen“ auf die Welt kommt. Bis zur Geburt vergehen normalerweise 40 Wochen oder etwas mehr als neun Monate.

> In den ersten drei Monaten der Entwicklung im Mutterleib werden alle Organe beim Embryo angelegt. Danach nimmt der Fetus hauptsächlich an Größe und Gewicht zu.
> Ein werdendes Kind braucht ganz besonderen Schutz für seine gesunde Entwicklung.

Die Verantwortung für ein Kind fängt schon früh an

Schon bevor ein Baby auf die Welt kommt, kann es bei den Eltern für manche Aufregung sorgen. Der Körper der werdenden Mutter verändert sich und sie muss ihr Leben darauf einstellen. Neben der Freude stellt sich jede Mutter auch immer wieder die ängstliche Frage: Wird sich mein Baby normal entwickeln und gesund zur Welt kommen?

Sie selbst kann viel dazu beitragen, wenn sie sich richtig ernährt, nicht raucht, keinen Alkohol trinkt oder andere Drogen nimmt. Durch regelmäßige Vorsorgeuntersuchungen überwacht die Ärztin oder der Arzt die Gesundheit von Mutter und Kind.

Erkrankt die Mutter während der Schwangerschaft an **Röteln**, kann das schlimme Folgen für das Baby haben. Es wird durch Giftstoffe des Krankheitserregers körperlich und geistig schwer geschädigt. Deshalb sollten alle Mädchen schon vor der Pubertät gegen Röteln geimpft werden. Auch in deiner Schule werden sicher jedes Jahr Impfaktionen durchgeführt.

4 Fetus

Aufgaben

1 Erkläre, was Befruchtung bedeutet.

2 Beschreibe die Vorgänge von der Befruchtung der Eizelle bis zur Einnistung.

3 Beschreibe den Fetus auf dem Foto und gib an, welche Körperteile du erkennen kannst.

4 Wie ansteckend sind Röteln? Informiert euch im Internet und berichtet.

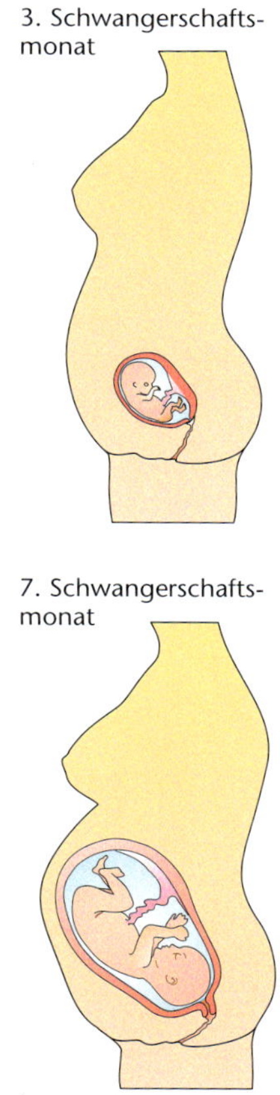

5 Entwicklung vom Embryo zum Fetus

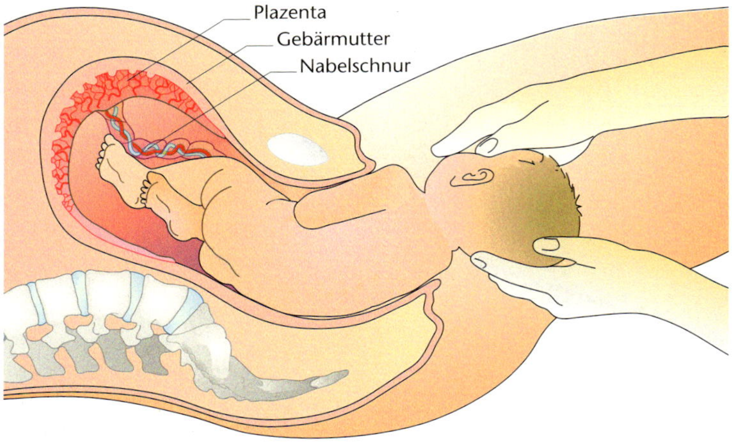

1 Austreibungsphase

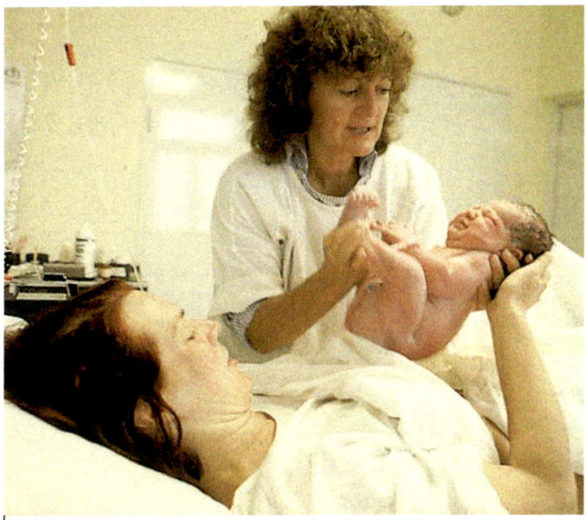
3 Die Hebamme hilft auch nach der Geburt.

Geburtstag
Gegen Ende der Schwangerschaft ist der Bauch der werdenden Mutter so dick, dass ihr auch leichte Tätigkeiten schwer fallen. Das wachsende Kind braucht immer mehr Platz und drückt die Organe seiner Mutter nach oben. Immerhin ist das Kind kurz vor der Geburt 50–55 cm groß und wiegt manchmal bis zu 4000 g. Die Mutter spürt schon einige Tage vor der **Geburt**, dass die Schwangerschaft zu Ende geht.

Ziehende Schmerzen im Rücken und im Bauch, die **Wehen**, kündigen die Geburt an. Die Muskulatur der Gebärmutter zieht sich zusammen und drückt das Baby im Normalfall mit dem Kopf in Richtung Scheidenausgang.
Die Fruchtblase platzt und das Fruchtwasser läuft aus. Danach wird das Kind mit Presswehen durch die Gebärmutteröffnung, den Muttermund, aus der Scheide herausgepresst. Die Mutter hilft mit, indem sie ihre Bauchmuskulatur fest anspannt. Hebamme, Arzt oder Ärztin unterstützen sie dabei. Sie führen und halten das Köpfchen des Kindes bis es geboren ist. Häufig erlebt auch der Vater die Geburt seines Kindes mit. Viele Mütter finden es beruhigend und schön, ihren Partner während diesem besonderen Ereignis bei sich zu haben.
Direkt nach der Geburt wird die Nabelschnur ohne Schmerzen abgebunden und durchtrennt. Daher hat die **Entbindung** ihren Namen.

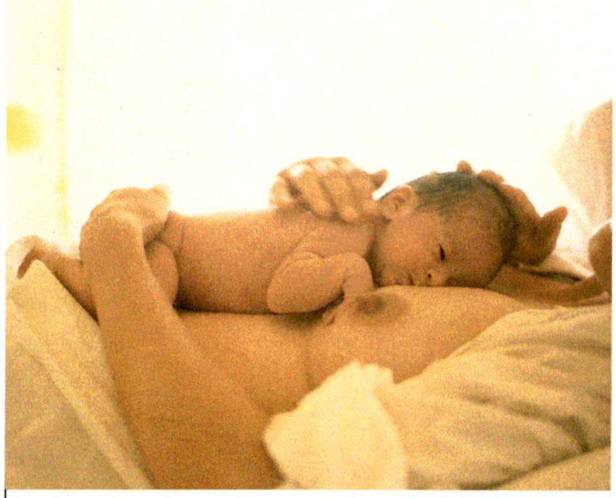
2 Neugeborenes auf dem Bauch der Mutter

Der erste Schrei
Mit dem ersten Schrei atmet das Neugeborene selbstständig. Die Plazenta wird mit einer Wehe als Nachgeburt ausgestoßen. Hebamme, Arzt oder Ärztin legen der Mutter ihren Säugling gleich nach der Geburt auf den Bauch. Die vertrauten Herztöne der Mutter und der Hautkontakt sind Erholung nach der anstrengenden Geburt.

Die Geburt beginnt mit Wehen. Mit der Entbindung wird das Neugeborene von der versorgenden Plazenta der Mutter getrennt.

Aufgaben

1 Woran erkennt eine werdende Mutter, dass die Geburt unmittelbar bevorsteht?

2 Erkläre, was mit Entbindung gemeint ist.

3 Informiere dich über die Aufgaben einer Hebamme und berichte.

4 Lasse dir von deiner Mutter über Einzelheiten deiner Geburt berichten.

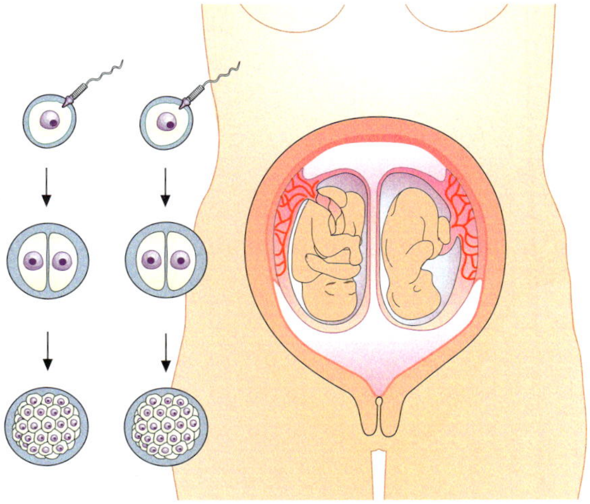

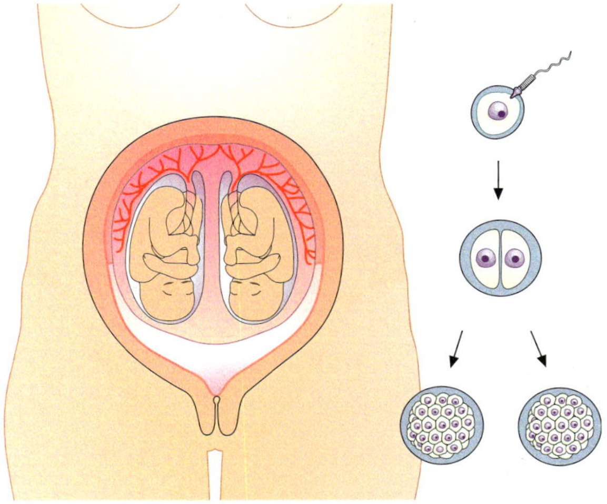

1 Zweieiige Zwillinge

2 Eineiige Zwillinge

Zehn Minuten älter

Als Christina und Mark in die neue Klasse kamen, schauten ihre Mitschülerinnen und Mitschüler ganz ungläubig, als beide der Lehrerin gegenüber behaupteten: „Wir haben das gleiche Geburtsdatum, aber Mark ist älter." Christina und Mark sind also nicht nur Geschwister, sondern Zwillinge. Mark kam zehn Minuten eher auf die Welt und ist deshalb ein bisschen älter als seine Schwester.

Werden beim Eisprung ausnahmsweise zwei reife Eizellen abgegeben, können diese dann jeweils von einem Spermium befruchtet werden. Die beiden Embryonen entwickeln sich zu zwei Babys. Es können zwei Jungen, zwei Mädchen oder ein Junge und ein Mädchen geboren werden.

Christina und Mark sind also **zweieiige Zwillinge** und gleichen sich deshalb nicht mehr als Geschwister mit verschiedenen Geburtstagen.

Zum Verwechseln ähnlich

„Die gleichen sich ja wie ein Ei dem anderen", hast du sicherlich auch schon einmal Leute erstaunt sagen hören. Gemeint sind Zwillinge, die man nach ihrem Aussehen kaum unterscheiden kann. Wie ist so etwas möglich? Sie sind aus einer befruchteten Eizelle entstanden. Nach der ersten Teilung der befruchteten Eizelle haben sich die beiden Zellen vollständig voneinander getrennt und unabhängig voneinander weiter entwickelt. So sind **eineiige Zwillinge** entstanden. Diese Geschwister sind immer zwei Mädchen oder zwei Jungen.

Zweieiige Zwillinge entstehen, wenn zwei Eizellen befruchtet werden. Eineiige Zwillinge entstehen aus einer befruchteten Eizelle.

Aufgabe

1 Erkläre, warum Christina und Mark nur zweieiige Zwillinge sein können.

Veränderung und Entwicklung

Kommen und gehen
Alles was lebt, entwickelt sich, wächst, verändert sich und stirbt irgendwann. Auch das Wetter ändert sich ständig. Lebewesen haben sich dem Wechsel der Jahreszeiten angepasst.

Auch der Zustand von Stoffen kann sich ändern. Wasser kennst du als Eis, Flüssigkeit oder als Wasserdampf.

Aufgaben

1 Beschreibe die Veränderung und Entwicklung beim Grasfrosch.

Strategie

Expertenbefragung

Vor Ort die richtigen Leute fragen!
Weder die Lehrer noch das Schulbuch oder das Internet können uns alle Fragen beantworten. Hier helfen uns Fachleute weiter. Wenn wir sie an ihrem Arbeitsplatz besuchen, bekommen wir gleichzeitig einen Einblick in ihr Arbeitsfeld.

Gerade zum Thema „Verhütung" können uns Fachleute eine Menge sagen. Wie wäre es, wenn ihr einen Besuch bei pro familia, beim Gesundheitsamt oder bei einem Facharzt plant?

A. Die Klasse plant gemeinsam!
Die Idee für einen Besuch entsteht meistens im Unterricht und muss nicht immer von der Lehrerin oder dem Lehrer kommen. Auch an der Planung sollten sich alle beteiligen.

B. Wir nehmen Kontakt auf
Die richtigen Ansprechpartner müssen zunächst gefunden werden. Telefonbuch, „Gelbe Seiten" oder Internet können dabei nützlich sein. Es muss dann festgelegt werden, wer den Gesprächspartner anspricht. Wir vereinbaren den Termin und den Ablauf.

C. Fragen sammeln und ordnen
Die Fragen, die aus dem Unterricht entstanden sind, müssen festgehalten werden. Vor dem Besuch sollten wir noch einmal alles durchsprechen und dann ordnen.

D. Die Befragung wird vorbereitet
Ihr könnt vorher festlegen, wer welche Fragen stellt. Auf jeden Fall solltet ihr schon ein Vorwissen haben, bevor ihr mit der Befragung beginnt. Besprecht, in welcher Weise ihr die Ergebnisse festhalten wollt.

Fragen an den Facharzt

Welche Verhütungsmittel gibt es?

Gibt es eine absolut sichere Schwangerschaftsverhütung?

Welche Auswirkung hat die Pille auf meinen Körper?

Was versteht man unter der „Pille danach"?

Kann man schwanger werden, bevor man seine Tage bekommt?

Wie funktioniert ein Kondom?

E. Der Ablauf des Besuchs
Beim Eintreffen wird die Lehrerin oder der Lehrer sicherlich die Begrüßung und Vorstellung vornehmen. Nun kann euer Programm ablaufen. Fragt ruhig nach, wenn ihr etwas nicht versteht. Fachleute vergessen in ihrer Begeisterung leicht, dass nicht alle Menschen Experten sind. Denkt daran, die Ergebnisse zu sichern und lasst euch Material mitgeben. Übrigens: Gutes Benehmen ist selbstverständlich; ihr seid schließlich auch „Botschafter" eurer Schule! Wie wäre es, wenn einer von euch am Schluss ein paar Dankesworte sagen würde?

F. Die Nachbereitung
Nach der Expertenfragung solltet ihr die Ergebnisse in der Klasse diskutieren und schriftlich festhalten.
Dabei könnt ihr auch besprechen, was man beim nächsten Mal noch besser machen könnte.

Gute Geheimnisse – schlechte Geheimnisse
Tom schwärmt Peter von einem Mädchen aus der Parallelklasse vor. Er findet sie ganz süß und würde gern mal mit ihr ins Kino gehen. Peter soll sein Ehrenwort geben, dass er es keinem weitererzählt. Natürlich hält Peter sich daran und freut sich, als er erfährt, dass die beiden schon miteinander telefoniert haben.

Mandy scheint still und zurückgezogen. Ihre Freundinnen finden sie verändert und fragen schon ein paar Mal nach, was denn los sei. Schließlich vertraut Mandy ihrer engsten Freundin Lydia ein Geheimnis an: Der Freund von Mandys Vater will Mandy immer wieder streicheln und küssen, wenn sie alleine sind. Er hat ihr gesagt, dass sie niemandem davon erzählen dürfe, weil es ihr gemeinsames Geheimnis wäre.

Wie soll es nun weitergehen?

Hier findest du Hilfe:
Frauen- und Mädchenberatungsstellen,
pro-familia,
Notruf für Frauen und Mädchen,
Kinderschutzbund,
Vertrauenslehrerin,
Jugendämter

1 „Nein“ heißt „nein“

Aufgaben

1 Wann würdest du ein Ehrenwort oder Verbot übertreten, etwas weiterzuerzählen? Spielt das jeweilige Gespräch vor.

2 Gib Lydia einige Tipps, an wen sie sich wenden soll mit ihrem Geheimnis über Mandy.

3 Sage Mandy selbst, wen sie um Hilfe und Rat bitten sollte.

4 Stelle dir vor, du wärst in Mandys Situation.
Wie würdest du als Mandy diesen Mann zurückweisen?

5 Ordne in einer Tabelle die Aussagen aus Bild 2 den Überschriften „Wann ich NEIN sage“ und „Was ich zulasse“ zu.

Lexikon

Verhütung – erst recht beim ersten Mal

Viele Paare wollen Sex haben, ohne ein Kind zu zeugen. Kinder und Jugendliche können die große Verantwortung für ein Kind noch nicht übernehmen. Schon vor dem ersten Mal müssen Mädchen und Jungen unbedingt an Verhütung denken.
Es gibt viele Möglichkeiten eine Schwangerschaft zu verhindern. Die bekanntesten sind die Antibabypille und das Kondom.

Das **Kondom** ist eine dünne Gummihülle. Vor dem Geschlechtsverkehr wird es über den steifen Penis gerollt. An der Spitze fängt ein kleiner Hohlraum das Sperma auf. Kondome verhindern eine Schwangerschaft, wenn sie richtig und nur einmal benutzt werden.
Sie schützen außerdem vor der Übertragung von ansteckenden Krankheiten.

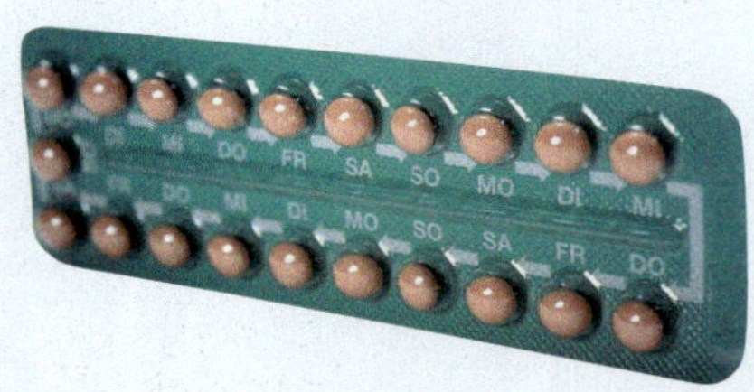

Die **„Pille“** verhindert, dass eine Eizelle im Eierstock heranreift. Sie muss als rezeptpflichtiges Medikament von einem Arzt oder einer Ärztin verschrieben werden, da sie Hormone enthält. Nach Vorschrift eingenommen, ist sie ein sicheres und weit verbreitetes Verhütungsmittel.

Wie ich mich kleide, so wirke ich
In diesem Sommer findet Birgit ihr neues bauchfreies Top und die eng anliegende kurze Hose total schick. Sie hat sich vorm Spiegel hin und her bewegt und von allen Seiten begutachtet. Die Mädchen-Models in ihrer Lieblings-Zeitschrift sehen nicht besser aus. Ihre Figur zeigt schon deutlich mehr Frauliches als noch vor Monaten.

Mit ihren langen, schlanken Beinen in der ganz knapp sitzenden Hose, die hinten etwas von den Pobacken frei lässt, fühlt sie sich beneidenswert gut aussehend.
Zum ersten Mal hat sie sich Gesicht, Mund und Augen geschminkt. So bewundert sie sicher jeder, weil sie so hübsch ist.

Wer sich körperlich aufreizend gibt, zieht die Blicke mancher Leute auf sich. Ob Birgit bewusst ist, dass die Reaktionen auf ihre Reize auch lästig werden können?

Selbstbewusstsein ist wichtig
Trotzdem darf niemand ein Mädchen oder einen Jungen belästigen! Wir haben alle das Recht, uns schön anzuziehen.
Auch wenn dir jemand nachpfeift oder dich anmacht, sag bestimmt und selbstbewusst, dass du das nicht magst.

„Mein Körper gehört mir!"
Dein Körper bist du. Du hast das Recht, allein über ihn zu bestimmen. Nur deinen Gefühlen solltest du trauen.

Für jeden Menschen ist es schön, Zärtlichkeit, Liebe und Sexualität zu erleben. Aber leider gibt es Erwachsene, die ihre Macht benutzen, um ihre eigene Lust durch Kinder befriedigen zu lassen.

Die Täter sind häufig gar nicht fremde Menschen. Oft missbrauchen Personen aus der Nachbarschaft oder Bekanntschaft oder sogar aus der eigenen Familie das ehrlich aufgebaute Vertrauen von Kindern.

Immer wenn du ungute Gefühle hast und dir jemand aufdringlich vorkommt, solltest du mit einem Menschen, dem du traust, darüber reden.

Jedes Kind hat das Recht zu bestimmen, wer es wann, wo und wie anfassen darf.
Jedes Mädchen oder jeder Junge sollte über sexuelle Belästigungen oder den Missbrauch an sich oder anderen reden.

3 Wie ich mich kleide, so wirke ich.

2 Mein Körper gehört mir!

Eine neue Zeit beginnt

Junge oder Mädchen?
Von Geburt an unterscheiden sich Jungen und Mädchen durch die äußerlich sichtbaren und die im Körper liegenden primären Geschlechtsmerkmale.

Pubertät – Zeit der Veränderungen
Der Entwicklungszeitraum vom Kind zum geschlechtsreifen Erwachsenen wird Pubertät genannt. Sie beginnt bei Jungen und Mädchen unterschiedlich zwischen dem 9. und 16. Lebensjahr.
Botenstoffe oder Hormone bewirken die Ausbildung der körperlichen und seelischen Veränderungen in der Pubertät.

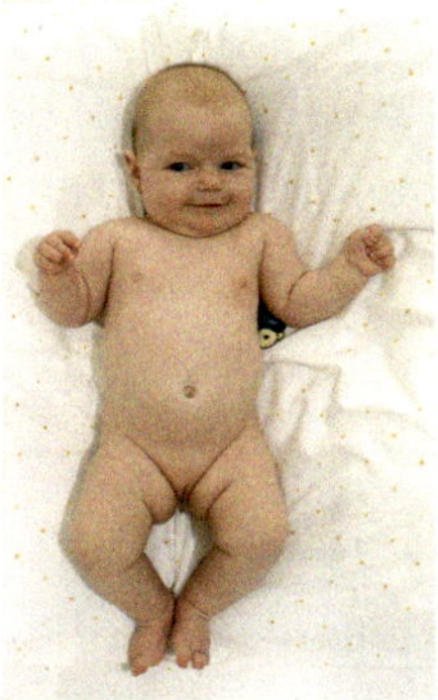
1 Säugling

Gefühle, Einstellungen und Interessen wechseln häufig
Oft lehnen Jugendliche die Regeln der Erwachsenen ab und wollen selbstständig sein. Nur durch gegenseitiges Verständnis können Konflikte gelöst und Streit geschlichtet werden.

Sekundäre Geschlechtsmerkmale
Durch sekundäre Geschlechtsmerkmale wird ein Junge zum Mann und ein Mädchen zur Frau.

Wann sind Jungen geschlechtsreif?
Jungen werden geschlechtsreif, wenn ihre Hoden Spermien bilden. Zusammen mit Drüsenflüssigkeiten entsteht Sperma. Als Zeichen der Geschlechtsreife gilt die Pollution.

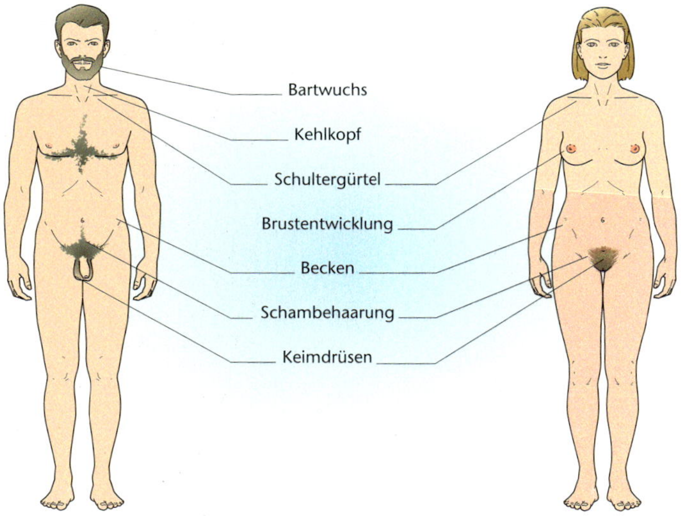

2 Sekundäre Geschlechtsmerkmale

Wann sind Mädchen geschlechtsreif?
Sobald in den Eierstöcken Eizellen heranreifen, werden Mädchen geschlechtsreif. Bei der monatlichen Menstruation wird die Eizelle mit Blut und Schleimhautresten aus der Gebärmutter ausgeschieden.

Körperhygiene ist wichtig
In der Pubertät beginnen Schweißdrüsen vermehrt Schweiß zu produzieren. Deshalb ist es wichtig, dass Jungen und Mädchen sich ab jetzt regelmäßig waschen. Wichtig: Die äußeren Geschlechtsorgane nicht vergessen. Auch die Kleidung sollte häufiger gewechselt werden.

Befruchtung
Beim Geschlechtsverkehr wird der steife Penis in die Scheide eingeführt. Nach dem Samenerguss schwimmen die Samenzellen, die Spermien, von der Scheide durch die Gebärmutter in den Eileiter. Treffen sie auf eine Eizelle, kommt es zur Befruchtung, wenn ein Spermium in die Eizelle eindringt.

Ein neuer Mensch entsteht
Eine Schwangerschaft beginnt mit dem Einnisten der mehrfach geteilten Eizelle in die Gebärmutterschleimhaut. Der Embryo besitzt nach drei Monaten alle Organanlagen. Danach wächst er als Fetus weiter heran und wird größer und schwerer.

Geburtstag
Nach neun Monaten zieht sich die Gebärmuttermuskulatur zusammen und presst mit Wehen das Kind heraus. Mit der Durchtrennung der Nabelschnur ist ein neuer Mensch als Säugling auf die Welt gekommen.
Zwillinge können aus einer oder zwei Eizellen entstehen.

Kondome und Pille verhüten
Wer die Verantwortung für ein Kind nicht tragen kann oder will, sollte mit Kondomen oder der Pille verhüten.

Dein Körper gehört dir!
Über Missbrauch solltest du unbedingt mit einer Vertrauensperson sprechen. Jedes Mädchen und jeder Junge hat das Recht „NEIN“ zu sagen, wenn jemand ihn oder sie sexuell belästigt.

Aufgaben

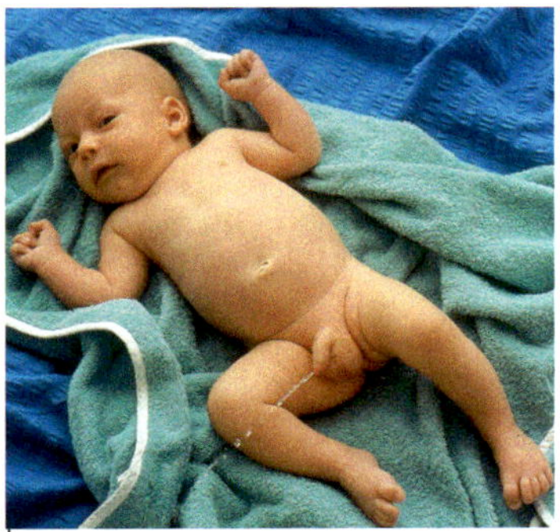

3 Säugling

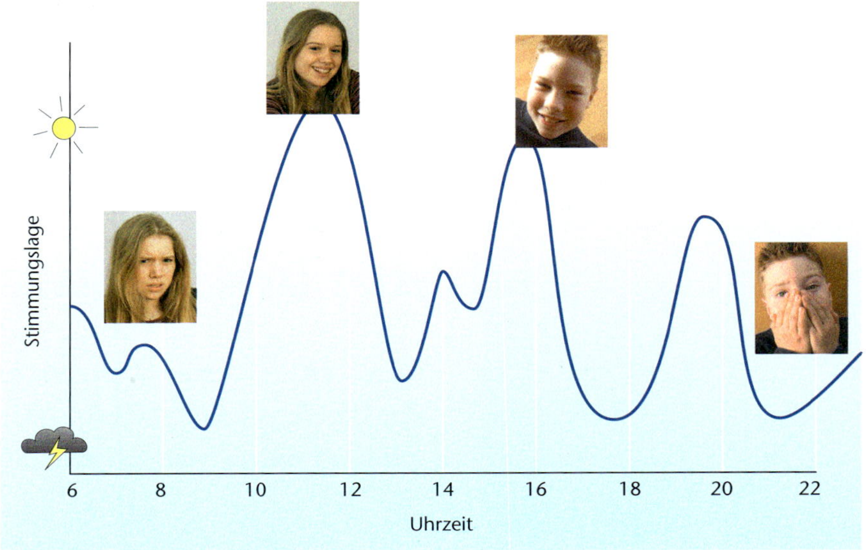

4 Zu Aufgabe 4

1 a) Welche primären Geschlechtsorgane hat ein Junge schon bei der Geburt? Liste auf.
b) Erstelle eine entsprechende Liste für ein Mädchen.

2 Zähle auf, welche sekundären Geschlechtsmerkmale sich entwickeln
a) bei einem Jungen
b) bei einem Mädchen

3 „Himmelhoch jauchzend – zu Tode betrübt", lautet eine Redewendung.
Finde eine Erklärung für dieses „Achterbahnfahren" deiner Stimmungen.

4 Ordne den Fotos der Mädchen und Jungen in Abbildung 4 ihre jeweiligen Gefühle zu. Versetze dich in eine der Personen.
Schreibe eine kleine Geschichte in der Ich-Form, die zu der jeweiligen Stimmungslage geführt haben könnte.

5 Stelle dir vor, du bist mit dem Mädchen oder dem Jungen auf den Fotos in Bild 4 eng befreundet: Wie reagierst du? Schreibe dein Gespräch mit ihr oder ihm auf.

6 Erkläre, wie ein Pickel entsteht.

7 Begründe, warum es wichtig ist, sich gründlich überall zu waschen, frische Kleidung zu tragen und gut zu riechen.

8 Beschreibe den Weg der Spermien von der Entstehung bis zum Samenerguss.

9 Erkläre, wo die weiblichen Keimzellen entstehen und wann sie befruchtungsfähig sind.

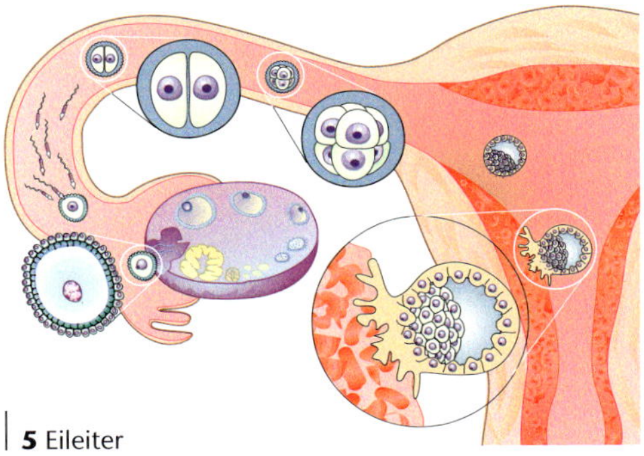

5 Eileiter

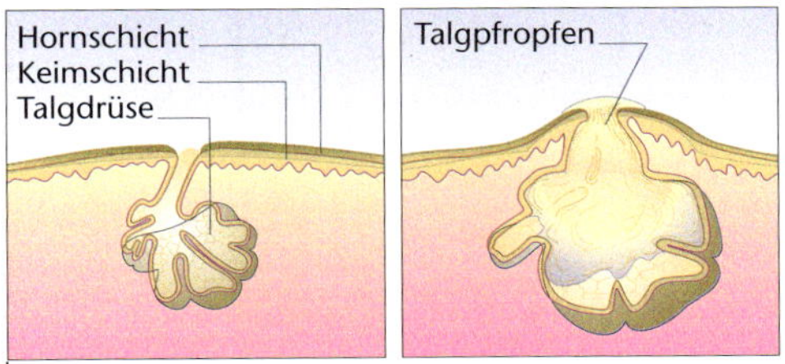

6 Entstehung eines Pickels

10 Beschreibe genau den Vorgang der Befruchtung.

11 Ist es möglich, dass eine Eizelle von mehreren Spermien befruchtet wird?
Begründe deine Aussage.

12 Wie entstehen Zwillinge? Warum sind sie sich manchmal ähnlich und manchmal nicht?

13 Beschreibe den Menstruationszyklus.

14 Warum ist Hygiene an den „Tagen" besonders wichtig? Schreib die Gründe auf.

15 Plant einen Besuch eurer Klasse bei einer Frauenärztin oder einem Frauenarzt.

16 Notiere dir drei weitere Fragen zum Thema Pubertät in dein Heft.
Suche im Internet auf der Homepage der Bundeszentrale für gesundheitliche Aufklärung, BzgA, nach Antworten. Trage die Antworten in dein Heft ein.

Die Stoffe um uns herum

Du findest in deiner Umgebung Gegenstände, die aus verschiedenen Materialien bestehen. In den Naturwissenschaften werden die Materialien als Stoffe bezeichnet.

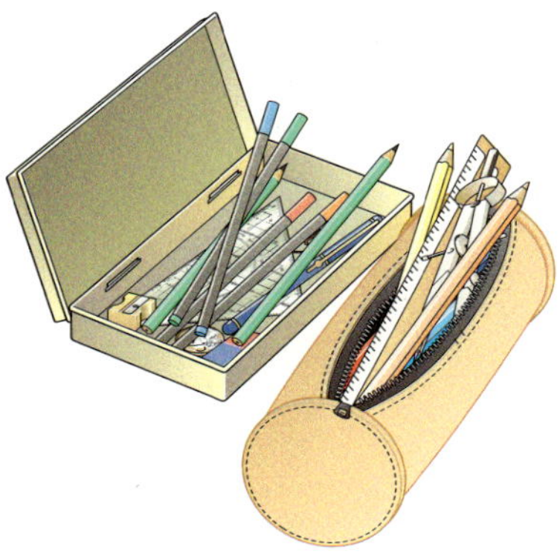

Sieh dich in der Umgebung aufmerksam um. Welche Stoffe fallen dir ins Auge? Mache eine Aufstellung der Stoffe und überlege zusammen mit deinen Mitschülern, ob die Stoffe für die Aufgabe, die sie erfüllen sollen, gut ausgewählt sind.

Wie kann man Stoffe voneinander unterscheiden? Mit einfachen Untersuchungen kommst du den Eigenschaften der unterschiedlichen Stoffe auf die Spur.

Werkstatt

Stoffe sehen, riechen, schmecken, fühlen

Wir untersuchen die Stoffeigenschaften mit unseren Sinnen.

1 Auf einen Blick

Material

Teller, Gummibärchen, Fruchtbonbons, Alufolie, Löffel aus Holz, Silber, Chromargan®, Aluminium, Porzellan, Kunststoff

1 Eine farbenfrohe Gesellschaft

Versuchsanleitung

a) Schütte die Gummibärchen aus der Verpackung auf einen Teller. Sieh sie dir genau an. Welchen Unterschied stellst du fest? Wiederhole den Versuch mit Fruchtbonbons. Sortiere die Bonbons.
b) Nimm ein Stück Alufolie in die Hand und betrachte sie von beiden Seiten. Beschreibe, was du siehst.
c) Sortiere die Löffel so, dass die glänzenden auf einer Seite liegen, die mit matter Oberfläche auf der anderen Seite.

Aufgabe

Schreibe bei jedem Versuchsteil alle Unterschiede zwischen den Gegenständen auf, die du auf einen Blick feststellen konntest. Trage sie in eine Liste ein. Welche besonderen Eigenschaften haben die Gegenstände?

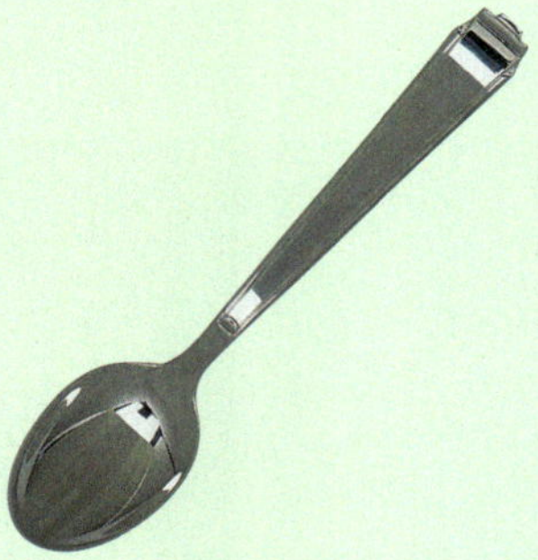

2 Oberflächen, glänzend oder matt

2 Wie schmeckt es?

Material

Wasser, Zitronensaft, Grapefruitsaft, Zucker, Salz, Brausepulver, Schälchen, Teelöffel, 3 Gläser, Wattestäbchen

Versuchsanleitung

Geschmacksproben mit **unbekannten Stoffen** sind verboten!
a) Gib in je ein Trinkglas Zitronensaft, Wasser und Grapefruitsaft. Probiere die Getränke nacheinander und beschreibe ihren Geschmack.
b) Bringe mit den Wattestäbchen erst einige Tropfen Zuckerwasser, dann Salzwasser auf die Zunge.
c) Probiere etwas Brausepulver. Betrachte das Etikett. Kannst du die einzelnen Zutaten herausschmecken?

Aufgabe

Ordne Wasser, Zitronensaft, Grapefruitsaft, Zucker, Brausepulver und Salz die Eigenschaften süß, salzig, bitter, geschmacklos und sauer zu.

3 Wie schmeckt es?

3 Duft oder Gestank?

Material

Wasser, Essig, Nagellackentferner, Parfüm, Deo, Currygewürz

Versuchsanleitung

a) Öffne eine Flasche Essig und nimm eine Geruchsprobe. Fächle dazu mit der Hand wie in Bild 4 gezeigt über die Öffnung des Gefäßes.
b) Rieche nacheinander an einer geöffneten Wasserflasche, an Nagellackentferner, Parfüm, Deo und einer Gewürzpackung Curry.

Aufgabe

Könnt ihr die einzelnen Gerüche richtig zuordnen?

4 Wie riecht es?

4 Fühlen und tasten

Material

Kugeln aus verschiedenen Materialien, z. B. Holz, Glas, Styropor®, Stahl und Gummi, Ball aus Leder, Wollknäuel, Metalldose, Tuch

Versuchsanleitung

Lege die Kugeln und Bälle aus den unterschiedlichen Materialien in die Dose und decke sie mit dem Tuch ab. Taste die Oberfläche der Gegenstände mit deinen Fingern ab.

Aufgabe

Ordne die Kugeln und Bälle danach, ob sie sich kalt oder warm, rau oder glatt, hart oder weich anfühlen.

Sprudel, Brause und Früchtetee

1 Was macht den Sprudel zum Sprudel?

Material
Sprudel, Leitungswasser, Löffel, Trinkhalm, 2 Gläser

Versuchsanleitung
a) Gieße in das eine Glas Sprudel ein, in das andere Leitungswasser. Vergleiche!
b) Tauche in beide Gläser einen Trinkhalm ein.
c) Trinke durch den Halm vom Sprudel und vom Leitungswasser.
d) Notiere alle Beobachtungen (sehen, spüren) von a) bis c).

Aufgabe
Schau auf dem Etikett nach, welche Bestandteile im Sprudel enthalten sind.
Welcher Inhaltsstoff ist für die Bläschenbildung verantwortlich?

2 Haben die Bläschen ein Gewicht?

Material
Sprudel, Waage, Becherglas, Löffel

Versuchsanleitung
a) Wiege 100 g Mineralwasser ab. Rühre drei Minuten lang mit einem Löffel um und wiege dann erneut. Notiere das Ergebnis.
b) Wiederhole den Versuch. Stelle dieses Mal das Becherglas in heißes Wasser, während du rührst (▷ B1). Trockne das Becherglas sorgfältig ab, bevor du erneut wiegst. Wie erklärst du dir den Unterschied?

1 Zu Versuch 2.

2 Brause

Zutaten: Zucker, Säuerungsmittel Weinsäure, Natriumhydrogencarbonat (Natron), künstliche Süßstoffe Cyclamat und Saccharin, Aromen
Farbstoffe: Carotin, Carotinoid, Anthocyane, Chlorophyll.

Kalorienarm durch Verwendung der Süßstoffe Cyclamat (40 mg) und Saccharin (20 mg) anstelle von 9,9 g Zucker pro Portionsbeutel.

200 ml Brause-Getränk (= 1 Portionsbeutel) enthalten: Kohlenhydrate (Saccharose) 3,9 g, physiologischer Brennwert 80 kJ

3 Brause und Bläschenbildung

Material
Weinsäure, Natron, Zucker, Süßstoff

Aufgabe
Entwirf eine Versuchsanleitung, mit der du herausfinden kannst, welcher Stoff bzw. welche Stoffe bewirken, dass sich beim Einstreuen von Brausepulver in Wasser Gasbläschen bilden.

4 Untersuchung des gebildeten Gases

Material
2 Petrischalen, Sprudel, Brausepulver, 2 Schraubgläser mit Deckel, Kalkwasser

Versuchsanleitung
a) Fülle in eine Petrischale bis zum Rand Sprudel ein und stülpe sofort das Schraubglas darüber. Nimm es erst ab, wenn keine Gasbildung mehr zu beobachten ist. Verschließe es sofort mit dem Deckel.
b) Gib etwas Wasser in die zweite Petrischale, füge etwas Brausepulver hinzu und verfahre weiter wie in a).
c) Gieße in jedes der beiden Schraubgläser etwas Kalkwasser und schüttle nach dem Aufsetzen des Deckels kräftig durch.

Aufgabe
Finde heraus, welches Gas du in Versuch c) im Sprudel und in der Brause nachgewiesen hast.

5 Früchtetee aus dem Beutel

Material
Früchtetee (lose oder im Beutel), Zahnstocher, flacher Teller, Schere, Teelöffel, Teefilter, Tasse, Wasserkocher, Zucker, Binokular

Versuchsanleitung
a) Hänge einen Teebeutel mit Früchtetee in eine Tasse mit heißem Wasser. Lasse den Tee 5 Minuten ziehen. Süße mit Zucker und probiere den Geschmack.
b) Schneide einen Teebeutel auf und schütte die Früchtetee-Mischung auf den Teller. Sortiere die Bestandteile mit dem Zahnstocher nach Aussehen und Farbe. Wenn nötig, verwende ein Binokular.
c) Wie verhalten sich die einzelnen Bestandteile des Früchtetees im Wasser? Plane die notwendigen Versuche und stelle die benötigten Geräte zusammen!

Aufgaben
1. Lies die Angaben auf der Früchtetee-Packung und versuche, sie den Bestandteilen zuzuordnen.

2. Warum sollen Früchtetees 5 bis 10 Minuten ziehen?

Strategie

Wir erstellen einen Stoffsteckbrief

A. Stoffeigenschaften kennen lernen und untersuchen
Jeder Stoff hat bestimmte Eigenschaften. Diese Eigenschaften lassen sich auf unterschiedliche Weise bestimmen.

Geruch

Verformbarkeit

Prüfe den Stoff zunächst mit deinen Sinnesorganen:
- Farbe und Glanz
- Form und Oberfläche
- Geruch
- …

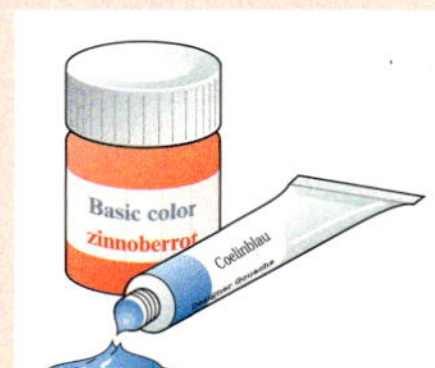

Farbe

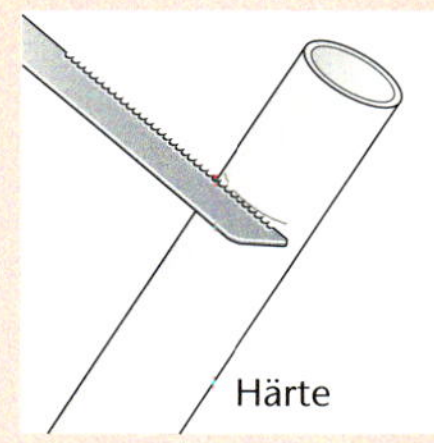
Härte

elektr. Leitfähigkeit

Vorsicht! Unbekannte Stoffe können giftig sein oder die Schleimhaut reizen. Geschmacks- und Geruchsproben von unbekannten Stoffen sind deshalb verboten.

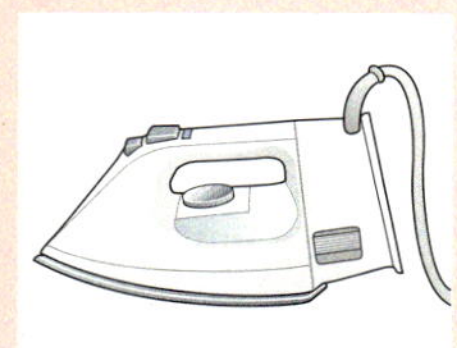
Wärmeleitfähigkeit

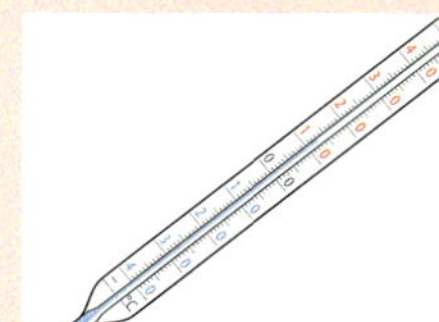
Schmelz- und Siedetemperatur

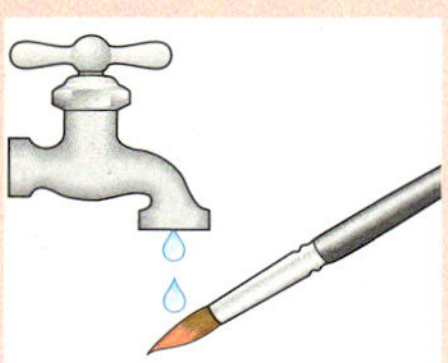
Löslichkeit

Brennbarkeit

Form

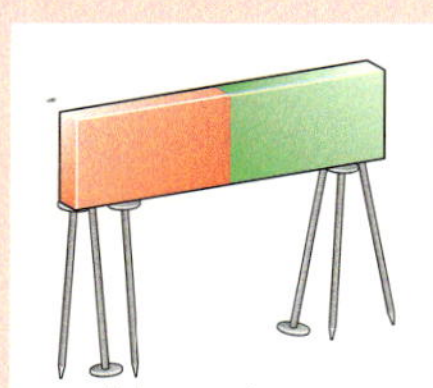
Magnetismus

Führe mit dem Stoff Experimente durch, um weitere Eigenschaften herauszufinden:
- Härte
- Verformbarkeit
- Leitfähigkeit für Strom
- Wärmeleitfähigkeit
- Löslichkeit in Wasser
- magnetische Eigenschaft
- Verhalten beim Erwärmen
- …
- …

B. Gemeinsame und unterschiedliche Eigenschaften zu anderen Stoffen erkennen
Die gefundenen Eigenschaften des unbekannten Stoffs kannst du mit den Eigenschaften bekannter Stoffe vergleichen. Stimmen alle Eigenschaften überein, dann handelt es sich um den gleichen Stoff. Durch diesen Vergleich kannst du den Namen des unbekannten Stoffs finden.

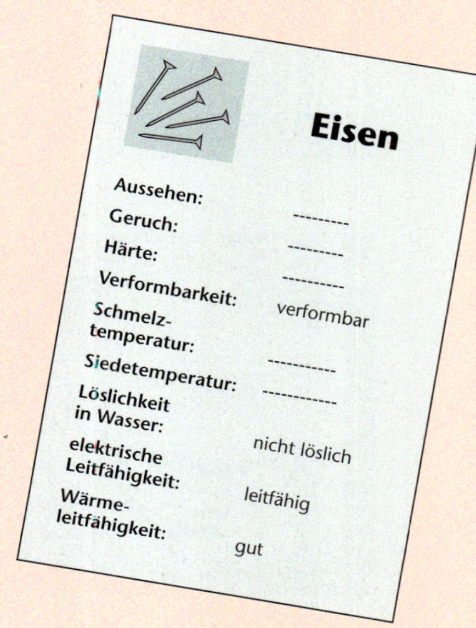
Eisen

Aussehen:	
Geruch:	---------
Härte:	--------
Verformbarkeit:	verformbar
Schmelztemperatur:	
Siedetemperatur:	----------
Löslichkeit in Wasser:	nicht löslich
elektrische Leitfähigkeit:	leitfähig
Wärmeleitfähigkeit:	gut

C. Eigenschaften auswählen und im Steckbrief beschreiben
Im Steckbrief wird zuerst der Name des Stoffs angegeben. Dann werden untereinander die untersuchten Eigenschaften notiert. Bei jeder Eigenschaft wird das Ergebnis der Experimente eingetragen. Mit dem Steckbrief kannst du den Stoff jederzeit wiedererkennen.

Gegenstand und Stoff

So vielfältig die Gegenstände sind, die uns umgeben, so vielfältig sind die Materialien, aus denen sie bestehen. Manchmal ist auf den ersten Blick nicht zu erkennen, ob es sich z. B. um Glas oder Kunststoff handelt (▷ B 1). Umgekehrt werden aus einem Material wie Kupfer (▷ B 2) ganz unterschiedliche Gegenstände angefertigt. In den Naturwissenschaften werden die Materialien auch als **Stoffe** bezeichnet.

Gegenstände bestehen aus Stoffen. Verschiedene Stoffe besitzen unterschiedliche Eigenschaften.

Aussehen eines Stoffes

Für einfache Stoffuntersuchungen können wir unsere Sinne nutzen. Mithilfe der Augen erkennen wir sofort Eigenschaften wie die Farbe oder die Beschaffenheit eines Stoffes. Auch ob ein Stoff fest oder flüssig ist, können wir sehen.

Geschmack und Geruch eines Stoffes

Zitronensaft schmeckt sauer, Grapefruitsaft etwas bitter, Schokolade süß und Meerwasser salzig. Probiere jedoch nie unbekannte Stoffe, denn ein giftiger Stoff könnte schon in kleinen Mengen zu gesundheitlichen Schäden führen.
Manche Stoffe riechen angenehm, manche sind geruchlos, wieder andere stinken. Auch bei Geruchsproben musst du vorsichtig sein, denn einige Stoffe geben giftige Dämpfe ab oder reizen die Nasenschleimhaut.

Elektrische Leitfähigkeit

Die Fähigkeit, den elektrischen Strom zu leiten, kann zur Unterscheidung von Stoffen benutzt werden. Metalle sind gute Stromleiter.

Härte und Verformbarkeit eines Stoffes

Härte und Verformbarkeit sind ebenfalls typische Stoffeigenschaften. Der Diamant ist der härteste aller natürlich vorkommenden Stoffe. Wie Holz und Glas lässt sich auch ein Diamant nicht verformen. Metalle dagegen sind gut verformbar.

Grenzen einfacher Stoffuntersuchungen

Viele Stoffe sehen sich auf den ersten Blick sehr ähnlich. So bilden Citronensäure, Zucker, Salz und Natron weiße Kristalle, die ohne weitere Untersuchungen kaum zu unterscheiden sind. Da Geschmacksproben nicht durchgeführt werden dürfen, müssen bei ähnlichen Stoffen weitere Eigenschaften mit anderen Hilfsmitteln bestimmt werden.

Versuch

1 Bereite einen Versuch vor, mit dem du die Härte von Kupfer, Eisen und Aluminium vergleichen kannst.

Aufgabe

1 Finde den Unterschied zwischen Orangensaft, Orangennektar und Orangenlimonade heraus.

1 Eine Brille aus Kunststoff oder Glas?

2 Kupfergegenstände – gleicher Stoff, verschiedene Formen

Werkstatt

Entscheidung im Stromkreis

Material

Flachbatterie (4,5 V), 4 Krokodilklemmen (isoliert, schwarz, rot), Halterung für Glühlämpchen, Glühlämpchen (4 V; 0,04 A), 3 Verbindungskabel, Eisennagel, Kohlestift, Holzstab, Glasstab, Kupferblech und weitere Gegenstände aus anderen Stoffen

Versuchsanleitung

Baue wie in Bild 1 einen Stromkreis auf. Schließe nacheinander den Eisennagel, den Kohlestift, den Holzstab, den Glasstab und das Kupferblech in den Stromkreis. Welcher Gegenstand bzw. welcher Stoff leitet den Strom?

Aufgabe

Überprüfe weitere Stoffe und erstelle eine Liste von elektrischen Leitern und Nichtleitern.

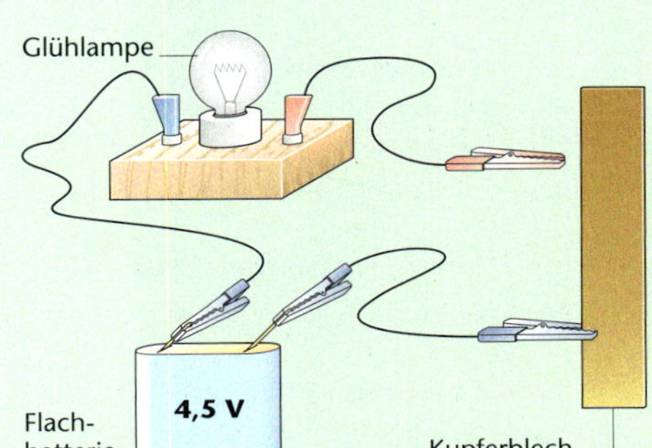

1 Prüfen von Feststoffen

Da löst sich etwas

Was kannst du feststellen, wenn du Früchtetee in Wasser gibst? Gibt es verborgene Stoffe? Was glaubst du: Löst sich unendlich viel von einem Stoff in Wasser?

1 Tee löst sich im Wasser

1 Die Löslichkeit von Tee in Wasser

Material
2 Teegläser (oder absolut saubere Bechergläser), Teelöffel (oder Spatellöffel), flacher Teller, Schere, Früchtetee (lose oder im Beutel), Zahnstocher, Heizplatte

Versuchsanleitung
a) Fülle ein Glas zur Hälfte mit Wasser und erhitze es auf der Heizplatte (Vorsicht: Verbrühungsgefahr!). Stelle ein zweites Becherglas mit genauso viel kaltem Wasser bereit.
b) Falls nötig, sortiere aus dem Früchtetee einzelne Fruchtsorten. Nimm jeweils einen halben Löffel einer Fruchtsorte und gib sie vorsichtig auf die Oberfläche des heißen und des kalten Wassers.
c) Beobachte genau und fertige eine Tabelle mit deinen Beobachtungen an. Achte besonders auf Folgendes:
– In welchem Glas lösen sich die Stoffe besser?
– Kannst du neben den sichtbaren Farbstoffen noch weitere Stoffe mit deinen Sinnen feststellen?
– In welcher Reihenfolge lösen sich die Stoffe?
Probiere nach ca. 10 Minuten von beiden Lösungen: Gibt es Unterschiede?

2 Die Löslichkeit von Kochsalz in Wasser

Material
Messzylinder, Reagenzglas, Stopfen, Becherglas, Spatellöffel, Waage, Kochsalz, Wasser

Versuchsanleitung
a) Fülle in ein Reagenzglas 10 ml Wasser.
b) Stelle das mit 10 ml Wasser gefüllte Reagenzglas auf die Waage. Notiere den angezeigten Wert.

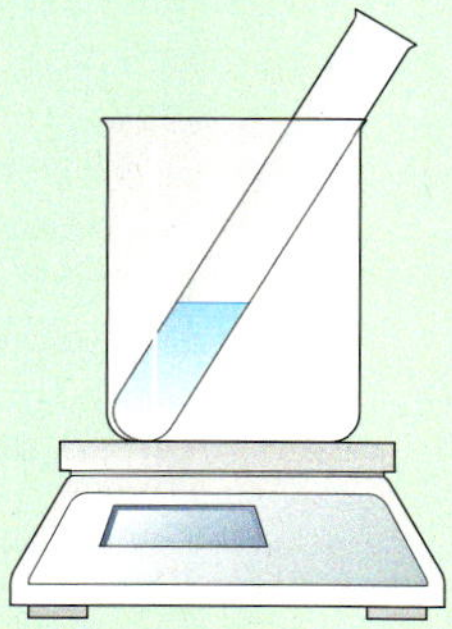

2 Wiegen

c) Gib eine kleine Portion Kochsalz ins Wasser. Verschließe das Reagenzglas mit dem Stopfen und schüttle es kräftig, bis sich das Kochsalz gelöst hat.

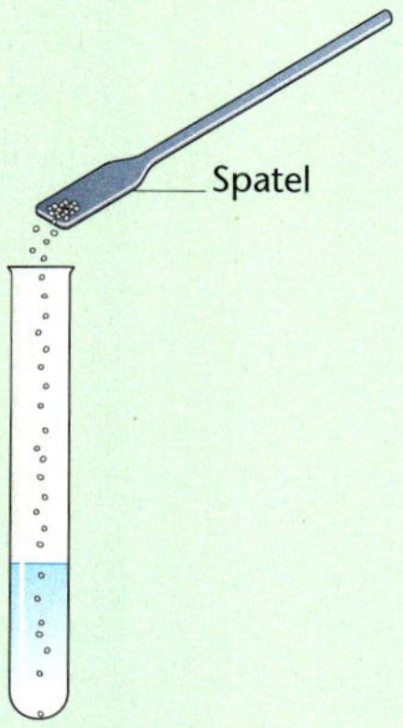

3 Lösen von Kochsalz

d) Gib jetzt eine weitere (kleine) Portion Kochsalz hinzu und schüttle das Reagenzglas wieder. Wiederhole den Vorgang so lange, bis sich – trotz kräftigen Schüttelns – kein Kochsalz mehr löst und am Boden des Reagenzglases einige Kochsalzkristalle zurückbleiben.
e) Wiege jetzt das Reagenzglas erneut und notiere den gemessenen Wert.

Aufgaben
1. Subtrahiere die beiden Messwerte voneinander. Du weißt nun, wie viel Gramm Kochsalz sich in 10 ml Wasser gelöst haben.

2. Wenn du den Wert mit 10 multiplizierst, dann weißt du, wie viel Gramm Kochsalz sich in 100 ml Wasser lösen.

3 Würfelzucker

Material
4 Bechergläser (150 ml, hohe Form), Stoppuhr, Wasser, Würfelzucker, Glasstab, Messzylinder (50 ml)

Versuchsanleitung
a) Gib einen Würfelzucker in ein Becherglas mit 20 ml kaltem Wasser. Rühre nicht um.
b) Wiederhole Versuchsteil a), rühre dieses Mal um.
c) Gib einen Würfelzucker in ein Becherglas mit 20 ml warmem Wasser. Rühre nicht um.
d) Wiederhole Versuchsteil c), rühre dieses Mal um.

Aufgaben
1. In welchem Versuch ist der Würfelzucker zuerst „verschwunden"? Bringe die Versuche in eine Reihenfolge.

2. Überlege und notiere, wovon die Löslichkeit eines Stoffes abhängig ist.

3. In Versuch 3 hast du Würfelzucker eingesetzt. Spielt es eine Rolle, ob man Kristallzucker, Würfelzucker oder Kandiszucker benutzt?

4. Spielt die Temperatur des Wassers auch beim Lösen von Kochsalz eine Rolle? Plane einen Versuch.

5. Wie viel Zucker können sich in 100 ml kaltem und heißem Wasser lösen? Plane einen Versuch, um das herauszufinden.

1 Die Löslichkeit wird gerne genutzt

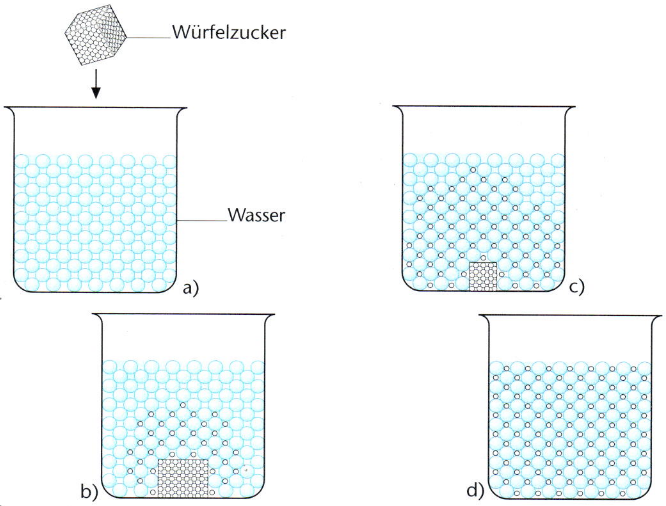

2 Der Lösungsvorgang im Teilchenmodell

Löslichkeit in Wasser
Gibt man einen Würfelzucker in Wasser, so ist er nach kurzer Zeit scheinbar „verschwunden". Dass er nicht wirklich verschwunden ist, verrät der süße Geschmack des Wassers. Aus dem Wasser ist Zuckerwasser geworden, der Würfelzucker hat sich im Wasser gelöst (▷ B 2).
In Wasser können sich viele Stoffe lösen, deshalb bezeichnet man Wasser auch als **Lösungsmittel**.

Die Löslichkeit – eine messbare Eigenschaft
Um die **Löslichkeit** unterschiedlicher Stoffe in Wasser vergleichen zu können, gibt man an, wie viel Gramm des Stoffes sich in 100 ml Wasser lösen.
So werden in 100 ml Wasser bei 20 °C etwa 36 g Kochsalz, jedoch nur 0,2 g Gips gelöst.

Flüssigkeiten, die Stoffe lösen, heißen Lösungsmittel.
Die Löslichkeit ist eine messbare Stoffeigenschaft. Sie gibt an, wie viel Gramm eines Stoffes sich in 100 ml des Lösungsmittels lösen.

Nicht alles ist in Wasser löslich
Während sich Kochsalz und Kaliumpermanganat gut in Wasser lösen, sind Asche und Öl nicht in Wasser löslich (▷ B 4 – B7). Neben Wasser dienen auch andere Flüssigkeiten als Lösungsmittel. Sie haben jedoch andere Lösungseigenschaften. So lässt sich in Benzin beispielsweise kein Kochsalz lösen, es ist jedoch ein gutes Lösungsmittel für Öl. Ein Fettfleck lässt sich mit Benzin leicht entfernen.

Der Lösungsvorgang im Teilchenmodell
Was beim Lösen eines Feststoffs passiert, lässt sich mithilfe des Teilchenmodells erklären. Wenn man z. B. Würfelzucker in Wasser gibt, drängen sich die Wasserteilchen zwischen die Zuckerteilchen (▷ B 2). Da sich die Wasserteilchen mit zunehmender Temperatur schneller bewegen, löst sich Zucker in warmem Wasser besser als in kaltem Wasser (▷ B3).

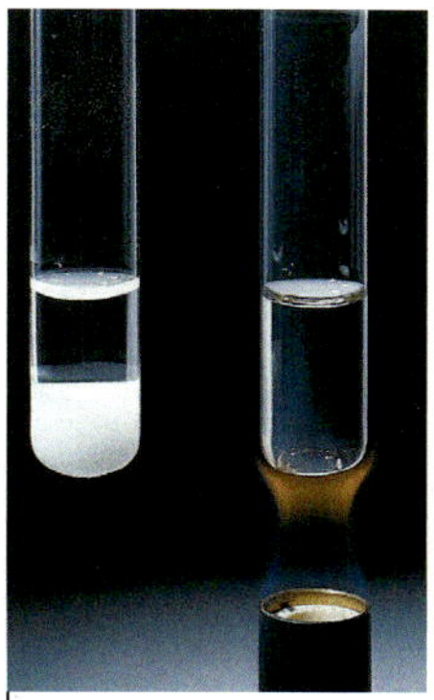

3 Im heißen Wasser löst sich Zucker besser.

4 Salz in Wasser

5 Öl in Wasser

6 Asche in Wasser

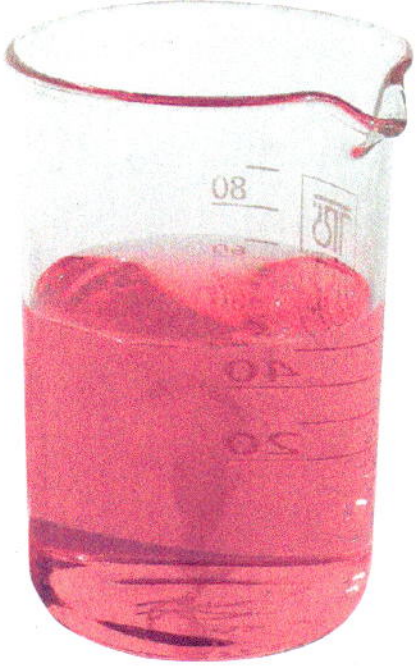

7 Kaliumpermanganat in Wasser

Den Stoffen auf der Spur

1 Aludose schneiden

1 Ein Brenner selbst gemacht

Für manche Versuche reicht ein Dosenbrenner als Wärmequelle.

Material
Getränkedose (leer und gereinigt), alte Schere, mehrere Teelichter mit Aluminiumhülle

Versuchsanleitung
a) Schneide die Dose ungefähr in der Mitte durch (Vorsicht: scharfe Kanten. Schittgefahr!!!). Der Abstand von der Schnittkante bis zum Boden der Dose sollte 5 cm betragen.

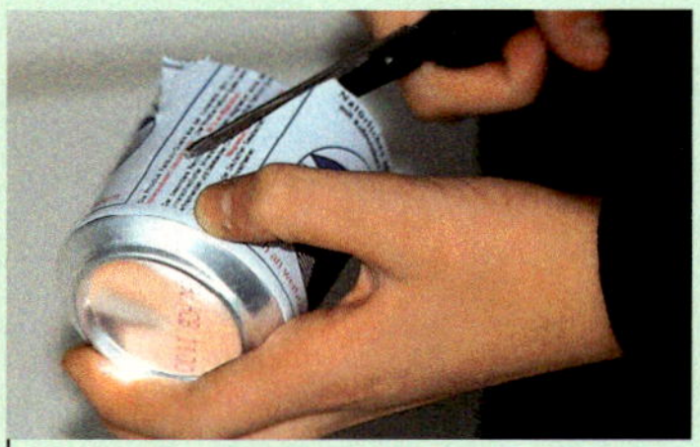

2 V-förmige Einschnitte

b) Mache nun vier oder fünf V-förmige Einschnitte in die Dose. Stelle die Dose mit dem Boden nach oben auf – der Dosenbrenner ist fertig. „Befeuert" wird er mit einem Teelicht, das du unten hineinstellst.

3 Fertige Dosenbrenner

Die Untersuchungsproben kannst du direkt in die Mulde des Bodens geben. Oder du gibst sie in eine Teelichthülle, die du dann oben in die Mulde des Brenners stellst.

Aufgabe
Warum hast du V-förmige Einschnitte in die Dose gemacht?

2 Bekannten Stoffen auf der Spur

Material
Kochsalz, Mehl, Feinwaschmittel, Kristallzucker, Modellgips, Wasser, 5 Bechergläser (100 ml), Messzylinder, Spatellöffel, 5 Glasstäbe, Deckgläschen, Lupe oder Binokular

Geruchs- und Geschmacksproben sind verboten!

Versuchsanleitung
a) Gib jeweils einen Spatellöffel der genannten Stoffe in ein Becherglas mit 50 ml Wasser. Rühre um und beobachte genau. Welche der Stoffe lösen sich in Wasser? Notiere das Ergebnis in einer Tabelle wie in Bild 5.
b) Gib 2 Tropfen jeder Lösung auf je ein Deckgläschen und lass sie eintrocknen. Untersuche, welcher Stoff Kristalle bildet und trage das Ergebnis in die Tabelle ein.
c) Erhitze eine Spatelspitze der Substanzen für je 3 Minuten auf deinem Dosenbrenner. Notiere die Beobachtungen in der Tabelle.

Aufgaben
1. Sieh dir deine Tabelle an. Kannst du anhand der Versuchsergebnisse die Stoffe eindeutig unterscheiden?
2. Waren alle Untersuchungen für eine eindeutige Unterscheidung der Stoffe notwendig?

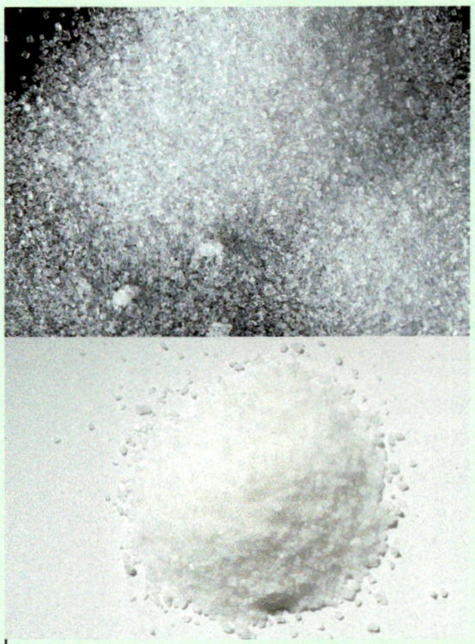

4 Ähnliche Stoffe

Zusätzliche Aufgabe
Du bekommst 3 unbekannte weiße Stoffe ausgeteilt. Nun sollst du feststellen, um welche Substanzen es sich handelt.

- Wie gehst du vor? Besprich deinen Plan mit Mitschülern und deiner Lehrerin oder Lehrer.

- Welche Materialien benötigst du? Stelle sie vor dem Beginn deiner Arbeiten zusammen.

- Wenn du die Experimente durchgeführt und ausgewertet hast: Bist du mit dem gewählten Vorgehen zufrieden?

- Welche weiteren Stoffeigenschaften hättest du bei den vorliegenden Stoffen untersuchen können?

	Salz	Mehl	Zucker	Gips	Waschmittel
Löst sich in Wasser					
Bildet Kristalle					
Schmilzt bei Erwärmung					
Verändert bei Erwärmung die Farbe					

5 Eigenschaften von Stoffen

Wir untersuchen Kunststoffe

1 Verschiedene Gegenstände aus Kunststoff

1 Schwimmverhalten von Kunststoffen

Material

Becherglas (1 l), Becherglas (150 ml), Wasser, Kochsalz, gleich große, verschiedene Kunststoffproben, Kunststoffprodukte aus dem Alltag

Versuchsanleitung

a) Fülle 1 l Wasser in ein Becherglas. Gib nacheinander die verschiedenen Kunststoffproben hinein.
b) Stelle eine gesättigte Kochsalzlösung mit 100 ml Wasser her, indem du so lange Salz in das Wasser einrührst, bis sich nichts mehr löst.
c) Zerschneide Behältnisse aus Kunststoff in gleich große Stücke und überprüfe das Schwimmverhalten in Wasser und in der Kochsalzlösung. Gibt es einen Unterschied?

2 Materialien zu Versuch 1

2 Elektrische Leitfähigkeit von Kunststoffen

Material

Flachbatterie (4,5 V), Glühbirne (4 V; 0,04 A) bzw. 9-V-Block mit passender Glühbirne, Leitfähigkeitsmesser (siehe Bild 1 auf S. 283), 3 Verbindungskabel, 4 Krokodilklemmen, verschiedene Kunststoffproben, Büroklammer

Versuchsanleitung

Baue einen Stromkreis mit Leitfähigkeitsmesser auf. Überprüfe mit der Büroklammer die Funktionsfähigkeit des Prüfstromkreises. Untersuche dann die Kunststoffproben auf ihre elektrische Leitfähigkeit.

3 Löslichkeit von Kunststoffen

Material

Schutzbrille, 3 Reagenzgläser, Reagenzglasständer, verschiedene Kunststoffproben. Lehrer/Lehrerin: Pipette, Aceton, Brennspiritus, Reinigungsbenzin

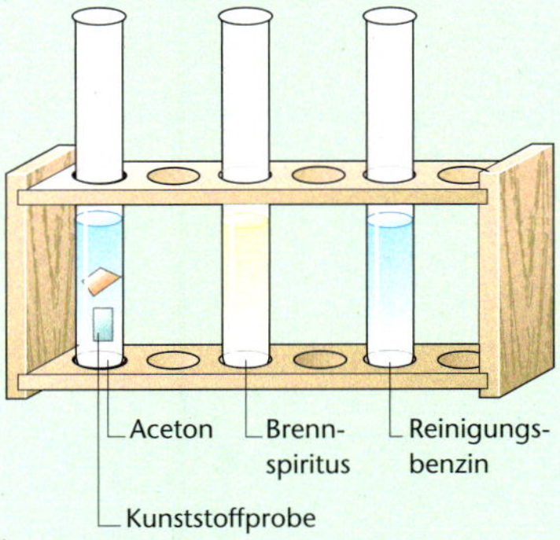

3 Kunststoffe in verschiedenen Lösungsmitteln

Versuchsanleitung

Bildet Arbeitsgruppen. Jede Gruppe untersucht einen anderen Kunststoff. Die Kunststoffbehälter haben eine Prägung oder einen Aufdruck mit dem Namen des Kunststoffs, z. B. „PS" für Polystyrol. Gebt in jedes Reagenzglas eine Probe des gleichen Kunststoffs. Euer Lehrer oder eure Lehrerin tropft nun mit einer Pipette die Lösungsmittel auf die Kunststoffproben (▷ B 3).

	Aceton	Brennspiritus	Benzin
Polystyrol (PS)			
Polyethylen (PE)			

4 Tabelle zu Versuch 3

Aufgabe

Beobachtet und tragt die Ergebnisse der einzelnen Gruppen in einer Tabelle zusammen (▷ B 4).

4 Festigkeit von Kunststoffen

Material

Schutzbrille, Dreifuß, Keramik-Drahtnetz, Gasbrenner, Tiegelzange, Becherglas, Wasser, Thermometer, Schere, Holzbrettchen, Anzünder, Uhr, Kunststoffproben

Versuchsanleitung

a) Schneide aus gekennzeichneten Kunststoffresten Probestücke von ca. 2 cm x 6 cm. Halte die Proben an einem Ende mit der Tiegelzange und drücke das andere Ende auf eine feste Unterlage. Notiere das Ergebnis des Biegeversuchs in eine Tabelle.
b) Halte die Kunststoffproben mit der Tiegelzange (▷ B 5) etwa eine Minute lang in heißes Wasser von ca. 80 °C und wiederhole den Biegeversuch von a). Trage die Ergebnisse in eine Tabelle ein.
Vorsicht! Verbrühungs- und Spritzgefahr!

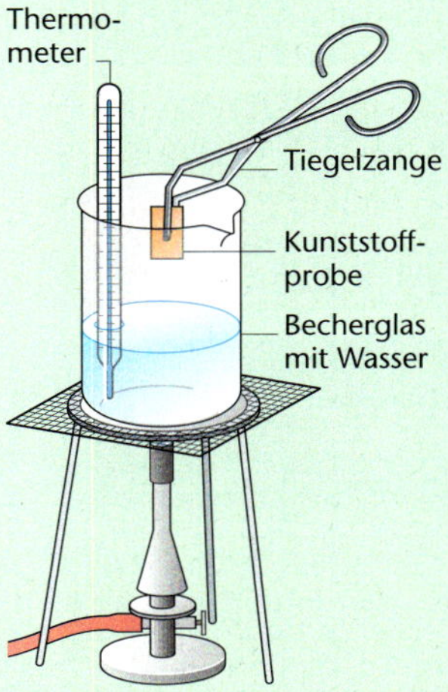

5 Verändern sich die Kunststoffeigenschaften in heißem Wasser?

Versuch's mal!

Regelmäßig kannst du hören oder lesen, dass Forscher etwas herausgefunden haben. Manche bekommen sogar einen Preis dafür. Allerdings erfährt man meist nicht, wie die Wissenschaftler vorgegangen sind, um zu der Erkenntnis zu kommen.

Wie gehst du selbst vor, wenn du etwas herausfinden willst?

Das geheimnisvolle Getränk

Lena fragt sich, warum ihre Mutter sagt: „Trink lieber Wasser oder Apfelschorle! Das ist gesund!" Lena mag aber lieber Cola! Auch ihr Trainer im Sportverein sagt, dass sie nach dem Sport lieber Wasser trinken soll.

Lena stellt sich daraufhin einige Fragen:
- Warum soll Cola eigentlich so ungesund sein?
- Warum ist die Cola eigentlich so schwarz?

…

- Liste in deinem Heft alle Fragen auf, die sich dir im Zusammenhang mit dem Getränk „Cola" stellen!

Was zischt denn da?

Lena hat schon oft beobachtet, dass es ganz laut zischt,wenn sie die Colaflasche aufmacht. Wenn sie die Flasche vorher geschüttelt hat, kann es sogar passieren, dass es stark schäumt und die Cola herausspritzt.
Außerdem schmeckt die Cola ganz schön sauer. Aber es soll doch so viel Zucker drin sein. Wie kann sie dann so sauer schmecken?

- Lies die Inhaltsangabe auf dem Getränkeetikett: Welcher Stoff ist deiner Meinung nach für das Zischen zuständig?

- Lasse durch den Filter einer Kaffee-Maschine etwas Cola laufen. Beschreibe, was du beobachten kannst. Findest du erste Erklärungen für deine Beobachtungen?

Was ist drin?

Wie kann man bloß herausfinden, was in der Cola drin ist?
Lena stößt bei ihren Nachforschungen auf einen Namen: Justus von Liebig. Er hat den „Liebig-Kühler" erfunden. Lena versteht nicht so genau, was das ist. Aber sie vermutet, dass es ihr helfen würde, ihre Frage zu klären.

- Findet heraus, was ein Liebig-Kühler ist. Lasst euch von eurem Lehrer alle Geräte geben, die notwendig sind, um eine Destillationsapparatur aufzubauen.
Führt dann das Experiment durch und nennt danach mindestens 3 Bestandteile von Cola.

- Du kannst das Experiment ganz einfach zu Hause nachmachen, obwohl du keinen Liebig-Kühler besitzt. Zeichne einen Versuchsaufbau, der es ermöglicht, mit einem Topf mit Deckel, einer Kochplatte, Cola und einem Trinkglas das Experiment nachzumachen.

- Nun schalte die Wärmeplatte der Kaffeemaschine an. Beobachte!
- Lasse die Cola noch einige Stunden abkühlen und probiere sie dann. Was stellst du fest?
- Gibt es andere Getränke, mit denen du diesen Versuch durchführen möchtest?

Kostprobe gefällig?
Ist es schwer ein Getränk zu erfinden, das schön aussieht, lecker ist und gesund dazu?

- Bildet Gruppen und erfindet ein Getränk, das gesund ist und schmeckt. Notiert euer Rezept so, dass die anderen das Getränk selbst herstellen können.
- Rechnet die Kosten der Zutaten zusammen und vergleicht mit den Getränkepreisen im Supermarkt.

Die Geschichte von Coca-Cola® begann am 8. Mai 1886 in Amerika, als der Apotheker Dr. John S. Pemberton versuchte eine medizinische Limonade zu entwickeln. Das Ergebnis seiner Versuche sollte gegen Kopfschmerzen und Magendrücken helfen.

Zur Herstellung verwendete er ....

Am 28. Juni 1887 wurde das Getränk dann zum Patent angemeldet. Der angenehme Geschmack und die berauschende Wirkung sorgten dafür, dass Dr. Pembertons Wundermedizin rasch in ganz Amerika bekannt wurde und sich immer besser verkaufte.

Die typische Cola-Flasche, die wir auch heute noch kennen, wurde eingeführt.......

Der Erfolg von Cola wurde erst 1940 durch „Fanta" ....

Das Rezept für Cola
Lena informiert sich im Internet. Es sei ein Geheimrezept, steht da. Dieses Rezept wird in einem dicken Panzerschrank gehütet.

- Informiere dich aus verschiedenen Quellen über Cola und vervollständige die Geschichte mit deinen eigenen Worten.

- Dr. Pemberton hat damals ein paar seltsame Zutaten in seine „Medizin" gemischt. Sind sie auch heute noch in der Cola enthalten? Begründe deine Überlegungen.
- Wie viele verschiedene Sorten Cola könnt ihr in einem Supermarkt finden? Wie ist das möglich? Das Rezept ist doch streng geheim!?

Alles herausgefunden?
Ist Zucker in der Cola? Wodurch wird das Zischen beim Öffnen verursacht? Ist Cola süß oder sauer? Du hast verschiedene Methoden angewendet, um herauszufinden was du wissen wolltest.

- Bringe die verschiedenen Schritte in eine sinnvolle Reihenfolge und begründe!
- Fallen dir weitere Untersuchungen ein, mit denen du etwas über Cola erfahren könntest?

Soßen selbst gemacht

In der Küche stellen wir die unterschiedlichsten Gemische her. Achte bei diesen Versuchen besonders auf saubere Materialien.

1 Essig und Öl

Material
6 Reagenzgläser mit Stopfen, Reagenzglasgestell, Wasser, Essig, Speiseöl, Kochsalz

Versuchsanleitung
Stelle im Reagenzglas zunächst eines der Gemische a) bis f) her. Verschließe dann das Glas mit einem Stopfen und schüttle es kräftig. Stelle das Reagenzglas im Reagenzglasgestell ab und beobachte das Gemisch.

a) Fülle ein Reagenzglas 1 cm hoch mit Wasser und gib Essig dazu.
b) Fülle ein Reagenzglas 1 cm hoch mit Wasser und gib Speiseöl dazu.
c) Fülle ein Reagenzglas 1 cm hoch mit Essig und gib Speiseöl dazu.
d) Fülle ein Reagenzglas 1 cm hoch mit Wasser und gib einige Salzkörnchen dazu.
e) Fülle ein Reagenzglas 1 cm hoch mit Essig und gib einige Salzkörnchen dazu.
f) Fülle ein Reagenzglas 1 cm hoch mit Speiseöl und gib einige Salzkörnchen dazu.

1 Versuche mit Essig und Speiseöl

Gemisch	Aussehen im Reagenzglas	Beobachtung
Essig und Wasser		
Speiseöl und Wasser		
Essig und Speiseöl		

2 Beschreibung von Gemischen

Aufgaben
1. Fertige in einer Tabelle wie in Bild 2 eine Zeichnung des Gemisches im Reagenzglas an. Beschreibe das Verhalten der Mischungen in Stichworten.

2. Denke dir ein Rezept für eine Salatsoße aus und schreibe es auf. In welcher Reihenfolge würdest du die Zutaten mischen? Begründe!

2 Öl und Wasser und Ei

Material
Reagenzglas mit Stopfen, Reagenzglasgestell, Teelöffel, Wasser, Speiseöl, Eigelb

Versuchsanleitung
Mische im Reagenzglas Speiseöl und Wasser. Gib nun einen halben Teelöffel Eigelb dazu. Verschließe das Glas mit einem Stopfen und schüttle es. Lasse das Reagenzglas stehen. Beobachte das Gemisch einige Minuten.

Aufgabe
Was beobachtest du beim Mischen von Wasser, Öl und Eigelb? Vergleiche mit Versuch 1b. Kennst du ein Lebensmittel, das aus den drei im Versuch verwendeten Zutaten besteht?

3 Milch und Pulver

Material
1 Packung Dessertsoße ohne Kochen (Schokoladen- oder Vanille-Geschmack), 250 ml kalte Milch, Rührschüssel, Löffel, Schneebesen, Dessertschalen

Versuchsanleitung
Gib die Zutaten nach Anleitung auf der Packung zusammen. Stelle die fertige Soße kalt und verteile anschließend Kostproben.

Aufgaben
1. Lies die Inhaltsangabe auf der Packung. Welche der genannten Reinstoffe kennst du?

2. Finde heraus, was sich hinter den unbekannten Bezeichnungen verbirgt und welche Aufgabe die Stoffe haben könnten.

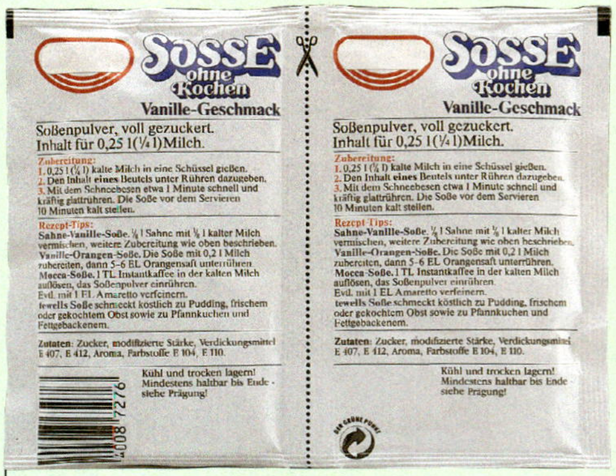

3 Inhaltsstoffe einer Dessertsoße

4 Dieser Nachtisch ist schnell zubereitet.

Lebensmittelfarben

Viele Süßigkeiten sind mit Lebensmittelfarben gefärbt. Welche Eigenschaften haben diese Farben? Kann man mit diesen Farbstoffen auch Wolle färben?

1 Lebensmittelfarben laufen lassen

Material

1 Packung Mini-Schokolinsen, 2 Reagenzgläser, Stopfen, Reagenzglasgestell, Petrischale, Pipette, Rundfilter, Papierhandtuch

Versuchsanleitung

a) Wähle drei oder vier Schokolinsen einer Farbe aus und gib sie in ein Reagenzglas. Tropfe mit der Pipette so viel Wasser dazu, dass die Schokolinsen bedeckt sind. Verschließe das Reagenzglas mit einem Stopfen und schüttle kurz (▷ B 1). Fülle die farbige Lösung in das zweite Reagenzglas.

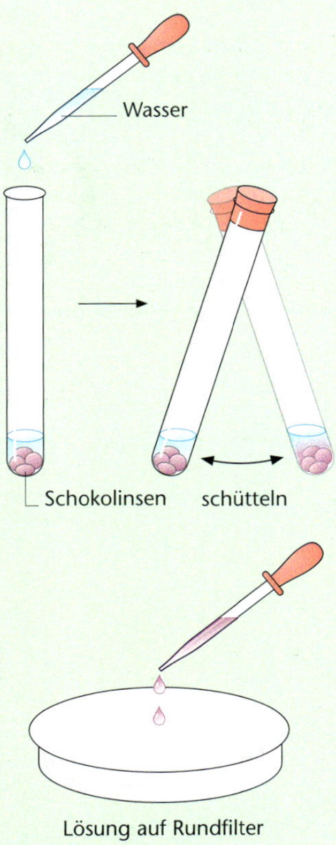

1 Zu Versuch 1

b) Lege ein rundes Filterpapier auf die Petrischale. Tropfe mit der Pipette drei Tropfen Farbstofflösung in die Mitte des Rundfilters (▷ B 1). Warte, bis das Filterpapier die Flüssigkeit vollständig aufgesaugt hat. Fahre so fort, bis die Flüssigkeit den Rand des Filterpapiers erreicht. Lass das Papier trocknen.

Aufgaben

1. Beschreibe, was du beim Auftropfen der Flüssigkeit auf das Filterpapier beobachten kannst.

2. Woran kannst du erkennen, ob es sich bei der Farbe um einen Reinstoff oder ein Farbstoffgemisch handelt?

3. Das Verfahren, mit dem man ein Farbstoffgemisch in seine einzelnen Bestandteile trennen kann, heißt Chromatografie. Welche weiteren Farbstoffe kannst Du mit dieser Methode auf ihre Bestandteile untersuchen? Begründe!

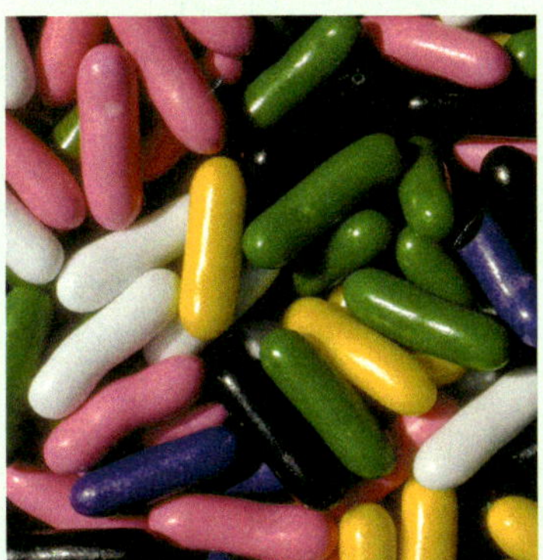

2 Bunte Lackritzstäbchen

2 Bunte Lakritzstäbchen färben Wolle

Wolle lässt sich leicht färben. Damit sie im heißen Färbebad nicht verfilzt, darf man sie nur vorsichtig hin und her bewegen und nie kräftig umrühren.

Material

Schutzbrille, Bechergläser (100 ml), Messzylinder (50 ml), Trichter, Rundfilterpapier, Heizplatte, Glasstab, Pinzette, Schere, Karton, Klebstoff, Wasser, Essig, gewaschene Wollfäden, bunte Lakritzstäbchen

Versuchsanleitung

a) Gib 20 ml Wasser in ein Becherglas und füge 5 Lakritzstäbchen einer Farbe zu. Rühre mit einem Glasstab um, bis sich der Farbstoff im Wasser gelöst hat.
b) Falte ein Rundfilterpapier und gib es in einen Trichter. Filtriere die Farblösung in ein zweites Becherglas.
c) Gib in das Filtrat etwas Essig und einige Wollfäden und rühre vorsichtig um.
d) Erhitze die Flüssigkeit mit den Wollfäden auf einer Heizplatte und lasse sie 5 bis 10 Minuten kochen.
e) Lasse die Flüssigkeit abkühlen. Nimm die Wollfäden mit der Pinzette aus der Farblösung und spüle sie mit viel Wasser aus.
f) Wiederhole den Versuch mit unterschiedlichen Farbtönen oder mit Lebensmittelfarben anderer Süßigkeiten.

Aufgaben

1. Beschreibe die Beobachtungen. Klebe die Wollfäden auf einen Karton.

2. Gibt es Unterschiede, wenn du die Wolle mit Farbstoffen anderer Süßigkeiten färbst?

3 Wolle färben

2 Gemische in Fertigprodukten

4 Mischungen

1 Wasserfarben

Reinstoffe und Stoffgemische

Bisher haben wir Stoffe wie Zucker, Salz oder Citronensäure untersucht. Diese Stoffe bestehen nur aus einer Stoffart und werden **Reinstoffe** genannt.

▶ Reinstoffe bestehen nur aus einer Stoffart.

Im Alltag begegnen uns aber meistens Produkte, die aus unterschiedlichen Stoffen bestehen. So findest du auf den Etiketten von Fertiggerichten Hinweise auf die unterschiedlichen Bestandteile dieses Produktes (▷ B 2). Einige Bestandteile eines **Stoffgemisches** können mit der Lupe unterschieden werden (▷ V 1).

▶ Stoffgemische enthalten unterschiedliche Stoffe.

Mischungen aus Feststoffen und Flüssigkeiten

Wasserfarben lösen sich in Wasser. Es entstehen Farblösungen (▷ B 1).
Zucker und Speisesalz sind im festen Zustand weiß. Gibt man sie in Wasser, entstehen klare, farblose **Lösungen**. Der gelöste Stoff ist nicht mehr zu sehen. Allerdings lösen sich nicht alle Feststoffe in Wasser. Schlamm und Lehm z. B. verteilen sich im Wasser und trüben es oder färben es braun. Ein solches Gemisch aus Schlamm und Wasser nennt man Aufschlämmung oder **Suspension** (▷ B 4).
Schüttelt man Wasser und Speiseöl (▷ V 1), bildet sich eine trübe, milchige Flüssigkeit, die **Emulsion** genannt wird.

▶ Löst sich ein Feststoff in einer Flüssigkeit, entsteht eine Lösung.
Liegt Schlamm fein verteilt in Wasser vor, spricht man von einer Suspension.
Fein verteilte Öltröpfchen in Wasser bezeichnet man als Emulsion.

Versuche

1 Betrachte Granit unter der Lupe. Notiere Farbe und Form der Teilchen, die du erkennen kannst.

2 Mische im Reagenzglas Lehm und Wasser, Speiseöl und Wasser. Kannst du Unterschiede feststellen?

Aufgabe

1 In Bild 3 sind eine Lösung, eine Emulsion und eine Suspension abgebildet. Ordne die Getränke richtig zu und begründe.

3 Orangensaft, Apfelsaft, Milch

Werkstatt

Einfache Trennverfahren

Häufig lassen sich Gemische durch geeignete Verfahren in ihre Bestandteile trennen.

1 Studentenfutter auslesen

Material
Flacher Teller, Holzstäbchen, Packung Studentenfutter

Versuchsanleitung
a) Schütte das Studentenfutter aus der Packung auf den Teller.
b) Nimm ein Holzstäbchen und sortiere die im Studentenfutter enthaltenen Bestandteile.

1 Studentenfutter

Aufgabe
Nach welchen Eigenschaften hast du die Bestandteile ausgelesen?

2 Das muss wieder auseinander

Material
Nudeln, Wasser, Salz, Kies, Sand, Teeblätter, Gasbrenner, Anzünder, Dreifuß, Topf, Teller, Glas

Versuchsanleitung
a) Koche die Nudeln in Salzwasser.
b) Brühe einen Tee auf, indem du die Teeblätter in einem geeigneten Glas mit heißem Wasser übergießt.
c) Mische Kies und Sand.

Aufgaben
1. Überlege, wie du die Mischungen am besten wieder auseinander bekommst.

2. Besorge geeignete Geräte und trenne die Mischungen.

3. Sind die verwendeten Geräte gleich gut zur Trennung der unterschiedlichen Mischungen geeignet oder gibt es Unterschiede?

2 Nudeln im Wasser

3 Tee mit Teeblättern

4 Kies und Sand

4. Dir ist am Sonntag nachmittag beim Vorbereiten deines Lieblingsnudelgerichts versehentlich der ganze Rest Salz, immerhin ein halbes Paket, in den Topf mit Wasser gefallen. Darin kannst du die Nudeln nun nicht mehr kochen. Außerdem brauchst du noch Salz für die Soße. Weiteres Salz findest du nicht, die Nachbarn sind nicht zu Hause, der nächste Tankstellenshop ist zu weit weg.

Siehst du eine Möglichkeit, die Nudeln trotzdem mit einer angemessenen Menge Salz im Wasser zuzubereiten und das nötige Salz für die Soße zu bekommen?

3 Absetzen lassen und abgießen

Material
Becherglas, Erlenmeyerkolben, Becherglas (150 ml, hohe Form), Uhrglas (groß), Löffel, Glasstab, (250 ml, Weithals), Wasser, Sand, Erde

Versuchsanleitung
a) Fülle ein Becherglas etwa zur Hälfte mit Wasser. Gib mit einem Löffel Sand und Erde in das Wasser.
b) Rühre mit einem Glasstab gut um. Lasse das Becherglas eine Zeit lang ruhig stehen.
c) Gieße das überstehende klare Wasser vorsichtig in einen Erlenmeyerkolben ab (▷ B 5). Achte darauf, dass weder Sand noch Erde mit abgegossen werden.
d) Stelle die abgegossene Flüssigkeit neben ein Becherglas mit reinem Wasser und vergleiche die Flüssigkeiten.

Aufgabe
Ist diese Trennmethode gut genug, um wieder reines Wasser zu erhalten? Was könntest du noch versuchen?

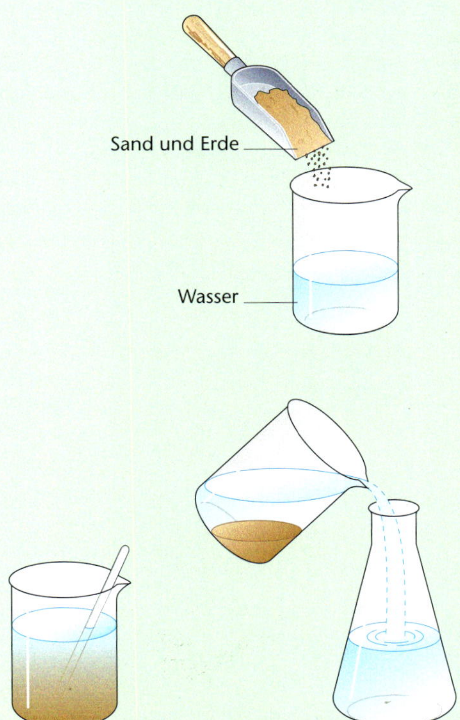

5 Trennen durch Abgießen

Was Filter leisten können

1 Wie man Kohlestaub aus Wasser entfernt

Material

Mörser mit Pistill, Glasstab, Holzkohlestücke, Sieb (engmaschig), Becherglas (250 ml), Erlenmeyerkolben (250 ml), Glastrichter, Filterpapier (rund), Spatellöffel

1 Zerreiben von Holzkohle

Versuchsanleitung

a) Zerreibe einige Holzkohlestückchen mit dem Pistill im Mörser (▷ B 1). Arbeite sorgfältig, sodass kein Holzkohlepulver neben den Mörser fällt.

b) Siebe das Holzkohlepulver über dem Becherglas, das zur Hälfte mit Wasser gefüllt ist (▷ B 2). Rühre die Flüssigkeit ständig um. Es entsteht eine Holzkohlesuspension.

c) Gieße die Suspension durch einen Papierfilter in den Erlenmeyerkolben (▷ B 3). Betrachte die gefilterte Flüssigkeit.

2 Herstellung der Holzkohlesuspension

3 Filtrieren der Holzkohlesuspension

2 Wie man einen Farbstoff zurückhält

Material

Wasser, Filterpapier (rund), Aktivkohlefilter (rund), 2 Glastrichter, Glasstab, 2 Erlenmeyerkolben (250 ml, Enghals), rote Schokolinsen

Versuchsanleitung

a) Löse zwei oder drei rote Schokolinsen in Wasser auf. Rühre die Lösung mit dem Glasstab um (▷ B 5).

b) Gieße die Hälfte der farbigen Lösung durch einen Papierfilter in einen Erlenmeyerkolben (▷ B 6).

c) Gieße die andere Hälfte der farbigen Lösung durch einen Aktivkohlefilter in den anderen Erlenmeyerkolben (▷ B 6).

Aufgaben

1. Vergleiche die Flüssigkeiten, die du durch das Filtrieren mit dem Papierfilter und mit dem Aktivkohlefilter (▷ B 4) erhältst. Welchen Unterschied stellst du fest? Wie kannst du dir den Unterschied erklären?

2. Aktivkohlefilter werden in verschiedenen Geräten für den Haushalt und für die Industrie eingesetzt.
Informiere dich im Internet, wo diese Filter überall verwendet werden und welche Vorteile sie gegenüber anderen Filtern haben.

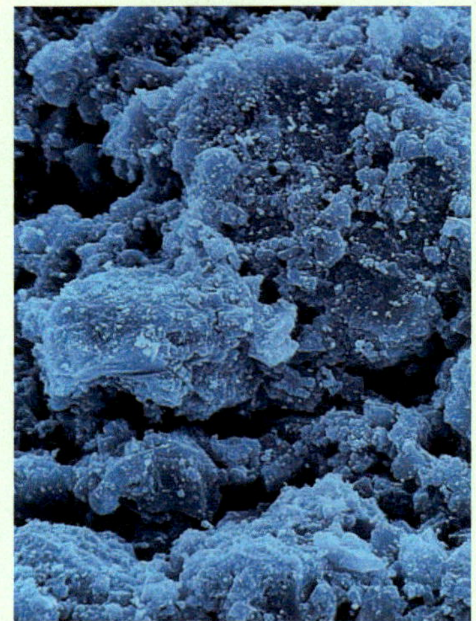

4 Aktivkohlefilter (Vergrößerung)

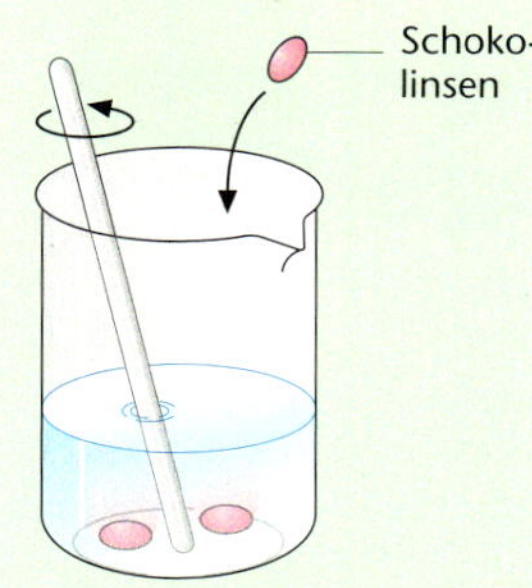

5 Die farbige Hülle der Schokolinsen löst sich im Wasser.

6 Die Farblösung wird filtriert.

1 Das Wasser des Aquariums wird ständig gefiltert.

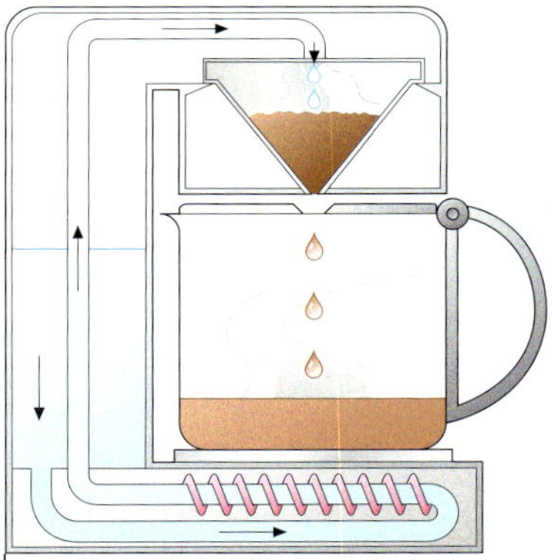
3 Ein gefiltertes Produkt – der Kaffee

Filter im Alltag
In einer Kaffeemaschine (▷ B 3) tropft kochend heißes Wasser auf Kaffeepulver in einem Papierfilter. Der heiße, dunkelbraune Filterkaffee wird in der Kanne aufgefangen. Im Papierfilter bleibt das unlösliche Kaffeepulver zurück.

In Aquarien sind Filteranlagen eingebaut. Sie befreien das Wasser von den Verunreinigungen, die darin schweben. Das klare, gefilterte Wasser wird ins Aquarium zurückgeleitet (▷ B 1).

Sand-Kies-Filter (▷ B 2) sind Mehrschichtenfilter. Das verschmutzte Wasser wird in den verschiedenen Schichten von den im Wasser unlöslichen Feststoffen befreit. Klares Wasser verlässt den Filter.

Durch Filtrieren kann man ungelöste Feststoffe von einer Flüssigkeit trennen.

Eindampfen in der Küche
Kocht man Salzwasser für Reis oder Nudeln, setzt sich Salz am Topfrand ab, ein Teil des Wassers verdampft. Wird beim Marmeladekochen nicht ständig gerührt, brennt die eindickende Marmelade ein. In einen Dampfkochtopf muss zu Beginn eine bestimmte Menge Wasser eingefüllt werden, damit die Kartoffeln im Topf nicht anbrennen. Bratensoße wird beim Erwärmen dickflüssig, sie schmeckt intensiv nach Salz und anderen Gewürzen.

Durch Eindampfen werden gelöste Stoffe zurückgewonnen. Die Flüssigkeit verdampft, die Feststoffe bleiben zurück.

Versuche

1 Gieße eine Steinsalzlösung durch einen Papierfilter im Trichter in einen Erlenmeyerkolben. Betrachte das Filtrat nach dem Versuch. Erwärme nun das Filtrat in einer schwarzen Porzellanschale, bis ein Rückstand entsteht.

2 Wie kannst du eindeutig nachweisen, um welchen Stoff es sich bei dem Rückstand im Versuch 1 handelt? Plane die notwendigen Untersuchungen.

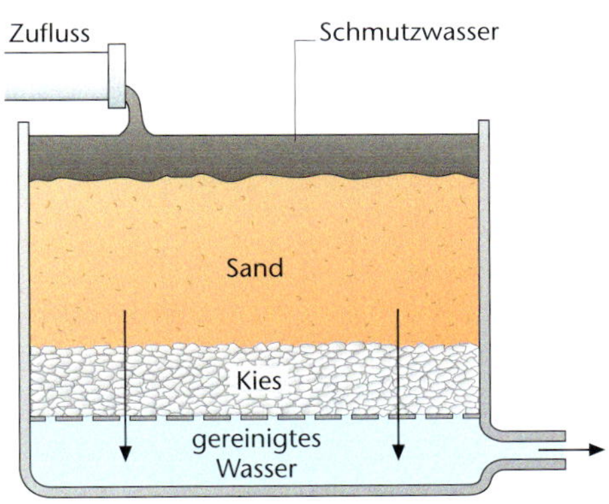

2 Aufbau eines Sand-Kies-Filters

4 Eindampfen von Bratensoße

Meerwasser – mehr als Wasser

1 Salzgewinnung in Salzgärten

In vielen Gegenden der Erde herrscht akuter Trinkwassermangel, obwohl diese Länder direkt am Meer liegen. Meerwasser ist jedoch wegen seines hohen Salzgehaltes von 32 bis 43 Gramm pro Liter als Trinkwasser und zur Bewässerung nicht geeignet. Wie kann man aus Meerwasser auch Trinkwasser herstellen?

1 Herstellung von Meerwasser

Material

Becherglas, Spatellöffel, Wasser, Waage, Messzylinder, Kochsalz

Versuchsanleitung

Miss in einem Messzylinder 100 ml Wasser ab und gib es in ein Becherglas. Wiege jetzt 4 g Kochsalz ab, gib das Kochsalz in das Becherglas und rühre so lange um, bis sich das Kochsalz vollständig aufgelöst hat.

2 In Wasser lösen

Du erhältst eine Lösung, deren Salzgehalt dem von Meerwasser entspricht.

2 Eindampfen von Meerwasser

Material

Schutzbrille, Salzwasser aus Versuch 1, Pozellanschale, Dreifuß, Keramikdrahtnetz, Lupe, Gasbrenner

Versuchsanleitung

Fülle in die Porzellanschale etwas von dem Salzwasser aus Versuch 1 und erhitze die Porzellanschale mit dem Gasbrenner bis das Wasser zu sieden beginnt.

3 Eindampfen

Stelle dann die Flamme schwächer ein. Erhitze weiter, bis das Wasser fast vollständig verdampft ist. **Achtung:** Stelle vor dem vollständigen Verdampfen den Brenner ab, sonst können heiße Salzkristalle aus der Schale springen. Betrachte eine Salzprobe unter der Lupe.

4 Rückstand in der Abdampfschale

Mit diesem Versuch konntest du zwar Salz und Wasser trennen, jedoch ist das Wasser dabei verloren gegangen. Im folgenden Versuch soll bei der Stofftrennung das Wasser gewonnen werden.

3 Trinkwasser aus Meerwasser

Material

Schutzbrille, 2 Reagenzgläser, durchbohrter Stopfen, Winkelrohr, 2 Doppelmuffen, Gasbrenner, Salzwasser (aus Versuch 1), Siedesteinchen, Wasser

Versuchsanleitung

Du sollst aus dem Meerwasser Trinkwasser gewinnen.

a) Plane gemeinsam mit Mitschülern das Vorgehen. Euch stehen die oben genannten Materialien zur Verfügung.
b) Fertigt eine Skizze von eurem geplanten Versuchsaufbau an und besprecht diese mit eurem Lehrer
c) Führt den Versuch durch.

5 So viel Wasser …

Aufgaben

1. Welche Stoffeigenschaft macht das Trennen von Salz und Wasser möglich?

2. Entspricht das gewonnene Wasser unserem Trinkwasser? Recherchiert, welche Stoffe in Trinkwasser enthalten sind.

3. Meersalz wird auch in so genannten Salzgärten gewonnen (▷ B 1). Erkläre, wie man dabei vorgeht.

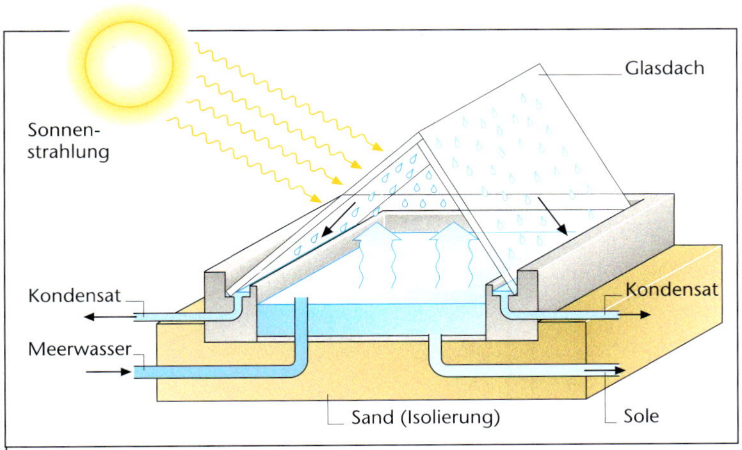

1 Schema einer Destillationsanlage

2 Entsalzungsanlage

Ohne Wasser kein Leben

Wasser ist für pflanzliches, tierisches und menschliches Leben unentbehrlich. Ein erwachsener Mensch muss täglich etwa 3 Liter Wasser mit der Nahrung zu sich nehmen, um seinen Wasserbedarf zu decken. Völliger Wasserentzug führt nach wenigen Tagen zum Tod. Wasser wird von uns jedoch nicht nur zum Trinken sondern für vielerlei Zwecke genutzt (▷ B 3).

Haben wir genug Wasser?

Aus dem Weltraum betrachtet erscheint die Erde als blaue Wasserkugel. Fast dreiviertel der Erdoberfläche sind von Wasser bedeckt. Gibt es also Wasser im Überfluss? Eine genauere Betrachtung zeigt, dass der größte Teil des Wassers salziges Meerwasser ist. Der Großteil des Süßwassers ist in Gletschern und an den Polkappen in Form von Eis gebunden.

Trinkwasser aus Meerwasser

Erhitzt man eine Salzlösung und hält in den Dampf eine Glasplatte, so schlägt sich der Wasserdampf nieder, er **kondensiert**. Das kondensierte Wasser schmeckt nicht mehr salzig, Wasser und Salz sind voneinander getrennt worden. Eine solche Stofftrennung durch Verdampfen und anschließendes Kondensieren wird **Destillation** genannt.

> Die Trennung eines Stoffgemisches durch Verdampfen und anschließendes Kondensieren nennt man Destillation.

Das Verfahren der Destillation macht man sich bei der Meerwasserentsalzung zu Nutze. Dabei wird salziges Meerwasser in großen Destillationsanlagen durch die Sonneneinstrahlung erwärmt. Das Wasser verdampft und kondensiert dann an den Kühlflächen als Süßwasser (▷ B 1). Das Süßwasser läuft in Sammelrinnen zusammen; das Salz bleibt in der Sole zurück. Diese Sole wird immer salziger und muss in bestimmten Abständen durch frisches Meerwasser ersetzt werden.

Damit das so gewonnene Süßwasser als Trinkwasser genutzt werden kann, müssen ihm wieder geringe Mengen an Salzen zugefügt werden.

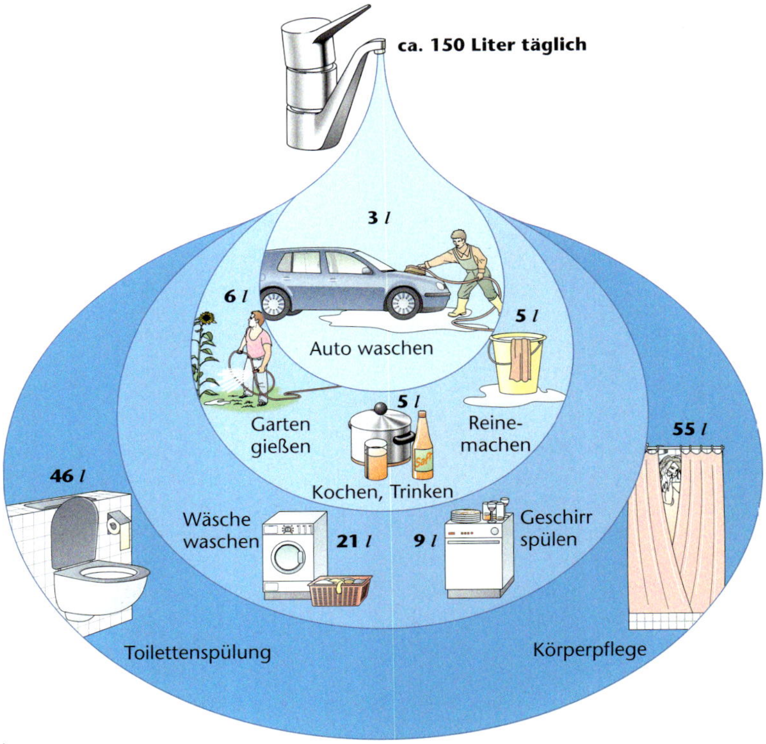

3 Pro-Kopf-Wasserverbrauch in Deutschland

Einen Versuch planen

Ein Versuch kann nur dann gelingen, wenn er sorgfältig geplant wird. Bei der Planung eines Versuches sind viele einzelne Schritte zu beachten.

A. Frage formulieren
Ein Versuch wird häufig auch mit einer „Frage an die Natur" verglichen. Das Ergebnis des Versuches ist dann die entsprechende Antwort. Zu Beginn eines Versuches wird daher zunächst eine Frage formuliert, der man im Experiment nachgehen möchte. Diese Frage ist dann zugleich das Thema des Versuches.

B. Informationen sammeln
Zur Vorbereitung eines Versuches werden viele Informationen benötigt. Dazu lassen sich unterschiedliche Informationsquellen ausnutzen, z. B.:
- Lexika
- Chemiebücher
- Broschüren und Informationshefte verschiedener Firmen
- Internetseiten
- Unterschiedliche Software auf CD oder DVD

C. Geeignete Experimente auswählen
Aus den dir bekannten Experimenten müssen solche ausgewählt werden, die geeignet sind, das in der Frage formulierte Problem zu lösen. Oft müssen mehrere Experimente hintereinander ausgeführt werden, um das gewünschte Ergebnis zu erzielen.

D. Liste mit benötigten Materialien erstellen
Damit bei der Durchführung eines Versuches alle benötigten Materialien zur Verfügung stehen, werden sie in einer Liste zusammengestellt. Die meisten Geräte und Chemikalien sind in der naturwissenschaftlichen Sammlung zu finden. Einige Materialien können auch von zu Hause mitgebracht werden.

E. Versuchsskizze anfertigen
Zur Planung eines Versuches gehört auch die Anfertigung einer Skizze. Nach dieser Skizze wird später der Versuch aufgebaut. Hilfreich für die Anfertigung einer Skizze ist eine Geräteschablone.

F. Gefährliche Stoffe und Schutzmaßnahmen
Werden bei dem Versuch gefährliche Stoffe eingesetzt, muss an entsprechende Sicherheitsmaßnahmen gedacht werden. Hierzu gehören Schutzhandschuhe und Schutzbrillen. Bleiben bei einem Versuch Abfälle übrig, muss auch an die richtige Entsorgung gedacht werden.

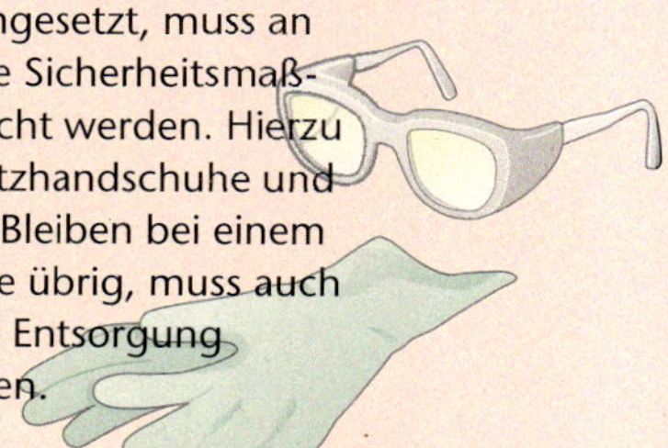

G. Versuchsprotokoll vorbereiten
Bereits vor der Durchführung des Versuches wird ein Versuchsprotokoll vorbereitet. Versuchsbeobachtungen und Auswertungen können natürlich noch nicht notiert werden. Thema des Versuches, die Materialien, die Skizze, die Versuchsanleitung, Sicherheitsmaßnahmen und die geplante Entsorgung können aber schon eingetragen werden.
Jetzt sind alle wichtigen Schritte sorgfältig geplant. Der Durchführung des Versuches steht nichts mehr im Wege. Bei der Durchführung darfst du aber nicht vergessen, alle Beobachtungen genau zu notieren. Nur so kann der Versuch später richtig ausgewertet werden.

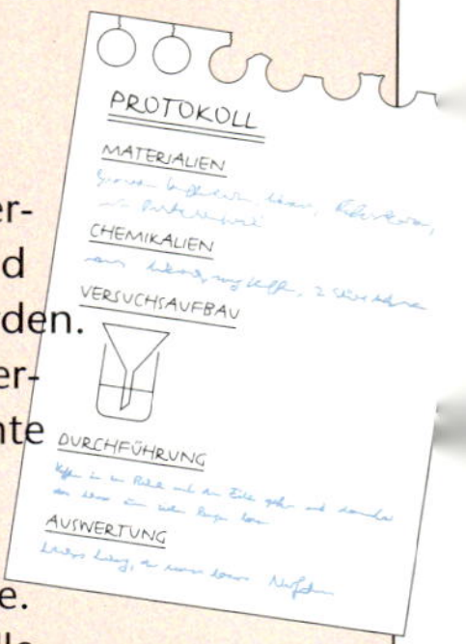

Trennverfahren von A bis Z

Absetzenlassen
Beim Goldwaschen werden Schlamm, Steine und Sand von den winzigen Goldkörnchen getrennt. Durch geschicktes Schwenken der Schale erreicht man, dass sich über den Steinen Sand und Schlamm absetzen, während die winzigen Goldkörnchen am Boden der Schale zurückbleiben.

Auspressen
Mit einfachen Handpressen werden die halbierten Früchte ausgepresst. Dabei fließt der Saft durch ein Sieb, in dem das Fruchtfleisch hängen bleibt.

Chromatografieren
Man trägt wasserlösliche Filzstiftfarben um das Loch eines durchbohrten Rundfilters auf.
Tränkt man das Rundfilterpapier von innen mit Wasser, so beobachtet man die Entstehung verschiedener Farbzonen. Das Wasser transportiert die Farbstoffe mit unterschiedlicher Geschwindigkeit.

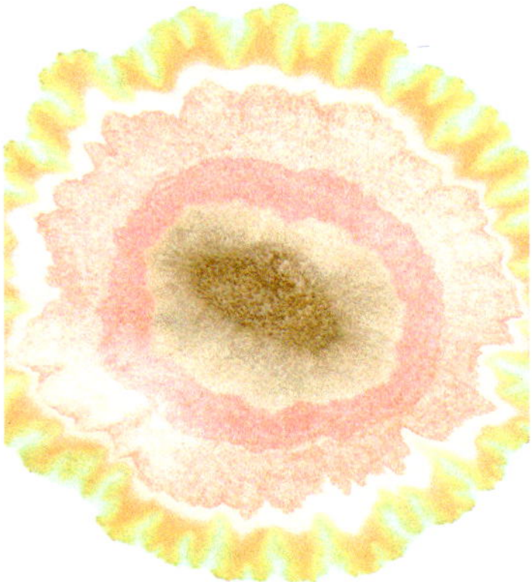

Entsaften
Der Saft von Karotten und Tomaten wird meist nicht ausgepresst, sondern durch Entsaften gewonnen. Im Entsafter wird das Gemüse zuerst zerkleinert. Die Masse wird dann in ein engmaschiges Gitter gegeben, das sich sehr schnell dreht. Das Gemüse wird dadurch nach außen gepresst, der Saft fließt durch das Gitter in eine Rinne und läuft über eine Austrittsöffnung ins Glas.

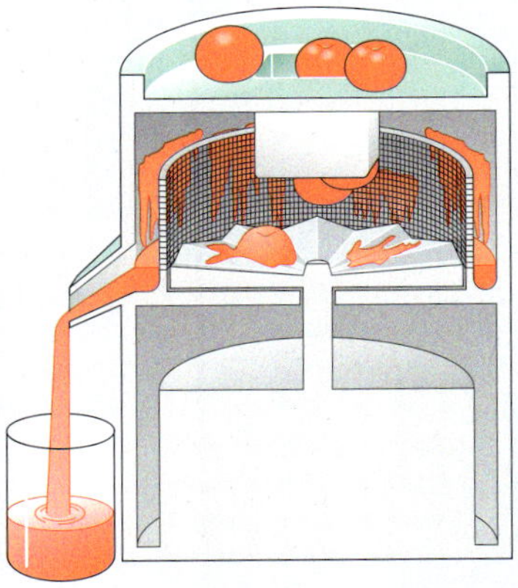

Filtrieren
Kaffeepulver wird mit heißem Wasser aufgebrüht. Die festen Bestandteile werden von einem Filter zurückgehalten. Die gelösten Farb- und Geschmacksstoffe können dagegen den Filter passieren.

Magnettrennung
Bei der Mülltrennung und der Verwertung von Schrott nutzt man die magnetischen Eigenschaften von Eisen aus. Mithilfe eines Elektromagneten werden Eisenteile aus dem zerkleinerten Müll auf dem Förderband aussortiert. Auch bei der Schrottverwertung wird Eisen auf diese Weise von anderen Metallen getrennt. Das wichtige Metall Eisen kann so zurückgewonnen und weiterverwertet werden.

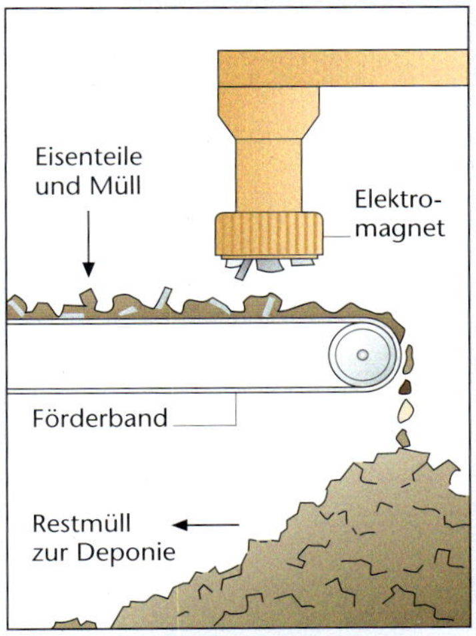

Zentrifugieren
Eine Zentrifuge arbeitet ähnlich wie eine Schleuder. Das flüssige Stoffgemisch wird in eine Trommel gegeben, die sich sehr schnell dreht. Die schweren Bestandteile werden nach außen geschleudert und so von den leichteren getrennt. Das Verfahren wird z. B. bei der Milch angewendet, um die Molke vom Fett zu trennen.

Schmelz- und Siedetemperatur

1 Schmelzen von Eis

Material

Schutzbrille, Eiswürfel aus dem Eisfach, großes Reagenzglas, Stativ, 2 Doppelmuffen, 2 Universalklemmen, Thermometer, Stoppuhr, Millimeterpapier, Handtuch, Hammer, Gasbrenner, Bindfaden

Versuchsanleitung

a) Befestige das Reagenzglas mit Klemme und Doppelmuffe am Stativ wie in Bild 1 gezeigt. Hänge das Thermometer an der oberen Klemme auf (▷ B 1).

b) Wickle 2 bis 3 Eiswürfel in ein Handtuch und zerkleinere sie vorsichtig mit dem Hammer. Gib die Bruchstücke anschließend in das Reagenzglas. Befestige die obere Muffe so am Stativ, dass das untere Ende des Thermometers von Eisstücken umgeben ist (▷ B 1).

c) Erwärme das Reagenzglas von unten gleichmäßig mit der nicht leuchtenden Flamme. Lies mit Beginn des Erwärmens alle 20 Sekunden die Temperatur ab und notiere die Messwerte (▷ B 2). Der Versuch ist beendet, wenn das Eis vollständig geschmolzen ist.

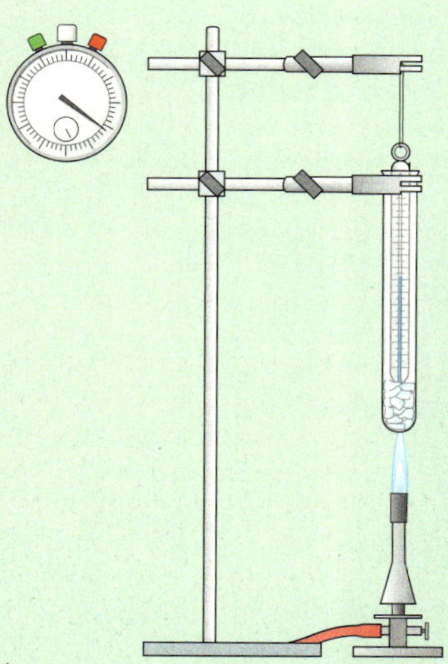

1 Bestimmung der Schmelztemperatur von Eis

Zeit t	Temperatur
20 s	
40 s	
60 s	
80 s	
100 s	
120 s	

2 Tabelle für Messzeiten und Temperaturen

d) Trage die Wertepaare anschließend in ein Koordinatensystem ein. Benutze dazu Millimeterpapier. Trage auf der Rechtsachse die Zeit und auf der Hochachse die Temperatur ab (▷ B 4).

e) Übertrage die Wertepaare in das Diagramm. Verbinde die Punkte zu einer Kurve. Markiere den Schmelzbereich durch zwei kleine senkrechte Striche.
Setze in der Mitte des Schmelzbereiches eine weitere Markierung. Zeichne durch diesen Punkt eine Gerade parallel zur Zeitachse. Lies dort, wo diese Gerade die Temperaturachse schneidet, die Schmelztemperatur t_{sm} von Wasser ab.

2 Sieden von Wasser

Material

Schutzbrille, Becherglas (400 ml, breite Form), Thermometer, Dreifuß mit Keramikdrahtnetz, Gasbrenner, Siedesteinchen, Stativ, Doppelmuffe, Universalklemme, Bindfaden, Wasser

Versuchsanleitung

a) Baue die Versuchsapparatur nach Bild 3 auf. Befestige das Thermometer an der Klemme mithilfe eines Fadens.
Gib etwa 200 ml Wasser in das Becherglas und hänge das Thermometer so in die Flüssigkeit, dass das untere Ende etwa 1 cm tief ins Wasser eintaucht (▷ B 3).

b) Gib einige Siedesteinchen in das Becherglas und erwärme das Wasser mit der rauschenden Flamme des Gasbrenners. Sobald die Flüssigkeit erhitzt wird, lies alle 20 Sekunden die Temperatur ab. Notiere auch diese Werte in einer Tabelle (▷ B 2).

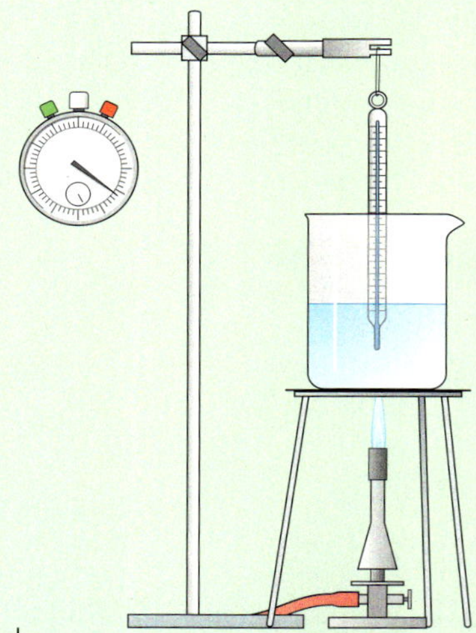

3 Bestimmung der Siedetemperatur von Wasser

Der Versuch ist beendet, wenn die Temperatur über einen längeren Zeitraum nicht mehr ansteigt.

c) Übertrage auch diese Wertepaare in ein geeignetes Temperatur-Zeit-Diagramm. Verfahre zur Bestimmung der Siedetemperatur wie in 1 e) beschrieben.

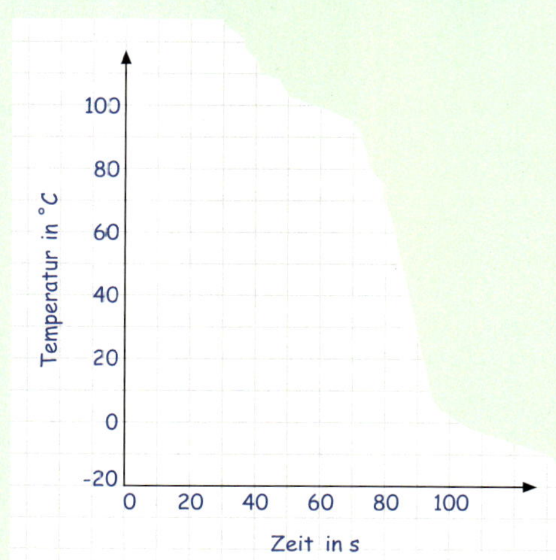

4 Temperatur-Zeit-Diagramm

1 Wolken, Wasser, Schnee und Eis

Fest, flüssig und gasförmig
Stoffe kommen in drei verschiedenen Zustandsformen vor: Sie können fest, flüssig oder gasförmig sein. Diese drei Zustandsformen werden auch **Aggregatzustände** genannt.

▶ Die Zustandsform eines Stoffes nennt man Aggregatzustand.

Aggregatzustände ändern sich
Am Südpol in der Antarktis gibt es nur Schnee und Eis. Die Forscher, die dort leben, müssen ihr Trinkwasser selbst herstellen. Sie brechen Blöcke aus dem Eis und erwärmen sie in großen Kesseln. Das Eis schmilzt zu Wasser. Den Übergang von fest zu flüssig nennt man **Schmelzen**. Die Temperatur, bei der ein Feststoff schmilzt, wird **Schmelztemperatur** genannt. Erwärmt man den Kessel weiter, verdampft das Wasser, die Flüssigkeit geht in den gasförmigen Zustand über. Diesen Vorgang nennt man **Verdampfen**. Die Temperatur, bei der ein Stoff verdampft, heißt **Siedetemperatur**. Bei einem Stoff ist die Schmelztemperatur bei jeder Messung gleich. Dasselbe gilt für die Siedetemperatur. Schmelz- und Siedetemperaturen sind wichtige messbare Stoffeigenschaften.

▶ Die Schmelztemperatur ist die Temperatur, bei der ein Stoff schmilzt. Die Siedetemperatur ist die Temperatur, bei der ein Stoff siedet.

Kühlt sich gasförmiger Wasserdampf ab, dann wird er wieder flüssig, er **kondensiert**. Dieser Vorgang ist z. B. zu beobachten, wenn beim Kochen in der Küche die Fensterscheiben beschlagen. Wird Wasser im Gefrierfach abgekühlt, dann **erstarrt** es zu Eis.

▶ Schmelzen, Erstarren, Verdampfen und Kondensieren bezeichnen Übergänge zwischen den Aggregatzuständen.

Änderung der Aggregatzustände im Teilchenmodell
Auch im festen Zustand bewegen sich die kleinsten Teilchen eines Stoffes, sie können jedoch dabei ihre Plätze nicht verlassen. Der Feststoff verändert deshalb seine Form nicht.
Erwärmt man einen Feststoff, werden die Bewegungen der Teilchen immer heftiger, sie können schließlich ihre Plätze verlassen, der Stoff schmilzt. Da die Teilchen der Flüssigkeit gegeneinander beweglich sind, passt sich die Flüssigkeit jeder Form an. Die Teilchen sind jedoch noch immer dicht beieinander. Erst bei noch stärkerem Erwärmen nimmt ihre Bewegung so stark zu, dass sie sich ganz voneinander trennen. Im Gas können sich die Teilchen dann frei bewegen (▷ B 3).

2 Eisläufer

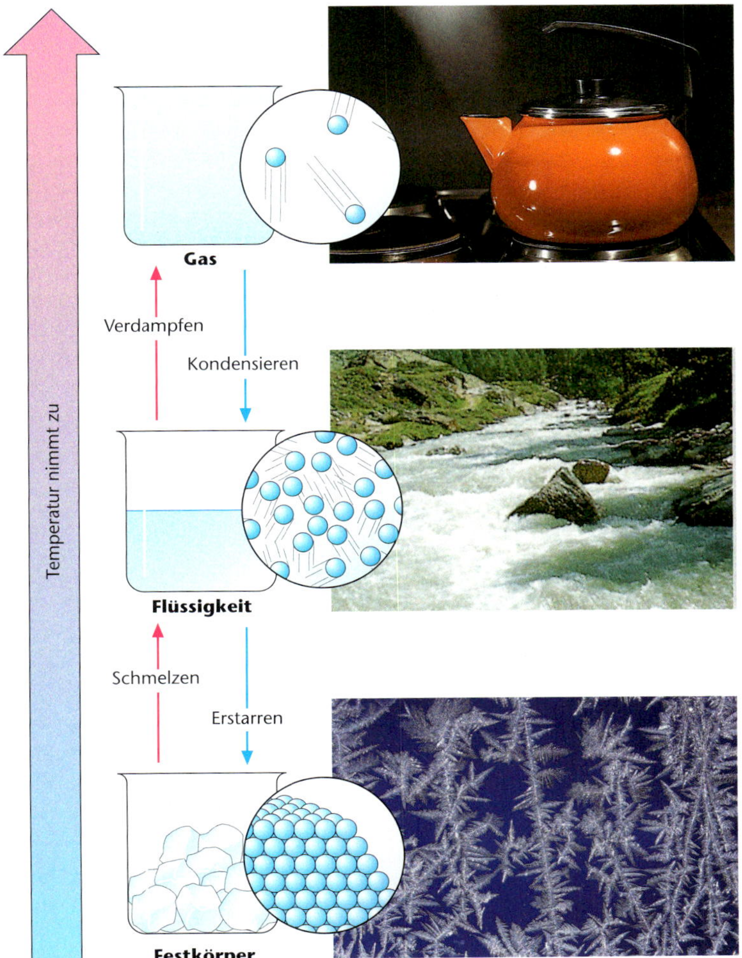

3 Die Übergänge zwischen den Aggregatzuständen

Die Wirkung gefährlicher Stoffe

Mit gefährlichen Stoffen müssen wir besonders vorsichtig und sorgfältig experimentieren. Der falsche Umgang damit kann zu Unfällen führen oder die Umwelt stark gefährden.
Hinweis: Benutze immer eine Schutzbrille und gegebenfalls Schutzhandschuhe.

1 Benzindämpfe sind gefährlich

Material
Schutzbrille, Schutzhandschuhe, Waschbenzin, Abdampfschale, Pappe, Stift, Schere, Lineal, Holzspan, Metallplatte, Streichhölzer

Versuchsanleitung
Fertige zunächst einen 14 cm langen Pappstreifen mit einer cm-Einteilung an.
Deine Lehrkraft gibt dir jetzt einige Tropfen Benzin in die Abdampfschale. Lege jetzt den Pappstreifen so in die Schale, dass die Flüssigkeitsoberfläche mit dem Anfang der Einteilung (bei 0 cm) übereinstimmt (▷B 1).
Nähere dem Benzin nun langsam einen brennenden Holzspan entlang des Pappstreifens. Miss den Abstand, bei dem die Flamme auf das Benzin überspringt. Lösche das brennende Benzin sofort durch Auflegen der Metallplatte.

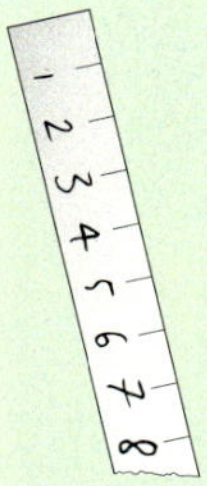

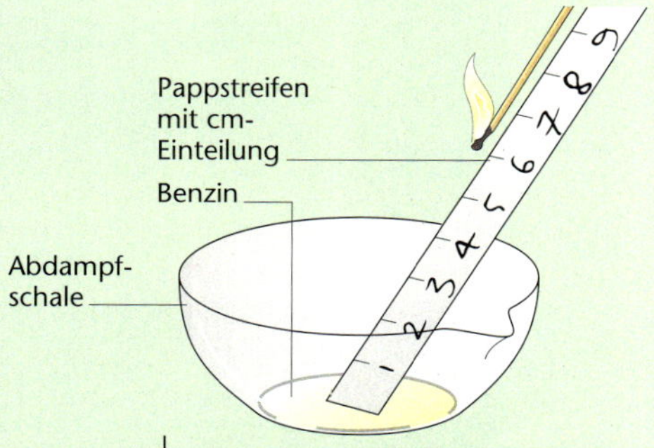

1 Messen der „Übersprungstrecke"

Aufgabe
Welche Schlussfolgerung ziehst du aus deinen Beobachtungen für den Umgang mit Benzin? Formuliere einen Warnhinweis.

2 Wirkung eines Rohrreinigers

Material
Schutzhandschuhe, Schutzbrille, Reagenzglasgestell, 3 Reagenzgläser, Wasser, Spatellöffel, Wollfäden, Haare, Speiseöl

Versuchsanleitung
Stelle die Reagenzgläser in das Reagenzglasgestell. Gib in das erste Reagenzglas eine kleine Probe Speiseöl, in das zweite Reagenzglas einige Haare und in das dritte Reagenzglas einige Wollfäden (▷B 2). Fülle dann etwa 1 cm hoch mit Wasser auf und gib jeweils einen Spatellöffel Rohrreiniger hinzu. Überprüfe in der nächsten Unterrichtsstunde, welche Wirkung der Rohrreiniger hat.

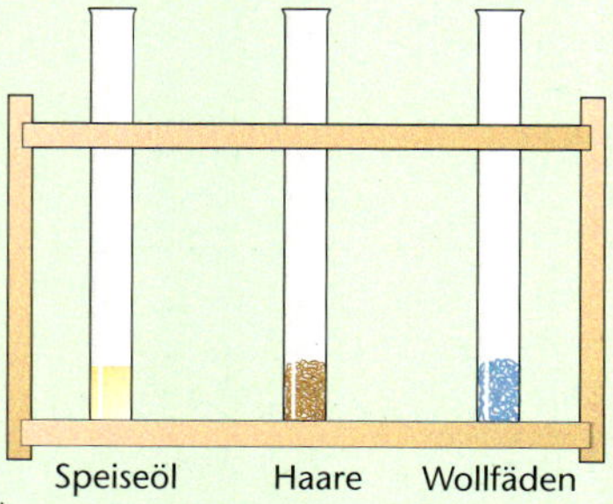

2 Reagenzgläser mit Proben

Aufgaben
1. Warum müssen bei diesem Versuch Schutzhandschuhe getragen werden?
2. Was ist zu tun, wenn jemandem ein Spritzer Rohrreiniger ins Auge gelangt?

3 Umweltgefährliche Stoffe

Material
Schutzbrille, 2 Petrischalen, Watte, Pipette, Wasser, Kressesamen, verschiedene Haushaltschemikalien (z.B. Reinigungsbenzin, Terpentin, Universalverdünner)

Versuchsanleitung
Bedecke die Böden der beiden Petrischalen mit feuchter Watte. Gib in eine Petrischale mithilfe der Pipette einige Tropfen einer Haushaltschemikalie.
Verteile jetzt in beide Petrischalen gleich viele Kressesamen (z.B. 20 Stück) und stelle die Petrischalen an einen hellen Ort.

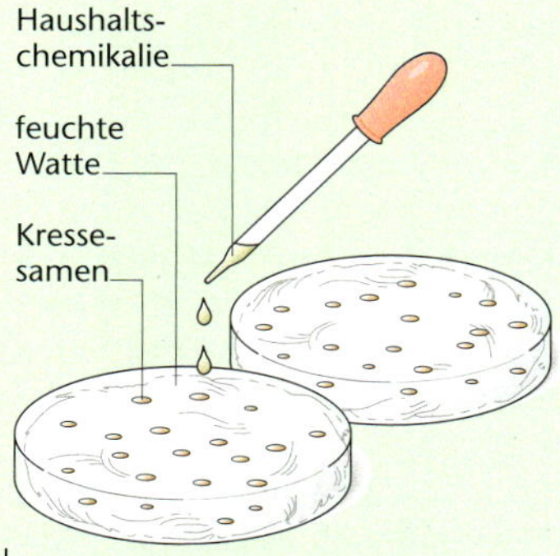

3 Vorbereitung der Petrischalen

Aufgaben
1. Beobachte die Entwicklung der Kressesamen über mehrere Tage hinweg. Eventuell musst du die Watte zwischendurch befeuchten, um ein Austrocknen zu verhindern.

2. Welchen Einfluss haben die Haushaltschemikalien auf das Wachstum?

3. Was ist nach den Versuchsergebnissen bei der Entsorgung von Resten dieser Haushaltschemikalien zu beachten?

Das Etikett verrät die Gefahr

Viele Stoffe des täglichen Gebrauchs fallen durch ein besonderes Zeichen auf dem Etikett auf (▷B 1). Solche Stoffe sind gefährlich, also z. B. leicht entzündlich, giftig, gesundheitsschädlich oder ätzend. Beim aufmerksamen Durchlesen des Etikettes wird man nicht nur auf die Gefahren beim Umgang mit diesen Stoffen hingewiesen, sondern erhält auch Sicherheitsratschläge, damit beim Einsatz dieser Stoffe keine Unfälle passieren.

1 Viele Produkte des Alltags sind Gefahrstoffe

Gefahrensymbol und Kennbuchstabe

Das quadratische Symbol auf orangefarbenem Hintergrund auf dem Etikett wird **Gefahrensymbol** genannt. Das Gefahrensymbol liefert eine schnelle Information über die Gefährlichkeit eines Stoffes. Anhand dieses Symbols lässt sich sofort erkennen, ob ein Stoff z. B. giftig, feuergefährlich oder explosionsgefährlich ist.

Das Gefahrensymbol liefert schnell Informationen über die Gefährlichkeit eines Stoffes.

Einige Gefahrensymbole können jedoch auch mehrere Bedeutungen haben (▷B 2). So steht z. B. das Totenkopfsymbol sowohl für giftige als auch für sehr giftige Stoffe, mit einem Kreuz werden sowohl gesundheitsschädliche als auch reizende Stoffe gekennzeichnet. Deshalb wird dem Symbol häufig noch ein Kennbuchstabe hinzugefügt. Der Buchstabe T steht für „giftig", T+ steht für „sehr giftig".

Umgang mit gefährlichen Stoffen

Damit beim Experimentieren mit gefährlichen Stoffen keine Unfälle geschehen, müssen die Sicherheitshinweise genau beachtet werden.
Hierzu gehören die Verwendung von Schutzhandschuhen und Schutzbrillen sowie das Bereitstellen von Feuerlöschmitteln.

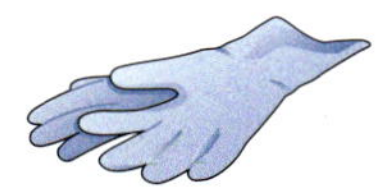

Symbol	Kennbuchstabe	Gefahrenbezeichnung	Gefährlichkeitsmerkmale	Symbol	Kennbuchstabe	Gefahrenbezeichnung	Gefährlichkeitsmerkmale
	T+	Sehr giftig	Sehr giftige Stoffe können schon in sehr geringen Mengen zu schweren Gesundheitsschäden führen.		E	Explosionsgefährlich	Dieser Stoff kann unter bestimmten Bedingungen explodieren.
	T	Giftig	Giftige Stoffe können in geringen Mengen zu schweren Gesundheitsschäden führen.		O	Brandfördernd	Dieser Stoff ist brandfördernd, er reagiert mit brennbaren Stoffen.
	Xn	Gesundheitsschädlich	Gesundheitsschädliche Stoffe führen in größeren Mengen zu Gesundheitsschäden.		F+	Hochentzündlich	Dieser Stoff ist selbstentzündlich, er kann bereits bei Temperaturen unter 0 °C entflammen.
	Xi	Reizend	Dieser Stoff hat Reizwirkung auf Haut und Schleimhäute, er kann Entzündungen auslösen.		F	Leicht entzündlich	Dieser Stoff ist leicht entzündlich, er kann bei Temperaturen unter 21 °C entflammen, mit Luft explosionsfähige Gemische, mit Wasser brennbare Gase bilden.
	C	Ätzend	Dieser Stoff kann lebendes Gewebe zerstören.		N	Umweltgefährlich	Dieser Stoff kann längerfristig schädliche Wirkungen auf die Umwelt haben. Er ist schädlich in Gewässern, Boden oder Luft und (sehr) giftig für Organismen.

2 Bedeutung der Gefahrensymbole (vereinfacht)

Schlusspunkt

Die Stoffe um uns herum

1 Ein Gegenstand – verschiedene Stoffe

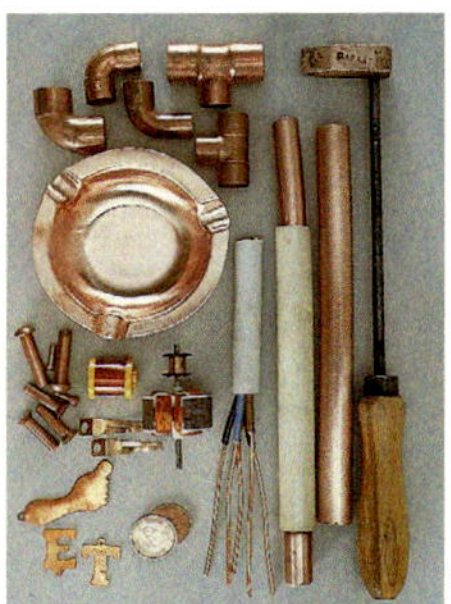

2 Gleicher Stoff – verschiedene Gegenstände

Gegenstände und Stoffe

Gegenstände bestehen aus unterschiedlichen Stoffen.
Die verschiedenen Stoffe sind durch unterschiedliche Eigenschaften gekennzeichnet. Einige Eigenschaften können ohne Hilfsmittel ermittelt werden: Aussehen (Glanz, Oberflächenbeschaffenheit, Aggregatzustand), Geruch, Verformbarkeit, Geschmack.
Geruchsproben von unbekannten Stoffen werden mit äußerster Vorsicht genommen, weil Stoffe auch beim Einatmen über die Nase reizend oder giftig wirken können.
Geschmacksproben von unbekannten Stoffen sind immer verboten, weil Stoffe die Schleimhäute verletzen oder giftig sein können.

Messbare Stoffeigenschaften

Messbare Stoffeigenschaften sind unter anderem Schmelztemperatur, Siedetemperatur, elektrische Leitfähigkeit und Löslichkeit. Die Löslichkeit gibt an, wie viel Gramm eines Stoffes sich in 100 ml des Lösungsmittels lösen.

Reinstoffe und Stoffgemische

Reinstoffe bestehen nur aus einer Stoffart. Stoffgemische enthalten unterschiedliche Arten von Stoffen.
Liegt Schlamm fein verteilt in Wasser vor, spricht man von einer Suspension.
Fein verteilte Öltröpfchen in Wasser bezeichnet man als Emulsion.
Gibt man Salz oder Zucker in Wasser, erhält man eine Lösung.

3 Stoffgemische

Trennung von Stoffgemischen

Stoffgemische können mit unterschiedlichen Verfahren getrennt werden: Absetzenlassen, Auspressen, Chromatografieren, Destillieren, Eindampfen, Filtrieren, Magnettrennung, Zentrifugieren.

Gefährliche Stoffe

Gefährliche Stoffe sind mit einem Gefahrensymbol gekennzeichnet. Das Symbol liefert Informationen über die Art der Gefährlichkeit.

Aggregatzustände

Stoffe kommen in den Zustandsformen fest, flüssig und gasförmig vor. Schmelzen und Erstarren, Verdampfen und Kondensieren beschreiben Übergänge zwischen den Aggregatzuständen.

4 Änderungen der Aggregatzustände

Aufgaben

1 Nenne je 3 Stoffeigenschaften der folgenden Stoffe: Wasser, Kupfer, Eisen, Diamant. Erstelle zu einem dieser Stoffe einen Stoffsteckbrief (▷ B 1).

Gold

Aussehen:	gelb, glänzend
Geruch:	---------
Härte:	fest
Verformbarkeit:	verformbar
Schmelztemperatur:	1064 °C
Siedetemperatur:	3080 °C
Löslichkeit in Wasser:	nicht löslich
elektrische Leitfähigkeit:	leitfähig
Wärmeleitfähigkeit:	gut

1 Stoffsteckbrief

2 Entscheide bei den folgenden Stoffen, ob es sich um einen Reinstoff oder ein Stoffgemisch handelt: Brausetablette, Würfelzucker, Eisenfeilspäne, Mineralwasser, Regenwasser, destilliertes Wasser, Alkohol, Wein, Kochsalz.

3 Gib die Gefahrenbezeichnungen der abgebildeten Gefahrensymbole an (▷ B 2).

2 Verschiedene Gefahrensymbole

4 a) Nimmst du einen Kühlakku aus dem Gefrierfach, bildet sich in kurzer Zeit Raureif daran. Erkläre!
b) Was passiert mit dem Raureif, wenn du den Akku einige Zeit bei Zimmertemperatur auf dem Tisch liegen lässt?

5 Wasser kann in verschiedenen Zustandsformen vorkommen. Stelle diese Zustände zeichnerisch dar und beschreibe.

6 Erkläre, was man unter Löslichkeit versteht.

3 Zu Aufgabe 7

7 Hängt die Löslichkeit eines Stoffes von der Temperatur ab?
a) Nenne Beispiele.
b) Beschreibe einen Versuch, mit dem man mindestens eines der Beispiele überprüfen kann.

4 Zu Aufgabe 8

8 Wenn man Milch unter dem Mikroskop betrachtet, sieht man kleine Tröpfchen in einer Flüssigkeit schweben (▷ B 4).
a) Um welchen Stoff handelt es sich bei den fein verteilten Tröpfchen in der Milch?
b) Zu welcher Art von Stoffgemischen gehört die Milch?

9 Kocht man Rübenschnitzel (▷ B 6) in Wasser, löst sich der darin enthaltene Zucker. Plane ein Verfahren, mit dem man den Zucker aus dem Zuckerwasser gewinnen kann.

5 Gipsputz wird aufgetragen.

10 Gipsputz wird auf Decken und Wände aufgetragen (▷ B 5). Er wird aus Gips und Wasser hergestellt.
Lässt man das Gemisch einige Zeit stehen, setzt sich der Gips am Boden ab. Rührt man kräftig um, verteilen sich die festen Teilchen wieder im Wasser. Wie nennt man ein solches Stoffgemisch?

11 Susi Schlau behauptet: In Mineralwasser ist nur Wasser und Gas. Wenn mehr drin wäre, würde ich es ja sehen!
Wie kannst du diese Aussage überprüfen?

12 Frank Faser sagt: Deine blaue Filzstiftfarbe besteht aus reinem Blau, sonst nichts. Kannst du etwas anderes beweisen?

13 Zeichne eine Versuchsanordnung, mit der du die elektrische Leitfähigkeit eines Feststoffes überprüfen kannst.

14 Welche Stoffeigenschaften haben dazu geführt, dass Kunststoffe in den vergangenen Jahrzehnten einen hohen Anteil an den Materialien in unserer Umwelt gewonnen haben? Nenne Beispiele und begründe!

6 Zu Aufgabe 9

Geräte im Alltag

Radiowecker, Elektroherd, Toaster, Straßenbahnen, Türglocken, Computer, Fernsehgeräte, elektrisches Licht, …
All das gehört zu deinem täglichen Leben.

Elektrische Geräte begleiten uns rund um die Uhr. Sie erleichtern uns aber nicht nur die tägliche Arbeit, sondern ermöglichen auch lebenswichtige medizinische Behandlungen.

Stelle dir einmal ein Leben ohne all unsere elektrischen Helfer vor. Wie würden wir unsere Mahlzeiten zubereiten oder die Wäsche waschen? Was würde passieren, wenn die Steckdose keinen Strom mehr lieferte?

1 Zitteraal

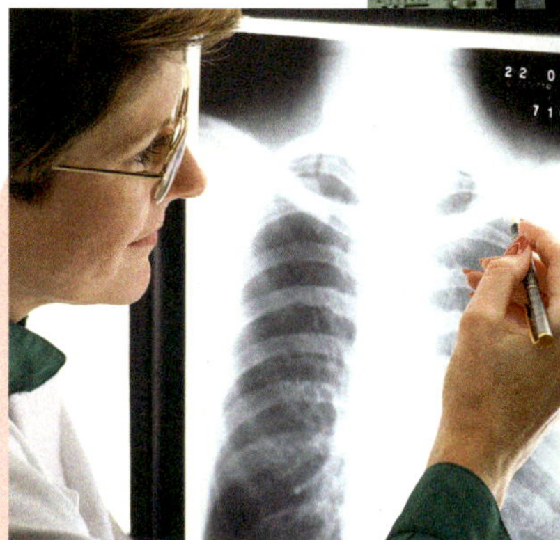

2 Röntgenaufnahme

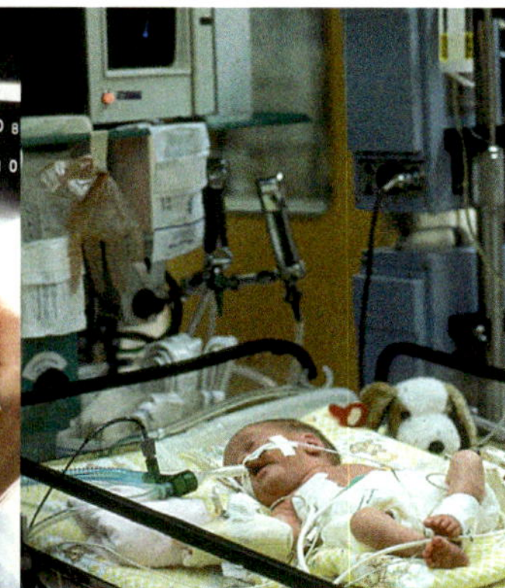

3 Frühgeborenes im Brutkasten

Vorsicht! Experimentiere niemals mit elektrischem Strom aus der Steckdose! Es besteht Lebensgefahr! Wenn du selbst Versuche durchführen möchtest, dann verwende nur Batterien.

Der elektrische Sinn

Wenn du mit der Hand in die Nähe einer heißen Herdplatte kommst, dann spürst du die Wärme. Dein Temperatursinn warnt dich, sodass du dich nicht verbrennst. Wir Menschen besitzen aber keinen Sinn, der uns vor einem Stromschlag warnt. Elektrizität können wir nur an ihren Wirkungen erkennen.

Du hast sicher schon einmal einen Schlag bekommen, wenn du über einen Teppich gegangen bist und anschließend an ein Metallgeländer gefasst hast. Was du da gespürt hast, war das Zucken deiner Muskeln, die durch den Strom angeregt wurden. Ein solcher Stromschlag ist ungefährlich. Fließt jedoch ein stärkerer Strom durch den Körper eines Menschen, kann das schlimme Folgen haben.

Unsere Muskeln, also auch das Herz, reagieren auf elektrische Signale. Diese Signale werden durch das Gehirn gesteuert und über Nervenbahnen weitergeleitet. Bei Stromunfällen werden diese Signale gestört, ein starker Stromstoß kann z. B. das Herz aus dem Takt oder sogar zum Stillstand bringen.

4 Warnschild

Im Gegensatz zum Menschen besitzen manche Tiere wie Rochen oder Haie einen elektrischen Sinn. Sie können Elektrizität wahrnehmen. Der Zitteraal (▷ B 1) orientiert sich auf diese Weise z. B. im trüben Wasser. Er hat sogar ein elektrisches Organ, mit dem er starke Stromschläge erzeugen kann, um seine Beute zu lähmen.

Lebensretter Strom

In der Medizin sind elektrische Geräte lebenswichtig: Sie helfen Leben zu retten. Kinder, die viel zu früh zur Welt kommen, hatten früher kaum Überlebenschancen. Heute versorgt man sie in einem Brutkasten (▷ B 3) und setzt elektrische Geräte zur Überwachung und Unterstützung der Körperfunktionen ein, bis die Kinder kräftig genug sind.

Andere elektrische Geräte wie Röntgenapparaturen oder Ultraschallgeräte helfen Ärzten, Krankheiten im Körper zu erkennen und zu behandeln. Sie ermöglichen Einblicke in den Körper, ohne dass eine Operation nötig ist (▷ B 2).

Aufgaben

1 Erkundige dich bei deinem Hausarzt, welche Geräte das Erkennen von Krankheiten oder ihre Behandlung erleichtern.

2 Warum sollst du niemals mit dem Strom aus der Steckdose experimentieren?

Werkstatt

Der einfache Stromkreis

Elektrische Geräte benutzt du jeden Tag ganz selbstverständlich. Was aber sind die Voraussetzungen, damit ein Gerät auch funktioniert? Im folgenden Versuch kannst du es selbst herausfinden. Beachte die Versuchsanweisungen und frage deine Lehrerin oder deinen Lehrer, wenn du unsicher bist.

Material

Batteriehalter mit Batterien, Batterieclip mit Kabeln und Anschlusssteckern, verschiedene Lämpchen (für die Taschenlampe, Fahrradlämpchen, Haushaltsglühlampe), Lampenfassungen, Metallgegenstände (Schere, Schlüssel etc.), Glasstab, 2 lange Eisennägel, Holzzahnstocher, Becherglas, Kochsalz, Wasser

1 Material

Versuchsanleitung

a) Bringe mithilfe der Batterien und der Kabel das Lämpchen der Taschenlampe zum Leuchten (▷ B 2). Wie musst du den Stromkreis aufbauen, damit das Lämpchen brennt? Was passiert, wenn du die Kabel an der Fassung vertauschst?

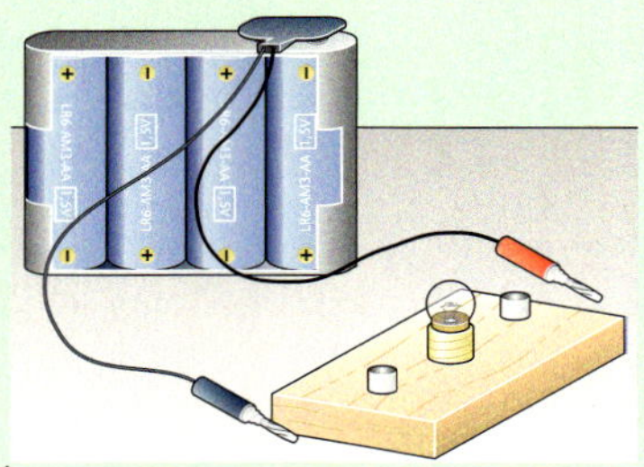

2 Wann leuchtet das Lämpchen?

b) Schließe nun das Fahrradlämpchen und anschließend die Haushaltsglühlampe an die Batterien an. Was beobachtest du nun?

c) Baue einen Prüfstromkreis wie in Bild 3 oben auf. Schalte verschiedene Gegenstände (Schere, Zahnstocher, Glas, …) in den Stromkreis.
Notiere in einer Tabelle (▷ B 4), ob das Lämpchen brennt oder nicht.

d) Fülle anschließend das Becherglas zur Hälfte mit Wasser. Befestige an jedem Kabelende einen Eisennagel und stelle die Nägel in die Flüssigkeit (▷ B 3, unten). Was beobachtest du? Was verändert sich, wenn du nach und nach etwas Salz ins Wasser gibst?

Aufgabe

Welche Voraussetzungen müssen erfüllt sein, damit ein Lämpchen in einem Stromkreis leuchtet? Fasse die Ergebnisse deiner Untersuchungen zusammen.

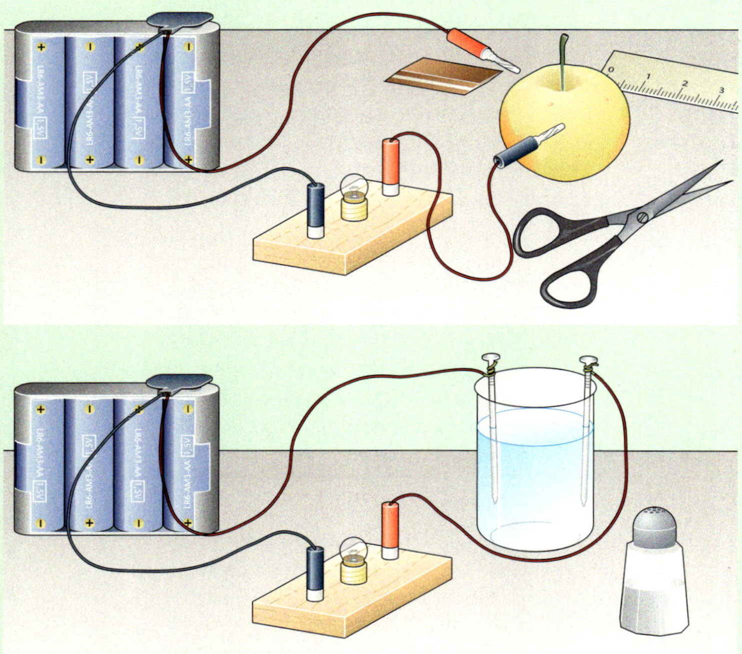

3 Der Aufbau des Prüfstromkreises

Gegenstand	**Lampe brennt (ja/nein)**
Schere	
Apfel	
Zahnstocher	
Büroklammer	
Lineal	
Radiergu	

4 Zu Versuch c

Eine Batterie reicht nicht

Um ein Glühlämpchen zum Leuchten zu bringen, brauchst du eine Stromquelle, z. B. eine Batterie, und Kabel. Dann musst du das Lämpchen richtig anschließen (▷ B 1). Es leuchtet nur, wenn der Strom von einer Anschlussstelle der Batterie durch das Glühlämpchen zur anderen Anschlussstelle fließen kann.
An jedem Gerät und an jeder Quelle findest du zwei Anschlussstellen. Die beiden Anschlussstellen der Batterie bezeichnet man als **Pole** (▷ B 3). Es gibt einen Pluspol (+) und einen Minuspol (–).

Die elektrische Verbindung darf an keiner Stelle unterbrochen sein. Dabei spielt es keine Rolle, ob die Verbindung nur aus Kabeln besteht oder durch andere Metallteile, z. B. einen Schlüssel, hergestellt wird (▷ B 2).
Alle Metalle sind **elektrische Leiter**. Auch mit flüssigen Leitern wie einer Kochsalzlösung kann man einen **geschlossenen Stromkreis** herstellen. Schließt man jedoch ein Holzstück oder einen Gegenstand aus Kunststoff in den Stromkreis, leuchtet die Lampe nicht. Holz und Kunststoff sind **Nichtleiter**.

▶ Eine ununterbrochene elektrische Verbindung zwischen einer Stromquelle und einem elektrischen Gerät bezeichnet man als geschlossenen Stromkreis.

Die Voltangabe ist wichtig

Sicher hast du schon auf Batterien die Aufschrift 1,5 V oder 9 V gelesen. Das „V" steht für „Volt". Betrachte den Sockel des Lämpchens in Bild 4. Du findest dort die Aufschrift „3,5 V". Das bedeutet, dass die Lampe an eine Batterie angeschlossen werden sollte, deren Voltangabe im Bereich von 3,5 Volt liegt. Zu diesem Lämpchen passt also z. B. eine 3-V-Batterie. Schließt du die Lampe stattdessen an eine 9-V-Batterie an, geht sie kaputt.

Damit ein elektrisches Gerät richtig funktioniert, muss es zur Stromquelle passen. Die Voltangaben von Gerät und Quelle müssen also in etwa übereinstimmen. Ist die Stromquelle zu schwach, funktioniert das Gerät nicht. Ist sie zu stark, kann das Gerät kaputt gehen.

▶ Elektrisches Gerät und Quelle passen zusammen, wenn die Voltangaben auf beiden in etwa übereinstimmen.

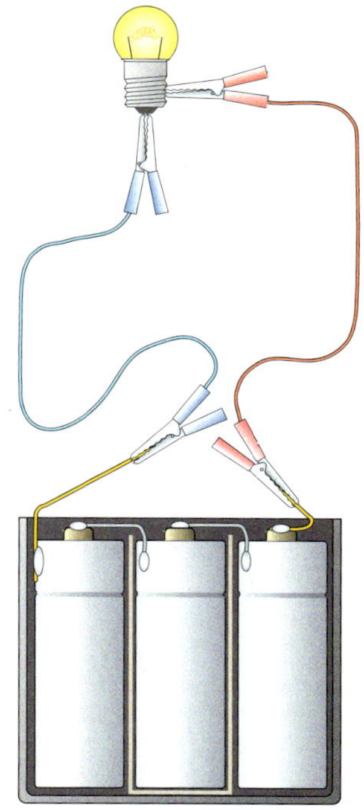

1 Ein geschlossener Stromkreis

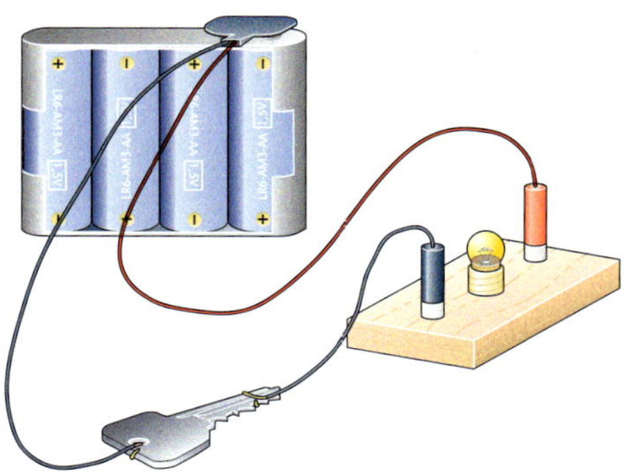

2 Auch ein Schlüssel kann den Stromkreis schließen.

Aufgaben

1 Nenne verschiedene Stromquellen, die zum Betrieb elektrischer Geräte genutzt werden. Was haben diese Quellen gemeinsam, worin unterscheiden sie sich? Welche Stromquellen sind gefährlich, welche ungefährlich?

2 Du möchtest untersuchen, ob sich Salz und Zucker mithilfe eines Leitfähigkeitstests unterscheiden lassen. Wie gehst du dabei vor?
Plane einen Versuch und führe ihn anschließend durch. Beschreibe die Ergebnisse deiner Untersuchung.

3 Die Pole der Batterie sind gekennzeichnet.

4 Voltangabe auf einem Glühlämpchen

Elektrizität

1884
Werbung für Glühlampen

Strom kann tödlich sein

Elektrischer Strom ist in unserem alltäglichen Leben sehr wichtig! Ohne ihn würden viele Haushaltsgeräte nicht funktionieren und das Leben wäre in manchen Bereichen beschwerlicher. Aber man muss beim Umgang mit dem Strom auch vorsichtig sein! Es ist zum Beispiel gefährlich, ein defektes elektrisches Gerät zu benutzen. Wenn man einige Vorsichtsmaßnahmen beachtet, ist der elektrische Strom jedoch eine schöne und nützliche Sache!

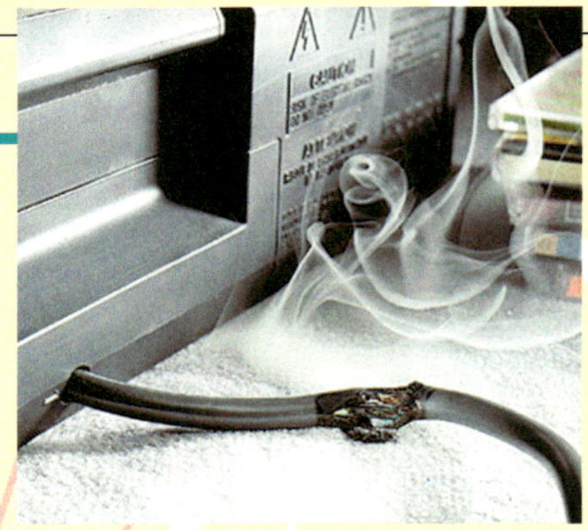

- Nenne einige Verhaltensregeln, die du beim Experimentieren mit Strom beachten solltest!

- Stelle dir vor, du hättest ein kleines Geschwisterkind im Alter von einem Jahr! Welche Vorsichtsmaßnahmen müssten in eurer Wohnung getroffen werden, damit sich das Kind nicht durch den Strom verletzen kann?

Strom kannst du nicht sehen oder riechen. Du erkennst ihn aber an seinen Wirkungen, wenn du z. B. das Radio, den Fernseher oder den Mixer anschaltest. Heutzutage nutzen wir die unterschiedlichsten elektrischen Geräte ganz selbstverständlich. Vor 100 Jahren war das noch ganz anders.

Ein „Morseapparat“ – was ist denn das?

Aus einer Wäscheklammer, zwei Heftzwecken, einer Batterie, Kabeln und einer Glühbirne kannst du dir einen „Morseapparat“ bauen!

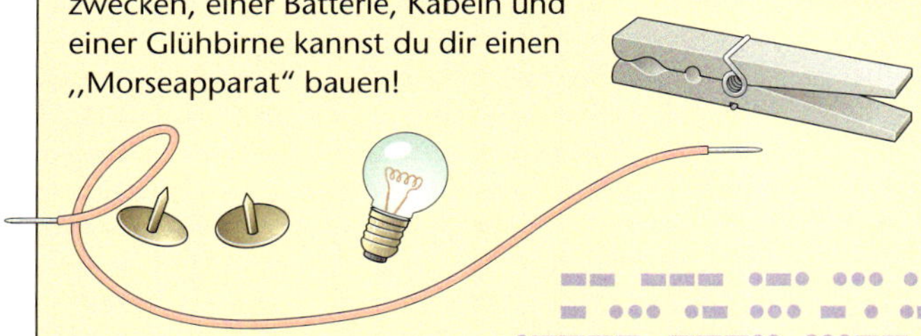

- Überlegt in der Gruppe, wie ihr aus den aufgelisteten Materialien einen Morseapparat bauen könnt!

- Informiere dich, was „morsen“ heißt! Schreibe das „Morsealphabet“ in dein Heft!

- Wer war Samuel Morse? Informiere dich im Internet und notiere seine Lebensdaten!
War Samuel Morse ein Entdecker oder ein Erfinder? Diskutiert die Begriffe in der Klasse!

Ungebändigter Strom – ein Blick in die Geschichte

Himmelserscheinungen wie Blitze oder „feurige Kugeln“ sind den Menschen schon seit langem bekannt.

1746 äußerte der deutsche Professor Johann Heinrich Winkler die Vermutung, dass es sich bei Blitz und Donner um „elektrische Erscheinungen“ handeln könnte. Er nannte sie so, weil er etwas Ähnliches auch in Zusammenhang mit der Reibung beobachtet hatte.

1752 suchte der Wissenschaftler Benjamin Franklin nach einer Möglichkeit, einen Blitz auf die Erde umzuleiten. Dies gelang ihm mit seinem „Drachenversuch“, der Franklin sehr bekannt machte.

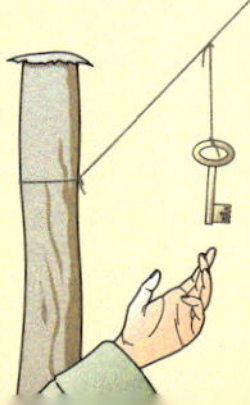

Strom ist sehr vielseitig

Du nutzt den Strom jeden Tag zum Radiohören, zum Fernsehen, zum Telefonieren. Damit die Geräte funktionieren, musst du sie an eine Stromquelle anschließen. Bei manchen Geräten steckst du dazu den Stecker in die Steckdose, andere betreibst du mit Batterien oder Akkumulatoren.

- Liste auf, zu welchen Zwecken du die Steckdose als Anschluss verwendest und wann du eine Batterie oder einen Akku benutzt.
- Stelle dir vor, du wachst morgens auf und in der ganzen Stadt gibt es für 24 Stunden keinen Strom! Beschreibe diesen Tag in einer kleinen Geschichte!

Im Jahr 1753 versuchte der Forscher Georg Wilhelm Richmann, die während eines Gewitters entstehende Elektrizität aufzufangen und zu speichern. Allerdings unterschätzte Richmann die Gefährlichkeit seiner Versuche und kam durch einen starken Stromstoß ums Leben!

- Erkundige dich im Internet oder in Büchern über das Leben und das Forschen von Benjamin Franklin.
- Informiere dich über Franklins Drachenversuch. Liste die Gegenstände auf, die Franklin in seinem Experiment verwendet hat!
  Stelle Franklins „Drachenversuch" als Zeichnung dar.

Fließt der Strom immer im Kreis?

Will man einen Stromkreis aufbauen, so benötigt man eine Stromquelle (z. B. eine Batterie), einen Verbraucher (z. B. eine Glühbirne) einen Leiter (z. B. ein Kabel) von der Quelle zum Verbraucher und einen Leiter vom Verbraucher zurück zur Quelle.

- Bringe mit den genannten Materialien die Glühbirne zum Leuchten!

- „Der Strom fließt im Kreis". Fertige eine Zeichnung an, mit der du diese Aussage erklären kannst.
- Baue nun aus 2 Glühbirnen und 4 Kabeln einen Stromkreis auf. Gibt es verschiedene Möglichkeiten, beide Lampen gleichzeitig zum Leuchten zu bringen? Wie fließt der Strom jeweils?
- Fließt der Strom bei dir zu Hause auch im Kreis, z. B. wenn du den Toaster benutzt? Begründe.

Wie funktioniert eine Glühlampe?
Die elektrische Glühlampe wurde 1854 von HEINRICH GOEBEL (1818–1893) erfunden und 1879 von THOMAS ALVA EDISON (1847–1931) weiterentwickelt. Seit Ende des 19. Jahrhunderts wird sie als Lichtquelle eingesetzt. Seither hat sich ihr Aufbau (▷ B 1) nur wenig verändert. Er ist immer gleich, ob die Lampe groß oder klein ist.
Der Strom fließt in der Lampe durch eine Glühwendel aus sehr dünnem Wolframdraht. Der Draht erhitzt sich dadurch auf eine Temperatur von etwa 2500 °C und beginnt zu glühen. Wolfram ist ein relativ preiswertes Metall und mit einer Schmelztemperatur von 3410 °C eines der hitzebeständigsten Materialien. Es kann bei hohen Temperaturen lange glühen ohne zu schmelzen.

Für die Glühwendel werden zwei dünne Wolframdrähte zu einer Spirale geformt und nochmals aufgewickelt (▷ B 2). Diese Form bezeichnet man als **Doppelwendel**. So kann im **Glaskolben** der Glühlampe ein Draht von etwa 1 Meter Länge untergebracht werden. Ein langer, gewendelter Draht erzeugt mehr Licht als ein gerade gespannter kurzer Draht. Um zu verhindern, dass der Draht verbrennt, wird der Glaskolben entweder luftleer gepumpt oder mit einem besonderen Gas gefüllt.

Der Anschluss
Wenn man die Glühlampe in Betrieb nehmen will, dann muss der Stromkreis zwischen den Polen der Stromquelle und der Lampe geschlossen sein. Bild 3 zeigt, wie der Strom von einem Pol der Stromquelle über den **Fußkontakt** der Lampe durch den Wolframdraht zum **Gewinde** und zurück zum anderen Pol der Batterie fließt.

Die beiden Enden des Wolframdrahtes sind über dickere Metalldrähte mit der Schraubfassung verbunden. Auf der einen Seite führt dieser Metalldraht zum Fußkontakt der Glühlampe, auf der anderen Seite endet er am Schraubgewinde. Der Fußkontakt und das Gewinde werden durch eine **Isolatorplatte** voneinander getrennt, die aus einem nicht leitenden Material besteht.

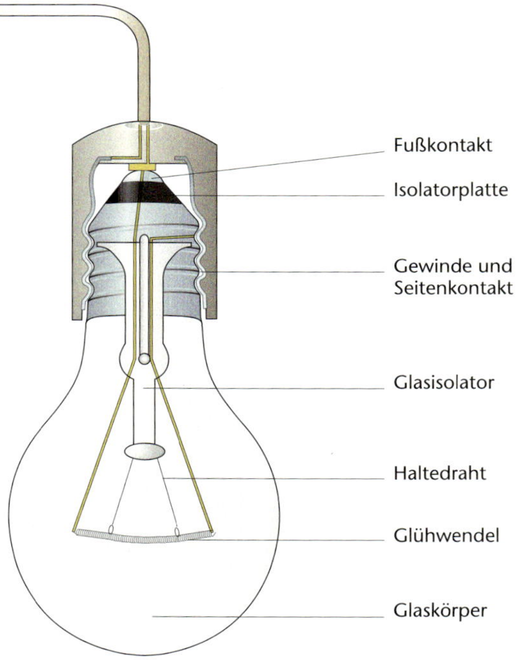

1 Aufbau einer Glühlampe

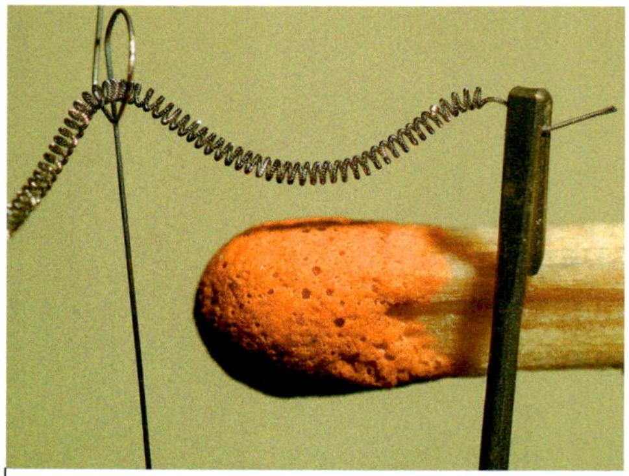
2 Doppelt gewendelter Glühdraht

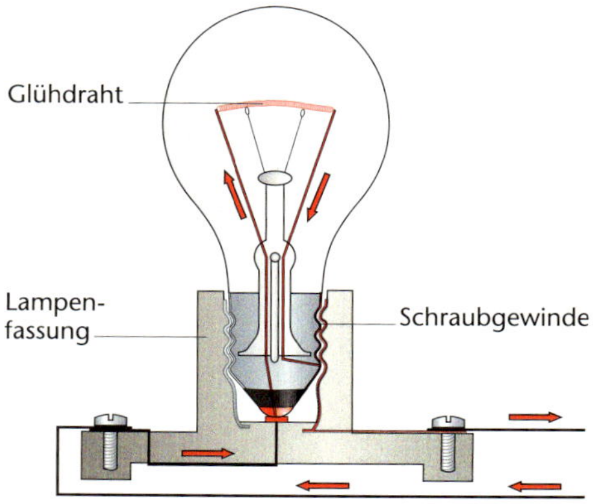

3 Der Weg des Stroms durch die Glühlampe

Strategie

Zum Experten werden

A. Geteilte Arbeit verdoppelt das Wissen
Wenn ihr euch in ein neues Thema einarbeiten möchtet, kommt meist viel Arbeit auf euch zu, denn oft sind die Gebiete sehr umfangreich. Für den Einzelnen ist es dann schwierig, sich in kurzer Zeit über alles selbst zu informieren. Ihr könnt euch die Arbeit erleichtern, wenn ihr das Thema aufteilt und in Gruppen bearbeitet.

B. Die Arbeit in der Gruppe
Euer Lehrer oder eure Lehrerin hilft euch sicher bei der Auswahl der Themen. Ihr könnt festlegen, welche Gruppe sich mit welchem Bereich des Themas beschäftigen will. Dann beginnt die Gruppenarbeit.
Zunächst sollte sich jedes Gruppenmitglied eine zuvor festgelegte Anzahl von Stichwörtern zum Thema notieren. Zu diesen Stichwörtern sammelt nun jeder Einzelne Informationen. Als Quellen könnt ihr Schulbücher, Lexika, Zeitungen, Wissenschaftsreihen für Jugendliche und andere Bücher verwenden. Auch das Internet könnt ihr nutzen. Vielleicht stellt euch auch euer Lehrer oder eure Lehrerin Material bereit.

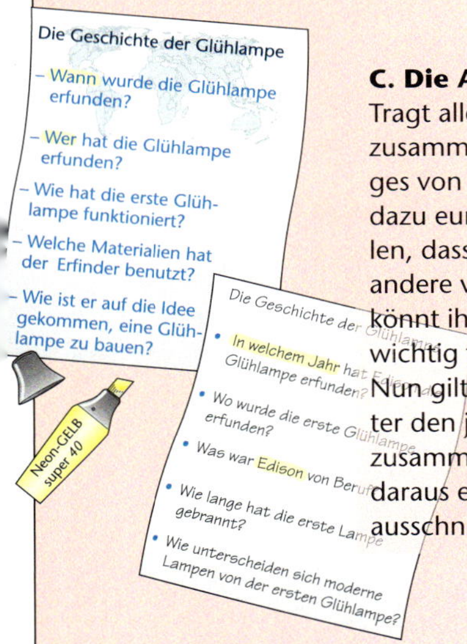

C. Die Auswertung
Tragt alle gesammelten Informationen zunächst zusammen. Ihr habt nun die Aufgabe, Wichtiges von Unwichtigem zu trennen. Vergleicht dazu eure Stichwortlisten. Ihr werdet feststellen, dass einige Begriffe sehr häufig auftauchen, andere vielleicht nur ein oder zwei Mal. So könnt ihr schnell erkennen, welche Punkte wichtig für euer Thema sind.
Nun gilt es, die wichtigsten Inhalte, die ihr unter den jeweiligen Stichwörtern gefunden habt, zusammenzufassen. Ihr könnt ein kleines Heft daraus erstellen oder mit Bildern und Zeitungsausschnitten ein Plakat gestalten.

D. Das Wissen weitergeben
Sobald alle Expertengruppen ihre Ergebnisse zusammengestellt haben, können diese weitergegeben werden. Dazu verteilen sich die Mitglieder der Gruppe 1 auf die anderen Gruppen. Die Experten berichten ihren Mitschülerinnen und Mitschülern über ihr Themengebiet. Achtet darauf, dass die anderen die Möglichkeit haben, Stichpunkte mitzuschreiben.
Anschließend verteilen sich die Experten aus Gruppe 2 auf die anderen Gruppen und berichten nun ihrerseits. Wenn ihr auf diese Weise weiterverfahrt, erhalten schnell alle Schülerinnen und Schüler die Informationen aus den anderen Gruppen.

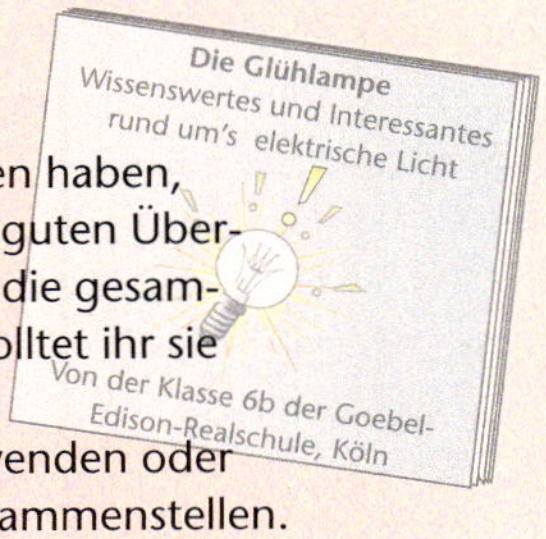

E. Die Ergebnisse präsentieren
Wenn alle Experten ihre Ergebnisse vorgetragen haben, besitzt jeder Schüler und jede Schülerin einen guten Überblick über das gesamte Themengebiet. Damit die gesammelten Informationen nicht verloren gehen, solltet ihr sie zusammentragen.
Ihr könnt die Plakate für eine Ausstellung verwenden oder aus euren Informationen ein eigenes Buch zusammenstellen. Vielleicht besteht sogar die Möglichkeit, eine Internetseite zum Thema zu erstellen!

1 Elektrisch beheiztes Kochfeld

Das alles kann der elektrische Strom
Der elektrische Strom hat unterschiedliche Wirkungen. So erwärmt sich z. B. ein elektrischer Leiter, durch den Strom fließt. Dies nutzt man beim Elektroherd (▷ B 1) oder beim Haartrockner. Je größer der Strom ist, desto höher ist die Temperatur im Leiterdraht. Auch Glühlampen sind eigentlich Heizgeräte. In ihnen wird ein Leiter so stark erhitzt, dass er zu glühen beginnt und Licht aussendet.

Elektrischer Strom hat außerdem magnetische Wirkungen: In der Nähe eines stromdurchflossenen Leiters wirkt eine magnetische Kraft. Du kannst sie mit dem Kompass nachweisen.
Wickelt man den Leiter zu einer Spule, werden die Magnetkräfte der einzelnen Windungen gebündelt. Diesen Effekt nutzt man in **Elektromagneten**.
Elektromagnete findet man z. B. in elektrischen Türglocken oder in Ventilen, die den Wasserzulauf an der Waschmaschine öffnen und schließen.
Außerdem sorgen elektrische Magnete für Bewegung, denn sie sind Bestandteil von Elektromotoren.

▶ Der elektrische Strom erzeugt Wärme, Licht und hat magnetische Wirkung.

Aufgaben

1 Nenne jeweils fünf Geräte, die die Wärmewirkung und die magnetische Wirkung des Stroms nutzen. Worauf beruht die Lichtwirkung des Stroms?

2 Auf Schrottplätzen findest du Magnete, mit denen ganze Autokarosserien angehoben werden können. Informiere dich, wie ein solcher Hubmagnet funktioniert.

Werkstatt

Elektrischer Strom – ein Alleskönner

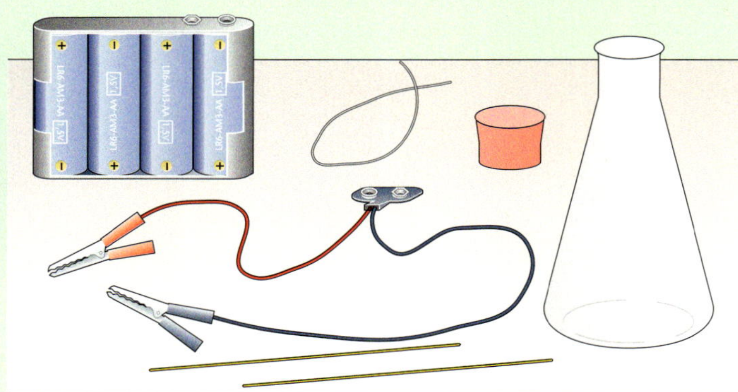

1 Material zu Versuch 2

Geh einmal deinen Tagesablauf durch. In welchen Situationen ist dir der Strom hilfreich? Welche seiner Wirkungen nutzt du?

1 Wärme aus Strom – der Tauchsieder

Material
Konstantandraht (Durchmesser 0,2 mm, Länge 30 cm), 2 Kupferdrähte (Durchmesser 1 mm, Länge 15 cm), Korkstopfen, Glasbecher, Batteriehalter, Batterien, Batterieclip, Nagel, Stativ, Klammer, Stift

Versuchsanleitung
Wickle den Draht um den Stift zu einer Spirale (▷ B 2). Bohre mit dem Nagel zwei Löcher durch den Stopfen. Schiebe die Kupferdrähte durch die Löcher. Biege jeweils die unteren Enden der Kupferdrähte um und klemme die Heizspirale zwischen ihnen fest.

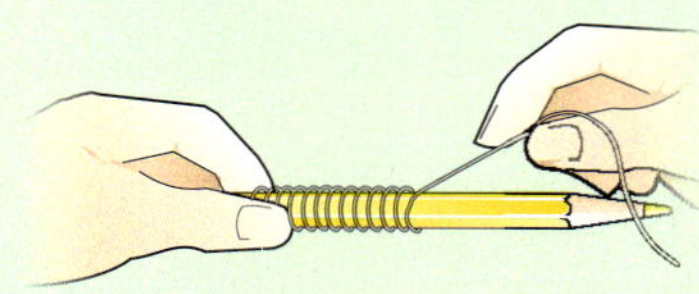

2 Herstellung der Heizspirale

Befestige deinen „Tauchsieder" so am Stativ, dass die Heizspirale ins Wasser eintaucht. Schließe die Drähte an die Batterien an (▷ B 3). Beobachte das Wasser in der Nähe der Spirale.

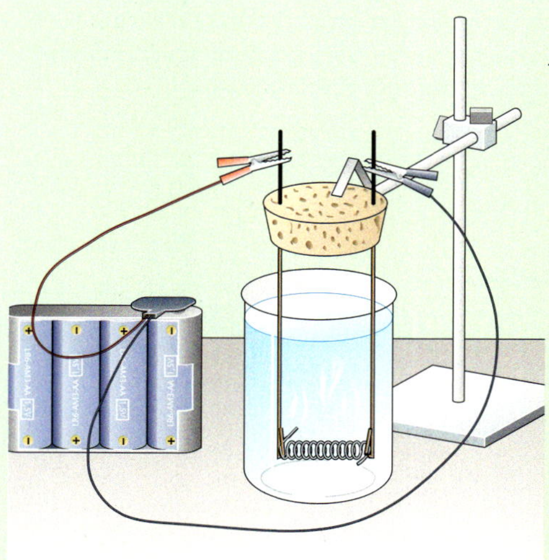

3 Tauchsieder

2 Licht aus Strom – die Glühlampe

Material

Glaskolben mit Stopfen, 2 Kupferdrähte (Durchmesser 1 mm, Länge 12 cm), Batteriehalter, Batterien, Batterieclip, Konstantandraht (Durchmesser 0,2 mm, Länge 30 cm), Kugelschreibermine

Versuchsanleitung

Wickle den Konstantandraht ganz eng auf die dünne Kugelschreibermine. Wenn du sorgfältig arbeitest, sodass die einzelnen Windungen sauber nebeneinander liegen, erhältst du eine feine Spirale. Ziehe die Spirale etwas auseinander, bis sich die einzelnen Windungen nicht mehr berühren.

Biege die beiden Kupferdrähte am Ende so um, dass du die Konstantanspirale darin festklemmen kannst (▷ B 4). Schiebe die Drähte mit der Spirale voran in den Kolben. Setze den Stopfen so auf die Öffnung, dass er die Kupferdrähte festklemmt. Achte darauf, dass sich die Drähte nicht berühren. Schließe nun die Batterien an die Kupferdrähte an.

Wenn der Draht nicht hell leuchtet, kannst du ihn entweder kürzen oder eine stärkere Stromquelle verwenden, z. B. ein Netzgerät.

Aufgabe

Warum wird der Draht zu einer Spirale gewickelt?

4 Glühlampe

3 Der elektrische Magnet

Material

Batteriehalter mit Batterien, Batterieclip, Kabel, Schalter, Kompass, Stabmagnet, Eisennägel, Büroklammern, Bindfaden, Filzstifthülse, isolierter Kupferdraht, Karton

Tipp: Führt die folgenden Versuche am besten zu zweit durch!

Versuchsanleitung

a) Baut einen einfachen Stromkreis mit einem Schalter auf (▷ B 5). Haltet das Kabel parallel zur Kompassnadel über den Kompass und schaltet kurz den Strom an. Vertauscht die Pole und wiederholt den Versuch.

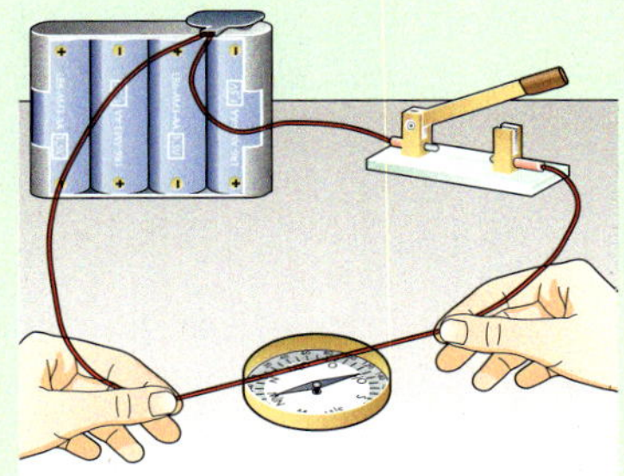

5 Zu Versuch 3a

b) Steckt das Kabel durch ein Stück Karton, sodass es senkrecht zum Karton verläuft. Schließt den Schalter. Führt den Kompass auf dem Karton um das stromdurchflossene Kabel herum. Zeichnet kurze Linien auf dem Karton ein, die jeweils die Ausrichtung der Kompassnadel angeben (▷ B 6).

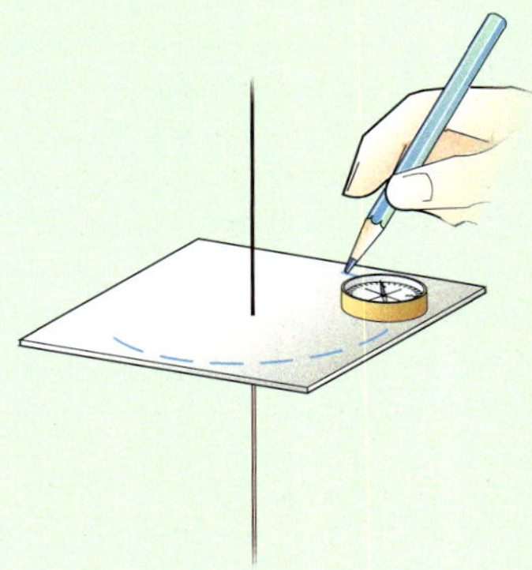

6 Zu Versuch 3b

c) Wickelt das Kabel mit 50 Windungen auf die Filzstifthülse. Schaltet diese „Spule" in den Stromkreis und schließt den Schalter. Haltet die Spule über den Kompass (▷ B 7). Beschreibt eure Beobachtung.

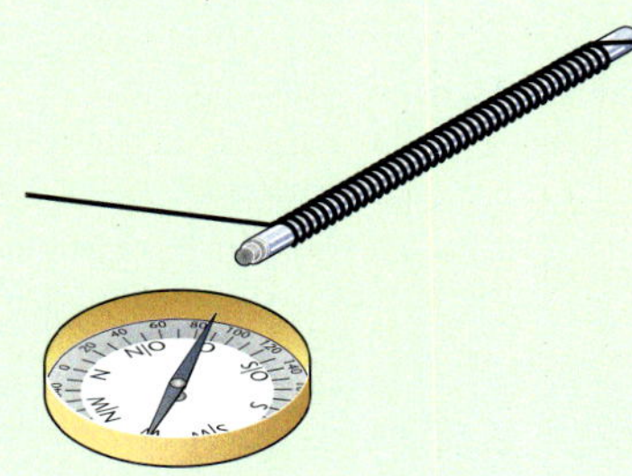

7 Zu Versuch 3c

d) Was geschieht, wenn ihr nun eine Spule mit 100 Windungen verwendet? Vergleicht eure Ergebnisse mit denen aus Versuch c.

e) Wickelt 50 Windungen Kupferdraht auf einen Eisennagel. Schaltet auch diese Spule in den Stromkreis. Haltet die Spule über Büroklammern oder Eisennägel (▷ B 8). Notiert eure Beobachtung.

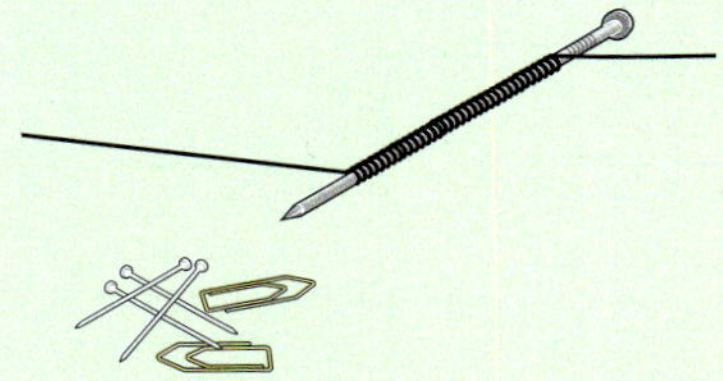

8 Zu Versuch 3e

f) Befestigt den Dauermagneten an einem Bindfaden und hängt ihn auf. Nähert dem Magneten die Spitze des umwickelten Eisennagels. Wie verhält sich der Dauermagnet, wenn ihr den Schalter schließt? Was ändert sich, wenn ihr den Dauermagneten umdreht?

Werkstatt

Geheimnisvolle Kräfte

1 Welche Gegenstände zieht ein Magnet an?

Material

Magnet, verschiedene Gegenstände, z. B. Lineal, Radiergummi, Schere, verschiedene Schlüssel, Anspitzer, Trinkglas, Becher, Schrauben, Muttern, Münzen u. a.

Versuchsanleitung

Nimm einen Magneten und nähere ihn den verschiedenen Gegenständen (▷ B 2).
Lege eine Tabelle an, in der du notierst, ob der Gegenstand vom Magneten angezogen wird oder nicht (▷ B 1).

Gegenstand	Anziehung?
Schere	
Lineal	
Schlüssel	
Anspitzer	

1 Tabelle zu Versuch 1

Aufgabe

Betrachte die Ergebnisse. Kannst du eindeutig sagen, welche Art von Gegenständen von dem Magneten angezogen werden?

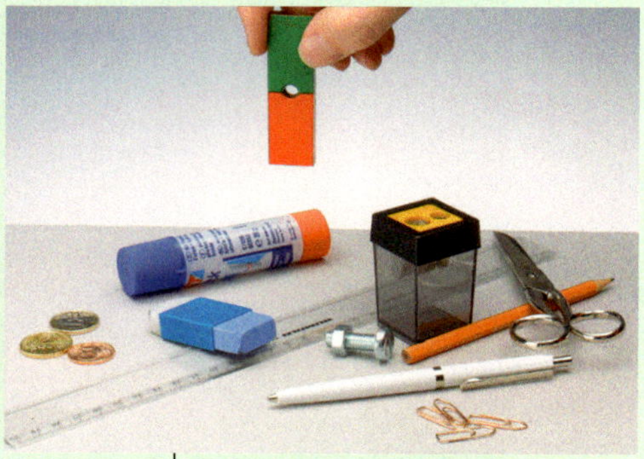

2 Welche Gegenstände werden von einem Magneten angezogen?

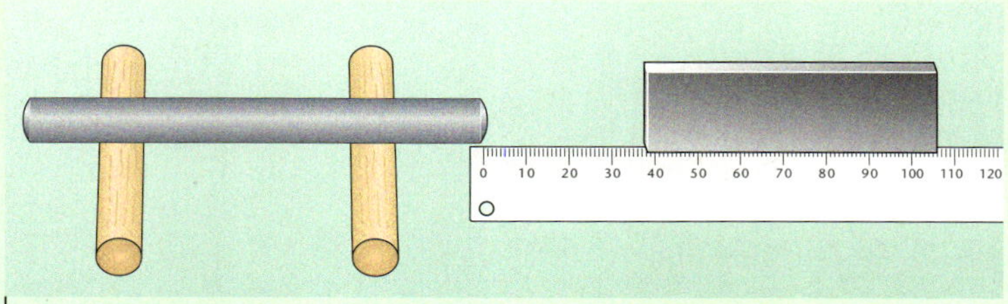

3 Ein Magnet wirkt auch auf die Entfernung.

2 Welche Stoffe zieht ein Magnet an?

Material

Magnet, Prüfstücke aus Eisen, Nickel, Kupfer, Kunststoff, Graphit, Holz, Aluminium, Glas u. a.

Versuchsanleitung

Nimm den Magneten und halte ihn an die verschiedenen Prüfstücke. Notiere in einer Tabelle, welcher Stoff von dem Magneten angezogen wird (▷ B 4).

Stoff	Anziehung?
Kupfer	
Eisen	
Plastik	
Holz	

4 Tabelle zu Versuch 2

Aufgabe

Kannst du genau sagen, welche Stoffe von dem Magneten angezogen werden? Vergleiche deine Ergebnisse mit den Ergebnissen aus Versuch 1.

3 Fernwirkung

Material

Stabmagnet, Lineal, Eisenstab, 2 Rundhölzer

Versuchsanleitung

Lege den Eisenstab auf die beiden Rundhölzer. Richte den Eisenstab am Nullpunkt des Lineals aus. Nähere den Stabmagneten langsam dem Eisenstab (▷ B 3).

Aufgabe

Von welcher Entfernung an wird der Eisenstab angezogen?

4 Anziehung und Abstoßung

Material

3 nicht gekennzeichnete Stabmagnete, 3 gleichfarbige Klebepunkte, 1 Eisenstück

Versuchsanleitung

a) Kennzeichne an den drei Stabmagneten jeweils eine Seite durch einen Klebepunkt. Probiere dann für die Magnete aus, was geschieht, wenn du jeweils zwei Magnete mit ihren Enden einander näherst. Teste alle Möglichkeiten und notiere deine Beobachtungen.
b) Nähere einen Magneten und das Eisenstück auf unterschiedliche Arten einander an. Notiere deine Beobachtungen.

Aufgaben

1. Formuliere aus deinen Beobachtungen zu a) allgemeine Regeln für das Verhalten der Magnete.
Tipp: Wenn es hilft, kannst du auch bei einem Magneten den Klebepunkt von einem zum am anderen Ende tauschen.

2. Angenommen ein Magnet und ein Eisenstück sehen von außen völlig gleich aus. Finde für diesen Fall ein Verfahren, um – ohne weitere Hilfsmittel – Magnet und Eisenstück zu unterscheiden. Orientiere dich an deinen Beobachtungen aus b).

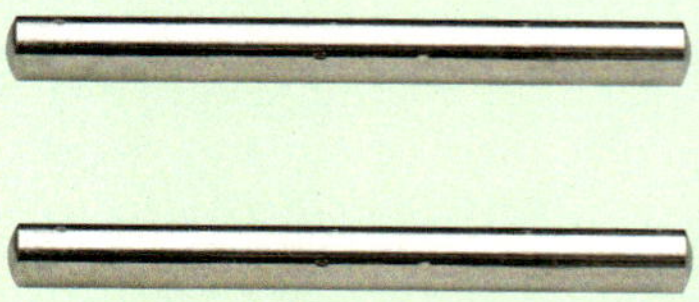

5 Wer ist Magnet, wer Eisenstab?

1 Nur an den Polen wirken magnetische Kräfte

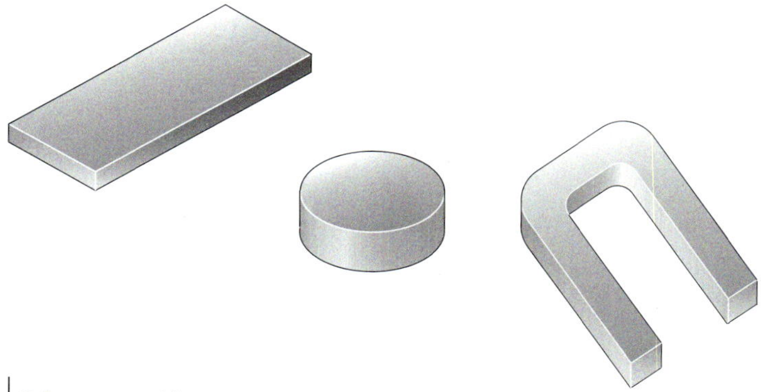
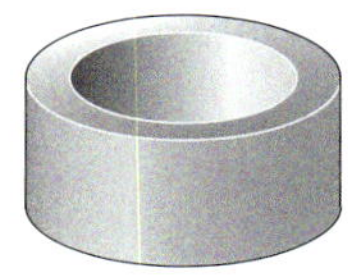

3 Formen von Magneten

Anziehung durch Magnete
Magnete gibt es in unterschiedlichen Formen und Größen (▷B 3). Du weißt, dass Magnete andere Gegenstände anziehen können. Wenn du Versuche mit Magneten durchführst, wirst du aber feststellen, dass die Anziehung nicht bei allen Gegenständen auftritt. Selbst bei scheinbar gleichen Gegenständen gibt es manchmal eine Anziehung, manchmal auch nicht.
So kannst du zwischen dem Magneten und einem bestimmten Schlüssel eine **magnetische Wirkung** beobachten (▷B 2), während ein anderer Schlüssel nicht angezogen wird.
Es hängt nicht vom verwendeten Gegenstand ab, ob er vom Magneten angezogen wird oder nicht. Entscheidend ist der Stoff, aus dem der Gegenstand besteht.

Gegenstände, die Eisen enthalten, werden von einem Magneten angezogen. Diese Eigenschaft haben neben Eisen auch noch die Stoffe Nickel und Cobalt.

▶ Zwischen einem Magneten und Gegenständen, die Eisen, Nickel oder Cobalt enthalten, gibt es eine magnetische Anziehung.

2 Nicht jeder Schlüssel ist magnetisch.

Magnetpole
Jeder Magnet hat zwei **Pole**. Bei einem Stabmagneten befinden sie sich an seinen beiden Enden. Im Bereich der Pole ist die magnetische Kraft am größten (▷B 1). In der Mitte des Magneten wirkt keine magnetische Kraft.

Die magnetischen Kräfte zwischen dem Pol eines Magneten und einem Gegenstand aus Eisen, Nickel oder Cobalt wirken wechselseitig. Das bedeutet, dass der Magnet den Eisenstab anzieht und der Eisenstab umgekehrt den Magneten anzieht.

Damit man die Pole schnell erkennt, sind sie bei den Magneten für den Unterricht farbig markiert. Die Seite des **N**ordpols ist meist **r**ot, die Seite des **Sü**dpols meist **grü**n lackiert.

Die magnetischen Polgesetze
Zwischen zwei Magneten können anziehende und abstoßende Kräfte auftreten. Der Nordpol des einen Magneten zieht den Südpol des anderen Magneten an und umgekehrt (▷B 4).
Nähert man jedoch den Nordpol des einen Magneten dem Nordpol des anderen Magneten, tritt eine abstoßende Kraft auf. Gleiches gilt auch für zwei Südpole.

▶ Ungleichnamige Pole ziehen sich an. Gleichnamige Pole stoßen sich ab.

4 Hier treten anziehende Kräfte auf.

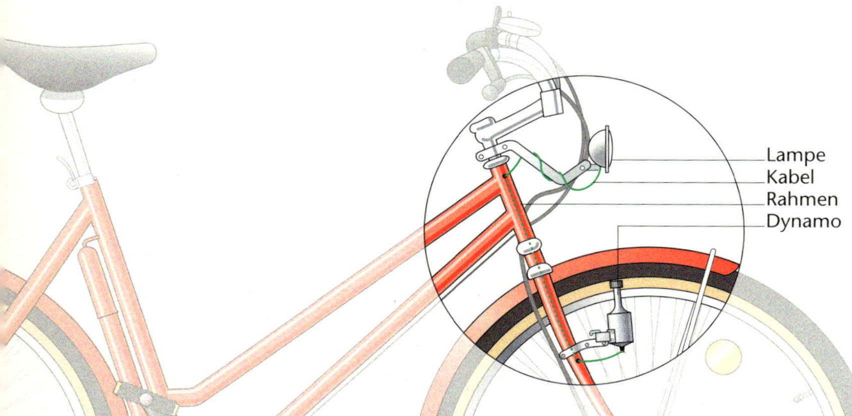

1 Stromkreis für die Fahrradbeleuchtung

Nur ein einziger Draht?

Die Glühlämpchen in Vorder- und Rücklicht eines Fahrrads werden von einem Dynamo mit Strom versorgt. Untersuche einmal den Stromkreis: Du findest nur ein einziges Kabel, das vom Dynamo zum Scheinwerfer führt (▷ B 1).
Trotzdem leuchtet die Lampe, wenn sich das Rädchen am Dynamo dreht und dadurch Strom erzeugt wird. Wie funktioniert das?

Der Rahmen als Kabelersatz

Beim Fahrrad wird der Stromkreis zwischen Dynamo und Glühlämpchen in der Regel nicht durch einen zweiten Draht, sondern durch den Fahrradrahmen geschlossen. Das bedeutet, dass der vom Dynamo erzeugte Strom durch das Kabel, die Lampe und einen Teil des Rahmens fließt.
Als zweite Anschlussstelle, die den Kontakt zum Rahmen herstellt, dient beim Dynamo die Befestigung. Beim Scheinwerfer übernimmt das Gehäuse diese Funktion.

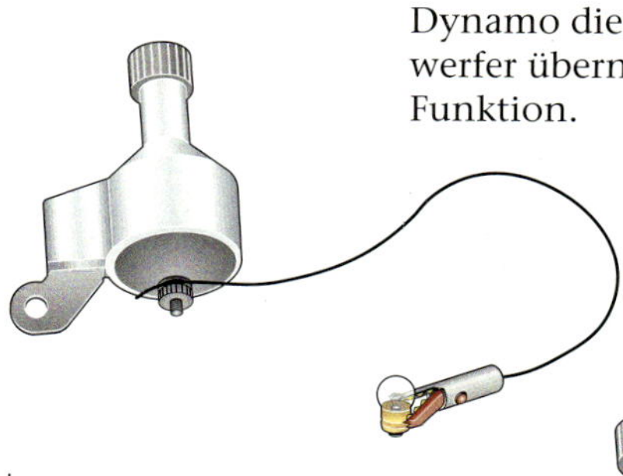

2 Stromkreis mit einem …

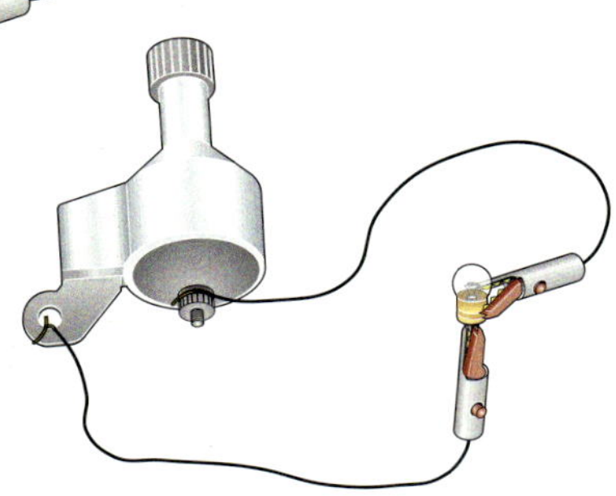

3 … und mit zwei Kabeln – welcher funktioniert?

Moderne Fahrräder besitzen einen zweiten Draht als Rückleitung. Eine andere Lösung stellen batteriebetriebene Scheinwerfer und Rücklichter dar.

Bei vielen Fahrrädern ist der Rahmen ein Teil des Stromkreises mit Fahrraddynamo und Scheinwerfer.

Nicht nur bei Fahrrädern wird der Stromkreis über Metallteile geschlossen, die eigentlich eine andere Funktion haben. Elektrolokomotiven beispielsweise erhalten den Strom über die Oberleitung und den Stromabnehmer. Die Rückleitung, die den Stromkreis schließt, bilden in diesem Fall die Schienen.

Aufgaben

1 Überprüfe an deinem eigenen Fahrrad, wie die Glühlampe des Vorderscheinwerfers angeschlossen ist.

2 Erkundige dich, wie die Leitungen zwischen der Stromquelle und dem Verbraucher bei einem Autoscooter und in einem PKW verlaufen.

3 Welche Vor- und Nachteile könnte eine batteriebetriebene Beleuchtung am Fahrrad haben?

Versuche

1 Verbinde den Anschluss des Fahrraddynamos und das Glühlämpchen mit einem Kabel. Schraube das Lämpchen dazu in eine Fassung oder befestige das Kabel am Gewinde. Drehe am Rädchen des Dynamos (▷ B 2). Was beobachtest du?

2 Verbinde über ein zweites Kabel den Fußkontakt des Lämpchens mit der Dynamohalterung (▷ B 3). Drehe das Rädchen. Leuchtet das Lämpchen?

3 Entferne das zweite Kabel wieder, sodass nur noch die Verbindung zwischen Dynamoanschluss und Gewinde besteht. Halte das Lämpchen so, dass der Fußkontakt des Lämpchens die Halterung des Dynamos berührt. Drehe das Rädchen.
Fasse die Ergebnisse der drei Versuche zusammen.

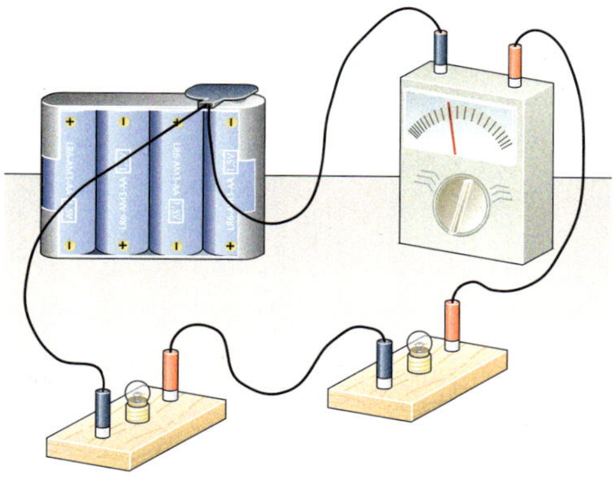

1 Schaltskizze zu Versuch 1

2 Großstädte benötigen viel elektrische Energie.

Versuch

1 a) Baue aus einer Stromquelle, zwei Glühlampen und einem Strommessgerät den Stromkreis aus Bild 1 auf.
b) Schalte das Strommessgerät zuerst vor das erste Lämpchen, dann zwischen die Lämpchen und dann hinter das zweite Lämpchen in den Kreis. Notiere jeweils die Anzeige des Messgeräts. Was stellst du beim Vergleich der Messwerte fest?

„Wir verbrauchen zu viel Strom!"
Immer wieder hört oder liest man, dass wir zu viel Strom verbrauchen. Aber stimmt diese Aussage tatsächlich?
Mit dem Versuch 1 kannst du das überprüfen. Egal, an welcher Stelle des Stromkreises du den Strom misst, er ist überall gleich groß. Der Strom aus der Batterie wird in den Lämpchen nicht verbraucht. Was aber bezahlen deine Eltern dann mit ihrer „Stromrechnung", wenn sie doch gar keinen Strom verbrauchen?

Elektrische Geräte sind Energiewandler
Noch vor 100 Jahren mussten die Menschen viele schwere Arbeiten unter Einsatz ihrer eigenen Kraft verrichten. Inzwischen gibt es unzählige Maschinen und Geräte, die uns Arbeiten abnehmen. Wenn elektrische Geräte eingesetzt werden, dann wandeln sie elektrische Energie in andere Energiearten um, mit denen gearbeitet wird: Der Wasserkocher erhitzt Wasser, das Rührgerät mischt und knetet den Teig und die Rolltreppe befördert uns in die Höhe.

Elektrische Geräte sind Energiewandler. Sie nutzen die elektrische Energie, um Arbeit zu verrichten.

Mit der Stromrechnung bezahlen wir die Arbeit, die die elektrischen Geräte verrichten. Die Haushaltsgeräte verbrauchen also keinen Strom, sondern elektrische Energie, die sie über den Strom erhalten.

Der Wasserkreislauf
Am Beispiel eines Wasserkreislaufs kannst du dir die Abläufe im elektrischen Stromkreis klar machen (▷ B 3). Eine Pumpe sorgt dafür, dass das Wasser durch die Rohre fließt. Sie hat im Wasserkreislauf dieselbe Aufgabe wie die Batterie im Stromkreis. Das fließende Wasser treibt ein Wasserrad an. In ähnlicher Weise bringt der Strom ein Lämpchen zum Leuchten. Das Wasser im Wasserkreislauf wird dabei nicht verbraucht, sondern in Bewegung gesetzt, sodass es die Turbine antreiben kann. Das Wasser transportiert also Energie von der Pumpe zur Turbine. In gleicher Weise dient der Strom als Überträger elektrischer Energie.

Elektrischer Strom wird nicht verbraucht, er dient als Energieträger.

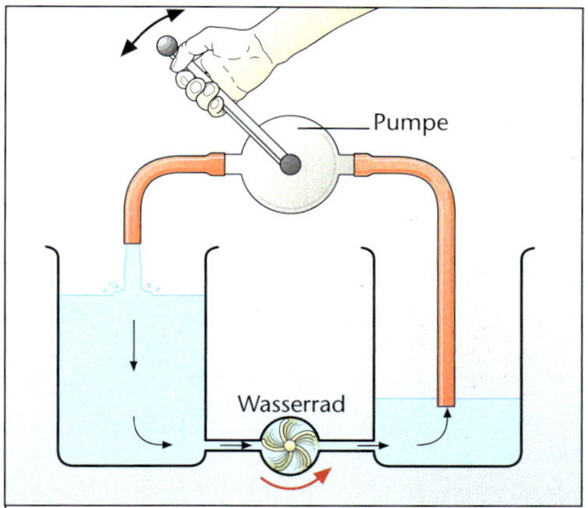

3 Das Wasserstrom-Modell eines Stromkreises

Brennpunkt

Energie

Energie
Der Begriff Energie begegnet uns täglich, z. B. wenn wir aufgefordert werden, sparsam damit umzugehen, oder wenn von einer geballten Ladung Energie die Rede ist, die in einem Schokoriegel stecken soll. Das Wort Energie stammt von dem griechischen „energeia“ ab, was so viel wie „Wirkkraft“ bedeutet. Man kann also sagen, dass Energie etwas bewirkt.

Energieträger: Strom …
Auch mithilfe elektrischer Geräte lässt sich etwas bewirken. Ein Elektromotor kann z. B. Lasten anheben oder ein Fahrzeug bewegen, ein elektrischer Ofen sorgt für Wärme, elektrische Lampen spenden Licht.
Allerdings funktionieren die genannten Geräte nur dann, wenn sie in einen Stromkreis geschaltet sind. Der elektrische Strom führt den Geräten die Energie zu, die sie zur Verrichtung der Arbeiten benötigen. Elektrischer Strom wird daher auch als Energieträger bezeichnet.

… Brennstoffe …
Um Wärme oder Licht zu erzeugen, benötigen wir nicht unbedingt eine elektrische Lampe oder einen Elektroofen. Früher beheizte man die Wohnräume mit Kohleöfen und bereitete das Essen auf einem mit Kohle oder Holz befeuerten Herd zu. Holz und Kohle sind ebenfalls Energieträger. Beim Verbrennen setzen sie Licht und Wärme frei. Auch heute werden Brennstoffe, zu denen Erdöl und Erdgas gehören, häufig eingesetzt. Denk nur einmal an die Gas- oder Ölheizungen oder an die Autos, die mit Benzin betankt werden.

… Nahrungsmittel …
Nicht nur zum Laufen, Radfahren oder Schwimmen brauchen wir Energie, unser Körper benötigt sie auch, um die Körpertemperatur auf etwa 37 °C zu halten. Diese

Energie führen wir unserem Körper durch unsere Nahrung zu. Die Nahrungsmittel, die du isst, werden im Körper verarbeitet und liefern – je nach Art und Menge – unterschiedlich viel Energie.
Der Energiegehalt eines Nahrungsmittels hängt von der Zusammensetzung der Nährstoffe ab. Du kannst ihn auf den Verpackungen oder in Energiewerttabellen nachlesen.

... und Sonnenstrahlung
Der für uns wohl wichtigste Energieträger ist die Strahlung der Sonne. Ihr Licht und ihre Wärme haben die Bedingungen geschaffen, durch die das Leben auf der Erde möglich wurde. Die Pflanzen, die die Grundlage unserer Nahrung bilden, benötigen die Strahlung für ihr Wachstum.

Umwandlung und Erhaltung
Mithilfe der Energie verschiedener Energieträger kann man vieles bewirken. Bei einer elektrischen Glühlampe wird die Energie des Stroms z. B. dazu genutzt, Licht zu erzeugen.
Allerdings wird nicht die gesamte Energie in Licht umgewandelt, es entsteht dabei auch Wärme. Da man diese in der Glühlampe erzeugte Wärme nicht nutzen kann, spricht man auch von einem Energieverlust. Tatsächlich geht aber bei keiner Umwandlung Energie verloren, sie ist nur nicht immer nutzbar.

Aufgabe

1 Betrachte die Abbildungsfolgen (von links oben nach rechts unten) auf dieser Doppelseite. Sie beschreiben zwei Möglichkeiten, wie man eine Lampe zum Leuchten bringen kann.
Beschreibe die dargestellten Schritte in eigenen Worten. Wenn du weitere Informationen benötigst, dann recherchiere im Internet oder schlage in Büchern nach.

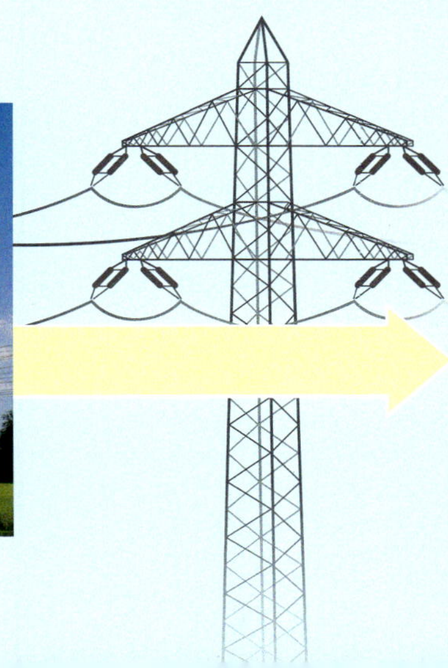

1 Das Bügeleisen regelt die Wärme automatisch.

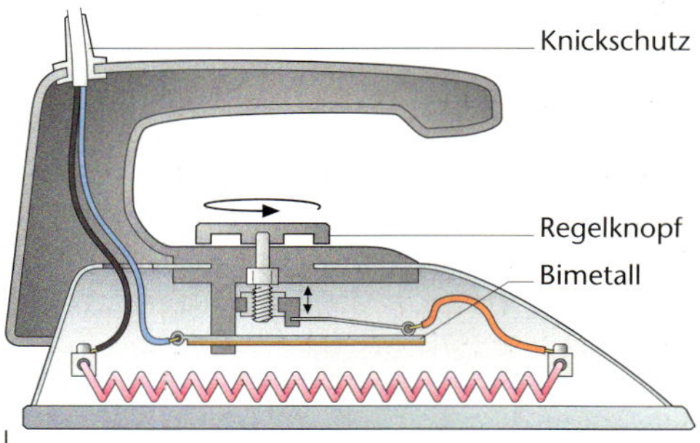

3 Thermostat eines Bügeleisens

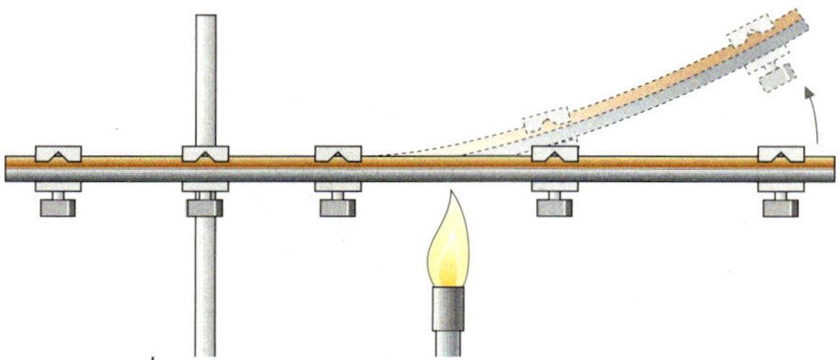

2 Bimetallstreifen krümmen sich bei Erwärmung.

Das Bügeleisen
Vielleicht hast du schon einmal bemerkt, dass ein Bügeleisen bei Gebrauch ab und zu ein klickendes Geräusch macht.
Damit die Bügelwäsche nicht verbrennt, schaltet sich das Bügeleisen automatisch ein und aus. Es genügt, wenn man am Anfang am Regelknopf (▷ B 3) die für den Stoff passende Temperatur einstellt. Die Regelung sorgt dann dafür, dass sich das Bügeleisen nicht über die gewählte Temperatur hinaus erhitzt.
Wie funktioniert eine solche automatische Regelung?

Das Bimetall
Wie das Bügeleisen besitzen viele weitere Geräte eine automatische Temperaturregelung, z. B. der Backofen, der Toaster oder die Herdplatte.
Die Regelung erfolgt mithilfe eines Bimetallstreifens, der im Stromkreis die Funktion eines Schalters hat. Ein Bimetallstreifen (lat. bi: zwei) besteht aus zwei unterschiedlichen, fest miteinander verbundenen Metallstreifen.
Zunächst ist dieser Schalter geschlossen. Schließt man das Bügeleisen an, fließt ein Strom, der die Heizspirale erhitzt. Gleichzeitig erwärmt sich der Bimetallstreifen. Da sich die beiden Metalle bei Erwärmung unterschiedlich stark ausdehnen, krümmt sich der Bimetallstreifen (▷ B 2) und öffnet den Stromkreis. Nun kann kein Strom mehr fließen. Der Bimetallstreifen kühlt ab und nimmt wieder seine ursprüngliche Form an. Dadurch wird der Stromkreis erneut geschlossen.

Der Toastautomat
Auch im elektrischen Toaster regelt ein Bimetallstreifen die Wärme. Man schaltet den Toaster an, indem man die Taste herunterdrückt. Dadurch wird eine Feder gespannt. Eine spezielle Heizwendel erwärmt den Bimetallstreifen. Krümmt sich der Streifen, löst er dadurch die Feder aus, die die Toastscheiben auswirft. Gleichzeitig unterbricht er den Stromkreis.

In vielen elektrischen Geräten regeln Bimetallstreifen die Temperatur.

Versuch

1 Halte einen Streifen metallbeschichtetes Kaugummipapier (oder das Papier einer Zigarettenverpackung) kurz über eine Flamme (▷ B 4), ohne das Papier zu versengen. Biegt sich der Streifen wie in Bild 4a dargestellt?
Erkläre das Verhalten des Streifens.

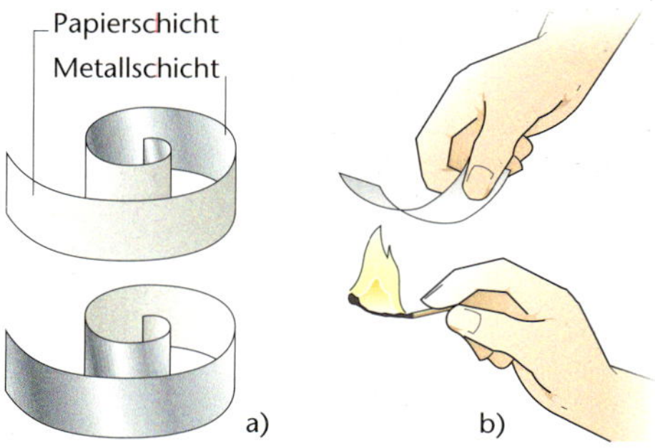

4 Zu Versuch 1

Sicherheit durch Sicherungen

Bimetallstreifen werden in Geräten zur Temperaturregelung eingesetzt. Sie haben aber auch eine Schutzfunktion, denn sie verhindern, dass Geräte wie Bügeleisen oder Kochplatten überhitzen.

Aber nicht alle Geräte besitzen einen solchen Regler, auch wenn eine Strombegrenzung nötig ist: Durch manche Geräte dürfen nur geringe Ströme fließen. Wird der Strom zu groß, könnten sie zerstört werden. Umgekehrt kann der Strom durch ein defektes Gerät so stark ansteigen, dass die Leitung zu glühen beginnt und einen Brand verursacht.

Sicherungen

Um zu verhindern, dass durch zu große Ströme ein Brand entsteht, werden **Sicherungen** eingesetzt. Sie sind so konstruiert, dass sie den Stromkreis unterbrechen, wenn der Strom einen bestimmten Wert erreicht.

▶ Sicherungen unterbrechen den Stromkreis, wenn ein zu großer Strom fließt.

Viele elektrische Geräte sind durch **Feinsicherungen** (▷ B 2) geschützt. Diese Sicherungen enthalten einen dünnen Draht. Wird der Strom, der durch das Gerät fließt, zu groß, schmilzt der Draht und unterbricht so den Stromkreis.

Im Haushalt findet man meist Sicherungskästen mit **Sicherungsautomaten** (▷ B 1). Überschreitet die Stromstärke einen gewissen Wert, unterbricht ein Elektromagnet den Stromkreis. Hat man die Störung behoben – also z. B. das defekte Gerät vom Netz getrennt – kann man den Sicherungsautomaten wieder einschalten, indem man den Schalter umlegt.

2 Feinsicherung

1 Sicherungskasten mit Sicherungsautomaten

Lexikon

Schaltzeichen

Wenn man einen Stromkreis zeichnen soll, wäre es sehr aufwändig, den Aufbau originalgetreu abzubilden. Daher behilft man sich mit einem Schaltplan (▷ B 1). Die Geräte im Stromkreis werden durch Schaltzeichen dargestellt, die Leitungen durch gerade Linien. Diese Linien zweigen immer nur im rechten Winkel ab. So lassen sich auch komplizierte Stromkreise übersichtlich darstellen.

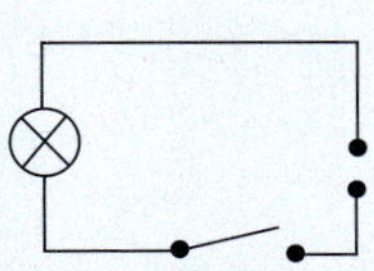

1 Schaltplan eines einfachen Stromkreises

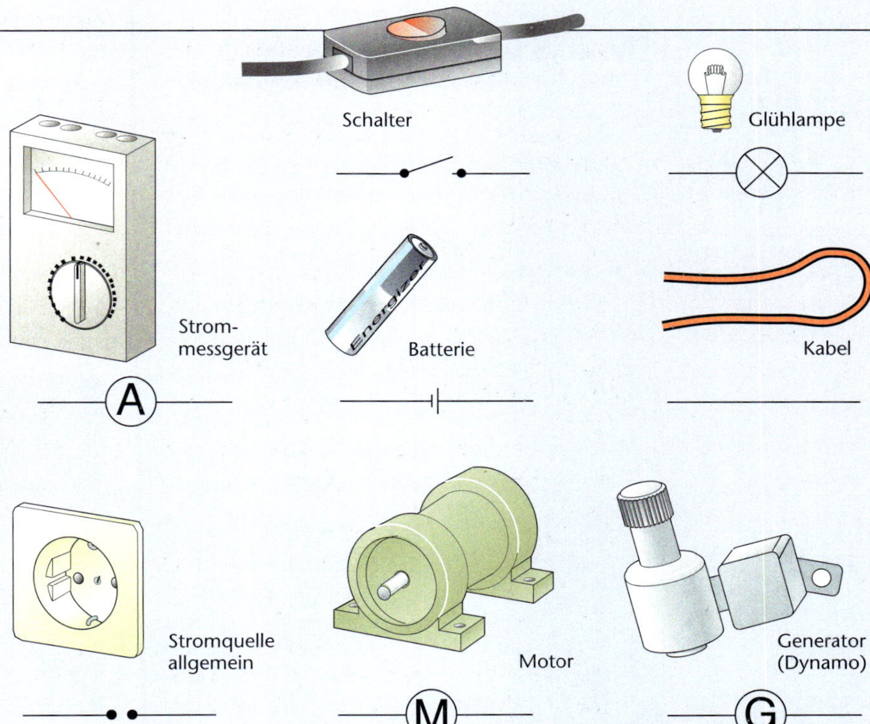

Energie – ein kostbares Gut

1 Auch Lebensmittel sind eine Energiequelle.

2 Wärme aus dem Erdinneren

Ohne Energie läuft nichts

Energie hält das Leben in Gang. Menschen, Tiere und Pflanzen benötigen sie, um sich z. B. bewegen (▷ B 1) und wachsen zu können. Über die Nahrung wird die dazu nötige Energie geliefert.
Energie benötigen wir auch in anderen Bereichen, z. B. für die Heizung, zum Betrieb elektrischer Geräte (▷ B 3), zur Produktion in Fabriken etc.
Den größten Teil gewinnen wir aus den so genannten fossilen Energieträgern Kohle, Erdöl und Erdgas. Ihre Energie wird freigesetzt, indem wir diese Stoffe verbrennen.

Energie sparen – aber wie?

Es gibt viele Möglichkeiten, Energie einzusparen. Die Entwicklung sparsamer Motoren oder eine verbesserte Isolierung von Neubauten hilft, den Verbrauch von Benzin, Öl und Gas zu senken.

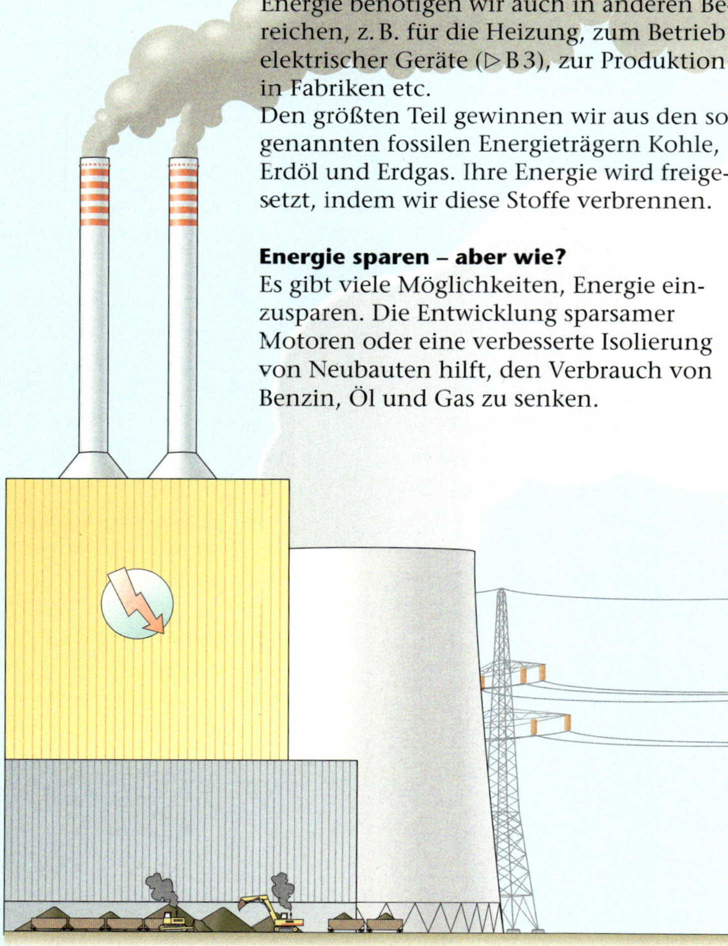

Aber auch veränderte Lebensgewohnheiten können helfen: Indem man kurze Strecken zu Fuß statt mit dem Auto zurücklegt, Räume nicht überheizt, Geräte nicht im Standby-Betrieb lässt und die Waschmaschine nicht nur zur Hälfte füllt, kann man auf einfache Weise Energie sparen.

Umweltschutz

Bei der Nutzung von Energiequellen müssen wir immer auch an unsere Umwelt denken. Bei der Verbrennung von Kohle und anderen fossilen Energieträgern entstehen Abgase, die unserer Umwelt und allen Lebewesen schaden. Auch hier gilt: Energie sparen. Außerdem lassen sich manchmal auch alternative Energiequellen nutzen, durch die die Umwelt weniger belastet wird (▷ B 2).

Nutzung anderer Energieträger

Schon seit Jahren werden Wind-, Wasser- oder Sonnenenergie genutzt. Diese Energiequellen werden nicht „aufgebraucht“, man spricht daher von erneuerbaren Energieformen. Bisher ist es aber noch nicht gelungen, aus diesen Quellen so viel Energie zu gewinnen, dass sie Kohle, Öl oder Erdgas ersetzen könnten. Um aus der Sonnen-, Wasser- und Windenergie nutzbare elektrische Energie zu gewinnen, sind teure Anlagen nötig.

Aufgaben

1 Wie könntest du zusammen mit deiner Familie zur Energieeinsparung beitragen? Erstelle eine Broschüre mit Vorschlägen.

2 „Energiesparen ist unsere wichtigste Energiequelle“. Diskutiert, was mit diesem Satz gemeint sein könnte.

3 Mit welcher Form von Energie werden ein Auto und ein Zug betrieben?

3 Elektrische Handsäge

Brennpunkt

Woher kommt die elektrische Energie?

Kraftwerke
Wir bekommen elektrische Energie von Energieversorgungs-Unternehmen (EVU). Gewonnen wird die Energie in „Kraftwerken“ – eigentlich müsste man diese Anlagen jedoch „Energiewerke” nennen.

In Kraftwerken werden andere Energieformen in elektrische Energie umgewandelt. Das geschieht mithilfe von riesigen Generatoren, die so arbeiten wie ein Fahrraddynamo.

1 Wärmekraftwerk

Wärmekraftwerke
In Wärmekraftwerken (▷B 1) wird Wasser so stark erhitzt, dass der Dampf unter starkem Druck gerät. Ein Dampfstrahl wird auf die Flügelräder einer Turbine gerichtet, damit sie sich dreht. Die Turbine treibt dann den Generator an (▷B 2).
In Kohlekraftwerken wird Kohle verbrannt, um die notwendige Wärme zu erzeugen. Bei Kernkraftwerken entsteht die Wärme beim radioaktiven Zerfall von Uran.

Die Erzeugung elektrischer Energie in Wärmekraftwerken ist nicht sehr teuer. Diese Kraftwerke haben aber große Nachteile für unsere Umwelt.
Kohlekraftwerke verschmutzen mit den Gasen, die bei der Verbrennung der Kohle entstehen, die Luft. Die Gase sorgen zum Beispiel dafür, dass sich die Lufthülle der Erde immer stärker erwärmt.

Kernkraftwerke sind zwar „sauber“, sie erzeugen keine Verbrennungsgase, dafür entsteht aber gefährlicher Atommüll, den zurzeit niemand sicher beseitigen kann.

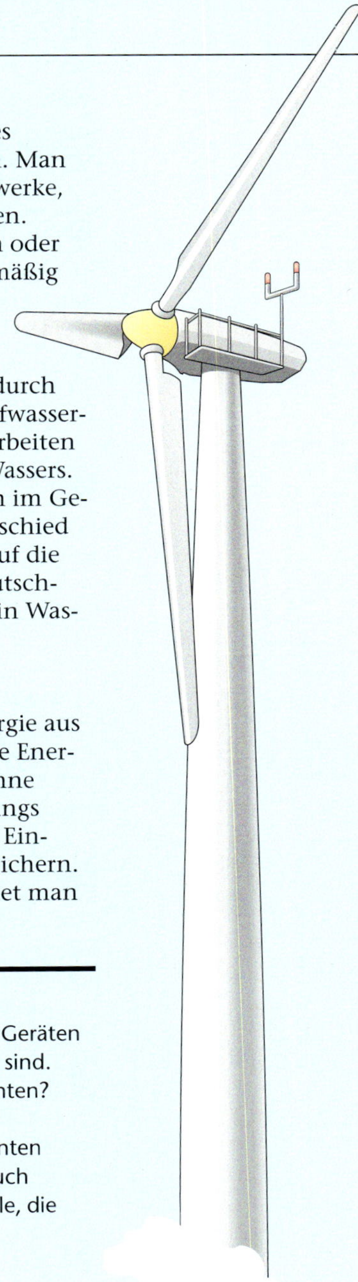

Windkraftwerke
Auch der Wind kann mithilfe eines Propellers einen Generator drehen. Man braucht aber sehr viele Windkraftwerke, um ein Wärmekraftwerk zu ersetzen. Windkraftwerke stehen auf Bergen oder an der Küste, wo der Wind gleichmäßig und ziemlich regelmäßig weht.

Wasserkraftwerke
Einen Generator kann man auch durch strömendes Wasser antreiben. Laufwasserkraftwerke liegen an Flüssen. Sie arbeiten mit der Energie des strömenden Wassers. Druckwasserkraftwerke findet man im Gebirge. Man nutzt den Höhenunterschied aus und lässt einen Wasserstrahl auf die Turbinenschaufeln prallen. In Deutschland wird nur sehr wenig Energie in Wasserkraftwerken gewonnen.

Solarkraftwerke
Mit Solarzellen kann man die Energie aus der Sonnenstrahlung in elektrische Energie umwandeln. Da nachts die Sonne nicht scheint, braucht man allerdings teure Akkumulatoren oder andere Einrichtungen, um die Energie zu speichern. Auch auf vielen Hausdächern findet man Solarzellen.

Aufgaben

1 Stelle eine Liste von elektrischen Geräten zusammen, die unbedingt nötig sind. Worauf könnte man auch verzichten?

2 Sucht euch eines der hier genannten Kraftwerke aus und informiert euch näher über die Vor- und Nachteile, die sein Betrieb mit sich bringt.

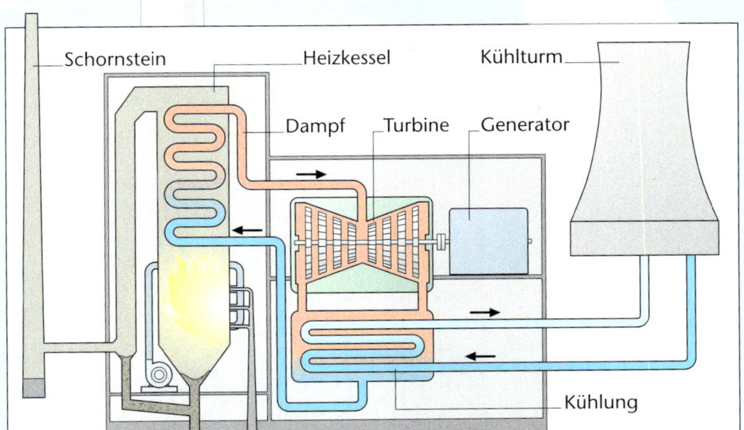

2 Energieerzeugung in einem Wärmekraftwerk

Schlusspunkt

Geräte im Alltag

Der elektrische Stromkreis
Elektrischer Strom fließt nur in einem geschlossenen Stromkreis aus leitenden Materialien (elektrischen Leitern). Metalle sind gute Leiter, auch Flüssigkeiten (z. B. eine Salzlösung) können den Strom leiten. Luft, Glas, Kunststoff und Porzellan sind Nichtleiter.

Schaltzeichen
Ein Schaltplan stellt einen Stromkreis übersichtlich dar. Die Bauteile werden durch Schaltzeichen dargestellt.

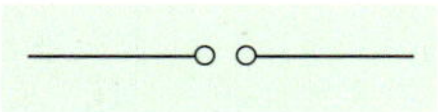

Stromquelle allgemein

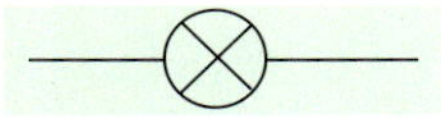
Glühlampe

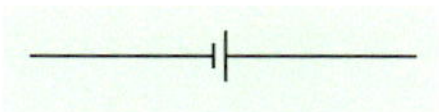
Batterie

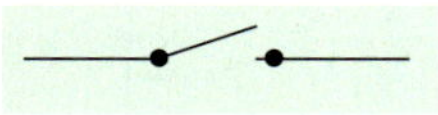
Schalter

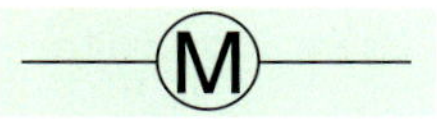

Motor

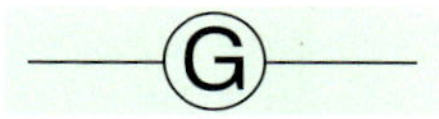

Generator (Dynamo)

Elektrische Energie
Der Strom ist in einem einfachen Stromkreis an jeder Stelle gleich groß. Elektrischer Strom wird nicht verbraucht, sondern er transportiert elektrische Energie von der Stromquelle zum Verbraucher. Maschinen und Geräte wandeln die elektrische Energie in andere Energieformen um und verrichten Arbeit.
Elektrische Energie wird in Wärmekraftwerken, in Wasser- und Windkraftwerken sowie aus Sonnenstrahlung gewonnen.

Das Bimetall
Ein Bimetall besteht aus zwei unterschiedlichen, fest verbundenen Metallstreifen. Bei Erwärmung krümmt sich das Bimetall. Viele Elektrogeräte enthalten Bimetallstreifen zur Temperaturregelung.

Magnetpole
Jeder Magnet hat einen Nord- und einen Südpol. Im Bereich der Pole ist die Magnetkraft am größten. Wird ein Magnet zerteilt, so entstehen neue Magnete mit eigenem Nord- und Südpol.

Polgesetze
Ungleichnamige Magnetpole ziehen sich an. Gleichnamige Magnetpole stoßen sich ab.

Wirkungen des elektrischen Stroms
Wenn Strom durch einen Leiter fließt, erwärmt sich der Leiter.
Mithilfe des elektrischen Stroms wird in Glühlampen Licht erzeugt.
Immer, wenn Strom fließt, entsteht auch ein magnetisches Feld.

Die elektrische Glühlampe
Die Glühlampe wurde von Heinrich Goebel 1854 erfunden und von Thomas Alva Edison 1879 weiterentwickelt. Im Inneren der Glühlampe fließt der Strom vom Fußkontakt durch den doppelt gewendelten Glühdraht zum Gewinde. Um ein schnelles Durchbrennen des Glühdrahtes zu verhindern wird der Glaskolben luftleer gepumpt oder mit einem speziellen Gas gefüllt.

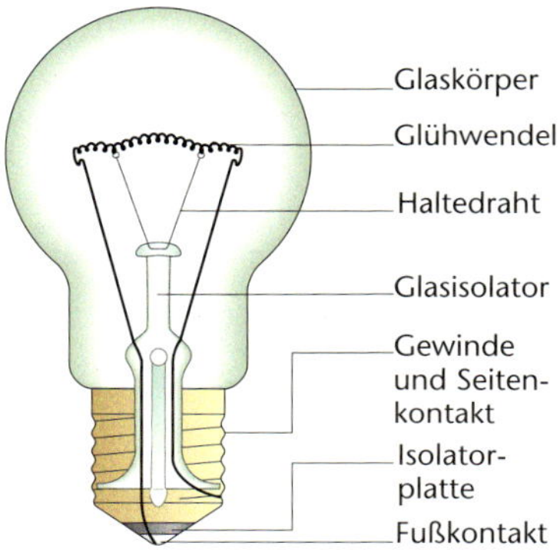

Der Fahrradstromkreis
Bei vielen Fahrrädern findet man nur ein Kabel, das vom Dynamo zur Lampe führt. Der Stromkreis wird in dann durch den metallenen Rahmen des Rades geschlossen, der als Rückleitung dient.

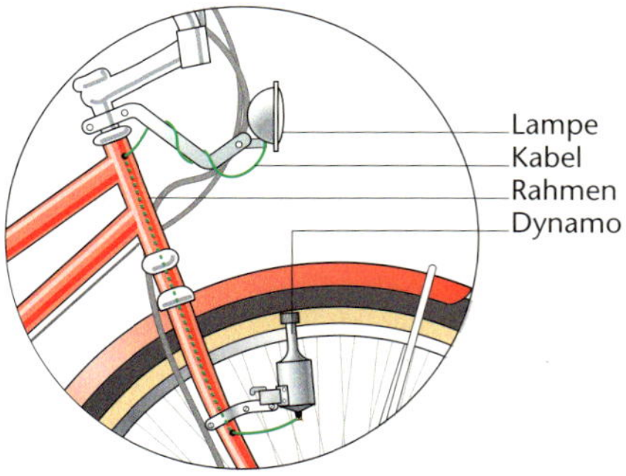

Energieumwandlung
Elektrische Geräte wandeln elektrische Energie in andere Energieformen um, mit denen gearbeitet werden kann. Man bezeichnet sie deshalb als Energiewandler.

Aufgaben

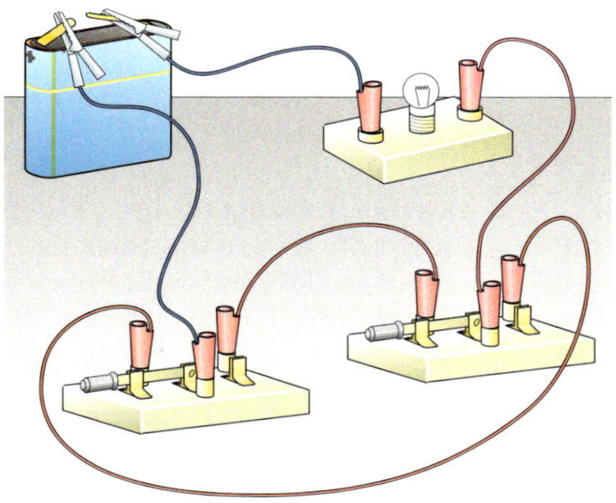

1 Wechselschaltung im Versuch

1 Warum sind Versuche mit Strom aus der Steckdose verboten?

2 Aus welchen der folgenden Stoffen kann man elektrische Leitungen herstellen: Glasfasern, Blumendraht, Holzstäbchen, Silberdraht, Baumwollfaden, Nylonfaden, Golddraht? Begründe deine Meinung. Durch welchen Versuch könntest du deine Antwort überprüfen?

2 Glühwendel einer Glühlampe

3 THOMAS ALVA EDISON gilt als der Erfinder der Glühlampe. Stimmt das?
Wer war Edison? Informiere dich über seinen Lebenslauf. Was hat er noch erfunden? Fasse deine Informationen in einem Referat zusammen.

4 Der Glühdraht einer Glühlampe besteht aus Wolfram.
a) Warum verwendet man gerade dieses Metall?
b) Aus welchem Grund wird der Wolframdraht zu einer Spirale aufgewickelt?

5 Welche Stellen an der Glühlampe dienen als Kontakte zum Anschluss im Stromkreis?

6 Zeichne den Schaltplan zur Schaltung in Bild 1 (beachte, dass der Schalter in zwei Stellungen schließt). Wann brennt das Lämpchen. Wo könnte eine solche Schaltung im Haushalt eingesetzt werden?

7 In einer Großstadt fällt für 24 Stunden der Strom aus. Was bedeutet das für die Haushalte, Krankenhäuser, den Straßenverkehr, Schulen, Bürohochhäuser oder Lebensmittelgeschäfte?

8 Vergleiche elektrische und Dauermagnete. Stelle die Eigenschaften in einer Tabelle gegenüber.

9 Nenne mindestens zwei Geräte, bei denen folgende Wirkungen des elektrischen Stroms genutzt werden:
a) Strom erzeugt Licht.
b) Strom erzeugt Wärme.

10 Warum kann man sagen, dass Glühlampen hervorragende Heizkörper sind?

11 Warum braucht man bei einem Fahrrad nur eine einzige Leitung zum Scheinwerfer?

3 Wärmekraftwerk

12 Claudia hat ein Kunststoffschutzblech an ihr Fahrrad gebaut. Nachdem sie das Rücklicht daran festgeschraubt hat, stellt sie fest, dass es nicht leuchtet.
Wie kann sie das Rücklicht zum Leuchten bringen?

13 Was bezahlen wir eigentlich mit unserer „Stromrechnung"?

14 Warum ist es notwendig, in Zukunft sparsam mit unseren Energieträgern umzugehen?

15 Beschreibe, wie in einem Wärmekraftwerk aus Kohle elektrischer Strom erzeugt wird (▷ B 3).

16 Welche Aufgaben haben Sicherungen im Haus? Über welche weiteren Schutzvorrichtungen verfügen elektrische Geräte?

Wahrnehmung mit allen Sinnen

8 Günstig ist, wenn sich links die Fenster befinden. Beim Schreiben ist so immer genügend Licht auf dem Papier. Zusatzfrage: Wie würde ein Linkshänder die Frage beantworten?

10

Auge	Fotoapparat
Augenlinse	Objektivlinse
Pupille	Blende
Netzhaut	Film
Augenlid	Verschluss

Wege in die Welt des Kleinen

12 Folgende Unterschiede sollten genannt werden:

	Tierzelle	Pflanzenzelle
Zellwand	Nicht vorhanden	Gibt der Zelle Festigkeit
Zellmembran	Schließt die Zelle nach außen hin ab, kontrolliert den Stoffaustausch zwischen den Zellen	Durch sie werden Stoffe zwischen den Zellen ausgetauscht
Zellkern	Regelt alle Lebensvorgänge in der Zelle	Regelt alle Lebensvorgänge in der Zelle
Zellplasma	Füllt die Zelle aus und umgibt den Zellkern	Füllt die Zelle aus; darin sind Zellbestandteile wie Zellkern und Blattgrünkörner eingelagert
Vakuolen	Nicht vorhanden	Darin werden verschiedene Stoffe gelagert: Öle, Farbstoffe, Duftstoffe und Abfallstoffe
Blattgrünkörner	Nicht vorhanden	Dienen zur Herstellung von Nährstoffen

Lebensraum Haus und Hof

3 Rinder haben ein Pflanzenfressergebiss. Die Backenzähne sind kräftig und besitzen eine breite Kaufläche. Damit wird die Pflanzennahrung zermahlen.
Katzen und Hunde sind Fleischfresser. Ihre Eckzähne, die Fangzähne, haben dolchartige Spitzen. Mit diesen Zähnen können sie ihr Beutetier durch einen Biss in den Nacken töten. Mithilfe der scharfhöckrigen Backenzähne zerteilen Hunde und Katzen das Fleisch.

Pflanzen und Tiere im Schulumfeld

1 Die Pflanze müsste harte Blätter und Stängel haben, die nur schwer zu zerreißen sind. Die Blätter sollten flach auf dem Boden ausgebreitet sein und möglichst eine Rosette bilden. Es dürfte der Pflanze nichts ausmachen, wenn gelegentlich auf ihr herumgetreten wird. Die Wurzeln müssten sehr tief in den Boden reichen, damit sie auch bei längerer Trockenheit noch an Wasser gelangen.

3 Die alten Nester besitzen wegen der Benutzung und der Witterungseinflüsse oft nicht mehr ihre alte Form und Stabilität. Außerdem haben sich häufig auch zahlreiche kleine Insekten (Parasiten) eingefunden, die den Vogeljungen gefährlich werden könnten.

7 **Lungenatmung:** Der Sauerstoff, der ins Blut aufgenommen wird, stammt aus der Luft. Durch die Nase oder den Mund gelangt die Atemluft durch die Luftröhre und die Bronchien bis zu den Lungenbläschen in den beiden Lugenflügeln. Die Lungenbläschen sind von einem Netz winzig kleiner Blutgefäße (Kapillaren) umgeben. Der eingeatmete Sauerstoff dringt durch die dünnen Wänder der Lungebläschen und der Kapillaren und gelangt so ins Blut. Hier wird er von den roten Blutzellen aufgenommen und zu allen Körperzellen transportiert.
Gleichzeitig gelangt Kohlenstoffdioxid aus den Kapillaren in die Lungenbläschen und wird von dort über die Atemwege nach außen abgegeben. Die Ausatemluft strömt also in der umgekehrten Richtung (Bronchien – Luftröhre – Mund bzw. Nase) ins Freie.

Kiemenatmung: Hierbei wird der Sauerstoff aus dem Wasser aufgenommen. Das Wasser wird in die Mundhöhle eingesaugt und von dort in die Kiemenhöhle gedrückt, wo die Kiemenbögen mit den stark durchbluteten Kiemenblättchen liegen. Am hinteren Ende der Kiemenhöhle tritt das Wasser wieder aus. Es strömt somit immer nur in eine Richtung. Während das Wasser an den vielen Kiemenblättchen vorbeifließt, dringt der Sauerstoff aus dem Wasser durch die Wand der Kiemenblättchen in die darin liegenden Blutgefäße ein. Die roten Blutzellen nehmen den Sauerstoff auf und transportieren ihn zu den Körperzellen.

Bei der Lungenatmung und bei der Kiemenatmung sind Atembewegungen wichtig. Bei Säugetieren hebt bzw. senkt sich der Brustkorb, Fische öffnen und schließen den Mund, sie saugen dabei Wasser ein und pressen es in die Kiemenhöhle.

Der Wald – ein Lebensraum für Pflanze, Tier und Mensch

1 Wenn die hohen Bäume noch genügend Licht durch das „Blätterdach" hindurch lassen, entstehen darunter weitere Pflanzenschichten aus Sträuchern und niedrig wachsenden Kräutern. Im dichten Rotbuchenwald gibt es meistens nur eine Krautschicht, während der lockere Stieleichen-Birkenmischwald über eine Strauch- und eine Krautschicht verfügt.

6 Folgende Besonderheiten ermöglichen den Vögeln das Fliegen:
- stromlinienförmiger Körper
- Federn
- kräftige Flugmuskulatur
- luftgefüllte Röhrenknochen
- Lunge mit Luftsäcken

8 Während des Winters auf der Nordhalbkugel ist auf der Südhalbkugel Sommer. Die Pflanzen dieser Länder und auch der tropischen Länder geben genügend Sauerstoff ab. Daneben gehören die Meeresalgen zu den wirkungsvollsten Sauerstoffproduzenten der Erde. Sie geben auch im Winter Sauerstoff ab.

Leben mit den Jahreszeiten

5 Frühblüher speichern Nährstoffe in unterirdischen Pflanzenorganen. Dies können Speicherwurzeln, Zwiebeln oder Erdstängel sein. Die gespeicherten Stoffe ermöglichen es der Pflanze, sehr früh im Jahr Blätter und Blüten auszutreiben.

Wetter und Klima

1 Das Thermometer muss draußen an einem schattigen Platz aufgehängt werden. Beim Ablesen ist die Skala des Thermometers senkrecht und auf Augenhöhe zu halten.

12 Die Kerzenflammen erwärmen die Luft. Die warme Luft kann in kühlerer Umgebungsluft aufsteigen. Es entsteht eine Luftbewegung, welche die Flügel antreibt.

Mein Körper – meine Gesundheit

1 Schädel: Gehirn
Brustkorb: Lunge, Herz
Becken: Blase, Darm, weibliche Geschlechtsorgane
Wirbelsäule: Rückenmark

4 a) Es gibt Scharniergelenke, Kugelgelenke, Drehgelenke und Sattelgelenke.
b) Scharniergelenk: Knie-, Ellbogen-, Finger- und Zehengelenk
Kugelgelenk: Hüft- und Schultergelenk
Drehgelenk: zwischen den obersten zwei Wirbeln (Atlas, Axis)
Sattelgelenk: Daumengrundgelenk

17 Transport von Sauerstoff durch rote Blutzellen, von Kohlenstoffdioxid und Nährstoffen. Außerdem enthält das Blut weiße Blutzellen, die der Abwehr von Krankheitserregern dienen, sowie Blutplättchen zum Wundverschluss.
Blut transportiert auch Wärme zu allen Organen des Körpers.

Eine neue Zeit beginnt

1 Primäre Geschlechtsorgane beim Jungen:
Penis, Hodensack mit Hoden und Nebenhoden
primäre Geschlechtsorgane beim Mädchen:
Gebärmutter, Eierstöcke mit Eileiter, Schamlippen

2 Die sekundären Geschlechtsorgane beim Jungen sind: typisch männliche Körperform, Körperbehaarung, tiefe Stimme.
Die sekundären Geschlechtsorgane beim Mädchen sind: weibliche Körperform, Brüste, Scham- und Achselbehaarung.

9 Jeden Monat reift in einem der Eierstöcke eine Eizelle heran. Etwa am 14. Tag gelangt sie nach dem Eisprung in den Eileiter und ist dort befruchtungsfähig.

Die Stoffe um uns herum

1 a) **Wasser** ist eine farblose, geruchlose Flüssigkeit. Seine Schmelztemperatur liegt bei 0 °C, seine Siedetemperatur bei 100 °C. Reines Wasser ist nicht elektrisch leitfähig.
b) **Kupfer** ist bei Raumtemperatur ein rötlich glänzendes Metall.
Es zeigt die typischen Eigenschaften eines Metalls: Kupfer ist elektrisch leitend, ein guter Wärmeleiter und leicht verformbar. Kupfer schmilzt bei 1083 °C und siedet bei 2567 °C.
c) **Eisen** ist ein grau glänzendes Metall. Daher ist Eisen elektrisch leitfähig und ein guter Wärmeleiter. Es ist außerdem leicht verformbar. Die Schmelztemperatur von Eisen beträgt 1535 °C, seine Siedetemperatur liegt bei 2750 °C.
d) **Diamant** ist ein farbloser, durchsichtiger Kristall. Er ist elektrisch nicht leitend, aber ein sehr guter Wärmeleiter. Diamant ist der härteste aller bekannten natürlichen Stoffe. Seine Schmelztemperatur liegt bei 3547 °C, seine Siedetemperatur beträgt 4830 °C.

8 a) Bei den fein verteilten Tröpfchen handelt es sich um Fetttröpfchen.
b) Ein solches Stoffgemisch nennt man Emulsion.
In der Regel entmischen sich Emulsionen aus einem Fett oder Öl und Wasser nach kurzer Zeit. Das in der Milch enthaltene Eiweiß verhindert eine Trennung der beiden Flüssigkeiten.

Geräte im Alltag

8

Dauermagnet	Elektromagnet
Hat Nord- und Südpol	Hat Nord- und Südpol
Kraft wirkt dauernd	Kraft ist abschaltbar
Kraft ist unveränderbar	Kraft ist leicht veränderbar
Polung bleibt gleich	Lässt sich umpolen
Aus Stahl oder Eisenlegierung	Aus Kupferleiter mit Eisenkern
Magnetkraft verschwindet beim Erhitzen	Unempfindlich gegen Wärme – allerdings kann die Isolierung „durchschmoren“
spröde	robust

12 Claudia muss eine Leitung zum zweiten Anschluss des Dynamos legen. Es kann auch genügen, wenn sie eine Hilfsleitung zum Fahrradrahmen legt und die zweite Anschlussstelle des Dynamos ebenfalls mit dem Rahmen verbindet.

U1 Getty Images RF (RF/Dex Image/Megumi Takamura), München – **U2** Corbis (Laura Doss), Düsseldorf – **13.1** Dr. Klaus Hell, Essen – **13.2** Staatliches Forstamt (Jutta Wagner), Schleiden – **13.3** Dr. Klaus Hell – **13.4** Georg Trendel, Unna – **16.1** Dr. Klaus Hell, – **20.1** AEG, Nürnberg – **22.1,2** Ulrich Niehoff, Bienenbüttel – **22.3** Mauritius (Havel), Mittenwald – **22.5** Alfred Limbrunner, Dachau – **24.1** AKG, Berlin – **26.1** Mauritius (age fotostock) – **26.2** Corbis (RF) – **26.3** Silvestris (Sunset), Dießen – **26.6** Picture-Alliance (ZB/Andreas Lander), Frankfurt – **26.7** Corbis (Michael Pole) – **27.1,2** Dr. Klaus Hell – **27.3** Michael Maiworm, Sprockhövel – **28.2** Wildlife (R. Nagel), Hamburg – **28.3, 29.5,6** Getty Images RF (PhotoDisc) – **30.1** Dr. Klaus Hell – **32.1** Corbis (Steve Prezant) – **34.2,3** Michael Maiworm – **35.1** Argum (Thomas Einberger), München – **35.2** Mauritius (Pöhlmann) – **36.2** Osram, München – **39.1** Astrofoto (NASA), Sörth – **39.2** Mauritius (Thonig) – **40.1** ZEFA (S. Kotoh), Düsseldorf – **40.2** Naturfotografie Frank Hecker, Panten-Hammer – **40.5, 41.1** Okapia (Kathie Atkinson, David Thompson, OSF), Frankfurt – **41.2** Picture-Alliance (O. Cabrero i Roura) – **41.3** Okapia (NAS) – **42.6** Vario-Press (Marcus Vetter), Bonn – **43.1-3** AKG – **44.1** Getty Images (PhotoDisc) – **45.2** Albert Bonniers Förlag AB (Lennart Nilsson), Stockholm – **47.1** MEV, Augsburg – **47.3** Ulrich Niehoff – **48.1** Mauritius (Stockphoto) – **48.2** Osram – **48.3** Okapia (NAS/Nigel. J. Dennis) – **49.1** IFA (BCI), Ottobrunn – **49.2** Action Press (Heuser), Hamburg – **49.3** Busch + Müller KG, Meinerzhagen – **50.3** IVB-Report, Kappelrodeck – **50.2** Ulrich Niehoff – **51.1,2** Mauritius (Simon Sims, Stock Images) – **51.3** Helga Lade (E. Röhrich), Frankfurt – **52.2** Fotosearch RF (RF, Andersen Ross), Waukesha, WI – **52.3** MEV – **52.4** FOCUS (Andrew Syred, SPL), Hamburg – **52.5** Okapia (Benny Van Damme, Wil) – **52.6** Angermayer (Hans Pfletschinger), Holzkirchen – **52.7** Fotoagentur Version, Köln – **52.9,10** MEV – **55.1A,1B** Action Press (O. Kirchhof, Becker und Bredel) – **55.1C** Okapia (Hans Reinhard) – **55.1D** Das Fotoarchiv (Jochen Tack), Essen – **55.1E** Action Press (Hans-Jürgen Jakubeit) – **55.1F** Okapia (Paul Springett) – **58.1A** Mauritius (Ridder) – **58.1B** Das Fotoarchiv (Jochen Tack) – **59.1** Helga Lade (BAV) – **59.2** Mauritius (Habel) – **59.3** Okapia (NAS/Blair Seitz) – **65.1** Getty Images (Stone/UHB Trust) – **66.1, 67.6-8** Okapia (NAS J.L. LEPORE, Stepfen Dalton, Dietmar Nill, NAS M. Tuttle) – **67.10** Marion Barmeier, Essen – **69.1** plainpicture (V. Christmann), Hamburg – **73.3** Getty Images (stone/Terry Vine) – **74.2** Photo Courtey of Richard M. Constanzo and E. E. Morrison – **75.1** Mauritius (Auli) – **75.2** Red Books, London – **76.2** Mauritius (Mitterer) – **76.1A** Silvestris (Pölking) – **76.1B** Angermayer – **77.4** Silvestris (Aitken Kelvin) – **77.5** Okapia (John Cancalosi) – **79.1** Getty Images RF (Photodisc) – **80.1** Georg Trendel – **80.2** Gert Elsner, Stuttgart – **80.3** Okapia (Vock) – **81.5** Musées Royaux des Beaux-Arts, Bruxelles **81.6** Image 100, Berlin – **81.7** Prof. Dr. Manfred Keil, Neckargemünd – **81.9** Manfred P. und Christina Kage, Lauterstein – **82.2** Corbis (RF) – **83.5** Michael Maiworm – **86.2A** Corel Corporation, Unterschleissheim – **86.2B** Greiner&Meyer (Kunz), Braunschweig – **87.4** Bananastock RF, Watlington/Oxon – **88.2** Image 100 – **91.3** Manfred P. und Christina Kage – **91.4** Okapia (NAS/Van Bucher) – **92.1** Dr. Joachim Wygasch, Paderborn – **92.2** Corbis (Lester V. Bergman) – **92.3** Prof. Dr. Manfred Keil – **92.4** Dr. Joachim Wygasch – **92.5** blickwinkel (Hecker/Sauer), Witten – **93.2** Horst Müller, Düsseldorf – **93.5** Reinhard-Tierfoto, Heiligkreuzsteinach – **94.3** Bildagentur-online (Shout), Burgkunstadt – **95.2** Hoechst AG, Frankfurt – **95.1, 3,4** Landeskriminalamt Nordrhein-Westfal, Düsseldorf – **96.3,4** Georg Trendel – **99.1** Carl-Jürgen Bautsch, Hamburg – **99.2** FOCUS (SCIENCE PHOTO LIBRARY) – **99.3** Picture-Alliance (dpa/epa Keystone Gillieron) – **100.1** Bayer AG, Leverkusen – **100.2** Prof. Dr. Karl Eugen Rehfuess, Pöcking – **101.1-3** Dr. Bruno P. Kremer, Wachtberg – **101.4** Angermayer (Hans Pfletschinger) – **101.5** Dr. Heiko Bellmann, Lonsee – **101.6** Okapia (Manfred P. Kage) – **101.7-9** Angermayer (Hans Pfletschinger) – **101.10** Silvestris (Maier) – **102.6** Ulrich Niehoff – **104.2** AKG – **104.3** MEV – **104.4** VG Bild-Kunst, Bonn 2004 – **104.5** Mercedes-Benz, Stuttgart – **105.6** Unbekannter Lieferant, Stuttgart – **106** MEV – **106.4** Prof. Dr. Karl Eugen Rehfuess – **107.2A** Jacana Janjac (A. Carrara), Paris – **107.2B** Okapia (Manfred P. Kage) – **107.2C** Dr. Heiko Bellmann, Lonsee – **107.2D** SAVE-Bild, Okapia (C.M.Bahr), München – **107.2E-I** Angermayer (Hans Pfletschinger) – **107.2J** Silvestris (Erhard Kotzke) – **107.2K** Okapia (Manfred P. Kage) – **107.2L** Silvestris (Maier) – **107.2M,N** Dr. Helmut Länge, Stuttgart – **108.1** Okapia (Hans Reinhard) – **108.2,3** Stockfood Photo Stock Agency (Food Photography Eising, Gerhard Bumann), München – **108.4** Das Luftbild-Archiv, Kasseburg – **109.5** IFA (R. Maier) – **109.6** Angermayer (Hans Reinhard) – **109.7** Okapia (David Thompson) – **110.1** Juniors Bildarchiv (M. Wegler), Ruhpolding – **110.2,3** Reinhard-Tierfoto – **110.4** Ulrich Niehoff – **111.1** Tilman Wischuf, Cleebronn – **112.1, 113.5** IFA (R. Maier, BCI) – **113.4A** Okapia (Lond. Sc. Films, OSF) – **113.4B** Okapia (J.J. Etienne, BIOS) – **114.1** Angermayer (Hans Reinhard) – **114.2** Reinhard-Tierfoto (Hans Reinhard) – **116.2** Tilman Wischuf – **116.4** MEV – **117.1** Tilman Wischuf – **119.1** Reinhard-Tierfoto (Hans Reinhard) – **120.1** Silvestris (Martin Wendler) – **120.2,3** Okapia (Oswald Eckstein) – **120.4** Angermayer (Hans Reinhard) – **121.3A,3B** Ralph Grimmel, Stuttgart – **121.3C** Helga Lade (Rainer Binder) – **121.3D** MEV – **122.1,2** Okapia (Christian Grzimek) – **122.3** Okapia (Hans Reinhard) – **123.6** Okapia (Nature Agence, Lanceau Nature) – **124.1A,1C** Tilman Wischuf – **124.1B** Okapia (Ernst Schacke) – **125.1** Horst Janus, Ludwigsburg – **126.1** Tilman Wischuf – **126.2,3** Okapia (Karl-Heinz Hänel, Gerhard Stief) – **128.2, 129.1A,1B** Reinhard-Tierfoto – **129.1C** Okapia (H. Reinhard) – **129.1D** Bilderberg (Milan Horacek), Hamburg – **130.1** Mauritius (Enzinger) – **130.2** Reinhard-Tierfoto – **131.1** Angermayer (Hans Pfletschinger) – **131.2,3** Silvestris (De Cuveland, Daniel Bühler) – **131.4** Silvestris (Andreas Sprank) – **132.1** Manfred Pforr, Langenpreising – **133.1** Tilman Wischuf – **133.2,3** Silvestris (Kuch, Kerscher) – **134.1** Dr. Helmut Schmalfuss, Stuttgart – **134.2** Silvestris (R. Wilmshurst) – **134.3,4** Okapia (Martin Wendler, P. Laub) – **136.1-3** Okapia (Hans Reinhard) – **136.4** Reinhard-Tierfoto (Hans Reinhard) – **137.5** Uwe Rist, Dortmund – **137.6, 138.2, 140.1** Reinhard-Tierfoto (Hans Reinhard) – **142.1** Okapia (Frank Nikolaus) – **143.4,5** Reinhard-Tierfoto – **144.1** Tilman Wischuf – **145.1** Reinhard-Tierfoto – **145.2** Okapia (Martin Wendler) – **145.3** Naturfotografie Frank Hecker (Frieder Sauer) – **145.4, 146.1** Okapia (Muriel Nicolotti, Hans Reinhard) – **147.4, 148.2, 149.3** Silvestris (Simon Rausch Bruckner) – **149.4** Reinhard-Tierfoto – **149.7** Okapia (Kjell-Arne Larsson, Ca. Biological/Phototake) – **150.W2** Okapia (Ernst Schacke) – **151.1** Tilman Wischuf – **151.2** Silvestris (Daniel Bühler) – **151.3** Tilman Wischuf – **151.4** Silvestris (Simon Rausch) – **151.5** Okapia (Richard Shiell) – **153.1** Dr. Helmut Länge – **153.3** Natural History Phot. Agency (Bernard), Ardingly Sussex – **154.1** Corbis (Lester Lefkowitz) – **154.2** Action Press (Guido Ohlenbostel) – **154.3** Mauritius (O'Brien) – **154.4, 155.1,2** Ulrich Niehoff – **155.3** Staatliches Forstamt (Jutta Wagner) – **158.1** Tilman Wischuf – **158.2** MEV – **158.3** Okapia (Hans Reinhard) – **159.1** Silvestris (Norbert Schwirtz) – **159.2** Okapia (Dr. Eckart Pott) – **162.1** Helga Lade (Lange) – **162.2** Juniors Bildarchiv (M. Danegger) – **162.3** Okapia (Günther Bachmeier) – **162.4** Reinhard-Tierfoto – **162.5** Helga Lade – **162.6** S. Meyers – **163.2** Alfred Limbrunner – **165.3** Corbis (RF Royalty Free) – **169.1** Silvestris (Josef Zachl) – **169.2** Corbis (Duomo) – **169.3** Prof. Jürgen Wirth, Dreieich – **169.4** Prof. Dr. Horst Müller, Dortmund – **170.1-3** MEV – **170.6** Creativ Collection Verlag GmbH, Freiburg – **171.1** Angermayer – **171.2** Corbis (Will & Deni McIntyre) – **172.1** Astrofoto (NASA) – **172.2** Avenue Images GmbH (Index Stock/Mark Langford), Hamburg – **173.3** MEV – **173.4** Mauritius (Hubatka) – **173.5** Picture-Alliance (dpa-Fotoreport/Raine) – **174.1A** Tilman Wischuf – **174.1B** Dr. Klaus Hell – **174.1C** ZEFA (Andreas) – **174.1D** NASA, Washington , D.C. – **175.2** Helga Lade (Klaus Baier) – **176.1** MEV – **177.4** Astrofoto (Shigemi Numazawa) – **179.5** Dr. Klaus Hell – **179.1W** MEV – **179.2W** Kessler-Medien, Saarbrücken – **180.1** Helga Lade (Norbert Fischer) – **180.2** ZEFA (Masterfile/Bria Sytnyk) – **180.3** Mauritius (O'Brien) – **180.4** ZEFA (Masterfile/Sytnyk) – **181.1** Silvestris (Erich Thielscher) – **182.2,4** Okapia (Manfred Danegger) – **182.5** Angermayer – **183.6** Angermayer (Hans Pfletschinger) – **185.3** Hartmut Fahrenhorst, Unna – **186.1** Dieter Schmidtke, Schorndorf – **187.3, 188.1** Reinhard-Tierfoto – **188.2,6** Silvestris (Roger Wilmshurst, Konrad Wothe) – **189.1** Okapia (Dr. Eckart Pott) – **190.1** Tilman Wischuf – **191.L1-L3** Silvestris (Helmut Partsch, Usher, Giel) – **191.L4** Okapia (Claudia Schäfer) – **191.L5** Greiner&Meyer (Greiner) – **191.W1** Corel Corporation, Ottawa, Ontario – **192.1** Okapia (Norbert Pelka) – **193.1** Tilman Wischuf – **194.2** Corel Corporation – **194.3** Tilman Wischuf – **195.2** Mauritius (Lacz) – **195.5** Okapia (Jeff Foott) – **195.6** Prof. Dr. Horst Müller – **196.1** Corbis (RF) – **196.2**

Deutscher Wetterdienst/Flugwetterwacht, Dresden – **196.3** Visum (Gebhard Krewitt), Hamburg – **196.4** MEV – **196.5** Corbis (Sygma/ M. Sestini/Gra) – **197.6** Picture-Alliance (ZB/Wolfgang Kluge) – **197.7** Okapia (Kent Wood) – **197.8,9** Mauritius (Lehn, Hubatka) – **197.10** Ulrich Bungarz, Köln – **197.11** Corbis (Martin B. Withers,Fr) – **198.1A-C** Mauritius (Torino, O'Brien) – **198.3** Dr. Klaus Hell – **200.2** MEV – **200.3** ZEFA (Hummel) – **200.4, 202.1** Getty Images (Taxi/Marina Jefferso) – **205.3** Dr. Klaus Hell – **207.1** Picture-Alliance (dpa-Fotoreport/Raine) – **207.2** DaimlerChrysler, Stuttgart – **208.1** Mauritius (Kalt) – **208.2** MEV – **208.3** Mauritius (Speedy) – **210.2** Bilderberg (Eberhard Grames) – **210.3** Dr. Klaus Hell – **211.2** MEV – **211.3** Corbis – **214.1,2** Wilh. Lambrecht GmbH, Göttingen – **214.3,4** Dr. Klaus Hell – **214.5** dpa (Stefan Sauer), Frankfurt – **214.6, 218.1** Mauritius (Lehn, Hubatka) – **218.2** Deutscher Wetterdienst, Offenbach – **218.4** Mauritius – **218.3A** Ulrich Bungarz – **218.3B** dpa (Wolfgang Kluge) – **219.5** Deutscher Wetterdienst/Flugwetterwacht – **220.2A** Mauritius (Auli) – **220.2B** Helga Lade (BAV) – **220.2C** Mauritius (Manus) – **220.2D** Bayerwald (Schnitt0), Neukirchen vorm Wald – **221.3** MEV – **223.W1** Getty Images (Taxi/Birgid Allig) – **226.1** Action Press – **226.2** laif (Eisermann), Köln – **227.3,4** Mauritius (Pöhlmann) – **227.5** Corbis (Mark A. Johnson) – **229.1** Picture-Alliance (dpa/dpaweb) – **231.1** Reinhard-Tierfoto – **231.3,4** Dr. Bernd Thomas, Bergatreute – **233.3** JMS-Edition, Gandria – **237.3** Corbis (Steve Prezant) – **241.5A** Okapia (NAS, Bill Longcore) – **241.5B** Johannes Lieder, Ludwigsburg – **242.2,3** Okapia (Manfred Kage, Manfred Kage) – **244.1A** Corbis (Mugshots) – **244.1B** Mauritius (Enzinger) – **244.1C** Getty Images (Stone/Stewart Cohe) – **245.1** Modular (Steinle), Stuttgart – **246.1A** Corbis (Neal Preston) – **246.1B** Helga Lade – **247.1** Stockfood Photo Stock Agency (Uwe Bender) – **248.1** Ulrich Niehoff – **250.1-3** Prof. Jürgen Wirth – **250.4** aus „Brigitte-Diät" von Marlies Klosterfelde-Wentzel und Helga Haseltine – **251.5** Prof. Jürgen Wirth – **251.6-11** Stockfood Photo Stock Agency (S. u. P. Eising, Harry Bischof) – **251.12** Corbis – **252** Tilman Wischuf – **253.5B** Gert Elsner – **253.5C** Stockfood Photo Stock Agency (Walter Pfisterer) – **254.1** MEV – **258.3** Mauritius – **259.4,5** Action Press (Kirchhof, SCANPIX SCANDINAVIA AB) – **259.6** Bilderberg (Wolfgang Kunz) – **259.7** ZEFA (S. Oskar) – **260.1** Helga Lade (BAV) – **261.4** Mosaik Verlag/Verlagsgruppe Random (Lennart Nilsson), München – **262.1** Peter Widmann, Tutzing – **263.4** Mosaik Verlag/Verlagsgruppe Random (Lennart Nilsson) – **266.2** dpa – **266.3** Mauritius (age) – **266.4** Bilderberg (Wolfgang Kunz) – **266.5** Ulrich Niehoff – **267.1** laif (Bernhard Huber) – **268.1** Mosaik Verlag/ Verlagsgruppe Random (Lennart Nilsson) – **269.3** Okapia (A. Jorgensen/Petit) – **269.4** Mosaik Verlag/Verlagsgruppe Random (Lennart Nilsson) – **270.2** Picture Press (Raith/Redaktionsbüro München), München – **270.3** Bilderberg (Wolfgang Kunz) – **271.2** Mauritius (age fotostock) – **273.1** Ulrich Niehoff – **273.2** Manfred Bergau, Bohmte – **274.1** Zartbitter e.V., Köln – **274.L1-L3** Mauritius (Mitterer, Lehn, Kumicak) – **275.3** IFA (DIAF/ SDP) – **275.2A** Getty Images (stone/Chris Windsor) – **275.2B** Picture Press (Frank P. Wartenberg) – **276.1, 277.3** Mauritius (Frauke, B. Koch) – **277.4A,4B** Matthias Müller, Böbingen an der Rems – **277.4C,4D** Ulrich Niehoff – **278.1** Avenue Images GmbH (Digital Vision/Alex Wilson), Hamburg – **278.2** Stockfood Photo Stock Agency (Aurora Photos S.L.) – **278.3** ZEFA (Masterfile) – **279.1** GGA, Ravensburg – **279.2** Stockfood Photo Stock Agency – **280.2** MEV – **283.1,2A-C** Mauritius (Chris Butler, age, Steputat, Phototheque-SDP) – **285.1** Stockfood Photo Stock Agency (FoodPhotogr. Eising) – **285.4-7** Thomas Seilnacht, Bern – **286.4A** Creativ Collection Verlag GmbH – **286.4B** Stockfood Photo Stock Agency – **287.1** Thomas & Thomas Design, Heidesheim – **288.1** AKG – **288.3** Severin Elektrogeräte GmbH, Sundern – **288.4** Vario-Press (Christoph Papsch) – **288.5, 289.6** Corbis (Royalty Free) – **289.8** FOCUS (Science Photo Library) – **289.9** Bildagentur-online – **291.2** Corel Corporation – **292.1** Thomas Seilnacht – **292.4A-C** Stockfood Photo Stock Agency – **294.4** Manfred P. und Christina Kage – **295.1** Okapia (Hans Reinhard) – **295.4** Teubner Foodfoto, Füssen – **296.1** Turespana München, München – **297.2** Gesellschaft für technische Zusammenarbeit, Eschborn – **298.1** Mauritius (Vidler) – **299.2** Creativ Collection Verlag GmbH – **299.3** Carl-Jürgen Bautsch – **299.6** Mauritius (Rosenfeld) – **301.1** Corel Corporation – **301.2** MEV – **305.5** ullstein bild (Caro/Bastian), Berlin – **305.4A** Okapia (G. Büttner) – **305.4B** Thomas Seilnacht – **305.6**, Okapia (Hans Reinhard) – **306.2** SONY, Köln – **306.4,5** Mauritius (Gilsdorf) – **307.1** Okapia – **307.2** Corbis – **307.3** Okapia (NAS J. Nettis) – **309.3** Corbis (Royalty-Free) – **309.4** Johann Leupold, Wendisch-Evern – **310.1** Alfred Marzell, Schwäbisch Gmünd – **310.2** Höllerer (Manfred Schurr), Stuttgart – **310.3** Corbis (Bettmann) – **310.4** Prof. Oehme, Leipzig – **311.5** Picture-Alliance – **311.6** Corbis (Rick Gayle) – **311.7** Creativ Collection Verlag GmbH – **311.8** Deutsches Museum, München – **311.9** Helga Lade (G. Krämer) – **311.10** SONY – **311.11** Conrad Electronic GmbH, Hirschau – **312.2** Manfred P. und Christina Kage – **313.1,4** Michael Maiworm – **314.1** Picture-Alliance (ZB/Patrick Pleul) – **319.3** Getty Images – **320.2** Mauritius (P. Freytag) – **320.3** IVB-Report (IVB-Report) – **320.5,6** MEV – **322.1** plainpicture, Hamburg – **323.2** ESKA Erich Schweizer GmbH, Kassel – **324.1** Picture-Alliance (dpa/Thomas Frey) – **324.2** Corbis (RF) – **324.4** Johann Leupold – **325.1** Helga Lade (KaKi) – **327.2** Harald Lange Naturbild, Bad Lausick – **327.3** Helga Lade (Ott)

Alle weiteren Fotos stammen von Werkstattfotografie Neumann und Zörlein, Stuttgart oder aus dem Archiv des Ernst Klett Verlags.

Nicht in allen Fällen war es möglich, den uns bekannten Rechteinhaber der Abbildung ausfindig zu machen. Berechtigte Ansprüche werden selbstverständlich im Rahmen der üblichen Vereinbarungen abgegolten.